信号处理与数据分析

邱天爽　郭　莹　编著

科学出版社

北　京

内 容 简 介

本书面向非电子信息类理工科专业的硕士研究生和高年级本科生，系统介绍信号处理与数据分析的基础理论与基本应用，旨在使读者掌握信号处理与数据分析的基本理论与基本方法，并解决各领域科学研究与工程实际中的信号处理相关技术问题。全书共 14 章，包括信号与系统的基本原理、傅里叶理论和信号与系统的频域分析、信号与系统的复频域分析、信号的采样与插值拟合、离散傅里叶变换与快速傅里叶变换、数字滤波器与数字滤波器设计、数字信号处理中的有限字长效应、数据误差分析与信号预处理、随机信号分析基础、随机信号的相关函数估计与功率谱密度函数估计、随机信号的统计最优滤波技术、自适应滤波技术、高阶与分数低阶统计量信号处理、非平稳信号处理简介。

本书适合用作高等院校非电子信息类理工科专业信号处理类课程的教材或教学参考书，也可以供有关教师和工程技术人员参考。

图书在版编目（CIP）数据

信号处理与数据分析 / 邱天爽，郭莹编著. —北京：科学出版社，2024.8
ISBN 978-7-03-077139-1

Ⅰ.①信…　Ⅱ.①邱…　②郭…　Ⅲ.①数字信号处理-教材　②数据处理-教材　Ⅳ.①TN911.72　②TP274

中国国家版本馆 CIP 数据核字（2023）第 218973 号

责任编辑：杨慎欣　张培静 / 责任校对：何艳萍
责任印制：赵　博 / 封面设计：无极书装

科学出版社 出版
北京东黄城根北街 16 号
邮政编码：100717
http://www.sciencep.com

北京华宇信诺印刷有限公司印刷
科学出版社发行　各地新华书店经销
*
2024 年 8 月第 一 版　　开本：787×1092　1/16
2025 年 1 月第二次印刷　　印张：28 1/4
字数：723 000

定价：126.00 元
（如有印装质量问题，我社负责调换）

前　言

近年来，以信息提取为目标的信号处理与数据分析技术成为现代电子信息技术的重要研究领域与主要技术手段，并在诸如机械、化工、土木、能源、物理和生物医学等非电子信息类理工科专业得到广泛的应用，成为这些领域技术进步的一个重要推动力。

《信号处理与数据分析》面向非电子信息类理工科专业的硕士研究生和高年级本科生，系统介绍信号处理与数据分析的基础理论与基本应用，旨在使读者掌握信号处理与数据分析的基本理论与基本方法，能够结合各专业领域的具体问题，利用信号处理与数据分析的技术手段，解决科学研究或工程实际中与信号处理相关的技术问题。

本书有以下特点：第一，由浅入深、循序渐进。针对非电子信息类学生缺乏电子信息基础理论的问题，特别补充了与"信号与系统"课程相关的内容。第二，内容广泛、体系完备。本书内容取材广泛，基本上覆盖了信号与系统、数字信号处理、数据处理与误差分析、统计信号处理和现代信号处理等五个方面的基本内容，并形成自身较为完备的体系。第三，联系实际、注重应用。本书在系统介绍基本理论的基础上，给出了较多的例题和实际应用介绍，并结合 MATLAB 编程，给出了较多的算法介绍与实现，便于非电子信息类读者学习掌握。第四，与时俱进、关注前沿。随着近年来信号处理理论和技术的迅速发展，本书还增写了大数据分析初步、粒子滤波简介、核自适应滤波的基本原理、相关熵与循环相关熵的原理与应用、集成经验模式分解等内容，使读者能够及时了解信号处理前沿领域的进展。

为了编写本教材，编著者进行了广泛的文献资料调研，在参考借鉴国内外出版的较多优秀著作、文献和教材的基础上，编写了这本《信号处理与数据分析》教材。

本书由邱天爽（第 1～12 章和 13.5 节）和郭莹（第 13、14 章和 8.7 节）编写完成。

感谢大连理工大学生物医学工程学院、信息与通信工程学院领导对本书编写工作给予的关怀和支持，感谢大连理工大学研究生教材建设项目对本书的资助和支持，感谢大连理工大学唐洪教授、刘海龙副教授和朱勇高级工程师对本书编写的帮助。此外，还要特别感谢大连理工大学博士和硕士研究生汪淼、戴江安、孙天星、赵泽航、付晗等同学为本书的编写提供的计算机仿真、资料搜集、习题搜集和书稿检查等帮助。

由于编著者水平所限，难免有疏漏之处，恳请读者批评指正。

编著者谨识

2022 年 6 月于大连理工大学

目　　录

第1章　信号与系统的基本原理

1.1　概　　述

信号与系统的理论方法是电子信息技术的基石。现代电子信息技术的任何理论与应用及其发展都与信号和系统这两个最基本的概念密切相关。所谓信号，简言之，就是信息的载体，而信息则是信号的具体内容。系统这个概念是比较宽泛的，覆盖许多领域，例如天体系统、生命系统、社会系统，等等。本书主要考虑信号处理系统，就是对信号进行分析、变换、传输、处理、加工或存储等操作的部件。这种部件可能有多种不同的形式，例如算法、计算机程序、电路、仪器，等等。其作用是把输入其中的信号转变为输出信号，或从这些信号中提取信息。

"信号与系统"是高等院校电子信息类专业重要的专业基础课之一。其主要内容包括信号与系统的基本知识、连续或离散时间信号与系统的时域分析、信号与系统的变换域分析、信号与系统的状态变量分析，等等。

本章详细介绍信号与系统的基本概念和基本原理，通过对连续或离散时间信号与系统的分析研究，我们会看到，信号与系统构成了一个完整的分析体系，其中包括了描述信号与系统的语言和强有力的分析方法，而这种描述和分析是相互密切关联的。

1.2　信号与系统的基本概念

1.2.1　信号的基本概念

如前所述，信号（signal）是信息（information）的载体，而信息则是信号的具体内容。

人类在长期的生产和生活中创造了诸多信息表示、交换与传递的方式。其中，语言交流是最基本、最广泛使用的信息交换方式。当人们说话时，声带发出的声波经过大气的传播到达他人的耳朵，引起鼓膜的振动，使他人通过语音信号了解到说话人的意图，即了解到对方要传递的信息。在中国历史上，曾经采用点燃烽火台而产生狼烟的方式表示和传递敌军入侵的信息。各种无线电波和通信与计算机网络中传输的各种信号都可以用于表示相关的信息，这些信号属于电信号。

所谓电信号，即随时间、空间或其他独立变量变化的电压或电流，也可以是电荷、磁通量或电磁波等。而非电量的信号往往先经由传感器转换成电信号，然后再进行分析处理。

信号的表示方式有多种，最常用的包括数学函数描述方式和曲线表示方式。一个信号可以用一个随时间、空间或其他独立变量变化的数学函数描述，例如，用正弦函数表示一个随时间按照正弦规律变化的信号：

$$x(t) = A\sin(\Omega t + \varphi) \tag{1.1}$$

式中，t 表示时间变量；A、Ω 和 φ 分别表示信号的幅度、频率和初始相位；$x(t)$ 表示随时间 t 按照正弦规律变化的信号。这个信号也可以用曲线表示。以时间 t 为自变量，以 $x(t)$ 为函数，可以逐点描绘 $x(t)$ 的函数曲线，称为信号波形（waveform）。图 1.1 给出了正弦信号

$x(t) = A\sin(\Omega t + \varphi)$ 的信号波形。

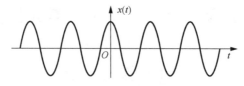

图 1.1　　正弦信号的波形图

从数学的角度来看，图 1.1 给出的并不是正弦函数的曲线，而是余弦函数的曲线。但是在电子信息技术领域，通常并不严格区分正弦信号与余弦信号，而往往笼统地将这类信号称为正弦类信号（sinusoidal signal）。

此外，信号还有许多其他表示方式，例如信号的频谱（spectrum）表示方式、信号的时频（time-frequency）表示方式、信号的空间（space）表示方式等。这些表示方式将在本书的后面章节陆续介绍。

信号处理（signal processing）与信号分析（signal analysis）是与信号密切相关的概念。信号处理是指对信号进行加工和变换，包括削弱信号中多余的内容，滤除混杂的噪声和干扰，将信号变换成易于分析与识别的形式等。而信号分析则通常指研究信号的基本性能，主要包括信号的描述、分解、变换、检测、特征提取以及信号的设计等。在许多情况下，我们并不对二者进行严格的区分。

1.2.2　信号的分类

1. 确定性信号与随机信号

若信号可以表示为某一确定时间变量的函数，则称这种信号为确定性信号。若信号具有某种不可预知的不确定性，则这种信号称为不确定性信号或随机信号。

图 1.2 给出了确定性信号与随机信号的示意图。

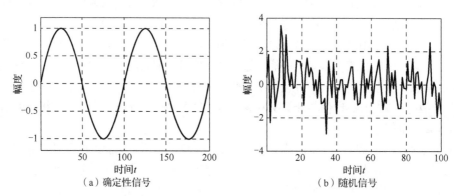

（a）确定性信号　　　　　　　　　　（b）随机信号

图 1.2　　确定性信号与随机信号举例

2. 连续时间信号与离散时间信号

在给定的时间间隔内，除若干不连续点之外，对于任意时间值都可给出确定性的函数值，称这样的信号为连续时间信号（continuous-time signal），常记为 $x(t)$。

离散时间信号（discrete-time signal）仅定义在离散的时间点上，即其时间变量仅在一个离散集上取值，常记为 $x(n)$，也有的书中使用方括号，记为 $x[n]$。

图 1.3 给出了连续时间信号与离散时间信号的示意图。

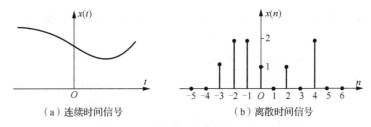

（a）连续时间信号　　　　　　（b）离散时间信号

图 1.3　连续时间信号与离散时间信号示意图

3. 周期信号与非周期信号

若信号 $x(t)$ 满足条件

$$x(t) = x(t + mT), \ m = \pm 1, \pm 2, \cdots \tag{1.2}$$

则称 $x(t)$ 为周期信号（periodic signal）。其中，T 为信号的基本周期（fundamental period），$2T$、$3T$ 等也是信号的周期（period）。

同样，对于离散时间信号，若 $x(n)$ 满足条件

$$x(n) = x(n + mN), \ m = \pm 1, \pm 2, \cdots \tag{1.3}$$

则称 $x(n)$ 为周期信号。其中，N 为信号的基本周期，$2N$、$3N$ 等也为信号的周期。

不满足式（1.2）和式（1.3）的信号为非周期信号（aperiodic signal）。此外，若周期信号的 $T \to \infty$（或 $N \to \infty$），则周期信号也可以看作非周期信号。

图 1.4 给出了周期信号和非周期信号的示意图。

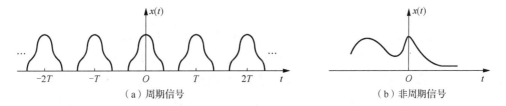

（a）周期信号　　　　　　　　　　　　　　（b）非周期信号

图 1.4　周期信号和非周期信号示意图

4. 能量信号与功率信号

能量为有限值的信号称为能量有限信号，简称为能量信号（energy signal）。功率为有限值的信号称为功率有限信号，简称为功率信号（power signal）。通常，有界的有限时宽信号为能量信号，而连续时间正弦信号是功率信号的典型例子。

5. 一维信号与多维信号

作为单一变量的函数，这种信号称为一维信号。常见的一维信号是以时间 t 或 n 作为自变量的信号，即 $x(t)$ 或 $x(n)$。作为多个变量的函数的信号称为多维信号。常见的多维信号包括图像信号 $f(x, y)$，其中作为自变量的 x、y 表示图像的空间位置，$f(\cdot, \cdot)$ 则表示在该位置上图像的灰度或颜色等信息。

1.2.3　复指数信号与正弦信号

1. 连续时间复指数信号

连续时间复指数信号（continuous-time complex exponential signal）定义为

$$x(t) = Ce^{st} \tag{1.4}$$

式中，参数 C 和 s 一般为复数，通常写为 $C = |C|e^{j\theta}$ 和 $s = \sigma + j\Omega$，$|C|$ 和 θ 分别表示复参数 C 的模与相位，σ 和 Ω 分别表示复参数 s 的实部和虚部。根据欧拉公式（Euler's formula），复指数信号 $x(t)$ 可以分解为正弦项和余弦项的线性组合形式，即

$$x(t) = Ce^{st} = Ce^{\sigma t}(\cos \Omega t + j\sin \Omega t) \tag{1.5}$$

根据 C 和 s 的不同取值，复指数信号 $x(t)$ 有以下几种重要的信号形式。

（1）实指数信号。

在式（1.4）中，若参数 C 和 s 均取实值，则 $x(t) = Ce^{st}$ 表示的是实指数信号。根据 C 和 s 取不同的实值，该信号可以分别表示指数上升、指数下降、负向指数上升和负向指数下降 4 种不同的信号。若指数参数 $\sigma = 0$，则实指数信号 $x(t)$ 恒为常数 C。

（2）周期性复指数信号。

在式（1.4）中，若令 $C = 1$，且限制 $s = j\Omega$，则有

$$x(t) = e^{j\Omega t} \tag{1.6}$$

上式所表示的复指数信号是一个周期信号。由于 $x(t+T) = e^{j\Omega(t+T)} = e^{j\Omega t} \cdot e^{j\Omega T}$，若满足 $T = \dfrac{2\pi}{\Omega}$，则有 $x(t+T) = e^{j\Omega(t+T)} = e^{j\Omega t} \cdot e^{j\Omega T} = e^{j\Omega t} \cdot e^{j\Omega \frac{2\pi}{\Omega}} = e^{j\Omega t} = x(t)$。实际上，这样的 T 总是可以找到的。对于连续时间复指数信号或正弦信号，周期 T 和频率 Ω 总是满足 $T = \dfrac{2\pi}{\Omega}$ 的。

（3）一般的复指数信号。

由欧拉公式，式（1.4）所示的连续时间复指数信号 Ce^{st} 可以写为

$$x(t) = Ce^{st} = |C|e^{\sigma t}\cos(\Omega t + \theta) + j|C|e^{\sigma t}\sin(\Omega t + \theta) \tag{1.7}$$

式（1.7）中，若 $\sigma > 0$，则上述复指数信号的实部和虚部均为包络（envelope）呈指数上升的正弦类信号 [图 1.5（a）]；若 $\sigma < 0$，则上述复指数信号的实部和虚部均为包络呈指数衰减的正弦类信号 [图 1.5（b）]；而若 $\sigma = 0$，则上述复指数信号的实部和虚部均为正弦类信号。

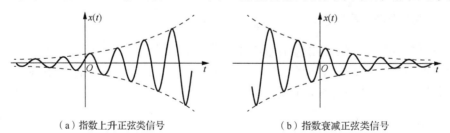

（a）指数上升正弦类信号　　　　　　　（b）指数衰减正弦类信号

图 1.5　指数上升与指数衰减的正弦类信号

2. 连续时间正弦信号

连续时间正弦信号的一般形式可以写为

$$x(t) = A\cos(\Omega t + \varphi) \tag{1.8}$$

式中，A 为信号的振幅（amplitude）；Ω 为信号的角频率（angular frequency），单位为弧度/秒（rad/s），通常简称为频率（frequency）；φ 为信号的初始相位（initial phase），单位为弧度（rad）。利用欧拉公式可以将正弦信号写为复指数信号的形式：

$$A\cos(\Omega t + \varphi) = \frac{A}{2}\mathrm{e}^{\mathrm{j}\varphi}\mathrm{e}^{\mathrm{j}\Omega t} + \frac{A}{2}\mathrm{e}^{-\mathrm{j}\varphi}\mathrm{e}^{-\mathrm{j}\Omega t} \tag{1.9}$$

连续时间正弦信号是最常见的周期信号。在其所有周期 mT，$m = \pm 1, \pm 2, \cdots$ 中，$m = 1$ 的周期是最小的周期，称为基波周期（fundamental period），常记为 T_0。与 T_0 对应的频率则称为基波频率（fundamental frequency），常记为 Ω_0，且有 $T_0 = \dfrac{2\pi}{\Omega_0}$。

3. 离散时间复指数信号

离散时间复指数信号（discrete-time complex exponential signal）在信号处理中具有重要作用，其一般形式定义为

$$x(n) = C\alpha^n \tag{1.10}$$

式中，参数 C 和 α 一般均为复数。根据 C 和 α 的不同取值，复指数信号 $x(n)$ 有以下几种重要的信号形式。

（1）离散时间实指数形式。

若 C 和 α 都取实数，则 $x(n) = C\alpha^n$ 表示实指数信号。为了简化分析，不失一般性，假定 $C = 1$。在这种条件下，若 $|\alpha| > 1$，则信号随 n 的变化指数增长；若 $|\alpha| < 1$，则信号随 n 的变化指数衰减。信号的形式还与 α 取正值还是负值有关。若 $\alpha > 0$，则 $x(n)$ 的取值具有相同的符号；若 $\alpha < 0$，则 $x(n)$ 的符号交替变化。离散时间复指数信号示意图如图 1.6 所示。

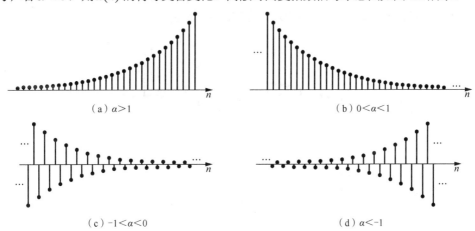

（a）$\alpha > 1$　　　　　　　　　　　　　（b）$0 < \alpha < 1$

（c）$-1 < \alpha < 0$　　　　　　　　　　　（d）$\alpha < -1$

图 1.6　离散时间复指数信号示意图

（2）离散时间复指数信号的一个重要特例。

若式（1.10）中 $C = 1$，$\alpha = \mathrm{e}^{\mathrm{j}\omega_0}$，则有

$$x(n) = \mathrm{e}^{\mathrm{j}\omega_0 n} \tag{1.11}$$

式中，ω_0 为信号的数字角频率，单位为弧度（rad）。该信号有两个主要特点，即信号随频率变化的周期性和随时间变化的周期性。

随频率变化的周期性　对于任意整数 k，有

$$e^{j(\omega_0 + 2k\pi)n} = e^{j\omega_0 n} \cdot e^{j2k\pi n} = e^{j\omega_0 n} \tag{1.12}$$

随时间变化的周期性 若满足

$$\frac{\omega_0}{2\pi} = \frac{m}{N} \tag{1.13}$$

为一有理数，则 $x(n) = e^{j\omega_0 n}$ 为周期信号，即 $x(n+N) = e^{j\omega_0(n+N)} = e^{j\omega_0 n} \cdot e^{j\omega_0 N} = x(n)$。其中，$N$ 表示信号的基波周期，$2\pi/N$ 为基波频率。

例1.1 给定离散时间信号 $x(n) = e^{j7\pi n}$，试确定该信号是否为周期信号。若为周期信号，试求其基波周期。

解 设 N 为一整数，将其作为时间变量的增量，则有

$$x(n+N) = e^{j7\pi(n+N)} = e^{j7\pi n} \cdot e^{j7\pi N}$$

若满足 $N = 2k, \ k = 0, \pm 1, \pm 2, \cdots$，则有 $e^{j7\pi N} = 1$。这样，有 $x(n+N) = e^{j7\pi n} = x(n)$。故 $x(n) = e^{j7\pi n}$ 为周期信号。

也可以按照式（1.13）条件来判断离散时间复指数信号的周期性。在给定信号 $x(n) = e^{j7\pi n}$ 中，$\omega_0 = 7\pi$，有 $\omega_0/(2\pi) = 7\pi/(2\pi) = 7/2$ 为有理数，故可以判定 $x(n) = e^{j7\pi n}$ 为周期信号。

由式（1.13），有 $N = \dfrac{2\pi}{\omega_0}m = \dfrac{2\pi}{7\pi}m$，取 m 最小的正整数，使得 N 为最小的正整数，则所得 N 为基波周期。可见，当 $m = 7$ 时，$N = 2$ 为该信号的基波周期。

（3）一般复指数信号。

由式（1.10）给出的离散时间复指数信号的一般形式，将 C 和 α 都写为极坐标形式有 $C = |C|e^{j\theta}$ 和 $\alpha = |\alpha|e^{j\omega_0}$，则有

$$|C||\alpha|^n \cos(\omega_0 n + \theta) + j|C||\alpha|^n \sin(\omega_0 n + \theta) \tag{1.14}$$

图1.7分别给出了 $|\alpha|>1$ 和 $|\alpha|<1$ 时上述信号实部（或虚部）的曲线形式。

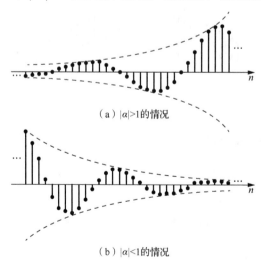

（a）$|\alpha|>1$ 的情况

（b）$|\alpha|<1$ 的情况

图1.7 $|\alpha|>1$ 和 $|\alpha|<1$ 时信号实部（或虚部）的曲线形式

4. 离散时间正弦信号

离散时间正弦信号的一般形式可以写为

$$x(n) = A\cos(\omega_0 n + \varphi) \tag{1.15}$$

图 1.8 给出了离散时间正弦信号的示意图。

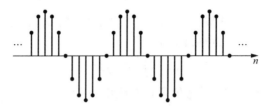

图 1.8 离散时间正弦信号示意图

需要注意的是，与连续时间正弦信号不同，离散时间信号仅当满足式（1.13）所示条件时才是周期性的。

例 1.2 给定离散时间信号 $x(n) = \sin 3n$，试确定该信号是否为周期信号。

解 由式（1.13），$\omega_0 / (2\pi) = 3 / (2\pi)$ 为无理数，故信号 $x(n) = \sin 3n$ 为非周期信号。

1.2.4 单位冲激信号与单位阶跃信号

1. 连续时间单位阶跃信号

定义 1.1 连续时间单位阶跃信号 连续时间单位阶跃信号（unit step signal）定义为

$$u(t) = \begin{cases} 1, & t > 0 \\ 0, & t < 0 \end{cases} \tag{1.16}$$

由定义 1.1 可见，$u(t)$ 在 $t = 0$ 处是不连续的。图 1.9 给出了连续时间单位阶跃信号的波形图。

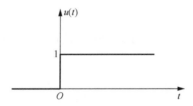

图 1.9 连续时间单位阶跃信号波形图

在信号处理问题中，单位阶跃信号常用来表示信号的非零取值范围，也常用于确定信号的积分区间。

2. 连续时间单位冲激信号

连续时间单位冲激信号（unit impulse signal）有以下三种不同的定义方式。

定义 1.2 连续时间单位冲激信号（1） 连续时间单位冲激信号定义为连续时间单位阶跃信号的一阶导数，即

$$\delta(t) = \frac{\mathrm{d}u(t)}{\mathrm{d}t} \tag{1.17}$$

由于 $u(t)$ 在 $t = 0$ 处不连续，且导数不存在，故 $\delta(t)$ 实际上是一种奇异信号（singularity signal）。当 $t \neq 0$ 时，其值为 0；当 $t = 0$ 时，其值为无穷大，其强度为 1。

定义 1.3 连续时间单位冲激信号（2） 连续时间单位冲激信号在区间 $(-\infty, +\infty)$ 的积分为 1，即

$$\int_{-\infty}^{\infty} \delta(t)\mathrm{d}t = 1, \quad \delta(t) = 0 \ (\text{若 } t \neq 0) \tag{1.18}$$

定义 1.4　连续时间单位冲激信号（3）　连续时间单位阶跃信号 $u(t)$ 表示为连续时间单位冲激信号的游程积分（running integral），即

$$u(t) = \int_{-\infty}^{t} \delta(\tau)\mathrm{d}\tau \tag{1.19}$$

图 1.10 给出了连续时间单位冲激信号的波形图。

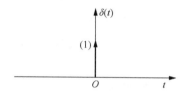

图 1.10　连续时间单位冲激信号的波形图

连续时间单位冲激信号 $\delta(t)$ 在信号分析中具有重要的作用，其主要性质和应用如下。

采样性质（sampling property）

$$x(t)\delta(t) = x(0)\delta(t) \tag{1.20}$$

或

$$x(t)\delta(t - t_0) = x(t_0)\delta(t - t_0) \tag{1.21}$$

连续时间单位冲激信号的采样性质表明，任意连续时间信号 $x(t)$ 与 $\delta(t - t_0)$ 相乘，其结果是取出信号 $x(t)$ 在 t_0 处的值。

筛选性质（sifting property）

$$\int_{-\infty}^{\infty} x(t)\delta(t)\mathrm{d}t = x(0)\int_{-\infty}^{\infty} \delta(t)\mathrm{d}t = x(0) \tag{1.22}$$

或

$$\int_{-\infty}^{\infty} x(t)\delta(t - t_0)\mathrm{d}t = x(t_0)\int_{-\infty}^{\infty} \delta(t)\mathrm{d}t = x(t_0) \tag{1.23}$$

式（1.22）和式（1.23）所得到的 $x(0)$ 和 $x(t_0)$ 不是单一的常数值，而是与时间变量 t 无关的常数信号。连续时间单位冲激信号的其他性质和应用将在后面章节逐一介绍。

例 1.3　计算下列各题：

（1）$\int_{-\infty}^{\infty} \mathrm{e}^{-\mathrm{j}\omega t}[\delta(t) - \delta(t - t_0)]\mathrm{d}t$ ；

（2）$\int_{-\infty}^{\infty} x(t + t_0)\delta(t - t_0)\mathrm{d}t$ 。

解　（1）$\int_{-\infty}^{\infty} \mathrm{e}^{-\mathrm{j}\omega t}[\delta(t) - \delta(t - t_0)]\mathrm{d}t = \int_{-\infty}^{\infty} \mathrm{e}^{-\mathrm{j}\omega t}\delta(t)\mathrm{d}t - \int_{-\infty}^{\infty} \mathrm{e}^{-\mathrm{j}\omega t}\delta(t - t_0)\mathrm{d}t = 1 - \mathrm{e}^{-\mathrm{j}\omega t_0}$ 。

（2）$\int_{-\infty}^{\infty} x(t + t_0)\delta(t - t_0)\mathrm{d}t = x(2t_0)$ 。

3. 离散时间单位阶跃信号

定义 1.5　离散时间单位阶跃信号　离散时间单位阶跃信号定义为

$$u(n) = \begin{cases} 1, & n \geqslant 0 \\ 0, & n < 0 \end{cases} \tag{1.24}$$

离散时间单位阶跃信号的波形图如图 1.11 所示。

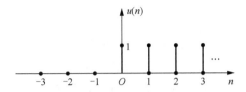

图 1.11　离散时间单位阶跃信号的波形图

4.　离散时间单位冲激信号

定义 1.6　离散时间单位冲激信号　离散时间单位冲激信号定义为

$$\delta(n)=\begin{cases}1,&n=0\\0,&n\neq0\end{cases}\tag{1.25}$$

离散时间单位冲激信号的波形图如图 1.12 所示。

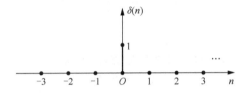

图 1.12　离散时间单位冲激信号的波形图

离散时间单位冲激信号 $\delta(n)$ 在信号分析中具有重要的作用，其主要性质和应用如下。

与离散时间单位阶跃信号的关系　离散时间单位冲激信号 $\delta(n)$ 是离散时间单位阶跃信号 $u(n)$ 的一阶差分，即

$$\delta(n)=u(n)-u(n-1)\tag{1.26}$$

反过来，$u(n)$ 是 $\delta(n)$ 的动态求和，即

$$u(n)=\sum_{m=-\infty}^{n}\delta(m)\tag{1.27}$$

式（1.27）还可以表示为

$$u(n)=\sum_{k=0}^{\infty}\delta(n-k)\tag{1.28}$$

采样性质　与 $\delta(t)$ 的采样性质相似，$\delta(n)$ 的采样性质可表示为

$$x(n)\delta(n-n_0)=x(n_0)\delta(n-n_0)\tag{1.29}$$

筛选性质　离散时间单位冲激信号 $\delta(n)$ 的筛选性质表示为

$$\sum_{n=-\infty}^{\infty}x(n)\delta(n-n_0)=\sum_{n=-\infty}^{\infty}x(n_0)\delta(n-n_0)=x(n_0)\tag{1.30}$$

需要注意的是，$x(n_0)$ 表示一个幅值为 $x(n_0)$ 的常数序列，而不是一个常数。

1.2.5　信号的运算

由于在信号的很多运算中，连续时间信号与离散时间信号的运算规则基本相同，故本小节以连续时间信号的运算为例进行介绍，仅当出现二者规则不同时才分别介绍。

1. 信号的时移

信号的时移（time shift）表示两个信号在时间上的相对关系，即

$$x(t) \rightarrow x(t - t_0) \qquad (1.31)$$

式中，t_0 表示信号时移量，若 $t_0 > 0$，表示 $x(t - t_0)$ 相对于 $x(t)$ 延迟；若 $t_0 < 0$，则表示 $x(t - t_0)$ 相对于 $x(t)$ 超前。符号"$\rightarrow$"表示信号的自变量变换。图 1.13 给出了信号时移的示意图。

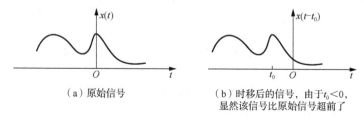

（a）原始信号　　　　　（b）时移后的信号，由于 $t_0 < 0$，显然该信号比原始信号超前了

图 1.13　信号时移示意图

2. 信号的时间反转

信号的时间反转（time reversal）表示信号绕其坐标系纵轴反转，又称为反褶，表示为

$$x(t) \rightarrow x(-t) \qquad (1.32)$$

信号反转可以表示记录的信号从尾部向前部的播放过程，其示意图如图 1.14 所示。

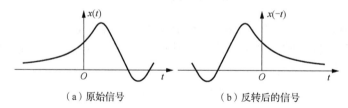

（a）原始信号　　　　　　　　（b）反转后的信号

图 1.14　信号反转示意图

3. 信号的尺度变换

信号的尺度变换（time scaling）描述信号在时间轴上的压缩与扩展现象，表示为

$$x(t) \rightarrow x(at) \qquad (1.33)$$

式中，参数 a 为尺度变换系数，且 $a \neq 0$。若 $|a| > 1$，表示信号在时间轴上线性压缩；若 $|a| < 1$，表示信号在时间轴上线性扩展；若 $a = -1$，表示信号的反褶。图 1.15 给出了信号尺度变换的示意图。

上述三种变换经常联合起来使用，表示一个信号在自变量 t 上的综合变换。

例 1.4　给定信号 $x(t)$ 的波形如图 1.16（a）所示。试画出该信号经过时移、反褶和尺度变换后得到的 $x(t+1)$、$x(-t+1)$、$x\left(\dfrac{3}{2}t\right)$ 和 $x\left(\dfrac{3}{2}t+1\right)$ 的信号波形。

解　（1）信号 $x(t+1)$ 是将信号 $x(t)$ 向左移动一个时间单位，如图 1.16（b）所示。

（2）信号 $x(-t+1)$ 是将信号 $x(t)$ 先反转，再向右移动一个时间单位。或者可以直接对 $x(t+1)$ 做反褶得到。

（3）信号 $x\left(\dfrac{3}{2}t\right)$ 可通过对信号 $x(t)$ 做尺度变换得到。

（4）信号 $x\left(\dfrac{3}{2}t+1\right)$ 可以在信号 $x\left(\dfrac{3}{2}t\right)$ 的基础上，再将信号向左移动 2/3 个时间单位。

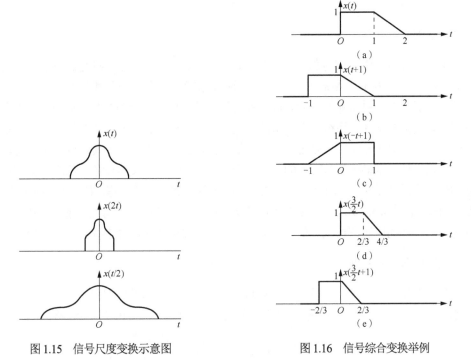

图 1.15　信号尺度变换示意图　　　　　　图 1.16　信号综合变换举例

4. 信号的微分（差分）与积分（累加）运算

连续时间信号 $x(t)$ 的微分表示为

$$y(t) = x'(t) = \frac{\mathrm{d}x(t)}{\mathrm{d}t} \tag{1.34}$$

连续时间信号 $x(t)$ 的积分表示为

$$y(t) = \int_{-\infty}^{t} x(\tau)\mathrm{d}\tau \tag{1.35}$$

与 $x(t)$ 的微分运算相似，离散时间信号 $x(n)$ 用差分表示离信号样本间的梯度关系，即

$$y(n) = x(n) - x(n-1) \tag{1.36}$$

与 $x(t)$ 的积分运算相似，离散时间信号 $x(n)$ 用求和表示信号的累加运算，即

$$y(n) = \sum_{m=-\infty}^{n} x(m) \tag{1.37}$$

5. 信号的相加运算

信号的相加是信号处理中最基本的运算形式。设有 m 个信号 $x_1(t),\ x_2(t),\ \cdots,x_m(t)$ 参与相加运算，则相加得到的结果表示为

$$y(t) = x_1(t) + x_2(t) + \cdots + x_m(t) \tag{1.38}$$

6. 信号的相乘运算

在通信技术和信号处理中，经常会遇到信号相乘的问题。实际上，两个信号的相乘运算

往往表示对信号的采样或调制。设有 m 个信号 $x_1(t)$, $x_2(t)$, $\cdots$, $x_m(t)$ 参与相乘运算，则相乘得到的结果表示为

$$y(t) = x_1(t)x_2(t)\cdots x_m(t) \tag{1.39}$$

1.2.6　系统的基本概念

在电子信息技术中，信号总是与系统（system）紧密联系。信号总是在系统中传输、存储、处理或运行，离开了系统，信号很难完成信息传递的工作，甚至难以存在。

那么究竟什么是系统呢？一般来说，系统是由若干相互作用和相互依赖的事物组合而成的具有特定功能的整体。系统是有层次的，较大的系统可能包含若干子系统；而一个系统，又可能是另一个更大系统的子系统。在电子信息技术领域，系统是为传送或加工处理信号从而实现由输入信号到输出信号变换的某种组合。例如，信源、发送设备、信道、接收设备和信宿构成一个通信系统，从而将信源的信息以信号的形式传递给信宿。传感器、前置放大器、模数（analog-to-digital，A/D）转换器和计算机组成了一个数据采集与处理系统，其目的是将以各种形态存在的原始信息以电信号的形式采集到计算机系统，并进行后续分析处理。

1.2.7　系统的分类与特性

信号与系统的关系可以采用多种不同的方式来表示，例如微分方程、差分方程、系统的输入/输出关系、系统函数与系统框图等，图 1.17 给出了最基本的信号与系统框图表示。

图 1.17　信号与系统的框图表示

根据系统对信号进行加工处理的特性，可以将系统分为多种类别，下面简要介绍系统的分类与各类系统相应的特性。

1. 连续时间系统与离散时间系统

若系统的输入信号（input signal）和输出信号（output signal）均为连续时间信号，且系统内部也未将输入的连续时间信号转换为离散时间信号，则称这类系统为连续时间系统（continuous-time system）。与此类似，若系统的输入和输出都是离散时间信号，则称这类系统为离散时间系统（discrete-time system）。常见的模拟电子电路是连续时间系统的例子，而数字计算机则是典型的离散时间系统。实际上，连续时间系统与离散时间系统经常是混合使用的，例如在数据采集系统中，A/D 转换器将连续时间信号转换为离散时间信号或数字信号，因而这种系统常称为混合系统（hybrid system）。

微分方程是描述连续时间系统的基本方法，而差分方程则是描述离散时间系统的基本方法。

例 1.5　给定一个由电阻 R 和电容 C 组成的 RC 电路，如图 1.18 所示。试用微分方程表示系统输出 $V_C(t)$ 与输入 $V_s(t)$ 之间的关系。

解　根据电路中的欧姆定律和元器件上电压与电流的关系，可以列出系统微分方程为

$$\frac{V_s(t)}{R} - \frac{V_C(t)}{R} = C\frac{dV_C(t)}{dt}$$

经整理，有 $\dfrac{\mathrm{d}}{\mathrm{d}t}V_C(t) + \dfrac{1}{RC}V_C(t) = \dfrac{1}{RC}V_s(t)$，其中 $V_C(t)$ 表示输出信号的电压。

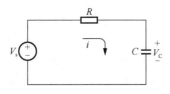

图 1.18　一个 RC 电路

例 1.6　考虑银行储蓄账户的存款余额问题。设 $x(n)$ 为本月净储蓄额，$A = 0.01$ 为储蓄月利率，$y(n)$ 为本月储蓄余额，$y(n-1)$ 表示上月储蓄余额。则可列出差分方程如下：
$$y(n) = (1 + A)y(n-1) + x(n)$$

2. 记忆系统与非记忆系统

若系统某时刻的输出信号仅取决于系统同时刻的输入信号，则该系统为无记忆系统（memoryless system）。反之，若系统的输出信号不仅取决于同时刻的输入信号，还与其他时刻的输入有关，则该系统称为有记忆系统（memory system）。例如，$y(t) = 2x(t)$ 是典型的无记忆系统，而 $y(t) = 2x(t+1) + 3x(t-1)$ 则显然是有记忆系统。

实际上，系统的记忆功能相当于系统具有能够保留或存储非当前时刻输入信息或能量的能力。常见的记忆系统的例子包括电路中的储能元件，计算机中的寄存器和存储器等。正是由于系统具有记忆性，才使得系统能对输入信号进行更好的加工与处理。

3. 线性系统与非线性系统

具有叠加性和齐次性的系统称为线性系统（linear system），反之则称为非线性系统（non-linear system）。

所谓叠加性（additive），是指系统对多个输入信号之和的响应等于该系统对这些输入信号的响应之和。所谓齐次性（homogenity），又称为比例性（scaling），是指系统对某一输入信号响应的 a 倍等于该系统对该输入信号 a 倍的响应。同时考虑系统的叠加性和齐次性，则构成了系统的线性性质。表示为：若 $x_1(t) \to y_1(t)$，且 $x_2(t) \to y_2(t)$，则有
$$ax_1(t) + bx_2(t) \to ay_1(t) + by_2(t) \tag{1.40}$$
式中，符号 "$\to$" 表示系统对信号的运算。线性性质是系统重要的性质之一。

例 1.7　设系统 h 的输入-输出关系为 $y(t) = tx(t)$，试确定该系统是否为线性系统。

解　考虑任意两个输入信号 $x_1(t)$ 和 $x_2(t)$，根据系统的输入-输出关系，有
$$y_1(t) = tx_1(t), \quad y_2(t) = tx_2(t)$$
设 $x_3(t)$ 为 $x_1(t)$ 和 $x_2(t)$ 的加权线性组合，即 $x_3(t) = ax_1(t) + bx_2(t)$，其中，$a$、$b$ 均为任意常数。设 $x_3(t)$ 为系统的输入，则有
$$x_3(t) \to y_3(t) = tx_3(t) = t[ax_1(t) + bx_2(t)] = atx_1(t) + btx_2(t) = ay_1(t) + by_2(t)$$
由于将两输入信号 $x_1(t)$ 和 $x_2(t)$ 的线性组合 $x_3(t)$ 送入系统 h 所得到的输出 $y_3(t)$ 与这两个输入信号分别送入系统 h 所得到的输出加权和相等，故系统 h 为线性系统。

4. 时变系统与时不变系统

若系统的参数不随时间变化，则该系统为时不变系统（time-invariant system）。反之，若系统的参数随时间变化，则该系统为时变系统（time-varying system）。设时不变系统的输入和输出信号分别为 $x(t)$ 和 $y(t)$。若满足 $x(t) \to y(t)$，则必有 $x(t-t_0) \to y(t-t_0)$。

例 1.8 设连续时间系统定义为 $y(t) = e^{x(t)}$，试确定该系统是否为时不变系统。

解 做 4 个步骤的准备：①设 $x_1(t)$ 为系统的任意输入信号，则对应的输出信号为 $y_1(t) = e^{x_1(t)}$。②将 $x_1(t)$ 时移，得到 $x_2(t) = x_1(t-t_0)$。③将 $x_2(t) = x_1(t-t_0)$ 输入系统，得到输出信号 $y_2(t) = e^{x_2(t)} = e^{x_1(t-t_0)}$。④将 $y_1(t)$ 做相同的时移，得到 $y_1(t-t_0) = e^{x_1(t-t_0)}$。

判断：由于 $y_2(t) = y_1(t-t_0)$，则该系统为时不变系统。

时不变特性是系统重要的特性之一。通常，将系统的线性性质与时不变性质联合起来考虑，即同时满足线性性质和时不变性质的系统，称为线性时不变系统（linear time-invariant system），简称为 LTI 系统。

5. 可逆系统与不可逆系统

若系统在不同的输入激励下产生不同的输出响应，则该系统称为可逆系统（invertible system）。反之，则称为不可逆系统。若一系统为可逆系统，则该系统一定存在一个逆系统（inverse system）。

6. 因果系统与非因果系统

若系统当前时刻的输出只与系统当前时刻和过去时刻的输入有关，则称系统为因果系统（causal system）。反之，系统是非因果系统（non-causal system）。因果系统是实时物理可实现系统，在信号分析与处理技术中占有重要地位，而非因果系统则是实时物理不可实现系统。但是实际上，并非所有信号处理系统都是由因果系统构成的。例如，在数字图像处理中，由于图像信号是空间坐标的函数而非时间的函数，因此非因果系统是经常使用的。再如，在实时性要求不是十分严格的数字信号处理问题中，非因果数字滤波器也是经常使用的。

例 1.9 试确定下列系统的因果性：

（1） $y(t) = 3x(t) + 4x(t-1)$；

（2） $y(n) = 3x(n) + 4x(n+1)$。

解 （1）由于输出信号只与当前时刻和过去时刻的输入信号有关，故该系统为因果系统。

（2）由于输出信号与将来时刻的输入信号有关，故该系统为非因果系统。

7. 稳定系统与不稳定系统

若有界的输入信号导致系统有界的输出，则该系统为稳定系统。反之，则系统为不稳定系统。诸如 $y(n) = (n+1)x(n)$ 这样的系统是典型的不稳定系统。

1.2.8 系统分析问题

系统分析问题是信号处理中重要的问题，大致可划分为系统模型建立和求解两个方面。

1. 系统模型的建立

（1）系统模型建立的输入-输出法。

输入-输出法注重系统的激励与响应（即系统的输入与输出）之间的关系，而并不关心系统内部变量的情况，并且常用于单输入-单输出（single-input single-output，SISO）系统。对于连续时间线性时不变系统，输入-输出法的系统模型通常用线性常系数微分方程来描述，对于离散时间线性时不变系统，输入-输出法的系统模型则通常用线性常系数差分方程来描述。上述两种系统也常用单位冲激响应（unit impulse response）来描述。

（2）系统模型建立的状态变量法。

状态变量（state variable）法通过系统的状态方程和输出方程来描述系统的状态与特性，不仅可以描述系统输入与输出之间的关系，还可以描述系统内部的状况，常用于描述多输入-多输出（multiple-input multiple-output，MIMO）系统。

　2. 系统模型的求解

（1）系统的时域解法。

系统的时域（time domain）解法是系统分析的最基本的方法。这种方法直接在时域分析研究系统的响应特性，具有物理概念明确清晰的特点。对于由输入-输出模型描述的系统，常采用求解线性常系数微分方程或差分方程，或利用卷积（convolution）方法求解系统的输出。对于状态变量法描述的系统，则一般需要以线性代数方法求解状态方程与输出方程。

（2）系统的变换域解法。

系统分析的变换域（transform domain）方法将信号与系统的时域模型变换到某个变换域再进行求解。变换的目的主要是简化计算。例如在时域表示为微分方程的线性时不变系统，经拉普拉斯变换变成了代数方程，可以显著简化计算。常用的变换方法包括：傅里叶变换（Fourier transform，FT）、拉普拉斯变换（Laplace transform，LT）、z 变换（z-transform）等。其中，傅里叶变换适合于对信号与系统进行频域分析，而 LT 和 z 变换则适合于对系统进行零极点分析以及稳定性和因果性等分析。此外，另一些正交变换，例如离散傅里叶变换（discrete Fourier transform，DFT）、快速傅里叶变换（fast Fourier transform，FFT）等也都广泛应用于信号与系统的分析和处理之中。相对于系统的时间域解法，系统的变换域解法往往更为简便和快速，因而得到广泛的重视和应用。

1.3　线性时不变系统的时域分析与卷积

1.3.1　线性时不变系统的基本概念

本书在 1.2.7 节介绍了线性系统与时不变系统的概念，将这两个概念结合起来，构成了线性时不变系统（LTI）的概念。所谓 LTI 系统，就是既满足线性性质，又同时满足时不变性质的系统。连续时间 LTI 系统的特性可以描述如下：若 $x_1(t) \rightarrow y_1(t)$，且 $x_2(t) \rightarrow y_2(t)$，则

$$ax_1(t-t_1)+bx_2(t-t_2) \rightarrow ay_1(t-t_1)+by_2(t-t_2) \tag{1.41}$$

对应地，可以写出离散时间 LTI 系统的特性。对于 LTI 系统的研究与分析，是本书的重点内容之一。

1.3.2　连续时间 LTI 系统的时域分析与卷积积分

　1. 连续时间 LTI 系统的微分方程描述

连续时间 LTI 系统时域分析的基本方法归结为建立并求解线性常系数微分方程的问题，

这种微分方程中包含有表示激励和响应（即输入和输出）的时间函数以及它们对于时间的各阶导数的线性组合。式（1.42）给出了 N 阶 LTI 系统微分方程的一般形式：

$$\sum_{k=0}^{N} a_k \frac{\mathrm{d}^k y(t)}{\mathrm{d}t^k} = \sum_{k=0}^{M} b_k \frac{\mathrm{d}^k x(t)}{\mathrm{d}t^k} \tag{1.42}$$

式中，$x(t)$ 和 $y(t)$ 分别表示 LTI 系统的输入信号和输出信号；b_k 和 a_k 分别表示输入和输出项第 k 阶的加权系数；M 和 N 分别表示输入项和输出项的阶数，通常满足 $N \geqslant M$。

一般来说，为了求解如式（1.42）所示的微分方程，必须给定一些附加条件，通过求解运算，将系统转换为用输入信号表示输出信号的显式形式，从而完成对系统的时域分析。但是，求解微分方程通常并不是一件轻松的事情。因此，本书回避微分方程的时域求解问题，而在后面章节介绍通过不同的正交变换，将微分方程转换为代数方程，然后再进行求解的变换域系统分析求解方法。

2. 用单位冲激信号的线性组合表示任意连续时间信号

设任意连续时间信号 $x(t)$ 的波形如图 1.19 中的光滑曲线所示。

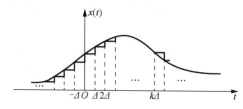

图 1.19　任意连续时间信号 $x(t)$ 的波形图

图中，阶梯状折线表示用小区间 Δ 对 $x(t)$ 进行分段的情况。若 $\delta_\Delta(t)$ 定义为

$$\delta_\Delta(t) = \begin{cases} \dfrac{1}{\Delta}, & 0 \leqslant t \leqslant \Delta \\ 0, & \text{其他} \end{cases} \tag{1.43}$$

则 $\Delta \delta_\Delta(t) = 1$。当 $\Delta \to 0$ 时，$\delta_\Delta(t) \to \delta(t)$，且由折线表示的线段则趋于 $x(t)$，表示为

$$x(t) = \lim_{\Delta \to 0} \sum_{k=-\infty}^{\infty} x(k\Delta) \delta_\Delta(t - k\Delta) \Delta = \int_{-\infty}^{\infty} x(\tau) \delta(t - \tau) \mathrm{d}\tau \tag{1.44}$$

由式（1.44）可见，任意连续时间信号 $x(t)$ 可以表示为单位冲激信号 $\delta(t)$ 及其时移的线性组合的形式。

3. 连续时间 LTI 系统的单位冲激响应

对于连续时间 LTI 系统，若输入信号为 $\delta_\Delta(t)$，输出信号定义为 $h_\Delta(t)$，即 $\delta_\Delta(t) \to h_\Delta(t)$，其中 "$\to$" 表示把信号送入系统，则由 LTI 系统的线性和时不变性质，有

$$\begin{cases} \qquad \qquad \vdots \\ x(-\Delta)\delta_\Delta(t + \Delta) \to x(-\Delta)h_\Delta(t + \Delta) \\ x(0)\delta_\Delta(t) \to x(0)h_\Delta(t) \\ x(\Delta)\delta_\Delta(t - \Delta) \to x(\Delta)h_\Delta(t - \Delta) \\ \qquad \qquad \vdots \end{cases} \tag{1.45}$$

上式可以解释为 LTI 系统对 $\delta_\Delta(t)$ 信号线性组合的响应。对上式左边求和并求 $\Delta \to 0$ 的极限，

可得式（1.44），即用单位冲激信号的线性组合可表示任意连续时间信号 $x(t)$。对上式右边求和并求 $\Delta \to 0$ 的极限，可得式（1.46），表示 LTI 系统对任意连续时间信号 $x(t)$ 的响应。在这个过程中，由于 $\Delta \to 0$，相应地有 $\delta_\Delta(t) \to \delta(t)$ 和 $h_\Delta(t) \to h(t)$。

$$y(t) = \int_{-\infty}^{\infty} x(\tau) h(t-\tau) \mathrm{d}\tau \tag{1.46}$$

式中，$x(t)$ 表示任意连续时间信号作为 LTI 系统的输入；$y(t)$ 表示系统的输出；$h(t)$ 则定义为系统的单位冲激响应，即系统对单位冲激信号的响应。单位冲激响应完全是由系统本身的特性决定的，而与系统的激励源无关，是用时间函数表示系统特性的一种常用方式。在实际应用中，若用一个持续时间很短但幅度很大的电压脉冲通过一个电阻给电容器充电，则电容器两端的电压变化就近似于这个系统的单位冲激响应。

4. 连续时间 LTI 系统的卷积积分

实际上，式（1.46）表示连续时间 LTI 系统的卷积积分（convolution integral），简称为"连续卷积"或"卷积"，记为

$$y(t) = x(t) * h(t) = \int_{-\infty}^{\infty} x(\tau) h(t-\tau) \mathrm{d}\tau \tag{1.47}$$

容易证明，LTI 系统的卷积运算服从交换律（commutative property）、结合律（associative property）和分配律（distributive property），即

$$\begin{aligned}
&x(t) * h(t) = h(t) * x(t) \\
&x(t) * [h_1(t) * h_2(t)] = [x(t) * h_1(t)] * h_2(t) \\
&[x_1(t) + x_2(t)] * h(t) = x_1(t) * h(t) + x_2(t) * h(t)
\end{aligned} \tag{1.48}$$

卷积运算是时域求解 LTI 系统输出响应的最常用的基本方法。如果已知系统的单位冲激响应 $h(t)$，并给定系统的输入信号 $x(t)$，则根据式（1.47）就可以计算出系统的输出信号 $y(t)$，称为系统的响应。

连续时间 LTI 系统卷积积分运算的基本步骤如下。

步骤 1：自变量变换。将给定信号波形的横坐标由 t 改变为 τ，即 τ 为信号的自变量，例如：$x(t) \to x(\tau)$ 和 $h(t) \to h(\tau)$。

步骤 2：反褶。把两个参与卷积运算的信号或系统中的任意一个反褶，即把该信号绕纵轴反转。例如，将 $h(\tau)$ 反褶得到 $h(-\tau)$。

步骤 3：时移。把反褶后的信号在时间轴上位移 t，即由 $h(-\tau)$ 得到 $h(t-\tau)$。此时 t 为参变量。在 τ 为横坐标、$h(-\tau)$ 为纵坐标的坐标系中，$t>0$ 表示波形右移，$t<0$ 表示波形左移。

步骤 4：重叠相乘。把两信号的重叠部分相乘，有 $x(\tau) h(t-\tau)$。

步骤 5：积分。计算在各个时间段相乘波形的积分，即 $\int_{-\infty}^{\infty} x(\tau) h(t-\tau) \mathrm{d}\tau$。

例 1.10　设一连续时间 LTI 系统的单位冲激响应为 $h(t) = u(t)$，其输入信号为 $x(t) = \mathrm{e}^{-2t} u(t)$，试求系统的输出信号 $y(t)$。

解　步骤 1：自变量变换。将 $x(t) = \mathrm{e}^{-2t} u(t)$ 写为 $x(\tau) = \mathrm{e}^{-2\tau} u(\tau)$，将 $h(t) = u(t)$ 写为 $h(\tau) = u(\tau)$。

步骤 2：反褶。选择 $h(\tau)$ 反褶为 $h(-\tau) = u(-\tau)$。

步骤 3：时移。即由 $h(-\tau)$ 得到 $h(t-\tau) = u(t-\tau)$。控制时移是卷积运算的一个重要环节，一般需要根据参加卷积运算两信号的具体情况进行分段。在本例题中，可以分为两段。一段

取 $t < 0$ 的区间，即反褶后的 $u(-\tau)$ 向左时移，另一段取 $t > 0$ 的区间，即 $u(-\tau)$ 向右时移。

步骤 4：重叠相乘。要根据步骤 3 的分段分别进行。本例题的两个分段中，$t < 0$ 这一段两信号无重叠部分，故乘积为 0；$t > 0$ 的这一段中，两信号重叠，即有 $e^{-2\tau}u(\tau)u(t-\tau)$。根据两个单位阶跃信号可以确定两信号的重叠区间为 $(0, t)$，其中 $t \in (0, +\infty)$。

步骤 5：积分。在区间 $(0, t)$ 对 $e^{-2\tau}$ 进行积分，得到 $y(t) = \int_0^t e^{-2\tau}\mathrm{d}\tau = \frac{1}{2}(1 - e^{-2t})u(t)$。

例 1.11　设 LTI 系统的单位冲激响应和输入信号均为锯齿脉冲，即 $h(t) = t[u(t) - u(t-1)]$，$x(t) = t[u(t) - u(t-1)]$。试用 MATLAB 编程计算系统的输出信号 $y(t)$，并绘出 $y(t)$ 的波形。

解　利用 MATLAB 的数值积分函数计算两锯齿脉冲信号卷积的程序代码如下：

```
clear all;
for i=1:100
    t(i)=(i-1)/40;   F=@(x)sawtooth(x).*sawtooth(t(i)-x);
    y(i)=quad (F,0,t(i));
end
plot(t,y); xlabel('t /s');  ylabel('幅度'); title('卷积结果');
% 按照 MATLAB 数值积分函数的要求定义锯齿脉冲信号如下：
function R=sawtooth(t);  [M,N]=size(t);
for i=1:N
    if t(i)<0
        R(i)=0;
    elseif t(i)>1
        R(i)=0;
    else
        R(i)=t(i);
    end
end
```

图 1.20 给出了卷积积分的计算结果。

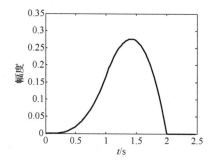

图 1.20　两锯齿脉冲信号卷积积分的结果

1.3.3　离散时间 LTI 系统的时域分析与卷积和

1. 离散时间 LTI 系统的差分方程描述

与连续时间 LTI 系统的时域分析相对应，离散时间 LTI 系统的时域分析方法归结为建立并求解线性常系数差分方程的问题，差分方程中包含了表示激励和响应的离散时间信号以及它们各阶差分的线性组合。式（1.49）给出了 N 阶离散时间 LTI 系统差分方程的一般形式：

$$\sum_{k=0}^{N} a_k y(n-k) = \sum_{k=0}^{M} b_k x(n-k) \tag{1.49}$$

式中，$x(n)$ 和 $y(n)$ 分别表示离散时间 LTI 系统的输入和输出信号；b_k 和 a_k 分别表示输入和输出项第 k 阶差分的加权系数；M 和 N 分别表示输入项和输出项的阶数，通常满足 $N \geqslant M$。

　　式（1.49）所示的差分方程可以采用求解微分方程相类似的方法进行求解，也可以用递推的方式来求解，即用输入信号和以前时刻的输出信号来推出当前时刻的输出信号值。不过，上述两种求解差分方程的方法并不常用。与连续时间 LTI 系统的求解问题类似，离散时间 LTI 系统也通常是在某个变换域进行求解的。当然，也可以再变换到时间域通过单位冲激响应来对系统进行分析与计算。

　　2. 用单位冲激信号的线性组合表示任意离散时间信号

　　任意离散时间信号 $x(n)$ 的示意图如图 1.21 所示。

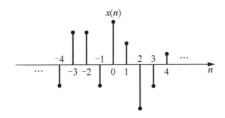

图 1.21　任意离散时间信号示意图

　　由图可见，任意离散时间信号 $x(n)$ 可以表示为组成它的单位脉冲信号 $\delta(n)$ 及其时移的加权线性组合的形式，即

$$x(n) = \sum_{k=-\infty}^{\infty} x(k)\delta(n-k) \tag{1.50}$$

　　3. 离散时间 LTI 系统的单位冲激响应

　　对于任意离散时间 LTI 系统来说，若定义输入信号为 $\delta(n)$ 时的输出信号为 $h(n)$，即 $\delta(n) \to h(n)$，则根据系统的线性和时不变性质，有

$$\left\{ \begin{array}{l} \vdots \\ x(-1)\delta(n+1) \to x(-1)h(n+1) \\ x(0)\delta(n) \to x(0)h(n) \\ x(1)\delta(n-1) \to x(1)h(n-1) \\ \vdots \end{array} \right. \tag{1.51}$$

　　对上式的左右两边分别求和，可以分别得到式（1.50）和

$$y(n) = \sum_{k=-\infty}^{\infty} x(k)h(n-k) \tag{1.52}$$

式中，$x(n)$ 表示作为 LTI 系统输入的任意离散时间信号；$y(n)$ 表示系统的输出；$h(n)$ 则定义为系统的单位冲激响应，即系统对单位冲激信号 $\delta(n)$ 的响应。

4. 离散时间 LTI 系统的卷积和

与连续时间 LTI 系统的情况相同,式(1.52)称为离散时间 LTI 系统的卷积和(convolution sum),简称为"离散卷积"或"卷积",记为

$$y(n) = x(n) * h(n) = \sum_{k=-\infty}^{\infty} x(k)h(n-k) \tag{1.53}$$

同样,离散时间 LTI 系统的卷积运算也服从交换律、结合律和分配律。

离散卷积是离散时间 LTI 系统分析的最常用的基本方法。若已知系统的单位冲激响应 $h(n)$,给定系统的输入信号 $x(n)$,则根据式(1.53)就可以求解得出系统的输出信号 $y(n)$。

离散卷积的计算方法与连续卷积相似,包括自变量变换、反褶、时移、重叠相乘和求和五个步骤,不再赘述。

例 1.12　给定一离散时间 LTI 系统,其单位冲激响应 $h(n)$ 和输入信号 $x(n)$ 如图 1.22(a)和(b)所示。试计算系统输出 $y(n)$,并绘出 $y(n)$ 的波形图。

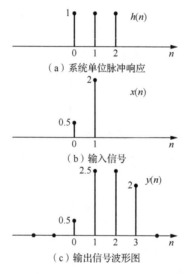

（a）系统单位脉冲响应

（b）输入信号

（c）输出信号波形图

图 1.22　输入信号输出信号和系统单位冲激响应

解　根据卷积和的定义式(1.53),有
$$y(n) = x(n) * h(n) = x(0)h(n-0) + x(1)h(n-1)$$
$$= 0.5h(n) + 2h(n-1)$$

由上式,并考虑图 1.22 给出的 $h(n)$ 的值,有 $y(0) = 0.5$, $y(1) = 2.5$, $y(2) = 2.5$, $y(3) = 2$,其他 $y(n)$ 均为 0。故 $y(n) = [0.5, 2.5, 2.5, 2]$。由此绘出 $y(n)$ 的波形图如图 1.22(c)所示。

例 1.13　利用 MATLAB 编程计算例 1.12 的输出信号 $y(n)$。

解　利用 MATLAB 中的 conv 函数计算卷积,程序代码如下:

```
% 计算 x(n) 与 h(n) 的卷积
x=[0.5 2]; h=[1 1 1]; y=zeros(1,8); y1=conv(x,h);
for i=1:4
    y(i+2)=y1(i)
end
nn=-2:1:5; stem(nn,y,'filled'); axis([-2 5 0 3]); xlabel('n');
```

```
ylabel('幅度'); title('卷积结果');
```

图 1.23 给出了卷积计算的结果。显然，与图 1.22（c）给出的手工计算结果相同。

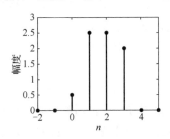

图 1.23　卷积计算的结果

1.4　线性时不变系统的基本性质

1.4.1　LTI 系统的记忆性

系统的记忆性表示系统对以前（或以后）时刻输入的记忆能力。若系统当前时刻的输出仅与系统当前时刻的输入有关，则称该系统是无记忆的，反之则是有记忆的。

对于 LTI 系统而言，若系统满足 $t \neq 0$ 时 $h(t) = 0$（或 $n \neq 0$ 时 $h(n) = 0$），则该系统为无记忆系统。若不满足上述条件，则为记忆系统。用单位冲激信号来表示，无记忆系统为

$$h(t) = K\delta(t) \qquad 或 \qquad h(n) = K\delta(n) \tag{1.54}$$

式中，K 为非 0 常数。若 $K = 1$，则单位冲激响应等于单位冲激信号，表明系统为恒等系统（identity system）。这样，连续时间和离散时间卷积公式可以分别改写为

$$x(t) = x(t) * \delta(t) \tag{1.55}$$

和

$$x(n) = x(n) * \delta(n) \tag{1.56}$$

由式（1.55）和式（1.56）可知，任意信号与单位冲激信号的卷积等于任意信号本身。这也是单位冲激信号的特性之一。

1.4.2　LTI 系统的可逆性

设 $h(t)$ 和 $h_1(t)$ 均为 LTI 系统，图 1.24 给出了 LTI 系统可逆性的图示。

$$x(t) \longrightarrow \boxed{h(t)} \xrightarrow{\ y(t)\ } \boxed{h_1(t)} \longrightarrow w(t)=x(t)$$

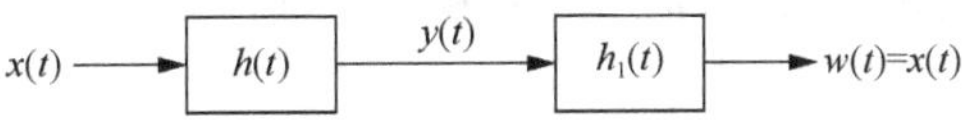

图 1.24　LTI 系统可逆性的图示

如图 1.24 所示，$h(t)$ 与 $h_1(t)$ 的级联使得最终的输出等于原始的输入，即 $w(t) = x(t)$。这样，$h(t)$ 满足可逆性条件，$h_1(t)$ 是 $h(t)$ 的逆系统。由于 $w(t) = x(t)$，这表明 $h(t)$ 与 $h_1(t)$ 的级联等效于一个恒等系统 $\delta(t)$，因此有

$$h(t) * h_1(t) = \delta(t) \tag{1.57}$$

或等效地有

$$h(n) * h_1(n) = \delta(n) \tag{1.58}$$

1.4.3　LTI 系统的因果性

系统的因果性是指系统当前时刻的输出仅取决于系统当前时刻和以前时刻的输入，而与系统未来时刻的输入无关。若 LTI 系统是因果的，需要满足

$$h(t) = 0, \quad t < 0 \tag{1.59}$$

或等效地

$$h(n) = 0, \quad n < 0 \tag{1.60}$$

这意味着，对于 LTI 系统而言，若系统单位冲激响应的全部非零值仅出现在其特性曲线坐标原点的右半边，则该系统是因果的。或者说，若 LTI 系统是因果的，则其单位冲激响应的全部非零值必仅出现在其特性曲线坐标原点的右半边。

1.4.4　LTI 系统的稳定性

若有界的输入仅引起有界的输出，则这样的系统是稳定系统。对于 LTI 系统而言，若系统的单位冲激响应满足绝对可积（absolutely integrable）或绝对可和（absolutely summable）条件，则系统是稳定的。绝对可积和绝对可和条件分别如式（1.61）和式（1.62）所示。

$$\int_{-\infty}^{\infty} |h(\tau)| d\tau < \infty \tag{1.61}$$

或

$$\sum_{k=-\infty}^{\infty} |h(k)| < \infty \tag{1.62}$$

例 1.14　试确定下列系统的稳定性：

（1）$h(t) = e^{-2t} u(t)$；

（2）$h(n) = u(n)$。

解　（1）将 $h(t) = e^{-2t} u(t)$ 代入式（1.61）所示的绝对可积条件，有

$$\int_{-\infty}^{\infty} |h(\tau)| d\tau = \int_{0}^{\infty} |e^{-2\tau}| d\tau = \frac{1}{2} < \infty$$

满足绝对可积条件，故系统 $h(t) = e^{-2t} u(t)$ 是稳定系统。

（2）将 $h(n) = u(n)$ 代入式（1.62）所示的绝对可和条件，有

$$\sum_{k=-\infty}^{\infty} |h(k)| = \sum_{k=0}^{\infty} |u(k)| = \infty$$

不满足绝对可和条件，故系统 $h(n) = u(n)$ 是不稳定系统。

1.5　本　章　小　结

信号与系统的基本理论与方法是信号处理理论的基础。本章系统介绍了信号与系统的基本概念，区分了连续时间信号与系统和离散时间信号与系统的概念，重点介绍了复指数信号、正弦信号、单位冲激信号和单位阶跃信号等几个重要信号，着重介绍了 LTI 系统的概念、特点和系统分析方法，详细介绍了连续时间 LTI 系统的卷积积分运算和离散时间 LTI 系统的卷积和运算的概念、特性和计算步骤，并给出了手算和计算机程序计算的例题。本章还专门介绍了 LTI 系统的记忆性、可逆性、因果性和稳定性的概念和判定方法。总之，本章的内容为后续章节的进一步深入学习打下了必要的基础。

思考题与习题

1.1 试解释信息的概念。试解释信号的概念。

1.2 解释信号与系统的概念。

1.3 什么是连续时间信号与系统？

1.4 什么是离散时间信号与系统？

1.5 什么是能量信号？什么是功率信号？什么是周期信号？

1.6 试说明系统的记忆性、可逆性、因果性、稳定性、线性和时不变性。

1.7 试说明线性时不变系统的概念与特性。

1.8 试解释信号与系统的自变量变换方法。

1.9 试说明连续时间和离散时间卷积的概念与计算方法。

1.10 解释 LTI 系统的因果性、稳定性、记忆性和可逆性及其判定方法。

1.11 判断下列信号的周期性：

（1）$x(t) = 2\sin(t + \pi/4)u(t)$；

（2）$x(t) = e^{j2t}$；

（3）$x(t) = e^{j2t}u(t)$；

（4）$x(n) = 2\sin(n + \pi/4)$；

（5）$x(n) = 2\cos(2\pi n)$；

（6）$x(n) = e^{j3\pi n}$。

1.12 求信号 $x(t) = 2\sin(10t + 1) + \sin(4t - 1)$ 的基波周期。

1.13 求信号 $x(n) = 1 + e^{j4\pi n/7} - e^{j2\pi n/5}$ 的基波周期。

1.14 设一连续时间信号 $x(t)$ 的波形如图题 1.14 所示，试画出下列各信号的波形：

（1）$x(t-1)$；

（2）$x(2-t)$；

（3）$x(2t+1)$；

（4）$x\left(\dfrac{2}{3}t - 1\right)$。

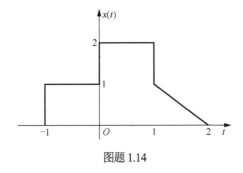

图题 1.14

1.15 给定一个由电阻 R、电容 C 和电感 L 组成的 LRC 电路，如图题 1.15 所示。试建立 LRC 电路的微分方程式。

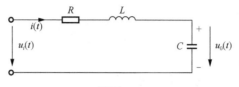

图题 1.15

1.16 试确定下列系统的记忆性、时不变性、线性、因果性、稳定性：

（1）$y(t) = x(t-2) + x(1-t)$；

（2）$y(t) = x(t/2)$；

（3）$y(t) = (\sin 2t)x(t)$；

（4）$y(n) = x(-n)$；

（5）$y(n) = (n+1)x(n)$；

（6）$y(n) = x(n-2) - 2x(n-8)$。

1.17 已知系统输入 $x(t)$ 和输出 $y(t)$ 间的关系为 $y(t) = \int_{-\infty}^{t} f(\tau)\mathrm{d}\tau + 3$，试判断该系统是否为线性系统、因果系统、稳定系统。

1.18 计算下列各式的卷积：

（1）$x(t) = \mathrm{e}^{-at}u(t), \quad h(t) = \mathrm{e}^{-bt}u(t), \quad a \neq b$；

（2）$x(t) = \mathrm{e}^{-at}u(t), \quad h(t) = \mathrm{e}^{-bt}u(t), \quad a = b$；

（3）$x(t) = u(t) - 2u(t-2) + u(t-5), \quad h(t) = \mathrm{e}^{2t}u(1-t)$。

1.19 计算下列各式的卷积，并画出结果曲线：

（1）$x(n) = \delta(n) + 2\delta(n-1) - \delta(n-3), \quad h(n) = 2\delta(n+1) + 2\delta(n-1)$；

（2）$x(n) = \left(\dfrac{1}{2}\right)^{n-2} u(n-2), \quad h(n) = u(n+2)$；

（3）$x(n) = \left(\dfrac{1}{3}\right)^{-n} u(-n-1), \quad h(n) = u(n-1)$。

1.20 考虑两个线性时不变系统，其单位冲激响应分别为 $h_1(n) = \sin 8n$ 和 $h_2(n) = a^n u(n)$，$|a| < 1$。这两个系统按照如图题 1.20 所示的方式级联。请计算当输入为 $x(n) = \delta(n) - a\delta(n-1)$ 时系统的输出。

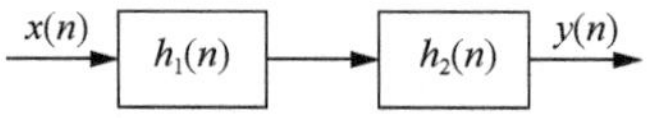

$$x(n) \longrightarrow \boxed{h_1(n)} \longrightarrow \boxed{h_2(n)} \longrightarrow y(n)$$

图题 1.20

1.21 若一个 LTI 系统对输入 $x(t) = \mathrm{e}^{-5t}u(t)$ 的响应为 $y(t) = \sin t$，试确定该系统的单位冲激响应。

1.22 设 $x(t) = \begin{cases} 1, & 0 \leqslant t \leqslant 1 \\ 0, & \text{其他} \end{cases}, \quad h(t) = x(t/\alpha)$。

（1）计算并画出卷积 $y(t) = x(t) * h(t)$；

（2）若 $\dfrac{\mathrm{d}y(t)}{\mathrm{d}t}$ 仅含有 3 个不连续点，则 $\alpha = ?$

1.23 一因果 LTI 系统，其输入-输出关系由 $y(n) = \dfrac{1}{4}y(n-1) + x(n)$ 给出，若 $x(n) = $

$\delta(n-1)$ ，试求 $y(n)$ 。

1.24 一 LTI 系统的单位冲激响应如图题 1.24 所示。为了确定 $y(0)$ ，试确定 $x(t)$ 应满足的区间。

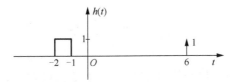

图题 1.24　给定 LTI 系统的单位冲激响应

1.25 给定 $x(t)=u(t-2)$ ，　$h(t)=\mathrm{e}^{t}u(-t-1)$ 。试计算卷积 $y(t)=x(t)*h(t)$ 。

1.26 试利用 MATLAB 编程产生单位冲激信号，并绘出波形图。

1.27 试利用 MATLAB 编程产生单位阶跃信号，并绘出波形图。

1.28 试利用 MATLAB 编程对所产生的锯齿波信号进行时移、反褶和尺度变换，绘出对应的波形图。

1.29 试利用 MATLAB 编程实现 $y(n)=x(n)*h(n)$ 的卷积运算，其中 $x(n)=u(n)$ ，$h(n)=\mathrm{e}^{-3n}u(n)$ ，并绘出计算结果的波形图。

1.30 试利用 MATLAB 编程实现 $y(t)=x(t)*h(t)$ 的卷积运算，其中 $x(t)=u(t)$ ，$h(t)=\mathrm{e}^{-3t}u(t)$ ，并绘出计算结果的波形图。

第 2 章　傅里叶理论和信号与系统的频域分析

2.1　概　　述

傅里叶理论主要包括傅里叶级数和傅里叶变换，是在频率域（frequency domain）对信号进行分析处理的重要理论工具。其主要作用是把时间信号表示为三角级数（或复指数）和的形式，或者反过来把这种级数和合成为时间信号，它是信号与系统在时域与频域之间变换的桥梁。

通过傅里叶分析方法把信号或系统由时域变换到频域，对于信号与系统的分析处理有诸多好处：第一，在频域，我们可以更方便地分析信号与系统的频谱和频率特性；第二，在时域进行的卷积运算，若在频域进行则可以得到显著的化简；第三，信号滤波与通信技术中的很多问题在频域可以分析解释得更为清晰。因此，傅里叶理论的出现，极大地促进了电子信息技术特别是通信技术的发展，成为这些领域的一个理论基石。

傅里叶理论最初是由法国科学家傅里叶（Jean Baptiste Joseph Fourier）于 19 世纪初提出的，它表明任何周期函数（即信号）都可以用正弦函数和余弦函数（实际上就是复指数信号）构成的无穷级数来表示，称为傅里叶级数。而傅里叶变换则放宽了对函数（或信号）周期性的要求，适用于相当广泛的一类信号，将这些信号也用复指数信号的线性组合来表示，并以积分方式替代求和方式来构成这种线性组合。

傅里叶的主要科学贡献是其在研究热传导理论时提出并证明的将周期性函数展开成正弦级数的理论，将欧拉（Euler）、伯努利（Bernoulli）等人在一些特殊情形下应用的三角级数方法发展成内容丰富的一般性理论，从而奠定了傅里叶理论的基础。实际上，当傅里叶于 1807 年完成他关于傅里叶级数的研究，并提交研究论文准备发表时，在 4 位审稿科学家中，拉克劳克斯（Lacroix）、孟济（Monge）和拉普拉斯（Laplace）赞成发表，而拉格朗日（Lagrange）则强烈反对，致使傅里叶的划时代论文未能面世。直到 15 年后的 1822 年，傅里叶才在《热分析理论》著作中发表了关于傅里叶级数的理论。

尽管傅里叶所提出的任意周期信号可分解为三角级数和的理论具有非常重要的创新意义和潜在的实用意义，但是在其原始论文和著作中，其理论是有缺陷的。后来在 1829 年，由狄利克雷（Dirichlet）给出了若干精确限制条件，才使傅里叶级数的理论更加严谨与完整。

本章系统介绍傅里叶级数（Fourier series，FS）、离散傅里叶级数（discrete Fourier series，DFS）、傅里叶变换（FT）、离散时间傅里叶变换（discrete-time Fourier transform，DTFT）和分数阶傅里叶变换（fractional Fourier transform，FRFT）的概念、理论、性质及其应用问题。而关于傅里叶变换的其他理论方法，诸如离散傅里叶变换、快速傅里叶变换和短时傅里叶变换（short-time Fourier transform，STFT）等，则在后续章节陆续介绍。

2.2　连续时间周期信号的傅里叶级数

2.2.1　傅里叶级数的定义

1. 周期信号的谐波关系

所谓谐波关系（harmonically relation）是指某一周期信号集合内的全部信号都有一个与基波频率 $\Omega_0 = 2\pi/T$ 成整数倍的频率，其中 T 为基波周期。呈谐波关系的连续时间复指数信号的集合可以表示为

$$\phi_k(t) = e^{jk\Omega_0 t}, \quad k = 0, \pm 1, \pm 2, \cdots \tag{2.1}$$

式中，若 $k = 0$，则 $\phi_k(t) = 1$ 为常数，表示信号的直流分量；若 $k = 1$，则 $\phi_k(t) = e^{j\Omega_0 t}$，表示信号的基波分量。实际上，任意连续时间周期信号 $x(t)$ 可以写成一个由呈谐波关系的复指数线性组合的形式，即

$$x(t) = \sum_{k=-\infty}^{\infty} a_k e^{jk\Omega_0 t} = \sum_{k=-\infty}^{\infty} a_k e^{jk(2\pi/T)t} \tag{2.2}$$

2. 连续时间周期信号的傅里叶级数的定义

定义 2.1　傅里叶级数　连续时间周期信号的傅里叶级数定义为

$$x(t) = \sum_{k=-\infty}^{\infty} a_k e^{jk\Omega_0 t} = \sum_{k=-\infty}^{\infty} a_k e^{jk(2\pi/T)t} \tag{2.3}$$

$$a_k = \frac{1}{T} \int_T x(t) e^{-jk\Omega_0 t} dt = \frac{1}{T} \int_T x(t) e^{-jk(2\pi/T)t} dt \tag{2.4}$$

上面定义式中，式（2.3）表示逆变换，又称为综合式（synthesis）；式（2.4）为正变换，又称为分解式（analysis）。显然，式（2.2）与式（2.3）一致，这表明连续时间周期信号的傅里叶级数实际上是将该信号表示为呈谐波关系的复指数信号的线性组合形式。

除了定义 2.1 给出的复指数形式外，傅里叶级数的表达式还可以写为不同的形式，读者可以自行查阅相关书籍。

3. 狄利克雷条件

狄利克雷条件（Drichlet conditions）指出了傅里叶级数成立须满足的条件，如下。

条件 2.1　在任意周期内，连续时间周期信号 $x(t)$ 必须绝对可积，即必须满足

$$\int_T |x(t)| dt < \infty \text{ 。}$$

条件 2.2　在任意有限区间内，连续时间周期信号 $x(t)$ 具有有限个起伏变化。

条件 2.3　在任意有限区间内，$x(t)$ 只有有限个不连续点，且在这些不连续点上，信号值是有限的。

实际上，狄利克雷条件弥补了傅里叶级数理论的不完善性，避免了傅里叶级数在一些特殊情况下所出现的发散性，从而使得傅里叶级数理论更加严谨。图 2.1 给出了不满足狄利克雷条件（称为傅里叶级数不收敛）的一些连续时间周期信号的例子。在自然界和工程实际问题中所遇到的信号都是满足狄利克雷条件的，因此其傅里叶级数都是存在的或收敛的。这样，

我们一般不再详细讨论信号的狄利克雷条件问题。

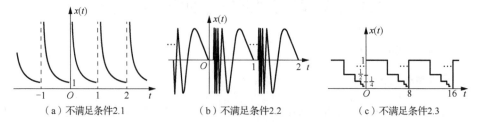

| （a）不满足条件2.1 | （b）不满足条件2.2 | （c）不满足条件2.3 |

图 2.1　不满足狄利克雷条件的信号举例

例 2.1　试求给定信号 $x(t) = \begin{cases} 1, & |t| < T_1 \\ 0, & T_1 < |t| < T/2 \end{cases}$ 的傅里叶级数系数 a_k。

解　根据给定信号的表达式，可以绘出其信号波形图如图 2.2 所示。

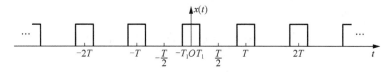

图 2.2　给定信号的波形图

将信号表达式代入傅里叶级数的定义式（2.4），有

$$a_k = \frac{1}{T}\int_{-T_1}^{T_1} \mathrm{e}^{-jk\Omega_0 t}\mathrm{d}t = -\frac{1}{jk\Omega_0 T}\mathrm{e}^{-jk\Omega_0 t}\Big|_{-T_1}^{T_1} = \frac{2}{k\Omega_0 T}\left(\frac{\mathrm{e}^{jk\Omega_0 T_1} - \mathrm{e}^{-jk\Omega_0 T_1}}{2j}\right) = \frac{\sin(k\Omega_0 T_1)}{k\pi}, \quad k \neq 0$$

由于上式 $k \neq 0$，故需重新计算 $k = 0$ 的情况，有

$$a_0 = \frac{1}{T}\int_{-T_1}^{T_1}\mathrm{d}t = \frac{2T_1}{T}$$

傅里叶级数的系数 a_k 称为连续时间周期信号 $x(t)$ 的频谱，即表示信号各频率成分在频率域的分布情况。一般来说，频谱可以分为幅度谱（magnitude spectrum）和相位谱（phase spectrum）两部分，分别表示信号各频率分量的幅度和相位在频域上的分布。由傅里叶级数所表示的幅度谱和相位谱分别如式（2.5）和式（2.6）所示：

$$|a_k| = \sqrt{[\mathrm{Re}(a_k)]^2 + [\mathrm{Im}(a_k)]^2} \tag{2.5}$$

$$\sphericalangle a_k = \arctan\left[\frac{\mathrm{Im}(a_k)}{\mathrm{Re}(a_k)}\right] \tag{2.6}$$

式中，$\mathrm{Re}(a_k)$ 和 $\mathrm{Im}(a_k)$ 分别表示 a_k 的实部和虚部；$\arctan(\cdot)$ 表示反正切运算。图 2.3 给出了例 2.1 中信号 $x(t)$ 的频谱图。实际上，该频谱图是信号实值频谱 a_k 的频率分布曲线。根据信号波形中 T_1 与 T 的关系，可以画出不同的频谱图。显然，随着信号波形中非零值区间的变窄，信号频谱的幅度会减小，且波动周期加长。

例 2.2　试计算信号 $x(t) = \cos\Omega_0 t$ 的傅里叶级系数 a_k。

解　根据欧拉公式，$x(t) = \cos\Omega_0 t$ 可以写为复指数形式 $\cos\Omega_0 t = \frac{1}{2}\mathrm{e}^{j\Omega_0 t} + \frac{1}{2}\mathrm{e}^{-j\Omega_0 t}$。将该式与傅里叶级数的逆变换式（2.3）对比，可得 $a_1 = a_{-1} = \frac{1}{2}$，$a_k = 0$，若 $k \neq \pm 1$。

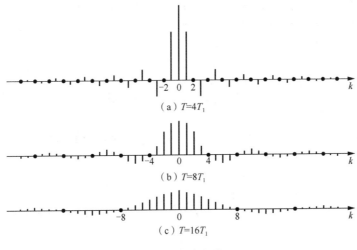

（a）$T=4T_1$

（b）$T=8T_1$

（c）$T=16T_1$

图 2.3　信号的频谱图

2.2.2　傅里叶级数的性质

表 2.1 给出了连续时间傅里叶级数的主要性质。

表 2.1　连续时间傅里叶级数的主要性质

序号	性质	连续时间周期信号 $x(t)$、$y(t)$（周期为 T，基波频率 $\Omega_0 = 2\pi/T$）	傅里叶级数系数 a_k、b_k
1	线性性质	$Ax(t) + By(t)$	$Aa_k + Bb_k$
2	时移性质	$x(t - t_0)$	$a_k e^{-jk\Omega_0 t_0} = a_k e^{-jk(2\pi/T)t_0}$
3	频移性质	$e^{jM\Omega_0 t} x(t) = e^{jM(2\pi/T)t} x(t)$	a_{k-M}
4	共轭性质	$x^*(t)$	a_{-k}^*
5	反褶性质	$x(-t)$	a_{-k}
6	时域尺度变换性质	$x(\alpha t)$，$\alpha > 0$（周期为 T/α）	a_k
7	周期卷积性质	$\int_T x(\tau) y(t-\tau) \mathrm{d}\tau$	$Ta_k b_k$
8	相乘性质	$x(t)y(t)$	$\displaystyle\sum_{l=-\infty}^{\infty} a_l b_{k-l}$
9	时域微分性质	$\dfrac{\mathrm{d}x(t)}{\mathrm{d}t}$	$jk\Omega_0 a_k = jk\dfrac{2\pi}{T} a_k$
10	实信号的共轭对称性	$x(t)$ 为实信号	$\begin{cases} a_k = a_{-k}^* \\ \mathrm{Re}(a_k) = \mathrm{Re}(a_{-k}) \\ \mathrm{Im}(a_k) = -\mathrm{Im}(a_{-k}) \\ |a_k| = |a_{-k}| \\ \sphericalangle a_k = -a_{-k} \end{cases}$
11	帕塞瓦尔定理	$\dfrac{1}{T}\int_T |x(t)|^2\, \mathrm{d}t = \displaystyle\sum_{k=-\infty}^{\infty} |a_k|^2$	

例 2.3　利用 MATLAB 编程计算周期性方波信号的傅里叶级数系数，并绘出频谱图。假设信号的周期 $T = 4$，脉冲宽度 $T_1 = 2$，幅值 $A = 0.5$。

解　MATLAB 程序代码如下：

```
% 计算周期性矩形波信号的傅里叶级数系数, 并绘出频谱图
```

```
    clc, clear; T=4; width=2; A=0.5; t1=-T/2:0.001:T/2;
    ft1=0.5*[abs(t1)<width/2]; t2=[t1-2*T t1-T t1 t1+T t1+2*T];
ft=repmat (ft1,1,5);
    figure(1);
    subplot(211); plot(t2,ft); axis([-8 8 0 0.8]); xlabel('t'); ylabel('波形
幅度'); grid on; w0=2*pi/T; N=20; K=0:N; ak=zeros(N+1,1);
    for k=0:N
        factor1=['exp(-j*t*',num2str(w0),'*',num2str(k),')'];
f_t=[num2str(A),'*rectpuls(t,2)'];
        ak(k+1)=quad([f_t,'.*',factor1],-T/2,T/2)/T;
    end
    kk=0:N; subplot(212); stem(kk,abs(ak),'filled'); xlabel('k'); ylabel('频
谱幅度'); grid on;
```

图 2.4 给出了周期性方波信号的波形和根据其傅里叶级数系数绘制的频谱图。

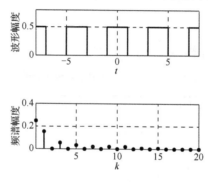

图 2.4　周期性方波信号的波形图和频谱图

2.3　离散时间周期信号的傅里叶级数

2.3.1　离散傅里叶级数的定义

1.　离散时间周期信号的谐波关系

设离散时间复指数信号 $x(n) = \mathrm{e}^{\mathrm{j}\omega_0 n}$，若满足 $\dfrac{\omega_0}{2\pi} = \dfrac{m}{N}$ 为有理数，则 $x(n)$ 为周期信号，其中 N 表示信号的基波周期。由此，可以构造一个离散时间复指数信号的谐波函数集为

$$\phi_k(n) = \mathrm{e}^{\mathrm{j}k\omega_0 n} = \mathrm{e}^{\mathrm{j}k(2\pi/N)n}, \quad k = 0, \pm 1, \pm 2, \cdots \tag{2.7}$$

在这个谐波集中，所有信号都是周期信号，且各谐波频率均为 $2\pi / N$ 的整数倍。

需要说明的是，由于离散时间周期性复指数信号关于频率的周期性，由式（2.7）所给出的谐波集只有 N 个信号是不同的，这些信号满足如下关系：

$$\phi_k(n) = \phi_{k+rN}(n) \tag{2.8}$$

式中，r 为任意整数。表明当 k 的增量为 N 的整数倍时，就得到一个完全一样的序列。

实际上，任意离散时间周期信号都可以写为一组谐波信号线性组合的形式，如下：

$$x(n) = \sum_{k=\langle N\rangle} a_k \phi_k(n) = \sum_{k=\langle N\rangle} a_k \mathrm{e}^{\mathrm{j}k\omega_0 n} = \sum_{k=\langle N\rangle} a_k \mathrm{e}^{\mathrm{j}k(2\pi/N)n} \tag{2.9}$$

式中，$k = \langle N \rangle$ 表示在任意一个周期内求和。

2. 离散傅里叶级数

定义 2.2 离散傅里叶级数 离散时间周期信号的傅里叶级数定义为

$$x(n) = \sum_{k=\langle N \rangle} a_k \mathrm{e}^{jk\omega_0 n} = \sum_{k=\langle N \rangle} a_k \mathrm{e}^{jk(2\pi/N)n} \tag{2.10}$$

$$a_k = \frac{1}{N} \sum_{n=\langle N \rangle} x(n) \mathrm{e}^{-jk\omega_0 n} = \frac{1}{N} \sum_{n=\langle N \rangle} x(n) \mathrm{e}^{-jk(2\pi/N)n} \tag{2.11}$$

式中，$k = \langle N \rangle$ 或 $n = \langle N \rangle$ 表示在任意一个周期求和。由定义 2.2 可以看出，不仅离散时间信号 $x(n)$ 是周期性的，离散傅里叶级数系数 a_k 也是周期性的，二者的周期均为 N。此外，离散时间周期信号 $x(n)$ 与其离散傅里叶级数系数 a_k 均为复指数谐波信号的线性组合。

例 2.4 给定离散时间周期性方波信号如图 2.5 所示。试求其离散傅里叶级数系数 a_k。

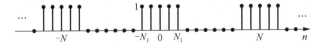

图 2.5 给定离散时间周期性方波信号的波形图

解 根据式（2.11）计算信号序列的离散傅里叶级数系数，有 $a_k = \frac{1}{N} \sum_{n=-N_1}^{N_1} \mathrm{e}^{-jk(2\pi/N)n}$。令

$m = n + N_1$，则上式变为 $a_k = \frac{1}{N} \sum_{m=0}^{2N_1} \mathrm{e}^{-jk(2\pi/N)(m-N_1)} = \frac{1}{N} \mathrm{e}^{jk(2\pi/N)N_1} \sum_{m=0}^{2N_1} \mathrm{e}^{-jk(2\pi/N)m}$。这样，$a_k = $

$\frac{1}{N} \mathrm{e}^{jk(2\pi/N)N_1} \dfrac{1 - \mathrm{e}^{-jk2\pi(2N_1+1)/N}}{1 - \mathrm{e}^{-jk(2\pi/N)}} = \dfrac{1}{N} \dfrac{\sin[2\pi k(N_1 + 1/2)/N]}{\sin(\pi k)/N}$，$k \neq 0, \pm N, \pm 2N, \cdots$ 和 $a_k = \dfrac{2N_1 + 1}{N}$，

$k = 0, \pm N, \pm 2N, \cdots$。图 2.6 给出了 $N = 20$，40 且 $2N_1 + 1 = 5$ 时的频谱图。

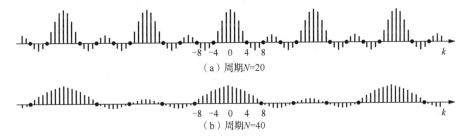

（a）周期 $N=20$

（b）周期 $N=40$

图 2.6 给定周期性方波信号的频谱图

2.3.2 离散傅里叶级数的性质

表 2.2 给出了离散傅里叶级数的主要性质。

表 2.2 离散傅里叶级数的主要性质

序号	性质	离散时间周期信号 $x(n)$、$y(n)$（周期为 N，基波频率 $\omega_0 = 2\pi/N$）	离散傅里叶级数系数 a_k、b_k（周期为 N）
1	线性性质	$Ax(n) + By(n)$	$Aa_k + Bb_k$

序号	性质	离散时间周期信号 $x(n)$、$y(n)$（周期为 N，基波频率 $\omega_0 = 2\pi/N$）	离散傅里叶级数系数 a_k、b_k（周期为 N）
2	时移性质	$x(n-n_0)$	$a_k \mathrm{e}^{-jk\omega_0 n_0} = a_k \mathrm{e}^{-jk(2\pi/N)n_0}$
3	频移性质	$\mathrm{e}^{jM(2\pi/N)n} x(n)$	a_{k-M}
4	共轭性质	$x^*(n)$	a_{-k}^*
5	反褶性质	$x(-n)$	a_{-k}
6	时域尺度变换性质	$x_{(m)}(n) = \begin{cases} x(n/m), & n\text{是}m\text{的倍数} \\ 0, & \text{其他} \end{cases}$	$\dfrac{1}{m} a_k$
7	周期卷积性质	$\sum\limits_{r=\langle N\rangle} x(r)y(n-r)$	$N a_k b_k$
8	相乘性质	$x(n)y(n)$	$\sum\limits_{r=\langle N\rangle} a_l b_{k-l}$
9	一阶差分性质	$x(n) - x(n-1)$	$(1 - \mathrm{e}^{-jk(2\pi/N)}) a_k$
10	求和性质	$\sum\limits_{k=-\infty}^{n} x(k)$，仅当 $a_0 = 0$ 才为有限值 且为周期的	$\dfrac{1}{1 - \mathrm{e}^{-jk(2\pi/N)}} a_k$
11	实信号的共轭对称性	$x(n)$ 为实信号	$\begin{cases} a_k = a_k^* \\ \mathrm{Re}(a_k) = \mathrm{Re}(a_{-k}) \\ \mathrm{Im}(a_k) = -\mathrm{Im}(a_{-k}) \\ |a_k| = |a_{-k}| \\ \sphericalangle a_k = -\sphericalangle a_{-k} \end{cases}$
12	帕塞瓦尔定理	$\dfrac{1}{N}\sum\limits_{n=\langle N\rangle} |x(n)|^2 = \sum\limits_{k=\langle N\rangle} |a_k|^2$	

例 2.5　一离散时间周期信号 $x(n)$ 满足以下条件：① $x(n)$ 的周期为 $N = 6$；② $\sum\limits_{n=1}^{6} x(n) = 2$；③ $\sum\limits_{n=2}^{7} (-1)^n x(n) = 1$；④在满足以上三个条件的所有信号中，$x(n)$ 在每个周期的功率最小。试求 $x(n)$。

解　设 $x(n)$ 的傅里叶级数系数为 a_k。由条件②，有 $a_0 = 1/3$。由于 $(-1)^n = \mathrm{e}^{j\pi n} = \mathrm{e}^{j(2\pi/6)3n}$，由条件③，有 $a_3 = 1/6$。根据帕塞瓦尔定理，由于每个非零值 a_k 均为平均功率 $P = \sum\limits_{k=0}^{5} |a_k|^2$ 提供一个正值的量，故要使 $P \to \min$，需要 $a_1 = a_2 = a_4 = a_5 = 0$。这样，有

$$x(n) = a_0 + a_3 \mathrm{e}^{j\pi n} = \frac{1}{3} + \frac{1}{6}(-1)^n$$

2.4　连续时间信号的傅里叶变换

2.4.1　从傅里叶级数到傅里叶变换

1. 信号的周期性问题

傅里叶级数的理论表明,任意周期信号均可以表示成周期性复指数信号的线性组合形式,或者说任意周期信号均可以分解为以周期性复指数信号为基函数的函数集的形式。但是，在

自然界和工程技术中，绝大多数真实信号都不是周期信号。这样，如何对非周期信号进行傅里叶分析是一个需要解决的问题。

2. 以连续时间周期性方波信号为例进行定性分析

设连续时间周期性方波信号为 $x(t) = \begin{cases} 1, & |t| < T_1 \\ 0, & T_1 < |t| < T/2 \end{cases}$。式中，$T$ 为信号的周期。该信号的时域波形请参见图 2.2 所示。利用傅里叶级数的定义式（2.4），可以得到该方波信号的傅里叶级数系数为 $a_k = \dfrac{2\sin(k\Omega_0 T_1)}{k\Omega_0 T}$。

分析信号 $x(t)$ 的表达式及其傅里叶级数系数 a_k 可以看出，如果保持 T_1 不变，而逐渐增加信号的周期 T，则周期信号 $x(t)$ 的周期逐步加大，并最终当 $T \to \infty$ 时变化为周期无穷大的非周期信号。而此时，由于 T 的增加，信号的基波频率 $\Omega_0 = 2\pi/T$ 不断减小，从而使得其傅里叶级数系数 a_k 的谱线逐渐变密，并最终当 $T \to \infty$ 时由离散频谱转变为连续频谱。

3. 进一步的定量分析

为了区分周期信号与非周期信号，我们暂时以 $\tilde{x}(t)$ 表示周期信号，而以 $x(t)$ 表示非周期信号。根据傅里叶级数的定义，有

$$\begin{cases} \tilde{x}(t) = \displaystyle\sum_{k=-\infty}^{+\infty} a_k \mathrm{e}^{jk\Omega_0 t} \\ a_k = \dfrac{1}{T} \displaystyle\int_{-T/2}^{T/2} \tilde{x}(t) \mathrm{e}^{-jk\Omega_0 t} \, \mathrm{d}t \end{cases} \tag{2.12}$$

定义一个辅助函数 $x(t) = \begin{cases} \tilde{x}(t), & |t| < T/2 \\ 0, & 其他 \end{cases}$，固定 T_1，使 $T \to \infty$，有

$$a_k = \frac{1}{T}\int_{-T/2}^{T/2} x(t)\mathrm{e}^{-jk\Omega_0 t}\,\mathrm{d}t = \frac{1}{T}\int_{-\infty}^{\infty} x(t)\mathrm{e}^{-jk\Omega_0 t}\,\mathrm{d}t$$

定义 $Ta_k = X(\mathrm{j}k\Omega_0)$，则有 $X(\mathrm{j}k\Omega_0) = \displaystyle\int_{-\infty}^{\infty} x(t)\mathrm{e}^{-jk\Omega_0 t}\,\mathrm{d}t$，或 $a_k = \dfrac{1}{T}X(\mathrm{j}k\Omega_0)$。

由傅里叶级数的逆变换式，并利用 $\Omega_0 = 2\pi/T$，有

$$\tilde{x}(t) = \sum_{k=-\infty}^{\infty} \frac{1}{T} X(\mathrm{j}k\Omega_0)\mathrm{e}^{jk\Omega_0 t} = \frac{1}{2\pi}\sum_{k=-\infty}^{\infty} X(\mathrm{j}k\Omega_0)\mathrm{e}^{jk\Omega_0 t}\cdot\Omega_0$$

当 $T \to \infty$ 时，有 $\Omega_0 \to \mathrm{d}\Omega$，$k\Omega_0 \to \Omega$，且求和趋于积分，则傅里叶级数趋于傅里叶变换为

$$\tilde{x}(t) = x(t) = \frac{1}{2\pi}\int_{-\infty}^{\infty} X(\mathrm{j}\Omega)\mathrm{e}^{\mathrm{j}\Omega t}\,\mathrm{d}\Omega$$

$$X(\mathrm{j}\Omega) = \int_{-\infty}^{\infty} x(t)\mathrm{e}^{-\mathrm{j}\Omega t}\,\mathrm{d}t$$

2.4.2　傅里叶变换的定义

1. 傅里叶变换的定义与频谱的概念

定义 2.3　傅里叶变换　连续时间信号 $x(t)$ 的傅里叶变换定义为

$$x(t) = \frac{1}{2\pi} \int_{-\infty}^{\infty} X(\mathrm{j}\Omega) \mathrm{e}^{\mathrm{j}\Omega t} \, \mathrm{d}\Omega \qquad (2.13)$$

$$X(\mathrm{j}\Omega) = \int_{-\infty}^{\infty} x(t) \mathrm{e}^{-\mathrm{j}\Omega t} \, \mathrm{d}t \qquad (2.14)$$

式（2.13）为逆变换，称为综合式。式（2.14）为正变换，称为分解式。$X(\mathrm{j}\Omega)$ 与 $x(t)$ 为一对傅里叶变换。常记为 $X(\mathrm{j}\Omega) = \mathscr{F}[x(t)]$ 和 $x(t) = \mathscr{F}^{-1}[X(\mathrm{j}\Omega)]$，其中，$\mathscr{F}$ 和 $\mathscr{F}^{-1}$ 分别表示傅里叶变换和傅里叶逆变换的运算符。傅里叶变换的时域与频域关系也常表示为 $x(t) \leftrightarrow X(\mathrm{j}\Omega)$ 或 $x(t) \overset{\mathscr{F}}{\leftrightarrow} X(\mathrm{j}\Omega)$。

频谱函数 $X(\mathrm{j}\Omega)$ 表示 $x(t)$ 的各频率分量在频率轴 Ω 上的分布情况。频谱函数记为

$$X(\mathrm{j}\Omega) = |X(\mathrm{j}\Omega)| \mathrm{e}^{\mathrm{j}\sphericalangle X(\mathrm{j}\Omega)} \qquad (2.15)$$

式中，$|X(\mathrm{j}\Omega)|$ 表示频谱的模（magnitude），又称为幅频特性或幅度谱；$\sphericalangle X(\mathrm{j}\Omega)$ 为频谱的相位（phase），又称为相频特性或相位谱。

例 2.6　已知信号 $x(t) = \mathrm{e}^{-at}u(t)$，$a > 0$，试求 $x(t)$ 的傅里叶变换 $X(\mathrm{j}\Omega)$。

解　将 $x(t) = \mathrm{e}^{-at}u(t)$，$a > 0$ 代入式（2.14），有

$$X(\mathrm{j}\Omega) = \int_0^{\infty} \mathrm{e}^{-at} \mathrm{e}^{-\mathrm{j}\Omega t} \mathrm{d}t = -\frac{1}{a+\mathrm{j}\Omega} \mathrm{e}^{-(a+\mathrm{j}\Omega)t} \Big|_0^{\infty} = \frac{1}{a+\mathrm{j}\Omega}, \quad a > 0$$

进一步地，可以计算频谱函数 $X(\mathrm{j}\Omega)$ 的幅度谱和相位谱，分别为 $|X(\mathrm{j}\Omega)| = \dfrac{1}{\sqrt{a^2+\Omega^2}}$ 和 $\sphericalangle X(\mathrm{j}\Omega) = -\arctan\left(\dfrac{\Omega}{a}\right)$。图 2.7 给出了该信号幅度谱和相位谱的曲线形式。

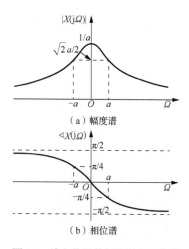

（a）幅度谱

（b）相位谱

图 2.7　给定信号的幅度谱和相位谱

例 2.7　设信号 $x_1(t)$ 的频谱为 $X_1(\mathrm{j}\Omega) = \begin{cases} 1, & |\Omega| < W \\ 0, & |\Omega| > W \end{cases}$，试求信号 $x_1(t)$。

解　将信号的频谱 $X_1(\mathrm{j}\Omega)$ 代入傅里叶变换的综合式（2.13），有

$$x_1(t) = \frac{1}{2\pi} \int_{-W}^{W} \mathrm{e}^{\mathrm{j}\Omega t} \mathrm{d}\Omega = \frac{\sin Wt}{\pi t} \qquad (2.16)$$

例 2.8　考虑矩形脉冲信号 $x_2(t) = \begin{cases} 1, & |t| < T_1 \\ 0, & |t| > T_1 \end{cases}$，试计算其傅里叶变换。

解　将信号 $x_2(t)$ 代入式（2.14）所示的傅里叶变换式，有

$$X_2(\mathrm{j}\Omega) = \int_{-T_1}^{T_1} \mathrm{e}^{-\mathrm{j}\Omega t}\mathrm{d}t = 2\frac{\sin \Omega T_1}{\Omega} \tag{2.17}$$

由式（2.16）和式（2.17）所给出的函数形式，在傅里叶变换中是经常出现的。通常，称这种形式的函数为 sinc 函数，定义为

$$\mathrm{sinc}\,\theta = \frac{\sin \pi\theta}{\pi\theta} \tag{2.18}$$

可以将式（2.16）和式（2.17）改写为 sinc 函数的形式，即 $\dfrac{\sin Wt}{\pi t} = \dfrac{W}{\pi}\mathrm{sinc}\left(\dfrac{Wt}{\pi}\right)$ 和 $2\dfrac{\sin \Omega T_1}{\Omega} = 2T_1\mathrm{sinc}\left(\dfrac{\Omega T_1}{\pi}\right)$。由例 2.7 和例 2.8 可以看出，矩形脉冲信号 $x_2(t)$ 的频谱 $X_2(\mathrm{j}\Omega)$ 为 sinc 函数的形式，而矩形频谱函数 $X_1(\mathrm{j}\Omega)$ 所对应的时间信号 $x_1(t)$ 亦为 sinc 函数的形式。这反映了傅里叶变换的对偶（duality）性质。图 2.8 给出了 $x_1(t)$ 和 $x_2(t)$ 以及频谱 $X_1(\mathrm{j}\Omega)$ 和 $X_2(\mathrm{j}\Omega)$ 的曲线形式。

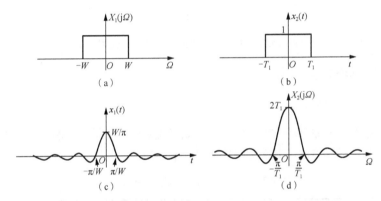

图 2.8　矩形频谱的傅里叶逆变换与矩形信号的傅里叶变换

由图 2.8（a）、（c）知，当频谱的带宽（bandwidth）W 增加时，其对应时间信号 $x_1(t)$ 的主瓣（main lobe）幅度增加，且宽度减小。当 $W \to \infty$ 时，$X_1(\mathrm{j}\Omega)$ 变为平坦谱，而 $x_1(t)$ 变为单位冲激信号 $\delta(t)$。由图 2.8（b）、（d）知，当信号 $x_2(t)$ 的时宽 T_1 增加时，其对应频谱的主瓣幅度提升，且宽度减小。当 $T_1 \to \infty$ 时，$x_2(t)$ 变为常数信号，而 $X_2(\mathrm{j}\Omega)$ 则变为单位冲激 $\delta(\Omega)$。

例 2.9　试利用 MATLAB 编程求单边指数信号 $x(t) = \mathrm{e}^{-2t}u(t)$ 的傅里叶变换，并绘出信号波形和幅度谱特性曲线。

解　MATLAB 程序代码如下：

```
clc, clear; syms t w f; f=exp(-2*t)*sym('heaviside(t)'); F=fourier(f);
figure(1)
subplot(211); ezplot(f,[0:2,0:1.2]); title('信号波形'); ylabel('幅度');
subplot(212); ezplot(abs(F),[-10:10]); title('幅度谱'); ylabel('幅度');
```

图 2.9 给出了 MATLAB 计算得到的信号波形和幅度谱曲线。

2. 周期信号的傅里叶变换

尽管在由傅里叶级数推导傅里叶变换的过程中，我们将连续时间周期信号的周期推向无

穷，从而形成非周期信号。但是实际上，傅里叶变换不仅适用于连续时间非周期信号，也可用于连续时间周期信号。式（2.19）给出了连续时间周期信号 $x(t)$ 傅里叶变换的计算式：

$$X(\mathrm{j}\Omega) = \sum_{k=-\infty}^{\infty} 2\pi a_k \delta(\Omega - k\Omega_0) \tag{2.19}$$

式中，a_k 为周期信号 $x(t)$ 的傅里叶级数系数。显然，$X(\mathrm{j}\Omega)$ 是 $\delta(\Omega)$ 及其频移的线性组合。

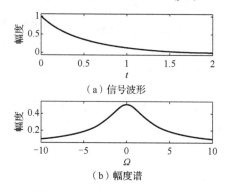

（a）信号波形

（b）幅度谱

图 2.9　MATLAB 计算得到的信号波形和幅度谱曲线

2.4.3　傅里叶变换的性质

1. 傅里叶变换的性质

傅里叶变换具有一系列非常重要的性质，如表 2.3 所示。学习掌握这些性质，对于深刻理解傅里叶变换的理论方法，并熟练解决傅里叶变换相关的问题具有重要意义。

表 2.3　连续时间傅里叶变换的主要性质

序号	性质	连续时间非周期信号 $x(t)$、$y(t)$	傅里叶变换 $X(\mathrm{j}\Omega)$、$Y(\mathrm{j}\Omega)$
1	线性性质	$ax(t)+by(t)$	$aX(\mathrm{j}\Omega)+bY(\mathrm{j}\Omega)$
2	时移性质	$x(t-t_0)$	$\mathrm{e}^{-\mathrm{j}\Omega t_0}X(\mathrm{j}\Omega)$
3	频移性质	$\mathrm{e}^{\mathrm{j}\Omega_0 t}x(t)$	$X(\mathrm{j}(\Omega-\Omega_0))$
4	共轭性质	$x^*(t)$	$X^*(-\mathrm{j}\Omega)$
5	反褶性质	$x(-t)$	$X(-\mathrm{j}\Omega)$
6	时间与频率尺度变换性质	$x(at)$	$\dfrac{1}{\|a\|}X\left(\mathrm{j}\dfrac{\Omega}{a}\right)$
7	卷积性质	$x(t)*y(t)$	$X(\mathrm{j}\Omega)Y(\mathrm{j}\Omega)$
8	相乘性质	$x(t)y(t)$	$\dfrac{1}{2\pi}X(\mathrm{j}\Omega)*Y(\mathrm{j}\Omega)$
9	时域微分性质	$\dfrac{\mathrm{d}x(t)}{\mathrm{d}t}$	$\mathrm{j}\Omega X(\mathrm{j}\Omega)$
10	时域积分性质	$\displaystyle\int_{-\infty}^{t}x(\tau)\mathrm{d}\tau$	$\dfrac{1}{\mathrm{j}\Omega}X(\mathrm{j}\Omega)+\pi X(0)\delta(\Omega)$
11	频域微分性质	$tx(t)$	$\mathrm{j}\dfrac{\mathrm{d}}{\mathrm{d}\Omega}X(\mathrm{j}\Omega)$
12	对偶性质（举例）	$x_1(t)=\begin{cases}1, & \|t\|<T_1\\ 0, & \|t\|>T_1\end{cases}$	$X_1(\mathrm{j}\Omega)=\dfrac{2\sin\Omega T_1}{\Omega}$
		$x_2(t)=\dfrac{\sin Wt}{\pi t}$	$X_2(\mathrm{j}\Omega)=\begin{cases}1, & \|\Omega\|<W\\ 0, & \|\Omega\|>W\end{cases}$

续表

序号	性质	连续时间非周期信号 $x(t)$、$y(t)$	傅里叶变换 $X(\mathrm{j}\Omega)$、$Y(\mathrm{j}\Omega)$
13	实信号的共轭对称性	$x(t)$ 为实信号	$\begin{cases} X(\mathrm{j}\Omega) = X^*(-\mathrm{j}\Omega) \\ \mathrm{Re}[X(\mathrm{j}\Omega)] = \mathrm{Re}[X(-\mathrm{j}\Omega)] \\ \mathrm{Im}[X(\mathrm{j}\Omega)] = -\mathrm{Im}[X(-\mathrm{j}\Omega)] \\ |X(\mathrm{j}\Omega)| = |X(-\mathrm{j}\Omega)| \\ \sphericalangle X(\mathrm{j}\Omega) = -\sphericalangle X(-\mathrm{j}\Omega) \end{cases}$
14	帕塞瓦尔定理		$\int_{-\infty}^{\infty} |x(t)|^2 \, \mathrm{d}t = \dfrac{1}{2\pi} \int_{-\infty}^{\infty} |X(\mathrm{j}\Omega)|^2 \, \mathrm{d}\Omega$

2. 连续时间傅里叶变换的常用变换对

表 2.4 给出了连续时间傅里叶变换的常用变换对（transform pairs）。如果将表 2.3 给出的傅里叶变换性质和表 2.4 给出的连续时间傅里叶变换的常用变换对联合使用，可以使傅里叶变换的计算更加简捷。

表 2.4　连续时间傅里叶变换的常用变换对

序号	信号名称	信号 $x(t)$ 表达式	傅里叶变换 $X(\mathrm{j}\Omega)$
1	单边指数信号	$\mathrm{e}^{-at}u(t)$，$\mathrm{Re}(a) > 0$	$\dfrac{1}{a + \mathrm{j}\Omega}$
2	双边指数信号	$\mathrm{e}^{-a|t|}$，$\mathrm{Re}(a) > 0$	$\dfrac{2a}{a^2 + \Omega^2}$
3	由单边指数的频谱运算导出的信号	$t\mathrm{e}^{-at}u(t)$，$\mathrm{Re}(a) > 0$ $\dfrac{t^{n-1}}{(n-1)!}\mathrm{e}^{-at}u(t)$，$\mathrm{Re}(a) > 0$	$\dfrac{1}{(a + \mathrm{j}\Omega)^2}$ $\dfrac{1}{(a + \mathrm{j}\Omega)^n}$
4	矩形脉冲信号	$\begin{cases} 1, & |t| < T_1 \\ 0, & |t| > T_1 \end{cases}$	$2\dfrac{\sin \Omega T_1}{\Omega}$
5	sinc 函数	$\dfrac{\sin Wt}{\pi t}$	$\begin{cases} 1, & |\Omega| < W \\ 0, & |\Omega| > W \end{cases}$
6	单位冲激信号	$\delta(t)$	1
7	单位阶跃信号	$u(t)$	$\dfrac{1}{\mathrm{j}\Omega} + \pi\delta(\Omega)$
8	单位冲激时移信号	$\delta(t - t_0)$	$\mathrm{e}^{-\mathrm{j}\Omega t_0}$
9	常数信号	1	$2\pi\delta(\Omega)$
10	周期性方波信号	$x(t) = \begin{cases} 1, & |t| < T_1 \\ 0, & T_1 < |t| \leqslant T/2 \end{cases}$ $x(t + T) = x(t)$	$\displaystyle\sum_{k=-\infty}^{\infty} \dfrac{2\sin k\Omega_0 T_1}{k}\delta(\Omega - k\Omega_0)$
11	余弦信号	$\cos(\Omega_0 t)$	$\pi[\delta(\Omega + \Omega_0) + \delta(\Omega - \Omega_0)]$
12	正弦信号	$\sin(\Omega_0 t)$	$\mathrm{j}\pi[\delta(\Omega + \Omega_0) - \delta(\Omega - \Omega_0)]$
13	单边余弦信号	$\cos(\Omega_0 t)u(t)$	$\dfrac{\pi}{2}[\delta(\Omega + \Omega_0) + \delta(\Omega - \Omega_0)] + \dfrac{\mathrm{j}\Omega}{\Omega_0^2 - \Omega^2}$
14	单边正弦信号	$\sin(\Omega_0 t)u(t)$	$\dfrac{\mathrm{j}\pi}{2}[\delta(\Omega + \Omega_0) - \delta(\Omega - \Omega_0)] + \dfrac{\Omega_0}{\Omega_0^2 - \Omega^2}$
15	复指数信号	$\mathrm{e}^{\mathrm{j}\Omega_0 t}$	$2\pi\delta(\Omega - \Omega_0)$
16	单位冲激序列	$\displaystyle\sum_{n=-\infty}^{\infty} \delta(t - nT)$	$\dfrac{2\pi}{T}\displaystyle\sum_{k=-\infty}^{\infty} \delta\left(\Omega - \dfrac{2\pi k}{T}\right)$

例 2.10 试求单位阶跃信号 $x(t) = u(t)$ 的傅里叶变换。

解 若直接用傅里叶变换的定义来计算，由于无法得到积分结果，因此无法得到傅里叶变换。考虑依据傅里叶变换的积分性质来进行计算。设 $g(t) = \delta(t) \leftrightarrow G(\mathrm{j}\Omega) = 1$，并且 $x(t) = u(t) = \int_{-\infty}^{t} g(\tau)\mathrm{d}\tau$。对两边求傅里叶变换，并利用傅里叶变换的时域积分性质，有

$$X(\mathrm{j}\Omega) = \frac{G(\mathrm{j}\Omega)}{\mathrm{j}\Omega} + \pi G(0)\delta(\Omega) = \frac{1}{\mathrm{j}\Omega} + \pi\delta(\Omega)$$

再应用时域微分性质可以得到单位冲激信号 $\delta(t)$ 的傅里叶变换为

$$\delta(t) = \frac{\mathrm{d}u(t)}{\mathrm{d}t} \leftrightarrow \mathrm{j}\Omega\left[\frac{1}{\mathrm{j}\Omega} + \pi\delta(\Omega)\right] = 1$$

例 2.11 设 $x(t)$ 的傅里叶变换为 $X(\mathrm{j}\Omega)$，$h(t)$ 的傅里叶变换为 $H(\mathrm{j}\Omega)$，且满足 $y(t) = x(t) * h(t)$ 和 $g(t) = x(3t) * h(3t)$。

（1）试利用傅里叶变换的性质说明 $g(t) = Ay(Bt)$ 成立；

（2）求出 A、B 的值。

解 （1）由 $y(t) = x(t) * h(t)$，利用傅里叶变换的时域卷积性质，有 $Y(\mathrm{j}\Omega) = X(\mathrm{j}\Omega) \cdot H(\mathrm{j}\Omega)$。又因为 $g(t) = x(3t) * h(3t)$，利用傅里叶变换的尺度变换性质和时域卷积性质，有

$$G(\mathrm{j}\Omega) = \frac{1}{9}X(\mathrm{j}\Omega/3)H(\mathrm{j}\Omega/3) = \frac{1}{3} \cdot \frac{1}{3}X(\mathrm{j}\Omega/3)H(\mathrm{j}\Omega/3) = \frac{1}{3} \cdot \frac{1}{3}Y(\mathrm{j}\Omega/3)$$

所以，有 $g(t) = \frac{1}{3}y(3t)$。

（2）对比 $g(t) = \frac{1}{3}y(3t)$ 和 $g(t) = Ay(Bt)$，有 $A = \frac{1}{3}$，$B = 3$。

例 2.12 已知 $x(t) \leftrightarrow X(\mathrm{j}\Omega)$，试利用傅里叶变换的性质求下列信号的傅里叶变换。

（1）$tx(2t)$；

（2）$x(1-t)$；

（3）$t\dfrac{\mathrm{d}x(t)}{\mathrm{d}t}$；

（4）$x(2t-5)$。

解 （1）根据尺度变换性质，有 $x(2t) \leftrightarrow \frac{1}{2}X\left(\dfrac{\mathrm{j}\Omega}{2}\right)$。再根据频域微分性质，得到

$$tx(2t) \leftrightarrow \frac{\mathrm{j}}{2}\frac{\mathrm{d}X(\mathrm{j}\Omega/2)}{\mathrm{d}\Omega}$$

（2）由时域反转性质，有 $x(-t) \leftrightarrow X(-\mathrm{j}\Omega)$。这样，$x(1-t) = x(-(t-1)) \leftrightarrow X(-\mathrm{j}\Omega)\mathrm{e}^{-\mathrm{j}\Omega}$。

（3）根据时域微分性质，$\dfrac{\mathrm{d}x(t)}{\mathrm{d}t} \leftrightarrow \mathrm{j}\Omega X(\mathrm{j}\Omega)$。再根据频域微分性质，有

$$t\frac{\mathrm{d}x(t)}{\mathrm{d}t} \leftrightarrow \mathrm{j}\frac{\mathrm{d}}{\mathrm{d}\Omega}[\mathrm{j}\Omega X(\mathrm{j}\Omega)] = -X(\mathrm{j}\Omega) - \Omega\frac{\mathrm{d}X(\mathrm{j}\Omega)}{\mathrm{d}\Omega}$$

（4）由尺度变换性质，$x(2t) \leftrightarrow \frac{1}{2}X(\mathrm{j}\Omega/2)$。再由时移性质，$x\left(2\left(t-\dfrac{5}{2}\right)\right) \leftrightarrow \frac{1}{2}X\left(\dfrac{\mathrm{j}\Omega}{2}\right)\mathrm{e}^{-\mathrm{j}\frac{5}{2}\Omega}$。

例 2.13　求下列频谱函数对应的时间信号 $x(t)$。

（1）$\delta(\Omega-2)$；

（2）$\cos(2\Omega)$；

（3）$\mathrm{e}^{a\Omega}u(-\Omega)$。

解　（1）由于 1 的傅里叶变换为 $2\pi\delta(\Omega)$，所以 $\dfrac{1}{2\pi}$ 的傅里叶变换为 $\delta(\Omega)$。由傅里叶变换的频移性质，$\delta(\Omega-2)$ 的傅里叶逆变换为 $x(t)=\dfrac{1}{2\pi}\mathrm{e}^{\mathrm{j}2t}$。

（2）由表 2.4 有 $\cos t \leftrightarrow \pi[\delta(\Omega+1)+\delta(\Omega-1)]$，由傅里叶变换的对偶性质有 $2\pi\cos\Omega \leftrightarrow \pi\left[\delta(t+1)+\delta(t-1)\right]$，则 $\cos 2\Omega \leftrightarrow \dfrac{1}{4}\left[\delta\left(\dfrac{t}{2}+1\right)+\delta\left(\dfrac{t}{2}-1\right)\right]$。

（3）已知 $u(t)\leftrightarrow\dfrac{1}{\mathrm{j}\Omega}+\pi\delta(\Omega)$，由对偶性质，$2\pi u(-\Omega)\leftrightarrow\dfrac{1}{\mathrm{j}t}+\pi\delta(t)$。再由时移性质，有 $\mathrm{e}^{a\Omega}u(-\Omega)\leftrightarrow\dfrac{1}{\mathrm{j}2\pi(t+a)}+\dfrac{1}{2}\delta(t+a)$。

2.5　离散时间信号的傅里叶变换

2.5.1　离散时间傅里叶变换

1. 离散时间傅里叶变换的概念

设离散时间周期信号满足 $x(n)=x(n+N)$。与连续时间周期信号的情况类似，当把周期 N 推向无穷远处，即 $N\to\infty$ 时，周期信号就转变为非周期信号了。同时，用于表示离散时间周期信号的离散傅里叶级数也转化为非周期信号的离散时间傅里叶变换了。

定义 2.4　离散时间傅里叶变换　离散时间傅里叶变换定义为

$$x(n)=\frac{1}{2\pi}\int_{2\pi}X(\mathrm{e}^{\mathrm{j}\omega})\mathrm{e}^{\mathrm{j}\omega n}\mathrm{d}\omega \tag{2.20}$$

$$X(\mathrm{e}^{\mathrm{j}\omega})=\sum_{n=-\infty}^{\infty}x(n)\mathrm{e}^{-\mathrm{j}\omega n} \tag{2.21}$$

式（2.20）为逆变换，又称为综合式。式（2.21）为正变换，又称为分解式。可见，离散时间傅里叶变换所得到的频谱 $X(\mathrm{e}^{\mathrm{j}\omega})$ 是连续的，且为周期性的，周期为 2π。

例 2.14　设离散时间信号 $x(n)=a^n u(n)$，$|a|<1$。试求 $x(n)$ 的离散时间傅里叶变换。

解　由离散时间傅里叶变换的定义式（2.21），有

$$X(\mathrm{e}^{\mathrm{j}\omega})=\sum_{n=-\infty}^{\infty}a^n u(n)\mathrm{e}^{-\mathrm{j}\omega n}=\sum_{n=0}^{\infty}(a\mathrm{e}^{-\mathrm{j}\omega})^n=\frac{1}{1-a\mathrm{e}^{-\mathrm{j}\omega}}$$

图 2.10 给出了 $X(\mathrm{e}^{\mathrm{j}\omega})$ 的幅频特性和相频特性曲线。

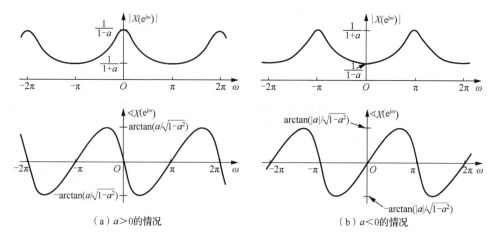

（a）$a>0$的情况 （b）$a<0$的情况

图2.10 离散时间傅里叶变换的幅频特性与相频特性曲线

2. 离散时间周期信号的傅里叶变换

离散时间傅里叶变换可用于离散时间周期信号，如式（2.22）所示：

$$X(\mathrm{e}^{\mathrm{j}\omega})=\sum_{k=-\infty}^{\infty} 2\pi a_k \delta\left(\omega-\frac{2\pi k}{N}\right) \tag{2.22}$$

式中，a_k 为离散时间周期信号 $x(n)$ 的傅里叶级数系数；N 为信号的基波周期。上式表明，周期信号的离散时间傅里叶变换 $X(\mathrm{e}^{\mathrm{j}\omega})$ 可以通过计算其傅里叶级数的系数 a_k 而获得。

2.5.2 离散时间傅里叶变换的性质

1. 离散时间傅里叶变换的主要性质

表2.5 给出了离散时间傅里叶变换的主要性质。

表2.5 离散时间傅里叶变换的主要性质

序号	性质	离散时间非周期信号 $x(n)$、$y(n)$	离散时间傅里叶变换 $X(\mathrm{e}^{\mathrm{j}\omega})$、$Y(\mathrm{e}^{\mathrm{j}\omega})$
1	线性性质	$ax(n)+by(n)$	$aX(\mathrm{e}^{\mathrm{j}\omega})+bY(\mathrm{e}^{\mathrm{j}\omega})$
2	时移性质	$x(n-n_0)$	$\mathrm{e}^{-\mathrm{j}\omega n_0}X(\mathrm{e}^{\mathrm{j}\omega})$
3	频移性质	$\mathrm{e}^{\mathrm{j}\omega_0 n}x(n)$	$X(\mathrm{e}^{\mathrm{j}(\omega-\omega_0)})$
4	共轭性质	$x^*(n)$	$X^*(\mathrm{e}^{-\mathrm{j}\omega})$
5	反褶性质	$x(-n)$	$X(\mathrm{e}^{-\mathrm{j}\omega})$
6	时域扩展性质	$x_{(k)}(n)=\begin{cases} x(n/k), & \text{若}n\text{为}k\text{的倍数} \\ 0, & \text{若}n\text{不为}k\text{的倍数} \end{cases}$	$X(\mathrm{e}^{\mathrm{j}k\omega})$
7	卷积性质	$x(n)*y(n)$	$X(\mathrm{e}^{\mathrm{j}\omega})Y(\mathrm{e}^{\mathrm{j}\omega})$
8	相乘性质	$x(n)y(n)$	$\dfrac{1}{2\pi}\displaystyle\int_{2\pi} X(\mathrm{e}^{\mathrm{j}\theta})Y(\mathrm{e}^{\mathrm{j}(\omega-\theta)})\mathrm{d}\theta$
9	时域差分性质	$x(n)-x(n-1)$	$(1-\mathrm{e}^{-\mathrm{j}\omega})X(\mathrm{e}^{\mathrm{j}\omega})$
10	时域累加性质	$\displaystyle\sum_{k=-\infty}^{n} x(k)$	$\dfrac{1}{1-\mathrm{e}^{-\mathrm{j}\omega}}X(\mathrm{e}^{\mathrm{j}\omega})+\pi X(\mathrm{e}^{\mathrm{j}0})\displaystyle\sum_{k=-\infty}^{\infty}\delta(\omega-2k\pi)$
11	频域微分性质	$nx(n)$	$\mathrm{j}\dfrac{\mathrm{d}X(\mathrm{e}^{\mathrm{j}\omega})}{\mathrm{d}\omega}$

序号	性质	离散时间非周期信号 $x(n)$、$y(n)$	离散时间傅里叶变换 $X(e^{j\omega})$、$Y(e^{j\omega})$
12	实信号的共轭对称性	$x(n)$ 为实信号	$\begin{cases} X(e^{j\omega}) = X^*(e^{-j\omega}) \\ \text{Re}[X(e^{j\omega})] = \text{Re}[X(e^{-j\omega})] \\ \text{Im}[X(e^{j\omega})] = -\text{Im}[X(e^{-j\omega})] \\ |X(e^{j\omega})| = |X(e^{-j\omega})| \\ \sphericalangle X(e^{j\omega}) = -\sphericalangle X(e^{-j\omega}) \end{cases}$
13	帕塞瓦尔定理		$\displaystyle\sum_{n=-\infty}^{\infty} |x(n)|^2 = \frac{1}{2\pi}\int_{2\pi} |X(e^{j\omega})|^2 d\omega$

2. 离散时间傅里叶变换的常用变换对

表 2.6 给出了一些离散时间傅里叶变换的常用变换对。

表 2.6　离散时间傅里叶变换的常用变换对

序号	信号名称	离散时间信号 $x(n)$ 表达式	DTFT $X(e^{j\omega})$
1	复指数信号	$e^{j\omega_0 n}$	$\displaystyle\sum_{l=-\infty}^{\infty} 2\pi\delta(\omega-\omega_0-2\pi l)$
2	余弦信号	$\cos\omega_0 n$	$\displaystyle\sum_{l=-\infty}^{\infty} \pi[\delta(\omega-\omega_0-2\pi l)+\delta(\omega+\omega_0-2\pi l)]$
3	正弦信号	$\sin\omega_0 n$	$\displaystyle\frac{1}{j}\sum_{l=-\infty}^{\infty} \pi[\delta(\omega-\omega_0-2\pi l)-\delta(\omega+\omega_0-2\pi l)]$
4	常数序列	1	$\displaystyle\sum_{l=-\infty}^{\infty} 2\pi\delta(\omega-2\pi l)$
5	单位冲激信号	$\delta(n)$	1
6	单位阶跃信号	$u(n)$	$\displaystyle\frac{1}{1-e^{-j\omega}}+\sum_{k=-\infty}^{\infty} \pi\delta(\omega-2\pi k)$
7	单边指数信号	$a^n u(n),\ |a|<1$	$\displaystyle\frac{1}{1-ae^{-j\omega}}$
8	矩形信号	$x(n)=\begin{cases} 1, & |n|\leqslant N_1 \\ 0, & |n|>N_1 \end{cases}$	$\displaystyle\frac{\sin[\omega(N_1+1/2)]}{\sin(\omega/2)}$
9	sinc 信号	$\displaystyle\frac{\sin Wn}{\pi n}=\frac{W}{\pi}\text{sinc}\left(\frac{Wn}{\pi}\right),$ $0<W<\pi$	$X(e^{j\omega})=\begin{cases} 1, & 0\leqslant|\omega|\leqslant W \\ 0, & W<|\omega|\leqslant\pi \end{cases}$

2.5.3　傅里叶理论中的对偶性

傅里叶级数与傅里叶变换理论共涉及了三种时域与频域的对偶性关系，即 FT 的对偶性、DFS 的对偶性和 DTFT 与 FS 的对偶性。本节分别介绍这三种对偶性。

1. 连续傅里叶变换的对偶性

在例 2.7 和例 2.8 中，矩形时间信号的频谱为一 sinc 函数，而矩形频谱信号所对应的时间信号也为一 sinc 函数。这就是时频对偶性的典型例子。实际上，这种对偶性可以推广到一般的傅里叶变换中。即对于任意傅里叶变换对来说，在时间变量和频率变量交换之后，都存在一种特定的对应关系。这就是连续傅里叶变换的时频对偶性。

考察连续傅里叶变换的定义式（2.13）和式（2.14），可以看出，时间信号 $x(t)$ 为连续的且非周期的，而其频谱 $X(\mathrm{j}\Omega)$ 也是连续的且非周期的。这种时间信号与频谱所共同具有的性质，决定了连续傅里叶变换对偶性质的存在。

例2.15 给定连续时间信号 $g(t)=\dfrac{2}{1+t^2}$，试求其傅里叶变换 $G(\mathrm{j}\Omega)$。

解 对于本题所给定的连续时间信号，若用傅里叶变换的定义式来求解，则所对应的积分运算是非常难于计算的。若考虑用傅里叶变换的性质，只能依靠对偶性质了。

采用对偶性质求解傅里叶变换，必须知道与待求傅里叶变换的时间信号形式相同的一个频谱以及该频谱所对应的时间信号。在本题中，我们需要寻找一个频谱函数，其函数形式与 $g(t)$ 的形式相同。根据以往的知识积累，可以得到这样的信号，设为 $x(t)\leftrightarrow X(\mathrm{j}\Omega)=\dfrac{2}{1+\Omega^2}$。

这样，有 $x(t)=\mathrm{e}^{-|t|}\leftrightarrow X(\mathrm{j}\Omega)=\dfrac{2}{1+\Omega^2}$。把这一变换式写为傅里叶逆变换的形式，有 $x(t)=\mathrm{e}^{-|t|}=\dfrac{1}{2\pi}\displaystyle\int_{-\infty}^{\infty}\dfrac{2}{1+\Omega^2}\mathrm{e}^{-\mathrm{j}\Omega t}\mathrm{d}\Omega$。将上式两边乘以 2π，并将 t 与 $-t$ 置换，可以得到 $2\pi\mathrm{e}^{-|t|}=\displaystyle\int_{-\infty}^{\infty}\dfrac{2}{1+\Omega^2}\mathrm{e}^{-\mathrm{j}\Omega t}\mathrm{d}\Omega$。再将变量 t 和 Ω 名称互换，得到 $2\pi\mathrm{e}^{-|\Omega|}=\displaystyle\int_{-\infty}^{\infty}\dfrac{2}{1+t^2}\mathrm{e}^{-\mathrm{j}\Omega t}\mathrm{d}t$。从而得到 $G(\mathrm{j}\Omega)=\displaystyle\int_{-\infty}^{\infty}\dfrac{2}{1+t^2}\mathrm{e}^{-\mathrm{j}\Omega t}\mathrm{d}t=2\pi\mathrm{e}^{-|\Omega|}$。

2. 离散傅里叶级数的对偶性

考察离散傅里叶级数的定义式（2.10）和式（2.11），可知信号 $x(n)$ 是离散的且周期的，而其离散傅里叶级数的系数 a_k 也是离散的且周期的。这样，离散傅里叶级数的时间信号 $x(n)$ 和频谱 a_k 构成了对偶关系。离散傅里叶级数的对偶性质意味着周期序列 a_k 的离散傅里叶级数的系数是 $\dfrac{1}{N}x(-n)$，即正比于原始信号 $x(n)$ 在时间上反转后的值。

3. 离散时间傅里叶变换与傅里叶级数之间的对偶性

考察 DTFT 的定义式（2.20）和式（2.21）与 FS 的定义式（2.3）和式（2.4），可以发现在这两组变换中，DTFT 的时间信号 $x(n)$ 为离散的、非周期的，而 FS 的 a_k 是离散的、周期的，即 DTFT 的 $x(n)$ 与 FS 的 a_k 构成一组对偶关系。另外，DTFT 的频谱 $X(\mathrm{e}^{\mathrm{j}\omega})$ 是连续的、周期的，而 FS 的时间信号 $x(t)$ 也是连续的、周期的。这构成了另一组对偶关系。

例2.16 利用 DTFT 与 FS 的对偶性计算 $x(n)=\dfrac{\sin(\pi n/2)}{\pi n}$ 的 DTFT $X(\mathrm{e}^{\mathrm{j}\omega})$。

解 为了利用对偶性质，需要找到一个连续时间周期信号 $g(t)$，满足周期 $T=2\pi$，且其傅里叶级数系数满足 $a_k=x(k)=\dfrac{\sin(\pi k/2)}{\pi k}$。根据常用的傅里叶变换对，有 $g(t)=\begin{cases}1, & |t|\leqslant T_1 \\ 0, & T_1<|t|\leqslant\pi\end{cases}\leftrightarrow\dfrac{\sin(\pi k/2)}{\pi k}=a_k$ 满足上述条件要求。这样，取 $T_1=\pi/2$，有 $a_k=x(k)$。这时，$a_k=\mathscr{F}[g(t)]=\dfrac{\sin(\pi k/2)}{\pi k}=\dfrac{1}{2\pi}\displaystyle\int_{-\pi}^{\pi}g(t)\mathrm{e}^{-\mathrm{j}k\Omega_0 t}\mathrm{d}t=\dfrac{1}{2\pi}\displaystyle\int_{-\pi/2}^{\pi/2}\mathrm{e}^{-\mathrm{j}kt}\mathrm{d}t$。在上式中，$\Omega_0=\dfrac{2\pi}{T}=1$，$g(t)$ 在区间 $\left[-\dfrac{\pi}{2},\dfrac{\pi}{2}\right]$ 恒为 1。若将 k 与 n 互换，t 与 ω 互换，有 $x(n)=\dfrac{\sin(\pi n/2)}{\pi n}=\dfrac{1}{2\pi}$

$\int_{-\pi/2}^{\pi/2} e^{-j\omega n} d\omega$ 。在上式两边以 $-n$ 代换 n ，并注意到 $\dfrac{\sin(\pi n/2)}{\pi n}$ 为偶函数，则 $x(n) =$

$\dfrac{\sin(\pi n/2)}{\pi n} = \dfrac{1}{2\pi}\int_{-\pi/2}^{\pi/2} e^{j\omega n} d\omega$ 。上式中， $X(e^{j\omega}) = \begin{cases} 1, & |\omega| \leqslant \pi/2 \\ 0, & \pi/2 < |\omega| \leqslant \pi \end{cases}$ 。

2.6　信号与系统的频域分析

本章前面各节详细介绍了 4 种傅里叶分析的基本理论与方法，本节以连续时间信号的傅里叶变换为主，兼顾其他傅里叶变换方法，介绍信号与系统的频域表示、特性与运算问题。

2.6.1　信号的频谱表示

1. 信号频谱的概念与表示

信号的频谱，实际上是信号中各频率分量在频率上的分布曲线。由于信号的类型不同，且所采用的傅里叶分析方法不同，由 FS、DFS、FT 和 DTFT 得到的 4 种频谱也各有其特点。其中，由 FS 所得频谱 a_k 是离散且非周期的，其离散频率变量为 k ，实际上是 $k\Omega_0$ 的简化（ Ω_0 为基波频率）；由 DFS 所得频谱 a_k 是离散且周期的，其离散频率变量也为 k ，实际上是 $k\omega_0$ 的简化（ ω_0 为基波频率）；由 FT 所得频谱 $X(j\Omega)$ 是连续且非周期的，其频率变量为 Ω ，称为模拟频率，单位为弧度/秒（rad/s），经由 $\Omega = 2\pi F$ 得到的 F 称为频率，单位是赫兹（Hz）；由 DTFT 所得频谱 $X(e^{j\omega})$ 是连续且周期的，其频率变量为 ω ，称为数字频率，单位为弧度（rad）。模拟频率 Ω 和数字频率 ω 之间的关系为 $\omega = \Omega T$ （ T 为采样间隔）。图 2.11 给出了各类信号的时域波形及其对应的频谱示意图。

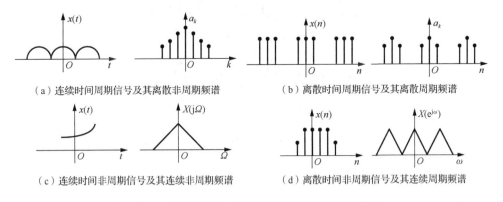

（a）连续时间周期信号及其离散非周期频谱　　　　（b）离散时间周期信号及其离散周期频谱

（c）连续时间非周期信号及其连续非周期频谱　　　（d）离散时间非周期信号及其连续周期频谱

图 2.11　各类信号的时域波形及其对应的频谱示意图

2. 信号频谱的幅度与相位

信号的频谱一般为复变函数，以傅里叶变换（FT）为例，信号的频谱通常表示为

$$X(j\Omega) = |X(j\Omega)| e^{j\angle X(j\Omega)} \tag{2.23}$$

式中， $|X(j\Omega)|$ 称为幅度谱； $\angle X(j\Omega)$ 称为相位谱。幅度谱给出的是组成时间信号 $x(t)$ 的各复指数信号的相对振幅信息，而相位谱则提供这些复指数的相对相位信息。

在许多工程应用问题中，我们似乎更关心信号的幅度谱方面的信息。比如，在广播电视系统中，需要为特定的信号提供特定的信道（channel），即特定的频率范围。这一方面是根据对信号的调制（modulation）来确定的，另一方面则是由信号自身的带宽等频率特性决定的。但是相位谱的特性在许多情况下是不容忽视的。实际上，相位谱中包含了有关信号的大量信息。在有些情况下，即使信号的幅度谱保持不变而仅改变其相位特性，信号的波形也会发生意想不到的变化。例如，考虑 3 个正弦信号的叠加问题：

$$x(t) = 1 + \frac{1}{2}\cos(2\pi t + \phi_1) + \cos(4\pi t + \phi_2) + \frac{2}{3}\cos(6\pi t + \phi_3)$$

图 2.12 给出了 3 个正弦信号的相位取不同值时信号的变化情况。

由图 2.12 可以看出，当 3 个正弦信号的相位取线性相位关系时，相位对信号的影响较小，仅造成原始信号的时移；而当 3 个正弦信号的相位呈非线性相位关系时，相位对信号的波形造成较大影响，甚至使信号的波形面目全非。

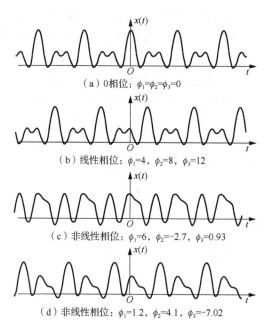

（a）0 相位：$\phi_1 = \phi_2 = \phi_3 = 0$

（b）线性相位：$\phi_1 = 4$，$\phi_2 = 8$，$\phi_3 = 12$

（c）非线性相位：$\phi_1 = 6$，$\phi_2 = -2.7$，$\phi_3 = 0.93$

（d）非线性相位：$\phi_1 = 1.2$，$\phi_2 = 4.1$，$\phi_3 = -7.02$

图 2.12　相位变化对信号的影响

2.6.2　LTI 系统的频率特性分析

1. LTI 系统的频率响应

线性时不变（LTI）系统的输出 $y(t)$ 由该系统的输入 $x(t)$ 与系统的单位冲激响应 $h(t)$ 的卷积计算得到，即 $y(t) = h(t) * x(t)$。根据傅里叶变换的卷积性质，上式可以写为

$$Y(\mathrm{j}\Omega) = H(\mathrm{j}\Omega)X(\mathrm{j}\Omega) \tag{2.24}$$

式中，$X(\mathrm{j}\Omega)$、$Y(\mathrm{j}\Omega)$、$H(\mathrm{j}\Omega)$ 分别为系统输入信号的频谱、系统输出信号的频谱和系统的频率响应（frequency response），又称为系统的传递函数（transfer function）。显然，傅里叶变换将时域的卷积运算转变为频域的乘积运算，显著减小了计算量。若要求取系统的输出信号，则应在得到 $Y(\mathrm{j}\Omega)$ 之后，对其求取傅里叶逆变换，从而得到 $y(t)$。

系统的频率特性 $H(j\Omega)$ 是一个复函数，可以写为模与相位的形式为

$$H(j\Omega) = |H(j\Omega)| e^{j \sphericalangle H(j\Omega)} \tag{2.25}$$

式中，$H(j\Omega)$ 称为系统的幅频特性，又称为系统的增益（gain）；$\sphericalangle H(j\Omega)$ 称为系统的相频特性，又称为系统相移（phase shift）。根据式（2.24）和式（2.25），有

$$|Y(j\Omega)| = |H(j\Omega)| |X(j\Omega)| \tag{2.26}$$

$$\sphericalangle Y(j\Omega) = \sphericalangle H(j\Omega) + \sphericalangle X(j\Omega) \tag{2.27}$$

显然，LTI 系统对输入信号的作用是对其幅度谱 $|X(j\Omega)|$ 乘以系统频率响应的模 $|H(j\Omega)|$。同时，LTI 系统将输入信号的相位谱 $\sphericalangle X(j\Omega)$ 加上系统相移 $\sphericalangle H(j\Omega)$ 而改变其各分量之间的相对相位关系。如果系统对输入信号的改变是所期望的，则表明该系统通常用于对输入信号进行滤波（filtering）或处理（processing）。反之，如果这种改变是不希望的，则往往会造成系统的失真（distortion）。

2. 系统的线性相位与非线性相位

若系统相频特性满足线性关系，即

$$\sphericalangle H(j\Omega) = -\Omega t_0 \tag{2.28}$$

则称系统 $H(j\Omega)$ 为线性相位系统。一个典型的线性相位系统是

$$H(j\Omega) = e^{-j\Omega t_0} \tag{2.29}$$

该系统对应的单位冲激响应是单位冲激信号的时移，即 $\delta(t - t_0)$。该系统对任意输入信号 $x(t)$ 的作用是将其延迟 t_0，即 $y(t) = x(t - t_0)$。若延迟 t_0 可以接受的话，则这个系统对于通信系统来说是一个非常理想的系统。可以看出，输出信号保持了输入信号的全部特性，除了有时延 t_0。

若系统的相频特性不满足式（2.28）的线性关系，则该系统为非线性相位系统。非线性相位系统会对输入信号造成较大的影响，甚至使输入信号面目全非。

3. 理想低通滤波器

滤波器（filter）是一个在信号处理领域广泛使用的术语，是指对信号有处理作用的电路、器件或算法。本书中"系统"这个概念，可以看作是广义的滤波器。系统的目的是对输入信号做某些处理，使得到的输出信号更能满足使用者的需求。这正是滤波器要做的工作。

经典滤波器主要是依据信号的频率特性对信号进行滤波。基本上可以分为低通滤波器（low-pass filter，LPF）、高通滤波器（high-pass filter，HPF）、带通滤波器（band-pass filter，BPF）、带阻滤波器（band-stop filter，BSF）和全通滤波器（all-pass filter，APF）等五类。图 2.13 给出了上述几种经典的理想滤波器（ideal filter）的频率特性。

由图 2.13 可以看出，理想低通滤波器允许输入信号中低于截止频率（cut-off frequency）Ω_c 的频率成分无阻碍地通过，而将高于 Ω_c 的频率成分全部滤除。同样，理想高通滤波器、理想带通滤波器和理想带阻滤波器均允许以截止频率为界限的一部分频率成分无阻碍地通过，而禁止其余部分通过。理想全通滤波器则允许输入信号的所有成分无改变地通过。

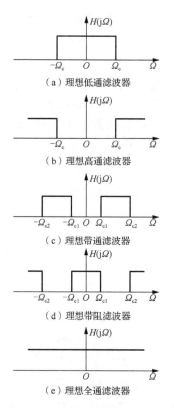

（a）理想低通滤波器

（b）理想高通滤波器

（c）理想带通滤波器

（d）理想带阻滤波器

（e）理想全通滤波器

图 2.13　经典理想滤波器的频率特性

　　经典的理想滤波器常用于描述理想化的系统特性，但是在实际应用中，理想滤波器是不可物理实时实现的，常采用非理想滤波器来逼近。下面以连续时间理想低通滤波器为例进行简单分析。理想低通滤波器的频率响应如式（2.30）所示：

$$H(\mathrm{j}\Omega) = \begin{cases} 1, & |\Omega| \leqslant \Omega_{\mathrm{c}} \\ 0, & |\Omega| > \Omega_{\mathrm{c}} \end{cases} \tag{2.30}$$

由于上式为频率 Ω 的实函数，故其相位恒为 0，对应的单位冲激响应为一 sinc 函数，即

$$h(t) = \frac{\sin \Omega_{\mathrm{c}} t}{\pi t} \tag{2.31}$$

　　理想低通滤波器的另一种常见形式是线性相位理想低通滤波器，其模和相位表示为

$$|H(\mathrm{j}\Omega)| = \begin{cases} 1, & |\Omega| \leqslant \Omega_{\mathrm{c}} \\ 0, & |\Omega| > \Omega_{\mathrm{c}} \end{cases}, \qquad \sphericalangle H(\mathrm{j}\Omega) = -\alpha\Omega \tag{2.32}$$

　　图 2.14 给出了连续时间理想低通滤波器上述两种形式的幅频特性和相频特性曲线。

　　图 2.15 给出了上述两种理想低通滤波器的单位冲激响应曲线。

　　由图 2.15 可以看出，理想低通滤波器为非因果系统，这是理想低通滤波器的第一个不理想之处。第二个不理想之处是其单位冲激响应的波动性，这是 sinc 函数的一个基本特性。随着 t 的增加，sinc 函数持续振荡衰减，这种振荡导致系统的单位阶跃响应（unit step response，即系统对单位阶跃信号的响应）也持续振荡，从而使系统输出也持续振荡。

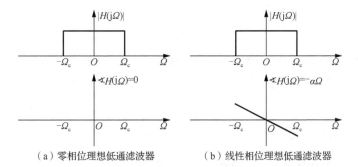

图 2.14　理想低通滤波器的频率特性

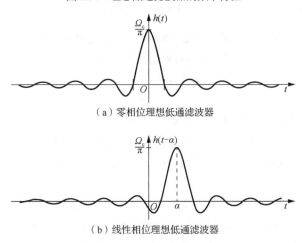

图 2.15　理想低通滤波器的单位冲激响应

4. 非理想滤波器

由于理想滤波器是不可实时物理实现的，故在实际信号处理应用中所使用的滤波器都是非理想滤波器。图 2.16 给出了连续时间常规非理想低通滤波器频率特性的示意图。

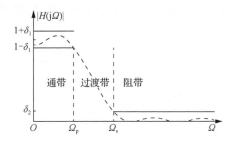

图 2.16　非理想低通滤波器的频率特性

在图 2.16 中，横轴表示频率，纵轴表示幅度。图中虚线曲线为非理想低通滤波器的频率特性曲线，Ω_p 和 Ω_s 分别表示滤波器通带（pass band）和阻带（stop band）的截止频率，Ω_p 和 Ω_s 之间的部分称为过渡带（transition band），δ_1 和 δ_2 分别表示通带和阻带的波动容限。

由图 2.16 可见，非理想滤波器的通带不是严格平坦的，容许一定的通带纹波（passband ripple）；阻带也容许阻带纹波（stopband ripple）的存在，且存在一个由通带到阻带的过渡带。

2.6.3 伯德图

伯德图（Bode diagram）是线性时不变系统传递函数的半对数坐标图，是电子信息领域的常用技术。其横轴以频率的对数表示，纵轴一般为线性表示，常分为幅频特性图和相频特性图。

1. 一阶系统的伯德图

设一阶线性时不变系统的单位冲激响应表示为

$$h(t) = \frac{1}{\tau} e^{-t/\tau} u(t) \tag{2.33}$$

式中，参数 τ 称为系统的时间常数（time constant），其值控制着系统响应的速度。对 $h(t)$ 求取傅里叶变换，可以得到系统的频率响应或传递函数为

$$H(j\Omega) = \frac{1}{j\Omega\tau + 1} \tag{2.34}$$

对 $H(j\Omega)$ 的模求取 20 倍以 10 为底的对数，有

$$20\log_{10} |H(j\Omega)| = -10\log_{10}[(\Omega\tau)^2 + 1] \tag{2.35}$$

上式的单位为分贝（decibels，常简写为 dB）。对上式进行分析讨论，有

$$20\log_{10} |H(j\Omega)| \approx \begin{cases} 0, & \Omega\tau \ll 1 \\ -20\log_{10}(\Omega) - 20\log_{10}(\tau), & \Omega\tau \gg 1 \end{cases} \tag{2.36}$$

上式表明，一阶系统的对数幅频特性在低频和高频的渐近线都是直线。低频的渐近线是一条 0dB 的直线，高频渐近线对应于在 $|H(j\Omega)|$ 上每 10 倍频程有 20dB 的衰减，即斜率为 "20dB/10oct" 的衰减渐近线。对于 $H(j\Omega)$ 的相位谱也可以得到类似的对数线性渐近线为

$$\sphericalangle H(j\Omega) = -\tan^{-1}(\Omega\tau) = \begin{cases} 0, & \Omega < 0.1/\tau \\ -(\pi/4)[\log_{10}(\Omega\tau) + 1], & 0.1/\tau \leqslant \Omega < 10/\tau \\ -\pi/2, & \Omega \geqslant 10/\tau \end{cases} \tag{2.37}$$

图 2.17 给出了根据式（2.36）和式（2.37）绘制的一阶系统伯德图。

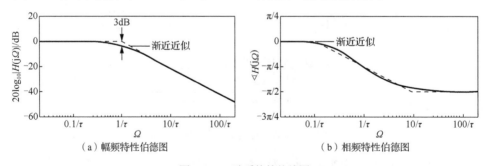

（a）幅频特性伯德图　　　　　　　　　（b）相频特性伯德图

图 2.17　一阶系统的伯德图

图 2.17（a）中，$\Omega = 1/\tau$ 处为两条渐近线的交点，称为转折频率。根据式（2.35），在这一点处的衰减约为-3dB。因此，通常对两条渐近线交点处做-3dB 的修正，在工程上也称低通滤波器在此处的带宽为 3dB 带宽。

2. 二阶系统的伯德图

设二阶线性时不变系统由二阶常系数微分方程给出：

$$\frac{d^2 y(t)}{dt^2} + 2\xi\Omega_n \frac{dy(t)}{dt} + \Omega_n^2 y(t) = \Omega_n^2 x(t) \tag{2.38}$$

式中，参数 ξ 和 Ω_n 分别称为系统的阻尼系数（damping ratio）和无阻尼固有频率（undamped natural frequency）。对式（2.38）求取傅里叶变换，得到系统的传递函数为

$$H(j\Omega) = \frac{\Omega_n^2}{(j\Omega)^2 + 2\xi\Omega_n(j\Omega) + \Omega_n^2} \tag{2.39}$$

图 2.18 给出了二阶系统的伯德图，图中还画出了当阻尼系数 ξ 取不同值时的情况。

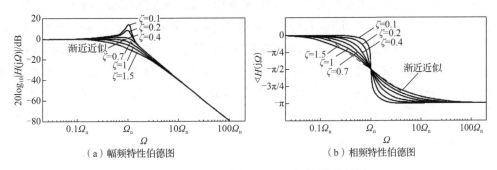

（a）幅频特性伯德图　　　　　　　　（b）相频特性伯德图

图 2.18　不同阻尼系数条件下二阶系统的伯德图

2.6.4　系统无失真传输条件与系统物理可实现条件

1. 系统的无失真传输条件

系统无失真传输是指系统的输出信号与系统的输入信号相比，只是幅度和出现时刻不同，而波形上无变化。系统不失真传输条件表示为

$$y(t) = Kx(t - t_0) \tag{2.40}$$

式中，$x(t)$ 和 $y(t)$ 分别表示系统的输入和输出信号；K 为常数；t_0 表示延迟时间。由式（2.40）可以分别得到系统无失真条件下的传递函数 $H(j\Omega)$ 和单位冲激响应 $h(t)$ 为

$$H(j\Omega) = Ke^{-j\Omega t_0} \tag{2.41}$$

$$h(t) = K\delta(t - t_0) \tag{2.42}$$

2. 系统的物理可实现条件

所谓物理可实现系统须满足以下两个条件：第一，系统在时域满足因果性条件，即

$$h(t) = 0, \quad 若 \ t < 0 \tag{2.43}$$

第二，系统在频域满足佩利-维纳准则（Paley-Wiener criterion），即

$$\int_{-\infty}^{\infty} \frac{|\ln[|H(j\Omega)|]|}{1 + \Omega^2} d\Omega < \infty \tag{2.44}$$

2.7　分数阶傅里叶变换的基本概念与原理

2.7.1　分数阶傅里叶变换的概念与用途

1. 傅里叶变换的局限性

本章前面章节介绍了 4 种傅里叶分析方法，分别为 FS、DFS、FT 和 DTFT，这些傅里叶分析方法在信号处理和通信技术中具有奠基性的重要作用。但是上述傅里叶分析方法均具有一定的局限性。这里以 FT 为例做一简要分析。

我们知道，傅里叶变换是对信号 $x(t)$ 进行全局性变换，所得到的频谱 $X(\mathrm{j}\Omega)$ 是信号的整体性频谱，无法表述信号的时频局部特性。而这种时频局部特性，正是很多信号处理特别是非平稳信号处理要解决的关键问题。图 2.19 很好地解释了时频局部特性问题。图 2.19（b）是 3 段频率不同的正弦信号，记为 $x(t)$。若对其做傅里叶变换，所得频谱是一个整体性频谱，不能反映信号随时间变化的特点。而图 2.19（a）是随时间变化的频谱，可以看出在不同时段，信号具有不同的频谱，较好地反映了信号频谱的局部特性。

2. 分数阶傅里叶变换的概念与特点

FRFT 是经典傅里叶变换的广义化，它在保留傅里叶变换原有性质和特点的基础上，增加了其特有的新特点和优势。与传统的傅里叶变换相比，由于增加了一个自由参量即阶数 p，FRFT 具有同时反映信号的时域、频域和分数阶域特点的能力，可以较好地反映信号的时频局部特性，在本质上是一种统一的时频变换。

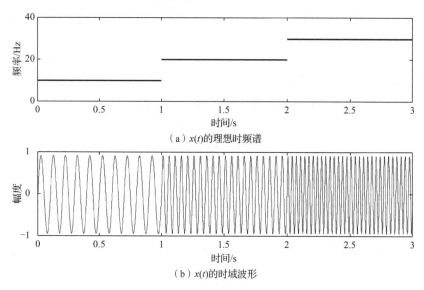

（a）$x(t)$的理想时频谱

（b）$x(t)$的时域波形

图 2.19　信号时频局部特性示意图

FRFT 具有如下主要特点：

（1）是一种统一的时频变换。阶数 p 从 0 变化到 1，可以使 FRFT 展现出从时域到频域的所有变化特征，从而提供信号时频分析的更多选择。

（2）是一种 chirp 基分解。因此，FRFT 十分适合处理在雷达、声呐和通信等领域经常用到的 chirp 类信号。

（3）是对时频平面的旋转。由此可建立 FRFT 与时频分析的关系。

（4）多了一个自由参数 p。使得 FRFT 在许多应用场合具有更好的选择性。

（5）是一种线性变换。没有交叉项干扰，在有加性噪声的多分量情况下更具优势。

（6）具有成熟的快速算法。便于在实际应用中采用。

3. 分数阶傅里叶变换的主要用途

分数阶傅里叶变换在科学研究和工程技术中得到广泛应用，如扫频滤波器、人工神经网络、小波变换、时频分析、时变滤波等。在信号处理中，分数阶傅里叶变换在信号检测与参数估计、相位恢复与信号重构、信号滤波、声信号分析、图像处理、通信技术，特别是在雷达信号处理中得到广泛的重视，并得到很好的应用结果。

2.7.2　分数阶傅里叶变换的定义

定义 2.5　分数阶傅里叶变换　定义在 t 域的函数 $x(t)$ 的 p 阶分数阶傅里叶变换是一个线性积分运算

$$X_p(u) = \int_{-\infty}^{\infty} x(t) K_p(u,t) \mathrm{d}t \tag{2.45}$$

式中，

$$K_p(u,t) = A_\alpha \exp[\mathrm{j}\pi(u^2 \cot\alpha - 2ut \csc\alpha + t^2 \cot\alpha)] \tag{2.46}$$

为分数阶傅里叶变换的核函数。其中，$A_\alpha = \sqrt{1 - \mathrm{j}\cot\alpha}$，$\alpha = p\pi/2$，$p \neq 2n$，$n$ 表示整数。

式（2.46）中，α 的物理意义是时频平面的旋转角度，是以 2π 为周期的。由于 $\alpha = p\pi/2$，则 p 是以 4 为周期的。若 α 从 0 旋转到 $\pi/2$，对应于 p 从 0 渐变到 1，则信号由时域逐步变换到频域，中间经过的变换过程，对应于不同 α 值（或 p 值）的 FRFT。若 $\alpha = \pi/2$，对应于 $p=1$，则 FRFT 退化为 FT，表明 FT 是 FRFT 的一个特例。图 2.20 给出了时域的矩形信号经过 FRFT 逐步变换为 sinc 函数形式频谱的过程。

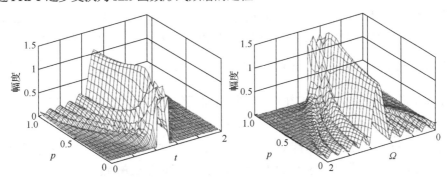

图 2.20　矩形信号逐步变换为 sinc 函数的 FRFT 过程

2.7.3　分数阶傅里叶变换的性质

分数阶傅里叶变换有许多有用的性质，这些性质对于进一步理解分数阶傅里叶变换的理论并简化计算具有重要意义。表 2.7 给出了分数阶傅里叶变换的主要性质。

表 2.7　分数阶傅里叶变换的主要性质

序号	性质名称	性质形式	说明
1	线性性质	$\mathscr{F}^p\left[\sum_n c_n x_n(u)\right]=\sum_n c_n\left\{\mathscr{F}^p[x_n(u)]\right\}$	
2	阶数为整数时	$\mathscr{F}^n=(\mathscr{F})^n$	
3	逆	$(\mathscr{F}^p)^{-1}=\mathscr{F}^{-p}$	
4	酉性	$(\mathscr{F}^p)^{-1}=(\mathscr{F}^p)^{\mathrm{H}}$	$\mathscr{F}^p$ 为分数阶傅里叶变
5	阶数可加性	$\mathscr{F}^{p_1}\mathscr{F}^{p_2}=\mathscr{F}^{p_1+p_2}$	换算子；c_n 为任意复常
6	交换性	$\mathscr{F}^{p_1}\mathscr{F}^{p_2}=\mathscr{F}^{p_2}\mathscr{F}^{p_1}$	数；n 为任意整数；ψ_n 为
7	结合性	$(\mathscr{F}^{p_1}\mathscr{F}^{p_2})\mathscr{F}^{p_3}=\mathscr{F}^{p_1}(\mathscr{F}^{p_2}\mathscr{F}^{p_3})$	厄米-高斯特征函数
8	特征函数	$\mathscr{F}^p\psi_n=\exp(-\mathrm{j}pn\pi/2)\psi_n$	
9	维格纳 - 维尔 （Wigner-Ville）分布	$W_{X_p}(u,u)=W_x(u\cos\alpha-\mu\sin\alpha,u\sin\alpha+\mu\cos\alpha)$	
10	帕塞瓦尔关系	$\langle x(u),y(u)\rangle=\langle X_p(u_p),Y_p(u_p)\rangle$	

2.7.4　分数阶傅里叶变换应用举例

1. 分数阶傅里叶变换在信号检测与参数估计中的应用

信号检测与参数估计是信号处理中的重要问题。所谓信号检测（signal detection），一般是指根据观测数据判断目标信号是否存在。而参数估计（parameter estimation）则是从带噪信号中估计出信号的某个或某些参数的过程。

分数阶傅里叶变换特别适合于处理 chirp 类信号，即线性调频类（linear frequency modulation，LFM）信号。利用 LFM 信号在不同阶数的分数阶傅里叶变换域呈现不同的能量聚集性的特性，可经由分数阶傅里叶域的峰值二维搜索，实现对 LFM 信号的检测以及对应的参数估计。由于噪声和其他干扰一般不具备特定的时频能量聚集性，因此在分数阶傅里叶变换域，LFM 信号往往体现出非常优越的检测性能和参数估计性能。

例 2.17　已知 LFM 信号 $x(t)=a_0\exp(\mathrm{j}\varphi_0+\mathrm{j}2\pi f_0 t+\mathrm{j}\pi\mu_0 t^2)$，其中，$a_0$ 为信号振幅，φ_0 为初始相位，f_0 为初始频率，μ_0 为调频率。试利用 FRFT 估计信号的初始频率和调频率。

解　将 LFM 信号 $x(t)$ 代入 FRFT 的定义式（2.45），经计算，可知当 $\begin{cases}\mu_0=-\cot\alpha\\ f_0=u\csc\alpha\end{cases}$ 时，FRFT 取得峰值。其中，α 表示 FRFT 的阶数，u 表示 FRFT 域自变量。通过在 (α,u) 平面进行 FRFT 曲面的峰值搜索，可以得到 LFM 信号参数 μ_0 和 f_0 的估计。图 2.21 给出了 LFM 信号参数估计的 FRFT 方法的峰值搜索示意图。显然，在 FRFT 曲面上，信号参数所对应的峰值是十分显著的，这主要得益于 LFM 信号在 FRFT 域的能量聚集性。

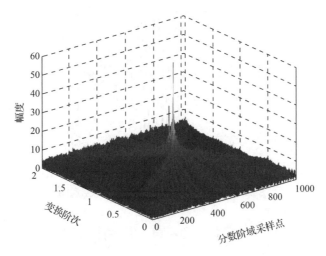

图 2.21　LFM 信号参数估计的 FRFT 峰值搜索示意图

2. 在信号滤波中的应用

FRFT 在信号滤波特别是乘性滤波中得到广泛应用。基于 FRFT 的乘性滤波器表示为

$$y(t) = \mathscr{F}^{-p}\left\{\mathscr{F}^{p}[x(t)]\right\} H_p(u) \tag{2.47}$$

式中，$\mathscr{F}^{p}$ 表示 FRFT 算子；$H_p(u)$ 表示分数阶域滤波器的传递函数。

例 2.18　已知 LFM 信号波形图如图 2.22（a）所示，该信号受到随机噪声的污染，如图 2.22（b）所示。试利用 FRFT 滤波器，对 LFM 信号进行滤波提取。

解　将被随机噪声污染的 LFM 信号送入 FRFT 滤波器，得到去除噪声后的 LFM 信号，如图 2.22（c）所示。显然，FRFT 滤波器可以有效地提取被噪声污染的 LFM 信号，不过，在图 2.22（c）中仍存在少量残余误差，可见基本上聚集在 0 值附近。

3. 基于 FRFT 的分数阶卷积

两信号 $x_1(t)$ 和 $x_2(t)$ 的分数阶卷积表示为 $y(t) = x_1(t) \overset{p}{*} x_2(t)$，其中，"$\overset{p}{*}$" 表示参照域分数阶卷积算子。根据 FRFT 基本概念与理论，可以得到 FRFT 域分数阶卷积表达式为

$$Y_p(u) = \mathrm{e}^{-\mathrm{j}C_a u^2} X_{1p}(u) \times X_{2p}(u) \tag{2.48}$$

式中，$X_{1p}(u)$、$X_{2p}(u)$ 和 $Y_p(u)$ 分别表示 $x_1(t)$、$x_2(t)$ 和 $y(t)$ 的 FRFT。上式表明，两信号在参照域的分数阶卷积对应于它们的 FRTT 乘积再乘以一个线性调频信号。

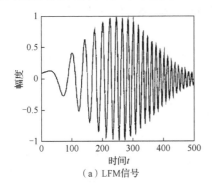

（a）LFM信号

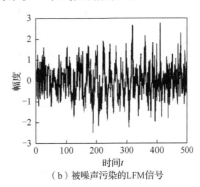

（b）被噪声污染的LFM信号

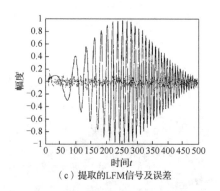

（c）提取的LFM信号及误差

图 2.22　FRFT 滤波器提取 LFM 信号示意图

2.8　本 章 小 结

为了满足信号与系统频域分析和处理的要求，本章系统介绍了 4 种经典的傅里叶分析方法，包括连续时间周期信号的傅里叶级数、离散时间周期信号的傅里叶级数、连续时间信号的傅里叶变换和离散时间傅里叶变换。分别介绍了这些傅里叶分析方法的基本概念、定义、性质和计算等问题，还较为详细地介绍了信号与系统的频域分析问题。最后，本章还给出了分数阶傅里叶变换的基本概念、性质与基本方法，对于扩展对傅里叶理论的理解具有一定的意义。

思考题与习题

2.1　什么是信号与系统的时域分析？试说明傅里叶级数与离散傅里叶级数的概念与计算。

2.2　试说明连续时间周期信号傅里叶级数的概念与特点。

2.3　试说明离散时间周期信号傅里叶级数的概念与特点。

2.4　试说明连续时间傅里叶变换的概念与特点。试说明离散时间傅里叶变换的概念与特点。

2.5　试说明傅里叶变换的性质及根据性质的计算。试说明常用的傅里叶变换对。

2.6　试说明信号频谱的概念。试说明系统频率特性的概念。

2.7　试说明 4 种傅里叶分析方法所对应信号与频谱的连续性与周期性关系。

2.8　试说明信号的幅度谱与相位谱的概念与特点。掌握系统的线性相位与非线性相位的概念。

2.9　试说明滤波器的概念，并说明理想低通滤波器的概念与特性。试说明伯德图的概念。

2.10　说明分数阶傅里叶变换的概念、定义、性质与主要应用。

2.11　给定连续时间周期信号 $x(t) = 2 + \cos\left(\dfrac{2\pi}{3}t\right) + \sin\left(\dfrac{5\pi}{3}t\right)$，试求其基波频率 Ω_0 和傅里叶级数系数 a_k。

2.12　设基波频率为 $\Omega_0 = \pi$，试计算连续时间周期信号 $x(t) = \begin{cases} 1.5, & 0 \leqslant t < 1 \\ -1.5, & 1 \leqslant t < 2 \end{cases}$ 的傅里叶

级数系数 a_k。

2.13　已知离散时间周期信号 $x_1(n)$ 和 $x_2(n)$ 的周期均为 $N(N=4)$，其各自对应的傅里叶级数系数分别为 a_k 和 b_k，且 $a_0 = a_3 = \dfrac{1}{2}a_1 = \dfrac{1}{2}a_2 = 1$ 和 $b_0 = b_1 = b_2 = b_3 = 1$。试根据离散傅里叶级数的相乘性质，确定信号 $g(n) = x_1(n)x_2(n)$ 的傅里叶级数系数 c_k。

2.14　求下列各式的傅里叶级数系数。

（1）$x(t) = e^{-t}$，$-1 < t < 1$，周期为 2；

（2）$x(t) = \begin{cases} \sin \pi t, & 0 \leqslant t \leqslant 2 \\ 0, & 2 < t \leqslant 4 \end{cases}$，周期为 4。

2.15　给出下面各题的傅里叶级数系数 a_k，周期均为 4，试求时间信号 $x(t)$。

（1）$a_k = \begin{cases} 0, & k = 0 \\ (\mathrm{j})^k \dfrac{\sin k\pi / 4}{k\pi}, & \text{其他} \end{cases}$；

（2）$a_k = (-1)^k \dfrac{\sin k\pi / 8}{2k\pi}$。

2.16　计算下列各信号的傅里叶变换，并画出其幅频特性曲线：

（1）$x(t) = e^{-2(t-1)}u(t-1)$；

（2）$x(t) = e^{-2|t-1|}$。

2.17　求下列各式的傅里叶逆变换：

（1）$X(\mathrm{j}\Omega) = 2\pi\delta(\Omega) + \pi\delta(\Omega - 4\pi) + \pi\delta(\Omega + 4\pi)$；

（2）$X(\mathrm{j}\Omega) = \begin{cases} 2, & 0 \leqslant \Omega \leqslant 2 \\ -2, & -2 \leqslant \Omega < 0 \\ 0, & |\Omega| > 2 \end{cases}$。

2.18　已知 $x(t) \leftrightarrow X(\mathrm{j}\Omega)$，试用 $X(\mathrm{j}\Omega)$ 来表示下列各式的傅里叶变换：

（1）$x_1(t) = x(1-t) + x(-1-t)$；

（2）$x_2(t) = x(3t-6)$；

（3）$x_3(t) = \dfrac{\mathrm{d}^2}{\mathrm{d}t^2}[x(t-2)]$。

2.19　已知 $e^{-|t|} \leftrightarrow \dfrac{2}{1+\Omega^2}$。

（1）试求 $te^{-|t|}$ 的傅里叶变换；

（2）根据（1）的结果，再结合对偶性质，求 $\dfrac{4t}{(1+t^2)^2}$ 的傅里叶变换。

2.20　一因果 LTI 系统，其频率响应为 $H(\mathrm{j}\Omega) = \dfrac{1}{\mathrm{j}\Omega + 3}$。对于某一特定的输入信号 $x(t)$，该系统的输出为 $y(t) = e^{-3t}u(t) - e^{-4t}u(t)$，求 $x(t)$。

2.21　给定一 LTI 系统的输入信号和输出信号分别为 $x(t) = (e^{-t} + e^{-3t})u(t)$，$y(t) = (2e^{-t} - 2e^{-4t})u(t)$。

（1）求该系统的频率响应；

（2）确定该系统的单位冲激响应。

2.22 设一 LTI 系统的输入信号为 $\delta(t)$ ，其输出信号为一底宽为 τ 的三角脉冲，即

$$y(t) = \begin{cases} 1 - \dfrac{2|t|}{\tau}, & |t| < \tau/2 \\ 0, & |t| \geqslant \tau/2 \end{cases}$$ 。试求该系统的频率特性。

2.23 计算下列各式的离散时间傅里叶变换：

（1） $x(n) = \left(\dfrac{1}{2}\right)^{n-1} u(n-1)$ ；

（2） $x(n) = \left(\dfrac{1}{2}\right)^{|n-1|}$ ；

（3） $x(n) = \delta(n-1) + \delta(n+1)$ 。

2.24 对于 $-\pi \leqslant \omega < \pi$ ，求下列各式的离散时间傅里叶变换：

（1） $X(\mathrm{e}^{\mathrm{j}\omega}) = \sin\left(\dfrac{\pi}{3}n + \dfrac{\pi}{4}\right)$ ；

（2） $X(\mathrm{e}^{\mathrm{j}\omega}) = 2 + \cos\left(\dfrac{\pi}{6}n + \dfrac{\pi}{8}\right)$ 。

2.25 已知 $X(\mathrm{e}^{\mathrm{j}\omega}) = \dfrac{1}{1 - \mathrm{e}^{-\mathrm{j}\omega}} \dfrac{\sin(3\omega/2)}{\sin(\omega/2)} + 5\pi\delta(\omega), \quad -\pi < \omega \leqslant \pi$ ，求 $x(n)$ 。

2.26 一单位冲激响应为 $h_1(n) = \left(\dfrac{1}{3}\right)^n u(n)$ 的 LTI 系统与另一单位冲激响应为 $h_2(n)$ 的因果 LTI 系统并联后的频率响应为 $X(\mathrm{e}^{\mathrm{j}\omega}) = \dfrac{-12 + 5\mathrm{e}^{-\mathrm{j}\omega}}{12 - 7\mathrm{e}^{-\mathrm{j}\omega} + \mathrm{e}^{-\mathrm{j}2\omega}}$ ，试求 $h_2(n)$ 。

2.27 设 $X(\mathrm{e}^{\mathrm{j}\omega})$ 为图题 2.27 所示信号 $x(n)$ 的离散时间傅里叶变换。试不经计算 $X(\mathrm{e}^{\mathrm{j}\omega})$ 而求出以下结果：

（1） $X(\mathrm{e}^{\mathrm{j}0})$ ；

（2） $\sphericalangle X(\mathrm{e}^{\mathrm{j}\omega})$ ；

（3） $\displaystyle\int_{-\pi}^{\pi} X(\mathrm{e}^{\mathrm{j}\omega})\mathrm{d}\omega$ ；

（4） $X(\mathrm{e}^{\mathrm{j}\pi})$ ；

（5） $\displaystyle\int_{-\pi}^{\pi} |X(\mathrm{e}^{\mathrm{j}\omega})|^2 \mathrm{d}\omega$ 。

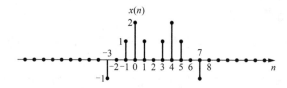

图题 2.27　给定信号 $x(n)$ 的波形

2.28 设复信号 $x(n)$ 的离散时间傅里叶变换为 $X(\mathrm{e}^{\mathrm{j}\omega})$ ，试利用 $X(\mathrm{e}^{\mathrm{j}\omega})$ 导出下列信号的傅里叶变换式：

（1） $\mathrm{Re}[x(n)]$ ；

（2） $x^*(-n)$ 。

2.29 试证明离散时间傅里叶变换的卷积性质：$x(n) * h(n) \leftrightarrow X(\mathrm{e}^{\mathrm{j}\omega})H(\mathrm{e}^{\mathrm{j}\omega})$。

2.30 画出下列二阶系统幅频特性的伯德图：

（1）$H(\mathrm{j}\Omega) = \dfrac{250}{(\mathrm{j}\Omega)^2 + 50.5\mathrm{j}\Omega + 25}$；

（2）$H(\mathrm{j}\Omega) = 0.02\left[\dfrac{\mathrm{j}\Omega + 50}{(\mathrm{j}\Omega)^2 + 0.2\mathrm{j}\Omega + 1}\right]$

第3章 信号与系统的复频域分析

3.1 概　述

第 2 章系统介绍了基于傅里叶理论对信号与系统进行频域分析的理论与方法。通过频域分析和处理，我们可以了解信号与系统的频率特性，并有效简化信号与系统的运算。但是，频域分析方法并不能使我们掌握系统的另一些特性，例如因果性和稳定性等。实际上，对于系统因果性、稳定性的分析，除了在时域进行之外，还常在复频域（complex frequency domain）进行。在频域分析中，某些信号的傅里叶变换是不存在的，但却可以对其进行复频域分析。本章将重点介绍信号与系统复频域分析的基本理论与方法。

拉普拉斯变换和 z 变换是把信号与系统从时域变换到复频域的桥梁。前者把连续时间信号与系统变换到 s 域，后者则把离散时间信号与系统变换到 z 域，二者都是复频域。进一步地，拉普拉斯变换是傅里叶变换的推广，其自变量为 $s = \sigma + \mathrm{j}\Omega$，若取其实部 $\sigma = 0$，则拉普拉斯变换退化为傅里叶变换。z 变换则是离散时间傅里叶变换的推广，其自变量为 $z = r\mathrm{e}^{\mathrm{j}\omega}$，若其幅度 $r = 1$，则 z 变换退化为离散时间傅里叶变换。由此可见，拉普拉斯变换和 z 变换均包含了傅里叶变换所对应频率域的信息，故称其对应的 s 域和 z 域为复频域。

本章将系统介绍拉普拉斯变换和 z 变换的基本原理，系统介绍基于这两个变换的信号与系统的复频域分析方法。我们将会看到，拉普拉斯变换和 z 变换都具有很多有用的性质，在某种意义上来说，信号与系统的复频域分析是一种比傅里叶分析覆盖范围更为广泛的有用工具。

3.2 拉普拉斯变换

拉普拉斯变换是工程数学中一种常用的积分变换。在电子信息技术领域，拉普拉斯变换用于把连续时间信号与系统由时域变换到以 s 为自变量的复频域。

3.2.1 拉普拉斯变换的定义

1. 从傅里叶变换到拉普拉斯变换

连续时间信号 $x(t)$ 的傅里叶变换定义为 $X(\mathrm{j}\Omega) = \int_{-\infty}^{\infty} x(t)\mathrm{e}^{-\mathrm{j}\Omega t}\mathrm{d}t$。对于某些随时间增长的信号，例如 $x(t) = \mathrm{e}^{at}$，$a > 0$，其不满足绝对可积条件，故其傅里叶变换不收敛。

拉普拉斯变换的思路是对信号 $x(t)$ 引入衰减因子 $\mathrm{e}^{-\sigma t}$，σ 为实数，将其与信号 $x(t)$ 相乘，再对乘积 $x_1(t) = \mathrm{e}^{-\sigma t}x(t)$ 做傅里叶变换。即 $X_1(\mathrm{j}\Omega) = \int_{-\infty}^{\infty} \mathrm{e}^{-\sigma t}x(t)\mathrm{e}^{-\mathrm{j}\Omega t}\mathrm{d}t = \int_{-\infty}^{\infty} x(t)\mathrm{e}^{-(\sigma+\mathrm{j}\Omega)t}\mathrm{d}t$。将上式中 $\sigma + \mathrm{j}\Omega$ 记为一个新变量 s，则得到双边拉普拉斯变换（bilateral Laplace transform）。

定义 3.1　拉普拉斯变换　连续时间信号 $x(t)$ 的双边拉普拉斯变换定义为

$$X(s) = \int_{-\infty}^{\infty} x(t)\mathrm{e}^{-st}\mathrm{d}t \tag{3.1}$$

$$x(t) = \frac{1}{2\pi\mathrm{j}} \int_{\sigma-\mathrm{j}\infty}^{\sigma+\mathrm{j}\infty} X(s)\mathrm{e}^{st}\mathrm{d}s \qquad (3.2)$$

式（3.1）和式（3.2）分别为双边拉普拉斯变换及其逆变换，可分别记为 $X(s) = \mathscr{L}[x(t)]$ 和 $x(t) = \mathscr{L}^{-1}[X(s)]$。双边拉普拉斯变换也常记为 $x(t) \leftrightarrow X(s)$，其中 "$\leftrightarrow$" 表示拉普拉斯变换。也可以在 "$\leftrightarrow$" 上加拉普拉斯变换的标记，记为 "$\overset{\mathscr{L}}{\leftrightarrow}$"。拉普拉斯变换的自变量 s 是复变量，定义为 $s = \sigma + \mathrm{j}\Omega$。因此，通常称 s 为复频率，称 s 域为复频域。

2. 根据定义的计算与收敛域的概念

例 3.1　设信号 $x(t) = \mathrm{e}^{-at}u(t)$，试计算其傅里叶变换 $X(\mathrm{j}\Omega)$ 和拉普拉斯变换 $X(s)$。

解　傅里叶变换为 $X(\mathrm{j}\Omega) = \int_{-\infty}^{\infty} x(t)\mathrm{e}^{-\mathrm{j}\Omega t}\mathrm{d}t = \int_{0}^{\infty} \mathrm{e}^{-at}\mathrm{e}^{-\mathrm{j}\Omega t}\mathrm{d}t = \dfrac{1}{\mathrm{j}\Omega + a}$，$a > 0$。拉普拉斯变换为 $X(s) = \int_{-\infty}^{\infty} x(t)\mathrm{e}^{-st}\mathrm{d}t = \int_{0}^{\infty} \mathrm{e}^{-(s+a)t}\mathrm{d}t = \int_{0}^{\infty} \mathrm{e}^{-(\sigma+a)t}\mathrm{e}^{-\mathrm{j}\Omega t}\mathrm{d}t = \dfrac{1}{s + a}$，$\mathrm{Re}(s) > -a$。

在例 3.1 关于拉普拉斯变换的计算中，实际上考虑了 $\sigma + a > 0$ 的条件，从而保证对应积分的收敛性。而 $\sigma + a > 0$ 通常表示为 $\mathrm{Re}(s) > -a$，其中 $\mathrm{Re}(s)$ 表示对复变量 s 求取实部。使拉普拉斯变换 $X(s) = 0$ 的 s 值称为 "零点"（zeros），使拉普拉斯变换 $X(s) \to \infty$ 的 s 值称为 "极点"（poles）。在 s 平面内用零点和极点来表示 $X(s)$ 及其特性的图示称为 $X(s)$ 的零极图（pole-zero plot）。

例 3.2　设信号 $x(t) = -\mathrm{e}^{-at}u(-t)$，求其拉普拉斯变换 $X(s)$。

解　拉普拉斯变换为 $X(s) = -\int_{-\infty}^{\infty} \mathrm{e}^{-at}\mathrm{e}^{-st}u(-t)\mathrm{d}t = \int_{-\infty}^{0} \mathrm{e}^{-(s+a)t}\mathrm{d}t = \dfrac{1}{s + a}$，$\mathrm{Re}(s) < -a$。

比较例 3.1 和例 3.2 可以发现，两个例题中不同的时间信号却对应相同的拉普拉斯变换式。但是需要注意的是，使这个变换式成立的 s 取值范围是不同的。例 3.1 使变换式收敛的区域是 $\mathrm{Re}(s) > -a$，而例 3.2 使变换式收敛的区域是 $\mathrm{Re}(s) < -a$。通常，称使拉普拉斯变换式收敛的 s 的取值范围为拉普拉斯变换的收敛域（region of convergence，ROC）。图 3.1 给出了对应于例 3.1 和例 3.2 的 s 平面收敛域的示意图。

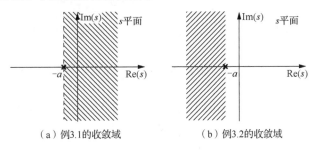

（a）例 3.1 的收敛域　　　　　　　（b）例 3.2 的收敛域

图 3.1　拉普拉斯变换收敛域示意图

图中，阴影部分表示拉普拉斯变换的收敛域，符号 "×" 表示拉普拉斯变换式的极点；横轴 $\mathrm{Re}(s)$ 表示复变量的实部 σ，也可以写为 σ 的形式，纵轴 $\mathrm{Im}(s)$ 表示复变量的虚部 $\mathrm{j}\Omega$，也可以写为 $\mathrm{j}\Omega$ 的形式。

3. 拉普拉斯变换收敛域的性质

拉普拉斯变换的收敛域有以下主要性质，我们不加证明地给出如下。

性质 3.1　$X(s)$ 的 ROC 是由 s 平面内平行于 $\mathrm{j}\Omega$ 轴的带状区域所组成。

性质 3.2　有理拉普拉斯变换的 ROC 内不包含任何极点。

性质 3.3　若信号 $x(t)$ 有限时宽（finite duration）且绝对可积，则其 ROC 为整个 s 平面。

性质 3.4　若信号 $x(t)$ 的拉普拉斯变换 $X(s)$ 是有理的，则其 ROC 由极点界定或延伸到无穷远处。另外，在 ROC 内不包含任何极点。

性质 3.5　设信号 $x(t)$ 的拉普拉斯变换 $X(s)$ 是有理的，若 $x(t)$ 为右边信号（right sided signal），则其 ROC 在 s 平面上位于最右边极点的右边；若 $x(t)$ 为左边信号（left sided signal），则其 ROC 在 s 平面上位于最左边极点的左边。

以上提到的"有理拉普拉斯变换"是指拉普拉斯变换式 $X(s)$ 为有理分式的形式。

3.2.2　拉普拉斯逆变换

式（3.2）给出了拉普拉斯逆变换的定义式。该式表明，时间信号 $x(t)$ 可以用一个复指数信号的加权积分来表示。式中的积分路径对应于 s 平面内满足 $\mathrm{Re}(s) = \sigma$ 的平行于 $\mathrm{j}\Omega$ 轴的直线，在 $X(s)$ 的 ROC 内可以任意选取这样一条直线。一般来说，式（3.2）的计算需要利用复平面上的曲线积分。本节介绍 $X(s)$ 的部分分式求解法和留数求解法。

1. 拉普拉斯逆变换的部分分式求解法

拉普拉斯逆变换的部分分式求解法适用于 $X(s)$ 为有理分式的情况，其基本思想是将一个有理分式展开成低阶次项的线性组合，然后分别对每一个低阶次项求取拉普拉斯逆变换。

假定 $X(s)$ 没有重极点（即多个极点重合在一起，又称为高阶极点），且分母多项式的阶次高于分子多项式的阶次，这样，$X(s)$ 可以展开为

$$X(s) = \sum_{i=1}^{m} X_i(s) = \sum_{i=1}^{m} \frac{A_i}{s + a_i} \tag{3.3}$$

根据 $X(s)$ 的 ROC，该式中每一项 $X_i(s)$ 的 ROC 都可以确定，然后可以对每一个 $X_i(s)$ 求取拉普拉斯逆变换。式（3.3）中的每一个 $X_i(s) = \dfrac{A_i}{s + a_i}$ 的逆变换都有两种可能：若 ROC 位于极点 $s = -a_i$ 右边，则 $X_i(s) = \dfrac{A_i}{s + a_i} \leftrightarrow A_i \mathrm{e}^{-a_i t} u(t) = x_i(t)$ 是一个右边信号；若 ROC 位于极点 $s = -a_i$ 左边，则 $X_i(s) = \dfrac{A_i}{s + a_i} \leftrightarrow -A_i \mathrm{e}^{-a_i t} u(-t) = x_i(t)$ 是一个左边信号。

对得到的每一个 $x_i(t)$ 求和，则得到 $X(s)$ 的拉普拉斯逆变换 $x(t)$，即

$$x(t) = \sum_{i=1}^{m} x_i(t) \tag{3.4}$$

例 3.3　已知信号 $x(t)$ 的拉普拉斯变换为 $X(s) = \dfrac{1}{(s+1)(s+2)}$，$\mathrm{Re}(s) > -1$，试求 $x(t)$。

解　对 $X(s)$ 进行部分分式展开，有 $X(s) = \dfrac{1}{(s+1)(s+2)} = \dfrac{A}{s+1} + \dfrac{B}{s+2}$。利用待定系数法确定系数 A 和 B 的值，得到 $X(s) = \dfrac{1}{s+1} - \dfrac{1}{s+2}$。对于 $X(s)$ 展开式的第一项 $X_1(s) = \dfrac{1}{s+1}$，$X(s)$ 的 ROC 位于其极点 $s = -1$ 的右边，故对应的时间信号 $x_1(t)$ 应为一右边信号，进而得到

$x_1(t) = \mathscr{L}^{-1}[X_1(s)] = \mathrm{e}^{-t}u(t)$。对于 $X(s)$ 展开式的第二项 $X_2(s) = -\dfrac{1}{s+2}$，$X(s)$ 的 ROC 也位于其极点 $s = -2$ 的右边，故对应的时间信号 $x_2(t)$ 也为一右边信号，即 $x_2(t) = \mathscr{L}^{-1}[X_2(s)] = -\mathrm{e}^{-2t}u(t)$。因此，$X(s)$ 对应的时间信号 $x(t)$ 为

$$x(t) = x_1(t) + x_2(t) = (\mathrm{e}^{-t} - \mathrm{e}^{-2t})u(t), \quad \mathrm{Re}(s) > -1$$

若上例拉普拉斯变换的 ROC 变为 $\mathrm{Re}(s) < -2$，则该 ROC 均位于部分分式 $\dfrac{1}{s+1} - \dfrac{1}{s+2}$ 这两项对应极点的左边，故这两项对应的时间信号均为左边信号，从而有

$$x(t) = (-\mathrm{e}^{-t} + \mathrm{e}^{-2t})u(-t), \quad \mathrm{Re}(s) < -2$$

若上例拉普拉斯变换的 ROC 变为 $-2 < \mathrm{Re}(s) < -1$，则该 ROC 位于 $\dfrac{1}{s+1} - \dfrac{1}{s+2}$ 第一项极点的左边且位于第二项极点的右边，则第一项对应左边信号，第二项对应右边信号，即

$$x(t) = -\mathrm{e}^{-t}u(-t) - \mathrm{e}^{-2t}u(t), \quad -2 < \mathrm{Re}(s) < -1$$

例 3.4　求 $X(s) = \dfrac{s^2 + 4s + 7}{(s+1)(s+2)}$，$\mathrm{Re}(s) > -1$ 的拉普拉斯逆变换。

解　利用长除法得到 $X(s) = \dfrac{s^2 + 4s + 7}{(s+1)(s+2)} = 1 + \dfrac{s+5}{(s+1)(s+2)}$，再进一步进行部分分式分解，可得 $X(s) = 1 + \dfrac{4}{s+1} - \dfrac{3}{s+2}$。求其拉普拉斯逆变换，有 $x(t) = \delta(t) + 4\mathrm{e}^{-t}u(t) - 3\mathrm{e}^{-2t}u(t)$。

2. 拉普拉斯逆变换的留数求解法

考虑因果信号 $x(t)$，根据复变函数理论中的留数定理，有

$$\frac{1}{2\pi \mathrm{j}} \oint_C X(s)\mathrm{e}^{st}\mathrm{d}s = \sum_i \mathrm{Res}_i \tag{3.5}$$

式中，左边的曲线积分是在 s 平面内沿一条不通过 $X(s)$ 极点的闭合曲线（称为围线）C 上进行的；右边则表示此围线 C 中 $X(s)$ 各极点上留数之和，Res_i 表示第 i 个留数。比较式（3.5）与式（3.2）给出的拉普拉斯逆变换定义式，可见，要利用留数定理来计算拉普拉斯逆变换，需要在式（3.2）的积分线上补充一条积分路径以构成一条封闭曲线。通常考虑该补充的积分路径为半径无穷大的圆弧，如图 3.2 所示，同时还要满足 $\int_{\overline{ABC}} X(s)\mathrm{e}^{st}\mathrm{d}s = 0$。

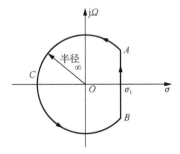

图 3.2　$X(s)$ 的围线积分路径

根据复变函数理论中的约当辅助定理，上述条件一般是可以满足的。这样，拉普拉斯逆变换的运算就转变为求 $X(s)$ 各极点上留数的运算，从而使计算显著简化。

当 $X(s)$ 为有理函数时，单极点 $s = p_i$ 的留数为

$$\text{Res}_i = [(s - p_i)X(s)\mathrm{e}^{st}]_{s=p_i} \tag{3.6}$$

k 重极点的留数为

$$\text{Res}_i = \frac{1}{(k-1)!}\left[\frac{\mathrm{d}^{k-1}}{\mathrm{d}s^{k-1}}(s - p_i)^k X(s)\mathrm{e}^{st}\right]_{s=p_i} \tag{3.7}$$

将式（3.6）和式（3.7）与拉普拉斯逆变换的部分分式法相比，可以看出二者是一致的。不过，留数法除了可以处理有理拉普拉斯变换式之外，还可以处理无理拉普拉斯变换式，因此适用范围更广。需要注意的是，由于冲激函数及其导数不符合约当引理，因此当 $X(s)$ 所对应的时间信号 $x(t)$ 中存在冲激函数及其导数时，需先将 $X(s)$ 分解为多项式与真分式之和（参见例 3.4），由多项式决定冲激函数及其导数项，再对真分式求留数。

例 3.5　试采用留数法求 $X(s) = \dfrac{s+2}{s(s+3)(s+1)^2}$ 的拉普拉斯逆变换。

解　$X(s)$ 有 2 个单极点 $p_1 = 0$、$p_2 = -3$ 和一个二重极点 $p_3 = -1$。按照式（3.6）和式（3.7）求各极点上的留数，有

$$\text{Res}_1 = [(s - p_1)X(s)\mathrm{e}^{st}]_{s=p_1=0} = \left[\frac{s+2}{(s+3)(s+1)^2}\mathrm{e}^{st}\right]_{s=p_1=0} = \frac{2}{3}$$

$$\text{Res}_2 = \left[(s+3)\frac{s+2}{s(s+3)(s+1)^2}\mathrm{e}^{st}\right]_{s=p_2=-3} = \frac{1}{12}\mathrm{e}^{-3t}$$

$$\text{Res}_3 = \frac{1}{(k-1)!}\left[\frac{\mathrm{d}^{k-1}}{\mathrm{d}s^{k-1}}(s - p_3)^k X(s)\mathrm{e}^{st}\right]_{s=p_3=-1}$$

$$= \frac{1}{(2-1)!}\left[\frac{\mathrm{d}}{\mathrm{d}s}(s+1)^2\frac{s+2}{s(s+3)(s+1)^2}\mathrm{e}^{st}\right]_{s=p_3=-1} = -\frac{1}{2}(t+\frac{3}{2})\mathrm{e}^{-t}$$

这样，拉普拉斯逆变换为

$$x(t) = \sum_{i=1}^{3}\text{Res}_i = \left[\frac{2}{3} + \frac{1}{12}\mathrm{e}^{-3t} - \frac{1}{2}(t+\frac{3}{2})\mathrm{e}^{-t}\right]u(t)$$

3.2.3　拉普拉斯变换的性质

1. 拉普拉斯变换的主要性质

拉普拉斯变换有一系列非常重要的性质。这些性质对于深刻理解拉普拉斯变换并熟练解决拉普拉斯变换相关的问题具有重要意义。表 3.1 给出了拉普拉斯变换的主要性质。

表 3.1　拉普拉斯变换的主要性质

序号	性质	连续时间信号 $x(t)$、$x_1(t)$、$x_2(t)$	拉普拉斯变换 $X(s)$、$X_1(s)$、$X_2(s)$	ROC R、R_1、R_2
1	线性性质	$ax_1(t) + bx_2(t)$	$aX_1(s) + bX_2(s)$	至少 $R_1 \cap R_2$
2	时移性质	$x(t - t_0)$	$\mathrm{e}^{-s_0 t_0}X(s)$	R
3	s 域平移性质	$\mathrm{e}^{s_0 t}x(t)$	$X(s - s_0)$	R 的平移

序号	性质	连续时间信号 $x(t)$、$x_1(t)$、$x_2(t)$	拉普拉斯变换 $X(s)$、$X_1(s)$、$X_2(s)$	ROC R、R_1、R_2
4	时域尺度变换	$x(at)$	$\dfrac{1}{\|a\|}X\left(\dfrac{s}{a}\right)$	$\dfrac{R}{a}$
5	共轭对称性质	$x^*(t)$	$X^*(s^*)$	R
6	卷积性质	$x_1(t)*x_2(t)$	$X_1(s)X_2(s)$	至少 $R_1 \cap R_2$
7	时域微分性质	$\dfrac{\mathrm{d}x(t)}{\mathrm{d}t}$	$sX(s)$	至少 R
8	时域积分性质	$\displaystyle\int_{-\infty}^{t}x(\tau)\mathrm{d}\tau$	$\dfrac{1}{s}X(s)$	至少 $R_1 \cap \{\mathrm{Re}(s)>0\}$
9	s 域微分性质	$-tx(t)$	$\dfrac{\mathrm{d}}{\mathrm{d}s}X(s)$	R
10	初值和终值定理	若 $t<0$，$x(t)=0$，且在 $t=0$ 不包括任何冲激或高阶奇异函数，则 $$x(0^+)=\lim_{s\to\infty}sX(s)$$ $$\lim_{t\to\infty}x(t)=\lim_{s\to 0}sX(s)$$		

例 3.6　求 $x(t)=te^{-at}u(t)$ 的拉普拉斯变换。

解　由于 $e^{-at}u(t)\leftrightarrow\dfrac{1}{s+a}$，$\mathrm{Re}(s)>-a$，根据频域微分性质，有

$$te^{-at}u(t)\leftrightarrow-\frac{\mathrm{d}}{\mathrm{d}s}\left(\frac{1}{s+a}\right)=\frac{1}{(s+a)^2},\quad \mathrm{Re}(s)>-a$$

2. 常用拉普拉斯变换对

表 3.2 给出了常用拉普拉斯变换对。

表 3.2　常用拉普拉斯变换对

序号	信号名称	信号 $x(t)$ 表达式	拉普拉斯变换 $X(s)$	ROC
1	单位冲激信号	$\delta(t)$	1	全部 s
2	单位阶跃信号	$u(t)$	$\dfrac{1}{s}$	$\mathrm{Re}(s)>0$
3	反向单位阶跃信号	$-u(-t)$	$\dfrac{1}{s}$	$\mathrm{Re}(s)<0$
4	单边指数信号	$e^{-at}u(t)$	$\dfrac{1}{s+a}$	$\mathrm{Re}(s)>-a$
5	反向单边指数信号	$-e^{-at}u(-t)$	$\dfrac{1}{s+a}$	$\mathrm{Re}(s)<-a$
6	单位冲激时移信号	$\delta(t-T)$	e^{-sT}	全部 s
7	单边余弦信号	$(\cos\Omega_0 t)u(t)$	$\dfrac{s}{s^2+\Omega_0^2}$	$\mathrm{Re}(s)>0$
8	单边正弦信号	$(\sin\Omega_0 t)u(t)$	$\dfrac{\Omega_0}{s^2+\Omega_0^2}$	$\mathrm{Re}(s)>0$
9	余弦调制单边指数信号	$(e^{-at}\cos\Omega_0 t)u(t)$	$\dfrac{s+a}{(s+a)^2+\Omega_0^2}$	$\mathrm{Re}(s)>-a$
10	正弦调制单边指数信号	$(e^{-at}\sin\Omega_0 t)u(t)$	$\dfrac{\Omega_0}{(s+a)^2+\Omega_0^2}$	$\mathrm{Re}(s)>-a$

3.3 连续时间信号与系统的复频域分析

与傅里叶变换相比，拉普拉斯变换除了可以用于分析信号与系统频率特性以外，更多的是用于求解线性系统时域微分方程，对系统进行因果性和稳定性分析，并且更方便地将信号与系统用方框图或信号流图的方式表示出来。本节重点介绍拉普拉斯变换用于 LTI 系统的分析问题，同时简单介绍单边拉普拉斯变换（unilateral Laplace transform）及其应用。

3.3.1 微分方程的拉普拉斯变换与系统函数

式（3.8）给出了 N 阶 LTI 系统的线性常系数微分方程表示：

$$\sum_{k=0}^{N} a_k \frac{\mathrm{d}^k y(t)}{\mathrm{d}t^k} = \sum_{k=0}^{M} b_k \frac{\mathrm{d}^k x(t)}{\mathrm{d}t^k} \tag{3.8}$$

式中，M、N 分别表示输入项和输出项的阶数，通常满足 $N \geq M$；b_k、a_k 分别表示输入项和输出项的加权系数。对上式两边做拉普拉斯变换，有 $\left(\sum_{k=0}^{N} a_k s^k\right) Y(s) = \left(\sum_{k=0}^{M} b_k s^k\right) X(s)$。

定义系统函数（system function）$H(s)$ 为

$$H(s) = \frac{Y(s)}{X(s)} = \frac{\sum_{k=0}^{M} b_k s^k}{\sum_{k=0}^{N} a_k s^k} \tag{3.9}$$

由线性常系数微分方程所表示的系统，其系统函数总是有理的。系统的零点和极点可以分别通过令式（3.9）的分子为 0 和分母为 0 而得到。由系统的零点和极点以及系统的 ROC，可以进一步分析系统的因果性、稳定性等性质。由上式可以得到

$$Y(s) = H(s)X(s) \tag{3.10}$$

式（3.10）实际上是拉普拉斯变换的卷积性质。它表明，由 $y(t) = h(t) * x(t)$ 所表示的卷积积分运算，可以经由拉普拉斯变换而转变为系统函数与输入信号拉普拉斯变换的乘积运算。并且，$h(t)$ 与 $H(s)$ 为一对拉普拉斯变换对。如果在 $H(s)$ 中令 $\sigma = 0$（或令 $s = \mathrm{j}\Omega$），则可以得到系统的频率响应（即传递函数）$H(\mathrm{j}\Omega)$，并可以由此进一步分析系统的频率特性。

例 3.7 给定因果 LTI 系统的常系数微分方程为 $\frac{\mathrm{d}y(t)}{\mathrm{d}t} + 5y(t) = 2x(t)$。试求：

（1）系统函数 $H(s)$；
（2）系统的单位冲激响应 $h(t)$；
（3）判定系统的稳定性。

解 （1）对给定微分方程两边求拉普拉斯变换，有 $sY(s) + 5Y(s) = 2X(s)$。整理可得

$$H(s) = \frac{Y(s)}{X(s)} = \frac{2}{s+5}$$

（2）对系统函数求拉普拉斯逆变换，根据系统的因果性，可得系统的单位冲激响应为

$$h(t) = \mathscr{L}^{-1}[H(s)] = \mathscr{L}^{-1}\left(\frac{2}{s+5}\right) = 2\mathrm{e}^{-5t}u(t)$$

（3）由于系统单位冲激响应是因果的，且随时间的增长而指数衰减，故是有界的，即满

足 $\int_{-\infty}^{\infty}|h(\tau)|\mathrm{d}\tau<\infty$，因此，该系统是稳定的。

3.3.2　LTI 系统因果性和稳定性分析

LTI 系统的因果性和稳定性分析可以在时域通过对单位冲激响应分析来进行。实际上，这个问题可以依据拉普拉斯变换或系统函数而得到更为有效的分析和判定。

1. LTI 系统的因果性判定

我们知道，因果 LTI 系统的单位冲激响应满足

$$h(t)=0,\quad t<0 \tag{3.11}$$

根据拉普拉斯变换收敛域的性质，$h(t)$ 所对应 $H(s)$ 的 ROC 应为某个右半 s 平面。这样，有如下性质。

性质 3.6　必要条件　一个因果系统的系统函数 $H(s)$ 的 ROC 是某个右半 s 平面。

需要注意的是，性质 3.6 的相反结论是不一定成立的。即位于最右边极点右边的 ROC 并不能充分保证系统的因果性。

性质 3.7　充分必要条件　若系统函数 $H(s)$ 是有理的，则系统的因果性等效于 ROC 位于最右边极点右边的右半 s 平面。

例 3.8　试判定下列系统的因果性：

（1）$H_1(s)=\dfrac{1}{s+1},\quad \mathrm{Re}(s)>-1$；

（2）$H_2(s)=\dfrac{-2}{s^2+1},\quad -1<\mathrm{Re}(s)<1$；

（3）$H_3(s)=\dfrac{\mathrm{e}^s}{s+1},\quad \mathrm{Re}(s)>-1$。

解　（1）由于给定系统 $H_1(s)$ 为有理系统，且满足 ROC 为右半 s 平面，根据性质 3.7，可以判断该系统是因果系统。

（2）给定系统 $H_2(s)$ 为有理系统，但因其 ROC 不满足右半 s 平面条件，故该系统为非因果系统。

如果经由拉普拉斯逆变换求取上面各系统函数的单位冲激响应，也可以得到相同的结论。

（3）尽管 $H_3(s)$ 的 ROC 为右半 s 平面，但其系统函数不是有理的，故不能判定其因果性。这时求 $H_3(s)$ 的拉普拉斯逆变换，得 $h_3(t)=\mathrm{e}^{-(t+1)}u(t+1)$。显然，该系统是非因果的。

2. LTI 系统的稳定性判定

在时域判定 LTI 系统的稳定性，要求其单位冲激响应满足绝对可积条件，即

$$\int_{-\infty}^{\infty}|h(\tau)|\mathrm{d}\tau<\infty \tag{3.12}$$

在复频域，可以根据下列性质进行系统稳定性的判定。

性质 3.8　当且仅当系统函数 $H(s)$ 的 ROC 包含 $\mathrm{j}\Omega$ 轴时，该 LTI 系统是稳定的。

性质 3.9　当且仅当 $H(s)$ 的全部极点都位于左半 s 平面，有理因果系统 $H(s)$ 是稳定的。

例 3.9　试判定下列因果系统的稳定性：

（1）$H_1(s)=\dfrac{s+2}{(s+1)(s-2)},\quad \mathrm{Re}(s)>2$；

（2）$H_2(s) = \dfrac{1}{s+2}$，　$\mathrm{Re}(s) > -2$。

解　（1）由于 $H_1(s)$ 为因果系统，且其 ROC 位于最右边极点 $p = 2$ 的右边。这样，其 ROC 不包括 $\mathrm{j}\Omega$ 轴［图 3.3（a）］，故由性质 3.9 判定该系统是不稳定的。

（2）由于 $H_2(s)$ 为因果系统，且其 ROC 位于极点 $p = -2$ 的右边。这样，其 ROC 包括了 $\mathrm{j}\Omega$ 轴［图 3.3（b）］，故由性质 3.9 判定该系统是稳定的。

若在时域对上述两个系统的单位冲激响应进行分析，也可以得到相同的结论。

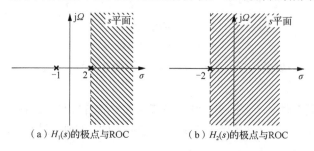

（a）$H_1(s)$ 的极点与ROC　　　　　　　　　（b）$H_2(s)$ 的极点与ROC

图 3.3　给定系统的收敛域与极点分布图

3.3.3　单边拉普拉斯变换及其应用

式（3.1）定义的拉普拉斯变换，实际上是双边拉普拉斯变换，即其对于时间变量的积分区间为 $(-\infty, +\infty)$。在许多实际应用中，信号往往是因果的，因此在进行拉普拉斯变换时，可以仅在 0 至 $+\infty$ 区间进行积分。这对应于单边拉普拉斯变换，这种变换对于分析具有非零初始条件的系统是非常有用的。

定义 3.2　单边拉普拉斯变换　连续时间信号 $x(t)$ 的单边拉普拉斯变换定义为

$$X_{\mathrm{u}}(s) = \int_{0^-}^{\infty} x(t)\mathrm{e}^{-st}\mathrm{d}t \tag{3.13}$$

式中，$X_{\mathrm{u}}(s)$ 表示单边拉普拉斯变换，积分下限 0^- 表示在积分区间中包括位于 $t = 0$ 时刻的任何冲激信号或高阶奇异信号。由于单边拉普拉斯变换总是对 $t \geqslant 0$ 的区间进行信号积分，因此其 ROC 总是对应于某个右半 s 平面。

对比 $X(s)$ 和 $X_{\mathrm{u}}(s)$，我们可以直观地看到，对于任意在 $t < 0$ 区间为 0 的信号，其双边和单边拉普拉斯变换是相同的。而对于任意两个在 $t < 0$ 区间不同，在 $t \geqslant 0$ 区间相同的信号，二者的双边拉普拉斯变换是不同的，而二者的单边拉普拉斯变换则是相同的。

例 3.10　给定连续时间信号为 $x(t) = \mathrm{e}^{-a(t+1)}u(t+1)$，试求其双边拉普拉斯变换 $X(s)$ 和单边拉普拉斯变换 $X_{\mathrm{u}}(s)$。

解　先求 $X(s)$：由于 $\mathrm{e}^{-at}u(t) \leftrightarrow \dfrac{1}{s+a}$，$\mathrm{Re}(s) > -a$，经由双边拉普拉斯变换的时移性质，有 $\mathrm{e}^{-a(t+1)}u(t+1) \leftrightarrow \dfrac{\mathrm{e}^s}{s+a}$，$\mathrm{Re}(s) > -a$。因此，$X(s) = \dfrac{\mathrm{e}^s}{s+a}$，$\mathrm{Re}(s) > -a$。

再求 $X_{\mathrm{u}}(s)$：$X_{\mathrm{u}}(s) = \int_{0^-}^{\infty} \mathrm{e}^{-a(t+1)}u(t+1)\mathrm{e}^{-st}\mathrm{d}t = \int_{0^-}^{\infty} \mathrm{e}^{-a}\mathrm{e}^{-(s+a)t}\mathrm{d}t = \dfrac{\mathrm{e}^{-a}}{s+a}$，　$\mathrm{Re}(s) > -a$。显然，$X(s)$ 和 $X_{\mathrm{u}}(s)$ 是不同的。

单边拉普拉斯变换的主要性质与双边拉普拉斯变换的性质基本相同，例如线性、s 域平移、时域尺度变换、共轭和 s 域微分等，初值定理与终值定理也成立。但是，其时域微分和时域积分等性质是不同的，现将单边拉普拉斯变换的部分性质列于表 3.3 中。

表 3.3　单边拉普拉斯变换的部分性质

序号	性质	连续时间信号 $x(t)$	单边拉普拉斯变换 $X_u(s)$
1	时域微分性质	$\dfrac{\mathrm{d}x(t)}{\mathrm{d}t}$	$sX_u(s) - x(0^-)$
2	高阶时域微分性质	$\dfrac{\mathrm{d}^k x(t)}{\mathrm{d}t^k}$	$s^k X_u(s) - s^{k-1}x(0^-) - s^{k-2}x'(0^-) - \cdots - x^{(k-1)}(0^-)$
3	时域积分性质	$\displaystyle\int_{0^-}^{t} x(\tau)\mathrm{d}\tau$	$\dfrac{1}{s}X_u(s)$

注意到单边拉普拉斯变换的 ROC 总是在某个右半 s 平面。

例 3.11　计算下列信号的单边拉普拉斯变换：

（1）$x(t) = \delta(t) + \mathrm{e}^t u(t)$；

（2）$x(t) = (\mathrm{e}^{-t} - \mathrm{e}^{-2t})u(t)$。

解　（1）由于信号 $x(t)$ 为因果信号，故单边拉普拉斯变换与双边拉普拉斯变换相同，有

$$X_u(s) = 1 + \frac{1}{s-1} = \frac{s}{s-1}, \quad \mathrm{Re}(s) > 1$$

（2）$x(t)$ 为因果信号，计算其单边拉普拉斯变换，得到

$$X_u(s) = \frac{1}{(s+1)(s+2)}, \quad \mathrm{Re}(s) > -1$$

例 3.12　利用单边拉普拉斯变换求解具有非零初始条件的线性常系数微分方程。已知系统的微分方程、初始条件和输入信号分别为

$$\frac{\mathrm{d}^2 y(t)}{\mathrm{d}t^2} + 3\frac{\mathrm{d}y(t)}{\mathrm{d}t} + 2y(t) = x(t), \quad y(0^-) = b, \quad y'(0^-) = c, \quad x(t) = au(t)$$

解　对上式两边求取单边拉普拉斯变换，有 $s^2 Y_u(s) - bs - c + 3sY_u(s) - 3b + 2Y_u(s) = \dfrac{a}{s}$。

经整理，有 $Y_u(s) = \dfrac{b(s+3)}{(s+1)(s+2)} + \dfrac{c}{(s+2)(s+2)} + \dfrac{a}{s(s+2)(s+2)}$。

上式中右边最后一项，实际上是系统当初始状态为 0（称为初始松弛条件）时的响应，称为零状态响应（zero-state response）。而上式右边的前两项实际上是系统输入为 0 时的响应，称为零输入响应（zero-input response）。由此，系统总的响应为系统的零状态响应与零输入响应之和。进一步整理，得到 $Y_u(s) = \dfrac{1}{s} - \dfrac{1}{s+1} + \dfrac{3}{s+2}$。再求取拉普拉斯逆变换，有

$$y(t) = (1 - \mathrm{e}^{-t} + 3\mathrm{e}^{-2t})u(t)$$

3.4　z 变　换

z 变换是对离散时间信号与系统进行的一种数学变换。它在离散时间信号与系统中的地位，如同拉普拉斯变换在连续时间信号与系统中的地位。z 变换是分析线性时不变系统的重要工具，在数字信号处理和计算机控制系统等领域有广泛的应用。

3.4.1 z 变换的定义与计算

1. z 变换的定义

定义 3.3 z 变换　离散时间信号 $x(n)$ 的 z 变换及其逆变换分别定义为

$$X(z) = \sum_{n=-\infty}^{\infty} x(n)z^{-n} \tag{3.14}$$

$$x(n) = \frac{1}{2\pi j} \oint X(z)z^{n-1}\mathrm{d}z \tag{3.15}$$

式中，z 为复变量，常写为极坐标形式

$$z = re^{j\omega} \tag{3.16}$$

式中，r 表示复变量 z 的模或称为幅度，即 $r = |z|$；ω 表示其相位。

式（3.14）和式（3.15）给出了双边 z 变换（bilateral z-transform）的定义，其中，式（3.14）为 z 变换的正变换，式（3.15）为其逆变换。$\oint$ 表示半径为 r 的以原点为中心的封闭圆上逆时针方向环绕一周的积分。双边 z 变换可以记为 $X(z) = \mathcal{Z}[x(n)]$ 和 $x(n) = \mathcal{Z}^{-1}[X(z)]$。也常记为 $x(n) \leftrightarrow X(z)$ 或 $x(n) \overset{\mathcal{Z}}{\leftrightarrow} X(z)$。

2. z 变换与离散时间傅里叶变换的关系

将式（3.16）代入式（3.14），有

$$X(re^{j\omega}) = \sum_{n=-\infty}^{\infty} x(n)(re^{j\omega})^{-n} = \sum_{n=-\infty}^{\infty} [x(n)r^{-n}]e^{-j\omega n} \tag{3.17}$$

由上式可见，$X(z) = X(re^{j\omega})$ 实际上是离散时间信号 $x(n)$ 乘以实指数信号 r^{-n} 之后的离散时间傅里叶变换，可以写为 $X(re^{j\omega}) = \mathcal{F}[x(n)r^{-n}]$。

实指数信号 r^{-n} 可能是指数上升的，也可能是指数衰减的，取决于 r 的取值。若 $r = 1$，则 z 变换退化为离散时间傅里叶变换。参照图 3.4 进行进一步的讨论：在 z 平面中，横轴表示复变量 z 的实部，用 Re 表示，纵轴表示其虚部，用 Im 表示。若 z 的模为 $r = 1$，则 $z = e^{j\omega}$，在 z 平面中是一个半径为 1 的圆，称为单位圆（unit circle），如图 3.4 所示。因此，离散时间傅里叶变换实际上是单位圆上的 z 变换，或者说，z 变换是离散时间傅里叶变换在整个 z 平面上的扩展。

与拉普拉斯变换相似，z 变换也存在一个收敛域的问题。使 z 变换收敛的 z 值的集合称为收敛域，也记为 ROC。

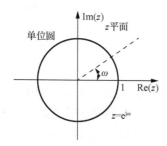

图 3.4　z 平面及单位圆

3. z 变换计算举例

例 3.13　计算单边指数序列 $x(n) = a^n u(n)$ 的 z 变换（离散时间信号又常称为"序列"）。

解　将 $x(n)$ 代入 z 变换的定义式（3.14），有 $X(z) = \sum_{n=-\infty}^{\infty} a^n u(n) z^{-n} = \sum_{n=0}^{\infty} (az^{-1})^n$。为了使

$X(z)$ 收敛，要求满足 $\sum_{n=0}^{\infty} |az^{-1}|^n < \infty$，即要求满足 $|az^{-1}| < 1$，或写为 $|z| > |a|$。这样，

$$X(z) = \sum_{n=0}^{\infty} (az^{-1})^n = \frac{1}{1 - az^{-1}}, \quad |z| > |a| \tag{3.18}$$

式中，$|z| > |a|$ 即该 z 变换的收敛域。上式也可以写为 $X(z) = \frac{z}{z - a}$，$|z| > |a|$。

在给定序列 $x(n) = a^n u(n)$ 中，若 $a = 1$，则 $x(n) = u(n)$ 为单位阶跃信号，其 z 变换为

$$X(z) = \frac{1}{1 - z^{-1}}, \quad |z| > 1 \tag{3.19}$$

与连续时间信号的拉普拉斯变换相同，z 变换的零点和极点也是非常重要的概念。使 z 变换 $X(z)$ 为 0 的 z 值称为零点，使 z 变换 $X(z)$ 趋于无穷的 z 值称为极点。在上例中，$z = 0$ 为零点，$z = a$ 为极点。图 3.5（a）给出了上例 z 平面上零极图和收敛域的示意图。

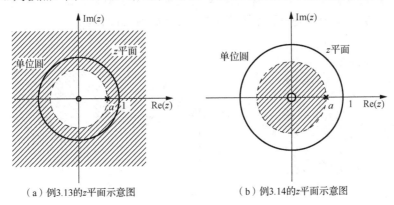

（a）例3.13的z平面示意图　　　　（b）例3.14的z平面示意图

图 3.5　z 变换的收敛域和零极点示意图

例 3.14　试计算 $x(n) = -a^n u(-n-1)$ 的 z 变换。

解　由于 $X(z) = -\sum_{n=-\infty}^{\infty} a^n u(-n-1) z^{-n} = -\sum_{n=-\infty}^{-1} a^n z^{-n} = -\sum_{n=1}^{\infty} a^{-n} z^n = 1 - \sum_{n=0}^{\infty} (a^{-1}z)^n$，若满足

$|a^{-1}z| < 1$，或写为 $|z| < |a|$，则 $X(z)$ 收敛为

$$X(z) = 1 - \frac{1}{1 - a^{-1}z} = \frac{1}{1 - az^{-1}}, \quad |z| < |a| \tag{3.20}$$

比较式（3.20）与式（3.19），可以看出对于不同的离散时间序列，二者的 z 变换式是相同的，不过二者的收敛域不同。因此需要特别注意的是，表示 z 变换时，一定要标注其收敛域，否则 z 变换将是不完整的。图 3.5（b）给出了例 3.14 的零极图和收敛域示意图。

3.4.2　z 变换收敛域的性质

本节不加证明地给出 z 变换收敛域的主要性质。

性质 3.10 $X(z)$ 的 ROC 是在 z 平面内以原点为中心的圆环。

性质 3.11 ROC 内不包含任何极点。

性质 3.12 若 $x(n)$ 是有限长序列，则 $X(z)$ 的 ROC 为整个 z 平面，可能除去 $z = 0$ 和/或 $z = \infty$。

性质 3.13 若 $X(z)$ 是有理的，则其 ROC 被极点所界定，或者延伸至无穷远处。

性质 3.14 若 $x(n)$ 的 z 变换 $X(z)$ 是有理的，且若 $x(n)$ 是右边序列，则其 ROC 位于 z 平面内最外层极点的外边。特别地，若 $x(n)$ 是因果序列，则其 ROC 包括 $z = \infty$。

性质 3.15 若 $x(n)$ 的 z 变换 $X(z)$ 是有理的，且若 $x(n)$ 是左边序列，则其 ROC 位于 z 平面内最里层极点的里边，且向内延伸可能包括 $z = 0$。特别地，若 $x(n)$ 是反因果序列（anti-causal sequence），则其 ROC 包括 $z = 0$。

例 3.15 设序列 $x(n)$ 的 z 变换为 $X(z) = \dfrac{1}{\left(1 - \dfrac{1}{2}z^{-1}\right)(1 - 2z^{-1})}$。

（1）试分析 $X(z)$ 的零极点情况；

（2）绘出 $X(z)$ 可能的收敛域的示意图。

解 （1）$X(z)$ 有二阶零点，均为 $z = 0$。$X(z)$ 有 2 个极点，分别为 $z = 1/2$ 和 $z = 2$。

（2）根据 $X(z)$ 有 2 个不同的极点，其有三种可能的 ROC，即 $|z| > 2$、$|z| < 1/2$、$1/2 < |z| < 2$。绘出 $X(z)$ 上述三种不同情况的收敛域如图 3.6 所示。

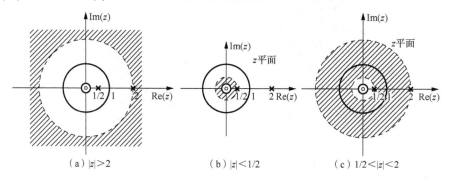

（a）$|z| > 2$　　　　（b）$|z| < 1/2$　　　　（c）$1/2 < |z| < 2$

图 3.6　三种不同情况的收敛域

3.4.3 逆 z 变换

与拉普拉斯逆变换求解相类似，逆 z 变换的求解需要利用复平面上的围线积分，故一般不采用由定义直接计算的方式。本节介绍几种常用的逆 z 变换求解方法。

1. 逆 z 变换的部分分式求解法

设离散时间信号 $x(n)$ 的 z 变换 $X(z)$ 表示为一组一阶项线性组合的形式为

$$X(z) = \sum_{i=1}^{m} \frac{A_i}{1 - a_i z^{-1}} \tag{3.21}$$

对于上式中的每个一阶项的逆 z 变换，都根据 ROC 与极点的关系有两种可能：若 $X(z)$ 的 ROC 位于极点 $z = a_i$ 所对应的圆的外面，则相应一阶项的逆 z 变换为 $x_i(n) = \mathscr{Z}^{-1}\left[\dfrac{A_i}{1 - a_i z^{-1}}\right] =$

$A_i a_i^n u(n)$；若 $X(z)$ 的 ROC 位于极点 $z=a_i$ 所对应的圆的里面，则相应一阶项的逆 z 变换为

$$x_i(n) = \mathscr{Z}^{-1}\left[\frac{A_i}{1-a_i z^{-1}}\right] = -A_i a_i^n u(-n-1)。$$

实际上，采用部分分式展开法求取逆 z 变换，并不局限于式（3.21）所示的一阶项线性组合的形式，也可以包括其他逆 z 变换易于直观求解的项。

例 3.16　试求 $X(z) = \dfrac{3 - \dfrac{5}{6}z^{-1}}{(1-\dfrac{1}{4}z^{-1})(1-\dfrac{1}{3}z^{-1})}$ 的逆 z 变换，其 ROC 分别如下：

（1）$|z| > \dfrac{1}{3}$；

（2）$|z| < \dfrac{1}{4}$；

（3）$\dfrac{1}{4} < |z| < \dfrac{1}{3}$。

解　（1）将 $X(z)$ 展开为部分分式，有 $X(z) = \dfrac{1}{1-\dfrac{1}{4}z^{-1}} + \dfrac{2}{1-\dfrac{1}{3}z^{-1}}$。由于 $X(z)$ 为 z 的有理函数，且其 ROC 位于最外面极点的外面，故 $X(z)$ 对应的 $x(n)$ 为右边信号。即

$$x(n) = \left(\frac{1}{4}\right)^n u(n) + 2\left(\frac{1}{3}\right)^n u(n)$$

（2）由于 $X(z)$ 的 ROC 在 $X(z)$ 最里面极点的里面，故对应的 $x(n)$ 为左边信号，有

$$x(n) = -\left(\frac{1}{4}\right)^n u(-n-1) - 2\left(\frac{1}{3}\right)^n u(-n-1)$$

（3）由于 $X(z)$ 的 ROC 位于极点 $z=1/4$ 的外面，但位于极点 $z=1/3$ 的里面，故对应 $z=1/4$ 这一项的时间信号为右边信号，对应 $z=1/3$ 这一项的时间信号为左边信号，有

$$x(n) = \left(\frac{1}{4}\right)^n u(n) - 2\left(\frac{1}{3}\right)^n u(-n-1)$$

2. 逆 z 变换的留数求解法

由复变函数的留数定理，可以把式（3.15）所示逆 z 变换表示为各极点的留数之和，即

$$x(n) = \frac{1}{2\pi j}\oint X(z)z^{n-1}\mathrm{d}z = \sum_m \mathrm{Res}[X(z)z^{n-1}]_{z=z_m} \tag{3.22}$$

式中，Res 表示极点的留数；z_m 为 $X(z)z^{n-1}$ 的极点。

若 $X(z)z^{n-1}$ 在 $z=z_m$ 有一阶极点，则其留数为

$$\mathrm{Res}[X(z)z^{n-1}]_{z=z_m} = [(z-z_m)X(z)z^{n-1}]_{z=z_m} \tag{3.23}$$

若 $X(z)z^{n-1}$ 在 $z=z_m$ 有 k 阶极点，则其留数为

$$\mathrm{Res}[X(z)z^{n-1}]_{z=z_m} = \frac{1}{(k-1)!}\left[\frac{\mathrm{d}^{k-1}}{\mathrm{d}z^{k-1}}(z-z_m)^k X(z)z^{n-1}\right]_{z=z_m} \tag{3.24}$$

例 3.17　试利用留数法求 $X(z) = \dfrac{1}{(1-z^{-1})(1-\dfrac{1}{2}z^{-1})}$，$|z|>1$ 的逆 z 变换。

解　$X(z)$ 有 2 个一阶极点，分别为 $z_1 = 1$ 和 $z_2 = 1/2$。这样

$$\text{Res}[X(z)z^{n-1}]_{z=z_1} = \left[(z-0.5)\frac{1}{(1-z^{-1})(1-\frac{1}{2}z^{-1})}z^{n-1}\right]_{z=1} = 2$$

$$\text{Res}[X(z)z^{n-1}]_{z=z_2} = \left[(z-0.5)\frac{1}{(1-z^{-1})(1-\frac{1}{2}z^{-1})}z^{n-1}\right]_{z=0.5} = -\left(\frac{1}{2}\right)^n$$

由此，$x(n) = \left[2-\left(\dfrac{1}{2}\right)^n\right]u(n)$。

3. 逆 z 变换的幂级数展开法

由于 $x(n)$ 的 z 变换 $X(z) = \sum\limits_{n=-\infty}^{\infty} x(n)z^{-n}$ 定义为 z^{-1} 的幂级数，因此只要在给定的 ROC 内将 $X(z)$ 展开成幂级数，其系数就是要求的序列 $x(n)$。

考虑 $X(z)$ 为有理函数，将 $X(z)$ 写为分子多项式 $N(z)$ 和分母多项式 $D(z)$ 的形式为

$$X(z) = \frac{N(z)}{D(z)} \tag{3.25}$$

若 $X(z)$ 的 ROC 满足 $|z|>R_1$ 的形式，则 $x(n)$ 为因果序列，此时 $N(z)$ 和 $D(z)$ 按 z 的降幂（或 z^{-1} 的升幂）次序排列。若 $X(z)$ 的 ROC 满足 $|z|<R_2$ 的形式，则 $x(n)$ 为左边序列，此时 $N(z)$ 和 $D(z)$ 按 z 的升幂（或 z^{-1} 的降幂）次序排列。再利用长除法，可以求得 $x(n)$。这里的 R_1 和 R_2 分别表示 $X(z)$ 收敛域边界所对应的圆。

例 3.18　试利用长除法求 $X(z) = \dfrac{1}{1-az^{-1}}$，$|z|>|a|$ 的逆 z 变换。

解　由长除法，有

$$
\begin{array}{r}
1 + az^{-1} + a^2z^{-2} + \cdots \\
1-az^{-1} \overline{\smash{)}\ 1\phantom{-az^{-1}}} \\
\underline{1-az^{-1}} \\
az^{-1} \\
\underline{az^{-1} - a^2z^{-2}} \\
a^2z^{-2} \\
\vdots
\end{array}
$$

可以写为 $X(z) = \dfrac{1}{1-az^{-1}} = 1 + az^{-1} + a^2z^{-2} + \cdots$。由于 $|az^{-1}|<1$，故该级数收敛。将上式与 z 变换的定义式（3.14）比较，可得 $x(n) = 0$，若 $n<0$，且 $x(0) = 1$，$x(1) = a$，$x(2) = a^2, \cdots$，这样，有 $x(n) = a^n u(n)$。

3.4.4 z 变换的性质

1. z 变换的主要性质

z 变换的性质是离散时间信号分析的重要工具。表 3.4 给出了 z 变换的主要性质。

表 3.4 z 变换的主要性质

序号	性质	离散时间信号 $x(n)$、$x_1(n)$、$x_2(n)$	z 变换 $X(z)$、$X_1(z)$、$X_2(z)$	ROC R、R_1、R_2
1	线性性质	$ax_1(n) + bx_2(n)$	$aX_1(z) + bX_2(z)$	至少 $R_1 \cap R_2$
2	时移性质	$x(n-n_0)$	$z^{-n_0}X(z)$	R（可能增加或去除原点或 ∞ 点）
		$\mathrm{e}^{\mathrm{j}\omega_0 n}x(n)$	$X(\mathrm{e}^{-\mathrm{j}\omega_0}z)$	R
3	z 域尺度变换性质	$z_0^n x(n)$	$X\left(\dfrac{z}{z_0}\right)$	$\|z_0\|R$
		$a^n x(n)$	$X(a^{-1}z)$	R 的比例伸缩
4	反褶性质	$x(-n)$	$X(z^{-1})$	R^{-1}
5	时间扩展性质	$x_{(k)}(n) = \begin{cases} x(r), & n = rk \\ 0, & n \neq rk \end{cases}$	$X(z^k)$	$R^{1/k}$
6	共轭对称性质	$x^*(n)$	$X^*(z^*)$	R
7	卷积性质	$x_1(n) * x_2(n)$	$X_1(z)X_2(z)$	至少 $R_1 \cap R_2$
8	一阶差分	$x(n) - x(n-1)$	$(1-z^{-1})X(z)$	至少 $R_1 \cap \{\|z\|>0\}$
9	时域累加性质	$\displaystyle\sum_{k=-\infty}^{n} x(k)$	$\dfrac{1}{1-z^{-1}}X(z)$	至少 $R_1 \cap \{\|z\|>1\}$
10	z 域微分性质	$nx(n)$	$-z\dfrac{\mathrm{d}X(z)}{\mathrm{d}z}$	R
11	初值定理	若 $n<0$，$x(n)=0$	$x(0) = \lim\limits_{z\to\infty} X(z)$	
12	终值定理	若 $n<0$，$x(n)=0$	$\lim\limits_{n\to\infty} x(n) = \lim\limits_{z\to 1}(z-1)X(z)$	

例 3.19 已知单位阶跃信号 $u(n)$ 的 z 变换为 $\dfrac{1}{1-z^{-1}}$，试求 $x(n) = nu(n)$ 的 z 变换。

解 由 z 域微分性质，有

$$\mathscr{Z}[nu(n)] = -z\frac{\mathrm{d}}{\mathrm{d}z}\mathscr{Z}[u(n)] = -z\frac{\mathrm{d}}{\mathrm{d}z}\left(\frac{1}{1-z^{-1}}\right) = \frac{z^{-1}}{(1-z^{-1})^2}$$

例 3.20 已知 $X(z) = \ln(1+az^{-1})$，$\|z\|>\|a\|$，试求其逆 z 变换。

解 根据 z 域微分性质，有 $\mathscr{Z}[nx(n)] = -z\dfrac{\mathrm{d}}{\mathrm{d}z}X(z) = \dfrac{az^{-1}}{1+az^{-1}}$，$\|z\|>\|a\|$。上式右边的逆 z 变换可以利用时移性质求得。由于 $a(-a)^n u(n) \leftrightarrow \dfrac{a}{1+az^{-1}}$，$\|z\|>\|a\|$，将上式与时移性质结合，有 $a(-a)^{n-1}u(n-1) \leftrightarrow \dfrac{az^{-1}}{1+az^{-1}}$，$\|z\|>\|a\|$。因此，$x(n) = \dfrac{-(-a)^n}{n}u(n-1)$。

2. 常用 z 变换对

z 变换常用变换对对于解决 z 变换相关问题很有帮助。表 3.5 给出了常用 z 变换对。

表 3.5　常用 z 变换对

序号	信号名称	信号 $x(n)$ 表达式	z 变换 $X(z)$	ROC
1	单位冲激信号	$\delta(n)$	1	全部 z
2	单位阶跃信号	$u(n)$	$\dfrac{1}{1-z^{-1}}$	$|z|>1$
3	反向单位阶跃信号	$-u(-n-1)$	$\dfrac{1}{1-z^{-1}}$	$|z|<1$
4	单边指数信号	$a^n u(n)$	$\dfrac{1}{1-az^{-1}}$	$|z|>|a|$
5	反向单边指数信号	$-a^n u(-n-1)$	$\dfrac{1}{1-az^{-1}}$	$|z|<|a|$
6	由单边指数的频谱运算导出的信号	$na^n u(n)$	$\dfrac{az^{-1}}{(1-az^{-1})^2}$	$|z|>|a|$
6	由单边指数的频谱运算导出的信号	$-na^n u(-n-1)$	$\dfrac{az^{-1}}{(1-az^{-1})^2}$	$|z|<|a|$
7	单边余弦信号	$(\cos\omega_0 n)u(n)$	$\dfrac{1-(\cos\omega_0)z^{-1}}{1-(2\cos\omega_0)z^{-1}+z^{-2}}$	$|z|>1$
8	单边正弦信号	$(\sin\omega_0 n)u(n)$	$\dfrac{(\sin\omega_0)z^{-1}}{1-(2\cos\omega_0)z^{-1}+z^{-2}}$	$|z|>1$

3.5　离散时间信号与系统的复频域分析

相对于时域分析和频域分析而言，离散时间信号与系统的复频域分析具有许多优点。复频域分析可用于求解线性的差分方程，可确定系统的因果性和稳定性，也可退化到频域进行信号与系统的频域分析。本节重点介绍基于 z 变换的 LTI 系统复频域分析问题，并简单介绍单边 z 变换（unilateral z-transform）及其应用。

3.5.1　差分方程的 z 变换与系统函数

离散时间 LTI 系统差分方程的一般形式如式（3.26）所示：

$$\sum_{k=0}^{N} a_k y(n-k) = \sum_{k=0}^{M} b_k x(n-k) \tag{3.26}$$

式中，M、N 分别表示输入项和输出项的阶数；b_k、a_k 分别表示输入项和输出项的加权系数。对上式两边做 z 变换，得到 $\sum_{k=0}^{N} a_k z^{-k} Y(z) = \sum_{k=0}^{M} b_k z^{-k} X(z)$，由此定义系统函数 $H(z)$ 为

$$H(z) = \frac{Y(z)}{X(z)} = \frac{\sum_{k=0}^{M} b_k z^{-k}}{\sum_{k=0}^{N} a_k z^{-k}} \tag{3.27}$$

一个由线性常系数差分方程所表示的系统，其系统函数总是有理的。系统函数是对 LTI 系统进行分析的强有力工具。由式（3.27）表示的系统函数，还可以得到进一步的信息。

第一，系统的零点和极点可以分别令式（3.27）的分子为 0 和分母为 0 而得到。由系统的零点和极点以及系统的 ROC，可以进一步分析系统的因果性、稳定性等方面的问题。

第二，式（3.27）反映了 LTI 系统输入、输出信号与系统函数之间的关系。由上式，有

$$Y(z) = H(z)X(z) \tag{3.28}$$

式（3.28）实际上是 z 变换的卷积性质。它表明，在时域由 $y(n) = h(n) * x(n)$ 表示的卷积和运算，可以经由 z 变换而转变为系统函数 $H(z)$ 与输入信号 z 变换 $X(z)$ 的代数运算，显著减小了计算量。并且，$h(n)$ 与 $H(z)$ 为一对 z 变换对。

第三，如果在 $H(z)$ 中令 $|z|=1$（或 $z = \mathrm{e}^{\mathrm{j}\omega}$），则可以得到离散时间系统的频率响应（又称为传递函数）$H(\mathrm{e}^{\mathrm{j}\omega})$，可以由此进一步分析系统的频率特性。

例 3.21　给定离散时间因果系统的差分方程为 $y(n) - by(n-1) = x(n)$。若输入信号 $x(n) = a^n u(n)$，初始松弛条件，试求：

（1）系统函数 $H(z)$；

（2）系统的单位冲激响应 $h(n)$；

（3）系统的输出信号 $y(n)$；

（4）分析系统的稳定性。

解　（1）对给定系统差分方程两边求 z 变换，得到 $Y(z) - bz^{-1}Y(z) = X(z)$。经整理，得到系统函数 $H(z)$ 为

$$H(z) = \frac{Y(z)}{X(z)} = \frac{1}{1 - bz^{-1}}, \quad |z| > |b|$$

（2）对 $H(z)$ 求取逆 z 变换，并考虑到 $H(z)$ 的因果性，得到

$$h(n) = \mathscr{Z}^{-1}\left(\frac{1}{1 - bz^{-1}}\right) = b^n u(n)$$

（3）由于 $X(z) = \mathscr{Z}[a^n u(n)] = \dfrac{1}{1 - az^{-1}}$，$|z| > |a|$，故有

$$Y(z) = H(z)X(z) = \frac{1}{(1 - bz^{-1})(1 - az^{-1})} = \frac{1}{a - b}\left(\frac{a}{1 - az^{-1}} - \frac{b}{1 - bz^{-1}}\right), \quad |z| > \max(|a|, |b|)$$

若满足 $a \neq b$，则对 $Y(z)$ 求取逆 z 变换，得到

$$y(n) = \mathscr{Z}^{-1}\left[\frac{1}{a - b}\left(\frac{a}{1 - az^{-1}} - \frac{b}{1 - bz^{-1}}\right)\right] = \frac{1}{a - b}(a^{n+1} - b^{n+1})u(n), \quad a \neq b$$

若满足 $a = b$，则有 $Y(z) = H(z)X(z) = \dfrac{1}{(1 - az^{-1})^2}$，$|z| > |a|$，须另行进行逆 z 变换。请读者自行进行。

（4）在满足 $a \neq b$ 的条件下，根据系统的单位冲激响应 $h(n) = b^n u(n)$，若 $|b| < 1$，则系统是稳定的；若 $|b| > 1$，则系统是不稳定的；若 $|b| = 1$，则系统称为临界稳定的。

3.5.2　LTI 系统的因果性与稳定性分析

系统因果性和稳定性可以在时域进行判定。但是，系统的因果性和稳定性分析可以借助 z 变换在复频域进行，且更为简捷有效。

1. 离散时间 LTI 系统的因果性判定

一个离散时间因果 LTI 系统的单位冲激响应满足

$$h(n) = 0, \quad n < 0 \tag{3.29}$$

即 $h(n)$ 的序列满足因果条件。在复频域，因果 LTI 系统具有如下性质：

性质 3.16　一离散时间 LTI 系统当且仅当其系统函数 $H(z)$ 的 ROC 位于 z 平面某一圆的

外面，且包含无穷远点，则该系统是因果的。

性质 3.17　一个具有有理系统函数 $H(z)$ 的离散时间 LTI 系统是因果的，当且仅当其 ROC 位于最外层极点外面某一圆的外面；若 $H(z)$ 表示为 z 的多项式之比，则其分子的阶次不能高于分母的阶次。

例 3.22　给定离散时间系统的系统函数 $H(z) = \dfrac{z^3 + 3z^2 + 2z + 1}{z^2 + 5z + 2}$，试判定系统的因果性。

解　根据性质 3.17，由于给定 $H(z)$ 的分子阶次高于分母阶次，故该系统是非因果系统。

例 3.23　给定离散时间系统 $H(z) = \dfrac{2z^2 - \dfrac{5}{2}z}{z^2 - \dfrac{5}{2}z + 1}$，$|z| > 2$，试判定系统的因果性。

解　该系统有 2 个极点，即 $z_1 = \dfrac{1}{2}$，$z_2 = 2$，由于系统的 ROC 在最外面极点的外面，且 $H(z)$ 分子的阶次不高于分母阶次，故该系统是因果的。

2. 离散时间 LTI 系统的稳定性判定

对于 LTI 系统来说，在时域判定其稳定性，需满足绝对可和条件，即

$$\sum_{k=-\infty}^{\infty} |h(k)| < \infty \qquad (3.30)$$

而在 z 变换对应的复频域，稳定 LTI 系统具有以下性质：

性质 3.18　当且仅当 LTI 系统的系统函数 $H(z)$ 的 ROC 包括单位圆 $|z| = 1$ 时，该系统是稳定的。

性质 3.19　具有有理系统函数 $H(z)$ 的因果 LTI 系统，当且仅当 $H(z)$ 的全部极点都位于单位圆内时，系统是稳定的。

例 3.24　判定离散时间系统 $H(z) = \dfrac{2z^2 - \dfrac{5}{2}z}{z^2 - \dfrac{5}{2}z + 1}$，$|z| > 2$ 的稳定性。

解　由于该系统 $H(z)$ 的收敛域不包括单位圆，因此该系统是不稳定的。

例 3.25　试确定因果系统 $H(z) = \dfrac{1}{1 - az^{-1}}$，$|z| > |a|$ 满足稳定性的条件（式中 $a \neq 0$）。

解　该系统有一个极点，即 $z = a$。要使该系统稳定，必须使极点在单位圆内，即须满足 $|a| < 1$，这与其单位冲激响应 $h(n) = a^n u(n)$ 满足稳定性的条件是一致的。

3.5.3　离散时间系统的方框图表示

LTI 系统的输入和输出可以经由单位冲激响应或系统函数联系起来，其一般原理框图如图 3.7 所示。

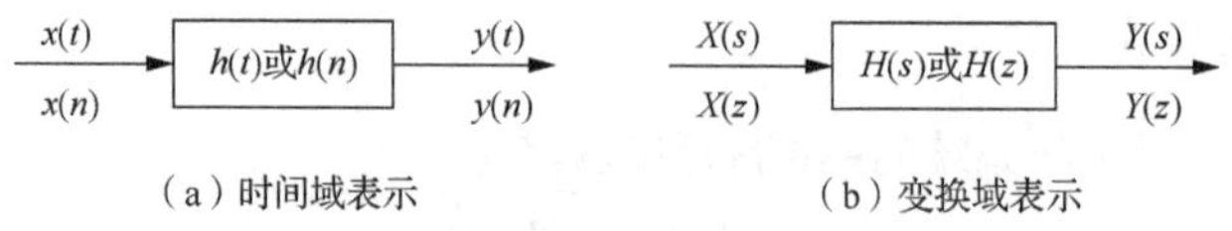

（a）时间域表示　　　　　　（b）变换域表示

图 3.7　线性时不变系统的一般原理框图表示

图 3.7 综合考虑了连续时间与离散时间 LTI 系统的时域和变换域表示问题。为了后续数

字信号处理学习的需要，本节重点介绍离散时间系统的变换域方框图表示方法。

1. 系统基本运算的描述

系统的方框图表示的是建立在信号基本运算规则基础上的。通常，有三种常用的离散时间信号运算表示，即信号相加运算、信号乘系数运算和信号单位延迟运算，如图 3.8 所示。

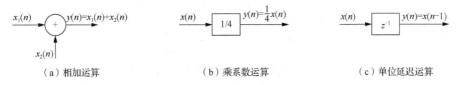

（a）相加运算　　　　　　　（b）乘系数运算　　　　　　　（c）单位延迟运算

图 3.8　信号运算的三种基本方式

2. 系统的基本互连方式

LTI 系统主要有以下三种基本互连方式，即系统的级联（cascade）、并联（parallel）和反馈（feedback）。图 3.9 给出了这三种连接形式的方框图。

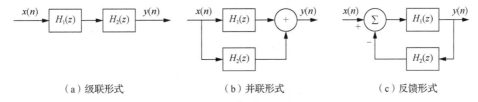

（a）级联形式　　　　　　　（b）并联形式　　　　　　　（c）反馈形式

图 3.9　系统互连的三种基本形式

设系统互连后的系统函数为 $H(z) = \dfrac{Y(z)}{X(z)}$，则对于图 3.9（a）所示的级联系统，有

$$H(z) = H_1(z) \cdot H_2(z) \tag{3.31}$$

对于图 3.9（b）所示的并联系统，有

$$H(z) = H_1(z) + H_2(z) \tag{3.32}$$

对于图 3.9（c）所示的反馈系统，有

$$H(z) = \frac{H_1(z)}{1 + H_1(z)H_2(z)} \tag{3.33}$$

式（3.33）中，$H_1(z)$ 表示前向支路，$H_2(z)$ 表示反馈支路。

3. 一阶系统与二阶系统的方框图表示

设一阶因果 LTI 系统的系统函数为 $H(z) = \dfrac{1}{1 + az^{-1}}$，该系统可以用反馈系统的方框图表示，如图 3.10 所示。其中，前向支路 $H_1(z) = 1$，反馈支路 $H_2(z) = az^{-1}$。

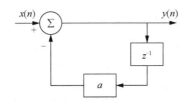

图 3.10　一阶反馈系统的方框图表示

设因果 LTI 系统的系统函数为 $H(z) = \dfrac{1+bz^{-1}}{1+az^{-1}}$，该系统可以用一个反馈系统 $\dfrac{1}{1+az^{-1}}$ 与一个前向系统 $1+bz^{-1}$ 的级联表示，如图 3.11 所示。

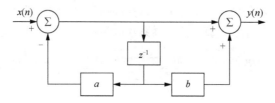

图 3.11　一阶反馈和前向级联系统的方框图表示

设二阶因果 LTI 系统的系统函数为 $H(z) = \dfrac{1}{1+a_1 z^{-1} + a_2 z^{-2}}$，该系统可以用二阶反馈系统的方框图表示，如图 3.12 所示。

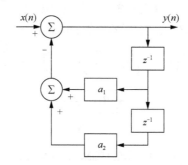

图 3.12　二阶反馈系统的方框图表示

设二阶因果 LTI 系统的系统函数为 $H(z) = \dfrac{1+b_1 z^{-1} + b_2 z^{-2}}{1+a_1 z^{-1} + a_2 z^{-2}}$，该系统可以用一个二阶反馈系统 $\dfrac{1}{1+a_1 z^{-1} + a_2 z^{-2}}$ 与一个二阶前向系统 $1+b_1 z^{-1} + b_2 z^{-2}$ 的级联表示，如图 3.13 所示。

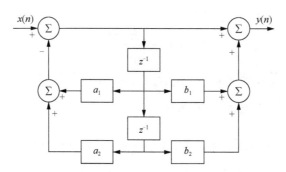

图 3.13　二阶反馈域前向级联系统的方框图表示

需要注意的是，在上述各方框图中，输入信号 $x(n)$ 与反馈信号均为相减关系。若均改为相加关系，则各方框图中反馈支路对应的系数应改变符号。

以上给出的系统方框图均为系统方框图的直接实现形式（direct-form）。实际上，根据系统函数的级联分解或并联分解，系统方框图还可以以级联方式（cascade-form）和并联方式（parallel-form）实现。读者可以参考有关文献，这里不再赘述。

3.5.4　单边 z 变换及其应用

式（3.14）给出的 z 变换定义实际上是双边 z 变换的定义，即离散时间信号的取值范围可以由 $-\infty$ 延伸到 $+\infty$，计算 $X(z)$ 的积分区间也是 $(-\infty, +\infty)$。与单边拉普拉斯变换类似，z 变换也有单边的形式，称为单边 z 变换。

定义 3.4　单边 z 变换　离散时间序列 $x(n)$ 的单边 z 变换定义为

$$X_{\mathrm{u}}(z) = \sum_{n=0}^{\infty} x(n) z^{-n} \tag{3.34}$$

记为 $X_{\mathrm{u}}(z) = \mathscr{U\!\!Z}[x(n)]$。与双边 z 变换不同，单边 z 变换的求和运算仅在 n 为非负值的区间进行，而无论当 $n < 0$ 时 $x(n)$ 是否为零。由于单边 z 变换相当于总是对因果信号进行 z 变换，因此其收敛域总是位于 z 平面上某个圆的外面。另外，单边逆 z 变换的计算与双边逆 z 变换基本相同。

例 3.26　设离散时间信号为 $x(n) = \left(\dfrac{1}{2}\right)^{n+1} u(n+1)$。

（1）求该信号的双边 z 变换；

（2）求该信号的单边 z 变换。

解　（1）根据双边 z 变换的定义和性质，有 $X(z) = \dfrac{z}{1 - \dfrac{1}{2} z^{-1}}$，$|z| > \dfrac{1}{2}$。

（2）根据单边 z 变换的定义，有 $X_{\mathrm{u}}(z) = \displaystyle\sum_{n=0}^{\infty} x(n) z^{-n} = \sum_{n=0}^{\infty} \left(\dfrac{1}{2}\right)^{n+1} z^{-n} = \dfrac{1/2}{1 - \dfrac{1}{2} z^{-1}}$，$|z| > \dfrac{1}{2}$。

显然，二者的结果是不一样的。

单边 z 变换的许多性质是与双边 z 变换相同的，例如线性、共轭、卷积、z 域尺度变换和 z 域微分等性质，但是也有一些是不同的，表 3.6 给出了单边 z 变换所特有的一些性质。

表 3.6　单边 z 变换的主要性质

序号	性质	离散时间信号 $x(n)$	单边 z 变换 $X_{\mathrm{u}}(s)$
1	时间延迟性质	$x(n-1)$	$z^{-1} X_{\mathrm{u}}(z) + x(-1)$
2	时间超前性质	$x(n+1)$	$z X_{\mathrm{u}}(z) - z x(0)$
3	一阶差分性质	$x(n) - x(n-1)$	$(1 - z^{-1}) X_{\mathrm{u}}(z) - x(-1)$

表 3.6 没有给出单边 z 变换的收敛域，这是由于单边 z 变换的收敛域总是在 z 平面上某个圆的外面。单边 z 变换是求解带有非零初始条件差分方程的有力工具。

例 3.27　给定离散时间因果系统的差分方程为 $y(n) + 3y(n-1) = x(n)$，其输入信号为 $x(n) = 8u(n)$，系统的初始条件为 $y(-1) = 1$。试求系统的输出信号 $y(n)$。

解　对给定差分方程两边做单边 z 变换，并利用线性性质和时间延迟性质，有

$$Y_{\mathrm{u}}(z) + 3 \times 1 + 3 z^{-1} Y_{\mathrm{u}}(z) = \dfrac{8}{1 - z^{-1}}$$

对 $Y_{\mathrm{u}}(z)$ 求解，得到

$$Y_{\mathrm{u}}(z) = -\dfrac{3 \times 1}{1 + 3z^{-1}} + \dfrac{8}{(1 + 3z^{-1})(1 - z^{-1})} = \dfrac{3}{1 + 3z^{-1}} + \dfrac{2}{1 - z^{-1}}$$

对上式求单边逆 z 变换, 得到 $y(n) = [3(-3)^n + 2]u(n)$ 。

3.6　本 章 小 结

针对信号与系统的复频域分析问题, 本章系统介绍了拉普拉斯变换和 z 变换的基本概念和基本原理, 强调了其收敛域的概念, 还给出了两种变换的性质和常用变换对。在此基础上, 本章还介绍了基于拉普拉斯变换和 z 变换的系统复频域分析方法, 特别着重介绍了在复频域进行 LTI 系统的因果性和稳定性分析的问题, 还介绍了基于拉普拉斯变换和 z 变换的微分方程与差分方程的复频域解法。此外, 还给出了单边拉普拉斯变换和单边 z 变换的定义、计算与基本性质。这两种单边变换是求解非松弛初始条件微分方程和差分方程的有力工具。

思考题与习题

3.1　试说明拉普拉斯变换与 z 变换的概念和定义, 说明信号与系统复频域分析的理论方法。

3.2　说明拉普拉斯变换与傅里叶变换的关系, 说明 z 变换与离散时间傅里叶变换的关系。

3.3　试说明拉普拉斯变换的特点和单边拉普拉斯变换的特点。各有什么用途?

3.4　试说明 z 变换的特点和单边 z 变换的特点。各有什么用途?

3.5　说明拉普拉斯变换与 z 变换的计算方法。说明二者收敛域的概念与性质。

3.6　说明拉普拉斯变换与 z 变换的性质。

3.7　什么是系统函数 $H(s)$ 与 $H(z)$? 二者与各自的系统频率特性有什么关联?

3.8　说明从系统微分方程或 z 差分方程到系统函数 $H(s)$ 或 $H(z)$ 的转换过程。

3.9　如何在复频域判定系统的因果性和稳定性?

3.10　说明系统方框图的表示方法, 试根据微分方程或差分方程画出系统方框图。

3.11　试计算下列连续时间信号的拉普拉斯变换, 确定其收敛域, 画出零极图:

（1）$x(t) = e^{-2t}u(t) + e^{-3t}u(t)$;

（2）$x(t) = e^{-4t}u(t) + e^{-5t}(\sin 5t)u(t)$;

（3）$x(t) = e^{2t}u(-t) + e^{3t}u(-t)$;

（4）$x(t) = te^{-2|t|}$;

（5）$x(t) = |t| e^{-2|t|}$;

（6）$x(t) = |t| e^{2t}u(-t)$ 。

3.12　求下列拉普拉斯变换的逆变换:

（1）$X(s) = \dfrac{1}{s^2 + 9}$, 　$\mathrm{Re}(s) > 0$;

（2）$X(s) = \dfrac{s}{s^2 + 9}$, 　$\mathrm{Re}(s) < 0$;

（3）$X(s) = \dfrac{s+1}{(s+1)^2 + 9}$, 　$\mathrm{Re}(s) < -1$;

（4）$X(s) = \dfrac{s+2}{s^2 + 7s + 12}$, 　$-4 < \mathrm{Re}(s) < -3$;

（5）$X(s) = \dfrac{s+1}{s^2 + 5s + 6}$，　$-3 < \mathrm{Re}(s) < -2$。

3.13　有两个右边信号 $x(t)$ 和 $y(t)$，满足微分方程 $\dfrac{\mathrm{d}x(t)}{\mathrm{d}t} = -2y(t) + \delta(t)$ 和 $\dfrac{\mathrm{d}y(t)}{\mathrm{d}t} = 2x(t)$。试确定 $X(s)$ 和 $Y(s)$ 及其收敛域。

3.14　有一 LTI 系统，输入信号为 $x(t) = \mathrm{e}^{-t}u(t)$，单位冲激响应为 $h(t) = \mathrm{e}^{-2t}u(t)$。

（1）试确定 $x(t)$ 和 $h(t)$ 的拉普拉斯变换；

（2）利用卷积性质求输出 $y(t)$ 的拉普拉斯变换 $Y(s)$；

（3）由 $Y(s)$ 求 $y(t)$；

（4）将 $x(t)$ 和 $h(t)$ 直接卷积，验证结果。

3.15　试证明，若连续时间信号满足 $x(t) = x(-t)$，则其拉普拉斯变换满足 $X(s) = X(-s)$。

3.16　试证明，若连续时间信号满足 $x(t) = -x(-t)$，则其拉普拉斯变换满足 $X(s) = -X(-s)$。

3.17　判断下列说法正确与否：

（1）$t^2 u(t)$ 的拉普拉斯变换在 s 平面的任何地方均不收敛；

（2）$\mathrm{e}^{t^2}u(t)$ 的拉普拉斯变换在 s 平面的任何地方均不收敛；

（3）$\mathrm{e}^{\mathrm{j}\varOmega_0 t}u(t)$ 的拉普拉斯变换在 s 平面的任何地方均不收敛；

（4）$\mathrm{e}^{\mathrm{j}\varOmega_0 t}$ 的拉普拉斯变换在 s 平面的任何地方均不收敛；

（5）$|t|$ 的拉普拉斯变换在 s 平面的任何地方均不收敛。

3.18　计算下列各信号的 z 变换：

（1）$x(n) = \delta(n+2)$；

（2）$x(n) = \delta(n-2)$；

（3）$x(n) = (-1)^n u(n)$；

（4）$x(n) = (1/2)^{n+1} u(n+3)$。

3.19　计算下列 z 变换的逆变换：

（1）$X(z) = \dfrac{1 - z^{-1}}{1 - \dfrac{1}{4}z^{-2}}$，　$|z| > \dfrac{1}{2}$；

（2）$X(z) = \dfrac{1 - z^{-1}}{1 - \dfrac{1}{4}z^{-2}}$，　$|z| < \dfrac{1}{2}$；

（3）$X(z) = \dfrac{z^{-1} - 1/2}{1 - \dfrac{1}{2}z^{-1}}$，　$|z| > \dfrac{1}{2}$；

（4）$X(z) = \dfrac{z^{-1} - 1/2}{1 - \dfrac{1}{2}z^{-1}}$，　$|z| < \dfrac{1}{2}$。

3.20　判断下列稳定 LTI 系统是否为因果系统：

（1）$H(z) = \dfrac{1 - \dfrac{3}{4}z^{-1} + \dfrac{1}{2}z^{-2}}{z^{-1}\left(1 - \dfrac{1}{2}z^{-1}\right)\left(1 - \dfrac{1}{3}z^{-1}\right)}$；

（2）$H(z) = \dfrac{z - \dfrac{1}{2}}{z^2 + \dfrac{1}{2}z - \dfrac{3}{16}}$。

3.21 已知 $a^n u(n) \leftrightarrow \dfrac{1}{1 - az^{-1}}$，$|z| > |a|$，试求 $X(z) = \dfrac{1 - \dfrac{1}{3}z^{-1}}{(1 - z^{-1})(1 + 2z^{-1})}$，$|z| > 2$ 的逆变换。

3.22 已知信号 $y(n) = x_1(n+3) * x_2(-n+1)$，其中 $x_1(n) = \left(\dfrac{1}{2}\right)^n u(n)$，$x_2(n) = \left(\dfrac{1}{3}\right)^n u(n)$。试利用 z 变换的性质求 $Y(z)$。

3.23 一因果 LTI 系统的差分方程为 $y(n) = y(n-1) + y(n-2) + x(n-1)$。

（1）试求系统的系统函数，并画出 $H(z)$ 的零极图，指出其收敛域；

（2）求系统的单位冲激响应；

（3）若该系统是不稳定的，求一个满足上面差分方程的稳定系统（非因果）的单位冲激响应。

3.24 试利用 z 变换求解因果 LTI 系统的差分方程 $y(n) - \dfrac{1}{2}y(n-1) + \dfrac{1}{4}y(n-2) = x(n)$，已知 $x(n) = \left(\dfrac{1}{2}\right)^n u(n)$。

3.25 已知一个离散时间系统的系统函数为 $H(z) = \dfrac{1 + z^{-1}}{(1 - z^{-1})(1 - 2z^{-1})}$，试求：

（1）写出 $H(z)$ 每一种可能的收敛域；

（2）如果收敛域为 $|z| < 1$，求离散时间系统单位冲激响应 $h(n)$ 的表达式；

（3）如果收敛域为 $|z| > 2$，试判断系统的因果性与稳定性。

3.26 一因果 LTI 系统如图题 3.26 所示。

（1）试求该系统的差分方程；

（2）试判定系统的稳定性。

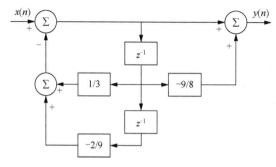

图题 3.26 给定因果 LTI 系统的方框图

3.27 求下列离散时间信号的单边 z 变换；

（1）$x(n) = \delta(n+5)$；

（2）$x(n) = 2^n u(-n) + \left(\dfrac{1}{4}\right)^n u(n-1)$；

（3）$\left(-\dfrac{1}{3}\right)^{n-2} u(n-2)$。

3.28 给出下面各系统的差分方程和初始条件，试用单边 z 变换求系统的输出信号：

（1）$y(n) + 3y(n-1) = x(n)$，　$x(n) = \left(\dfrac{1}{2}\right)^n u(n)$，　$y(-1) = 1$；

（2）$y(n) - \dfrac{1}{2} y(n-1) = x(n) - \dfrac{1}{2} x(n-1)$，　$x(n) = u(n)$，　$y(-1) = 1$；

（3）$y(n) - \dfrac{1}{2} y(n-1) = x(n) - \dfrac{1}{2} x(n-1)$，　$x(n) = u(n)$，　$y(-1) = 0$。

3.29 设 $x(n) = x(-n)$，其有理 z 变换为 $X(z)$。

（1）根据 z 变换的定义证明 $X(z) = X\left(\dfrac{1}{z}\right)$；

（2）若 $X(z)$ 的一个极点出现在 $z = z_0$，则在 $z = 1/z_0$ 也一定有一个极点；

（3）根据 $\delta(n+1) + \delta(n-1)$，验证（2）的结果。

3.30 已知因果 LTI 系统的系统函数为 $H(z) = \dfrac{1}{1 - az^{-1}}$。

（1）写出系统的差分方程；
（2）画出该系统的方框图；
（3）求系统的频率响应，并画出 $a = 0, 0.5, 1$ 三种情况下系统的幅频响应曲线。

第4章 信号的采样与插值拟合

4.1 概 述

1. 为什么要进行采样和插值拟合

近年来，通信技术越来越成为人们日常生活中不可或缺的信息交流手段。图 4.1 给出了基本通信系统的原理框图。

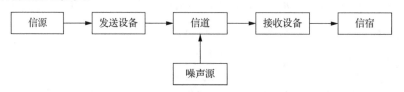

图 4.1 基本通信系统的原理框图

我们以电话通信说明上述通信系统。如图 4.1 所示，来自信源（source）的语音信号，经过麦克风转变为电信号，再经过发送设备（transmitter）进行采样、编码、调制、放大后进行发射，通过传输信道传播到接收设备（receiver），再进行与发送设备相反的处理，例如解调、解码、波形恢复等，提供给收信者即信宿（sink），从而实现信源与信宿的信息交流与沟通。对于现代移动通信技术来说，原始的语音信号在上述传播过程中经历了连续时间到离散时间、或离散时间到连续时间的多次转换。其中，对连续时间信号的采样和对离散时间信号的插值拟合是两个关键的技术环节。

另外，现代计算机技术已成为信号处理的主要技术支撑，而自然界和工程技术中所遇到的大多数信号是连续时间信号，例如温度、压力、声音、振动、自然影像以及人体的心电、脑电、肌电信号等。这样，对于数字信号处理技术来说，数字计算机不能直接处理连续时间信号，必须对其进行采样或离散化。反过来，经过数字信号处理的信号，还经常需要转变为连续时间信号去完成控制等进一步操作，这就需要对离散时间信号进行插值拟合连续化。

2. 连续时间信号离散化后信息是否丢失

一般可以认为，离散时间信号是由连续时间信号进行离散化而来的，这个过程称为采样（sampling），又称为取样或抽样。既然离散时间信号是连续时间信号的采样，必然要丢弃许多数据，那么能否保证采样后的离散时间信号保持原有连续时间信号的全部信息呢？本章介绍的采样定理（sampling theorem）将回答这个问题。实际上，只要连续时间信号是有限频宽的且保证采样间隔足够密，则离散时间信号就不会丢失原有信号的信息，并且可以依据离散时间信号完美地恢复原始的连续时间信号。

3. 如何进行离散化与连续化

连续时间信号离散化的基本方法是按照采样定理的要求对连续时间信号进行采样。离散信号连续化可以看作是对信号采样的逆变换。在工程实际中,离散信号的插值(interpolation)和拟合(fitting)则是常用的方法。本章将对上述方法进行介绍。

4.2 连续时间信号的采样与采样定理

4.2.1 基于单位冲激序列的理想采样

1. 单位冲激序列

单位冲激序列是单位冲激信号 $\delta(t)$ 的周期性延拓,定义为

$$p(t) = \sum_{n=-\infty}^{\infty} \delta(t-nT) \tag{4.1}$$

式中,T 为信号的周期。对 $p(t)$ 做傅里叶变换,可以得到

$$P(\mathrm{j}\Omega) = \frac{2\pi}{T} \sum_{k=-\infty}^{\infty} \delta\left(\Omega - \frac{2\pi k}{T}\right) = \frac{2\pi}{T} \sum_{k=-\infty}^{\infty} \delta\left(\Omega - k\Omega_\mathrm{s}\right) \tag{4.2}$$

由上式可见,在时域内周期为 T 的单位冲激序列,其傅里叶变换是在频域内周期为 $\Omega_\mathrm{s} = 2\pi / T$ 的冲激序列。图 4.2 给出了单位冲激序列及其傅里叶变换的图示。

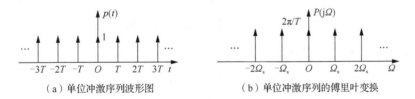

（a）单位冲激序列波形图   （b）单位冲激序列的傅里叶变换

图 4.2 单位冲激序列及其傅里叶变换

2. 连续时间信号的单位冲激序列采样

图 4.3 给出了连续时间信号单位冲激序列采样的示意图。

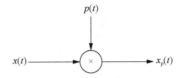

图 4.3 连续时间信号单位冲激序列采样示意图

图中,$x(t)$ 为任意连续时间信号,$p(t)$ 为单位冲激序列,$x_\mathrm{p}(t)$ 为采样后信号。由图,有

$$x_\mathrm{p}(t) = x(t)p(t) \tag{4.3}$$

采样后信号 $x_\mathrm{p}(t)$ 仍为一冲激序列,其幅度值等于 $x(t)$ 以 T 为间隔周期处的样本值,即

$$x_\mathrm{p}(t) = \sum_{n=-\infty}^{\infty} x(nT)\delta(t-nT) \tag{4.4}$$

图 4.4 给出了采样过程中信号波形变化的示意图。

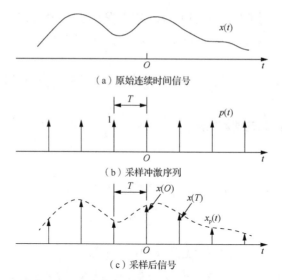

（a）原始连续时间信号

（b）采样冲激序列

（c）采样后信号

图4.4　采样过程中信号波形变化示意图

3. 采样过程的频域分析

下面我们对采样过程的信号变化进行频域分析。对式（4.4）两边做傅里叶变换，有

$$X_p(j\Omega) = \frac{1}{2\pi}[X(j\Omega) * P(j\Omega)] \tag{4.5}$$

将式（4.2）代入式（4.5），得到

$$X_p(j\Omega) = \frac{1}{T}\sum_{k=-\infty}^{\infty} X[j(\Omega - k\Omega_s)] \tag{4.6}$$

上式表明，采样后信号 $x_p(t)$ 的频谱 $X_p(j\Omega)$ 是频率 Ω 的周期函数，是由一组频移后的 $X(j\Omega)$ 叠加而成的，其幅度为 $1/T$。显然，采样后信号 $x_p(t)$ 的频谱 $X_p(j\Omega)$ 中包含了 $X(j\Omega)$ 的信息。图4.5给出了单位冲激序列采样过程的频域分析示意图。

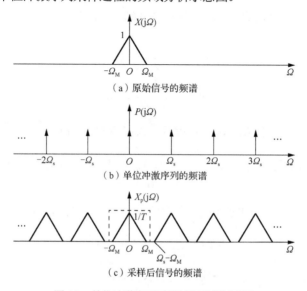

（a）原始信号的频谱

（b）单位冲激序列的频谱

（c）采样后信号的频谱

图4.5　单位冲激序列采样过程的频域表示

　　图中，Ω_M 为原始信号的最大频谱分量，Ω_s 为采样频率。从图 4.5 中可以看出，原始信号的 $X(j\Omega)$ 经采样而得到采样后信号的频谱 $X_p(j\Omega)$。因此，$X_p(j\Omega)$ 是 $X(j\Omega)$ 的周期性延拓。利用理想低通滤波器［如图 4.5（c）中虚线所示］，可以将 $X(j\Omega)$ 从 $X_p(j\Omega)$ 中提取或恢复出来。

　　实际上，图 4.5 隐含了一个条件，即采样频率 Ω_s 要大于原始信号中最大频谱分量 Ω_M 的 2 倍，即满足 $\Omega_s > 2\Omega_M$。若这个条件不满足，则采样过程的频谱表示如图 4.6 所示。

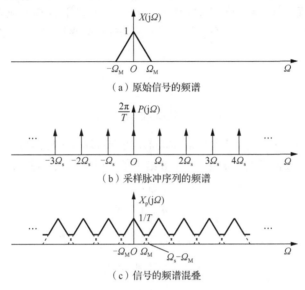

（a）原始信号的频谱

（b）采样脉冲序列的频谱

（c）信号的频谱混叠

图 4.6　频率混叠情况的采样频谱分析

　　显然，当采样频率 Ω_s 不满足 $\Omega_s > 2\Omega_M$ 时，采样后信号频谱的各周期互相重叠，称为频率混叠（aliasing），则我们就不能将 $X(j\Omega)$ 提取或恢复出来了。

4.2.2　采样定理

　　在工程技术界，人们习惯上把采样理论归于奈奎斯特（Nyquist）和香农（Shannon）的贡献，也常把采样定理称为"奈奎斯特采样定理"或"奈奎斯特-香农采样定理"。

　　1. 奈奎斯特采样定理

　　定理 4.1　采样定理　设 $x(t)$ 为一带限信号，当 $|\Omega| > \Omega_M$ 时，其频谱 $X(j\Omega) = 0$。若满足

$$\Omega_s > 2\Omega_M \tag{4.7}$$

则 $x(t)$ 可以唯一地由其样本 $x(nT)$，$n = 0, \pm 1, \pm 2, \cdots$ 所确定。

　　定理 4.1 中，Ω_s 和 Ω_M 分别为采样频率和被采样信号中的最高频谱分量，$2\Omega_M$ 常称为奈奎斯特率（Nyquist rate），而 Ω_M 则常称为奈奎斯特频率（Nyquist frequency），请读者注意上面两个概念的区别。采样定理告诉我们，利用采样后所得到的信号序列 $x_p(t)$ 或写为 $x(nT)$，$n = 0, \pm 1, \pm 2, \cdots$，可以不丢失任何信息地恢复原始连续时间信号 $x(t)$，而只要满足两个条件：第一，原始连续时间信号 $x(t)$ 是带限（band-limited）的；第二，采样频率要满足高于信号最高频谱分量 Ω_M 的 2 倍。

采样定理保证了离散时间信号能够不失真地表示连续时间信号的全部信息，从而为后续的数字信号处理提供了可靠的保证。在工程应用中，通常要取更高一些的采样频率，例如

$$\Omega_s = (5 \sim 10)\Omega_M \tag{4.8}$$

2. 理想采样信号的恢复

如图 4.5 所示，对于满足采样定理的理想单位冲激序列采样后得到的信号频谱 $X_p(j\Omega)$，我们可以通过一个理想低通滤波器将原始信号 $x(t)$ 的频谱 $X(j\Omega)$ 提取或恢复出来。图 4.7 给出了根据图 4.3 的采样系统级联一个理想低通滤波器的信号采样与恢复系统。

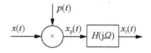

图 4.7　理想采样与恢复系统

如图 4.7 所示，$H(j\Omega)$ 表示理想低通滤波器，用于对理想采样信号 $x_p(t)$ 进行恢复。$x_r(t)$ 表示经过理想低通滤波器恢复的信号。图 4.8 给出了上述信号恢复过程的频谱分析。

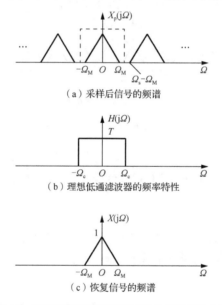

（a）采样后信号的频谱

（b）理想低通滤波器的频率特性

（c）恢复信号的频谱

图 4.8　理想低通滤波器进行信号恢复的频谱分析

在实际应用中，通常采用性能接近的非理想低通滤波器来替代。

3. 混叠问题与抗混叠预滤波

图 4.6（c）给出了采样定理不能得到满足时采样后信号的频率混叠现象。在实际应用的信号采样中，必须特别注意频率混叠问题。由于频率混叠一旦出现，信号必然出现失真，无论采用什么方法再进行后处理，都不能无失真地恢复原始连续时间信号。

避免频率混叠的唯一办法是在采样过程中满足采样定理的要求。采样定理实际上包含了两层含义：第一，待采样信号必须是有限带宽的，即 Ω_M 必须是有限值的；第二，采样频率必须足够高，满足 $\Omega_s > 2\Omega_M$。在实际应用中，有些信号的带宽可能很宽，甚至趋于无穷，这时必须对这样的信号进行抗混叠预滤波。即利用一个低通滤波器，使滤波器的截止频率等

于要保留信号的最高频率分量，而将高于这个最高频率分量的所有频率成分滤除。这样做看起来会丢失一定的信息，但是实际上对信号采样的总体结果来说，由于避免了信号的频率混叠，一般要比丢失一定的频率成分更有利些。

4.2.3　连续时间信号的零阶保持采样

1.　零阶保持的概念

本章前文所介绍的单位冲激序列采样问题，基本上是在理想条件下所进行的。在实际工程应用中，这种理想条件是不能具备的。例如，理想的单位冲激序列不可能产生出来，且理想低通滤波器也不能实时实现。为此，一种称为零阶保持（zero-order hold）的技术常被用来进行连续信号的采样或离散化处理。

零阶保持是利用零阶保持滤波器将连续时间信号转变为阶梯状信号，如图 4.9 所示。

图 4.9　零阶保持示意图

如图 4.9 所示，在给定的时刻对 $x(t)$ 采样，并把这一采样值保持到下一次采样。图 4.9 中，零阶保持滤波器的单位冲激响应 $h_0(t)$ 如图 4.10 所示。

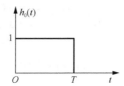

图 4.10　零阶保持滤波器的单位冲激响应

2.　零阶保持采样

零阶保持采样系统的原理框图如图 4.11 所示。

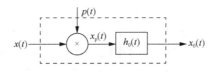

图 4.11　零阶保持采样系统的原理框图

由图 4.11 可以看出，零阶保持采样系统实质上是一个单位冲激序列采样系统与一个零阶保持滤波器的级联。尽管单位冲激序列 $p(t)$ 是不能实际得到的，但是这种级联的形式是可以整体实现的。图中的输出信号 $x_0(t)$ 的波形及与输入信号 $x(t)$ 的关系已经在图 4.9 中给出。

3.　零阶保持采样的信号恢复

连续时间信号经过零阶保持采样后所得到的信号是否丢失了信息呢？还能不能经由 $x_0(t)$ 无失真地恢复 $x(t)$ 呢？现分析如下。设零阶保持采样系统后面再级联一个信号重建（reconstruction）滤波器 $h_r(t)$ 或写为其传递函数 $H_r(\mathrm{j}\Omega)$ 的形式，如图 4.12 所示。

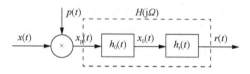

图 4.12 零阶保持采样系统的信号恢复

零阶保持采样系统的信号恢复是由零阶保持采样系统与重建滤波器 $h_r(t)$ 的级联完成的。整个系统的输出 $r(t)$ 是由零阶保持信号 $x_0(t)$ 恢复的连续时间信号。我们的目的是要设计 $h_r(t)$ 或 $H_r(j\Omega)$ 使输出信号 $r(t)$ 尽量逼近甚至等于输入信号 $x(t)$。正如图 4.12 中虚线框所标注的，若将图中零阶保持滤波器 $h_0(t)$ 与重建滤波器 $h_r(t)$ 的级联看成一个整体，命名为 $h(t)$ 或 $H(j\Omega)$，且若 $H(j\Omega)$ 为理想低通滤波器，则整个系统的输出 $r(t)$ 就一定能够无失真地恢复输入信号 $x(t)$。这是因为如果这样考虑，图 4.12 所示的系统就与图 4.7 所示的系统一致了。

那么如何设计重建滤波器 $h_r(t)$ 或 $H_r(j\Omega)$ 呢？实际上，只要令

$$H(j\Omega) = H_0(j\Omega)H_r(j\Omega) \tag{4.9}$$

为理想低通滤波器，则零阶保持采样系统输出信号经重建滤波器恢复的信号 $r(t)$ 就与原始输入信号 $x(t)$ 相等。由于零阶保持滤波器的单位冲激响应 $h_0(t)$ 已知，可得其传递函数为

$$H_0(j\Omega) = \mathrm{e}^{-\mathrm{j}\Omega T/2} \left[\frac{2\sin(\Omega T)/2}{\Omega} \right] \tag{4.10}$$

这样，重建滤波器的传递函数为

$$H_r(j\Omega) = \frac{H(j\Omega)}{H_0(j\Omega)} = \frac{\mathrm{e}^{\mathrm{j}\Omega T/2} H(j\Omega)}{\dfrac{2\sin(\Omega T)/2}{\Omega}} \tag{4.11}$$

只要根据采样频率 Ω_s 设计重建滤波器合理的截止频率，就可以无失真地恢复原始信号 $x(t)$。

4.3 离散时间信号的插值与拟合

4.3.1 离散时间信号的插值

1. 信号插值的概念与分类

信号插值（interpolation）是指在离散时间信号（或称为数据）样本点的基础上补充连续曲线，使得这条连续曲线通过全部给定的离散数据点，进而估算出曲线在其他点处的近似值。插值是离散函数逼近的重要方法，也是离散时间信号连续化的一种常用的重要手段。

插值的方法很多，常用的主要包括以下几种：

（1）多项式插值。给定平面上 $n+1$ 个离散点，要求寻找一条 N 阶多项式曲线通过这些点。多项式插值是最常见的插值方法，例如拉格朗日多项式插值和牛顿多项式插值等。

（2）埃尔米特插值。又称为带导数的插值方法，要求插值曲线不仅要通过已知各离散点，而且在这些点（或其中一部分）插值的曲线与原曲线具有相同的斜率，因而更为光滑。

（3）分段插值与样条插值。分段插值是为了避免较高阶次的插值会出现显著的波动现象，例如三次样条（spline）插值就是一种常见的分段插值方法。

（4）三角函数插值。当被插值信号是以 2π 为周期的周期信号时，通常采用 N 阶三角多项式作为插值函数。常用的 sinc 函数是一种典型的插值函数。

2. 理想低通滤波器的带限内插与信号重建

当连续时间信号满足有限带宽且采样频率满足采样定理条件时，利用理想低通滤波器 $H(\mathrm{j}\Omega)$ 可以无失真地恢复原始连续时间信号 $x(t)$。这里我们通过对单位冲激序列采样与恢复的进一步时域分析，引出理想低通滤波器带限内插的概念与内插公式。

如图 4.7 所示，理想信号采样与恢复系统的输出信号 $x_r(t)$ 可以表示为

$$x_r(t) = x_p(t) * h(t) \tag{4.12}$$

式中，$h(t)$ 表示理想低通滤波器的单位冲激响应。将式（4.4）代入式（4.12），有

$$x_r(t) = \sum_{n=-\infty}^{\infty} x(nT) h(t-nT) \tag{4.13}$$

实际上，由于上式表示了如何将 $x(t)$ 的样本 $x(nT)$ 经由理想低通滤波器 $h(t)$ 而插值为一条连续时间曲线 $x_r(t)$。因此称式（4.13）为内插公式。考虑理想低通滤波器的单位冲激响应为

$$h(t) = \frac{\Omega_c T \sin(\Omega_c t)}{\pi \Omega_c t} \tag{4.14}$$

则内插公式变为

$$x_r(t) = \sum_{n=-\infty}^{\infty} x(nT) \frac{\Omega_c T}{\pi} \frac{\sin[\Omega_c(t-nT)]}{\Omega_c(t-nT)} \tag{4.15}$$

式中，Ω_c 为理想低通滤波器的截止频率；T 为信号的采样周期。图 4.13 给出了理想低通滤波器带限内插重建连续时间信号的示意图。

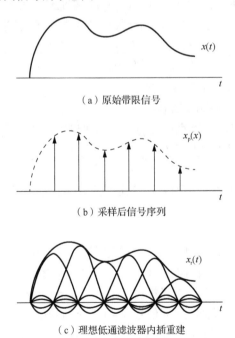

（a）原始带限信号

（b）采样后信号序列

（c）理想低通滤波器内插重建

图 4.13　理想低通滤波器带限内插重建连续时间信号

实际上，上一节介绍的零阶保持和常用的一阶线性插值，都属于低通滤波器插值方法。零阶保持的作用，则是在离散样本序列的样本之间插入若干个与前一个样本值相同的值，而

线性插值则是将相邻的样本用直线连接起来。

3. 拉格朗日插值

拉格朗日插值是代数插值的一种主要方法，其基本思路是在离散数据点之间以多项式函数来逼近，从而实现数据间的插值和离散信号的连续化。

设 $x_0, x_1, \cdots, x_N$ 是区间 $[a, b]$ $N+1$ 个相异的实数，称为插值点，或基点。不妨假设 $a = x_0 < x_1 < \cdots < x_N = b$。以拉格朗日插值为核心的多项式插值的基本思路是寻找一个代数式 $p(x)$，使其满足条件 $p(x_i) = y_i$，$i = 0, 1, \cdots, N$。N 阶拉格朗日插值多项式定义为

$$p_N(x) = y_0 l_0(x) + y_1 l_1(x) + \cdots + y_N l_N(x) \tag{4.16}$$

式中，$l_i(x)$，$i = 0, 1, \cdots, N$ 称为拉格朗日基本多项式，通常将拉格朗日多项式写为

$$p_N(x) = \sum_{i=0}^{N} y_i \prod_{\substack{j=0 \\ j \neq i}}^{N} \frac{x - x_j}{x_i - x_j}, \quad i = 0, 1, \cdots, N \tag{4.17}$$

类似地，离散时间信号可以看作平面上横轴为时间 t、纵轴为信号幅度 x 的离散数据点的集合。为了更好地适应本节关于离散时间信号插值方法的内容，我们将常规 XOY 平面上离散数据点的插值问题，转化为对离散时间信号的插值问题。这样，式（4.17）可以改写为

$$p_N(t) = \sum_{i=0}^{N} x_i \prod_{\substack{j=0 \\ j \neq i}}^{N} \frac{t - t_j}{t_i - t_j}, \quad i = 0, 1, \cdots, N \tag{4.18}$$

（1）一阶（线性）拉格朗日插值。

设未知函数 $x = x(t)$ 的两点为 (t_0, x_0) 和 (t_1, x_1)，求通过这两个基点的拉格朗日插值多项式。为此，在式（4.18）中取 $N = 1$，得到离散时间信号的一阶拉格朗日插值公式为

$$p_1(t) = x_0 \frac{t - t_1}{t_0 - t_1} + x_1 \frac{t - t_0}{t_1 - t_0} = x_0 + \frac{x_1 - x_0}{t_1 - t_0}(t - t_0) \tag{4.19}$$

显然，上式是过两个已知基点的直线方程。

（2）二阶（抛物线）拉格朗日插值。

设未知信号 $x = x(t)$ 的三个基点 (t_0, x_0)、(t_1, x_1) 和 (t_2, x_2)，通过该三点的插值多项式为

$$p_2(t) = x_0 \frac{(t - t_1)(t - t_2)}{(t_0 - t_1)(t_0 - t_2)} + x_1 \frac{(t - t_0)(t - t_2)}{(t_1 - t_0)(t_1 - t_2)} + x_2 \frac{(t - t_0)(t - t_1)}{(t_2 - t_0)(t_2 - t_1)} \tag{4.20}$$

若上述三个基点不在一条直线上，则 $p_2(t)$ 为过这三个基点的一条抛物线。

4. 样条插值

当插值的基点较多时，使用单一的多项式进行插值效果并不好，采用分段插值方法可以有效地改善插值精度。分段插值可能引起的一个问题是各段插值的交界处其导数可能是不连续的。为了解决这个问题，产生了样条插值（spline interpolation）的理论和方法。

定义 4.1　样条函数　设离散时间信号 $N+1$ 个离散数据点 $(t_0, x_0), (t_1, x_1), \cdots, (t_N, x_N)$ 满足 $a = x_0 < x_1 < \cdots < x_N = b$。若函数 $S(t)$ 满足下列条件，则称 $S(t)$ 是关于上述有序数据点的三次样条插值函数：①在每一个小区间 $[t_i, t_{i+1}]$，$S(t)$〔记为 $S_i(t)$〕是 t 的三阶多项式。②$S_i(t_i) = x_i$，$i = 0, 1, 2, \cdots, N$。③$S'(t)$ 和 $S''(t)$ 在区间 $[a, b]$ 连续。

对于 $N+1$ 个数据点的插值问题，$S(t)$ 由 N 个三阶多项式组成，共有 $4N$ 个待定系数。

考虑到上述三个约束条件，共可以建立 $4N-2$ 个方程，另外两个方程可以经由 $S(t)$ 在端点 a 和 b 的边界条件补足。这样，样条插值函数可以确定，由此可以对信号进行插值了。

例 4.1　给定离散时间信号 $x(n)=[12, 9, 18, 24, 28, 20, 15]$。试分别采用线性插值和样条插值对 $x(n)$ 进行插值，并绘出两种插值方法插值的结果曲线。

解　MATLAB 程序代码如下：

```
clear; x=0:1:6; y=[12 9 18 24 28 20 15]; a=length(y);
% 线性插值
y1=interp1(x,y,a,'linear'); xi=0:1/7200:7; y1i=interp1(x,y,xi,'linear');
subplot(121); plot(x,y,'o' ,xi,y1i);
    xlabel('时间 t'); ylabel('幅度'); axis([0 6 5 30]); title('线性插值');
% 样条插值
y2=interp1(x,y,a,'spline'); y2i=interp1(x,y,xi,'spline'); subplot(122);
plot(x,y,'o',xi,y2i);
    xlabel('时间 t'); ylabel('幅度'); title('样条插值'); axis([0 6 5 30]);
```

图 4.14 给出了两种插值方法插值的结果曲线。图中，空心圆 "○" 表示给定的数据点即基点，实线表示插值的结果。显然，样条插值的结果比线性插值更为光滑。

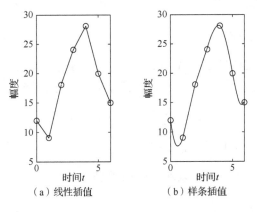

图 4.14　对离散时间信号插值的结果

4.3.2　离散时间信号的拟合

1. 数据拟合的概念

数据插值的特点是插值函数必须严格通过所有给定的数据点，即基点。当这些基点误差较小时，这种方法是有效的。但是，当信号中的噪声比较显著时，或测量数据有较大误差时，若仍以数据点作为基点进行插值，则得到的插值曲线就会引入较大的误差。实际上，更为合理的做法是寻找一条曲线，并不要求该曲线严格通过所有基点，但所有基点都与该曲线相当贴近。这样的曲线称为拟合曲线，而求拟合曲线的过程称为离散信号或数据的曲线拟合。

数据拟合的方法有多种，最常用的是基于最小二乘（least square）准则的直线拟合和多项式拟合，以及样条函数拟合等方法。

2. 最小二乘直线拟合

已知一组离散数据或信号 $(t_i, x_i), \quad i = 1, 2, \cdots, N$ ，则最小二乘直线拟合方法是求最小二乘直线 $f(t) = At + B$ ，使得系数 A 和 B 能够保证式（4.21）所示的残差（residue error）平方和函数 $e(A, B)$ 取最小值，即

$$e(A, B) = \sum_{i=1}^{N}[f(t_i) - x_i]^2 = \sum_{i=1}^{N}(At_i + B - x_i)^2 \rightarrow \min \quad (4.21)$$

这样，令 $e(A, B)$ 对 A 和 B 的偏导数为零，即

$$\frac{\partial e(A, B)}{\partial A} = 0, \quad \frac{\partial e(A, B)}{\partial B} = 0 \quad (4.22)$$

由此可得

$$\begin{cases} A\sum_{i=1}^{N}t_i^2 + B\sum_{i=1}^{N}t_i = \sum_{i=1}^{N}t_i x_i \\ A\sum_{i=1}^{N}x_i + NB = \sum_{i=1}^{N}x_i \end{cases} \quad (4.23)$$

上式称为最小二乘直线的正规方程，由其可以求出系数 A 和 B ，并保证拟合直线满足残差平方和 $e(A, B)$ 最小的条件。

3. 最小二乘多项式拟合

已知一组离散数据或信号 $(t_i, x_i), \quad i = 1, 2, \cdots, N$ ，最小二乘多项式拟合的基本思路是选定拟合函数 $f(t) = c_1 t^K + c_2 t^{K-1} + \cdots + c_{K+1}$ ，使残差平方和函数达到最小，即

$$e(\boldsymbol{c}) = \sum_{i=1}^{N}[f(t_i) - x_i]^2 \rightarrow \min \quad (4.24)$$

拟合函数中，K 表示多项式的阶数，$\boldsymbol{c} = [c_1, c_2, \cdots, c_{K+1}]$ 。令 $e(\boldsymbol{c})$ 关于各 c_k 的偏导数为零，即 $\frac{\partial e(\boldsymbol{c})}{\partial c_k} = 0, \quad k = 1, 2, \cdots, K + 1$ ，可以确定 $K + 1$ 个待定系数 $c_k, \quad k = 1, 2, \cdots, K + 1$ ，由此得到最小二乘拟合多项式 $f(t)$ 。

例 4.2　给定一组离散数据 $t = [0.1, 0.4, 0.5, 0.6, 0.9]$ 和 $x(t) = [0.63, 0.94, 1.05, 1.43, 2.05]$ 。试利用 MATLAB 编程实现对上述离散数据的最小二乘直线、二阶和三阶插值。

解　MATLAB 程序代码如下：

```
clear; x0=[0.1 0.4 0.5 0.6 0.9]; y0=[0.63 0.94 1.05 1.43 2.05];
p1=polyfit(x0,y0,1); p2=polyfit(x0,y0,2); p3=polyfit(x0,y0,3); x=0:0.01:1.0;
y1=polyval(p1,x); y2=polyval(p2,x); y3=polyval(p3,x);
    figure(1); subplot(1,3,1); plot(x,y1,x0,y0,'o'); axis([0 1 0 2.5]);
    xlabel('时间 t'); ylabel('幅度'); title('直线拟合'); text(0.75,0.25,'(a)');
    subplot(1,3,2); plot(x,y2,x0,y0,'o'); axis([0 1 0 2.5]); xlabel('时间 t');
text(0.75,0.25,'(b)'); title('二阶拟合')
    subplot(1,3,3); plot(x,y3,x0,y0,'o'); axis([0 1 0 2.5]); xlabel('时间 t ');
text(0.75,0.25,'(c)'); title('三阶拟合');
```

图 4.15 给出了最小二乘直线拟合和多项式拟合的结果。

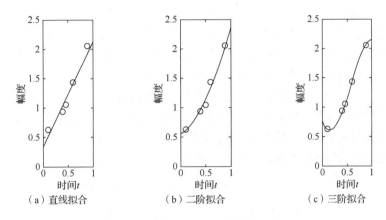

图 4.15　最小二乘直线和多项式拟合

4.3.3　插值与拟合的误差分析

1. 数据插值的误差分析

离散数据的插值结果，在基点上是没有误差的，而在基点以外则是存在误差的。以多项式插值为例，我们先确定一个典型信号 $x(t)$，在给定区间 $[a, b]$ 取若干数据点作为插值基点，然后求得插值多项式 $p_N(t)$。定义 $p_N(t)$ 与 $x(t)$ 之间的误差为

$$e_N(t) = p_N(t) - x(t) \tag{4.25}$$

这条误差曲线可用来分析插值曲线与真实信号之间的偏离程度，还可以做进一步的统计分析。

例 4.3　设连续时间信号为 $x(t) = \dfrac{1}{1+t^2}$。在区间 $[-5, 5]$ 进行 7 点和 11 点等距基点插值。试分析两种情况插值的误差情况。

解　根据式（4.18）所示的多项式插值公式，分别计算 6 阶和 10 阶的多项式插值函数式 $p_6(t)$ 和 $p_{10}(t)$，并进一步求出插值误差函数式 $e_6(t)$ 和 $e_{10}(t)$。图 4.16 给出了 7 点和 11 点原始信号的曲线和相应的插值函数曲线。

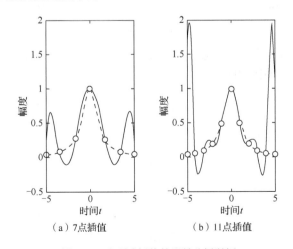

图 4.16　多项式插值的误差分析举例

在图 4.16 中，虚线为原始信号的波形曲线，实线为插值函数的曲线。由图可以看出，在

插值区间的中间部分，实线与虚线几乎重合，表明此处的插值误差较小；而在插值区间的两端，实线与虚线显著偏离，表明插值误差较大。比较图 4.16（a）与（b）可以看出，随着插值阶数的增加，插值区间两端的误差有严重恶化的可能，这种现象称为龙格（Runge）现象。

正是由于龙格现象的存在，在实际应用中，很少应用 7 阶以上的多项式插值。在数据点较多的情况下，通常采用两种方法克服龙格现象造成的误差。方法一，采用低阶（常用 3 阶以下）多项式的分段插值，例如前面介绍的样条插值；方法二，在插值区间的中间减少数据点，而在区间的两端适当加密数据点，例如采用切比雪夫（Chebyshev）点。切比雪夫点的设置可以有效地改善插值区间两端误差较大的现象，如图 4.17 所示。

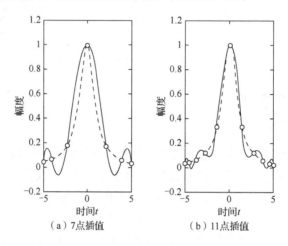

（a）7点插值　　　　　　　　　（b）11点插值

图 4.17　采用切比雪夫点设置的插值结果

2. 数据拟合的误差分析

与数据插值方法相似但又不同，数据拟合并不要求拟合曲线通过每一个给定的数据点，而是总体上控制拟合曲线与给定数据点之间的关系，使其在宏观上达到某种准则下的最优。

设给定离散数据为 $(t_0, x_0), (t_1, x_1), \cdots, (t_N, x_N)$，选择拟合函数为 $f(t)$，这样，拟合函数到各数据点的拟合残差为

$$e_i = x_i - f(t_i), \quad i = 1, 2, \cdots, N \tag{4.26}$$

笼统地说，若这 N 个残差都比较小，则可以认为拟合曲线 $f(t)$ 较好。不过，通常还要利用以下准则来评价拟合曲线的优劣。

（1）最大误差准则：

$$E_\infty(f) = \max\{|f(t_i) - x_i|\}, \quad i = 1, 2, \cdots, N \tag{4.27}$$

（2）平均误差准则：

$$E_1(f) = \frac{1}{N} \sum_{i=1}^{n} |f(t_i) - x_i| \tag{4.28}$$

（3）均方根误差准则：

$$E_2(f) = \left\{ \frac{1}{N} \sum_{i=1}^{n} [f(t_i) - x_i]^2 \right\}^{1/2} \tag{4.29}$$

在上述三个准则中，最大误差准则以一个数据点的残差判断拟合曲线的优劣，不够全面；平均误差准则相对全面；而从统计学的角度来看，均方根误差准则更有意义，常用作最优准则。

4.4　本 章 小 结

为了解决连续时间信号与离散时间信号的互相转换问题，本章系统介绍了连续时间信号的离散化理论与方法，特别重点介绍了采样定理，分析了理想冲激序列采样与信号恢复的基本理论与性能，还介绍了零阶采样保持的概念与原理。本章还系统介绍了离散时间信号的插值与拟合等连续化技术，介绍了插值与拟合的相同与相异之处和常用的方法，还介绍了离散时间信号插值与拟合的误差分析方法。

思考题与习题

4.1　说明信号采样的基本方法，并说明其各自的特点。

4.2　说明信号插值与拟合的基本方法，并说明其各自的特点。

4.3　采样定理的基本要求是什么？

4.4　试解释理想冲激序列采样方法的基本原理和特点，说明零阶保持采样方法的原理与特点。

4.5　零阶保持采样有什么特点？

4.6　说明理想低通滤波器的带限内插与信号重建的基本原理。

4.7　插值与拟合的概念各是什么，有什么同异？

4.8　简述插值的基本方法。简述拟合的基本方法。

4.9　试说明拉格朗日插值的基本方法。说明样条插值的基本方法。

4.10　简述最小二乘拟合的基本原理。

4.11　已知实信号 $x(t)$，当采样频率 $\Omega_s = 10000\pi$ 时，若要保证信号不失真，试问 $x(t)$ 的信号带宽应为多少？

4.12　对一带限信号采样，且满足奈奎斯特条件，如何对信号进行处理能够不失真地恢复信号？

4.13　给定 $w(t) = x_1(t)x_2(t)$，其中 $x_1(t)$ 和 $x_2(t)$ 都是频带受限信号，而且有

$$X_1(j\Omega) = 0, |\Omega| > \Omega_1, \quad X_2(j\Omega) = 0, |\Omega| \geqslant \Omega_2$$

$w_p(t)$ 是信号 $w(t)$ 经过单位冲激序列 $p(t) = \sum_{n=-\infty}^{\infty} \delta(t - nT)$ 采样后得到的时域信号。请确定能够利用低通滤波器从 $w_p(t)$ 中恢复原始信号 $w(t)$ 的最低采样频率 Ω_s 是多少？

4.14　试确定下列各信号的采样频率：

（1）$x(t) = 1 + \cos(2000\pi t) + \sin(4000\pi t)$；

（2）$x(t) = \dfrac{\sin(4000\pi t)}{\pi t}$；

（3）$x(t) = \left[\dfrac{\sin(4000\pi t)}{\pi t}\right]^2$。

4.15　连续时间信号 $x(t)$ 从一个截止频率为 $\Omega_c = 1000\pi$ 的理想低通滤波器的输出得到，如果对 $x(t)$ 完成冲激序列采样，那么下列采样周期中的哪一些可能保证 $x(t)$ 再利用一个合理

的低通滤波器后能从它的样本中得到恢复？

（1）$T = 0.5 \times 10^{-3}$；

（2）$T = 2 \times 10^{-3}$；

（3）$T = 10^{-4}$。

4.16 设 $x(t)$ 是一个奈奎斯特频率为 Ω_0 的信号，试确定下列各信号的奈奎斯特频率。

（1）$x(t) + x(t-1)$；

（2）$\dfrac{\mathrm{d}x(t)}{\mathrm{d}t}$；

（3）$x^2(t)$；

（4）$x(t)\cos\Omega_0 t$。

4.17 对 $x(n)$ 进行脉冲串采样，得到 $g(n) = \sum\limits_{k=-\infty}^{\infty} x(n)\delta(n-kN)$。若 $X(\mathrm{e}^{\mathrm{j}\omega}) = 0$，$3\pi/7 \leqslant |\omega| \leqslant \pi$，试确定当采样 $x(n)$ 时保证不发生混叠的最大采样间隔 N。

4.18 带限信号 $x(t)$ 的最高频率为 400Hz，若对 $y(t) = x(0.25t) * x(2t)$ 在时域进行理想抽样，为使这一抽样信号通过低通滤波器后能完全恢复原始信号，则抽样频率应满足什么条件？

4.19 有一实值且为奇函数的周期信号 $x(t)$，它的傅里叶级数表示为 $x(t) = \sum\limits_{k=0}^{5}\left(\dfrac{1}{2}\right)^k \sin(k\pi t)$，现用采样周期为 $T = 0.2$ 的周期冲激序列对 $x(t)$ 进行采样，试问会发生混叠情况吗？

4.20 信号 $x(t)$ 的奈奎斯特采样频率为 Ω_1，则信号 $x(t)x(2t+1)\cos\Omega_2 t$ 的奈奎斯特采样频率为多少？

4.21 已知信号 $x(t)$ 的最高频率为 100Hz，则对 $x(t/2)$ 进行均匀采样时，其奈奎斯特采样间隔 T 为多少？

4.22 设 $x_1(t)$ 和 $x_2(t)$ 均为带限信号，它们的频谱满足 $X_1(\mathrm{j}\Omega) = 0$，$|\Omega| > 1000\pi$，$X_2(\mathrm{j}\Omega) = 0$，$|\Omega| > 2000\pi$。若 $y(t) = x_1(t) * x_2(t)$，对 $y(t)$ 进行单位冲激序列采样，试给出保证能从采样后信号恢复 $y(t)$ 的采样周期 T 的范围。

4.23 已知 $x(t)$ 的频带宽度 Ω_{M}，则信号 $y(t) = x(t/2 - 7)$ 的奈奎斯特采样间隔为多少？

4.24 信号 $g(t) = 10\cos(120\pi t) + \cos(200\pi t)$ 以每秒 250 次的速率采样。

（1）请说明能使 $g(t)$ 从它的采样信号中恢复的理想重建滤波器的截止频率；

（2）求 $g(t)$ 的奈奎斯特频率并说明是否符合采样定理。

4.25 某电话线路使用的带通滤波器的带宽为 0～3kHz，根据奈奎斯特采样定理，试求其最小采样频率。

4.26 试确定信号 $\mathrm{sinc}(100t) + \mathrm{sinc}^2(60t)$ 的奈奎斯特间隔。

4.27 若连续信号 $x(t)$ 的频谱 $X(\mathrm{j}\Omega)$ 是带状的（$\Omega_1 \sim \Omega_2$），利用卷积定理说明当 $\Omega_2 = 2\Omega_1$ 时，最低采样频率只要等于 Ω_2 就可以使采样信号不产生频谱混叠。

4.28 对信号 $x(t) = \mathrm{e}^{-t}u(t)$ 进行采样，为什么一定会产生频谱混叠？

4.29 给定离散数据 $x(n) = [1, 9, 8, 17, 20, 17, 15]$，试利用 MATLAB 编程实现对上述数据的线性插值、二阶多项式插值和样条函数插值。画出插值的结果。

4.30 给定离散数据与习题 4.29 相同，试利用 MATLAB 编程实现对上述数据的最小二乘直线、二阶和三阶拟合。画出拟合的结果。

第5章 离散傅里叶变换与快速傅里叶变换

5.1 概 述

第 2 章集中介绍了傅里叶分析的理论与方法，给出了 4 种不同的傅里叶级数与傅里叶变换，分别为傅里叶级数（FS）、离散傅里叶级数（DFS）、傅里叶变换（FT）和离散时间傅里叶变换（DTFT）。从时间信号的连续性、离散性和周期性与非周期性这几个方面来说，以上傅里叶分析方法已经相对完备和完善了。那么我们为什么还要在本章介绍离散傅里叶变换（DFT）和快速傅里叶变换（FFT）呢？DFT 和 FFT 与第 2 章介绍的傅里叶分析方法有什么相同和不同呢？

自 20 世纪 60 年代以来，随着计算机技术和信息技术的发展，数字信号处理技术应运而生，并逐步由理论走向实际应用。经过半个世纪的发展，数字信号处理技术已经广泛应用于语音图像、雷达声呐、地质勘探、通信系统、自动控制、遥感遥测、航空航天、生物医学和信息检测处理等诸多领域，一方面有力推动了这些领域的发展与进步，另一方面也使数字信号处理技术得到不断发展与完善。

对于基于数字计算机的数字信号处理应用来说，我们总是希望随时间变化的信号是离散的或数字化的，同时也希望经过傅里叶变换得到的信号频谱或系统的频率响应也是离散的或数字化的。再者，实际应用中的信号总是有限时宽的且为非周期的。因此，实际应用迫切希望有一种傅里叶变换方法能够对有限时宽且非周期的离散时间信号进行变换，并且得到的信号频谱与系统的频率响应也是离散的、有限频宽且非周期的。但是第 2 章介绍的 4 种傅里叶分析方法，尚没有任何一种能够满足这种需求。因此，发展新的傅里叶变换方法以适应实际应用的要求成为数字信号处理理论的一个重要任务。正是在这种背景下，DFT 和 FFT 应运而生，为数字信号处理提供了强有力的支持。

DFT 是将有限时宽离散时间信号（常称为有限长序列）变换为有限长离散频谱的变换。或者说，DFT 是信号在时域和频域都呈离散形式、有限长且非周期的傅里叶变换。而 FFT 则是一种专门计算 DFT 的快速算法，显著减小了 DFT 的计算量，使之更易于实现。

本章详细介绍 DFT 的基本理论与基本方法，包括其定义、性质、与已有傅里叶理论框架中各种方法的关系、相关应用与需要注意的技术问题等，还要详细介绍 FFT 的思路与基本算法，以期使读者进一步掌握傅里叶变换的理论体系，并掌握实际应用中信号频域分析处理的基本技术与方法。

5.2 离散傅里叶变换

5.2.1 4 种傅里叶分析方法的简要回顾

本节简要回顾第 2 章介绍的 4 种傅里叶分析方法的概况，请见表 5.1。

表 5.1　4 种傅里叶分析方法的变换式汇总

	傅里叶级数	傅里叶变换
连续时间信号	$a_k = \dfrac{1}{T}\int_T x(t)\mathrm{e}^{-jk\Omega_0 t}\mathrm{d}t = \int_T x(t)\mathrm{e}^{-jk(2\pi/T)t}\mathrm{d}t$ $x(t) = \displaystyle\sum_{k=-\infty}^{\infty} a_k \mathrm{e}^{jk\Omega_0 t} = \sum_{k=-\infty}^{\infty} a_k \mathrm{e}^{jk(2\pi/T)t}$	$X(j\Omega) = \displaystyle\int_{-\infty}^{\infty} x(t)\mathrm{e}^{-j\Omega t}\mathrm{d}t$ $x(t) = \dfrac{1}{2\pi}\displaystyle\int_{-\infty}^{\infty} X(j\Omega)\mathrm{e}^{j\Omega t}\mathrm{d}\Omega$
离散时间信号	$a_k = \dfrac{1}{N}\displaystyle\sum_{n=\langle N\rangle} x(n)\mathrm{e}^{-jk\omega_0 n} = \dfrac{1}{N}\sum_{n=\langle N\rangle} x(n)\mathrm{e}^{-jk(2\pi/N)n}$ $x(n) = \displaystyle\sum_{k=\langle N\rangle} a_k \mathrm{e}^{jk\omega_0 n} = \sum_{k=\langle N\rangle} a_k \mathrm{e}^{jk(2\pi/N)n}$	$X(\mathrm{e}^{j\omega}) = \displaystyle\sum_{n=-\infty}^{\infty} x(n)\mathrm{e}^{-j\omega n}$ $x(n) = \dfrac{1}{2\pi}\displaystyle\int_{2\pi} X(\mathrm{e}^{j\omega})\mathrm{e}^{j\omega n}\mathrm{d}\omega$

关于这 4 种傅里叶分析方法的时域频域关系和响应的曲线表示，可参考图 2.10。

5.2.2　从离散傅里叶级数到离散傅里叶变换

1. 离散傅里叶变换的导出与定义

在第 2 章介绍的 4 种傅里叶级数与变换中，只有离散傅里叶级数在时域和频域都是离散序列，分别用 $x(n)$ 和 a_k 表示，但是二者均是周期为 N 的周期性序列。离散傅里叶级数的以上特点为离散傅里叶变换的推导准备了条件。为了便于说明，在本节中我们用 $\tilde{x}(n)$ 和 $\tilde{a}_k$ 表示周期性离散时间信号和频谱，而以 $x(n)$ 和 a_k 表示有限长时间序列和频谱序列。

定义矩形序列符号 $R_N(n)$ 和 $R_N(k)$ 为

$$R_N(n) = \begin{cases} 1, & 0 \leqslant n \leqslant N-1 \\ 0, & \text{其他 } n \end{cases} \quad \text{或} \quad R_N(k) = \begin{cases} 1, & 0 \leqslant k \leqslant N-1 \\ 0, & \text{其他 } k \end{cases} \tag{5.1}$$

考虑到有限长序列 $x(n)$ 和 a_k 可以认为是周期性序列 $\tilde{x}(n)$ 和 $\tilde{a}_k$ 的一个周期，再定义

$$\tilde{x}(n) = x(n \text{ 模 } N) = x((n))_N \tag{5.2}$$

$$\tilde{a}_k = a_{(k\text{ 模 }N)} = a_{(k)_N} \tag{5.3}$$

式中，$((n))_N$［或 $(k)_N$］表示 n 对 N 取余数（或 k 对 N 取余数）。利用 $R_N(n)$ 和 $x((n))_N$［或对应的 $R_N(k)$ 和 $a_{(k)_N}$］，可以将有限长序列 $x(n)$ 和 a_k 与对应的周期序列 $\tilde{x}(n)$ 和 $\tilde{a}_k$ 表示为

$$x(n) = \tilde{x}(n)R_N(n) = x((n))_N R_N(n) \tag{5.4}$$

$$a_k = \tilde{a}_k R_N(k) = a_{(k)_N} R_N(k) \tag{5.5}$$

由离散傅里叶级数的定义，离散傅里叶级数求和是限定在一个周期内的，例如限定为 0 到 $N-1$ 范围，称这个求和范围为主值区间。由此，离散傅里叶级数的求和也完全适用于对有限长序列 $x(n)$ 和 a_k 的求和。这样，我们得到离散傅里叶变换的定义如下。

定义 5.1　离散傅里叶变换　有限长序列 $x(n)$ 的离散傅里叶变换定义为

$$X(k) = \mathrm{DFT}[x(n)] = \sum_{n=0}^{N-1} x(n)\mathrm{e}^{-j\frac{2\pi}{N}nk} = \sum_{n=0}^{N-1} x(n)W_N^{nk}, \quad k = 0,1,\cdots,N-1 \tag{5.6}$$

$$x(n) = \mathrm{IDFT}[X(k)] = \frac{1}{N}\sum_{k=0}^{N-1} X(k)\mathrm{e}^{j\frac{2\pi}{N}nk} = \frac{1}{N}\sum_{k=0}^{N-1} X(k)W_N^{-nk}, \quad n = 0,1,\cdots,N-1 \tag{5.7}$$

式（5.6）和式（5.7）分别为离散傅里叶变换的正变换和逆变换，IDFT 表示离散傅里叶变换的逆变换。式中，k 为数字频率变量，无量纲，具有相对意义；$x(n)$ 为有限长序列，长度为 N；$X(k)$ 为离散傅里叶变换的频谱，也是有限长序列，长度也为 N；

$$W_N = \mathrm{e}^{-\mathrm{j}\frac{2\pi}{N}} \tag{5.8}$$

显然，离散傅里叶变换并不是一个新的傅里叶变换形式，其源于离散傅里叶级数，只不过在时域和频域都仅取一个周期而已。在实际应用中，对于长度为 N 的有限长序列 $x(n)$，可以通过求离散傅里叶变换而得到其离散傅里叶变换频谱 $X(k)$。实际上，$x(n)$ 可以看作 $\tilde{x}(n)$ 的一个周期，$X(k)$ 也可以看作 $\tilde{a}_k$ 的一个周期。这样，对于任意有限长序列 $x(n)$，都可以方便地在计算机上求其频谱。需要注意的是，无论 $x(n)$ 是否来自周期性序列，都应该将其看作周期性序列的一个周期。

2. 离散傅里叶变换的图形解释

表 5.2 给出了 DFT 的导出过程，有助于理解 DFT 与其他傅里叶级数与变换的关系。

表 5.2 DFT 的图形解释

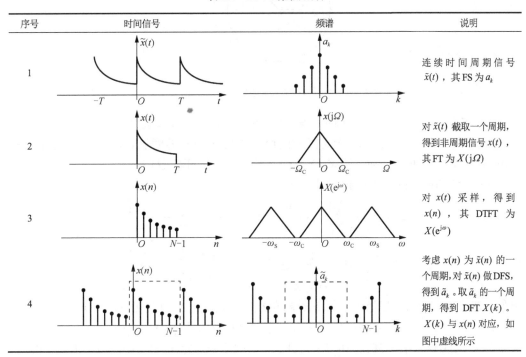

序号	时间信号	频谱	说明
1			连续时间周期信号 $\tilde{x}(t)$，其 FS 为 a_k
2			对 $\tilde{x}(t)$ 截取一个周期，得到非周期信号 $x(t)$，其 FT 为 $X(\mathrm{j}\Omega)$
3			对 $x(t)$ 采样，得到 $x(n)$，其 DTFT 为 $X(\mathrm{e}^{\mathrm{j}\omega})$
4			考虑 $x(n)$ 为 $\tilde{x}(n)$ 的一个周期，对 $\tilde{x}(n)$ 做 DFS，得到 $\tilde{a}_k$。取 $\tilde{a}_k$ 的一个周期，得到 DFT $X(k)$。$X(k)$ 与 $x(n)$ 对应，如图中虚线所示

另外，$x(n)$ 可以看作 $x(t)$ 的采样序列，$X(k)$ 也可以看作 $X(\mathrm{j}\Omega)$ 的采样序列。$x(t)$ 和 $X(\mathrm{j}\Omega)$ 是由 FT 联系的，而 $x(n)$ 和 $X(k)$ 则是由 DFT 联系的。

3. 离散傅里叶变换与其他傅里叶变换与级数的关系

（1）DFT 与 FT 的关系。

参与 DFT 计算的离散时间信号 $x(n)$ 可以看作参与 FT 计算的 $x(t)$ 的时域采样，而由 DFT 得到的离散频谱 $X(k)$ 也大体上可看作对 FT 得到的连续频谱 $X(\mathrm{j}\Omega)$ 的频域采样。

（2）DFT 与 DFS 的关系。

DFT 可以理解为对 DFS 的离散周期频谱 $\tilde{a}_k$ 取主值区间（或称为"基本周期"）得到的。

（3）DFT 与 DTFT 及 z 变换的关系。

式（5.9）一并给出了长度为 N 的离散时间信号 $x(n)$ 的 z 变换、DTFT 表达式和 DFT 表达式。

$$X(z) = \sum_{n=0}^{N-1} x(n) z^{-n} = \sum_{n=0}^{N-1} x(n)(r\mathrm{e}^{\mathrm{j}\omega})^{-n}$$

$$X(\mathrm{e}^{\mathrm{j}\omega}) = \sum_{n=0}^{N-1} x(n)\mathrm{e}^{-\mathrm{j}\omega n} = X(z)\Big|_{z=\mathrm{e}^{\mathrm{j}\omega}} \tag{5.9}$$

$$X(k) = \sum_{n=0}^{N-1} x(n)\mathrm{e}^{-\mathrm{j}\frac{2\pi}{N}nk} = X(\mathrm{e}^{\mathrm{j}\omega})\Big|_{\omega=\frac{2\pi}{N}k}$$

图 5.1 给出的 z 平面和单位圆，表示了 DFT、DTFT 与 z 变换三者的关系。

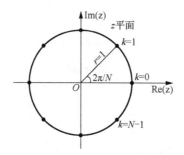

图 5.1　DFT、DTFT 与 z 变换三者的关系示意图

如图 5.1 所示，$X(z)$ 在 z 平面上满足其收敛条件的整个收敛域取值，$X(\mathrm{e}^{\mathrm{j}\omega})$ 仅定义在 z 平面的单位圆上，而 $X(k)$ 则仅定义在 z 平面单位圆上的 N 个等间隔的离散点上。换句话说，$X(\mathrm{e}^{\mathrm{j}\omega})$ 是单位圆上的 z 变换，而 $X(k)$ 是对于 $X(\mathrm{e}^{\mathrm{j}\omega})$ 的等间隔采样。

$X(z)$ 和 $X(\mathrm{e}^{\mathrm{j}\omega})$ 也可以用 $X(k)$ 来表示为

$$X(z) = \sum_{n=0}^{N-1}\left[\frac{1}{N}\sum_{k=0}^{N-1} X(k)\mathrm{e}^{\mathrm{j}\frac{2\pi}{N}nk}\right]z^{-n} = \frac{1-z^{-N}}{N}\sum_{k=0}^{N-1}\frac{X(k)}{1-\mathrm{e}^{\mathrm{j}\frac{2\pi}{N}k}z^{-1}} \tag{5.10}$$

$$X(\mathrm{e}^{\mathrm{j}\omega}) = \sum_{k=0}^{N-1} X(k)\frac{1-\mathrm{e}^{-\mathrm{j}\omega N}}{N(1-\mathrm{e}^{\mathrm{j}\frac{2\pi}{N}k}\mathrm{e}^{-\mathrm{j}\omega})} = \frac{1-\mathrm{e}^{-\mathrm{j}\omega N}}{N}\sum_{k=0}^{N-1}\frac{X(k)}{1-\mathrm{e}^{\mathrm{j}\frac{2\pi}{N}k}\mathrm{e}^{-\mathrm{j}\omega}} \tag{5.11}$$

显然，连续谱 $X(\mathrm{e}^{\mathrm{j}\omega})$ 可以经由离散谱 $X(k)$ 的插值得到，且 $X(z)$ 也可以由 $X(k)$ 来表示。

例 5.1　试用 MATLAB 编程产生三个离散时间正弦信号 $x_1(n)$、$x_2(n)$ 和 $x_3(n)$，其频率分别为 $f_1=25\mathrm{Hz}$、$f_2=50\mathrm{Hz}$ 和 $f_3=120\mathrm{Hz}$，其幅度分别为 $A_1=1$、$A_2=0.7$ 和 $A_3=0.4$。依据离散傅里叶变换定义式计算混合信号 $x(n)=x_1(n)+x_2(n)+x_3(n)$ 的频谱，并画出混合信号 $x(n)$ 的波形和频谱图。

解　MATLAB 程序代码如下所示：

```
% 产生正弦信号的混合信号，并利用 DFT 计算频谱，绘制波形图和频谱图
clear; n=400; nn=1:n; nn2=0:n/2-1; f1=25; f2=50; f3=120; x1=zeros(n,1);
x2=zeros(n,1); x1=sin(2*pi*f1/n.*nn');
    x2=0.7*sin(2*pi*f2/n.*nn'); x3=0.4*sin(2*pi*f3/n.*nn'); xx=zeros(n,1);
xf=zeros(n,1); xx=x1+x2+x3;
    % 根据定义计算 DFT
    for ii=1:n
        for jj=1:n
```

```
        w(jj)=exp((-j*2*pi*(jj-1)*(ii-1))/n); xf(ii)=xf(ii)+xx(jj)*w(jj);
    end
end
% 画出信号波形图和频谱图
figure(1); subplot(211); plot(xx); axis([0 n/2 -2 2]); xlabel('n');
ylabel('幅度'); title('三个正弦信号的混合');
    subplot(212); stem(nn2,abs(xf(1:n/2)),'filled'); xlabel('f /Hz');
ylabel ('幅度'); title('混合信号的频谱');
```

图 5.2 给出了三个正弦信号混合信号的波形图和经由 DFT 计算的频谱图。

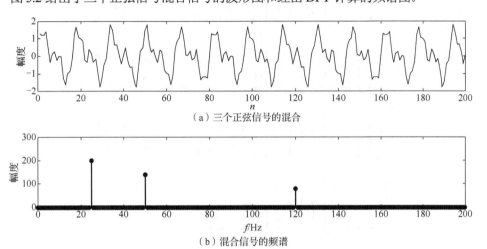

（a）三个正弦信号的混合

（b）混合信号的频谱

图 5.2　三个正弦信号混合信号的波形图及其频谱图

5.2.3　离散傅里叶变换的性质

性质 5.1　线性性质　若 N 点长序列 $x_1(n)$ 和 $x_2(n)$ 的 DFT 分别为 $X_1(k)$ 和 $X_2(k)$，则

$$\text{DFT}[ax_1(n)+bx_2(n)] = aX_1(k)+bX_2(k) \tag{5.12}$$

性质 5.2　正交性质　令矩阵 $\boldsymbol{W}_N$ 为

$$\boldsymbol{W}_N = [W_N^{nk}] = \begin{bmatrix} W_N^0 & W_N^0 & W_N^0 & \cdots & W_N^0 \\ W_N^0 & W_N^1 & W_N^2 & \cdots & W_N^{N-1} \\ W_N^0 & W_N^2 & W_N^4 & \cdots & W_N^{2(N-1)} \\ \vdots & \vdots & \vdots & & \vdots \\ W_N^0 & W_N^{N-1} & W_N^{2(N-1)} & \cdots & W_N^{(N-1)(N-1)} \end{bmatrix} \tag{5.13}$$

$$\boldsymbol{X}_N = \begin{bmatrix} X(0) & X(1) & \cdots & X(N-1) \end{bmatrix}^{\mathrm{T}} \tag{5.14}$$

$$\boldsymbol{x}_N = \begin{bmatrix} x(0) & x(1) & \cdots & x(N-1) \end{bmatrix}^{\mathrm{T}} \tag{5.15}$$

则 DFT 的正变换可以写为矩阵形式

$$\boldsymbol{X}_N = \boldsymbol{W}_N \boldsymbol{x}_N \tag{5.16}$$

由于 $\boldsymbol{W}_N^* \boldsymbol{W}_N = \sum\limits_{k=0}^{N-1} W^{mk} W^{-nk} = N\boldsymbol{I} \Rightarrow \begin{cases} N, & m=n \\ 0, & m \neq n \end{cases}$，故 $\boldsymbol{W}_N^*$ 与 $\boldsymbol{W}_N$ 是正交的（"*"表示复共轭），

即 $\boldsymbol{W}_N$ 为正交矩阵，DFT 是正交变换。因此，DFT 的逆变换可以写为

$$x_N = W_N^{-1} X_N = \frac{1}{N} W_N^* X_N \tag{5.17}$$

性质 5.3　圆周位移性质　由于长度为 N 的有限长序列 $x(n)$ 是周期序列 $\tilde{x}(n)$ 的一个周期，故对 $x(n)$ 位移应是整个周期序列 $\tilde{x}(n)$ 的位移，即前面移出去，后面移进来。$\tilde{x}(n)$ 移位后的周期仍为 N，这种位移称为圆周位移，又称为循环位移。序列的圆周位移示意图如图 5.3 所示。

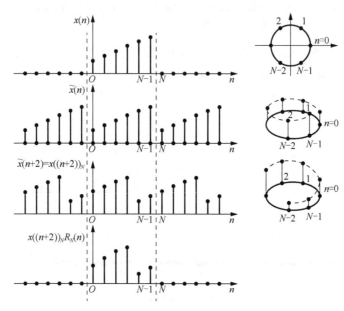

图 5.3　序列的圆周位移示意图

将 N 点序列 $x(n)$ 圆周位移 m 个采样间隔，记为 $x_m(n) = x((n+m))_N R_N(n)$，则

$$\text{DFT}[x_m(n)] = W_N^{-mk} X(k) \tag{5.18}$$

性质 5.4　奇偶对称性质与虚实对称性质

（1）若 $x(n)$ 为复序列，其 DFT 为 $X(k)$，则

$$\text{DFT}[x^*(n)] = X^*((-k))_N R_N(n) = X^*(-k) \tag{5.19}$$

（2）若 $x(n)$ 为实序列，则 $X(k)$ 只有圆周共轭对称分量，即

$$X^*(k) = X(-k) = X(N-k)$$
$$X_R(k) = X_R(-k) = X_R(N-k)$$
$$X_I(k) = -X_I(-k) = -X_I(N-k) \tag{5.20}$$
$$|X(k)| = |X(N-k)|$$
$$\arg[X(k)] = -\arg[X(-k)]$$

式中，$X_R(k)$ 和 $X_I(k)$ 分别表示 $X(k)$ 的实部和虚部；$\arg[X(k)]$ 表示 $X(k)$ 的相位。

（3）若 $x(n)$ 为实偶序列，则 $X(k)$ 是实偶对称序列。

（4）若 $x(n)$ 为实奇序列，则 $X(k)$ 是虚奇对称序列。

表 5.3 给出了离散傅里叶变换的奇偶与实虚对称性关系。这些关系可用于减小计算离散傅里叶变换的运算量。

表 5.3　离散傅里叶变换的奇偶与实虚对称性关系

$x(n)$ [或 $X(k)$]	$X(k)$ [或 $x(n)$]
偶对称	偶对称
奇对称	奇对称
实数	实部为偶对称，虚部为奇对称
虚数	实部为奇对称，虚部为偶对称
实数偶对称	实数偶对称
实数奇对称	虚数奇对称
虚数偶对称	虚数偶对称
虚数奇对称	实数奇对称

性质 5.5　帕塞瓦尔定理

$$\sum_{n=0}^{N-1}|x(n)|^2 = \frac{1}{N}\sum_{k=0}^{N-1}|X(k)|^2 \tag{5.21}$$

帕塞瓦尔定理的实质是反映信号在时域及其对应的变换域中的能量守恒关系。

性质 5.6　时域圆周卷积性质　设 $x_1(n)$ 和 $x_2(n)$ 均为长度为 N 的有限长序列（$0 \le n \le N-1$），且有 $\text{DFT}[x_1(n)] = X_1(k)$ 和 $\text{DFT}[x_2(n)] = X_2(k)$。若 $Y(k) = X_1(k)X_2(k)$，则 $x_1(n)$ 和 $x_2(n)$ 的圆周卷积为

$$y(n) = \text{IDFT}[Y(k)] = \left[\sum_{m=0}^{N-1} x_1(m)x_2((n-m))_N\right]R_N(n)$$

$$= \left[\sum_{m=0}^{N-1} x_2(m)x_1((n-m))_N\right]R_N(n) \tag{5.22}$$

表 5.4 给出了常用离散傅里叶变换的性质。

表 5.4　常用离散傅里叶变换的性质

序号	性质名称	序列 $x(n)$、$x_1(n)$、$x_2(n)$	离散傅里叶变换 $X(k)$、$X_1(k)$、$X_2(k)$
1	线性性质	$ax_1(n) + bx_2(n)$	$aX_1(k) + bX_2(k)$
2	时域圆周位移性质	$x((n+m))_N R_N(n)$	$W_N^{-mk}X(k)$
3	对偶性质	$X(n)$	$Nx((-k))_N R_N(k)$
4	频域圆周位移性质	$W_N^{nl}x(n)$	$X((k+l))_N R_N(k)$
5	时域圆周卷积性质	$\sum_{m=0}^{N-1} x_1(m)x_2((n-m))_N R_N(n)$	$X_1(k)X_2(k)$
6	时域圆周相关性质	$r_{x_1 x_2}(m) = \sum_{n=0}^{N-1} x_2^*(n)x_1((n+m))_N R_N(m)$	$X_1(k)X_2^*(k)$
7	时域乘积性质	$x_1(n)x_2(n)$	$\frac{1}{N}\sum_{l=0}^{N-1} X_1(l)X_2((k-l))_N R_N(k)$
8	共轭性质	$x^*(n)$	$X^*((N-k))_N R_N(k)$
9	时域反转性质	$x((-n))_N R_N(n)$	$X((N-k))_N R_N(k)$
10	时域共轭反转性质	$x^*((-n))_N R_N(n)$	$X^*(k)$
11	取实部	$\text{Re}[x(n)]$	$\frac{1}{2}\left[X(k) + X^*((N-k))_N\right]R_N(k)$

续表

序号	性质名称	序列 $x(n)$、$x_1(n)$、$x_2(n)$	离散傅里叶变换 $X(k)$、$X_1(k)$、$X_2(k)$
12	取虚部	$\mathrm{j\,Im}[x(n)]$	$\dfrac{1}{2}\big[X(k)-X^*((N-k))_N\big]R_N(k)$
13	取偶部	$\dfrac{1}{2}\big[x(n)+x^*((N-n))_N\big]R_N(n)$	$\mathrm{Re}[X(k)]$
14	取奇部	$\dfrac{1}{2}\big[x(n)-x^*((N-n))_N\big]R_N(n)$	$\mathrm{j\,Im}[X(k)]$
15	对称性	$x(n)$ 为任意实序列	$X^*(k)=X(-k)=X(N-k)$ $X_{\mathrm{R}}(k)=X_{\mathrm{R}}(-k)=X_{\mathrm{R}}(N-k)$ $X_{\mathrm{I}}(k)=-X_{\mathrm{I}}(-k)=-X_{\mathrm{I}}(N-k)$ $\lvert X(k)\rvert=\lvert X(N-k)\rvert$ $\arg[X(k)]=-\arg[X(-k)]$
16	帕塞瓦尔定理	$\displaystyle\sum_{n=0}^{N-1}\lvert x(n)\rvert^2=\dfrac{1}{N}\sum_{k=0}^{N-1}\lvert X(k)\rvert^2$	

例 5.2　试利用 DFT 的共轭对称性，用一次 DFT 运算来计算两个实序列的 DFT。

解　设 $x_1(n)$ 和 $x_2(n)$ 均为 N 点实序列，满足 $\mathrm{DFT}[x_1(n)]=X_1(k)$ 和 $\mathrm{DFT}[x_2(n)]=X_2(k)$。将 $x_1(n)$ 和 $x_2(n)$ 构造成一个复序列，即 $y(n)=x_1(n)+\mathrm{j}x_2(n)$，则

$$\mathrm{DFT}[y(n)]=Y(k)=\mathrm{DFT}[x_1(n)+\mathrm{j}x_2(n)]=\mathrm{DFT}[x_1(n)]+\mathrm{j\,DFT}[x_2(n)]$$
$$=X_1(k)+\mathrm{j}X_2(k)$$

由于 $x_1(n)=\mathrm{Re}[y(n)]$，$x_2(n)=\mathrm{Im}[y(n)]$，由表 5.4 中性质 11 和性质 12，有

$$X_1(k)=\mathrm{DFT}\{\mathrm{Re}[y(n)]\}=\frac{1}{2}\big[Y(k)+Y^*((N-k))_N\big]R_N(k)$$

$$X_2(k)=\mathrm{DFT}\{\mathrm{Im}[y(n)]\}=\frac{1}{2\mathrm{j}}\big[Y(k)-Y^*((N-k))_N\big]R_N(k)$$

这样，由 DFT 求出 $Y(k)$ 后，即可由上面两式求得 $X_1(k)$ 和 $X_2(k)$，比分别计算 $X_1(k)$ 和 $X_2(k)$ DFT 的计算量显著减少。

5.3　离散傅里叶变换理论与应用中若干问题

本节研究介绍 DFT 理论与应用相关的若干问题，包括频率混叠问题、频谱泄漏问题、栅栏效应问题、频率分辨率及 DFT 参数选择问题、信号补零问题、信号的时宽与频宽问题等。

5.3.1　频率混叠问题

4.2 节结合信号采样问题介绍了频率混叠的概念和成因。依据采样定理，对连续时间信号的采样频率须满足 $\Omega_{\mathrm{s}}>2\Omega_{\mathrm{M}}$，或采样周期 T 须满足

$$T=\frac{2\pi}{\Omega_{\mathrm{s}}}<\frac{\pi}{\Omega_{\mathrm{M}}}=\frac{1}{2F_{\mathrm{M}}} \tag{5.23}$$

采样后信号才不会发生频率混叠。式（5.23）中，$F_{\mathrm{M}}=\dfrac{\Omega_{\mathrm{M}}}{2\pi}$ 表示信号的最高频率成分。

设 DFT 频谱序列间隔或称为频率分辨率为 Δf，则对应的信号时长为 $T_{\mathrm{L}}=\dfrac{1}{\Delta f}$。由式（5.23）知，若要使 F_{M} 增加，则时域采样周期 T 就要减小，或对应于提高采样频率 $\Omega_{\mathrm{s}}=2\pi F_{\mathrm{s}}$。由于

采样点数 N 满足 $N = \dfrac{F_s}{\Delta f} = \dfrac{T_L}{T}$，在数据长度 N 不变的条件下，若 F_s 增加，必然使 Δf 增加，从而使频率分辨率下降。反之，若要提高频率分辨率，就要增加 T_L，从而导致 T 的增加，并进而可能导致混叠的发生。为了保证不产生混叠，必须降低信号的最高频率分量 F_M。

兼顾较高 F_M 和频率分辨率（即较小 Δf 值）的唯一方法是增加序列长度 N，满足

$$N = \frac{F_s}{\Delta f} > \frac{2F_M}{\Delta f} \tag{5.24}$$

式（5.24）是在未采用任何特殊数据处理方法情况下，为实现基本 DFT 算法所必须满足的最低条件。若已知信号的频谱宽度趋于无穷，则通常选取占信号总能量 98% 左右的带宽作为信号的最高频率，从而进一步确定对信号的采样频率。

例 5.3　已知信号的频率分辨率为 $\Delta f \leqslant 10\text{Hz}$，信号最高频谱分量 $F_M = 4\text{kHz}$，在不采用任何特殊数据处理措施时，试确定：

（1）信号的最小记录时长 T_L；

（2）最大采样周期 T；

（3）最小序列长度 N。

解　（1）由分辨率要求确定最小记录长度 $1/\Delta f = 1/10 = 0.1\text{s}$，故记录时长为 $T_L \geqslant 1/\Delta f = 0.1\text{s}$。

（2）由采样定理 $\Omega_s > 2\Omega_M$ 或 $F_s > 2F_M$，有 $T < \dfrac{1}{2F_M} = \dfrac{1}{2 \times 4 \times 10^3} = 0.125 \times 10^{-3}\text{s}$。

（3）最小记录点数 N 应满足 $N > \dfrac{2F_M}{\Delta f} = \dfrac{2 \times 4 \times 10^3}{10} = 800$。

5.3.2　频谱泄漏问题

在实际应用中，待处理的信号有时是非常长的，甚至在时间上可能趋于无穷。例如，我们对温度、湿度或其他某个自然现象的监测，信号可能永远会持续下去。但是当对信号进行数字处理时，所处理的信号一定只能是有限时宽的，即序列总是有限长度的。用有限长序列来表示更长或趋于无穷长的信号，实际上是对信号进行了截断（truncation），截断的方法通常是用窗（window）函数与原始信号相乘。有关窗函数的概念与应用将在后面章节介绍。

假设延伸至无穷的离散时间信号为 $x_1(n)$，其频谱为 $X_1(k)$ 或 $X_1(e^{j\omega})$。设采用矩形窗函数 $w(n)$ 从 $x_1(n)$ 中截取的截断信号为 $x_2(n)$，其频谱为 $X_2(k)$ 或 $X_2(e^{j\omega})$。图 5.4 给出了上述各信号和矩形窗函数的波形及其对应的频谱。

如图 5.4 所示，信号 $x_1(n)$ 与矩形窗函数 $w(n)$ 相乘，截断后信号 $x_2(n)$ 的长度与 $w(n)$ 的相同，其信号取值在窗函数范围内与 $x_1(n)$ 保持不变，窗函数外为零。根据傅里叶变换的时域乘法性质，信号的时域乘积对应于其频谱的频域卷积，这样，$x_1(n)$ 与 $w(n)$ 的乘积造成了其对应频谱的卷积，从而使 $x_2(n)$ 的频谱 $X_2(e^{j\omega})$ 相对于 $X_1(e^{j\omega})$ 展宽，称这种展宽为"频谱泄漏"（spectral leakage），简称"泄漏"。

信号频谱的泄漏对于信号分析与处理是很有害的。第一，泄漏造成频谱失真，不能反映原始信号的真实频谱特性；第二，离散信号频谱的周期性使得泄漏可能造成频率混叠。为此，在数字信号处理中，应该想办法减小频谱泄漏的发生。主要办法包括：尽量选取较长的信号序列；尽量不要使用如图 5.4 所示的矩形窗，通常采用两端缓慢变化的窗函数，例如三角窗、

汉宁窗等，使得频谱的旁瓣能量更小，以减小频谱泄漏的程度。

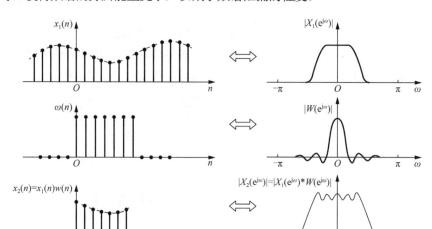

图 5.4　信号截断所导致的频谱泄漏现象

5.3.3　栅栏效应问题

DFT 为离散形式的频谱，而不是连续频谱。依据这种频谱对信号进行分析，就像通过一个"栅栏"观看一个景象一样，只能在离散点处看到真实景象，称这种现象为"栅栏效应"（fence effect）。栅栏效应的危害是有可能使信号频谱中的一些有用成分被漏掉，从而影响信号分析处理的结果。

减小栅栏效应的基本方法是使从连续频谱到离散频谱的频域采样更密集，即增加频谱序列的点数 N。在不改变时域数据的情况下，增加 N 相当于在时域数据末尾增加一些零值点，但不改变原有的记录数据。由于 DFT 离散频谱间隔 $\omega_0 = 2\pi / N$，N 增加了，必然使 ω_0 减小，即离散频谱数据的间隔减小，使谱线更密集。

5.3.4　频率分辨率及 DFT 参数选择问题

1. 分辨率的概念

分辨率（resolution）是信号处理领域的基本概念。在信号处理中，分辨率有两种常见的含义：其一是指将相邻的两个信号峰或频谱峰分辨开来的能力；其二是指离散信号或离散频谱相邻数据样本间隔的大小。

2. FT 与 DTFT 中的频率分辨率

时间和频率是描述信号的两个基本的物理量，傅里叶变换将时间和频率密切联系起来。因此，关于信号频率分辨率的讨论，一定要与傅里叶变换相联系。

（1）FT 中的频率分辨率。

设时长为 T_L s 的连续时间信号 $x_T(t)$，经 FT 得到其频谱 $X_T(j\Omega)$ 的频率分辨率为

$$\Delta F = \frac{\Delta \Omega}{2\pi} = \frac{1}{T_L} \text{ (Hz)} \tag{5.25}$$

这是因为信号 $x_T(t)$ 可看作无穷长信号 $x(t)$ 与时宽为 T_L 的矩形窗 $w(t)$ 乘积的结果，而该矩形窗频谱的主瓣宽度反比于信号时长 T_L，故 $X_T(j\Omega)$ 能够分辨的最小频率间隔不会小于 $1 / T_L$。

（2）DTFT 中的频率分辨率。

在 DTFT 中，用采样频率为 $F_s = 1/T$ 的信号对时长为 T_L 的连续时间信号 $x_T(t)$ 进行采样，得到有限时宽离散时间信号 $x_M(n)$。也可以认为 $x_M(n)$ 是经由对无限长连续时间信号 $x(t)$ 采样得到无限长离散时间信号 $x(n)$，再经过与时宽为 $M = T_L/T$ 的窗函数 $w(n)$ 相乘得到的结果。在 T_L s 时长中，$x_M(n)$ 有 $M = N = T_L/T$ 点数据。这样，信号的频率分辨率为

$$\Delta f = \frac{\Delta \omega}{2\pi} = \frac{F_s}{M} \tag{5.26}$$

若采用不同的窗函数，则频率分辨率可能会发生变化。另外，由于

$$\Delta f = \frac{F_s}{M} = \frac{1}{MT} = \frac{1}{T_L} \tag{5.27}$$

因此，DTFT 的频率分辨率与连续时间信号的情况相同，均反比于信号时长 T_L。显然，增加信号的数据点数 M，可以改善信号的频率分辨率。

3. DFT 的频率分辨率

对一个 N 点序列 $x_N(n)$ 做 DFT，所得 $X_N(k)$ 的谱线频率间隔为

$$\Delta f = \frac{F_s}{N} \tag{5.28}$$

这是 DFT 频率分辨率的一种形式。若想进一步改善频率分辨率，可以通过增加序列的长度 N 来减小 Δf。另外，若序列 $x_N(n)$ 是由序列 $x_M(n)$ 得到的，且 M 不能再加了，则增加 N 的方法有两个，即进一步提高频率分点的密度，或在 $x_M(n)$ 后面补零。

用这两种方法增加 N 所得到的 Δf 会得到相应减小，但是真正的频率分辨率并没有提高。这是因为有效的数据时长 T_L 或序列数据点数 M 并没有增加，因而没有增加原数据的信息。这表明，当数据长度较短以至于不能将频谱中两个靠得很近的谱峰分开时，仅仅靠补零的方法仍然是不能分开的。因此，DFT 的最小频率间隔 Δf 称为"计算分辨率"，即该分辨率是依靠计算得到的，它并不能完全反映真实的频率分辨能力。

由以上讨论可知，频率分辨率的概念是与傅里叶变换紧密联系的。频率分辨率的大小反比于信号的有效时长。在数据长度相同的条件下，使用不同的窗函数会在频率的分辨率和频谱泄漏之间做不同的取舍。另外，通过发展新的信号处理算法也可能进一步改善信号的频率分辨率。本书在后面章节介绍的现代谱估计方法，由于隐含了对有限数据的外推，可以突破傅里叶变换关于频率分辨率的限制，得到更高的频率分辨率。

例 5.4 设离散时间信号 $x(n)$ 由三个正弦信号混合组成，表示为

$$x(n) = \sin(2\pi f_1 n) + \sin(2\pi f_2 n) + \sin(2\pi f_3 n)$$

其中，$f_1 = 2\text{Hz}$，$f_2 = 2.02\text{Hz}$，$f_3 = 2.07\text{Hz}$。设采样频率 $F_s = 10\text{Hz}$，数据长度分别为 $N_1 = 128$，$N_2 = 256$，$N_3 = 512$。试用 MATLAB 编程绘出上述三种数据长度条件下信号的 DFT 频谱图，并比较频谱的分辨率情况。

解 当数据长度为 $N_1 = 128$ 时，$\Delta f_1 = F_s/N_1 = 10/128 = 0.078\text{Hz}$。由于 $f_2 - f_1 = 2.02 - 2 = 0.02\text{Hz}$，且 $f_3 - f_2 = 2.07 - 2.02 = 0.05\text{Hz}$，故 DFT 的计算分辨率 Δf_1 的数值大于三个正弦信号之间的频率差，因此，DFT 不能分辨出这三个信号的谱峰。MATLAB 编程谱估计的结果如图 5.5（a）所示。

当数据长度为 $N_2 = 256$ 时，$\Delta f_2 = F_s/N_2 = 10/256 = 0.039\text{Hz}$。显然，DFT 的计算分辨

率优于 $f_3 - f_2 = 0.05\text{Hz}$，但仍然不能分辨 $f_2 - f_1 = 0.02\text{Hz}$。图 5.5（b）给出了 $N_2 = 256$ 时 MATLAB 编程谱估计的结果。从图中可以看出，频谱图可以分辨出两条谱线，不能区别出第三条谱线。

当数据长度为 $N_3 = 512$ 时，$\Delta f_3 = F_s / N_3 = 10 / 512 = 0.0195\text{Hz}$。显然，DFT 的计算分辨率优于 $f_3 - f_2 = 0.05\text{Hz}$ 和 $f_2 - f_1 = 0.02\text{Hz}$。因此，此时 DFT 能够区分出全部三条谱线的谱峰，如图 5.5（c）所示。

MATLAB 程序代码如下：

```
%  计算三个正弦混合信号的频谱，并绘出波形图和频谱图
    Clear; k=2; n=256*k; nn=1:n; f1=2; f2=2.02; f3=2.07; fs=10; x1=zeros(n,1);
x2=zeros(n,1); x3=zeros(n,1);
    x1=sin(2*pi*f1/fs.*nn'); x2=sin(2*pi*f2/fs.*nn'); x3=sin(2*pi*f3/fs.*nn');
xx=x1+x2+x3; xxf=abs(fft(xx));
    ff=1:n; ff1=0:(fs/2)/(n/2):(fs/2)-(fs/2)/(n/2); ff1=0:fs/n:fs/2-fs/n;
figure(1);
    subplot(211); plot(xx); title('信号波形'); xlabel('n'); ylabel('幅度');
axis([0 n -3 3]);
    subplot(212); plot(ff1',xxf(1:n/2)); title('信号频谱'); xlabel('f/Hz');
ylabel('幅度'); axis([0 fs/2 0 600])
%  说明：本程序计算 DFT 利用了快速傅里叶变换 FFT。关于 FFT 的方法将在本章后面部分介绍
```

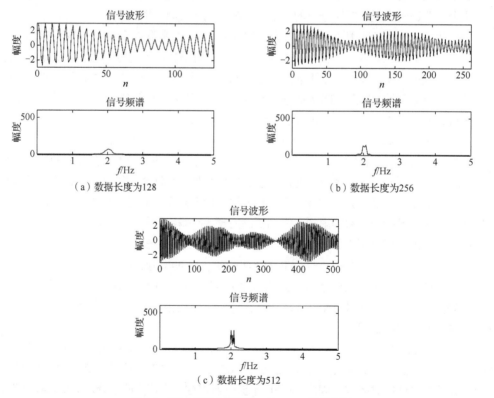

（a）数据长度为128　　　　　　　　　　（b）数据长度为256

（c）数据长度为512

图 5.5　DFT 频率分辨率的 MATLAB 谱分析图

4. DFT 中的参数选择问题

在信号分析与处理中，分辨率是一个对各种算法都起支配作用的重要概念。实际上，除了本节讨论的频率分辨率之外，还有时间分辨率问题、时间分辨率与频率分辨率互相制约的问题，以及如何根据信号的特点和信号处理的任务选择分辨率问题。

所谓时间分辨率，是指通过一个时域窗函数观察信号时所看到的时间宽度。与频率分辨率相对应，时间分辨率也指在时域信号波形中相邻的信号峰值能够被分辨的能力。

通常，对于变化快的信号，我们希望给出好的时间分辨率，而往往忽视其频率分辨率；而对于变化慢的信号，往往希望能给出好的频率分辨率，而忽视其时间分辨率。如何根据信号的特点来选择合适的时间分辨率和频率分辨率，请参阅第 14 章关于现代信号处理中小波变换的内容。

5.3.5　信号补零问题

对信号序列补零是数字信号处理中常见的操作，其主要意义和作用有以下三点：第一，补零可以改善经 DFT 得到信号频谱的计算分辨率，使信号的频谱看起来更为光滑；第二，在诸如 DFT 和后续介绍的 FFT 等傅里叶变换算法中，若通过补零使信号序列的长度等于 2 的正整数幂，则计算效率会比较高；第三，在利用 DFT 或 FFT 快速计算离散线性卷积时，通常需要将信号序列补零至一定的长度。因此，出于以上考虑和目的，数字信号处理中对信号序列的补零是经常出现的。

尽管对信号序列补零具有多种重要的作用，但是，对信号序列补零却不能从本质上改善频谱的分辨率，这里的分辨率实际上是指信号频谱的"物理分辨率"。这是因为对信号补零并没有增加原始信号的信息。

例 5.5　设离散时间信号 $x(n)$ 由三个正弦信号混合组成，与例 5.4 的情况完全相同。其中，$f_1 = 2\text{Hz}$，$f_2 = 2.02\text{Hz}$，$f_3 = 2.07\text{Hz}$，采样频率 $F_s = 10\text{Hz}$，数据长度为 $N = 256$。试用 MATLAB 编程绘出信号 $x(n)$ 的频谱图；并对 $x(n)$ 补零至 $N = 1024$，再绘出信号 $x(n)$ 的频谱图，与未补零的情况进行比较。

解　MATLAB 程序代码如下：

```
clear; k=1; n=256; nn=1:n; f1=2; f2=2.02; f3=2.07; fs=10; x1=zeros(n,1);
x2=zeros(n,1); x3=zeros(n,1);
x1=sin(2*pi*f1/fs.*nn'); x2=sin(2*pi*f2/fs.*nn'); x3=sin(2*pi*f3/fs.*nn');
xx=x1+x2+x3;
xxf=abs(fft(xx)); ff=1:n; ff1=0:fs/n:fs/2-fs/n;
figure(1);
subplot(211); plot(xx); title('信号波形'); xlabel('n'); ylabel('幅度');
axis([0 n -3 3]);
subplot(212); plot(ff1',xxf(1:n/2)); title('信号频谱'); xlabel('f/Hz');
ylabel('幅度'); axis([0 fs/2 0 600]);
% 对信号序列补零
m=1; n1=1024*m; bb=zeros(n1,1); xxb=zeros(n1,1); xx1=zeros(n1,1);
xx1(1:n)=xx;
xxb=xx1+bb; xxfb=abs(fft(xxb)); ffb=0:fs/n1:fs/2-fs/n1;
```

```
figure(2);
    subplot(211); plot(xxb); title('信号波形'); xlabel('n'); ylabel('幅度');
axis([0 n1 -3 3]);
    subplot(212); plot(ffb',xxfb(1:n1/2)); title('信号频谱'); xlabel('f/Hz');
ylabel('幅度'); axis([0 fs/2 0 600]);
```

图 5.6 给出了信号序列 $x(n)$ 未补零和补零情况下的频谱图。显然，信号序列补零后，如图 5.6（b）所示，其频谱的点数增加，频谱的谱线间隔减小，且频谱分辨率看起来有所改善（即计算分辨率改善）。但是实际上，原本三个正弦信号的混合频谱，仍然只能显示出两个，表明信号频谱的物理分辨率没有实质性的改善。

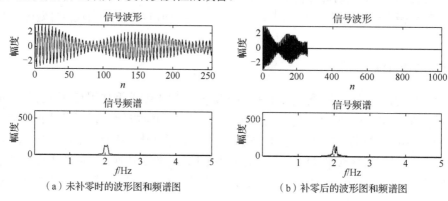

图 5.6　信号序列未补零与补零情况的波形图与频谱图

5.3.6　信号的时宽与频宽问题

所谓信号的时宽，是指信号的时长（time duration）。而信号的频宽，则是指信号频谱的宽度，又称为信号的带宽。根据连续时间信号傅里叶变换的尺度变换性质，若连续时间信号的傅里叶变换为 $x(t) \leftrightarrow X(\mathrm{j}\Omega)$，则有 $x(at) \leftrightarrow \dfrac{1}{|a|} X\left(\mathrm{j}\dfrac{\Omega}{a}\right)$，表明若信号 $x(t)$ 沿时间轴压缩（或扩展）了 a 倍，则其经 FT 得到的频谱将在频率轴上扩展（或压缩）a 倍。这样，信号的时宽和频宽不可能同时缩小，也不可能同时扩大，且也不可能同时为有限值。即若信号是有限时宽的，则其频谱必为无限带宽的，反之亦然。

以常见的矩形函数为例。设矩形函数的信号持续时间为 $(-T_1, T_1)$，而其频谱为一 sinc 函数。若 T_1 为有限值，则 sinc 函数所表示的频谱必覆盖 $(-\infty, +\infty)$；若 $T_1 \to \infty$，则 sinc 函数趋近于一 $\delta(\cdot)$ 函数；若 $T_1 \to 0$，则 sinc 函数的频谱在频域趋于一条水平直线。

信号的时宽和频宽的制约关系也可以用信号的时宽-带宽积来说明。

定义 5.2　信号的时宽-带宽积　定义信号 $x(n)$ 在均方意义上的等效时宽（TW）和等效频宽（FW）如下：

$$(\mathrm{TW})^2 = \frac{\displaystyle\sum_{n=-\infty}^{\infty} n^2\,|x(n)|^2}{\displaystyle\sum_{n=-\infty}^{\infty} |x(n)|^2} \tag{5.29}$$

$$(\text{FW})^2 = \frac{\displaystyle\int_{-F_s/2}^{F_s/2} f^2 \,|\, X(f)\,|^2 \,\mathrm{d}f}{\displaystyle\int_{-F_s/2}^{F_s/2} |\, X(f)\,|^2 \,\mathrm{d}f} \tag{5.30}$$

则时宽-带宽积为

$$\text{TW} \cdot \text{FW} \geqslant \frac{1}{4\pi} \tag{5.31}$$

若 $x(t) = \mathrm{e}^{-at^2}$ 为一高斯信号，则上式的等号成立。式（5.31）又称为信号时宽-带宽的"不确定原理"（uncertainty principle）。

5.4　二维傅里叶变换简介

随着数字图像处理技术的发展与普及，二维傅里叶变换（two-dimensional Fourier transform）变得越来越重要了。本节简要介绍二维傅里叶变换的定义、性质和基本应用方法。

设二维离散时间信号（又常称为二维序列）$x(n_1, n_2)$ 是离散空间变量 n_1 和 n_2 的函数。对于数字图像（digital image）来说，若将图像在水平方向上分为 N_1 个点，在垂直方向上分为 N_2 个点，则每一对 (n_1, n_2) 均表示图像中一个像素（pixel）的坐标，所对应的函数值 $x(n_1, n_2)$ 则代表了该像素的值，通常表现为图像灰度（gray）或彩色（color）。

通常，一维信号处理中的所有问题都可以平行地扩展到二维信号处理中，例如信号的表示、采样与变换、系统分析与综合、快速算法等。但是，由于二维信号是双变量函数，在将一维信号处理扩展到二维信号处理时还会遇到一些特殊问题，例如：处理的数据量显著增加、统一的数学理论尚显缺乏、对因果性的要求没有一维的情况严格等。

5.4.1　常用的二维离散序列

1. 二维单位冲激序列

二维单位冲激序列定义为

$$\delta(n_1, n_2) = \begin{cases} 1, & n_1 = n_2 = 0 \\ 0, & \text{其他} \end{cases} \tag{5.32}$$

若设 $\delta(n)$ 为一维单位冲激信号，则有 $\delta(n_1, n_2) = \delta(n_1)\delta(n_2)$，若满足 $x(n_1, n_2) = x(n_1)x(n_2)$，则称 $x(n_1, n_2)$ 是可分离的二维序列。

2. 二维单位阶跃序列

二维单位阶跃序列定义为

$$u(n_1, n_2) = \begin{cases} 1, & n_1 \geqslant 0, n_2 \geqslant 0 \\ 0, & \text{其他} \end{cases} \tag{5.33}$$

由于 $u(n_1, n_2) = u(n_1)u(n_2)$，即二维单位阶跃序列为可分离序列。

3. 二维指数序列

二维指数序列定义为

$$x(n_1, n_2) = \alpha^{n_1} \beta^{n_2}, \quad n_1 = -\infty \sim +\infty, \quad n_2 = -\infty \sim +\infty \tag{5.34}$$

显然，指数序列也是可分离的。若 $\alpha = \mathrm{e}^{j\omega_1}$，$\beta = \mathrm{e}^{j\omega_2}$，则

$$x(n_1, n_2) = \mathrm{e}^{j\omega_1 n_1} \mathrm{e}^{j\omega_2 n_2} = \mathrm{e}^{j(\omega_1 n_1 + \omega_2 n_2)}$$
$$= \cos(\omega_1 n_1 + \omega_2 n_2) + j\sin(\omega_1 n_1 + \omega_2 n_2)$$

为二维复指数序列或复正弦序列，二者由欧拉公式联系。

5.4.2　二维离散傅里叶变换

1. 二维 z 变换的定义

定义 5.3　二维 z 变换　二维序列 $x(n_1, n_2)$ 的二维 z 变换及其逆变换定义为

$$X(z_1, z_2) = \sum_{n_1=-\infty}^{\infty} \sum_{n_2=-\infty}^{\infty} x(n_1, n_2) z_1^{-n_1} z_2^{-n_2} \tag{5.35}$$

$$x(n_1, n_2) = \frac{1}{(2\pi j)^2} \oint_{C_1} \oint_{C_2} X(z_1, z_2) z_1^{n_1-1} z_2^{n_2-1} \mathrm{d}z_1 \mathrm{d}z_2 \tag{5.36}$$

将 $X(z_1, z_2)$ 收敛的 (z_1, z_2) 的取值范围称为 $X(z_1, z_2)$ 的收敛域，即 ROC。

2. 二维离散时间傅里叶变换

定义 5.4　二维离散时间傅里叶变换（2D-DTFT）　二维序列 $x(n_1, n_2)$ 的二维离散时间傅里叶变换及其逆变换定义为

$$X(\mathrm{e}^{j\omega_1}, \mathrm{e}^{j\omega_2}) = \sum_{n_1=-\infty}^{\infty} \sum_{n_2=-\infty}^{\infty} x(n_1, n_2) \mathrm{e}^{-j\omega_1 n_1} \mathrm{e}^{-j\omega_2 n_2} \tag{5.37}$$

$$x(n_1, n_2) = \frac{1}{4\pi^2} \int_{-\pi}^{\pi} \int_{-\pi}^{\pi} X(\mathrm{e}^{j\omega_1}, \mathrm{e}^{j\omega_2}) \mathrm{e}^{j\omega_1 n_1} \mathrm{e}^{j\omega_2 n_2} \mathrm{d}\omega_1 \mathrm{d}\omega_2 \tag{5.38}$$

3. 二维离散傅里叶变换的定义

定义 5.5　二维离散傅里叶变换（2D-DFT）　设二维离散时间信号 $x(n_1, n_2)$ 为有限长序列，即 $n_1 = 0, 1, \cdots, N_1 - 1$，$n_2 = 0, 1, \cdots, N_2 - 1$，则 $x(n_1, n_2)$ 的二维离散傅里叶变换定义为

$$X(k_1, k_2) = \mathrm{DFT}[x(n_1, n_2)] = \sum_{n_1=0}^{N_1-1} \sum_{n_2=0}^{N_2-1} x(n_1, n_2) \mathrm{e}^{-j\frac{2\pi}{N_1} n_1 k_1} \mathrm{e}^{-j\frac{2\pi}{N_2} n_2 k_2},$$
$$k_1 = 0, 1, \cdots, N_1 - 1, \quad k_2 = 0, 1, \cdots, N_2 - 1 \tag{5.39}$$

其逆变换为

$$x(n_1, n_2) = \frac{1}{N_1 N_2} \sum_{k_1=0}^{N_1-1} \sum_{k_2=0}^{N_2-1} X(k_1, k_2) \mathrm{e}^{j\frac{2\pi}{N_1} n_1 k_1} \mathrm{e}^{j\frac{2\pi}{N_2} n_2 k_2},$$
$$n_1 = 0, 1, \cdots, N_1 - 1, \quad n_2 = 0, 1, \cdots, N_2 - 1 \tag{5.40}$$

与一维 DFT 的情况相同，在 2D-DFT 中，应将 $x(n_1, n_2)$ 和 $X(k_1, k_2)$ 都看成周期性的，且在 n_1 和 k_1 方向上的周期为 N_1，在 n_2 和 k_2 方向上的周期为 N_2。

在计算 2D-DFT 时，可以考虑将 $x(n_1, n_2)$［或 $X(k_1, k_2)$］想象为一个 $N_1 \times N_2$ 的矩阵。为计算 $X(k_1, k_2)$［或 $x(n_1, n_2)$］，可以先做行的一维 DFT，共做 N_2 行，每行 N_1 点；然后再做列的一维 DFT，共做 N_1 列，每列 N_2 点。并且这里的一维 DFT 均可以采用本章后续介绍的 FFT 算法来实现，以减少计算量。

4. 2D-DFT 与 2D-DTFT 的关系

2D-DFT 和 2D-DTFT 可以经由 $X(k_1,k_2)=X(\mathrm{e}^{\mathrm{j}\omega_1},\mathrm{e}^{\mathrm{j}\omega_2})\Big|_{\omega_1=\frac{2\pi}{N_1}k_1,\ \omega_2=\frac{2\pi}{N_2}k_2}$ 联系起来。

5. 二维频率的概念

由于二维序列 $x(n_1,n_2)$ 表示的是信号在空间（即二维平面）上的分布情况，例如在数字图像上表示像素在二维平面上的分布情况，n_1 和 n_2 不再是对时间 t 的采样，而是对空间距离的采样。这样，二维频率 ω_1、ω_1 或二维离散频率 k_1、k_2 也不表示信号随时间变化的速率，而是表示空间频率，即信号随空间距离变化的速率。对于 2D-DTFT 来说，空间频率的周期仍然为 2π；对于 2D-DFT 来说，空间频率的周期分别为 N_1 和 N_2，而 N_1 和 N_2 都对应于 2π。

5.4.3　二维离散傅里叶变换应用举例

例 5.6　给定二维序列如下，其曲线形式如图 5.7（a）所示。

$$x(n_1,n_2)=\begin{cases}0.8, & n_1=n_2=0\\ 0.4, & n_1=\pm1,\ n_2=0\\ 0.4, & n_1=0,\ n_2=\pm1\\ 0, & \text{其他}\end{cases}$$

试求 $x(n_1,n_2)$ 的二维离散时间傅里叶变换 $X(\mathrm{e}^{\mathrm{j}\omega_1},\mathrm{e}^{\mathrm{j}\omega_2})$。

解　根据 2D-DTFT 的定义，有

$$X(\mathrm{e}^{\mathrm{j}\omega_1},\mathrm{e}^{\mathrm{j}\omega_2})=0.8+0.4(\mathrm{e}^{\mathrm{j}\omega_1}+\mathrm{e}^{-\mathrm{j}\omega_1})+0.4(\mathrm{e}^{\mathrm{j}\omega_2}+\mathrm{e}^{-\mathrm{j}\omega_2})$$
$$=0.8+0.8\cos\omega_1+0.8\cos\omega_2$$

$X(\mathrm{e}^{\mathrm{j}\omega_1},\mathrm{e}^{\mathrm{j}\omega_2})$ 的频谱图如图 5.7（b）所示。

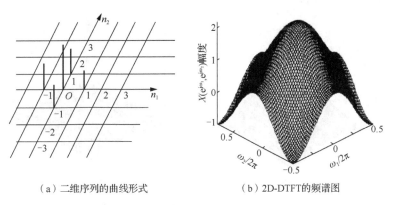

（a）二维序列的曲线形式　　　　（b）2D-DTFT 的频谱图

图 5.7　二维序列及其 2D-DTFT 的频谱形式

例 5.7　设二维序列为 $x(n_1,n_2)=\begin{cases}1, & 0\le n_1\le N_1-1,\ 0\le n_2\le N_2-1\\ 0, & \text{其他}\end{cases}$，求 $X(\mathrm{e}^{\mathrm{j}\omega_1},\mathrm{e}^{\mathrm{j}\omega_2})$。

解　根据 2D-DTFT 的定义，有

$$X(\mathrm{e}^{j\omega_1}, \mathrm{e}^{j\omega_2}) = \sum_{n_1=0}^{N_1-1}\sum_{n_2=0}^{N_2-1} \mathrm{e}^{-j\omega_1 n_1}\mathrm{e}^{-j\omega_2 n_2} = \frac{1-\mathrm{e}^{-j\omega_1 N_1}}{1-\mathrm{e}^{-j\omega_1}} \cdot \frac{1-\mathrm{e}^{-j\omega_2 N_2}}{1-\mathrm{e}^{-j\omega_2}}$$

$$= \mathrm{e}^{-j[\omega_1(N_1-1)+\omega_2(N_2-1)]/2} \frac{\sin\left(\dfrac{\omega_1 N_1}{2}\right)\sin\left(\dfrac{\omega_2 N_2}{2}\right)}{\sin\left(\dfrac{\omega_1}{2}\right)\sin\left(\dfrac{\omega_2}{2}\right)}$$

上式的二维频谱图如图 5.8 所示。

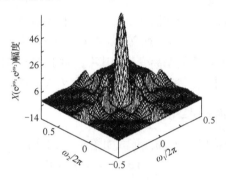

图 5.8　例 5.7 的频谱图

例 5.8　试由一维汉明窗函数 $w(n) = 0.54 - 0.46\cos\left(\dfrac{2\pi}{N-1}n\right)$, $n = 1, 2, \cdots, N-1$ 构造二维窗函数。构造规则为 $w(n_1, n_2) = w(n_1)w(n_2)$。

解　根据给定的构造规则，有

$$w(n_1, n_2) = w(n_1)w(n_2) = \left[0.54 - 0.46\cos\left(\frac{2\pi}{N-1}n_1\right)\right]\left[0.54 - 0.46\cos\left(\frac{2\pi}{N-1}n_2\right)\right]$$

$w(n_1, n_2)$ 及其频谱 $W(\mathrm{e}^{j\omega_1}, \mathrm{e}^{j\omega_2})$ 的曲线如图 5.9 所示。

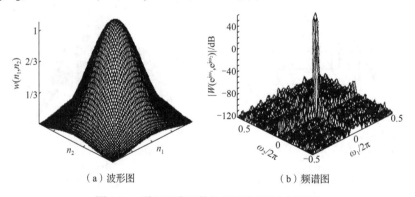

（a）波形图　　　　　　　　　　　　（b）频谱图

图 5.9　二维汉明窗函数的空域波形图和频谱图

5.5　快速傅里叶变换

5.5.1　快速傅里叶变换的出现

DFT 是为了适应数字计算机进行数字信号处理而发展起来的一种傅里叶变换形式，其主要特点是信号的时域和频域均为离散序列，且均为周期性序列中一个周期。DFT 对于数字信号处理具有非常重要的意义，一方面，它可以将离散时间信号方便地转变为离散频谱，从而对信号进行频域分析与处理。另一方面，由卷积定理可知，信号与系统的卷积运算，可以经由 DFT 变得更方便。实际上，数字信号处理中的所有与频率和频谱相关的运算和方法，都可以经由 DFT 来实现。

但是，DFT 仍存在其自身的缺点和弱点，最主要体现在其计算量太大，这使得早期的数字计算机很难胜任数字信号处理中 DFT 的计算任务。以 N 点 DFT 的计算为例，其复数乘法的次数为 N^2。若 $N=1024$，则 DFT 的复数乘法次数为 $N^2=1048576$ 次，超过 100 万次。在早期计算机的运算速度和存储量都非常有限的条件下，这样的计算量往往是难以接受的。如果对二维数字图像进行 2D-DFT 变换，其所消耗的计算量更是难以容忍的。因此，在 DFT 理论和算法出现后的很长一段时间内并未得到广泛的应用。

1965 年，库利（J. W. Cooley）和图基（J. W. Tukey）发表了一篇具有开创性意义的论文"An Algorithm for the Machine Computation of Complex Fourier Series"，首次提出了 DFT 的一种有效的快速算法，再经过人们的不断完善，形成了著名的 FFT 算法。FFT 对 DFT 算法进行了有效简化，大大减小了计算量。它可以将 N 点 DFT 的计算量由 N^2 显著地减小为 $\dfrac{N}{2}\log_2 N$。若 $N=1024$，则 $\dfrac{N}{2}\log_2 N$ 仅为 5120，比 DFT 的计算量 1048576 成数量级地减小。

可以这样说，数字信号处理之所以得到今天这样广泛、迅速的发展，在很大程度上得益于 FFT 的出现和使用。值得指出的是，FFT 并不是一种新的傅里叶变换，而是 DFT 的一种快速算法。

5.5.2　DFT 直接计算的问题及可能的改进途径

1. DFT 计算量分析

设 $x(n)$ 为 N 点有限长序列，现将其 DFT 的定义式重新给出如下：

$$X(k)=\mathrm{DFT}[x(n)]=\sum_{n=0}^{N-1}x(n)W_N^{nk},\quad k=0,1,\cdots,N-1 \tag{5.41}$$

$$x(n)=\mathrm{IDFT}[X(k)]=\frac{1}{N}\sum_{k=0}^{N-1}X(k)W_N^{-nk},\quad n=0,1,\cdots,N-1 \tag{5.42}$$

式中，$W_N=\mathrm{e}^{-\mathrm{j}\frac{2\pi}{N}}$。由于 DFT 和 IDFT 运算只差一个常数因子 $\dfrac{1}{N}$，因而在下面讨论 DFT 的计算量时，我们只讨论正变换式（5.41），而逆变换式（5.42）的计算量与正变换的完全相同。

考虑 $x(n)$、$X(k)$ 和 W_N 均为复数的情况，直接计算 DFT 时，每计算一个 $X(k)$ 值，需要 N 次复数乘法和 $N-1$ 次复数加法。由于 $X(k)$ 一共有 N 个点，故完成整个 DFT 计算需要 N^2 次复数乘法和 $N(N-1)$ 次复数加法。由于一次复数乘法需要四次实数乘法和二次实数加法，一次复数加法需要二次实数加法，故 N 点 DFT 的计算量为 $4N^2$ 次实数乘法和 $2N(2N-1)$ 次实数加法。

由以上分析可知，直接计算 DFT 时，乘法次数和加法次数都与 N^2 成正比。当 N 较大时，计算量是相当可观的。如同本节前面所指出的，若 $N=1024$，则 DFT 所需的复数乘法次数为 $N^2=1048576$ 次；若 $N=2048$，则复数乘法次数达到 4194304 次。这样的计算量，对于数字信号处理的许多实时应用是不能接受的。

2. DFT 计算的周期性和对称性

仔细考察 DFT 计算的特点，可以发现，系数 W_N^{nk} 所具有的共轭对称性和周期性等特性，可以用来显著地减小 DFT 的计算量。

（1）W_N^{nk} 的共轭对称性：

$$(W_N^{nk})^* = \left(e^{-j\frac{2\pi}{N}nk}\right)^* = e^{j\frac{2\pi}{N}nk} = W_N^{-nk} \tag{5.43}$$

（2）W_N^{nk} 的周期性：

$$W_N^{nk} = W_N^{(n+N)k} = W_N^{n(k+N)} \tag{5.44}$$

（3）W_N^{nk} 的可约性：

$$W_N^{nk} = W_{mN}^{mnk}, \qquad W_N^{nk} = W_{N/m}^{nk/m} \tag{5.45}$$

由此可以得出

$$W_N^{n(N-k)} = W_N^{(N-n)k} = W_N^{-nk}, \qquad W_N^{N/2} = -1, \qquad W_N^{(k+N/2)} = -W_N^{k} \tag{5.46}$$

3. DFT 计算的可改进性

利用 W_N^{nk} 的对称性、周期性和可约性等特性，可以使 DFT 计算中的某些项合并，也可以将较长序列的 DFT 计算分解为较短序列的 DFT 计算，从而减小计算量。

FFT 正是依据上述特性而提出和发展的。其基本算法可以分为两大类，即按时间抽取（decimation-in-time）法和按频率抽取（decimation-in-frequency）法。

5.5.3 时间抽取基 2 FFT 算法

1. 算法原理

考虑式（5.41）所示的 DFT 变换式，设序列点数满足 2 的正整数幂关系，即

$$N = 2^M \tag{5.47}$$

式中，M 为正整数。若原始数据不满足这个关系，则可对序列 $x(n)$ 补零以满足上述要求。

将 $x(n)$ 按照奇（$n=2r+1$）、偶（$n=2r$）分成两组。其中，$r=0,1,\cdots,N/2-1$。这样

$$X(k) = \text{DFT}[x(n)] = \sum_{n=0}^{N-1} x(n)W_N^{nk} = \sum_{r=0}^{N/2-1} x(2r)W_N^{2rk} + \sum_{r=0}^{N/2-1} x(2r+1)W_N^{(2r+1)k}$$

$$= \sum_{r=0}^{N/2-1} x(2r)W_{N/2}^{rk} + W_N^k \sum_{r=0}^{N/2-1} x(2r+1)W_{N/2}^{rk} \tag{5.48}$$

式中，$W_{N/2} = e^{-j\frac{2\pi}{N/2}} = e^{-j\frac{4\pi}{N}} = W_N^2$。若令

$$X_1(k) = \sum_{r=0}^{N/2-1} x(2r)W_{N/2}^{rk}, \quad k=0,1,\cdots,N/2-1 \tag{5.49}$$

$$X_2(k) = \sum_{r=0}^{N/2-1} x(2r+1)W_{N/2}^{rk}, \quad k=0,1,\cdots,N/2-1 \tag{5.50}$$

则

$$X(k) = X_1(k) + W_N^k X_2(k), \quad k=0,1,\cdots,N/2-1 \tag{5.51}$$

式中，$X_1(k)$ 和 $X_2(k)$ 均为 $N/2$ 点的 DFT。另外，由于 $X(k)$ 是 N 点 DFT，因此，仅用式（5.51）

来表示 $X(k)$ 实际上只表示了 $X(k)$ 的前一半信息，并不完整，还需要补充。利用 W_N^{nk} 的周期性 $W_{N/2}^{rk} = W_{N/2}^{r(k+N/2)}$，可得

$$X_1(k+N/2) = \sum_{r=0}^{N/2-1} x(2r)W_{N/2}^{r(k+N/2)} = \sum_{r=0}^{N/2-1} x(2r)W_{N/2}^{rk} = X_1(k), \quad k=0,1,\cdots,N/2-1 \quad (5.52)$$

$$X_2(k+N/2) = \sum_{r=0}^{N/2-1} x(2r+1)W_{N/2}^{r(k+N/2)} = \sum_{r=0}^{N/2-1} x(2r+1)W_{N/2}^{rk} = X_2(k), \quad k=0,1,\cdots,N/2-1$$

$$(5.53)$$

表明了 $X_1(k)$ 和 $X_2(k)$ 的后半段与其前半段相等。再考虑 W_N^k 的性质，有

$$W_N^{(k+N/2)} = W_N^k W_N^{N/2} = -W_N^k \quad (5.54)$$

于是得到 $X(k)$ 的后半段的表达式为

$$X(k+N/2) = X_1(k) - W_N^k X_2(k), \quad k=0,1,\cdots,N/2-1 \quad (5.55)$$

这样，将式（5.51）和式（5.55）结合起来，可以完整地表示 $x(n)$ 的 DFT $X(k)$。实际上，在计算 N 点 DFT 时，只要计算[0, $N/2-1$]区间的 $X_1(k)$ 和 $X_2(k)$ 值，就可以得到完整的 $X(k)$ 了，从而显著减小了计算量。

式（5.51）和式（5.55）的运算可以用图 5.10 所示的蝶形信号流图来表示。

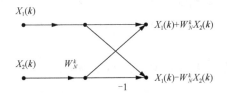

图 5.10　按时间抽取基 2 FFT 算法的蝶形信号流图

蝶形信号流图是 FFT 算法的一种常用的表达方式，由其可以清楚地了解信号 $x(n)$ 是如何一步一步演变为 $X(k)$ 的，也可以清楚地了解 FFT 运算的计算量等情况。

按照这种蝶形信号流图的方法，可以将一个 N 点信号 $x(n)$ 分解为 2 个 $N/2$ 点的信号，再进行 DFT 的计算，如图 5.11 所示。

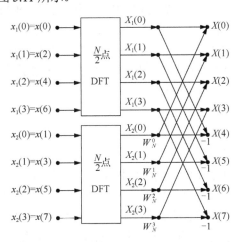

图 5.11　按时间抽取，将一个 $N=8$ 点 DFT 分解为 2 个 $N/2$ 点 DFT

将一个 N 点的 DFT 分解为 2 个 $N/2$ 点的 DFT，其最大好处是显著减少了计算量。据粗略分析，2 个 $N/2$ 点 DFT 的计算量约为 $N^2/2$ 次复数乘法和 $N^2/2$ 次复数加法，比直接计算 N 点 DFT 的计算量显著减少。

进一步分析，既然 $N=2^M$，则 $N/2$ 仍然为偶数，还可以进一步按照时间奇偶抽取的方式将其分解为 2 个子序列。于是

$$X_1(k) = \sum_{l=0}^{N/4-1} x(4l)W_{N/2}^{2lk} + \sum_{l=0}^{N/4-1} x(4l+2)W_{N/2}^{(2l+1)k}$$

$$= \sum_{l=0}^{N/4-1} x(4l)W_{N/4}^{lk} + W_{N/2}^{k}\sum_{l=0}^{N/4-1} x(4l+2)W_{N/4}^{lk}, \quad k=0,1,\cdots,N/4-1 \quad (5.56)$$

令

$$X_3(k) = \sum_{l=0}^{N/4-1} x(4l)W_{N/4}^{lk}, \quad k=0,1,\cdots,N/4-1 \quad (5.57)$$

$$X_4(k) = \sum_{l=0}^{N/4-1} x(4l+2)W_{N/4}^{lk}, \quad k=0,1,\cdots,N/4-1 \quad (5.58)$$

参照式（5.51）和式（5.55），有

$$X_1(k) = X_3(k) + W_{N/2}^{k}X_4(k), \quad k=0,1,\cdots,N/4-1 \quad (5.59)$$

$$X_1(k+N/4) = X_3(k) - W_{N/2}^{k}X_4(k), \quad k=0,1,\cdots,N/4-1 \quad (5.60)$$

同理，有

$$X_2(k) = X_5(k) + W_{N/2}^{k}X_6(k), \quad k=0,1,\cdots,N/4-1 \quad (5.61)$$

$$X_2(k+N/4) = X_5(k) - W_{N/2}^{k}X_6(k), \quad k=0,1,\cdots,N/4-1 \quad (5.62)$$

其中，

$$X_5(k) = \sum_{l=0}^{N/4-1} x(4l+1)W_{N/4}^{lk}, \quad k=0,1,\cdots,N/4-1 \quad (5.63)$$

$$X_6(k) = \sum_{l=0}^{N/4-1} x(4l+3)W_{N/4}^{lk}, \quad k=0,1,\cdots,N/4-1 \quad (5.64)$$

若 $N=8$，则 $X_3(k)$、$X_4(k)$、$X_5(k)$ 和 $X_6(k)$ 均为 2 点 DFT，无须再进一步分解了。若信号 $x(n)$ 的长度大于 8，例如 $N=16$, 32, 64 或 2 的更高次幂，则须按照上述规则进一步分解，直到均分解为 2 点 DFT 为止。图 5.12 给出了一个 8 点序列进行 DFT 分解的示意图。

图 5.13 给出了按时间抽取 8 点 FFT 的信号流图。图 5.13 展示了一个 $N=8$ 点序列 $x(n)$ 如何逐级演变为 8 点离散频谱 $X(k)$ 的过程。

2. 算法特点分析

（1）"级"和"行"的概念。

在图 5.13 所示的 $N=8$ 点 FFT 算法流图中，其上方的 $m=0$、$m=1$ 和 $m=2$ 表示 FFT 运算的分级。8 点 FFT 共有 3 级，级数 M 与序列长度 N 满足 $M=\log_2 N$ 或 $N=2^M$ 的关系，每一级是由一组类似于图 5.10 所示的 2 点蝶形单元的运算组成的。

在图 5.13 中有 $N=8$ 条水平的"线"，每一条线称为一"行"。这样，N 点序列的 FFT 运算流图有 N "行"。每一行都与另外一行组成一个蝶形运算结构。

（2）运算量分析。

由图 5.13 可知，当序列长度满足 $N=2^M$ 时，共有 M 级蝶形运算结构，每级都由 $N/2$ 个

蝶形运算组成，每个蝶形有 1 次复数乘法和 2 次复数加法，因而每级都需要 $N/2$ 次复数乘法和 N 次复数加法。这样，M 级蝶形运算总共需要的复数乘法次数 m_{F} 和复数加法次数 a_{F} 为 $m_{\mathrm{F}}=\dfrac{N}{2}M=\dfrac{N}{2}\log_2 N$ 和 $a_{\mathrm{F}}=NM=N\log_2 N$。在实际运算中，诸如 $W_N^0=1$ 和 $W_N^{N/4}=-\mathrm{j}$ 这样的运算对整体运算量影响不大，故可以忽略。

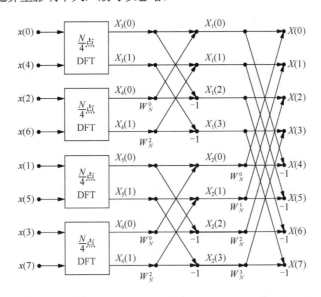

图 5.12　按时间抽取，将一个 $N=8$ 点 DFT 分解为 4 个 $N/4$ 点 DFT

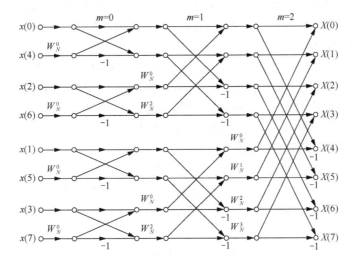

图 5.13　按时间抽取 8 点 FFT 的信号流图

直接计算 DFT 与时间抽取基 2 FFT 算法的计算量之比为

$$\frac{N^2}{\dfrac{N}{2}M}=\frac{N^2}{\dfrac{N}{2}\log_2 N}=\frac{2N}{\log_2 N} \tag{5.65}$$

表 5.5 给出了不同序列长度情况下，DFT 算法与 FFT 算法计算量的比较。

表 5.5　不同序列长度情况下，DFT 算法与 FFT 算法计算量的比较

N	DFT 算法 N^2	FFT 算法 $\dfrac{N}{2}\log_2 N$	计算量之比 $N^2\Big/\left(\dfrac{N}{2}\log_2 N\right)$
2	4	1	4.0
4	16	4	4.0
8	64	12	5.4
16	256	32	8.0
32	1024	80	12.8
64	4096	192	21.4
128	16384	448	36.6
256	65536	1024	64.0
512	262144	2304	113.8
1024	1048576	5120	204.8
2048	4194304	11264	372.4

（3）蝶形运算单元与同址运算。

在 N 点 FFT 流图的第 m 级，蝶形运算的计算公式如式（5.66）所示：

$$X_{m+1}(k) = X_m(k) + W_N^r X_m(j)$$
$$X_{m+1}(j) = X_m(k) - W_N^r X_m(j)$$

（5.66）

式中，k 和 j 分别表示参与蝶形运算两节点所在的行数。显然，第 m 级第 k 行和第 j 行两节点组成的蝶形运算单元，其输出仍在第 k 行和第 j 行，不涉及别的行。这种运算方式称为同址运算。同址运算的好处是可以减少对运算设备存储量的需求。

（4）"组"的概念。

由图 5.13，FFT 算法信号流图中每一级均有 $N/2$ 个蝶形单元，这 $N/2$ 个蝶形单元又可以分为 $N/2^{m+1}$ 组。这里，m 表示蝶形单元所在的级。"组"的概念是表示在同级各蝶形运算单元中，具有相同结构和 W^r 因子分布的一些蝶形运算单元的集合。在图 5.13 的 $m=0$ 级中，共分成 4 组；在 $m=1$ 级中，共分成 2 组；在 $m=2$ 级中，则只有一组。

（5）蝶形运算两节点所在行的距离。

由图 5.13 可以看出，在 $m=0$ 级中，蝶形运算两节点的距离为 1；在 $m=1$ 级中，蝶形运算两节点的距离为 2；在 $m=2$ 级中，蝶形运算两节点的距离为 4。依此类推，对于 $N=2^M$ 点 FFT，其第 m 级蝶形运算的两节点所在行的距离为 2^m，即满足 $j-k=2^m$。

（6）W^r 因子的分布。

FFT 算法每一级 W^r 因子的分布规律如表 5.6 所示。

表 5.6　FFT 算法 W^r 因子的分布规律

第 m 级	W^r	r
$m=0$	W_2^r	$r=0$
$m=1$	W_4^r	$r=0,1$

续表

第 m 级	W^r	r
$m = 2$	W_8^r	$r = 0, 1, 2, 3$
$\vdots$	$\vdots$	$\vdots$
m	$W_{2^{m+1}}^r$	$r = 0, 1, \cdots, 2^m - 1$
$\vdots$	$\vdots$	$\vdots$
$m = M - 1$	W_N^r	$r = 0, 1, \cdots, N/2 - 1$

（7）码位倒置问题。

按照同址运算时，FFT 算法的输出 $X(k)$ 是按照正常顺序 $X(0), X(1), \cdots, X(N-1)$ 排列的，而输入序列 $x(n)$ 不是按自然顺序排列的。实际上，$x(n)$ 的排列也是有规律的，称为码位倒置，或称为倒位序。$N = 8$ 序列 FFT 的码位倒置规律如图 5.14 所示。

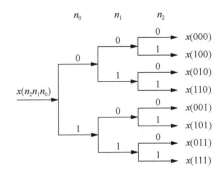

图 5.14　描述码位倒置规律的树状图

例 5.9　利用 MATLAB 编程计算两个正弦信号之和再加上白噪声的 FFT，然后求其逆变换还原为原始信号。

解　设两正弦信号分别表示为 $x_1(n) = 5\sin(0.2\pi n)$，$x_2(n) = 3\sin(0.4\pi n)$。MATLAB 实现 FFT 和 IFFT 的程序代码如下：

```
clear all;
% 产生两个正弦信号再加白噪声
N=256;  f1=0.1;  f2=0.2;  fs=1;  a1=5;  a2=3;  w=2*pi/fs;  x=a1*sin(w*f1*
(0:N-1))+a2*sin(w*f2*(0:N-1))+randn(1,N);
% 利用 FFT 计算混合信号的频谱，并还原为原始信号
subplot(3,1,1); plot(x(1:N/4)); f=-0.5:1/N:0.5-1/N; X=fft(x); y=ifft(X);
title('原始信号'); ylabel('幅度'); xlabel('n');
subplot(3,1,2); plot(f,fftshift(abs(X))); title('频谱'); ylabel('幅度');
xlabel('f');
subplot(3,1,3); plot(real(x(1:N/4))); title('还原信号'); ylabel('幅度');
xlabel('n');
```

图 5.15 给出了原始信号和经由 FFT 计算的频谱及还原信号的曲线表示。

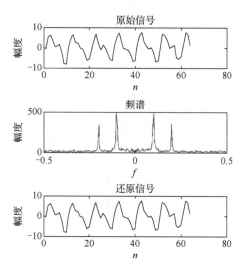

图 5.15　原始信号和经由 FFT 计算的频谱及还原信号的曲线表示

5.5.4　频率抽取基 2 FFT 算法

1. 算法原理

与按时间抽取基 2 FFT 算法相对应，按频率抽取基 2 FFT 算法的基本思路是将 N 点频谱序列 $X(k)$ 的序号 k 按奇、偶进行逐次分解为越来越短的序列。

仍然设序列点数满足 $N = 2^M$，其中 M 为正整数。在将 $X(k)$ 按照奇、偶进行分解之前，先将输入时间序列 $x(n)$ 按 n 的顺序分为前后两半，即

$$
\begin{aligned}
X(k) &= \sum_{n=0}^{N-1} x(n) W_N^{nk} = \sum_{n=0}^{N/2-1} x(n) W_N^{nk} + \sum_{n=N/2}^{N-1} x(n) W_N^{nk} \\
&= \sum_{n=0}^{N/2-1} x(n) W_N^{nk} + \sum_{n=0}^{N/2-1} x\left(n+\frac{N}{2}\right) W_N^{nk} W_N^{Nk/2} \\
&= \sum_{n=0}^{N/2-1} \left[x(n) + W_N^{Nk/2} x\left(n+\frac{N}{2}\right) \right] W_N^{nk}, \quad k = 0,1,\cdots,N-1
\end{aligned} \tag{5.67}
$$

式中，$W_N^{Nk/2} = (-1)^k$。若令 $\begin{cases} k = 2r \\ k = 2r+1 \end{cases}$，$r = 0,1,\cdots,N/2-1$，则有

$$
X(2r) = \sum_{n=0}^{N/2-1} \left[x(n) + x\left(n+\frac{N}{2}\right) \right] W_{N/2}^{nr}, \quad r = 0,1,\cdots,N/2-1 \tag{5.68}
$$

$$
X(2r+1) = \sum_{n=0}^{N/2-1} \left[x(n) - x\left(n+\frac{N}{2}\right) \right] W_{N/2}^{nr} W_N^{n}, \quad r = 0,1,\cdots,N/2-1 \tag{5.69}
$$

式（5.68）为前一半输入与后一半输入之和的 $N/2$ 点 DFT，式（5.69）为前一半与后一半输入之差再与 W_N^n 之积的 $N/2$ 点 DFT。若令

$$
\begin{cases} x_1(n) = x(n) + x(n+N/2) \\ x_2(n) = \left[x(n) - x(n+N/2) \right] W_N^n \end{cases}, \quad n = 0,1,\cdots,N/2-1 \tag{5.70}
$$

则有

$$\begin{cases} X(2r) = \sum_{n=0}^{N/2-1} x_1(n) W_{N/2}^{nr} \\ X(2r+1) = \sum_{n=0}^{N/2-1} x_2(n) W_{N/2}^{nr} \end{cases}, \quad r = 0,1,\cdots,N/2-1 \qquad (5.71)$$

上式的运算关系可以用图 5.16 所示的蝶形图来表示。

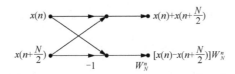

图 5.16　按频率抽取蝶形运算信号流图

这样，按照 $X(k)$ 中 k 的奇、偶序号将一个 N 点 DFT 分成两个 $N/2$ 点的 DFT，且可以继续分解下去，直到 2 点 DFT。图 5.17 给出了一个 $N=8$ 点按频率抽取基 2 FFT 的信号流图。

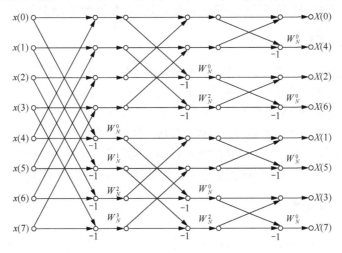

图 5.17　按频率抽取基 2 FFT 的信号流图

由图 5.17 可以看出，按频率抽取基 2 FFT 对于 $x(n)$ 是正序的，输出是按奇、偶分开倒序的。

2. 算法特点

与按时间抽取基 2 FFT 相同，按频率抽取基 2 FFT 也是同址运算的，其第 m 级两节点距离为 $2^{M-m} = N/2^m$，W_N^r 中 r 的计算方法如下。

第一步，将第 m 级蝶形计算式（5.72）

$$X_m(k) = X_{m-1}(k) + X_m(k + N/2^m)$$
$$X_m(k + N/2^m) = [X_{m-1}(k) - X_{m-1}(k + N/2^m)]W_N^r \qquad (5.72)$$

中蝶形运算两节点中的第一个节点的 k 值表示成 M 位二进制数。

第二步，将此二进制数乘以 2^{m-1}，即将其左移 $m-1$ 位，把右边空出的位置补零，此数即所求 r 值的二进制数。

3. 与按时间抽取算法的异同

按频率抽取基 2 FFT 算法与按时间抽取基 2 FFT 算法既有相同之处，也有不同之处。关于相同方面，二者的计算量是相同的，即对于长度为 $N = 2^M$ 序列来说，二者的复数乘法总次数为 $(N / 2)\log_2 N$，复数加法总次数为 $N\log_2 N$，且两种算法都进行同址运算。关于不同之处，时间抽取算法输入是倒序的，输出是正序的，而频率抽取算法正好相反。但是实际上，通过对输入-输出进行重排，二者的输入、输出均可以变为正序的或倒序的。另外，两种算法的蝶形结构是不同的。图 5.18 给出了两种算法的蝶形结构图作为对比。

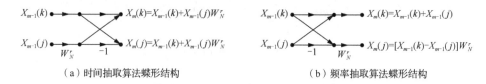

（a）时间抽取算法蝶形结构　　　　　　　　（b）频率抽取算法蝶形结构

图 5.18　时间抽取与频率抽取基 2 FFT 算法的蝶形运算结构

实际上，将图 5.18 中两个蝶形运算单元转置，可以由时间抽取结构得到频率抽取结构，反之亦然。所谓转置，就是将流图的输入和输出交换，且将所有支路反向。

5.5.5　线性调频 z 变换

我们知道，DFT 实际上是 DTFT 的频率采样，是在 z 平面单位圆上的离散采样。一种与 DFT 不同的算法称为线性调频 z 变换（chirp z-transform，CZT），可以计算单位圆（或非单位圆）上任意一段圆弧的傅里叶变换。这种算法有以下几个特点：

第一，CZT 的作用类似于 DFT，可以将离散时间信号变换为 CZT 谱。

第二，与 DFT 和 FFT 不同，CZT 的输入信号长度可以与输出谱的长度不同。

第三，CZT 具有一定的频率细化的作用，因此经常用在短数据且高分辨率要求的场合。

1. CZT 的算法原理

设 $x(n)$ 是长度为 N 的有限长序列，其单边 z 变换为 $X_u(z) = \sum_{n=0}^{N-1} x(n)z^{-n}$。式中，$z = e^{sT} = e^{(\sigma + j\Omega)T} = e^{\sigma T}e^{j\Omega T} = Ae^{j\omega}$。其中，$s$ 为拉普拉斯变换的复频率，数字角频率 $\omega = \Omega T$，T 为采样周期。若令

$$z_k = AW^{-k}, \quad k = 0, 1, \cdots, M - 1 \tag{5.73}$$

则 z_k 实际上是复变量 z 沿 z 平面上一段更为一般的螺线作等分角的采样点。式中，M 为所要分析的复频谱的点数，不一定与 N 相等，且有 $A = A_0 e^{j\theta_0}$ 和 $W = W_0 e^{-j\varphi_0}$。这样，z_k 可写为

$$z_k = A_0 e^{j\theta_0} W_0^{-k} e^{-j\varphi_0 k} = A_0 W_0^{-k} e^{j(\theta_0 + k\varphi_0)} \tag{5.74}$$

由式（5.74），可以得到

$$z_0 = A_0 e^{j\theta_0}, \quad z_1 = A_0 W_0^{-1} e^{j(\theta_0 + \varphi_0)}, \quad \cdots, \quad z_k = A_0 W_0^{-k} e^{j(\theta_0 + k\varphi_0)}, \quad z_{M-1} = A_0 W_0^{-(M-1)} e^{j[\theta_0 + (M-1)\varphi_0]}$$

这些采样点在 z 平面上所沿螺线位置如图 5.19 所示。

在图 5.19 中，A_0 表示起始采样点 z_0 的矢量半径。通常满足 $A_0 \leqslant 1$，否则 z_0 将位于单位圆 $|z| = 1$ 的外部。θ_0 表示起始采样点 z_0 的相位，可为正值或负值。φ_0 表示两相邻采样点之间的角度差。φ_0 为正时，表示 z_k 的路径是沿逆时针方向旋转的；φ_0 为负时，表示 z_k 的路径是沿顺时针方向旋转的。W_0 的大小表示螺线的伸展率。若 $W_0 > 1$，随着 k 的增加螺线内缩；

若 $W_0 < 1$，则随着 k 的增加螺线外伸；$W_0 = 1$ 表示螺线是半径为 A_0 的一段圆弧。若又有 $A_0 = 1$，则表示螺线为单位圆的一部分。若 $M = N$，$A = A_0 \mathrm{e}^{\mathrm{j}\theta_0} = 1$，$W = W_0 \mathrm{e}^{-\mathrm{j}\varphi_0} = \mathrm{e}^{-\mathrm{j}\frac{2\pi}{N}}$，即 $W_0 = 1$ 且 $\varphi_0 = \dfrac{2\pi}{N}$，则各 z_k 均匀等间隔地分布在单位圆上，则 CZT 变为 DFT。此时，若取 $A_0 = 1$，θ_0 为任意值，则所求的 DFT 是一段任意频率范围的频谱，即单位圆上某一段的频谱。

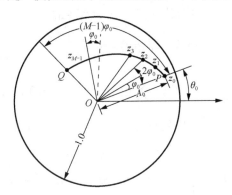

图 5.19 CZT 的变换路径

将式（5.73）表示的 z_k 代入单边 z 变换 $X_u(z) = \sum_{n=0}^{N-1} x(n) z^{-n}$，可得

$$X(z_k) = \sum_{n=0}^{N-1} x(n) z_k^{-n} = \sum_{n=0}^{N-1} x(n) A^{-n} W^{nk}, \quad k = 0, 1, \cdots, M-1 \tag{5.75}$$

式（5.75）即直接计算 CZT 的计算公式，可以计算出 M 个采样点。该式与直接计算 DFT 相类似，计算量较大。采用式（5.76）所示的布鲁斯坦等式，可以将上式运算转化为卷积计算，从而可以采用 FFT 来大大减小计算量。

$$nk = \frac{1}{2}[n^2 + k^2 - (k-n)^2] \tag{5.76}$$

将式（5.76）代入式（5.75），有

$$X(z_k) = \sum_{n=0}^{N-1} x(n) A^{-n} W^{\frac{n^2}{2}} W^{-\frac{(k-n)^2}{2}} W^{\frac{k^2}{2}} = W^{\frac{k^2}{2}} \sum_{n=0}^{N-1} \left[x(n) A^{-n} W^{\frac{n^2}{2}} \right] W^{-\frac{(k-n)^2}{2}}$$

令 $g(n) = x(n) A^{-n} W^{\frac{n^2}{2}}$，$h(n) = W^{-n^2/2}$，$n = 0, 1, \cdots, N-1$，则

$$X(z_k) = W^{k^2/2} \sum_{n=0}^{N-1} g(n) h(k-n), \quad k = 0, 1, \cdots, M-1 \tag{5.77}$$

由式（5.77）可以看出，CZT 的计算可以通过线性卷积来实现，即

$$X(z_k) = W^{k^2/2}[g(k) * h(k)], \quad k = 0, 1, \cdots, M-1 \tag{5.78}$$

序列 $h(n) = W^{-n^2/2}$ 实际上是频率随时间 n 线性增长的复序列，在雷达领域称这种信号为线性调频信号（chirp signal，或 LFM 信号），这也是线性调频 z 变换名称的来源。

2. CZT 的计算方法

由式（5.77）知 $h(n)$ 是非因果的，其序列长度为 $N + M - 1$。输入信号 $g(n)$ 为有限长序

列,序列长度为 N。这样,用圆周卷积替代线性卷积且不产生混叠失真的条件为圆周卷积的点数不小于 $2N+M-2$。由于 CZT 计算只关心前 M 个值,而对后续结果是否混叠不感兴趣,故可将圆周卷积的点数缩减到不小于 $N+M-1$。通常,为了采用 FFT 来进行计算,常令圆周卷积的点数 $L=2^m \geqslant N+M-1$。

基于以上分析,CZT 的计算步骤如下:

(1) 选择一个最小整数 L,使其满足 $L=2^m \geqslant N+M-1$。

(2) 对 $g(n)=x(n)A^{-n}W^{n^2/2}$ 补零,即 $g(n)=\begin{cases} x(n)A^{-n}W^{n^2/2}, & n=0,1,\cdots,N-1 \\ 0, & n=N,N+1,\cdots,L-1 \end{cases}$。利用

FFT 计算 $g(n)$ 的 L 点 DFT,得到 $G(r)=\sum\limits_{n=0}^{N-1} g(n)\mathrm{e}^{-\mathrm{j}\frac{2\pi}{L}rn}$, $r=0,1,\cdots,L-1$。

(3) 按照式(5.79)构造 L 点序列 $h(n)$。

$$h(n)=\begin{cases} W^{-\frac{n^2}{2}}, & n=0,1,\cdots,M-1 \\ 0, & n=M,M+1,\cdots,L-N \\ W^{-\frac{(L-n)^2}{2}}, & n=L-N+1,\cdots,L-1 \end{cases} \tag{5.79}$$

采用 FFT 对式(5.79)给出的 $h(n)$ 序列求 L 点 DFT,有 $H(r)=\sum\limits_{n=0}^{L-1} h(n)\mathrm{e}^{-\mathrm{j}\frac{2\pi}{L}rn}$, $r=0,1,\cdots,L-1$。

(4) 计算 $Q(r)=H(r)G(r)$ 的 L 点频域离散序列。

(5) 利用 FFT 计算 $Q(r)$ 的 L 点 IDFT,其中前 M 个值等于线性卷积 $q(n)=g(n)*h(n)$ 的结果。

(6) 最后计算 $X(z_k)$:

$$X(z_k)=W^{k^2/2}q(k), \quad k=0,1,\cdots,M-1 \tag{5.80}$$

图 5.20 给出了 CZT 计算各序列的构成与计算的结果。

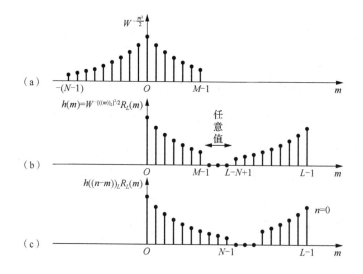

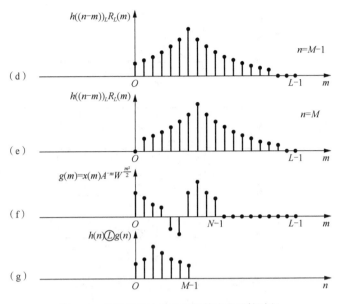

图 5.20　CZT 计算中各序列的构成和运算过程

归纳起来，CZT 的计算过程是首先将 z 平面上任意螺线上的 z 变换采样值的计算或特定情况下一段频率范围的 DFT 计算，转化成求线性卷积的运算，再利用 FFT 算法来快速计算线性卷积，从而得到 CZT 的结果。

例 5.10　产生三个不同频率的正弦信号，将其叠加，利用 MATLAB 编程求混合信号的 CZT 和 FFT。

解　设三个正弦信号的频率分别为 $f_1 = 8\text{Hz}$，$f_2 = 8.22\text{Hz}$，$f_3 = 9\text{Hz}$。MATLAB 程序代码如下所示：

```
clear all;
% 将三个不同频率的正弦信号叠加
N=128; f1=8; f2=8.22; f3=9; fs=40; stepf=fs/N; n=0:N-1; t=2*pi*n/fs;
n1=0:stepf:fs/2-stepf;
x=sin(f1*t)+sin(f2*t)+sin(f3*t); M=N; W=exp(-j*2*pi/M);
% A=1 时的 CZT 变换
A=1; Y1=czt(x,M,W,A); subplot(311); plot(n1,abs(Y1(1:N/2))); grid on;
title('CZT 频谱'); ylabel('幅度'); xlabel('k');
% 计算 FFT
Y2=abs(fft(x)); subplot(312); plot(n1,abs(Y2(1:N/2))); grid on;
title ('FFT 频谱'); ylabel('幅度'); xlabel('k');
% 详细构造 A 后的 CZT 计算
M=60; f0=7.2; DELf=0.05; A=exp(j*2*pi*f0/fs); W=exp(-j*2*pi*DELf/fs);
Y3=czt(x,M,W,A);
n2=f0:DELf:f0+(M-1)*DELf; subplot(313);plot(n2,abs(Y3));grid on;
title ('CZT 频谱'); ylabel('幅度'); xlabel('k');
```

图 5.21 给出了 CZT 频谱与 FFT 频谱的比较。显然，CZT 频谱可以自由选择频谱的范围，并且可以得到更为精细的频谱结构。

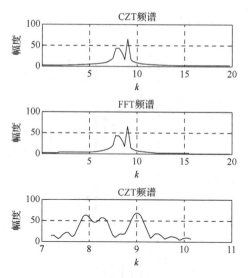

图 5.21　CZT 频谱与 FFT 频谱的比较

5.6　基于 FFT 的快速卷积与快速相关

　　FFT 算法是 DFT 的快速算法,一般来说,凡是需要进行 DFT 计算的地方,均可以用 FFT 来替代 DFT 而进行快速计算。本节重点介绍 FFT 的两种主要应用,即基于 FFT 的快速卷积计算和基于 FFT 的快速相关计算。

5.6.1　线性卷积的 FFT 算法

1. 线性卷积与圆周卷积

　　第 1 章介绍了线性时不变系统时域分析和卷积运算的基本概念和方法。对于有限冲激响应(finite impulse response,FIR)系统 $h(n)$ 来说,其系统的输出信号 $y(n)$ 是系统的输入信号 $x(n)$ 与系统单位冲激响应 $h(n)$ 的线性卷积。即

$$y(n) = x(n) * h(n) = \sum_{m=-\infty}^{\infty} h(m)x(n-m) \tag{5.81}$$

若离散时间信号 $x(n)$ 的序列长度为 N,系统 $h(n)$ 的序列长度为 M,则上式可以表示为

$$y(n) = \sum_{m=0}^{M-1} h(m)x(n-m) \tag{5.82}$$

这时,输出信号 $y(n)$ 的序列长度为 $L = N + M - 1$。

　　若要用 FFT 来快速计算线性卷积,实际上是需要用圆周卷积来替代线性卷积。式(5.22)给出了两长度均为 N 的序列 $x_1(n)$ 和 $x_2(n)$ 圆周卷积的计算公式,这里再次给出如下:

$$y(n) = \mathrm{IDFT}[Y(k)] = \left[\sum_{m=0}^{N-1} x_1(m)x_2((n-m))_N \right] R_N(n)$$

$$= \left[\sum_{m=0}^{N-1} x_2(m)x_1((n-m))_N \right] R_N(n)$$

显然,圆周卷积输出序列 $y(n)$ 的长度仍为 N,且计算过程与线性卷积有差异,故不能用来

直接表示和计算线性卷积，即不能用来计算 FIR 系统的输出。

2. 利用 FFT 计算线性卷积

利用 FFT 计算线性卷积，为了不产生混叠，并且使圆周卷积满足线性卷积的输出长度的要求，必须对输入信号 $x(n)$ 和系统单位冲激响应 $h(n)$ 补零，使二者的长度至少等于线性卷积输出序列 $y(n)$ 的长度 $L = N + M - 1$，即

$$x(n) = \begin{cases} x(n), & n = 0,1,\cdots,N-1 \\ 0, & n = N, N+1,\cdots,L-1 \end{cases} \tag{5.83}$$

$$h(n) = \begin{cases} h(n), & n = 0,1,\cdots,M-1 \\ 0, & n = M, M+1,\cdots,L-1 \end{cases} \tag{5.84}$$

然后再计算圆周卷积。这样，圆周卷积的结果就可以代表线性卷积了。利用 FFT 计算线性卷积的步骤如下。

步骤 1：计算 $H(k) = \text{FFT}[h(n)]$，$n = 0,1,\cdots,L-1$；$k = 0,1,\cdots,L-1$。

步骤 2：计算 $X(k) = \text{FFT}[x(n)]$，$n = 0,1,\cdots,L-1$；$k = 0,1,\cdots,L-1$。

步骤 3：计算 $Y(k) = X(k)H(k)$。

步骤 4：计算 $y(n) = \text{IFFT}[Y(k)]$，$n = 0,1,\cdots,L-1$；$k = 0,1,\cdots,L-1$。

3. 计算量分析

若输入信号 $x(n)$ 的序列长度为 N，系统 $h(n)$ 的序列长度为 M，则直接计算线性卷积的总乘法计算量为

$$m_{\text{d}} = NM \tag{5.85}$$

对于线性相位 FIR 系统，若满足 $h(n) = \pm h(M-1-n)$，则乘法计算量可减少到

$$m_{\text{d}} = \frac{NM}{2} \tag{5.86}$$

对于同样的 $x(n)$ 和 $h(n)$，利用 FFT 算法计算线性卷积的总乘法次数为

$$m_{\text{F}} = \frac{3}{2} L \log_2 L + L = L\left(1 + \frac{3}{2}\log_2 L\right) \tag{5.87}$$

将式（5.86）和式（5.87）所示的计算量进行对比，可知

$$K_{\text{m}} = \frac{m_{\text{d}}}{m_{\text{F}}} = \frac{NM}{2L\left(1 + \dfrac{3}{2}\log_2 L\right)} = \frac{NM}{2(M+N-1)\left[1 + \dfrac{3}{2}\log_2 (M+N-1)\right]} \tag{5.88}$$

若 $x(n)$ 与 $h(n)$ 的序列长度相当，例如设 $N = M$，则当 $N = M > 64$ 时，基于 FFT 圆周卷积的计算量显著优于直接计算线性卷积的计算量。

若 $x(n)$ 的长度很长，即满足 $N \gg M$，则圆周卷积的优点不易表现出来，需要采用重叠相加或重叠保留等分段卷积方法来计算。

4. 重叠相加法分段卷积

设输入信号 $x(n)$ 为长序列，系统单位冲激响应 $h(n)$ 的长度为 M。通常将长序列 $x(n)$ 分为很多段，每段信号 $x_i(n)$ 的长度为 N 点。这样，$x(n)$ 与 $h(n)$ 的线性卷积为各段信号 $x_i(n)$ 与 $h(n)$ 线性卷积之和。由于 $x_i(n) * h(n)$ 的长度为 $L = N + M - 1$ 点，故现将 $x_i(n)$ 和 $h(n)$ 均补零

到 L 点，再做圆周卷积。

由于 $x_i(n)$ 长为 N 点，而线性卷积输出 $y_i(n)$ 长为 $L = N + M - 1$ 点，故相邻两段输出序列必有 $M - 1$ 个点发生重叠。应该将这个重叠部分相加再与不重叠的部分共同组成整体的输出 $y(n)$。由此得到重叠相加法的名称。

5. 重叠保留法分段卷积

重叠保留法与重叠相加法稍有不同。该方法先将 $x(n)$ 分段，每段长度为 $N = L - M + 1$，且在每一段的前面补上前一段保留下来的 $M - 1$ 个输入序列值，从而组成 $L = N + M - 1$ 序列 $x_i(n)$。若 $L = N + M - 1 < 2^m$，则在每段末尾补零，补到长度为 2^m，即满足大于 L 的正整数幂。用 FFT 实现 $x_i(n)$ 与 $h(n)$ 的圆周卷积，则每段圆周卷积结果的前 $M - 1$ 个点的值不等于线性卷积的值，必须舍去。

例 5.11　利用 MATLAB 编程，采用重叠相加法计算基于 FFT 的长序列 $x(n)$ 与短系统 $h(n)$ 的线性卷积。

解　设信号序列 $x(n)$ 为一正弦序列与高斯分布白噪声的混合。采用重叠相加法计算 $x(n)$ 与 $h(n)$ 的线性卷积，MATLAB 程序代码如下，去除噪声的处理结果如图 5.22 所示。

```
clear all;
h=fir1(10,0.3,hanning(11));
% h(n)为一FIR系统，其作用是对原始信号进行低通滤波，去除噪声;
N=500;p=0.05;f=1/16; u=randn(1,N)*sqrt(p); s=sin(2*pi*f*[0:N-1]);
x=u(1:N)+s; y=fftfilt(h,x);
subplot(211); plot(x); title('原始带噪信号'); xlabel('n'); ylabel('幅度');
subplot(212); plot(y); title('去噪后信号'); xlabel('n'); ylabel('幅度');
```

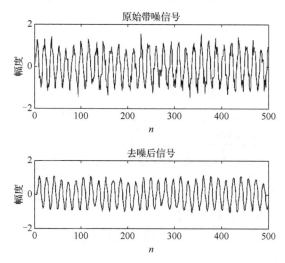

图 5.22　重叠保留法计算线性卷积举例：去除信号中的高斯白噪声

5.6.2　线性相关的 FFT 算法

信号的相关运算是比较信号相似性的重要方法，在统计信号处理中占有重要的地位。设两离散时间信号为 $x_1(n)$ 和 $x_2(n)$，则二者的线性相关函数定义为

$$r_{x_1x_2}(m) = E[x_1(n)x_2^*(n+m)] \tag{5.89}$$

式中，$E[\cdot]$ 表示数学期望；"*"表示复共轭。

利用 FFT 求线性相关，实际上是用圆周相关代替线性相关，与利用 FFT 求解线性卷积的方法相似。设 $x_1(n)$ 和 $x_2(n)$ 为有限长序列，其序列长度分别为 N 和 M，则计算线性相关的 FFT 算法步骤如下。

步骤 1：求 $x_1(n)$ 的 $L = N + M - 1$ 点 FFT，得到 $X_1(k) = \text{FFT}[x_1(n)]$。

步骤 2：求 $x_2(n)$ 的 L 点 FFT，得到 $X_2(k) = \text{FFT}[x_2(n)]$。

步骤 3：求乘积，有 $R_{x_1x_2}(k) = X_1(k)X_2^*(k)$。

步骤 4：求 $R_{x_1x_2}(k)$ 的 L 点 IFFT，得到 $r_{x_1x_2}(m) = \text{IFFT}[R_{x_1x_2}(k)]$。

5.7　本章小结

为了适应数字信号处理的需求，本章系统介绍了离散傅里叶变换的基本概念与方法，并详细介绍了离散傅里叶变换的快速算法——快速傅里叶变换。在此基础上，本章还提炼了离散傅里变换中的若干理论和应用问题，诸如频率混叠、频谱泄漏、栅栏效应、频率分辨率及 DFT 参数选择问题、信号补零问题等。对于这些问题的理解，有助于进一步深刻理解 DFT 理论，并在实际应用中正确使用。本章还简要介绍了二维离散傅里叶变换的概念，介绍了基于 FFT 的快速卷积与快速相关算法。本章内容对于后续学习数字信号处理理论方法具有重要意义。

思考题与习题

5.1　试说明离散傅里叶变换与离散时间傅里叶变换的同异。

5.2　试说明 z 变换与离散时间傅里叶变换的关系。试说明 z 变换与离散傅里叶变换的关系。

5.3　试说明离散傅里叶变换的性质。试说明圆周卷积与线性卷积的区别。

5.4　什么是频率混叠？如何避免频率混叠？什么是频谱泄漏？如何减小频谱泄漏？

5.5　试说明栅栏效应的概念。试说明频率分辨率的概念。比较 FT、DTFT 和 DFT 的频率分辨率。

5.6　仔细分析信号补零的作用。分析信号的时宽与频宽问题。

5.7　试说明时间抽取基 2 FFT 算法的基本原理和方法。理解蝶形算法结构的基本原理。什么是同址运算？

5.8　说明线性调频 z 变换的基本原理和方法。

5.9　说明基于 FFT 的快速线性卷积运算与快速相关运算的基本原理和方法。

5.10　说明计算长信号序列的重叠相加法和重叠保留法。

5.11　已知 $x(n) = [2,1,4,2,3]$，将 $x(n)$ 的尾部补零，得到 $x_0(n) = [2,1,4,2,3,0,0,0]$，计算 $X_0(k) = \text{DFT}[x_0(n)]$。

5.12　设采样频率 720Hz 的时域采样序列为 $x(n) = \cos\left(\dfrac{\pi}{6}n\right) + 5\cos\left(\dfrac{\pi}{3}n\right) + 4\sin\left(\dfrac{\pi}{7}n\right)$ 对 $x(n)$ 做 72 点 DFT 运算，请问所选的 72 点截断是否能保证得到周期序列？说明理由。

5.13 设 $x(n)$ 为 $N = 6$ 点的实有限长序列，$x(n) = [1, 2, 4, 3, 0, 5]$，试确定以下表达式的数值：

（1）$X(0)$；

（2）$X(3)$；

（3）$\displaystyle\sum_{k=0}^{5} X(k)$；

（4）$\displaystyle\sum_{k=0}^{5} |X(k)|^2$。

5.14 令 $X(k)$ 表示 N 点序列 $x(n)$ 的 N 点离散傅里叶变换，证明：

（1）如果 $x(n)$ 满足关系式 $x(n) = -x(N-1-n)$，则 $X(0) = 0$；

（2）当 N 为偶数时，如果 $x(n) = x(N-1-n)$，$X(N/2) = 0$。

5.15 设 $\tilde{x}(n)$ 是周期为 N 的周期序列，则它一定也是周期为 $2N$ 的周期序列。若 $\tilde{X}(k) = \displaystyle\sum_{n=0}^{N-1} \tilde{x}(n) W_N^{nk}$，$\tilde{X}_1(k) = \displaystyle\sum_{n=0}^{2N-1} \tilde{x}(n) W_{2N}^{nk}$，试用 $\tilde{X}(k)$ 来表示 $\tilde{X}_1(k)$。

5.16 已知序列 $x(n) = 3\delta(n) + 5\delta(n-2) + 4\delta(n-4)$，则可求出 8 点 DFT 为 $X(k)$。若 $y(n), 0 \leqslant n \leqslant 7$ 的 8 点 DFT 为 $Y(k) = W_8^{3k} X(k), 0 \leqslant k \leqslant 7$，求 $y(n)$。

5.17 对于习题 5.16 的 $X(k)$，若 $v(n), 0 \leqslant n \leqslant 3$ 的 4 点 DFT 为 $V(k) = X(2k), 0 \leqslant n \leqslant 3$，求 $v(n)$。

5.18 $x(n)$、$y(n)$ 为 N 点实序列，设 $w(n) = x(n) + \mathrm{j}y(n)$，$W(k) = \mathrm{DFT}[w(n)] = \mathrm{Re}[W(k)] + \mathrm{jIm}[W(k)]$。若已知 $\mathrm{Re}[W(k)]$ 及 $\mathrm{Im}[W(k)]$，请用它们来表示序列 $x(n)$ 及 $y(n)$ 的 N 点 DFT。

5.19 试证明 $x(n)$ 为偶对称时，$X(k)$ 也为偶对称。

5.20 设信号 $x(n) = [1, 2, 3, 4]$，通过系统 $h(n) = [4, 3, 2, 1]$，试求：

（1）系统的输出 $y(n) = x(n) * h(n)$；

（2）用圆周卷积计算 $y(n)$；

（3）说明通过 DFT 计算 $y(n)$ 的思路。

5.21 已知 $x(n)$ 为 N 点偶数序列，其 DFT 为 $X(k)$。令 $y(n) = \begin{cases} x(n/2), & n \text{ 为偶数} \\ 0, & n \text{ 为奇数} \end{cases}$，试用 $X(k)$ 表示 $Y(k)$。

5.22 已知一 8 点序列 $x(n) = \begin{cases} 1, & n = 0, 1, \cdots, 7 \\ 0, & \text{其他} \end{cases}$，试用 CZT 法求其前 10 点的复频谱 $X(z_k)$。已知 z 平面路径为 $A_0 = 0.8$，$\theta_0 = \dfrac{\pi}{3}$，$W_0 = 1.2$，$\varphi_0 = \dfrac{2\pi}{20}$。试画出 z_k 的路径及 CZT 实现过程示意图。

5.23 如果一台通用计算机的速度为平均每次复数乘法 40ns，每次复数加法 5ns，用它来计算 512 点的 $\mathrm{DFT}[x(n)]$，问直接计算需要多少时间？用 FFT 计算需要多少时间？

5.24 对于 DFT，试证明帕塞瓦尔定理：$\displaystyle\sum_{n=0}^{N-1} |x(n)|^2 = \frac{1}{N} \sum_{k=0}^{N-1} |X(k)|^2$。

5.25 $X(k)$ 是 N 点序列 $x(n)$ 的 DFT，N 为偶数。两个 $\dfrac{N}{2}$ 点序列定义为

$$x_1(n) = \frac{1}{2}[x(2n) + x(2n+1)], \quad x_2(n) = \frac{1}{2}[x(2n) - x(2n+1)], \ 0 \leqslant n \leqslant \frac{N}{2} - 1$$

$X_1(k)$ 和 $X_2(k)$ 分别表示序列 $x_1(n)$ 和 $x_2(n)$ 的 $\frac{N}{2}$ 点 DFT，试由 $X_1(k)$ 和 $X_2(k)$ 确定 $x(n)$ 的 N 点 DFT。

5.26　设信号 $x(n) = [1, 2, 3, 4]$，通过系统 $h(n) = [4, 3, 2, 1]$，试求：

（1）系统的输出 $y(n) = x(n) * h(n)$；

（2）用圆周卷积计算 $y(n)$；

（3）说明通过 DFT 计算 $y(n)$ 的思路。

5.27　试用 MATLAB 语言编写以下算法的程序（不直接调用 fft 函数）：

（1）时间抽取基 2 FFT 算法；

（2）频率抽取基 2 FFT 算法。

5.28　试用 MATLAB 编程计算信号 $x(n)$ 与系统单位冲激响应 $h(n)$ 的卷积。

5.29　试用 MATLAB 编程，采用重叠保留法计算长序列与短系统的卷积。

5.30　试用 MATLAB 编程实现两有限长信号序列的相关运算。

第6章 数字滤波器与数字滤波器设计

6.1 概　　述

所谓数字滤波器（digital filter）是一个离散时间系统，通常它按照预定的算法，将输入的离散时间信号或称为数字信号（digital signal）转换为所要求的输出离散时间信号或数字信号。

在数字滤波器处理模拟信号（analog signal）或连续时间信号时，须先对输入的模拟信号进行限带、采样和模数（A/D）转换。在对信号进行数字处理后，若需要得到模拟输出信号，还需对数字信号进行数模（digital-to-analog，D/A）转换或平滑等处理。图 6.1 给出了数字滤波器的一般性信号处理流程图。

待处理模拟信号 → A/D转换器 → 待处理数字信号 → 数字滤波器 → 处理后数字信号 → D/A转换器 → 处理后模拟信号
$x(t)$　　　　　　　　　　　$x(n)$　　　　　　　　　　　$y(n)$　　　　　　　　　　　$y(t)$

图 6.1　数字滤波器的一般性信号处理流程图

相对于模拟滤波器，数字滤波器具有精度高、可靠性高、灵活性高、可程序控制调整、便于集成等显著优点，在语音、图像、雷达、声呐、工业过程检测控制和生物医学信号处理以及其他许多领域都得到广泛的应用。

本章系统介绍数字滤波器的基本原理，包括无限冲激响应（infinite impulse response，IIR）数字滤波器和有限冲激响应（finite impulse response，FIR）数字滤波器，并系统介绍这两类数字滤波器的设计原理与方法。

6.1.1　数字滤波器的分类

数字滤波器的种类繁多，分类方法也多种多样，例如按照频率特性分，按照单位冲激响应特性分，按照滤波器的结构分，或者按照时变特性、因果特性及线性特性分，按照经典滤波器和现代滤波器分，等等。本节仅介绍按照频率特性和按照单位冲激响应特性两种分类。

1. 按照频率特性分类

若按照滤波器的频率特性进行分类，数字滤波器可以分为低通滤波器、高通滤波器、带通滤波器、带阻滤波器和全通滤波器五种基本类型。图 6.2 给出了这五种类型数字滤波器的频率特性，并与相应的模拟滤波器进行了对比。需要注意的是，图中数字滤波器的频率特性实际上是以离散时间傅里叶变换的形式表示的。这种滤波器的频率响应是周期性的，周期为 2π。在考虑其频率特性时，只需考虑 0 到 π 的范围即可。π 到 2π 的频率特性是与 0 到 π 的频率特性相对于 π 对称的。通常称 $\omega = \pi$ 为镜像频率。

2. 按照单位冲激响应特性分类

数字滤波器的系统函数可以表示为

$$H(z) = \frac{Y(z)}{X(z)} = \frac{\sum\limits_{k=0}^{M} b_k z^{-k}}{1 - \sum\limits_{k=1}^{N} a_k z^{-k}} \tag{6.1}$$

式中，$X(z)$ 和 $Y(z)$ 分别表示滤波器输入信号 $x(n)$ 的 z 变换和输出信号 $y(n)$ 的 z 变换；M 和 N 分别表示输入项与输出项的阶数；b_k 和 a_k 分别表示输入项与输出项的加权系数。由式（6.1）可以得到数字滤波器的时域差分方程为

$$y(n) = \sum_{k=1}^{N} a_k y(n-k) + \sum_{k=0}^{M} b_k x(n-k) \tag{6.2}$$

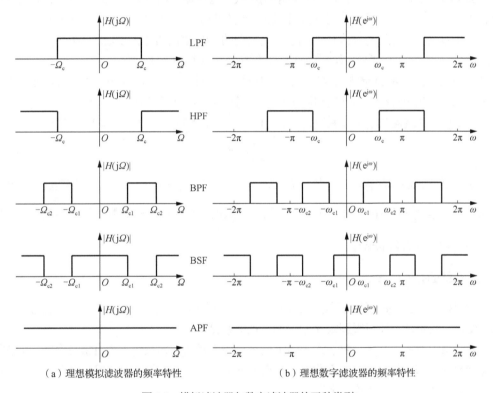

（a）理想模拟滤波器的频率特性　　　　　　（b）理想数字滤波器的频率特性

图 6.2　模拟滤波器与数字滤波器的五种类型

若式（6.1）或式（6.2）满足 $a_k = 0$，$k = 1,2,\cdots,N$，则该数字滤波器称为有限冲激响应滤波器；反之，若在式（6.1）或式（6.2）中存在任意 $a_k \neq 0$，$k = 1,2,\cdots,N$，则称为无限冲激响应滤波器。

6.1.2　数字滤波器的设计

所谓数字滤波器的设计，其实质是用一个因果稳定的离散时间线性时不变系统的传递函数去逼近滤波器的性能要求。IIR 数字滤波器目前最通用的设计方法是利用已经很成熟的模拟滤波器的设计方法来进行设计。通常，先根据给定滤波器的技术指标设计或选用相应的模拟滤波器，再采用冲激响应不变法、阶跃响应不变法或双线性变换法等进行变换或映射，将模拟滤波器转变为数字滤波器。FIR 数字滤波器的设计方法则是根据给定的频率特性进行直接设计，常用的方法包括窗函数设计法、频率抽样法和切比雪夫逼近法等。

6.2   数字滤波器结构的表示方法

数字滤波器有多种表示方法，其中最主要的包括差分方程表示法、系统函数表示法和系统方框图与信号流图表示法。本节对这些方法进行介绍。

6.2.1   差分方程表示法

式（6.2）给出了数字滤波器差分方程的一般形式。对于 IIR 数字滤波器，其输出项系数 a_k，$k = 1, 2, \cdots, N$ 不能全为零。由此表明，IIR 数字滤波器当前时刻的输出是其当前及过去时刻输入信号与过去时刻输出信号的线性组合，这表明了其冲激响应的时间无穷延续性。

第 1 章给出的银行存款余额的例子就是典型的 IIR 数字滤波器的实例，如下：

$$y(n) = (1+K)y(n-1) + x(n) = 1.01y(n-1) + x(n)$$

式中，$y(n)$ 表示本月储蓄余额；$y(n-1)$ 表示上月余额；$x(n)$ 表示本月净储蓄额；$a_1 = 1 + K = 1.01$ 则表示含上月余额（即当月本金）在内的储蓄月利率。

FIR 数字滤波器的输出项系数 a_k，$k = 1, 2, \cdots, N$ 全为零，一般取 $a_0 = 1$。这样有

$$y(n) = \sum_{k=0}^{M} b_k x(n-k) \tag{6.3}$$

表明 FIR 数字滤波器的输出只与输入有关，而与过去时刻的输出无关。对照离散线性卷积的定义，$y(n) = \sum_{k=0}^{M} h(k)x(n-k)$，显然，二者是一致的。这表明，FIR 数字滤波器的运算实际上就是离散线性卷积的运算。

6.2.2   系统函数表示法

数字滤波器的系统函数表示如式（6.1）所示。实际上，对式（6.2）所示的差分方程两边做 z 变换，经整理，即可得到式（6.1）所示的系统函数。

对于 IIR 数字滤波器，由于式（6.1）的分母不为常数，即系统函数有极点存在，故称为零极点系统。若不存在零点，则称为全极点系统。而对于 FIR 数字滤波器，由于式（6.1）的分母为常数 1，故系统函数退化为

$$H(z) = \sum_{k=0}^{M} b_k z^{-k} \tag{6.4}$$

上式实际上就是 FIR 系统单位冲激响应 $h(n)$ 的 z 变换，即 $H(z) = \sum_{n=0}^{M} h(n)z^{-n}$。

6.2.3   系统方框图与信号流图表示法

数字滤波器的系统方框图与信号流图是表示数字滤波器的重要方法，具有简单明了的特点。图 6.3 给出了方框图与信号流图的几种基本运算单元。

由于方框图与信号流图的等价性和后者的简便性，在数字信号处理中常使用信号流图表示数字滤波器。例 6.1 给出一个二阶 IIR 数字滤波器的系统的方框图表示和信号流图表示。

例 6.1   给定二阶 IIR 数字滤波器的差分方程为 $y(n) = a_1 y(n-1) + a_2 y(n-2) + b_0 x(n)$，试分别用方框图和信号流图来表示该系统。

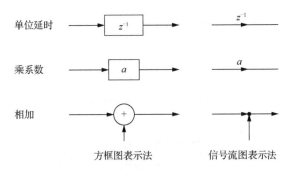

图 6.3　数字滤波器基本运算的方框图表示与信号流图表示

解　图 6.4 给出了给定系统的方框图和信号流图。

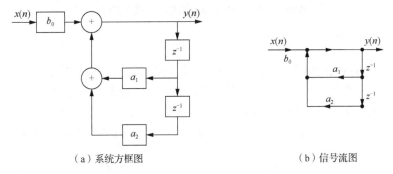

（a）系统方框图　　　　　　　　　　　　（b）信号流图

图 6.4　给定二阶 IIR 数字滤波器的图形表示

6.3　无限冲激响应数字滤波器

IIR 数字滤波器的单位冲激响应是无限长的，且这种滤波器的系统函数存在极点，在结构上存在输出到输入的反馈，称为递归型（recursive）结构。由于数字滤波器的系统函数可以有多种不同的表示方式，因此其实现结构也有不同的形式。

6.3.1　直接型结构

所谓直接型结构就是直接由系统差分方程构造的滤波器结构。

1. 直接 I 型结构

由式（6.2）可知，IIR 数字滤波器的输出信号 $y(n)$ 由两部分组成，即输入信号及其延迟部分 $\sum\limits_{k=0}^{M} b_k x(n-k)$，构成一个 M 节的延时网络，和系统以前时刻的输出部分 $\sum\limits_{k=1}^{N} a_k y(n-k)$，构成一个 N 节的延时反馈网络。按式（6.2）直接实现 IIR 数字滤波器的结构方式称为直接 I 型结构，其信号流图如图 6.5 所示。

由图可见，直接 I 型结构由两部分网络结构组成，其中左边的一组网络为前向网络，实现滤波器系统的零点，右边的一组网络为反馈网络，实现滤波器的极点，且该结构的延时单元 z^{-1} 共 $N+M$ 个。

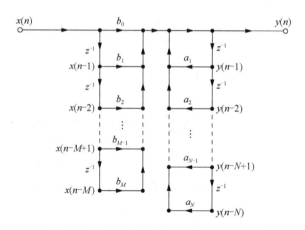

图 6.5　N 阶 IIR 数字滤波器的直接 I 型结构

2. 直接Ⅱ型结构

依据线性时不变系统的交换律，可由直接 I 型结构得到直接Ⅱ型结构。基本做法是将图 6.5 中的前向支路和反馈支路整体交换顺序，使第一组网络实现系统的极点，第二组网络实现系统的零点，如图 6.6（a）所示。由于图 6.6（a）中两串行延时支路有相同的输入，因此可以进行合并，得到如图 6.6（b）所示的结构，称为直接Ⅱ型结构，又称为典范型结构。

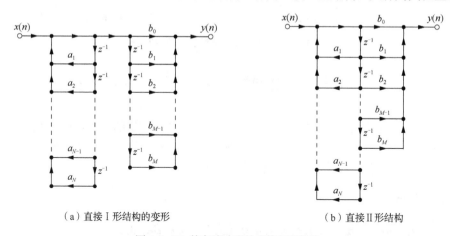

（a）直接 I 形结构的变形　　　　　　　　　　　（b）直接Ⅱ形结构

图 6.6　IIR 数字滤波器的直接Ⅱ型结构

直接Ⅱ型结构对于减少计算量和节省存储单元有一定的好处。但是，两种直接型结构的共同缺点是滤波器系数 a_k 和 b_k 不能直观地反映与系统零极点的关系，且这种结构对于系数的变化过于灵敏，容易出现不稳定或产生较大的误差。

6.3.2　级联型结构

将式（6.1）所示 IIR 数字滤波器的系统函数按照零极点进行因式分解，可以得到

$$H(z) = \frac{\displaystyle\sum_{k=0}^{M} b_k z^{-k}}{1 - \displaystyle\sum_{k=1}^{N} a_k z^{-k}} = A \frac{\displaystyle\prod_{k=1}^{M_1}(1 - p_k z^{-1})\prod_{k=1}^{M_2}(1 - q_k z^{-1})(1 - q_k^* z^{-1})}{\displaystyle\prod_{k=1}^{N_1}(1 - c_k z^{-1})\prod_{k=1}^{N_2}(1 - d_k z^{-1})(1 - d_k^* z^{-1})} \tag{6.5}$$

式中，$M = M_1 + 2M_2$；　$N = N_1 + 2N_2$。一阶因式表示系统函数的实根，p_k 和 c_k 分别表示实值零点和极点。二阶因式表示共轭复根，q_k、q_k^* 和 d_k、d_k^* 分别表示共轭零点和共轭极点。实数 A 表示系统增益。当 a_k 和 b_k 为实数时，上式即最一般的零极点分布表示法。若将共轭极点组合成实系数二阶因子，则有

$$H(z) = A \frac{\prod\limits_{k=1}^{M_1}(1 - p_k z^{-1})\prod\limits_{k=1}^{M_2}(1 + \beta_{1k} z^{-1} + \beta_{2k} z^{-2})}{\prod\limits_{k=1}^{N_1}(1 - c_k z^{-1})\prod\limits_{k=1}^{N_2}(1 - \alpha_{1k} z^{-1} - \alpha_{2k} z^{-2})} \tag{6.6}$$

式（6.6）还可以通过将实系数的两个一阶因子组合成二阶因子，将 $H(z)$ 重新改写为相同子网络结构乘积的形式，见式（6.7），从而可以用级联型结构来实现，如图 6.7 所示。

$$H(z) = A\prod_k \frac{1 + \beta_{1k} z^{-1} + \beta_{2k} z^{-2}}{1 - \alpha_{1k} z^{-1} - \alpha_{2k} z^{-2}} = A\prod_k H_k(z) \tag{6.7}$$

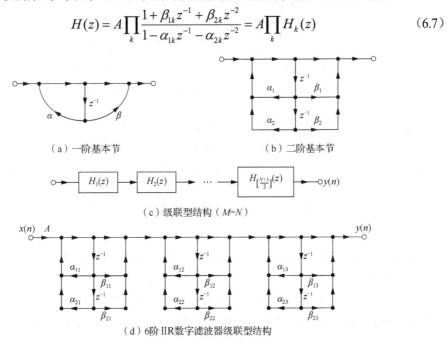

（a）一阶基本节　　　　　　　　　（b）二阶基本节

（c）级联型结构（$M=N$）

（d）6 阶 IIR 数字滤波器级联型结构

图 6.7　IIR 数字滤波器的级联型结构

如图 6.7（a）和（b）所示，每个一阶或二阶子系统 $H_k(z)$ 称为一个一阶或二阶基本节。整个滤波器是各 $H_k(z)$ 的级联，如图 6.7（c）所示。图 6.7（d）给出了一个 6 阶 IIR 数字滤波器的级联型结构，可见，该滤波器由 3 个二阶基本节级联构成。

级联型结构的特点是调节第 k 节的系数 β_{1k}、β_{2k} 和 α_{1k}、α_{2k} 就可以单独调节该滤波器第 k 节的零点和极点，而不影响其他各级。这样的结构易于得到较为准确的滤波器频率特性。

6.3.3　并联型结构

式（6.1）所示 IIR 数字滤波器的系统函数可以展开成部分分式形式，如式（6.8）所示：

$$H(z) = \frac{\sum\limits_{k=0}^{M} b_k z^{-k}}{1 - \sum\limits_{k=1}^{N} a_k z^{-k}} = \sum\limits_{k=1}^{N_1} \frac{A_k}{1 - c_k z^{-1}} + \sum\limits_{k=1}^{N_2} \frac{B_k(1 - g_k z^{-1})}{(1 - d_k z^{-1})(1 - d_k^* z^{-1})} + \sum\limits_{k=0}^{M-N} G_k z^{-k} \tag{6.8}$$

式中，$N = N_1 + 2N_2$。由于系数 a_k、b_k 为实数，故系数 A_k、B_k、g_k、c_k、G_k 均为实数，系数 d_k^* 为 d_k 的共轭复数。一般来说，IIR 数字滤波器均满足 $M \leqslant N$，故式（6.8）所示系统表示的是由 N_1 个一阶系统、N_2 个二阶系统以及延时加权单元组合而成的。当 $M = N$ 且上述一阶和二阶系统均采用直接 II 型结构实现时，系统函数 $H(z)$ 表示为

$$H(z) = G_0 + \sum_{k=1}^{N_1} \frac{A_k}{1 - c_k z^{-1}} + \sum_{k=1}^{N_2} \frac{\gamma_{0k} + \gamma_{1k} z^{-1}}{1 - \alpha_{1k} z^{-1} - \alpha_{2k} z^{-2}} \tag{6.9}$$

其中各一阶基本节和二阶基本节（分别简称为一阶节和二阶节）的结构如图 6.8 所示。

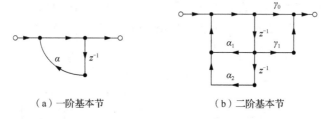

（a）一阶基本节　　　　　　　　（b）二阶基本节

图 6.8　并联型结构的一阶、二阶基本节结构

并联型结构的特点是可以通过调整系数 α_{1k}、α_{2k} 来单独调整某一对极点的位置，各并联基本节的误差相互没有影响，比级联型结构的误差要小。

除了直接型、级联型和并联型结构外，IIR 滤波器还有其他一些结构，本节不再介绍。

6.4　有限冲激响应数字滤波器

有限冲激响应（FIR）数字滤波器的单位冲激响应是有限长的，因而滤波器是稳定系统。FIR 滤波器可以在保证任意幅频特性的同时，具有严格的线性相位特性。因此，FIR 滤波器在通信、信号与图像处理和模式识别等领域得到广泛应用。FIR 数字滤波器的主要特点包括：其单位冲激响应具有有限个非零值，对于因果 FIR 滤波器，其系统函数 $H(z)$ 在整个 z 平面上（除 $|z| = 0$ 处之外）没有极点；此外，这种滤波器的实现主要采用非递归结构。FIR 数字滤波器的系统函数通常写为单位冲激响应 $h(n)$ 的 z 变换的形式：

$$H(z) = \sum_{n=0}^{N-1} h(n) z^{-n} \tag{6.10}$$

6.4.1　横截型结构

FIR 数字滤波器的系统差分方程即系统的卷积公式可以写为

$$y(n) = \sum_{m=0}^{N-1} h(m) x(n - m) \tag{6.11}$$

式中，$x(n)$ 和 $y(n)$ 分别表示系统的输入和输出信号；$h(n)$ 为系统的单位冲激响应。该式实际上表示了 FIR 数字滤波器的横向结构，如图 6.9（a）所示。而图 6.9（b）为该横截型结构的转置结构。所谓转置，就是将线性时不变系统结构信号流图中的所有支路方向倒转，并将输入信号 $x(n)$ 和输出信号 $y(n)$ 互换，则其系统函数 $H(z)$ 不变。

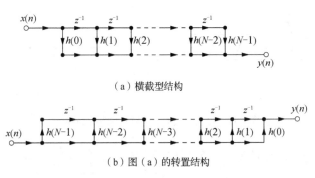

（a）横截型结构

（b）图（a）的转置结构

图 6.9　FIR 滤波器的横截型结构

6.4.2　级联型结构

若将式（6.10）所示的系统函数分解为二阶因子乘积的形式，则有

$$H(z) = \sum_{n=0}^{N-1} h(n) z^{-n} = \prod_{k=1}^{[N/2]} (\beta_{0k} + \beta_{1k} z^{-1} + \beta_{2k} z^{-2}) \tag{6.12}$$

式中，$[N/2]$ 表示 $N/2$ 的整数部分。图 6.10 给出了 N 为奇数时 FIR 滤波器的级联型结构。

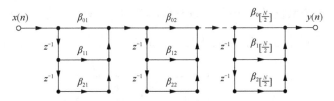

图 6.10　FIR 数字滤波器的级联型结构（N 为奇数）

6.4.3　频率采样型结构

1. FIR 滤波器的频率采样型结构

由第 5 章关于 DFT 与 z 变换及 DTFT 关系的讨论可知，DFT 实际上是 z 平面单位圆上 DTFT 的等间隔采样。对于 N 点有限长 FIR 滤波器 $h(n)$，可以表示为其 DFT 域系统频率响应 $H(k)$ 重构其 z 域系统函数 $H(z)$ 的形式，即

$$H(z) = (1 - z^{-N}) \frac{1}{N} \sum_{k=0}^{N-1} \frac{H(k)}{1 - W_N^{-k} z^{-1}} \tag{6.13}$$

实际上，式（6.13）为 FIR 滤波器的频率采样型结构，由两部分级联组成，写为

$$H(z) = \frac{1}{N} H_c(z) \sum_{k=0}^{N-1} H_k'(z) \tag{6.14}$$

式中，$H_c(z) = 1 - z^{-N}$ 表示一个 FIR 子系统，是由 N 节延时单元构成的梳状滤波器。若令 $H_c(z) = 1 - z^{-N} = 0$，则有 $z_i = e^{j\frac{2\pi}{N} i}$，$i = 0, 1, \cdots, N-1$，表示 $H_c(z)$ 在单位圆上有 N 个等间隔的零点，其频率响应可以写为 $H_c(e^{j\omega}) = 1 - e^{-j\omega N} = 2j e^{-j\omega N/2} \sin(\omega N/2)$。图 6.11 给出了 $H_c(e^{j\omega})$ 的幅频特性和其子网络结构的信号流图。

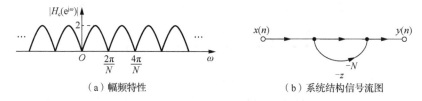

（a）幅频特性　　　　　　　　　　　　（b）系统结构信号流图

图 6.11　梳状滤波器的幅频特性和系统结构

由式（6.14）可知，级联系统的第二部分 $\sum_{k=0}^{N-1} H_k'(z) = \sum_{k=0}^{N-1} \dfrac{H(k)}{1 - W_N^{-k} z^{-1}}$ 是由 N 个一阶网络并联组成的子系统，其中每一个一阶网络都是一个谐振器，即

$$H_k'(z) = \frac{H(k)}{1 - W_N^{-k} z^{-1}} \tag{6.15}$$

式（6.15）的极点为 $z_k = W_N^{-k} = \mathrm{e}^{\mathrm{j}\frac{2\pi}{N}k}$，等效于谐振频率为 $\omega = \dfrac{2\pi}{N}k$ 的无损耗谐振器。该谐振器的极点恰巧与梳状滤波器的一个零点（$i = k$）相抵消，从而使频率 $\omega = \dfrac{2\pi}{N}k$ 上的频率响应为 $H(k)$。这样，整个系统在 N 个频率采样点 $\omega = \dfrac{2\pi}{N}k, \quad k = 0,1,\cdots,N-1$ 的频率响应分别等于 $H(k)$。N 个并联谐振器与梳状滤波器级联，整个系统的频率采样型结构如图 6.12 所示。

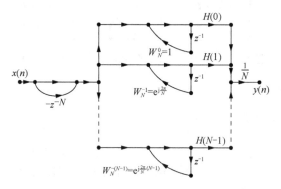

图 6.12　FIR 数字滤波器的频率采样型结构

2. 频率采样型结构的特点

频率采样结构有以下特点：第一，频率采样型结构在 $\omega = \dfrac{2\pi}{N}k$ 处的响应即 $H(k)$ 的值，因此可以方便地控制滤波器的频率响应。第二，该系统结构中 $H(k)$ 和 W_N^{-k} 都是复数，且所有极点都在单位圆上。第三，由于极点是由系数 W_N^{-k} 决定的，当系数量化时产生的误差，有可能使依赖于零点与极点对消而保持系统稳定性的设计受到影响。

3. 频率采样型结构的修正

为了避免这种系数量化造成的系统不稳定性，可以考虑将系统的全部零点和极点都移动到单位圆内半径为 r（r 小于 1 且 $r \approx 1$）的圆上。这样有

$$H(z) = \frac{1 - r^N z^{-N}}{N} \sum_{k=0}^{N-1} \frac{H_r(k)}{1 - rW_N^{-k} z^{-1}} \qquad (6.16)$$

式中，$H_r(k)$ 为零极点内移后的频率采样值。由于 $r \approx 1$，故有 $H_r(k) \approx H(k)$，则

$$H(z) \approx \frac{1 - r^N z^{-N}}{N} \sum_{k=0}^{N-1} \frac{H(k)}{1 - rW_N^{-k} z^{-1}} \qquad (6.17)$$

式（6.17）中，谐振器 $\sum\limits_{k=0}^{N-1} \dfrac{H(k)}{1 - rW_N^{-k} z^{-1}}$ 各极点为 $z_k = r\mathrm{e}^{\mathrm{j}\frac{2\pi}{N}k}$，$k = 0, 1, \cdots, N-1$。

4. 修正后的频率采样型滤波器总体结构

图 6.13 给出了极点内移修正后的频率采样型 FIR 数字滤波器的总体结构。

若 N 为奇数，则图 6.13 中的 $H_{N/2}(z)$ 不存在。图中的一阶子系统 $H_0(z)$ 和 $H_{N/2}(z)$ 与二阶子系统 $H_k(z)$ 结构的信号流图如图 6.14 所示。

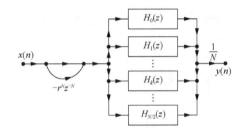

图 6.13　极点内移修正后的频率采样型 FIR 数字滤波器的总体结构

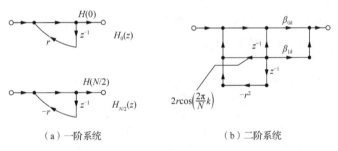

（a）一阶系统　　　　　　　　　　　（b）二阶系统

图 6.14　修正后的频率采样型结构一阶与二阶子系统的信号流图

6.4.4　快速卷积结构

所谓 FIR 数字滤波器的快速卷积结构，就是利用 DFT 或 FFT 在离散频率域来求解线性卷积问题。需要注意的是，在利用 DFT 或 FFT 计算线性卷积时，一定要在对信号序列 $x(n)$ 和单位冲激响应 $h(n)$ 进行傅里叶变换之前，对二者分别补零到长度 L，满足 $L \geqslant N_1 + N_2 - 1$。其中 N_1 和 N_2 分别表示 $x(n)$ 和 $h(n)$ 的序列长度。

图 6.15 给出了 FIR 数字滤波器快速卷积结构的方框图。

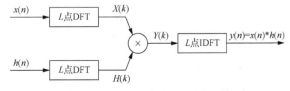

图 6.15　FIR 数字滤波器的快速卷积结构

6.4.5 线性相位 FIR 滤波器结构与最小相位系统

1. 线性相位条件

线性相位（linear phase）是数字滤波器应用中非常重要的特性，它要求滤波器的相频特性是线性的。由于 FIR 滤波器的单位冲激响应是有限长的，因而有可能实现严格的线性相位。实际上，若 FIR 滤波器 $h(n)$, $n = 0,1,\cdots,N-1$ 满足以下条件，则具有严格的线性相位。

$$h(n) = h(N-1-n) \tag{6.18}$$

或

$$h(n) = -h(N-1-n) \tag{6.19}$$

其中，满足式（6.18）为偶对称结构，满足式（6.19）为奇对称结构。对称中心为 $n = \dfrac{N-1}{2}$。

2. 线性相位 FIR 滤波器的直接型结构

设 FIR 数字滤波器满足线性相位条件，则当滤波器序列长度 N 分别为奇数和偶数时，可以得到滤波器的系统函数 $H(z)$ 分别为

$$H(z) = \sum_{n=0}^{\frac{N-1}{2}-1} h(n)[z^{-n} \pm z^{-(N-1-n)}] + h\left(\frac{N-1}{2}\right) z^{-\frac{N-1}{2}} \tag{6.20}$$

和

$$H(z) = \sum_{n=0}^{(N/2)-1} h(n)[z^{-n} \pm z^{-(N-1-n)}] \tag{6.21}$$

上面两式中，方括号内"＋"号表示 $h(n)$ 偶对称，"－"号表示奇对称。图 6.16 给出了线性相位 FIR 数字滤波器直接型结构的信号流图。

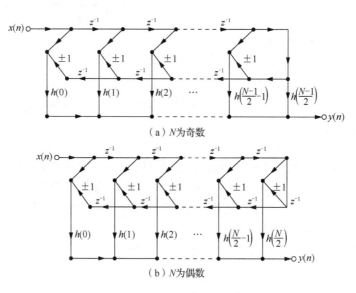

（a）N为奇数

（b）N为偶数

图 6.16　线性相位 FIR 数字滤波器的直接型结构

3. 线性相位 FIR 滤波器的相位特性

考察 $h(n) = h(N-1-n)$ 且 N 为偶数线性相位 FIR 滤波器的相位特性。由式（6.21），有

$$H(\mathrm{e}^{\mathrm{j}\omega}) = \sum_{n=0}^{(N/2)-1} h(n)\mathrm{e}^{-\mathrm{j}\omega n} + \sum_{n=N/2}^{N-1} h(n)\mathrm{e}^{-\mathrm{j}\omega n}$$

$$= \mathrm{e}^{-\mathrm{j}(N-1)\omega/2} \sum_{n=0}^{(N/2)-1} h(n)\left[\mathrm{e}^{\mathrm{j}\left(\frac{N-1}{2}-n\right)\omega} + \mathrm{e}^{-\mathrm{j}\left(\frac{N-1}{2}-n\right)\omega} \right]$$

$$= \mathrm{e}^{-\mathrm{j}(N-1)\omega/2} \sum_{n=0}^{(N/2)-1} 2h(n)\cos\left[\left(\frac{N-1}{2}-n\right)\omega\right] \tag{6.22}$$

令 $m = N/2 - n$，再把变量 m 换成 n，有

$$H(\mathrm{e}^{\mathrm{j}\omega}) = \mathrm{e}^{-\mathrm{j}(N-1)\omega/2} \sum_{n=1}^{N/2} 2h\left(\frac{N}{2}-n\right)\cos\left[(n-1/2)\omega\right] \tag{6.23}$$

显然，$H(\mathrm{e}^{\mathrm{j}\omega})$ 具有线性相位为

$$\arg[H(\mathrm{e}^{\mathrm{j}\omega})] = \varphi(\omega) = -(N-1)\omega/2 \tag{6.24}$$

同理可以推证 FIR 滤波器其他几种线性相位情况的相位特性。

4. 最小相位系统的概念与性质

所谓最小相位系统（minimum phase system），是指因果且稳定的离散时间系统，其系统函数 $H(z)$ 的极点和零点均在 z 平面的单位圆内。与之相对应，若系统函数的零点均在单位圆外，则称为最大相位系统（maximum phase system）。若单位圆内外均有零点，则称为混合相位系统（mixed phase system）。最小相位系统具有广泛的应用，其主要性质如下：

性质 6.1　在一组具有相同幅频响应的因果且稳定滤波器集合中，最小相位滤波器具有最小的相位偏移。

性质 6.2　最小相位系统单位冲激响应的能量集中在 n 较小的范围内，具有最小的延迟。

性质 6.3　在幅频特性相同的系统中，只有唯一的一个最小相位系统，且最小相位系统具有最小的群延迟。

性质 6.4　仅当给定的因果稳定系统是最小相位系统时，其逆系统才是因果且稳定的。

性质 6.5　任何一个非最小相位系统的系统函数均可以由一个最小相位系统和一个全通系统级联而成。

例 6.2　给定系统 $H_1(z) = \dfrac{1-bz^{-1}}{1-az^{-1}}$，$|a|<1$，$|b|<1$ 和 $H_2(z) = \dfrac{b-z^{-1}}{1-az^{-1}}$，$|a|<1$，$|b|<1$。

（1）试比较 $H_1(z)$ 和 $H_2(z)$ 的幅频响应；

（2）试确定 $H_1(z)$ 和 $H_2(z)$ 是否为最小相位系统、最大相位系统或混合相位系统；

（3）试绘出 $H_1(z)$ 和 $H_2(z)$ 的幅频和相频特性曲线，并绘出二者的单位冲激响应曲线。

解　（1）　　$H_1(z)H_1(z^{-1}) = \dfrac{z-b}{z-a} \cdot \dfrac{z^{-1}-b}{z^{-1}-a} = \dfrac{1-b(z+z^{-1})+b^2}{1-a(z+z^{-1})+a^2}$

$$H_2(z)H_2(z^{-1}) = \dfrac{bz-1}{z-a} \cdot \dfrac{bz^{-1}-1}{z^{-1}-a} = \dfrac{1-b(z+z^{-1})+b^2}{1-a(z+z^{-1})+a^2}$$

显然，$H_1(z)$ 和 $H_2(z)$ 有相同的幅频响应特性。

（2）由于 $H_1(z)$ 的极点和零点都在单位圆内，故 $H_1(z)$ 为最小相位系统。由于 $H_2(z)$ 的零点在单位圆外，故 $H_2(z)$ 为最大相位系统。

（3）$H_1(z)$ 和 $H_2(z)$ 的幅频和相频特性曲线及单位冲激响应曲线如图 6.17 所示。

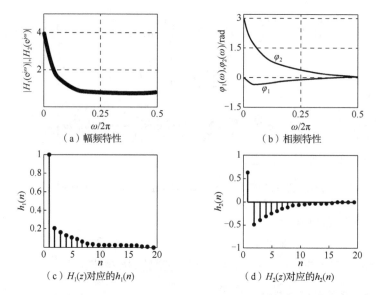

图 6.17 $H_1(z)$ 和 $H_2(z)$ 的幅频、相频特性曲线以及对应的单位冲激响应

显然，在满足相同幅频特性的条件下，$H_1(z)$ 比 $H_2(z)$ 具有更小的相移，且 $h_1(n)$ 的能量比 $h_2(n)$ 更集中在 n 较小的范围内。

6.5 数字滤波器的格型结构

数字滤波器的格型（lattice）结构是一种便于实现高速并行处理的非常有用的模块化结构，在诸如功率谱估计、语音处理、自适应滤波中得到广泛的应用。

6.5.1 全零点 FIR 系统的格型结构

1. FIR 数字滤波器的格型结构

设 M 阶 FIR 滤波器横向结构的系统函数为

$$H(z) = B(z) = \sum_{i=0}^{M} h(i)z^{-i} = 1 + \sum_{i=1}^{M} b_i^{(M)} z^{-i} \tag{6.25}$$

式中，系数 $b_i^{(M)}$ 表示 M 阶滤波器的第 i 个系数，且假定 $h(0)=1$。该 FIR 滤波器的格型结构如图 6.18 所示。

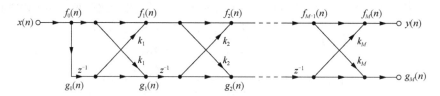

图 6.18 全零点 FIR 数字滤波器的格型结构

格型滤波器结构中基本传输单元如图 6.19 所示，且表达式为

$$f_m(n) = f_{m-1}(n) + k_m g_{m-1}(n-1), \quad m = 1, 2, \cdots, M$$
$$g_m(n) = k_m f_{m-1}(n) + g_{m-1}(n-1), \quad m = 1, 2, \cdots, M \tag{6.26}$$

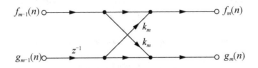

图 6.19　全零点 FIR 系统格型结构的基本传输单元

图中，k_m，$m = 1, 2, \cdots, M$ 为反射系数，且满足 $f_0(n) = g_0(n) = x(n)$，$f_M(n) = y(n)$。

定义 $B_m(z)$ 和 $\bar{B}_m(z)$ 分别表示输入端到第 m 个基本传输单元上端和下端的系统函数，即

$$B_m(z) = \frac{F_m(z)}{F_0(z)} = 1 + \sum_{i=1}^{m} b_i^{(m)} z^{-i}, \quad m = 1, 2, \cdots, M$$

$$\bar{B}_m(z) = \frac{G_m(z)}{G_0(z)}, \quad m = 1, 2, \cdots, M \tag{6.27}$$

可见，前级的 $B_{m-1}(z)$ 与本级的基本传输单元级联，构成本级的 $B_m(z)$，体现了模块化结构。

2. 格型结构的前后级递推关系

对式（6.26）求取 z 变换，有

$$F_m(z) = F_{m-1}(z) + k_m z^{-1} G_{m-1}(z)$$

$$G_m(z) = k_m F_{m-1}(z) + z^{-1} G_{m-1}(z) \tag{6.28}$$

由式（6.27），上式可以写为

$$B_m(z) = B_{m-1}(z) + k_m z^{-1} \bar{B}_{m-1}(z)$$

$$\bar{B}_m(z) = k_m B_{m-1}(z) + z^{-1} \bar{B}_{m-1}(z) \tag{6.29}$$

式（6.29）反映了格型结构前级和后级之间系统函数的递推关系。再利用 $\bar{B}_m(z)$ 与 $B_m(z)$ 的关系 $\bar{B}_m(z) = z^{-m} B_m(z^{-1})$，可以得到

$$B_m(z) = B_{m-1}(z) + k_m z^{-m} B_{m-1}(z^{-1}) \tag{6.30}$$

$$B_{m-1}(z) = \frac{1}{1 - k_m^2} [B_m(z) - k_m z^{-m} B_m(z^{-1})] \tag{6.31}$$

式（6.30）或式（6.31）分别为格型结构系统函数从低阶到高阶或从高阶到低阶的递推公式。

3. 格型结构反射系数与横向结构系数的关系

将式（6.27）代入式（6.30），利用待定系数法，可以得到递推关系为

$$\begin{cases} b_m^{(m)} = k_m \\ b_i^{(m)} = b_i^{(m-1)} + k_m b_{m-i}^{(m-1)} \end{cases}, \quad i = 1, 2, \cdots, m-1; \quad m = 2, 3, \cdots, M \tag{6.32}$$

6.5.2　全极点 IIR 系统的格型结构

全极点 IIR 数字滤波器系统函数可表示为

$$H(z) = \frac{1}{A(z)} = \frac{1}{1 + \sum_{i=1}^{M} a_i^{(M)} z^{-i}} \tag{6.33}$$

式中，$a_i^{(M)}$ 表示 M 阶全极点系统的第 i 个系数。其格型结构和基本单元如图 6.20 所示。

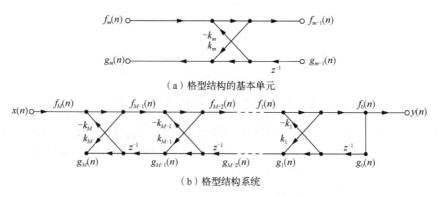

（a）格型结构的基本单元

（b）格型结构系统

图 6.20　全极点 IIR 数字滤波器的格型结构

图 6.20（a）所示的基本单元，可以用式（6.34）描述如下：

$$f_{m-1}(n) = f_m(n) - k_m g_{m-1}(n-1), \quad m = 1, 2, \cdots, M$$
$$g_m(n) = k_m f_{m-1}(n) + g_{m-1}(n-1), \quad m = 1, 2, \cdots, M \tag{6.34}$$

由于式（6.34）与全零点 FIR 系统格型结构的基本差分方程式（6.26）相同，故反射系数 k_1，k_2，$\cdots$，k_M 和 $a_i^{(M)}$，$i = 1, 2, \cdots, M$；$m = 1, 2, \cdots, M$ 与 FIR 系统格型结构的计算方法相同，只不过是用 $a_i^{(M)}$ 代替了全零点系统中的 $b_i^{(M)}$。

6.5.3　零极点 IIR 系统的格型结构

在有限 z 平面上既有极点又有零点的 IIR 系统可以表示为

$$H(z) = \frac{B(z)}{A(z)} = \frac{\sum\limits_{i=0}^{N} b_i^{(N)} z^{-i}}{1 + \sum\limits_{i=1}^{N} a_i^{(N)} z^{-i}} \tag{6.35}$$

该系统的格型结构如图 6.21 所示。

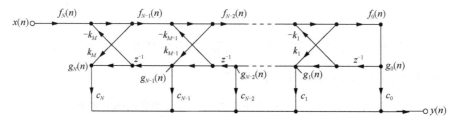

图 6.21　零极点 IIR 数字滤波器的格型结构

由图 6.21 可以看出，其上半部分对应于全极点系统，下半部分对应于全零点系统。由于下半部分对上半部分无影响，故系数 k_1，k_2，$\cdots$，k_N 仍可按照全极点系统的方法求解。但上半部分对下半部分有影响，系数 c_i 的求解按照式（6.36）递推进行。

$$\begin{cases} c_k = b_k^{(N)} - \sum\limits_{m=k+1}^{N} c_m a_{m-k}^{(m)}, & k = 0, 1, \cdots, N-1 \\ c_N = b_N^{(N)} \end{cases} \tag{6.36}$$

需要注意的是，本节关于 IIR 数字滤波器的系统函数式（6.33）和式（6.35）与 6.1 节给出的式（6.1）不严格一致，在分母的系数上差了一个负号。实际上，本节的表示方式与 6.1 节的表示方式是等价的。在本节进行格型结构系数计算时，系统函数的表示方式会使分母的表示与前文的表示相差一个负号，请读者注意。

6.6　IIR 数字滤波器的设计

从频率特性上分，数字滤波器分为低通、高通、带通、带阻和全通等五种类型，其频率特性曲线如图 6.2 所示。在模拟滤波器中，通常用大写 Ω 来表示模拟频率（实际上是模拟角频率，简称为模拟频率），而在数字滤波器中，则常用小写 ω 来表示数字频率。模拟频率和数字频率二者之间的关系为

$$\omega = \Omega T \tag{6.37}$$

式中，T 表示信号的采样周期。由于 $T = 1/F_s$（F_s 为信号的采样频率），故 $\omega = \Omega/F_s$。

由傅里叶变换理论，数字滤波器的频率特性是以 2π 为周期的。由于每个周期内部的对称性，通常只考虑 $\omega < \omega_s/2 = \pi$ 即可。其中 $\omega_s = \Omega_s T = 2\pi F_s T = 2\pi$ 为数字域采样频率，$\omega_s/2$ 称为折叠频率。

数字滤波器的设计一般包括以下几个步骤：

（1）按照任务要求，确定滤波器的性能要求。

（2）用一个因果稳定的离散时间线性时不变系统的系统函数去逼近这一性能要求。

（3）利用有限精度算法来实现这个系统函数。

（4）采用通用计算机软件、专用数字滤波器硬件或数字信号处理器来实现。

6.6.1　滤波器的技术要求与模拟滤波器的设计概要

1. 滤波器的主要技术要求

图 6.1 给出了模拟和数字理想滤波器的频率特性曲线，但是严格说来，这种理想滤波器一般是不能物理实现的，其根本原因是频率响应从一个频带到另外一个频带之间有突变。为了在物理上可以实现或逼近这些滤波器，通常需要在频带变换的区域设置一个过渡带，并且在通带和阻带内也不一定要求严格平坦，可以给出一定的容限（tolerance）。图 6.22 给出了典型的非理想低通数字滤波器的幅频特性曲线。

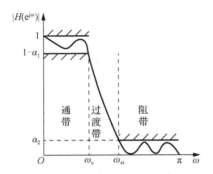

图 6.22　典型的非理想低通滤波器的幅频特性曲线

如图 6.22 所示，整个频率响应分成了通带、阻带和二者之间的过渡带。在通带范围内，幅度响应允许一定的误差 α_1，表示为

$$1 - \alpha_1 \leqslant |H(\mathrm{e}^{\mathrm{j}\omega})| \leqslant 1, \quad |\omega| \leqslant \omega_{\mathrm{c}} \tag{6.38}$$

式中，ω_{c} 表示通带截止频率。而阻带内也允许一个较小的误差 α_2，即

$$|H(\mathrm{e}^{\mathrm{j}\omega})| \leqslant \alpha_2, \quad \omega_{\mathrm{st}} \leqslant |\omega| \leqslant \pi \tag{6.39}$$

式中，ω_{st} 表示阻带截止频率。过渡带的范围即 $\omega_{\mathrm{c}} < \omega < \omega_{\mathrm{st}}$ 的范围。在过渡带内，频率响应平滑地从一个频带过渡到另一个频带。

在许多应用中，常使用通带允许最大衰减 δ_1 和阻带应达到最小衰减 δ_2 这两个指标：

$$\delta_1 = 20 \log_{10} \frac{|H(\mathrm{e}^{\mathrm{j}0})|}{|H(\mathrm{e}^{\mathrm{j}\omega_{\mathrm{c}}})|} = -20 \log_{10} |H(\mathrm{e}^{\mathrm{j}\omega_{\mathrm{c}}})| = -20 \log_{10}(1 - \alpha_1)$$
$$\delta_2 = 20 \log_{10} \frac{|H(\mathrm{e}^{\mathrm{j}0})|}{|H(\mathrm{e}^{\mathrm{j}\omega_{\mathrm{st}}})|} = -20 \log_{10} |H(\mathrm{e}^{\mathrm{j}\omega_{\mathrm{st}}})| = -20 \log_{10} \alpha_2 \tag{6.40}$$

式中，$|H(\mathrm{e}^{\mathrm{j}0})| = 1$，通常设定 3dB 带宽即 $|H(\mathrm{e}^{\mathrm{j}\omega_{\mathrm{c}}})| = 0.707$，且 $|H(\mathrm{e}^{\mathrm{j}\omega_{\mathrm{st}}})| = 0.001$。这样，在 ω_{c} 处，系统增益下降 $\delta_1 = 3\mathrm{dB}$，在 ω_{st} 处，增益下降 $\delta_2 = 60\mathrm{dB}$。

2. 数字滤波器的三个重要特性

幅度平方特性、相位特性和群延特性是表征数字滤波器的三个重要特性，简要介绍如下。

（1）幅度平方特性。

数字滤波器的幅度平方特性定义为

$$|H(\mathrm{e}^{\mathrm{j}\omega})|^2 = H(\mathrm{e}^{\mathrm{j}\omega})H^*(\mathrm{e}^{\mathrm{j}\omega}) = H(\mathrm{e}^{\mathrm{j}\omega})H(\mathrm{e}^{-\mathrm{j}\omega}) = [H(z)H(z^{-1})]_{z=\mathrm{e}^{\mathrm{j}\omega}} \tag{6.41}$$

分析表明，$H(z)H(z^{-1})$ 的极点既是共轭对称的，又是以单位圆镜像对称的。为了使 $H(z)$ 可实现，只取单位圆内的极点作为 $H(z)$ 的极点，而只取单位圆外的极点作为 $H(z^{-1})$ 的极点。

（2）相位特性。

数字滤波器的相位特性表示为

$$\varphi(\mathrm{e}^{\mathrm{j}\omega}) = \arctan \left\{ \frac{\mathrm{Im}[H(\mathrm{e}^{\mathrm{j}\omega})]}{\mathrm{Re}[H(\mathrm{e}^{\mathrm{j}\omega})]} \right\} \tag{6.42}$$

（3）群延迟特性。

数字滤波器的群延迟特性定义为相位特性 $\varphi(\mathrm{e}^{\mathrm{j}\omega})$ 对角频率导数的负值。

$$\tau(\mathrm{e}^{\mathrm{j}\omega}) = -\frac{\mathrm{d}\varphi(\mathrm{e}^{\mathrm{j}\omega})}{\mathrm{d}\omega} \tag{6.43}$$

3. 模拟滤波器设计概要与常用模拟滤波器简介

（1）模拟滤波器设计概要。

我们以低通模拟滤波器的设计思路说明模拟滤波器的一般设计方法。要设计一个模拟滤波器，首先应给定滤波器的技术指标，主要包括通带截止频率 Ω_{c} 和阻带截止频率 Ω_{st}，通带最大允许衰减 δ_1 和阻带最小衰减 δ_2。δ_1 和 δ_2 的单位均为 dB。假定要设计模拟低通滤波器的系统函数为

$$G(s) = \frac{d_0 + d_1 s + \cdots + d_{N-1} s^{N-1} + d_N s^N}{c_0 + c_1 s + \cdots + c_{N-1} s^{N-1} + c_N s^N} \tag{6.44}$$

使其对数幅度平方特性 $10 \log_{10} |G(\mathrm{j}\Omega)|^2$ 在 Ω_{c} 和 Ω_{st} 处分别满足 δ_1 和 δ_2 的要求。衰减函数为

$$\delta(\Omega) = 10\log_{10}\left|\frac{X(\mathrm{j}\Omega)}{Y(\mathrm{j}\Omega)}\right|^2 = 10\log_{10}\frac{1}{|G(\mathrm{j}\Omega)|^2} \tag{6.45}$$

则有

$$\begin{aligned}\delta_1 &= \delta(\Omega_{\mathrm{c}}) = -10\log_{10}|G(\mathrm{j}\Omega_{\mathrm{c}})|^2 \\ \delta_2 &= \delta(\Omega_{\mathrm{st}}) = -10\log_{10}|G(\mathrm{j}\Omega_{\mathrm{st}})|^2\end{aligned} \tag{6.46}$$

这样，式（6.45）将低通模拟滤波器的 4 个技术指标与滤波器的幅度平方特性联系起来了。另外，由于所设计滤波器的单位冲激响应一般均为实值信号，有

$$G(s)G^*(s) = G(s)G(-s)\big|_{s=\mathrm{j}\Omega} = |G(\mathrm{j}\Omega)|^2 \tag{6.47}$$

如果能由给定的 4 个技术指标求出系统的幅度平方函数 $|G(\mathrm{j}\Omega)|^2$，则可以很容易求出要设计模拟滤波器的系统函数 $G(s)$。

（2）几种常用的模拟滤波器。

表 6.1 给出了几种常用的模拟滤波器。

表 6.1　几种常用的模拟滤波器

序号	滤波器名称	幅度平方函数	说明
1	巴特沃思滤波器 （Butterworth filter）	$\lvert G(\mathrm{j}\Omega)\rvert^2 = \dfrac{1}{1+C^2\Omega^{2N}}$	C 为待定常数，N 表示滤波器的阶数
2	切比雪夫I型滤波器 （Chebyshev-I filter）	$\lvert G(\mathrm{j}\Omega)\rvert^2 = \dfrac{1}{1+\varepsilon^2 C_n^2(\Omega)}$	$C_n^2(\Omega)=\cos^2(n\arccos\Omega)$
3	切比雪夫II型滤波器 （Chebyshev-II filter）	$\lvert G(\mathrm{j}\Omega)\rvert^2 = \dfrac{1}{1+\varepsilon^2\left[\dfrac{C_n^2(\Omega_{\mathrm{st}})}{C_n^2(\Omega_{\mathrm{st}}/\Omega)}\right]^2}$	$C_n^2(\Omega)=\cos^2(n\arccos\Omega)$
4	椭圆滤波器 （elliptic filter）	$\lvert G(\mathrm{j}\Omega)\rvert^2 = \dfrac{1}{1+\varepsilon^2 U_n^2(\Omega)}$	$U_n^2(\Omega)$ 是雅可比（Jacobian）椭圆函数

6.6.2　依据模拟滤波器设计 IIR 数字滤波器的基本方法

（1）按照某一变换的规则，将给定数字滤波器的性能指标变换为相应的模拟滤波器的性能指标。

（2）由于只有模拟低通滤波器才有现成的图形和表格可以利用，因此，若设计的数字滤波器不是低通滤波器，则须将步骤（1）中变换所得到的高通、带通或带阻等滤波器指标变换成模拟低通滤波器的指标。

（3）根据所得到的模拟滤波器的性能指标，采用某种滤波器逼近方法，设计得到该模拟低通滤波器的系统函数 $G(s)$，并以其作为设计数字滤波器的参照。

（4）利用与步骤（1）和步骤（2）相同的变换规则，将作为参照的模拟原型低通滤波器的系统函数 $G(s)$ 变换为所需数字滤波器的系统函数 $H(z)$。

6.6.3　IIR 数字滤波器设计的冲激响应不变法

1. 原理

利用冲激响应不变法由模拟滤波器设计 IIR 数字滤波器的基本原理是使数字滤波器的单位冲激响应 $h(n)$ 与模拟滤波器的单位冲激响应 $g(t)$ 在对应时刻的取值 $g(nT)$ 相等，即

$$h(n) = g(nT) \tag{6.48}$$

式中，T 为采样周期。设 $h(n)$ 的 z 变换和 $g(t)$ 的拉普拉斯变换分别为 $H(z)$ 和 $G(s)$，则由 z 变换与拉普拉斯变换的关系 $z = e^{sT}$ 或 $s = \dfrac{1}{T}\ln z$，有

$$H(z)\big|_{z=e^{sT}} = \frac{1}{T}\sum_{k=-\infty}^{\infty} G\left(s - \mathrm{j}\frac{2\pi}{T}k\right) \tag{6.49}$$

由上式可以看出，冲激响应不变法将模拟滤波器的 s 平面变换成数字滤波器的 z 平面，$z = e^{sT}$ 就是这个变换的映射关系。

实际上，由 s 平面到 z 平面的映射关系如图 6.23 所示。

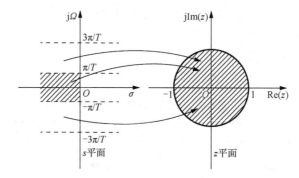

图 6.23　冲激响应不变法的映射关系

由图 6.23 可以看出，s 平面上每一个宽度为 $2\pi/T$ 的横条区域，都重叠地映射到整个 z 平面上，从而反映了 $H(z)$ 与 $G(s)$ 之间周期延拓的变换关系。再者，左半 s 平面映射到 z 平面的单位圆内，右半 s 平面映射到单位圆外，$\mathrm{j}\Omega$ 轴映射到单位圆上。

2. 混叠失真问题

由式（6.49），有

$$H(\mathrm{e}^{\mathrm{j}\omega}) = \frac{1}{T}\sum_{k=-\infty}^{\infty} G\left[\frac{\mathrm{j}(\omega - 2\pi k)}{T}\right] \tag{6.50}$$

上式表明，数字滤波器的频率响应是模拟滤波器频率响应的周期延拓。因此，模拟滤波器须满足通带限于折叠频率以内，这样，数字滤波器的频率响应才不会产生混叠失真，即

$$H(\mathrm{e}^{\mathrm{j}\omega}) = \frac{1}{T}G\left(\mathrm{j}\frac{\omega}{T}\right), \quad |\omega| < \pi \tag{6.51}$$

3. 设计方法与举例

设因果稳定 N 阶模拟滤波器的系统函数 $G(s)$ 可以经由部分分式分解为 N 个单极点一阶系统的求和形式，即 $G(s) = \displaystyle\sum_{i=1}^{N} \frac{A_i}{s + s_i}$。经由拉普拉斯逆变换，可以得到 $g(t) = \displaystyle\sum_{i=1}^{N} A_i \mathrm{e}^{-s_i t} u(t)$。根据冲激响应不变法，由式（6.48），可以得到对应数字滤波器的单位冲激响应为

$$h(n) = g(nT) = \sum_{i=1}^{N} A_i \mathrm{e}^{-s_i nT} u(n) = \sum_{i=1}^{N} A_i (\mathrm{e}^{-s_i T})^n u(n) \tag{6.52}$$

再经由 z 变换，可以得到数字滤波器的系统函数

$$H(z) = \sum_{n=-\infty}^{\infty} h(n)z^{-n} = \sum_{n=0}^{\infty} A_i \sum_{i=1}^{N} (\mathrm{e}^{-s_i T} z^{-1})^n = \sum_{i=1}^{N} \frac{A_i}{1 - \mathrm{e}^{-s_i T} z^{-1}} \tag{6.53}$$

显然，若式（6.48）满足，则可由模拟滤波器系统函数 $G(s)$ 得到数字滤波器系统函数 $H(z)$：

$$G(s) = \sum_{i=1}^{N} \frac{A_i}{s + s_i} \Rightarrow \sum_{i=1}^{N} \frac{A_i}{1 - \mathrm{e}^{-s_i T} z^{-1}} = H(z) \tag{6.54}$$

由式（6.54）可见，冲激响应不变法由模拟滤波器到数字滤波器的映射，实际上是一种极点映射。若 $G(s)$ 的极点均在 s 平面的左半平面，则 $H(z)$ 的极点均映射到 z 平面单位圆内。即若 $G(s)$ 是稳定的，由此设计得到的 $H(z)$ 也是稳定的。但是，冲激响应不变法并不能保证数字滤波器的零点与模拟滤波器的零点有这样的对应关系。为了保证数字滤波器的频率响应不随采样频率变化，通常对式（6.48）做如下修正：

$$h(n) = Tg(nT) \tag{6.55}$$

例 6.3　图 6.24 给出了一个简单一阶 RC 电路，其中 $\alpha = 1/(RC)$。试依据该模拟滤波器设计对应的数字滤波器，并给出数字滤波器的信号流图。

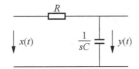

图 6.24　例 6.3 给定的一阶 RC 电路

解　由图 6.24 给定的电路，不难求出该电路的系统函数 $G(s)$ 和单位冲激响应 $g(t)$ 分别为 $G(s) = \dfrac{Y(s)}{X(s)} = \dfrac{\alpha}{s + \alpha}$ 和 $g(t) = \alpha \mathrm{e}^{-\alpha t}$。由式（6.54）给出的冲激响应不变法映射关系，并考虑到式（6.55）的修正，可以得到数字滤波器的系统函数 $H(z)$、频率响应函数 $H(\mathrm{e}^{\mathrm{j}\omega})$ 和单位冲激响应 $h(n)$ 分别为

$$H(z) = \frac{\alpha T}{1 - \mathrm{e}^{-\alpha T} z^{-1}}, \quad H(\mathrm{e}^{\mathrm{j}\omega}) = \frac{\alpha T}{1 - \mathrm{e}^{-\alpha T} \mathrm{e}^{-\mathrm{j}\omega}}, \quad h(n) = \alpha T \mathrm{e}^{-\alpha T n}$$

图 6.25 给出了该 RC 电路的单位冲激响应 $g(t)$、对应数字滤波器的单位冲激响应 $h(n)$ 和数字滤波器的信号流图。

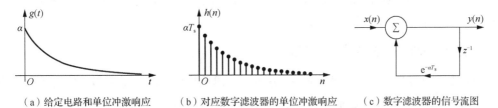

（a）给定电路和单位冲激响应　　（b）对应数字滤波器的单位冲激响应　　（c）数字滤波器的信号流图

图 6.25　模拟系统与数字系统的单位冲激响应及数字系统的信号流图

进一步地，我们还可以分析对比数字系统与模拟系统的频率特性 $H(\mathrm{e}^{\mathrm{j}\omega})$ 和 $G(\mathrm{j}\Omega)$。经分析表明，当数字系统的采样频率足够高，即采样周期 T 足够小时，数字系统的频率特性与模拟系统的频率特性比较一致。但当 T 较大时，则二者的误差较大。

例 6.4　设模拟滤波器的系统函数为 $G(s) = \dfrac{2}{s^2 + 4s + 3}$。试利用冲激响应不变法设计 IIR 数字滤波器。

解　对给定模拟滤波器进行部分分式分解，有 $G(s) = \dfrac{2}{s^2 + 4s + 3} = \dfrac{1}{s+1} - \dfrac{1}{s+3}$。利用式（6.54）并考虑式（6.55）的修正，有

$$H(z) = \frac{T}{1 - \mathrm{e}^{-T}z^{-1}} - \frac{T}{1 - \mathrm{e}^{-3T}z^{-1}} = \frac{Tz^{-1}(\mathrm{e}^{-T} - \mathrm{e}^{-3T})}{1 - z^{-1}(\mathrm{e}^{-T} - \mathrm{e}^{-3T}) + \mathrm{e}^{-4T}z^{-2}}$$

若设 $T = 1$，则

$$H(z) = \frac{0.318z^{-1}}{1 - 0.4177z^{-1} + 0.01831z^{-2}}$$

给定模拟滤波器和所设计的数字滤波器的频率响应分别为

$$G(\mathrm{j}\Omega) = \frac{2}{(3 - \Omega^2) + \mathrm{j}4\Omega}, \quad H(\mathrm{e}^{\mathrm{j}\omega}) = \frac{0.318\mathrm{e}^{-\mathrm{j}\omega}}{1 - 0.4177\mathrm{e}^{-\mathrm{j}\omega} + 0.01831\mathrm{e}^{-\mathrm{j}2\omega}}$$

图 6.26 给出了 $|G(\mathrm{j}\Omega)|$ 和 $|H(\mathrm{e}^{\mathrm{j}\omega})|$ 的对比图。由图可见，由于 $G(\mathrm{j}\Omega)$ 不是充分带限的，故 $H(\mathrm{e}^{\mathrm{j}\omega})$ 产生较大频谱混叠失真。

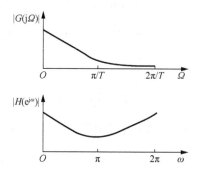

图 6.26　例 6.4 中模拟滤波器与数字滤波器幅频特性的对比

4. 方法的性能评价

采用冲激响应不变法设计数字滤波器，由于其基本思路是使数字滤波器的单位冲激响应完全模仿模拟滤波器的单位冲激响应，故时域逼近特性良好，且模拟频率与数字频率之间呈线性映射关系，即 $\omega = \Omega T$。这样，线性相位的模拟滤波器可以映射为线性相位的数字滤波器。不过，由于存在频率响应的混叠效应，故冲激响应不变法只适用于限带的模拟滤波器，不适用于高通和带阻的滤波器设计。

6.6.4　数字滤波器设计的双线性变换法

IIR 数字滤波器设计的冲激响应不变法的基本思想是在时域使数字滤波器的特性逼近模拟滤波器的特性，其优点是时域特性良好。但是，由于从 s 平面到 z 平面的多值映射关系，会引起数字滤波器的频率混叠。本节介绍的双线性变换法克服了这一缺点。

1. 原理

双线性变换法分为两个步骤：第一步，将整个 s 平面压缩在起中介作用的 s_1 平面的一个横向条带内，范围从 $-\pi/T$ 到 π/T；第二步，将此横向条带映射到整个 z 平面。这样，保证了 s 与 z 的一一对应关系，消除了多值映射关系，从而避免了频谱混叠。双线性变换法的二次映射关系如图 6.27 所示。

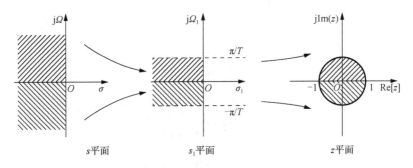

图 6.27　双线性变换法的二次映射关系

从 s 平面到 s_1 平面的映射关系为

$$s = \text{th}\left(\frac{s_1 T}{2}\right) = \frac{1 - e^{-s_1 T}}{1 + e^{-s_1 T}} \tag{6.56}$$

从 s_1 平面到 z 平面的映射关系为

$$z = e^{s_1 T} \tag{6.57}$$

这样，可以得到从 s 平面到 z 平面的单值映射关系

$$s = \frac{1 - z^{-1}}{1 + z^{-1}}, \qquad z = \frac{1 + s}{1 - s} \tag{6.58}$$

若引入待定常数 c，则上式变为

$$s = c\frac{1 - z^{-1}}{1 + z^{-1}}, \qquad z = \frac{c + s}{c - s} \tag{6.59}$$

可以证明,因果稳定的模拟滤波器经双线性变换后所得的数字滤波器仍然是因果稳定的。

利用双线性变换法可以实现由模拟滤波器 $G(s)$ 到数字滤波器 $H(z)$ 的变换：

$$H(z) = G(s)\Big|_{s = c\frac{1 - z^{-1}}{1 + z^{-1}}} = G\left(c\frac{1 - z^{-1}}{1 + z^{-1}}\right) \tag{6.60}$$

2. 常数 c 的选择

常数 c 的选取常用两种方法如下。

方法 1：使模拟滤波器与数字滤波器在低频处有较确切的对应关系，通常选取

$$c = 2 / T \tag{6.61}$$

方法 2：使数字滤波器的某一特定频率与模拟滤波器的一个特定频率严格相对应，则有

$$c = \Omega_c \cot(\omega_c / 2) \tag{6.62}$$

式中，Ω_c 和 ω_c 分别表示模拟滤波器和数字滤波器的截止频率。

3. 非线性问题与预畸变技术

双线性变换法的优点是避免了频率混叠问题。但是，该方法模拟频率与数字频率的关系为

$$\Omega = c \tan(\omega / 2) \tag{6.63}$$

当 Ω 值远离 0 频率时，频率变换关系的非线性严重，从而导致数字滤波器的非线性相位，同时可能会使数字滤波器的幅频特性产生畸变。

解决双线性变换非线性问题的方法之一是频率非线性预畸变技术，如图 6.28 所示。

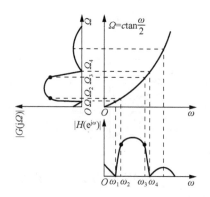

图 6.28　双线性变换的频率非线性预畸变

图中，ω_1、ω_2、ω_3、ω_4 为待设计数字滤波器的数字频率，预畸变时，先依据 $\Omega = c\tan(\omega/2)$ 将上述 4 个数字频率变换为相应的模拟频率 Ω_1、Ω_2、Ω_3、Ω_4，再利用这组模拟频率采用双线性变换法设计数字滤波器，则所得到的数字频率就是原来要求的数字频率。

例 6.5　给定技术指标为 $f_c = 100\text{Hz}$、$f_{st} = 300\text{Hz}$、$\delta_1 = 3\text{dB}$、$\delta_2 = 20\text{dB}$，采样频率为 $F_s = 1000\text{Hz}$。试采用双线性变换法设计低通数字滤波器。

解　（1）先将给定技术指标化为角频率形式，有 $\omega_c = 0.2\pi$，$\omega_{st} = 0.6\pi$。

（2）将数字滤波器的技术指标转变为模拟滤波器的技术指标：

$$\Omega_c = \tan(\omega_c/2) = 0.3249, \qquad \Omega_{st} = \tan(\omega_{st}/2) = 1.37638$$

（3）设计模拟低通滤波器，有

$$G(s) = \frac{0.3249^2}{s^2 + 0.4595s + 0.3249^2}$$

（4）采用双线性变换法由 $G(s)$ 求 $H(z)$，得到

$$H(z) = G(s)\Big|_{s=\frac{z-1}{z+1}} = \frac{0.06745 + 0.1349z^{-1} + 0.06745z^{-2}}{1 - 1.143z^{-1} + 0.4128z^{-2}}$$

图 6.29 给出了模拟滤波器与所设计数字滤波器幅频特性的对比。

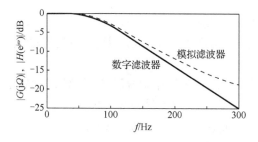

图 6.29　模拟滤波器与所设计数字滤波器幅频特性的对比

由图可见，采用双线性变换法所设计数字滤波器的幅频特性完全达到了设计要求。

6.6.5　数字高通、带通及带阻滤波器的设计思路

前文介绍了基于模拟低通滤波器设计数字低通滤波器的基本方法。实际上，数字滤波器还有高通、带通、带阻等多种形式。关于这些数字滤波器的设计，本节给出原理性的设计思路与流程，具体设计方法请参阅有关文献。

图 6.30 给出了由模拟低通原型滤波器设计各类数字滤波器的基本方法流程。

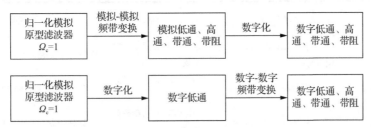

图 6.30　设计各类 IIR 数字滤波器的基本方法流程

由图 6.30 可以看出，由模拟原型滤波器设计各类数字滤波器的方法流程大致分为两类。

（1）先进行模拟频率变换，再进行数字化。即先将归一化模拟原型低通滤波器经频带变换，变换为所需要的模拟高通、模拟带通或模拟带阻滤波器；再将模拟滤波器数字化为相应的数字滤波器。在实际设计中，往往将这两步合并进行。但需要注意的是，冲激响应不变法只适合设计严格带限的数字低通、带通滤波器。

（2）先进行数字化，再进行数字频率变换。这种方法先把模拟低通原型滤波器数字化为数字低通滤波器，再对低通数字滤波器进行频带变换，将其变换为所需的滤波器类型。

由于上述两种方法都需要进行由低通到高通、带通或带阻的频带变换，因此也常称为数字滤波器设计的频率变换法。

6.6.6　IIR 数字滤波器设计 MATLAB 程序实现

在许多信号处理的研究与应用中常采用 MATLAB 软件进行滤波器设计及相应的信号处理操作。本节简要介绍 MATLAB 有关滤波器设计的函数，并给出 IIR 数字滤波器设计的实例。表 6.2 给出了一些常用的滤波器设计方面的 MATLAB 函数。

表 6.2　常用的 MATLAB 滤波器设计函数

序号	MATLAB 函数名	调用方式	功能	说明
1	buttord.m	[N, Wn]=buttord(Wp, Ws, Rp, Rs)	确定滤波器阶次	Wp 和 Ws 分别为通带和阻带截止频率；Rp 和 Rs 分别为通带和阻带衰减。N 为滤波器阶数，Wn 为 3dB 频率
2	buttap.m	[z, p, k]=buttap(N)	设计模拟低通原型滤波器	z、p、k 分别为设计出的模拟低通原型滤波器的零点、极点和增益
3	lp2lp.m lp2hp.m lp2bp.m lp2bs.m	[B, A]=lp2lp(b, a, Wo) [B, A]=lp2hp(b, a, Wo) [B, A]=lp2bp(b, a, Wo, Bw) [B, A]=lp2bs(b, a, Wo, Bw)	将模拟低通原型滤波器转变为低通、高通、带通及带阻滤波器	b、a 分别为模拟低通滤波器的分子、分母多项式系数矢量；B、A 分别为转换后滤波器系数矢量；Wo 为低通或高通滤波器的截止频率，或为带通、带阻滤波器的中心频率；Bw 为带宽
4	bilinear.m	[Bz, Az]=bilinear(B, A, Fs)	双线性变换	B、A 分别为模拟滤波器的分子、分母多项式系数矢量；Bz、Az 分别为数字滤波器的系数矢量；Fs 为采样频率
5	butter.m	[Bz, Az]=butter(N, Wn) [Bz, Az]=butter(N, Wn, 'high') [Bz, Az]=butter(N, Wn, 'stop') [Bz, Az]=butter(N, Wn, 's')	巴特沃思带通 巴特沃思高通 巴特沃思带阻 模拟滤波器	Bz、Az 分别为数字滤波器分子、分母多项式系数矢量；Wn 为通带截止频率

序号	MATLAB 函数名	调用方式	功能	说明
6	cheb1ord.m	[N, Wp] = cheb1ord(Wp, Ws, Rp, Rs)	求切比雪夫滤波器的阶数	参考巴特沃思滤波器的情况
7	cheb1ap.m	[z, p, k] = cheb1ap(N, Rp)	设计切比雪夫 I 型模拟滤波器	参考巴特沃思滤波器的情况
8	cheby1.m	[B, A] = cheby11(N, R, Wp)	设计切比雪夫 I 型数字滤波器	参考巴特沃思滤波器的情况
9	impinvar.m	[Bz, Az] = impinvar(B, A, Fs)	冲激响应不变法实现 s 到 z 的转换	参考巴特沃思滤波器的情况

例6.6　试利用 MATLAB 编程设计低通数字滤波器。给定条件与例 6.5 相同。

解　MTLAB 程序代码如下：

```
clear all; wp=.2*pi; ws=.6*pi; Fs=1000; rp=3; rs=20;
wap=2*Fs*tan(wp/2); was=2*Fs*tan(ws/2); [n,wn]=buttord(wap,was,rp,rs, 's');
[z,p,k]=buttap(n); [bp,ap]=zp2tf(z,p,k); [bs,as]=lp2lp(bp,ap,wap);
w1=[0:499]*2*pi; h1=freqs(bs,as,w1); [bz,az]=bilinear(bs,as,Fs);
[h2,w2]=freqz(bz,az,500,Fs); plot(w1/2/pi,abs(h1),'-.',w2,abs(h2),'k');
grid on; xlabel('频率/Hz'); ylabel('归一化幅度');
```

所得到的结果为 Bz = [0.0675, 0.1349, 0.06745]，Az = [1, −1.143, 0.4128]。由此可以得到数字滤波器的系统函数为

$$H(z) = \frac{0.06745 + 0.1349z^{-1} + 0.06745z^{-2}}{1 - 1.143z^{-1} + 0.4128z^{-2}}$$

与例 6.5 的情况相同。图 6.31 给出了用 MATLAB 编程设计数字滤波器的幅频特性，并与对应的模拟滤波器的幅频特性进行了比较。显然，与例 6.5 的结果相似。

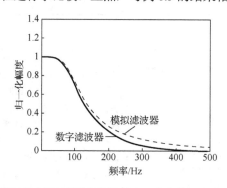

图 6.31　所设计数字滤波器的幅频特性和对应的模拟滤波器的幅频特性

6.7　FIR 数字滤波器的设计

IIR 数字滤波器设计的方便之处是可以利用模拟滤波器的设计结果，但是 IIR 数字滤波器的缺点是其具有非线性相位特性。本节介绍的 FIR 数字滤波器则具有以下主要优点和特点：第一，FIR 数字滤波器可以设计成具有严格线性相位特性的，同时又可以具有所需要的幅度

特性。第二，由于 FIR 数字滤波器的单位冲激响应是有限长的，且是全零点结构，故这种滤波器一定是稳定的。第三，由于任何非因果有限长系统，只要经过一定的延时，都可以转化为因果系统，故 FIR 数字滤波器总可以设计为因果的。第四，FIR 数字滤波器可以利用 FFT 来进行信号的滤波处理，可以显著提高计算效率。本节主要介绍 FIR 数字滤波器的窗函数设计法和频率抽样设计法，给出设计举例，并给出几种常用的 FIR 数字滤波器。

6.7.1　FIR 数字滤波器设计的窗函数法

1. 基本思路

FIR 数字滤波器设计的基本思路是在给定所要求的理想数字滤波器频率响应 $H_d(e^{j\omega}) = \sum\limits_{n=-\infty}^{\infty} h_d(n)e^{-j\omega n}$ 的前提下，设计一个有限冲激响应滤波器 $h(n)$，使其频率特性 $H(e^{j\omega}) = \sum\limits_{n=0}^{N-1} h(n)e^{-j\omega n}$ 逼近理想滤波器 $H_d(e^{j\omega})$，从而使 $h(n)$ 逼近 $h_d(n)$。整个设计是在时域进行的，关键技术是对单位冲激响应的加窗技术，在设计中也需要进行时域-频域之间的转换，故 FIR 数字滤波器的窗函数设计法又称为傅里叶级数法。

2. 设计方法

FIR 数字滤波器的窗函数法设计过程如下所示。

（1）由给定的理想数字滤波器频率响应求解理想数字滤波器的单位冲激响应。

设所求理想数字滤波器的频率响应为

$$H_d(e^{j\omega}) = \sum_{n=-\infty}^{\infty} h_d(n)e^{-j\omega n} \tag{6.64}$$

式中，理想滤波器的单位冲激响应 $h_d(n)$ 表示为

$$h_d(n) = \frac{1}{2\pi}\int_{-\pi}^{\pi} H_d(e^{j\omega})e^{j\omega n}d\omega \tag{6.65}$$

（2）对理想单位冲激响应进行加窗处理。

由于理想数字滤波器均具有矩形频率特性，故 $h_d(n)$ 一定是非因果无限长序列。由于要设计的是 FIR 数字滤波器 $h(n)$，因此需要对 $h_d(n)$ 进行截断，即用一个有限时宽的窗函数 $w(n)$ 来对 $h_d(n)$ 进行截取，以获得有限冲激响应数字滤波器 $h(n)$，

$$h(n) = w(n)h_d(n) \tag{6.66}$$

由此可以使 $h(n)$ 成为一个因果的 FIR 滤波器。

（3）求取矩形加窗后单位冲激响应的频率特性。

设矩形窗函数为 $w(n) = R_N(n)$，同时考虑线性相位理想低通滤波器的频率特性

$$H_d(e^{j\omega}) = \begin{cases} e^{-j\omega\alpha}, & -\omega_c \leqslant \omega \leqslant \omega_c \\ 0, & -\pi < \omega < -\omega_c, \quad \omega_c < \omega \leqslant \pi \end{cases} \tag{6.67}$$

式中，$-\omega\alpha$ 表示线性相位。经傅里叶逆变换，可以求出

$$h_d(n) = \frac{1}{2\pi}\int_{-\omega_c}^{\omega_c} e^{-j\omega\alpha}e^{j\omega n}d\omega = \frac{\omega_c}{\pi}\frac{\sin[\omega_c(n-\alpha)]}{\omega_c(n-\alpha)} \tag{6.68}$$

图 6.32 给出了理想低通滤波器的频率特性及其单位冲激响应的示意图，同时也给出了窗

函数的频谱图和时域波形图。

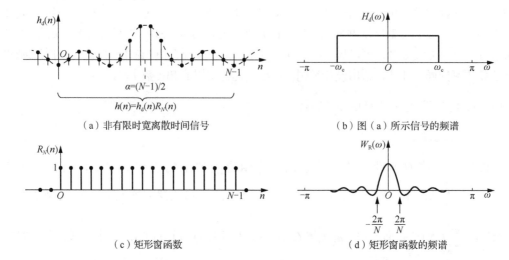

（a）非有限时宽离散时间信号　　　　　　　　　（b）图（a）所示信号的频谱

（c）矩形窗函数　　　　　　　　　　　　　（d）矩形窗函数的频谱

图6.32　理想低通滤波器的频率特性与单位冲激响应及矩形窗函数示意图

由图 6.32（a）和式（6.68）可知，$h_\mathrm{d}(n)$ 不满足因果有限时宽的设计要求，需要对其进行截断。采用图6.32（c）所示的矩形窗函数 $w(n)=R_N(n)$ 实现对 $h_\mathrm{d}(n)$ 的截断和因果化。另外，考虑 FIR 数字滤波器 $h(n)$ 的线性相位特性，需要 $h(n)$ 是偶对称的，且满足 $\alpha=(N-1)/2$，这样，有

$$h(n)=w(n)h_\mathrm{d}(n)=\begin{cases}h_\mathrm{d}(n), & 0\leqslant n\leqslant N-1\\ 0, & \text{其他}\end{cases} \tag{6.69}$$

由傅里叶变换的频域卷积性质，有

$$H(\mathrm{e}^{\mathrm{j}\omega})=\frac{1}{2\pi}\int_{-\pi}^{\pi}H_\mathrm{d}(\mathrm{e}^{\mathrm{j}\theta})W(\mathrm{e}^{\mathrm{j}(\omega-\theta)})\mathrm{d}\theta \tag{6.70}$$

由此可见，$H(\mathrm{e}^{\mathrm{j}\omega})$ 逼近 $H_\mathrm{d}(\mathrm{e}^{\mathrm{j}\omega})$ 的程度完全取决于窗函数的频率特性。由于窗函数 $w(n)$ 为矩形时间序列，故其频谱特性为一以 2π 为周期的 sinc 函数形式，如图6.32（d）所示。

（4）对比分析。

图6.33 给出了式（6.70）的卷积计算过程示意图，同时也给出了所设计的 FIR 数字滤波器的频率特性与理想滤波器频率特性的对比。

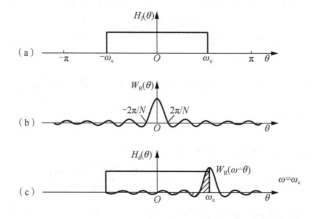

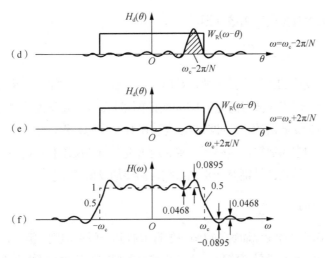

图 6.33　所设计的 FIR 数字滤波器的频率特性与理想滤波器频率特性的对比

图 6.33 中，$H_d(\theta)$ 和 $H(\omega)$ 分别表示理想低通滤波器和所设计的低通滤波器的频率特性，$W_R(\omega)$ 表示矩形窗函数的频率特性。显然，经过矩形加窗运算之后，相对于理想低通滤波器而言，所设计的 FIR 数字低通滤波器出现了通带和阻带波动，且形成一定的频谱泄漏。

例 6.7　试设计一个 FIR 数字低通滤波器，所希望的频率响应为

$$H_d(e^{j\omega}) = \begin{cases} e^{-jM\omega/2}, & 0 \leqslant |\omega| \leqslant 0.25\pi \\ 0, & 0.25\pi < |\omega| \leqslant \pi \end{cases}$$

分别取 $M = 10,\ 20,\ 40$，考察其幅频响应特性。

解　对给定频谱做傅里叶变换，有 $h_d(n) = \dfrac{\sin\left[(n - M/2) \times 0.25\pi\right]}{\pi(n - M/2)}$。当 $M = 10$ 时，有

$$h(0) = h(10) = -0.045,\ h(1) = h(9) = 0,\ h(2) = h(8) = 0.075,\ h(3) = h(7) = 0.1592,$$
$$h(4) = h(6) = 0.2551,\ h(5) = 0.25$$

显然，满足对称关系。图 6.34 给出了 $M = 10$ 时的归一化 $h(n)$，还给出了 $M = 10,\ 20,\ 40$ 时的 $H(e^{j\omega})$ 的幅频特性曲线。

由图 6.34 可见，参数 M 增加时，会引起频谱通带波纹的出现和增加，这种现象称为吉布斯（Gibbs）现象。

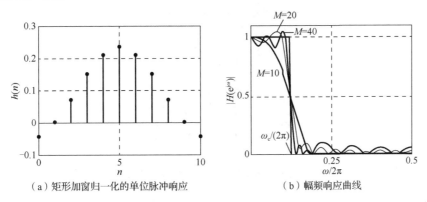

（a）矩形加窗归一化的单位脉冲响应　　　　　（b）幅频响应曲线

图 6.34　例 6.7 设计的结果

6.7.2　窗函数的概念及主要窗函数介绍

1. 加窗所引起的问题

采用窗函数法设计 FIR 数字滤波器，对理想滤波器的单位冲激响应进行加窗截断是必须的环节。其作用是将理想滤波器的无限长非因果单位冲激响应修正为因果可实现的 FIR 数字滤波器。但是，理想滤波器的单位冲激响应与窗函数序列的乘积，相当于理想滤波器的频率特性与窗函数频谱的卷积运算，这样不可避免地出现吉布斯现象和频谱泄漏，这些问题的存在，对于 FIR 数字滤波器的性能有严重的影响，需要加以研究改善。

2. 窗函数选择的一般性准则

对于 FIR 数字滤波器设计而言，窗函数的选取有其一般性准则：第一，在选择窗函数时，要求窗函数频谱特性的主瓣尽可能窄，从而使其与理想滤波器进行卷积运算时，获得较陡峭的过渡带。第二，要尽量减小窗函数频谱最大旁瓣的相对幅度，使窗函数的能量尽量集中在主瓣，这样可以使肩峰和波纹减小，增加阻带衰减。

但是，这两项要求往往不能同时得到满足。实际上，选用各种不同形状窗函数的目的都是使 FIR 数字滤波器得到平坦的通带特性和较小的阻带波纹。

3. 常用的窗函数介绍

本节介绍数字信号处理中常用的窗函数，这些窗函数可用于数字滤波器的设计，也可用于信号的参数建模与谱估计中，主要包括矩形窗、三角窗、汉宁窗、汉明窗、布莱克曼窗等。

图 6.35 给出了窗函数频谱中若干参数的定义。这些参数可以用于评价一个窗函数的基本特性。图中，参数 A 表示窗函数频谱的最大旁瓣峰值，单位为 dB。参数 B 表示窗函数频谱的 3dB 带宽，即主瓣归一化幅度下降到-3dB 时的带宽。若信号数据的长度为 N，常将矩形窗主瓣两过零点之间的宽度记为 $B_0 = 4\pi / N$。若令 $\Delta\omega = 2\pi / N$，则可以用 $\Delta\omega$ 来表示参数 B。参数 D 表示旁瓣谱峰渐近衰减的速度，单位为 dB/oct（dB/倍频程）。

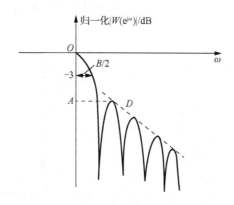

图 6.35　窗函数频谱中几个参数的定义

一个理想的窗函数应该具有最小的 B、最小的 A 和最大的 D。此外，窗函数还应该具有以下特性，即窗函数 $w(n)$ 应为非负实序列，以其对称中心为偶对称，且从对称中心开始向两侧是非递增的。窗函数的频谱 $W(\mathrm{e}^{\mathrm{j}\omega})$ 应尽可能是正的，且须满足 $w(0)=1$。

表 6.3 给出了常用窗函数的定义与特性对比。

表 6.3　常用窗函数的定义与特性对比

序号	窗函数	时域/频域表达式	参数特性
1	矩形窗	$w(n)=R_N(n)$ $W(\mathrm{e}^{\mathrm{j}\omega})=W_{\mathrm{R}}(\omega)\mathrm{e}^{-\mathrm{j}\left(\frac{N-1}{2}\right)\omega}$ $W_{\mathrm{R}}(\omega)=\sin\left(\dfrac{N\omega}{2}\right)\bigg/\sin\left(\dfrac{\omega}{2}\right)$	$B=0.89\Delta\omega,\quad B_0=4\pi/N,$ $A=-13\mathrm{dB},\quad D=-6\mathrm{dB/oct}$
2	三角窗 （Bartlett 窗）	$w(n)=\begin{cases}\dfrac{2n}{N-1}, & 0\le n\le\dfrac{N-1}{2}\\[2mm] 2-\dfrac{2n}{N-1}, & \dfrac{N-1}{2}<n\le N-1\end{cases}$ $W(\mathrm{e}^{\mathrm{j}\omega})\approx\dfrac{2}{N}\left(\dfrac{\sin(N\omega/4)}{\sin(\omega/2)}\right)^2\mathrm{e}^{-\mathrm{j}\left(\frac{N-1}{2}\right)\omega}$	$B=1.28\Delta\omega,\quad B_0=8\pi/N,$ $A=-27\mathrm{dB},\quad D=-12\mathrm{dB/oct}$
3	汉宁窗 （Hanning 窗）	$w(n)=\dfrac{1}{2}\left[1-\cos\left(\dfrac{2\pi n}{N-1}\right)\right]R_N(n)$ $W(\mathrm{e}^{\mathrm{j}\omega})=W(\omega)\mathrm{e}^{-\mathrm{j}\left(\frac{N-1}{2}\right)\omega}$ $W(\omega)\approx0.5W_{\mathrm{R}}(\omega)$ $+0.25\left[W_{\mathrm{R}}\left(\omega-\dfrac{2\pi}{N}\right)+W_{\mathrm{R}}\left(\omega+\dfrac{2\pi}{N}\right)\right]$	$B=1.44\Delta\omega,\quad B_0=8\pi/N,$ $A=-32\mathrm{dB},\quad D=-18\mathrm{dB/oct}$
4	汉明窗 （Hamming 窗）	$w(n)=\left[0.54-0.46\cos\left(\dfrac{2\pi n}{N-1}\right)\right]R_N(n)$ $W(\omega)=0.54W_{\mathrm{R}}(\omega)$ $+0.23\left[W_{\mathrm{R}}\left(\omega-\dfrac{2\pi}{N}\right)+W_{\mathrm{R}}\left(\omega+\dfrac{2\pi}{N}\right)\right]$	$B=1.3\Delta\omega,\quad B_0=8\pi/N,$ $A=-43\mathrm{dB},\quad D=-6\mathrm{dB/oct}$
5	布莱克曼窗 （Blackman 窗）	$w(n)=\left[0.42-0.5\cos\left(\dfrac{2\pi n}{N-1}\right)+0.08\cos\left(\dfrac{4\pi n}{N-1}\right)\right]R_N(n)$ $W(\omega)=0.42W_{\mathrm{R}}(\omega)+0.25\left[W_{\mathrm{R}}\left(\omega-\dfrac{2\pi}{N-1}\right)+W_{\mathrm{R}}\left(\omega+\dfrac{2\pi}{N-1}\right)\right]$ $+0.04\left[W_{\mathrm{R}}\left(\omega-\dfrac{4\pi}{N-1}\right)+W_{\mathrm{R}}\left(\omega+\dfrac{4\pi}{N-1}\right)\right]$	$B=1.68\Delta\omega,\quad B_0=12\pi/N,$ $A=-58\mathrm{dB},\quad D=-18\mathrm{dB/oct}$

图 6.36 给出了常用的 5 种窗函数的时域与归一化幅频特性曲线。

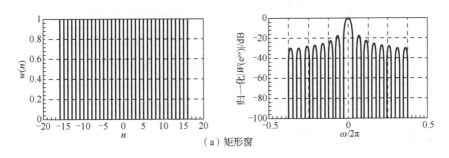

（a）矩形窗

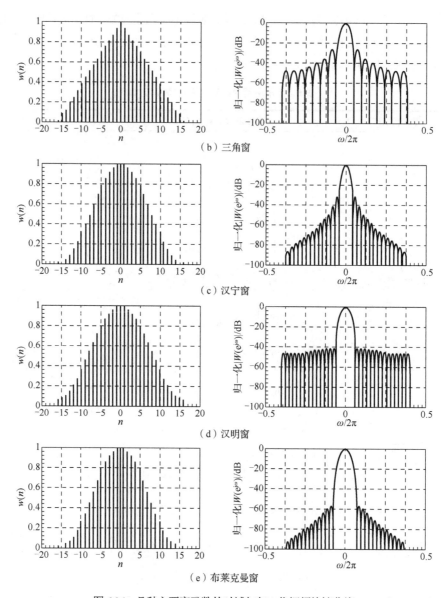

图 6.36　几种主要窗函数的时域与归一化幅频特性曲线

表 6.3 的各式中，$W_R(\omega) = \dfrac{\sin(N\omega/2)}{\sin(\omega/2)}$ 表示矩形窗函数的幅度谱。

在各种窗函数中，很难说哪一种是"最好的"。通常需要根据实际应用情况进行折中选取。不过，比较表 6.3 中的各个窗函数可以看出，矩形窗尽管主瓣最窄，但其旁瓣峰值最大，且旁瓣衰减速度最慢，因此不是一个好的窗函数。而汉明窗和汉宁窗尽管主瓣稍宽，但二者的旁瓣峰值较小，且衰减速度较快，是使用者通常愿意选择的窗函数。

6.7.3　FIR 数字滤波器设计的频率采样法

1. 设计思路与方法

与窗函数法不同，频率采样法设计 FIR 数字滤波器的设计思路是在频率域对给定的理想

滤波器频率响应 $H_d(e^{j\omega})$ 进行等间隔采样，得到

$$H_d(k) = H_d(e^{j\omega})\Big|_{\omega=\frac{2\pi}{N}k} \tag{6.71}$$

再令实际 FIR 数字滤波器的离散频率特性

$$H(k) = H_d(k) = H_d(e^{j\omega})\Big|_{\omega=\frac{2\pi}{N}k}, \quad k = 0,1,\cdots,N-1 \tag{6.72}$$

由 $H(k)$ 经由 IDFT 可以唯一地确定有限长序列 $h(n)$，从而完成 FIR 数字滤波器的设计。

2. 频率采样法的分析

由频率采样理论可知，利用 $H(k)$ 的 N 个频率采样值，可以进一步求得 FIR 数字滤波器的系统函数 $H(z)$ 和频率响应 $H(e^{j\omega})$，并可以进一步分析 $H(z)$ 和 $H(e^{j\omega})$ 与理想滤波器 $H_d(z)$ 和 $H_d(e^{j\omega})$ 的逼近程度。

根据频率采样理论，由 $H(k)$ 到 $H(z)$ 和 $H(e^{j\omega})$ 的内插公式为

$$H(z) = \frac{1-z^{-N}}{N}\sum_{k=0}^{N-1}\frac{H(k)}{1-W_N^{-k}z^{-1}} \tag{6.73}$$

和

$$H(e^{j\omega}) = \sum_{k=0}^{N-1} H(k)\Phi\left(\omega - \frac{2\pi}{N}k\right) \tag{6.74}$$

其中，内插函数 $\Phi(\omega)$ 表示为

$$\Phi(\omega) = \frac{1}{N}\frac{\sin(\omega N/2)}{\sin(\omega/2)}e^{-j\omega\left(\frac{N-1}{2}\right)} \tag{6.75}$$

将式（6.75）代入式（6.74），并经过化简可以得到

$$H(e^{j\omega}) = e^{-j\omega\left(\frac{N-1}{2}\right)}\sum_{k=0}^{N-1} H(k)\cdot\frac{1}{N}e^{j\frac{k\pi}{N}(N-1)}\cdot\frac{\sin[N(\omega/2-k\pi/N)]}{\sin(\omega/2-k\pi/N)} \tag{6.76}$$

比较内插后得到的 $H(e^{j\omega})$ 与理想滤波器的 $H_d(e^{j\omega})$，可以看出内插后滤波器的频率响应在各个频率采样点上是与理想滤波器的频率响应严格相等的，即满足

$$H(e^{j\frac{2\pi}{N}k}) = H(k) = H_d(k) = H_d(e^{j\frac{2\pi}{N}k}), \quad k = 0,1,\cdots,N-1 \tag{6.77}$$

但是在频率采样点之间的频率响应，内插后滤波器与理想滤波器相比有一定的逼近误差。图 6.37 给出了内插后设计滤波器频率响应与理想滤波器频率响应的对比。

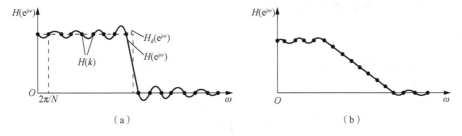

图 6.37　设计滤波器频率响应与理想滤波器频率响应的对比

由图可见，当理想滤波器的频率特性变化较平缓时，设计滤波器的频率特性与之逼近误差较小 [图 6.37（b）]，而当理想滤波器频率特性变化较为陡峭时，则设计滤波器的频率特性与之逼近误差较为显著 [图 6.37（a）]。

3. $H_d(k)$ 的确定与滤波器设计步骤

给出确定 $H_d(k)$ 的一般准则如下：

（1）在通带内令 $|H_d(k)|=1$，并赋予 $H_d(k)$ 一个相位函数。在阻带内令 $|H_d(k)|=0$。

（2）要保证由对 $H_d(k)$ 做 IDFT 所得到的单位冲激响应 $h(n)$ 是实的。

（3）保证由 $h(n)$ 求得的 $H(e^{j\omega})$ 具有线性相位。

为满足上述准则，须视 N 为偶数或奇数两种情况分别进行处理。若 N 为偶数，有

$$H_d(k) = \begin{cases} e^{-j(N-1)k\pi/N}, & k = 0,1,\cdots,N/2-1 \\ 0, & k = N/2 \\ -e^{-j(N-1)k\pi/N}, & k = N/2+1,\cdots,N-1 \end{cases} \tag{6.78}$$

若 N 为奇数，则

$$H_d(k) = e^{-j(N-1)k\pi/N}, \quad k = 0,1,\cdots,N-1 \tag{6.79}$$

由此可以归纳出频率抽样法设计 FIR 数字滤波器的步骤如下：

（1）根据所设计滤波器的通带与阻带要求，视 N 为偶数或 N 为奇数，分别按照式（6.78）或式（6.79）确定 $H_d(k)$。在阻带内，$H_d(k)=0$。

（2）由所确定的 $H_d(k)$ 构成所设计数字滤波器的系统函数 $H(z)$，也可以进一步求出所设计数字滤波器的频率响应 $H(e^{j\omega})$。

例 6.8 试用频率抽样法设计低通 FIR 数字滤波器，其截止频率是采样频率的 1/10，滤波器阶数为 $N=20$。

解 由于 N 为偶数，在通带内对 $H_d(e^{j\omega})$ 进行频率采样仅得 2 个频点。由式（6.78）有

$$H_d(0)=1, \quad H_d(1)=e^{-j\frac{19\pi}{20}}, \quad H_d(k)=H_d(N-k)=0, \quad k=2,3,\cdots,10$$

$$H_d(19)=H_d(20-1)=e^{j\frac{19\pi}{20}}=H_d^*(1)$$

经由离散傅里叶逆变换，可以得到 $h(n)$ 的值为

$$h(0)=h(19)=-0.04877, \quad h(1)=h(18)=-0.0391, \quad h(2)=h(17)=-0.0207$$

$$h(3)=h(16)=0.0046, \quad h(4)=h(15)=0.03436, \quad h(5)=h(14)=0.0656$$

$$h(6)=h(13)=0.0954, \quad h(7)=h(12)=0.12071, \quad h(8)=h(11)=0.1391$$

$$h(9)=h(10)=0.14877$$

根据 $h(n)$ 可进一步得到频率特性 $H(e^{j\omega})$，并可以与 $H_d(e^{j\omega})$ 进行比较。

6.7.4 几种常用的简单数字滤波器

1. 平均滤波器

平均滤波器是最常用且最简单的 FIR 数字滤波器。其单位冲激响应、系统函数和差分方程分别表示为

$$h(n) = \begin{cases} 1/N, & n=0,1,\cdots,N-1 \\ 0, & \text{其他} \end{cases} \tag{6.80}$$

$$H(z) = \frac{1}{N}\sum_{n=0}^{N-1} z^{-n} = \frac{1}{N}\frac{1-z^{-N}}{1-z^{-1}} \tag{6.81}$$

$$y(n) = \frac{1}{N}\sum_{k=0}^{N-1} x(n-k) \tag{6.82}$$

图 6.38 给出了一个三点滑动平均滤波器对信号进行平均处理的示意图。

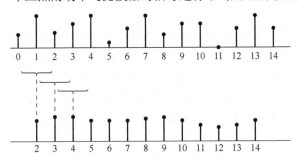

图 6.38　三点滑动平均滤波器对信号进行平均处理的示意图

图 6.38 中，上图表示输入信号，下图表示经平均处理后的输出信号。显然，经过平均处理之后，原来不够平滑的输入信号变得更加平滑了。

2. 平滑滤波器

一种称为 Savitzky-Golay 平滑滤波器的简单低通滤波器，其基本思路是构造一个 p 阶多项式 $f_i = a_0 + a_1 i + a_2 i^2 + \cdots + a_p i^p = \sum_{k=0}^{p} a_k i^k$，$p \leq 2M$ 来拟合输入信号 $x(n)$ 中的一组数据 $x(i)$，$i = -M, \cdots, 0, \cdots, M$。$p$ 阶多项式的各系数 a_k，$k = 0, 1, \cdots, p$ 可通过定义拟合误差并求其一阶偏导数而得到，也可以经由式（6.83）将各系数求出。

$$f_i \big|_{i=0} = a_0, \quad \frac{\mathrm{d}f_i}{\mathrm{d}i}\bigg|_{i=0} = a_1, \quad \cdots, \quad \frac{\mathrm{d}^p f_i}{\mathrm{d}i^p}\bigg|_{i=0} = p! a_p \qquad (6.83)$$

例 6.9　双轴倾角传感器记录的人体步行数据如图 6.39（a）所示。显然，其中包含了许多由于抖动所引起的"毛刺"，这些毛刺噪声对于后续的信号分析处理有较大影响，需要对原始信号进行平滑处理。试用 Savitzky-Golay 平滑滤波器对图 6.39（a）所示的信号进行平滑处理。

解　取平滑滤波器的阶数 $p = 7$，经由式（6.83）求得系数 a_0，a_1，$\cdots$，a_7。其中 a_0 为 f_i 在 $i = 0$ 时的值，a_1，$\cdots$，a_7 分别为 $-2/21$，$3/21$，$6/21$，$7/21$，$6/21$，$3/21$，$-2/21$。图 6.39（b）给出了滤波后的信号。显然，原始信号中的噪声得到了有效消除。

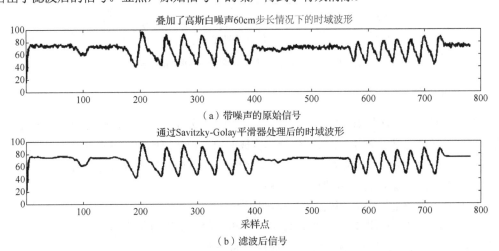

（a）带噪声的原始信号

（b）滤波后信号

图 6.39　Savitzky-Golay 平滑滤波器对双轴倾角传感器记录信号的处理

3. 限幅滤波器

一般而言，常规动力学系统状态参量的变化都会与其他时刻的状态参量有关，不可能发生突变。而信号中反映出来的突变，往往是由于受到了外界的干扰。在工程测量或信号处理中，信号相邻样本值的变化量应有一定的限度。所谓限幅滤波器就是基于这样的考虑而设计的。这种滤波器假定相邻两次采样值之间可能出现的最大偏差值是有限的，是可以根据先验知识确定的，若超出这个最大偏差值，则认为该输入信号是外界干扰所致，应该予以处理，若小于最大偏差值，则认为信号是有效的。

若设信号中相邻两样本值之差的最大允许值为 C，则限幅滤波器判定当前输入信号是否为有效信号的准则为

$$x(n) = \begin{cases} x(n), & 若 \Delta x(n) \leqslant C \\ x(n-1), & 若 \Delta x(n) > C \end{cases} \tag{6.84}$$

式中，$\Delta x(n) = |x(n) - x(n-1)|$。

例 6.10 有一组温度测量数据为

$$T = [25.40, \ 25.50, \ 25.38, \ 25.48, \ 25.42, \ 25.46, \ 25.45, \ 25.43, \ 25.51]$$

当最大允许偏差为 $C = 0.1$ 时，试采用限幅滤波器对上述温度信号进行滤波。

解 按照式（6.84）对信号进行限幅滤波，其结果如图 6.40 所示。

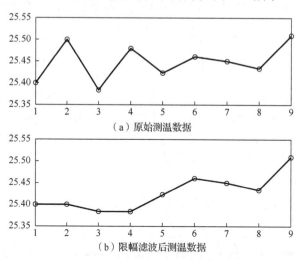

图 6.40　限幅滤波器对温度测量信号处理的结果

4. 中值滤波器

中值滤波器是一种非线性数字滤波器技术，常用于去除信号或图像中的噪声。中值滤波器的基本思路是构建一个由奇数个相邻样本构成的滑动窗，窗内样本按样本值大小排列，并使其在信号序列上滑动。用滑动窗中对应样本数值大小的中间值来替代滑动窗中间位置的样本值。其作用是可以消除脉冲性噪声的影响。

例 6.11 设测量得到某物体温度变化过程为

$$T = [25.40, \ 25.50, \ 25.68, \ 25.48, \ 25.42, \ 25.46, \ 25.45, \ 25.43, \ 25.51]$$

试用 MATLAB 编程实现中值滤波器对上述信号的处理。

解　MATLAB 实现中值滤波的程序代码如下：

```
clear; clc;
T1=[25.4, 25.5, 25.68, 25.48, 25.42, 25.46, 25.45, 25.43, 25.51];
L=length(T1); N=3; k=0; m=0;
    for i=1:L
        if i+N-1>L
            break
        else
            for j=i:i+N-1
                m=m+1; W(m)=T1(j);
            end
            k=k+1; T(k)=median(W); m=0;
        end
    end
    figure(1); subplot(211); plot(T1,'-o'); grid; axis([1 7 25.3 25.7]);
title('原始温度测量数据'); xlabel('测量次数'); ylabel('测量值');  subplot(212);
plot(T,'-o'); grid; axis([1 7 25.3 25.7]);
        title('中值滤波后测温数据'); xlabel('测量次数'); ylabel('滤波后测量值');
```

图 6.41 给出了利用中值滤波器处理温度测量数据的结果。显然，原始信号中由干扰引起的较大的峰值被消除了。

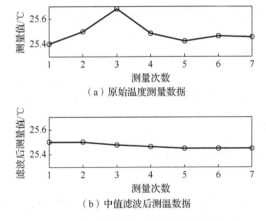

（a）原始温度测量数据

（b）中值滤波后测温数据

图 6.41　中值滤波器处理温度测量数据的结果

6.8　本　章　小　结

　　数字滤波器的设计与应用是数字信号处理的重要环节。本章在系统介绍数字滤波器的基本概念及其差分方程、系统函数和系统框图及信号流图表示方法的基础上，详细介绍了 IIR 和 FIR 两类基本数字滤波器的原理、结构和特性，以及这两种数字滤波器的设计思路与设计方法，并介绍了几种常用的简单数字滤波器，给出了 MATLAB 设计与应用数字滤波器的实例。通过对本章内容的学习，读者可以建立起数字滤波器的基本概念，掌握数字滤波器应用与设计的基本方法，为进一步深入学习和应用建立基础。

思考题与习题

6.1 试说明数字滤波器的概念与基本特性，并说明数字滤波器的分类。

6.2 试说明 IIR 与 FIR 数字滤波器各自的优缺点。试说明 IIR 数字滤波器直接型结构的特点。

6.3 试根据 IIR 数字滤波器的系统函数构造其级联结构与并联结构。

6.4 试说明 FIR 数字滤波器的横截型结构、级联结构与频率采样型结构的形式和特点。

6.5 什么是 FIR 数字滤波器快速卷积结构？什么是 FIR 数字滤波器的线性相位条件与特性？

6.6 什么是最小相位系统？什么是数字滤波器的格型结构，有何特点？

6.7 试说明数字滤波器设计的基本步骤与基本指标。常用的模拟滤波器类型都有哪些？

6.8 试说明冲激响应不变法与双线性变换法设计 IIR 数字滤波器的基本思路与方法。

6.9 试说明窗函数法与频率抽样法设计 FIR 数字滤波器的基本思路与方法。

6.10 试说明主要窗函数的特性。

6.11 试用 IIR 数字滤波器的直接 I 型结构实现以下系统函数： $H(z) = \dfrac{3 + 4.2z^{-1} + 0.8z^{-2}}{2 + 0.6z^{-1} - 0.4z^{-2}}$ 。

6.12 试用 IIR 数字滤波器的级联结构实现以下系统函数： $H(z) = \dfrac{4(z+1)(z^2 - 1.4z + 1)}{(z - 0.5)(z^2 + 0.9z + 0.8)}$ 。

6.13 试用 FIR 滤波器的横截型结构实现以下系统函数： $H(z) = \left(1 - \dfrac{1}{2}z^{-1}\right)(1 + 6z^{-1})$ $(1 - 2z^{-1})\left(1 + \dfrac{1}{6}z^{-1}\right)(1 - z^{-1})$ 。

6.14 试用频率采样型结构实现以下系统函数： $H(z) = \dfrac{5 - 2z^{-3} - 3z^{-6}}{1 - z^{-1}}$ 。其中抽样点数 $N = 6$ ，修正半径 $r = 0.9$ 。

6.15 已知 FIR 数字滤波器的系统函数为 $H(z) = \dfrac{1}{5}(1 + 3z^{-1} + 5z^{-2} + 3z^{-3} + z^{-4})$ ，试画出该滤波器的线性相位结构。

6.16 试用冲激响应不变法将 $H_a(s)$ 变换为 $H(z)$ ，设采样周期为 T 。

（1） $H_a(s) = \dfrac{s + a}{(s + a)^2 + b^2}$ ；

（2） $H_a(s) = \dfrac{A}{(s - s_0)^{n_0}}$ ， n_0 为任意正整数。

6.17 设模拟滤波器系统函数为 $H_a(s) = \dfrac{1}{s^2 + s + 1}$ ，采样周期为 $T = 2$ ，试用双线性变换法将其转变为数字系统函数 $H(z)$ 。

6.18 任何一个非最小相位系统 $H(z)$ 均可以表示为一个最小相位系统 $H_{\min}(z)$ 与一个全通系统 $H_{ap}(z)$ 的级联，即 $H(z) = H_{\min}(z)H_{ap}(z)$ 。令 $\Phi(\omega) = \arg[H(e^{j\omega})]$ ， $\Phi_{\min}(\omega) =$

$\arg[H_{\min}(\mathrm{e}^{\mathrm{j}\omega})]$。试证明对于所有 ω，有 $-\dfrac{\mathrm{d}\Phi(\omega)}{\mathrm{d}\omega} > -\dfrac{\mathrm{d}\Phi_{\min}(\omega)}{\mathrm{d}\omega}$。该不等式说明最小相位系统具有最小群延迟，故也是最小时延系统。

6.19　试用矩形窗函数设计一个线性相位 FIR 数字低通滤波器。已知 $\omega_{\mathrm{c}} = 0.5\pi$，$N = 21$。试求出 $h(n)$，并画出 $20\log_{10}|H(\mathrm{e}^{\mathrm{j}\omega})|$ 的曲线。

6.20　试用三角窗函数设计一个线性相位 FIR 数字低通滤波器。已知 $\omega_{\mathrm{c}} = 0.5\pi$，$N = 51$。试求出 $h(n)$，并画出 $20\log_{10}|H(\mathrm{e}^{\mathrm{j}\omega})|$ 的曲线。

6.21　试用频率抽样法设计一个线性相位 FIR 低通数字滤波器。已知 $\omega_{\mathrm{c}} = 0.5\pi$，$N = 51$。试求出 $h(n)$，并画出 $20\log_{10}|H(\mathrm{e}^{\mathrm{j}\omega})|$ 的曲线。

6.22　已知 FIR 系统的频率响应为 $H(\mathrm{e}^{\mathrm{j}\omega}) = |H(\mathrm{e}^{\mathrm{j}\omega})|\,\mathrm{e}^{-\mathrm{j}64\omega/2}$，它的 64 个频率响应抽样值为

$$|H(k)| = |H(\mathrm{e}^{\mathrm{j}2\pi k/64})| = |H(\mathrm{e}^{\mathrm{j}\pi k/32})| = \begin{cases} 1, & k = 0 \\ 1/2, & k = 1,63 \\ 0, & \text{其他} \end{cases}$$

求：（1）系统的抽样响应；

（2）系统的频率采样型结构表达式。

6.23　设有一 FIR 数字滤波器，其单位冲激响应 $h(n)$ 如图题 6.23 所示。

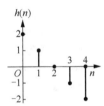

图题 6.23　给定系统的单位冲激响应

（1）求系统的频率响应 $H(\mathrm{e}^{\mathrm{j}\omega})$；

（2）若记 $H(\mathrm{e}^{\mathrm{j}\omega}) = H(\omega)\mathrm{e}^{\mathrm{j}\varphi(\omega)}$，其中，$H(\omega)$ 为幅度函数（可以取负值），$\varphi(\omega)$ 为相位函数，试求 $H(\omega)$ 与 $\varphi(\omega)$；

（3）判断该线性相位 FIR 系统是何种类型的数字滤波器（低通、高通、带通、带阻），说明你的判断依据；

（4）画出该系统的线性相位型网络结构图。

6.24　给定系统差分方程：$y(n) - \dfrac{3}{4}y(n-1) + \dfrac{1}{8}y(n-2) = x(n) + \dfrac{1}{3}x(n-1)$。试画出由其定义的因果线性离散时间系统的直接 I 型、直接 II 型、级联型和并联型结构的信号流程图，级联型和并联型只用一阶节。

6.25　已知 IIR 数字滤波器的系统函数为 $H(z) = \dfrac{z^3}{(z-0.4)(z^2 - 0.6z + 0.25)}$，试分别画出直接型、级联型、并联型结构框图。

6.26　一线性时不变系统的单位冲激响应 $h[k] = \begin{cases} a^k, & 0 \leqslant k \leqslant 7 \\ 0, & \text{其他} \end{cases}$。

（1）画出该系统的直接型 FIR 结构流图；

（2）证明该系统的系统函数为 $H(z) = \dfrac{1 - a^3 z^{-3}}{1 - a z^{-1}}$，并由该系统函数画出由 FIR 系统和 IIR 系统级联而成的结构流图；

（3）系统的哪一种实现要求最多延迟期？哪一种实现要求最多延迟系数？

6.27　一线性时不变系统用图题 6.27 的流图实现。

（1）写出该系统的差分方程和系统函数；

（2）计算每个输出样本需要多少次实数乘法和实数加法。

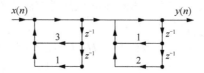

图题 6.27　给定的系统信号流图

6.28　已知一个 6 阶线性相位 FIR 数字滤波器的单位冲激响应 $h(n)$ 满足
$$h(0) = -h(6) = 3, \quad h(1) = -h(5) = -2, \quad h(2) = -h(4) = 3, \quad h(3) = 0$$
试画出该滤波器的线性相位结构。

6.29　求图题 6.29 所示系统的单位冲激响应。

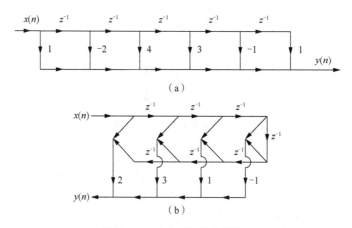

（a）

（b）

图题 6.29　给定系统的信号流图

6.30　已知 FIR 数字滤波器的系统函数为 $H(z) = (1 + z^{-1})(1 - 2z^{-1} + 2z^{-2})$，试分别画出该滤波器的直接型、级联型结构框图。

第7章 数字信号处理中的有限字长效应

7.1 概 述

第 6 章介绍的数字信号处理理论与方法,均假定了信号与数字滤波器等具有无限的精度。但是实际上,当数字滤波器在数字系统的软件和硬件上实现时,信号和系统参数均需要存储在有限字长的存储单元中。受数字系统有限字长的影响,表示信号数据和滤波器系数就不再是无限精度的了。这样,原本无限精度的信号数据与系统参数变为有限精度的,必然会产生相应的误差。本章主要研究分析这种数字信号处理中有限字长效应所带来的误差及可能的改善方法。

数字信号处理中的有限字长效应有多种,本章主要介绍以下几个方面的有限字长效应及其所引起的误差:

(1) A/D 转换器将模拟信号转换为数字信号所引起的量化误差。

(2) 数字滤波器系数的有限字长效应所引起的误差。

(3) 数字信号处理运算过程中有限字长效应引起的误差。

(4) 离散傅里叶变换中的有限字长效应。

研究有限字长效应的目的是通过这种研究了解数字信号处理结果的可信度,了解为达到所需精度所必须选用的最小字长,或者在硬件设备的价格和精度之间做出合适的选择。

7.2 A/D 转换的量化效应

7.2.1 A/D 转换的基本概念与原理

A/D 转换器是一个把输入模拟信号转换为输出数字信号的器件。由于数字信号仅表示相对大小,故任何一个 A/D 转换器都需要一个参考模拟量作为转换标准,例如最大可转换信号值,而输出数字量则表示输入信号相对于参考信号的大小。

A/D 转换器的分辨率(resolution)是指对于允许范围内的模拟信号,能输出数字信号值的个数,常用二进制数来存储,故常以比特(bit)为单位,且这些离散值的个数是 2 的幂指数。

A/D 转换的过程通常可以划分为两个环节,即采样环节与量化环节。采样是把连续时间信号(或称为模拟信号)$x(t)$ 转换为离散时间信号 $x(n)$ 的过程。在这里,$x(n)$ 在其离散时间点上的取值与 $x(t)$ 在该时刻的值相等,具有无限精度。所谓量化,就是将幅度上具有无限精度的 $x(n)$ 进行幅度上的离散化,使其适合信号处理系统有限精度的要求。量化的基本方法是通过截尾(truncating)或舍入(rounding)处理,将无限幅度精度 $x(n)$ 的每个样本值就近转换到与其邻近的量化等级中去,从而得到数字信号 $x_q(n)$。图 7.1 给出了模拟信号 $x(t)$ 经采样得到离散时间信号 $x(n)$,再经过量化到数字信号 $x_q(n)$ 的示意图。

图 7.1 中,连续线段表示模拟信号 $x(t)$;空心圆表示离散时间信号 $x(n)$,其特点是在时间上离散化了,但在幅度上仍准确保持模拟信号的值;实心圆表示经过量化后的数字信号

$x_q(n)$，仅在量化等级上取值。显然，$x_q(n)$ 在时间和幅度两方面均离散化了，其幅度是有限精度的。

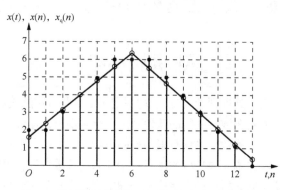

图 7.1　模拟信号、离散时间信号与数字信号示意图

7.2.2　A/D 转换的量化效应与误差分析

不失一般性，考虑离散时间信号 $x(n)$ 在时刻 n 为一正数，则无限精度 $x(n)$ 可以表示为

$$x(n) = \sum_{i=1}^{\infty} \alpha_i 2^{-i}, \quad \alpha_i = 0,1 \tag{7.1}$$

若 A/D 转换器的字长为 b，定义量化步长为 $q = 2^{-b}$。当 $b = 8$ 时，有 $q = 2^{-8} = 1/256$。对 $x(n)$ 进行量化操作，对于截尾量化和舍入量化，分别有

$$x_T(n) = \sum_{i=1}^{b} \alpha_i 2^{-i}, \quad \alpha_i = 0,1 \tag{7.2}$$

$$x_R(n) = \sum_{i=1}^{b} \alpha_i 2^{-i} + \alpha_{b+1} 2^{-b}, \quad \alpha_i = 0,1 \tag{7.3}$$

截尾量化与舍入量化所引起的误差分别表示为

$$e_T = x_T(n) - x(n) = -\sum_{i=b+1}^{\infty} \alpha_i 2^{-i}, \quad \alpha_i = 0,1 \tag{7.4}$$

$$e_R = x_R(n) - x(n) = \alpha_{b+1} 2^{-(b+1)} - \sum_{i=b+2}^{\infty} \alpha_i 2^{-i}, \quad \alpha_i = 0,1 \tag{7.5}$$

经分析可知，截尾量化误差满足 $-q < e_T \leqslant 0$，而舍入量化误差满足 $-q/2 < e_R \leqslant q/2$。

对于信号序列 $x(n)$ 和 $x_q(n)$，将截尾误差和舍入误差均记为 $e(n)$，则信号的量化模型可以表示为

$$x_q(n) = x(n) + e(n) \tag{7.6}$$

由于截尾量化所产生的误差序列具有非零均值特性，而舍入量化的误差序列具有零均值特性，因此在实际应用中，更多地采用舍入量化方式。

定义量化信噪比为

$$\mathrm{SNR}_{\mathrm{dB}} = 10\log_{10}\left(\frac{\sigma_x^2}{\sigma_e^2}\right) = 10\log_{10}\left(\frac{\sigma_x^2}{2^{-2b}/12}\right) = 6.02b + 10.79 + 10\log_{10}\sigma_x^2 \ (\mathrm{dB}) \tag{7.7}$$

式中，σ_x^2 和 σ_e^2 分别表示无限精度信号功率和量化误差的功率。由上式可以看出，信号功率越大，则量化信噪比越高。另外，A/D 转换器的字长 b 越长，则量化信噪比也越高。如果 A/D 转换器的字长 b 增加一位，则量化信噪比就会增加约 6dB。

在实际应用中还经常用式（7.8）定义的均方根误差来表示量化误差。

$$e_{rms} = \sqrt{\sigma_e^2} = q / \sqrt{12} \tag{7.8}$$

例 7.1 在数字音频应用中，设 A/D 转换器的动态范围为 0～10V。若希望量化误差的均方根值小于 50μV，试确定 A/D 转换器所需要的字长 b。

解 由式（7.8），有 $e_{rms} = q / \sqrt{12} < 50μV$，而 $q = 10 / 2^b$，解出 $b > 15.82$，取 $b = 16$。

7.3 数字滤波器系数的量化效应

7.3.1 IIR 数字滤波器系数的量化效应

设 IIR 数字滤波器的系统函数表示为

$$H(z) = \frac{B(z)}{A(z)} = \frac{\sum_{k=0}^{M} b_k z^{-k}}{1 - \sum_{k=1}^{N} a_k z^{-k}} \tag{7.9}$$

理论上，滤波器系数 a_k 和 b_k 都是无限精度的。但在实际应用中，a_k 和 b_k 必须被量化，从而形成有限精度的系数 $\hat{a}_k = a_k + \Delta a_k$ 和 $\hat{b}_k = b_k + \Delta b_k$。其中，$\Delta a_k$ 和 Δb_k 表示由量化所引入的系数误差。这样，式（7.9）所示的系统函数变为

$$\hat{H}(z) = \frac{\hat{B}(z)}{\hat{A}(z)} = \frac{\sum_{k=0}^{M} \hat{b}_k z^{-k}}{1 - \sum_{k=1}^{N} \hat{a}_k z^{-k}} \tag{7.10}$$

对于 IIR 数字滤波器，我们实际上最关心的是量化对系统极点的影响。将 $A(z)$ 表示为

$$A(z) = 1 - \sum_{k=1}^{N} a_k z^{-k} = \prod_{i=1}^{N} (1 - p_i z^{-1}) \tag{7.11}$$

式中，p_i, $i = 1, 2, \cdots, N$ 表示系统的极点。系统系数量化后，其 $\hat{A}(z)$ 的极点可以表示为 $\hat{p}_i = p_i + \Delta p_i$, $i = 1, 2, \cdots, N$，则系数量化所引起的量化误差可以表示为

$$\Delta p_i = \sum_{k=1}^{N} \frac{\partial p_i}{\partial a_k} \Delta a_k, \quad i = 1, 2, \cdots, N \tag{7.12}$$

可见，每一个极点的量化误差都与系统函数分母多项式的所有系数的量化有关。进一步有

$$\Delta p_i = -\sum_{i=1}^{N} \frac{p_i^{N-k}}{\prod_{\substack{l=1 \\ l \neq i}}^{N} (p_i - p_l)} \Delta a_k, \quad i = 1, 2, \cdots, N \tag{7.13}$$

若系统中某两个极点靠得很近，则 $p_i - p_l$ 值会很小，导致一个很大的 Δp_i，极端情况会使极点 $\hat{p}_i$ 移出单位圆，造成系统的不稳定。可见，IIR 数字滤波器系数量化误差的影响是显著的。

例 7.2 设 5 阶 IIR 数字滤波器的系数矢量如下所示：
$$\boldsymbol{a} = [1.0000, -2.2188, 3.0019, -2.4511, 1.2330, -0.3109]$$
$$\boldsymbol{b} = [0.0079, 0.0397, 0.0794, 0.0794, 0.0397, 0.0079]$$
试分别采用 4bit 和 5bit 字长对滤波器系数进行截尾量化，考察量化效应对系统性能的影响。

解 （1）用 4bit 字长对系数进行量化，得到的有限精度系数为

$$\hat{\boldsymbol{a}}_{4\text{bit}} = [1.0000, -2.0000, 3.0000, -2.2500, 1.1250, -0.2500]$$

$$\hat{\boldsymbol{b}}_{4\text{bit}} = [0, 0, 0.0625, 0.0625, 0, 0]$$

这样，量化前后系统的极点分别为

$$\boldsymbol{p} = [0.2896 + \text{j}0.8711, 0.2896 - \text{j}0.8711, 0.6542, 0.4936 + \text{j}0.5675, 0.4936 - \text{j}0.5675]$$

$$\hat{\boldsymbol{p}}_{4\text{bit}} = [0.4569 + \text{j}1.0239, 0.4569 - \text{j}1.0239, 0.4234, 0.3314 + \text{j}0.5999, 0.3314 - \text{j}0.5999]$$

图 7.2 给出了该滤波器系数 4bit 量化前后的系统幅频特性曲线和极点分布图。

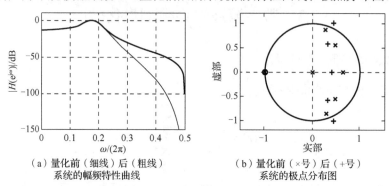

（a）量化前（细线）后（粗线）　　　（b）量化前（×号）后（＋号）
　　系统的幅频特性曲线　　　　　　　　　系统的极点分布图

图 7.2　滤波器系数 4bit 量化前后的系统幅频特性曲线和极点分布图

（2）再用 5bit 字长对系数矢量 $\boldsymbol{a}$ 和 $\boldsymbol{b}$ 进行量化，所得到的量化前后系统幅频特性曲线和极点分布图如图 7.3 所示。

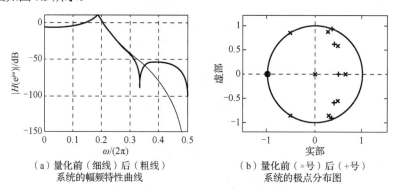

（a）量化前（细线）后（粗线）　　　（b）量化前（×号）后（＋号）
　　系统的幅频特性曲线　　　　　　　　　系统的极点分布图

图 7.3　滤波器系数 5bit 量化前后的系统幅频特性曲线和极点分布图

显然，当采用 4bit 进行量化时，量化后系统有一对共轭极点移出单位圆，从而使系统变为不稳定的，且系统幅频特性失真比较严重。当采用 5bit 进行量化时，虽然字长只增加了 1bit，但系统由 4bit 量化时的不稳定状态转变为稳定状态，且系统的频率特性也有所改善。

实际上，在真实应用中，通常用并联或级联结构实现高阶系统，使每一级的阶数都不超过二阶，这样可减小因系数量化造成极点移动所带来的负面效应。

7.3.2　FIR 数字滤波器系数的量化效应

设 FIR 数字滤波器的系统函数表示为

$$H(z) = \sum_{n=0}^{M} h(n) z^{-n} \tag{7.14}$$

式中，$h(n)$ 表示无限精度的系统单位冲激响应。当对 $h(n)$ 系数进行量化操作时，引入了量化

误差 $e(n)$ ，则量化后单位冲激响应为 $\hat{h}(n) = h(n) + e(n)$ 。这样，量化后系统函数变为

$$\hat{H}(z) = \sum_{n=0}^{M} h(n)z^{-n} + \sum_{n=0}^{M} e(n)z^{-n} = H(z) + E(z) \tag{7.15}$$

量化误差 $e(n)$ 的频率特性为 $E(\mathrm{e}^{\mathrm{j}\omega}) = \sum_{n=0}^{M} e(n)\mathrm{e}^{-\mathrm{j}\omega n}$ ，进一步分析，有

$$|E(\mathrm{e}^{\mathrm{j}\omega})| = \left|\sum_{n=0}^{M} e(n)\mathrm{e}^{-\mathrm{j}\omega n}\right| \leqslant \sum_{n=0}^{M} |e(n)| \, |\mathrm{e}^{-\mathrm{j}\omega n}| \leqslant \sum_{n=0}^{M} |e(n)| \tag{7.16}$$

上式表明，在任意频率 ω 处，量化误差序列的幅频特性均不大于该误差序列绝对值之和。当采用舍入量化方式时，有

$$|E(\mathrm{e}^{\mathrm{j}\omega})| \leqslant \sum_{n=0}^{M} |e(n)| \leqslant \frac{(M+1)q}{2} \tag{7.17}$$

例 7.3　设 FIR 数字滤波器的阶数为 $M = 30$ ，要求由量化误差引起的频率响应偏差不大于 0.001 ，即 -60dB 。试确定所需要的滤波器系数字长。

解　由式（7.17），令 $2^{-b}(30+1)/2 \leqslant 0.001$ 。这样，可求出 $b = 13.92$ ，取字长为 $b = 14$ 。

7.4　数字滤波器运算中有限字长效应

实现数字滤波器的基本运算主要包括单位延迟、乘系数和信号相加三种。数字滤波器的系数和运算数据都是存储在有限字长寄存器中的。仔细分析这三种基本运算，其中单位延迟不会引起数据字长的变化，而乘系数和信号相加均可能会引起字长问题。例如，若两个字长为 b 的数据进行相乘，其乘积字长为 $2b$ ，超出了寄存器允许的字长，必须进行舍入或截尾处理。本节主要讨论数字滤波器中数据的乘法运算对系统性能的影响。

7.4.1　IIR 数字滤波器的极限环振荡现象

所谓极限环振荡（limit cycle oscillation）是 IIR 数字滤波器由于极点设置问题而产生的一种振荡现象，其基本原因是系统函数的极点被设置在单位圆上。对于 IIR 数字滤波器而言，如果不能妥善处理系统运算中数据相乘运算所引起的超出字长的问题，就有可能会引起系统的极限环振荡现象，从而使系统变得不稳定。

例 7.4　给定一阶 IIR 数字滤波器的差分方程为 $y(n) = ay(n-1) + x(n)$ 。假定输入信号 $x(n) = 0.875\delta(n)$ ， $a = 0.5$ ，设系统初始状态为 0 ，即 $y(-1) = 0$ 。

（1）试求系统的输出信号；

（2）若系统的字长为 4bit，第一位为符号位，再求系统的输出信号。

解　（1）对给定系统的差分方程两端求取 z 变换，有 $Y(z) = \dfrac{1}{1-az^{-1}} X(z)$ 。由于

$x(n) = 0.875\delta(n)$ ，故 $X(z) = 0.875$ 。这样， $Y(z) = \dfrac{1}{1-az^{-1}} X(z) = \dfrac{0.875}{1-0.5z^{-1}}$ 。求逆 z 变换，

可以得到 $y(n) = 0.875a^n u(n) = 0.875 \times 0.5^n u(n)$ 为一单调衰减序列。

（2）当系统字长为 4bit 且第一位为符号位时，信号与系数可表示为二进制形式 $x(n) = 0.111_{\mathrm{B}}\delta(n),\quad a = 0.100_{\mathrm{B}}$ 。其中数据的下标 "B" 表示二进制数。对系统乘法运算后的结果做舍入处理（用 $[\cdot]_{\mathrm{R}}$ 表示舍入处理），有

$$n = 0, \quad \hat{y}(0) = x(0) = 0.111_B$$

$$n = 1, \quad \hat{y}(1) = [a\hat{y}(0)]_R = [0.100_B \times 0.111_B]_R = [0.011100_B]_R = 0.100_B$$

$$n = 2, \quad \hat{y}(2) = [a\hat{y}(1)]_R = [0.100_B \times 0.100_B]_R = [0.001110_B]_R = 0.010_B$$

$$n = 3, \quad \hat{y}(3) = [a\hat{y}(2)]_R = [0.100_B \times 0.010_B]_R = [0.000111_B]_R = 0.001_B$$

$$n = 4, \quad \hat{y}(4) = [a\hat{y}(3)]_R = [0.100_B \times 0.001_B]_R = [0.000111_B]_R = 0.001_B$$

如果继续递推下去，不难发现，$\hat{y}(5) = \hat{y}(6) = \cdots = \hat{y}(n) = 0.001_B$，$n \to \infty$，即当满足 $n > 3$ 时，$\hat{y}(n)$ 不再是一个单调衰减信号序列，而变成一个常数序列。这个结果是对乘法运算进行舍入处理而导致的极限环振荡现象，是由于舍入处理将系统的极点移动到单位圆上的结果。

7.4.2　IIR 数字滤波器中数据乘法运算的有限字长效应

在定点运算中，每次乘系数运算 $y(n) = ax(n)$ 后都要进行一次舍入或截尾处理（这里假定进行舍入处理），则舍入误差可以表示为

$$e(n) = [ax(n)]_R - ax(n) = [y(n)]_R - y(n) \tag{7.18}$$

假定误差信号为均匀分布平稳白噪声序列，不同乘法运算之间互不相关，且误差信号与输入信号及中间结果均不相关，则可以认为舍入误差在 $\left(-\dfrac{2^{-b}}{2}, +\dfrac{2^{-b}}{2}\right]$ 范围内服从均匀分布，且其均值 m_e 和方差 σ_e^2 分别表示为 $m_e = E[e(n)] = 0$ 和 $\sigma_e^2 = E[e^2(n)] = \dfrac{q^2}{12}$，$q = 2^{-b}$。这样，各舍入误差 $e(n)$ 所产生的总输出噪声 $e_f(n)$ 表示为

$$e_f(n) = \hat{y}(n) - y(n) \tag{7.19}$$

每一个舍入噪声所产生的输出噪声的均值和方差表示为

$$\begin{cases} \sigma_f^2 = \sigma_e^2 \displaystyle\sum_{n=-\infty}^{\infty} h_e^2(n) \\[3mm] m_f = m_e \displaystyle\sum_{n=-\infty}^{\infty} h_e(n) \end{cases} \tag{7.20}$$

式中，$h_e(n)$ 表示从 $e(n)$ 加入的节点到输出节点的系统单位冲激响应。在满足均匀分布白噪声和互不相关假定的条件下，总的输出噪声方差等于每个输出噪声方差之和。

设 IIR 数字滤波器的系统函数为 $H(z) = \dfrac{0.2}{(1 - 0.7z^{-1})(1 - 0.6z^{-1})}$，表 7.1 给出了在定点运算条件下采用舍入处理方法时，直接型、级联型和并联型三种实现结构的舍入误差。

表 7.1　三种实现结构下舍入误差对比分析

结构类型	系统函数	系统结构	舍入误差分析
直接型	$H(z) = \dfrac{0.2}{(1 - 0.7z^{-1})(1 - 0.6z^{-1})}$ $= \dfrac{0.2}{1 - 1.3z^{-1} + 0.42z^{-2}}$	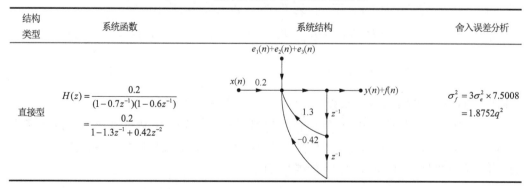	$\sigma_f^2 = 3\sigma_e^2 \times 7.5008$ $= 1.8752q^2$

续表

结构类型	系统函数	系统结构	舍入误差分析
级联型	$H(z) = \dfrac{0.2}{(1-0.7z^{-1})(1-0.6z^{-1})}$ $= 0.2 \cdot \dfrac{1}{A_1(z)} \cdot \dfrac{1}{A_2(z)}$ $A_1(z) = 1 - 0.7z^{-1}$ $A_2(z) = 1 - 0.6z^{-1}$		$\sigma_f^2 = 16.5641\sigma_e^2$ $= 1.3803q^2$
并联型	$H(z) = \dfrac{1.4}{1-0.7z^{-1}} + \dfrac{-1.2}{1-0.6z^{-1}}$		$\sigma_f^2 = 7.0466\sigma_e^2$ $= 0.5872q^2$

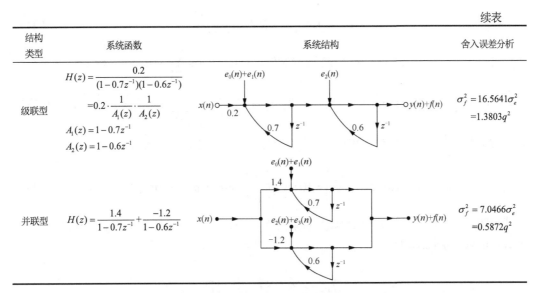

对比这三种实现结构下系统舍入误差的情况，可以看出，直接型结构的舍入误差最为显著。这是因为这种结构的所有舍入误差都要经过全部网络的反馈环节，误差得到了积累。而并联型结构由于每个并联子系统的舍入误差只影响该子系统自身，与其他部分无关，故误差积累效应最小，从而输出误差最小。级联型结构的误差介于直接型结构和并联型结构之间。

7.4.3　FIR 数字滤波器中数据乘法运算的有限字长效应

设 M 阶 FIR 数字滤波器的系统差分方程为

$$y(n) = \sum_{k=0}^{M} b_k x(n-k) \tag{7.21}$$

在时刻 n，乘法次数为 $M+1$，会产生 $M+1$ 个舍入误差。设这些舍入误差互不相关，则有 $\hat{y}(n) = y(n) + \sum_{k=0}^{M} e_k(n)$。系统由于舍入误差所引起的输出噪声的方差为

$$\sigma_f^2 = \frac{M+1}{12}q^2 \tag{7.22}$$

显然，系统中乘法运算的舍入误差直接出现在输出端，而与滤波器系数无关。另外，滤波器的阶数越高，由舍入误差所引起的输出噪声也越大。而字长越长，则舍入误差越小。

7.5　离散傅里叶变换的有限字长效应

设 N 点序列 $x(n)$ 的 DFT 定义为

$$X(k) = \sum_{n=0}^{N-1} x(n)W_N^{nk}, \quad k = 0,1,\cdots,N-1 \tag{7.23}$$

对于每一个频点 k，计算 $X(k)$ 需要 N 次复数乘法，含 $4N$ 次实数乘法。设每个乘法运算产生的舍入误差为 e_i，$i = 1,2,\cdots,4N$。假定这些误差为服从均匀分布的随机变量，互不相关，且与输入序列 $x(n)$ 也不相关。这 $4N$ 个误差反映在某个特定的 $X(k)$ 上，其总的方差为

$$\sigma_f^2 = 4N\sigma_e^2 = 4N\frac{q^2}{12} = \frac{2^{-2b}N}{3} \tag{7.24}$$

进一步地，对式（7.23）的 $X(k)$ 取绝对值，有 $|X(k)| \leqslant \sum_{n=0}^{N-1} |x(n)|$。若假定 $x(n)$ 是在区间 $\left(-\dfrac{1}{N}, \dfrac{1}{N}\right)$ 服从均匀分布的白噪声，则 $\sigma_x^2 = \dfrac{(2/N)^2}{12} = \dfrac{1}{3N^2}$，这样，$X(k)$ 的方差为 $\sigma_X^2 = N\sigma_x^2 = \dfrac{1}{3N}$。可以求出 DFT 输出端信号与舍入误差之间的信噪比为

$$\mathrm{SNR}_{\mathrm{dB}} = 10\log_{10}\left(\frac{\sigma_X^2}{\sigma_f^2}\right) = 10\log_{10}\left(\frac{2^{2b}}{N^2}\right) = 6.02b - 20\log_{10} N \ (\mathrm{dB}) \tag{7.25}$$

上式表明，信噪比与数据 N^2 成反比。若给定 $N = 1024 = 2^{10}$，且要求 $\mathrm{SNR}_{\mathrm{dB}} = 30\mathrm{dB}$，则由上式可以求出字长 $b = 15\mathrm{bit}$。

7.6 本 章 小 结

针对数字信号处理系统实际应用中的有限精度问题，本章简要介绍了几种由于系统有限字长效应所引起的误差问题，包括 A/D 转换器的量化误差问题、数字滤波器系数的量化效应、数字信号处理运算中的有限字长效应，以及离散傅里叶变换中的有限字长效应。掌握这些由无限精度算法与有限精度系统之间差异所引起的误差，对于深刻理解和正确使用数字滤波器具有重要意义。

思考题与习题

7.1 试说明 A/D 转换器的基本概念与其量化效应。

7.2 什么是截尾量化处理及其误差？什么是舍入量化处理及其误差？

7.3 试说明 IIR 数字滤波器系数的量化效应。

7.4 试说明 FIR 数字滤波器系数的量化效应。

7.5 试说明 IIR 数字滤波器的有限字长效应。

7.6 试说明 FIR 数字滤波器的有限字长效应。

7.7 什么是 IIR 数字滤波器的极限环振荡，其产生的条件是什么？

7.8 试说明 IIR 数字滤波器数据乘法运算的有限字长效应。

7.9 试说明 FIR 数字滤波器数据乘法运算的有限字长效应。

7.10 试说明离散傅里叶变换的有限字长效应。

7.11 把以下十进制数分别用 $b=3$ 的原码、补码、反码表示：0.875、−0.875、0.625、−0.625、0.75、−0.75、0.25、−0.25。

7.12 当以下二进制数分别为原码、补码、反码时，写出相应的十进制数：0.110、1.100、1.101、1.111、1.000。

7.13 在数字音频应用中，设 A/D 转换器动态范围为 0～10V。量化误差的均方根值小于 300μV，而 A/D 转换器字长为 9，问此 A/D 转换器是否满足要求？

7.14　设 $H(z) = \dfrac{0.0373z}{z^2 - 1.7z + 0.745}$，求维持系统稳定性系数需要的最小字长。（注：滤波器做舍入处理。）

7.15　设 IIR 数字滤波器的系统函数为 $H(z) = \dfrac{0.01722133z^{-1}}{1 - 1.7235682z^{-1} + 0.74081822z^{-2}}$。若用 8bit 字长的寄存器来存放系数，试求该滤波器的实际系统函数 $\hat{H}(z)$。

7.16　一个二阶 IIR 低通数字滤波器，系统函数为 $H(z) = \dfrac{0.04}{1 - 1.7z^{-1} + 0.72z^{-2}}$，求其直接型结构的舍入误差。

7.17　分别就 $N=10$ 和 $N=1024$ 的 FIR 线性相位数字滤波器，字长 $b=17$，求输出噪声方差 σ_f^2。

7.18　设一阶递归滤波器 $y(n) = ay(n-1) + x(n), |a| < 1$，求量化噪声误差引起的系统输出噪声方差。

7.19　设 A/D 转换器的字长为 b，在 A/D 转换器的输出接一离散时间系统，其单位冲激响应为 $h(n) = [a^n + (-a)^n]u(n)$，试求系统输出的量化噪声方差 σ_f^2。

7.20　设数字滤波器的系统函数为 $H(z) = \dfrac{1 + z^{-1}}{1 - 0.25z^{-1}}$，输入为 $x(n) = \begin{cases} 0.5(-1)^n, & n \geqslant 0 \\ 0, & n < 0 \end{cases}$，用定点算法实现，系数和所有变量用 5 位二进制数表示成原码，第一位为符号位，乘法结果做舍入处理，求量化处理与未量化处理系统响应，并比较。

7.21　设数字滤波器的系统函数为 $H(z) = \dfrac{1}{1 - 0.25z^{-1}}$。

（1）设输入为 $x(n) = \begin{cases} 0.5, & n \geqslant 0 \\ 0, & n < 0 \end{cases}$，求系统输出。$n$ 较大时，输出如何？

（2）系统用定点算法实现。网络中系数和所有变量用 5 位二进制数表示成原码，第一位为符号位，乘法结果做截尾处理，即只保留符号位和前四位。计算已量化的系统对输入的响应，计算未量化的系统在 $0 \leqslant n \leqslant 5$ 时的响应。n 较大时，如何比较这两种响应？

7.22　设某稳定系统的级联实现为 $H(z) = \dfrac{1}{(1 - 0.906z^{-1})(1 - 0.954z^{-1})}$，对截尾和舍入两种量化方式，其字长 b 大到多少以后，系统才稳定。

7.23　一个 N 阶 FIR 滤波器 $H(z) = \sum\limits_{n=0}^{N} a_n z^{-n}$，采用直接型结构，用 b 位字长舍入方式对其系数做量化。

（1）用统计方法估算由于系数量化所引起的频率响应的均方偏差的统计平均值 σ_ε^2。

（2）当 $N=1024$ 时，若要求 $\sigma_\varepsilon^2 \leqslant 10^{-8}$，则系数字长 b 需要多少位？

7.24　一个二阶 IIR 系统的差分方程为 $y(n) = y(n-1) - ay(n-2) + x(n)$。采用 $b=3$ 的定点运算，并舍入处理。

（1）若系数 $a = 0.75$，输入信号 $x(n) = 0$，初始条件 $\hat{y}(-2) = 0$，$\hat{y}(-1) = 0.5$，试求 $0 \leqslant n \leqslant 9$ 的 10 点输出 $\hat{y}(n)$ 值；

（2）试证明：当 $[a\hat{y}(n-2)]_R = \hat{y}(n-2)$ 时发生零输入极限环振荡，用等效极点迁移来解释。

7.25　一个一阶 IIR 网络，差分方程为 $y(n) = ay(n-1) + x(n)$，采用定点原码运算，尾数做截尾处理。

（1）证明：只要系统稳定，即 $|a| < 1$，就不会发生零输入极限环振荡；

（2）若采用定点补码运算，尾数做截尾处理，（1）的结论仍成立吗？

7.26　一个二阶 IIR 滤波器的系统函数为 $H(z) = \dfrac{0.6 - 0.42z^{-1}}{(1 - 0.4z^{-1})(1 - 0.8z^{-1})}$，现用 b 位字长的定点运算实现它，尾数做舍入处理，计算直接 I 型及直接 II 型结构的输出舍入噪声方差。

7.27　设 DFT 变换 $X(k) = \sum\limits_{n=0}^{N-1} x(n)W_N^{nk}$，$k = 0, 1, \cdots, N-1$，其中 $W_N = \mathrm{e}^{-\mathrm{j}2\pi/N}$。假设 $x(n)$ 为零均值平稳白噪声序列的 N 个相邻值，即满足 $E[x(n)x(m)] = \sigma_x^2 \delta(n-m)$，$E[x(n)] = 0$。

（1）试确定 $|X(k)|^2$ 的方差；

（2）试确定 $E[X(k)X^*(r)]$，并将其表示为 k 和 r 的函数。

7.28　设一阶全通系统的差分方程为 $y(n) = ay(n-1) + x(n) - a^{-1}x(n-1)$。若分别取 $a = 0.9$ 和 $a = 0.98$，再分别用 4bit 和 8bit 字长对系统系数进行量化，考察该系统是否仍为全通系统。

7.29　设一 IIR 数字滤波器的系统函数为 $H(z) = \dfrac{1 - 0.5z^{-1}}{(1 - 0.8z^{-1})(1 - 0.9z^{-1})}$。

（1）假定系统运算中的数据均采用 $b$bit 字长进行量化，求输入信号量化噪声在输出端的功率；

（2）求出并画出该系统的直接实现、级联实现和并联实现结构；

（3）分别求出三种实现形式下乘法运算的舍入误差在输出端的功率。

第8章 数据误差分析与信号预处理

8.1 概　述

信号处理中的许多信号来自各种测量或测试，例如对于长度、高度、距离等几何量的测量，对于光、声音、温度、湿度和电量等物理量的测量，以及对心电、脑电、脉搏、血压等生理信息的测量与测试等。从这个角度来说，测量与测试是与信号处理密切相关的。

误差问题是测量和测试不可回避的问题。误差的存在会影响测量的精度，严重时甚至会使测量得到错误的结果，因此必须对测量误差进行系统的理论分析和实际有效的处理。

根据误差产生的原因，可以将测量误差大致分为随机误差和系统误差，这两类误差的特性和产生原因是不同的，需要分别分析和处理。了解了误差的产生原因和特性，还需要对误差进行一定的补偿与处理，包括粗大误差的消除与数据中野点和趋势项的去除等，以改善测量精度。这些误差消除方法与信号处理中的信号预处理是相似的。此外，测量数据的最小二乘法处理与回归分析是数据分析的基本手段和重要内容，本章也进行系统研究和介绍。

本章在简要介绍误差基本概念和基本原理的基础上，介绍粗大误差的判断与处理，介绍测量不确定度的概念及与误差概念的同异，重点介绍数据处理的最小二乘法与回归分析，还特别强调了信号中趋势项与野点的去除方法等问题，最后给出误差分析与数据处理的应用实例。

8.2 误差与测量不确定度

8.2.1 误差的基本概念

测量误差（这里简称为误差）是指对一个量进行测量或测试后，所得到测量、测试结果与被测量（measurand）之间的差异，可分为绝对误差和相对误差等。

绝对误差（absolute error）Δ_θ 定义为测量值 θ 与其真值 θ_0 之差，即

$$\Delta_\theta = \theta - \theta_0 \tag{8.1}$$

绝对误差并不是误差的绝对值，其值可以为正也可以为负。绝对误差表示测量值偏离其真值的程度，其单位与被测量的单位相同。由于被测量的真值往往不能得到，因此常用多次测量的算术平均值来替代真值。这样，绝对误差转化为残差（residual），即

$$v_\theta = \theta - \bar{\theta} \tag{8.2}$$

式中，v_θ 为残差；$\bar{\theta}$ 为多次测量的算术平均值。

相对误差（relative error）δ_θ 定义为绝对误差与被测量真值之比，常用百分数表示为

$$\delta_\theta = \left| \frac{\Delta_\theta}{\theta_0} \right| \times 100\% \tag{8.3}$$

引用误差（fiducial error）Y_a 定义为测量仪器的误差与仪器特定值之比，即

$$Y_a = \frac{D}{B} \times 100\% \tag{8.4}$$

式中，D 表示测量仪器的误差；B 表示测量仪器的特定值，又称为引用值，通常为测量仪器的量程。引用误差是一种简单实用的相对误差，可用来描述测量仪器准确度的高低。

8.2.2 随机误差

1. 随机误差的基本概念

随机误差（random error）是指在相同条件下，多次测量同一被测量时，测量结果的大小和符号以不可预知的方式变化的误差，又称为"偶然误差"或"不定误差"。

尽管某一个随机误差的出现是没有规律性的，但是如果进行大量的重复实验，就可能发现随机误差在一定程度上服从某种统计规律。这样，就可以运用概率统计的方法对随机误差的总体趋势和分布进行估计，并采取相应的措施减小其影响。

随机误差产生的原因主要有三个方面：第一，由测量仪器结构上不完善或零部件不精密而产生；第二，测量过程中环境因素变化或干扰影响所引入；第三，测量人员主观因素的影响。实际上，上述因素与随机误差之间的关系很难确定，且上述因素是否出现都是难以确定和预计的。

2. 算术平均值的概念与应用

算术平均值定义为对多次测量结果进行算术平均，即

$$\bar{\theta} = \frac{1}{N} \sum_{i=1}^{N} \theta_i \tag{8.5}$$

式中，$\bar{\theta}$ 为 N 次测量结果的算术平均值；θ_i 为第 i 次测量的结果。

由于测量结果的算术平均值与被测量的真值通常会比较接近，当测量次数趋于无穷时，某次测量的绝对误差可以写为

$$\Delta_i = \theta_i - \theta_0 = (\theta_i - E[\theta_i]) + (E[\theta_i] - \theta_0) \tag{8.6}$$

式中，$E[\theta_i]$ 为测量结果的数学期望（expectation）。由上式可见，测量误差可以分为两部分，$(\theta_i - E[\theta_i])$ 为测量结果与期望值的偏离值，一般称为随机误差，而 $(E[\theta_i] - \theta_0)$ 为期望值与真值的偏差，常称为系统误差（systematic error）。

3. 测量的标准差

测量的标准差（standard deviation）是测量数据平均值分散程度的一种度量，是衡量随机误差的关键指标。测量中单次测量的标准差定义为

$$\sigma = \sqrt{\frac{\sum_{i=1}^{N} \Delta_i^2}{N}} \tag{8.7}$$

由于绝对误差 Δ_i 不易得到，通常用残差 v_i 来替代，并按照贝塞尔公式将式（8.7）写为

$$\sigma = \sqrt{\frac{\sum_{i=1}^{N} v_i^2}{N-1}} \tag{8.8}$$

算术平均值 $\bar{\theta}$ 的标准差定义为

$$\sigma_{\bar{\theta}} = \frac{\sigma}{\sqrt{N}} \tag{8.9}$$

当测量次数增加时，算术平均值则更加接近真值。

8.2.3　系统误差

1. 系统误差的概念

所谓系统误差是指在一定的测量条件下，对同一个被测量进行多次重复测量时，误差值的大小和符号均保持不变的误差；或者在条件变化时，按一定规律变化的误差。系统误差可以通过实验或分析的方法确定其变化规律及误差的产生原因，并在确定误差值后在测量的结果中给予修正。也可以在新的测量前，通过改善测量条件或测量方法，使之减小或消除。但是，系统误差不能依靠增加测量次数来减小或消除。

2. 系统误差的来源

系统误差的来源主要包括以下几个方面。

（1）测量仪器引入的误差：指测量仪器结构上不完善或零部件缺陷所引入的误差。

（2）仪器调整引入的误差：指测量前未能将测量仪器或被测件安装在正确的位置，或调整到正确的状态所引入的误差。

（3）测量者习惯引入的误差：指由测量者习惯所引入的测量误差。

（4）测量条件所引入的误差：指由温度等条件在测量过程中发生变化所引入的误差。

（5）测量方法所引入的误差：指由于测量或数据处理方法不适当所引入的误差。

3. 发现、减小和消除系统误差的方法

发现系统误差是改善测量精度的首要问题。由于形成系统误差的原因错综复杂，目前尚无普遍的误差发现方法，一般需要根据测量过程和测量仪器进行全面分析。

发现系统误差的主要方法包括实验对比法、理论分析法和数据分析法。其中，实验对比法的基本思路是进行不同条件下的测量。理论分析法主要用于对测量进行定性的分析判断，以确定是否存在系统误差。数据分析法主要用于对测量进行定量分析。

一旦发现测量过程中存在系统误差，进一步的问题就是如何减小或消除这些系统误差。常用的减小或消除系统误差的方法包括消除产生系统误差根源的方法、引入修正项的方法和采用能避免系统误差的方法进行测量等。

8.2.4　粗大误差

所谓粗大误差（gross error）是指明显超出规定条件预期的误差，常简称为粗差。引起粗大误差的原因主要包括错误读取示值、使用有缺陷的测量器具、测量仪器受到外界振动或电磁干扰而发生指示突变等。粗大误差必须从测量结果中剔除，否则会导致错误的结论。

1. 粗大误差的判定准则

判别粗大误差的准则有多种，其中，3σ 准则是常用的统计判断准则，而罗曼诺夫斯基准则则常用于测量数据较少的场合。

（1）3σ 准则。

3σ 准则假定测量数据中的误差只含有随机误差，依据数据计算得到标准差，再按照一定的概率确定一个区间，凡超过这个区间的误差就认为是粗大误差。这种方法仅局限于对服

从正态分布或近似正态分布的数据进行处理。3σ 准则判定粗大误差的条件为

$$|v_d| = |\theta_d - \overline{\theta}| > 3\sigma \tag{8.10}$$

式中，θ_d 和 v_d 为可疑数据及其残差；$\overline{\theta}$ 为测量数据的平均值；σ 为测量数据残差的标准差。需要注意的是，每经过一次数据剔除，需要重新计算剩余数据的 σ 值，并继续进行判断。此外，3σ 准则使用的前提是测量数据充分多，若测量数据较少，则该准则的效果不可靠。

（2）罗曼诺夫斯基准则。

罗曼诺夫斯基准则又称为 t 分布检验准则，其判别粗大误差的方法是先剔除一个可疑的测量值，再按照 t 分布来检验被剔除的测量值是否含有粗大误差。设等精度独立测量数据为 θ_1，θ_2，$\cdots$，θ_N，若认为 θ_d 为可疑数据，则将其剔除后计算算术平均值 $\overline{\theta} = \dfrac{1}{N-1}\sum\limits_{\substack{i=1 \\ i \neq d}}^{N}\theta_i$，计算

标准差（计算时不含 $v_d = \theta_d - \overline{\theta}$），$\sigma = \sqrt{\dfrac{1}{N-2}\sum\limits_{i=1}^{N-1}v_i^2}$，再根据测量次数 N 和显著度 α，经由查 t 分布检验系数表来得到 t 分布检验系数 $K(N,\alpha)$，若满足

$$|\theta_d - \overline{\theta}| \geqslant K(N,\alpha)\sigma \tag{8.11}$$

则认为数据 θ_d 含有粗大误差，应予剔除。否则，则保留该数据。

2. 粗大误差的消除方法

粗大误差的消除方法主要有两条准则：第一，要适当选择粗大误差的判别准则；第二，在存在多个粗大误差的情况下，应采用逐步剔除的方法，通常先剔除含有最大粗大误差的数据，再依次进行判别和剔除。

8.2.5　误差的合成与分配

误差的合成主要研究如何正确地分析和综合测量过程中出现的各种误差，并如何正确地表述这些误差对测量结果的综合影响。误差的分配则是误差合成的相反过程，即在给定测量结果允许的总误差的条件下，如何合理确定各单项误差的问题。

1. 随机误差的合成

设测量过程中出现 q 个单项随机误差，其标准差为 σ_1，σ_2，$\cdots$，σ_q，相应的误差传播系数为 a_1，a_2，$\cdots$，a_q。误差传播系数可由间接测量函数模型 $y = f(\theta_1, \theta_2, \cdots, \theta_q)$ 求得为 $a_i = \dfrac{\partial y}{\partial \theta_i}$，$i = 1, 2, \cdots, q$。这样，对随机误差合成的标准差为

$$\sigma = \sqrt{\sum_{i=1}^{q}(a_i\sigma_i)^2 + 2\sum_{1 \leqslant i < j}^{q}\rho_{ij}a_ia_j\sigma_i\sigma_j} \tag{8.12}$$

若各测量误差互不相关，则相关系数 $\rho_{ij} = 0$，这样，上式简化为 $\sigma = \sqrt{\sum\limits_{i=1}^{q}(a_i\sigma_i)^2}$。若误差传播系数均满足 $a_i = 1$，$i = 1, 2, \cdots, q$，则有 $\sigma = \sqrt{\sum\limits_{i=1}^{q}\sigma_i^2}$。

2. 系统误差的合成

已定系统误差（fixed systematic error）是指误差的大小和符号均已确切掌握了的系统误差。设有 N 个单项已定系统误差，则总的已定系统误差为

$$\Delta y = a_1 \Delta_1 + a_2 \Delta_2 + \cdots + a_N \Delta_N = \sum_{i=1}^{N} a_i \Delta_i \tag{8.13}$$

式中，Δ_i，$i = 1, 2, \cdots, N$ 为单项已定系统误差值，应该在误差合成前或后进行消除或修正。

仅知道其极限范围而未知其准确数值的系统误差称为未定系统误差（uncertainty system error）。未定系统误差具有一定的随机性，可以采用随机误差合成的方法来进行合成。

设测量过程有 q 个单项随机误差，r 个单项未定系统误差，二者的标准差分别为 σ_1，σ_2，$\cdots$，σ_q 和 s_1，s_2，$\cdots$，s_r。不失一般性，设各误差传播系数均为 1，则总的标准差为

$$\sigma = \sqrt{\sum_{i=1}^{q} \sigma_i^2 + \sum_{j=1}^{r} s_j^2 + R} \tag{8.14}$$

式中，R 表示各误差之间协方差之和。若各误差之间互不相关，则 $\sigma = \sqrt{\sum_{i=1}^{q} \sigma_i^2 + \sum_{j=1}^{r} s_j^2}$。

3. 误差分配的原则

设 σ_y 表示总误差，$\sigma_{y_i} = a_i \sigma_i$，$i = 1, 2, \cdots, N$ 表示各单项误差，则误差分配的一般原则为

$$\sqrt{\sigma_{y_1}^2 + \sigma_{y_2}^2 + \cdots + \sigma_{y_N}^2} \leqslant \sigma_y \tag{8.15}$$

误差分配的等影响原则就是控制各分项误差对总体误差的影响相等，即

$$\sigma_{y_1} = \sigma_{y_2} = \cdots = \sigma_{y_N} = \sigma_y / \sqrt{N} \tag{8.16}$$

调整误差的可能性原则，就是在等影响原则分配误差的基础上，根据具体情况进行适当调整。对于难以实现的分项误差可适当扩大，对于容易实现的分项误差尽可能缩小。这样做的结果是可以避免采用更为昂贵或更高等级的测量仪器，或者避免增加更多的测量次数。

8.2.6　测量不确定度

测量结果的质量高低，往往是科学研究与科学实验成败的关键因素，也是许多应用的重要依据。在科学上必须对测量结果的质量做出定量说明，以确定测量结果的可信程度，这就是测量不确定度的问题。

1. 测量不确定度的定义

测量不确定度（uncertainty of measurement）是基于误差理论建立的概念，可理解为对测量结果的可信性、有效性的怀疑程度或不肯定程度，用于表征合理赋予被测量值的分散性。

测量不确定度有多种表示形式，例如它可以表示为标准差或置信区间的半宽等。测量不确定度常由多个分量组成，其中一些分量可以由一系列测量结果的统计分布进行估计，另一些分量则可以基于经验或其他信息的概率分布来估计。

根据测量不确定度的概念，一个完整的测量结果应包含被测量值的估计和分散性参数两部分。例如，被测量 Y 的测量结果为 $y \pm \Delta$，其中 y 是被测量的估计，而其测量不确定度为 Δ。以标准差表示的不确定度称为标准不确定度，常记为 u。

2. 测量不确定度与误差的同异

误差与测量不确定度是两个既相互关联又相互区别的概念。

一方面，误差与不确定度二者都是由测量的系统效应和随机效应所引起的。这些效应的存在使得每个测量结果也就都具有一定的不可靠性，导致产生误差和不确定度。

另一方面，误差与不确定度又有显著的区别。误差是测量值与其真值之差，由于在许多情况下真值的不可知性，故误差也常不能得到准确值。不确定度是表示对测量结果不肯定的程度，表征了被测量值可能出现的范围。此外，误差和不确定度的取值不同。误差是一个差值，其符号或正或负。测量不确定度是一个区间，其值恒为正值。

3. 标准不确定度的评定

标准不确定度的评定划分为 A 类评定和 B 类评定。A 类评定采用统计分析的方法进行评定，其不确定度 u 与测量标准差 σ 相等，即 $u = \sigma$。标准不确定度的 B 类评定则根据资料及假设的概率分布通过估计的标准差来表示。在实际应用中，由于标准不确定度的 A 类评定方法不够经济，因此 B 类评定方法占有重要地位。

4. 测量不确定度的合成

若测量结果受多种因素影响而形成若干不确定度分量，则测量结果的标准不确定度用各分量合成后所得的合成标准不确定度 u_c 来表示。测量结果 $y = f(x_1, x_2, \cdots, x_N)$ 的合成不确定度 $u_c(y)$ 定义为

$$u_c(y) = \sqrt{\sum_{i=1}^{N} \left(\frac{\partial f}{\partial x_i} \right)^2 (u_{x_i})^2 + 2\sum_{1 \leq i < j}^{N} \frac{\partial f}{\partial x_i} \frac{\partial f}{\partial x_j} \rho_{ij} u_{x_i} u_{x_j}} \tag{8.17}$$

式中，ρ_{ij} 表示第 i 个与第 j 个测量值之间的相关系数；u_{x_i} 和 u_{x_j} 表示各直接测量值的标准不确定度。若 x_i 与 x_j 的不确定度相互独立，则 $\rho_{ij} = 0$。这样，有 $u_c(y) = \sqrt{\sum_{i=1}^{N} \left(\frac{\partial f}{\partial x_i} \right)^2 (u_{x_i})^2}$。

若引起不确定度的 N 个分量因素对测量结果的影响是直接的，则 $u_c(y) = \sqrt{\sum_{i=1}^{N} (u_{x_i})^2}$。

8.3　数据处理的最小二乘法

最小二乘法（least square method）是一种数学优化方法，它通过最小化误差的平方和来寻找数据的最佳函数匹配，在科学技术中得到广泛的关注与应用。

8.3.1　最小二乘法基本原理

1. 基本原理

设 t 个不可直接测量的未知量为 X_1, X_2, $\cdots$, X_t，其估计为 x_1, x_2, $\cdots$, x_t。对未知量有函数关系的直接测量量 Y_1, Y_2, $\cdots$, Y_N，其估计量为 y_1, y_2, $\cdots$, y_N。对直接测量量 Y 进行 N 次测量，得测量数据 l_1, l_2, $\cdots$, l_N。为了减小测量误差，常选取 $N > t$，则 y_1, y_2, $\cdots$, y_N 与

$x_1,\ x_2,\ \cdots,\ x_t$ 的关系可表示为

$$\begin{cases} y_1 = f_1(x_1,\ x_2,\ \cdots,\ x_t) \\ y_2 = f_2(x_1,\ x_2,\ \cdots,\ x_t) \\ \qquad\qquad\vdots \\ y_N = f_N(x_1,\ x_2,\ \cdots,\ x_t) \end{cases} \tag{8.18}$$

测量数据 $l_1,\ l_2,\ \cdots,\ l_N$ 的残差方程为

$$v_i = l_i - y_i = l_i - f_i(x_1,\ x_2,\ \cdots,\ x_t), \quad i = 1, 2, \cdots, N \tag{8.19}$$

测量结果的最可信赖值应在各残差平方和为最小时求得，这就是最小二乘法的原理，即

$$v_1^2 + v_2^2 + \cdots + v_N^2 = \sum_{i=1}^{N} v_i^2 = \min \tag{8.20}$$

按照最小二乘法求出的估计值习惯上称为最大或然值（most probable value），又称为最可靠值，具有无偏性和最可信赖性。需要说明的是，尽管最小二乘原理是在测量无偏、正态分布和相互独立条件下导出的，但是在不严格服从正态分布的情况下也经常使用。

2. 等精度测量的线性参数最小二乘原理

对于线性参数测量问题，将式（8.18）中的函数 $f(\cdot)$ 设定为线性函数，则线性参数测量方程的估计形式为

$$\begin{cases} y_1 = a_{11}x_1 + a_{12}x_2 + \cdots + a_{1t}x_t \\ y_2 = a_{21}x_1 + a_{22}x_2 + \cdots + a_{2t}x_t \\ \qquad\qquad\vdots \\ y_N = a_{N1}x_1 + a_{N2}x_2 + \cdots + a_{Nt}x_t \end{cases} \tag{8.21}$$

其残差方程为

$$\begin{cases} v_1 = l_1 - (a_{11}x_1 + a_{12}x_2 + \cdots + a_{1t}x_t) \\ v_2 = l_2 - (a_{21}x_1 + a_{22}x_2 + \cdots + a_{2t}x_t) \\ \qquad\qquad\vdots \\ v_N = l_N - (a_{N1}x_1 + a_{N2}x_2 + \cdots + a_{Nt}x_t) \end{cases} \tag{8.22}$$

将上式写为矩阵形式，则有

$$\boldsymbol{V} = \boldsymbol{L} - \boldsymbol{A}\hat{\boldsymbol{X}} \tag{8.23}$$

式中，$\boldsymbol{L} = [l_1, l_2, \cdots, l_N]^{\mathrm{T}}$；$\hat{\boldsymbol{X}} = [x_1, x_2, \cdots, x_N]^{\mathrm{T}}$；$\boldsymbol{V} = [v_1, v_2, \cdots, v_N]^{\mathrm{T}}$；$\boldsymbol{A} = \begin{bmatrix} a_{11} & a_{12} & \cdots & a_{1t} \\ a_{21} & a_{22} & \cdots & a_{2t} \\ \vdots & \vdots & & \vdots \\ a_{N1} & a_{N2} & \cdots & a_{Nt} \end{bmatrix}$。

等精度测量时，残差平方和最小这一条件表示为

$$\boldsymbol{V}^{\mathrm{T}}\boldsymbol{V} = (\boldsymbol{L} - \boldsymbol{A}\hat{\boldsymbol{X}})^{\mathrm{T}}(\boldsymbol{L} - \boldsymbol{A}\hat{\boldsymbol{X}}) = \min \tag{8.24}$$

3. 不等精度测量的线性参数最小二乘原理

对于不等精度线性测量问题，最小二乘法的矩阵形式写为

$$(\boldsymbol{L} - \boldsymbol{A}\hat{\boldsymbol{X}})^{\mathrm{T}}\boldsymbol{\varGamma}(\boldsymbol{L} - \boldsymbol{A}\hat{\boldsymbol{X}}) = \min \tag{8.25}$$

式中，$\boldsymbol{\Gamma}$ 为 $N \times N$ 阶权矩阵，

$$\boldsymbol{\Gamma} = \begin{bmatrix} \gamma_1 & 0 & \cdots & 0 \\ 0 & \gamma_2 & \cdots & 0 \\ \vdots & \vdots & & \vdots \\ 0 & 0 & \cdots & \gamma_N \end{bmatrix} = \begin{bmatrix} \sigma^2 / \sigma_1^2 & 0 & \cdots & 0 \\ 0 & \sigma^2 / \sigma_2^2 & \cdots & 0 \\ \vdots & \vdots & & \vdots \\ 0 & 0 & \cdots & \sigma^2 / \sigma_N^2 \end{bmatrix} \tag{8.26}$$

式中，$\gamma_i = \dfrac{\sigma^2}{\sigma_i^2}$，$i = 1, 2, \cdots, N$ 为测量数据的加权系数；σ^2 为单位权方差；σ_i^2，$i = 1, 2, \cdots, N$ 为测量数据 l_1，l_2，$\cdots$，l_N 的方差。

8.3.2　正规方程：最小二乘法处理的基本方法

所谓正规方程（normal equation）又称为法方程，是一组有确定解的代数方程。出于减小误差的目的，通常测量次数 N 要大于未知参数的数目 t，使得残差方程式（8.22）的个数多于未知数的个数。这样的方程不能得到唯一解，而最小二乘法可以将残差方程转化为有确定解的代数方程，即正规方程，从而求出这些未知参数。

线性参数的最小二乘法处理的程序可以归结为图 8.1 所示。

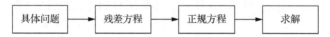

图 8.1　依据最小二乘法求测量数据最优解的过程

对于非线性参数，则可先将其线性化，再按上述线性参数的方法进行处理。

1. 等精度测量线性参数最小二乘法处理

线性参数的残差方程如式（8.22）所示，为了实现 $\boldsymbol{V}^{\mathrm{T}} \boldsymbol{V} = \min$，常利用极值法令残差平方和 $\sum\limits_{i=1}^{N} v_i^2$ 相对每个待估计量求偏导数，并令其为 0，于是可以得到

$$\begin{cases} \sum\limits_{i=1}^{N} a_{i1} l_i = \sum\limits_{i=1}^{N} a_{i1} a_{i1} x_1 + \sum\limits_{i=1}^{N} a_{i1} a_{i2} x_2 + \cdots + \sum\limits_{i=1}^{N} a_{i1} a_{it} x_t \\ \sum\limits_{i=1}^{N} a_{i2} l_i = \sum\limits_{i=1}^{N} a_{i2} a_{i1} x_1 + \sum\limits_{i=1}^{N} a_{i2} a_{i2} x_2 + \cdots + \sum\limits_{i=1}^{N} a_{i2} a_{it} x_t \\ \qquad\qquad\qquad\qquad\qquad\qquad \vdots \\ \sum\limits_{i=1}^{N} a_{it} l_i = \sum\limits_{i=1}^{N} a_{it} a_{i1} x_1 + \sum\limits_{i=1}^{N} a_{it} a_{i2} x_2 + \cdots + \sum\limits_{i=1}^{N} a_{it} a_{it} x_t \end{cases} \tag{8.27}$$

式（8.27）即等精度测量线性参数最小二乘估计的正规方程。显然，该式是一个 t 元线性方程组，当其系数行列式不为 0 时，有唯一解，由此可得待求估计量。

经过代数整理，可以将式（8.27）所示的正规方程改写为

$$\begin{cases} a_{11} v_1 + a_{21} v_2 + \cdots + a_{N1} v_N = 0 \\ a_{12} v_1 + a_{22} v_2 + \cdots + a_{N2} v_N = 0 \\ \qquad\qquad\qquad \vdots \\ a_{1t} v_1 + a_{2t} v_2 + \cdots + a_{Nt} v_N = 0 \end{cases} \tag{8.28}$$

写为矩阵形式，有

$$A^{\mathrm{T}}V = 0 \tag{8.29}$$

式中，系数矩阵 A 和残差矢量 V 均在前文给出，0 矢量定义为 $0 = [0, 0, \cdots, 0]^{\mathrm{T}}$。又因 $V = L - A\hat{X}$，故正规方程可以写为 $(A^{\mathrm{T}}A)\hat{X} = A^{\mathrm{T}}L$。若令 $C = A^{\mathrm{T}}A$，则正规方程又可写为

$$C\hat{X} = A^{\mathrm{T}}L \tag{8.30}$$

若矩阵 A 的秩为 t，则矩阵 C 是满秩的，其行列式 $|C| \neq 0$，则 $\hat{X}$ 必有唯一解。用 C^{-1} 左乘正规方程式（8.30）两边，得到正规方程解的矩阵表达式

$$\hat{X} = C^{-1}A^{\mathrm{T}}L \tag{8.31}$$

对上式求取数学期望，有

$$E[\hat{X}] = E[C^{-1}A^{\mathrm{T}}L] = C^{-1}A^{\mathrm{T}}E[L] = C^{-1}A^{\mathrm{T}}Y = C^{-1}A^{\mathrm{T}}AX = X \tag{8.32}$$

式中，$Y = [Y_1, Y_2, \cdots, Y_N]^{\mathrm{T}}$，其元素为直接量的真值；$X = [X_1, X_2, \cdots, X_t]^{\mathrm{T}}$，其元素为待求量的真值。显然，$\hat{X}$ 是 X 的无偏估计。

2. 不等精度测量线性参数最小二乘法处理

对于不等精度测量的线性参数最小二乘法处理，需要取加权残差平方和最小，即

$$A^{\mathrm{T}}\Gamma V = 0 \tag{8.33}$$

式中，加权系数矩阵定义为 $\Gamma = \mathrm{diag}[\gamma_1, \gamma_2, \cdots, \gamma_N]$。将 $V = L - A\hat{X}$ 代入式（8.33），有

$$\hat{X} = (A^{\mathrm{T}}\Gamma A)^{-1}A^{\mathrm{T}}\Gamma L \tag{8.34}$$

若令 $\tilde{C} = A^{\mathrm{T}}\Gamma A$，则有 $\hat{X} = \tilde{C}^{-1}A^{\mathrm{T}}\Gamma L$。对上式求数学期望，有

$$E[\hat{X}] = E\left[\tilde{C}^{-1}A^{\mathrm{T}}\Gamma L\right] = \tilde{C}^{-1}A^{\mathrm{T}}\Gamma E[L] = \tilde{C}^{-1}A^{\mathrm{T}}\Gamma AX = X \tag{8.35}$$

显然，$\hat{X}$ 是待求量 X 的无偏估计。

3. 非线性参数最小二乘法处理

一般情况下，函数 $y_i = f_i(x_1, x_2, \cdots, x_t)$，$i = 1, 2, \cdots, N$ 为非线性函数，测量残差方程 $v_i = l_i - f_i(x_1, x_2, \cdots, x_t)$，$i = 1, 2, \cdots, N$ 也为非线性方程组。此时，直接由其建立正规方程并求解是困难的。一般采用线性化方法把非线性函数线性化，再按照线性参数的情形进行处理。

取 $x_{10}, x_{20}, \cdots, x_{t0}$ 为待估计量 $x_1, x_2, \cdots, x_t$ 的近似值，设 $x_j = x_{j0} + \delta_j$，$j = 1, 2, \cdots, t$，其中，δ_j，$j = 1, 2, \cdots, t$ 表示二者的偏差。将非线性函数 $y_i = f_i(x_1, x_2, \cdots, x_t)$，$i = 1, 2, \cdots, N$ 在 $x_{10}, x_{20}, \cdots, x_{t0}$ 处进行泰勒级数展开，且只取一阶项，有

$$y_i = f_i(x_1, x_2, \cdots, x_t)$$

$$= f_i(x_{10}, x_{20}, \cdots, x_{t0}) + \left(\frac{\partial f_i}{\partial x_1}\right)_0 \delta_1 + \left(\frac{\partial f_i}{\partial x_2}\right)_0 \delta_2 + \cdots + \left(\frac{\partial f_i}{\partial x_t}\right)_0 \delta_t, \quad i = 1, 2, \cdots, N \tag{8.36}$$

式中，$\left(\dfrac{\partial f_i}{\partial x_j}\right)_0$，$j = 1, 2, \cdots, t$ 表示 f_i 对 x_j 的偏导数在 x_{j0} 处的值。将上式展开并代入残差方程，

即令 $l_i' = l_i - f_i(x_{10}, x_{20}, \cdots, x_{t0})$，$i = 1, 2, \cdots, N$，并令 $a_{ij} = \left(\dfrac{\partial f_i}{\partial x_j}\right)_0$，$j = 1, 2, \cdots, t$，则非线性残差方程转化为线性方程组，即

$$\begin{cases} v_1 = l_1' - (a_{11}\delta_1 + a_{12}\delta_2 + \cdots + a_{1t}\delta_t) \\ v_2 = l_2' - (a_{21}\delta_1 + a_{22}\delta_2 + \cdots + a_{2t}\delta_t) \\ \qquad\qquad\qquad\vdots \\ v_N = l_N' - (a_{N1}\delta_1 + a_{N2}\delta_2 + \cdots + a_{Nt}\delta_t) \end{cases} \tag{8.37}$$

由上式可以列出正规方程，并求解 δ_1，δ_2，$\cdots$，δ_t，进而得到估计量 x_1，x_2，$\cdots$，x_t。

需要说明的是，上述泰勒展开中只取了一阶项，因此所给出的估计量是近似的，其误差大小取决于初始近似值 x_{10}，x_{20}，$\cdots$，x_{t0} 与真值的偏差。因此，初始近似值的选取是需要慎重考虑的，一般采用直接测量或部分方程式计算的方法来确定初始近似值。

4. 最小二乘法与算术平均值的关系

对被测量 X 进行 N 次直接测量，得到测量数据 l_1，l_2，$\cdots$，l_N。设相应的加权系数为 γ_1，γ_2，$\cdots$，γ_N，则测量的残差方程为 $v_i = l_i - x$，$i = 1,2,\cdots,N$。按照最小二乘原理，有

$$x = \frac{\displaystyle\sum_{i=1}^{N}\gamma_i l_i}{\displaystyle\sum_{i=1}^{N}\gamma_i} \tag{8.38}$$

当测量精度为等精度时，有估计量为

$$x = \frac{1}{N}\sum_{i=1}^{N}l_i \tag{8.39}$$

对比上面两式可知，最小二乘是算术平均值的广义化，算术平均值是最小二乘的特例。

8.3.3 最小二乘法处理的精度估计

在参数估计问题中，不仅要给出待估计量最可信赖的估计值，还要给出估计的精度。最小二乘法所确定估计量的精度取决于测量数据的精度和线性方程组所给出的函数关系。

1. 直接测量数据的精度估计

测量数据的精度通常用其标准差 σ 来表示。但是由于标准差的真值不易得到，常用标准差估计值 $\hat{\sigma}$ 来表示（$\hat{\sigma}$ 也常写为 σ）。这样，所谓精度估计就变为对标准差的估计。对于 t 个未知量的最小二乘估计问题，等精度估计和不等精度的测量标准差估计量分别为

$$\begin{aligned} \hat{\sigma} &= \sqrt{\frac{1}{N-t}\sum_{i=1}^{N}v_i^2}, \quad \text{等精度} \\ \hat{\sigma} &= \sqrt{\frac{1}{N-t}\sum_{i=1}^{N}\gamma_i v_i^2}, \quad \text{不等精度} \end{aligned} \tag{8.40}$$

2. 最小二乘估计量的精度估计

对于等精度测量的情况，最小二乘估计量精度估计是从正规方程出发，用一组满足一定约束条件的不定数 d_{11}，d_{12}，$\cdots$，d_{1t}；d_{21}，d_{22}，$\cdots$，d_{2t}；$\cdots$，d_{t1}，d_{t2}，$\cdots$，d_{tt} 分别与正规方程中的各式相乘，经过一定的代数运算，可以得到

$$\begin{cases} \sigma_{x_1} = \sigma\sqrt{d_{11}} \\ \sigma_{x_2} = \sigma\sqrt{d_{22}} \\ \quad\vdots \\ \sigma_{x_t} = \sigma\sqrt{d_{tt}} \end{cases} \tag{8.41}$$

式中，σ 为测量数据的标准差。式（8.41）将最小二乘的精度估计问题转化为不定数 d_{11}，d_{22}，$\cdots$，d_{tt} 的求解问题。经进一步代数推导，可以得到

$$\boldsymbol{D} = \begin{vmatrix} d_{11} & d_{21} & \cdots & d_{N1} \\ d_{12} & d_{22} & \cdots & d_{N2} \\ \vdots & \vdots & & \vdots \\ d_{1t} & d_{2t} & \cdots & d_{Nt} \end{vmatrix} = (\boldsymbol{A}^{\mathrm{T}}\boldsymbol{A})^{-1} \tag{8.42}$$

式中，矩阵 $\boldsymbol{A} = \begin{bmatrix} a_{11} & a_{12} & \cdots & a_{1t} \\ a_{21} & a_{22} & \cdots & a_{2t} \\ \vdots & \vdots & & \vdots \\ a_{N1} & a_{N2} & \cdots & a_{Nt} \end{bmatrix}$ 是正规方程的系数矩阵。这样，由式（8.42）可求得不定数 d_{11}，d_{22}，$\cdots$，d_{tt}，再经由式（8.41）可求取估计精度。

对于不等精度测量问题，需要在正规方程两边乘以相应的权系数 γ_i，其余步骤与等精度情况类似，各不定系数 d_{11}，d_{22}，$\cdots$，d_{tt} 可由式（8.43）给出。

$$\boldsymbol{D} = \begin{vmatrix} d_{11} & d_{21} & \cdots & d_{N1} \\ d_{12} & d_{22} & \cdots & d_{N2} \\ \vdots & \vdots & & \vdots \\ d_{1t} & d_{2t} & \cdots & d_{Nt} \end{vmatrix} = (\boldsymbol{A}^{\mathrm{T}}\boldsymbol{\varGamma}\boldsymbol{A})^{-1} \tag{8.43}$$

8.3.4　组合测量的最小二乘法处理

组合测量（combination measurement）是直接测量一组被测量的不同组合值，从它们相互依赖的函数关系中，确定出各被测量的最佳估计值。采用组合测量方法，可以有效减小测量的随机误差，也有助于系统误差的随机化并减小这种误差，因此在精密测试中得到广泛的应用。

图 8.2 给出了三段刻线间距检定测量的示意图。图中，检定刻线 AB、BC 和 CD 间的距离分别为 x_1、x_2、x_3，直接测量得到的各组合量为 $l_1 = 1.015$、$l_2 = 0.985$、$l_3 = 1.020$、$l_4 = 2.016$、$l_5 = 1.981$、$l_6 = 3.032$（单位为 mm）。

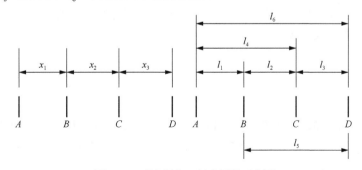

图 8.2　三段刻线间距检定测量示意图

列出残差方程为

$$\begin{cases} v_1 = l_1 - x_1 \\ v_2 = l_2 - x_2 \\ v_3 = l_3 - x_3 \\ v_4 = l_4 - (x_1 + x_2) \\ v_5 = l_5 - (x_2 + x_3) \\ v_6 = l_6 - (x_1 + x_2 + x_3) \end{cases}$$

由此可得

$$\boldsymbol{L} = \left[l_1, l_2, l_3, l_4, l_5, l_6\right]^{\mathrm{T}} = [1.015, 0.985, 1.020, 2.016, 1.918, 3.032]^{\mathrm{T}}$$

$$\hat{\boldsymbol{X}} = [x_1, x_2, x_3]^{\mathrm{T}}$$

$$\boldsymbol{A} = \begin{bmatrix} 1 & 0 & 0 & 1 & 0 & 1 \\ 0 & 1 & 0 & 1 & 1 & 1 \\ 0 & 0 & 1 & 0 & 1 & 1 \end{bmatrix}^{\mathrm{T}}$$

则 $\hat{\boldsymbol{X}} = [x_1, x_2, x_3]^{\mathrm{T}} = \boldsymbol{C}^{-1} \boldsymbol{A}^{\mathrm{T}} \boldsymbol{L} = (\boldsymbol{A}^{\mathrm{T}} \boldsymbol{A})^{-1} \boldsymbol{A}^{\mathrm{T}} \boldsymbol{L}$。由此可得 $\hat{\boldsymbol{X}} = \begin{bmatrix} x_1 \\ x_2 \\ x_3 \end{bmatrix} = \begin{bmatrix} 1.028 \\ 0.983 \\ 1.013 \end{bmatrix}$，即三段刻线间

距 AB、BC、CD 的最佳估计。将估计量代入残差方程可求得各残差为

$$\boldsymbol{v} = \left[v_1, v_2, v_3, v_4, v_5, v_6\right]^{\mathrm{T}} = [-0.013, 0.002, 0.007, 0.005, -0.015, 0.008]^{\mathrm{T}}$$

这样，$\sum_{i=1}^{6} v_i^2 = 0.000536$。可得直接测量数据的标准差为 $\sigma = \sqrt{\dfrac{1}{N-t}\sum_{i=1}^{N} v_i^2} = 0.013 \,(\mathrm{mm})$。由

不定常数矩阵 $\boldsymbol{D} = \boldsymbol{C}^{-1} = (\boldsymbol{A}^{\mathrm{T}} \boldsymbol{A})^{-1}$，可以得到 $d_{11} = 0.5$、$d_{22} = 0.5$、$d_{33} = 0.5$。最后得到最小

二乘估计量 x_1、x_2、x_3 的标准差为 $\begin{cases} \sigma_{x_1} = \sigma\sqrt{d_{11}} = 0.009\mathrm{mm} \\ \sigma_{x_2} = \sigma\sqrt{d_{22}} = 0.009\mathrm{mm} \\ \sigma_{x_3} = \sigma\sqrt{d_{33}} = 0.009\mathrm{mm} \end{cases}$，即三段刻线间距 AB、BC、

CD 最佳估计值的精度估计。

8.4　回　归　分　析

回归分析（regression analysis）是确定两种或两种以上变量间相互依赖的定量关系的一种统计分析方法，其基本思想是应用数学方法，对大量观测数据进行处理，从中得出比较符合事物内部规律的数学表达式。

8.4.1　一元线性回归分析

1. 回归方程的确定

一元线性回归是描述两个变量之间线性关系的最简单模型，实际上是数据的直线拟合问题。本节以导线在一定温度 x 下的电阻值 y 为例，介绍一元线性回归分析的基本原理与方法。表 8.1 给出了 x 和 y 的数据。

表 8.1　导线在一定温度 x 下电阻值 y 的测量数据表

$x/℃$	y/Ω
19.1	76.30
25.0	77.80
30.1	79.75
36.0	80.80
40.0	82.35
46.5	83.90
50.0	85.10

根据表 8.1 的数据画出数据曲线，如图 8.3 所示。

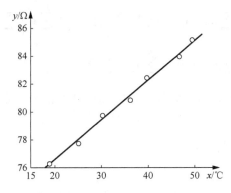

图 8.3　表 8.1 数据的散点图

由图可见，电阻值 y 与温度 x 的关系大致呈线性输入-输出关系，可假设输入和输出有如下结构形式：

$$y_i = \beta_0 + \beta x_i + \varepsilon_i, \quad i = 1, 2, \cdots, N \tag{8.44}$$

式中，ε_i，$i = 1, 2, \cdots, N$ 表示其他随机因素对电阻值测量的影响。由于表 8.1 中有 $N = 7$ 组数据，而需要确定的未知量只有 2 个，适合采用最小二乘法来求解。从这个意义上来说，回归分析是最小二乘法的一个应用特例。

设 b_0 和 b 为式（8.44）中两个参数 β_0 和 β 的最小二乘估计，则有一元线性回归方程

$$\hat{y} = b_0 + bx \tag{8.45}$$

对于每一个 x_i，实际测量值 y_i 与回归值 $\hat{y}_i$ 的残差方程为

$$v_i = y_i - \hat{y}_i = y_i - b_0 - bx_i, \quad i = 1, 2, \cdots, N \tag{8.46}$$

写为矩阵形式，有

$$\boldsymbol{V} = \boldsymbol{Y} - \boldsymbol{X}\hat{\boldsymbol{b}} \tag{8.47}$$

式中，

$$\boldsymbol{V} = \begin{bmatrix} v_1 \\ v_2 \\ \vdots \\ v_N \end{bmatrix}; \quad \boldsymbol{Y} = \begin{bmatrix} y_1 \\ y_2 \\ \vdots \\ y_N \end{bmatrix}; \quad \boldsymbol{X} = \begin{bmatrix} 1 & x_1 \\ 1 & x_2 \\ \vdots & \vdots \\ 1 & x_N \end{bmatrix}; \quad \hat{\boldsymbol{b}} = \begin{bmatrix} b_0 \\ b \end{bmatrix} \tag{8.48}$$

若测得的 y_i 精度相等，则有

$$\hat{\boldsymbol{b}} = (\boldsymbol{X}^{\mathrm{T}}\boldsymbol{X})^{-1}\boldsymbol{X}^{\mathrm{T}}\boldsymbol{Y} \tag{8.49}$$

由此可以解得

$$b = \frac{l_{xy}}{l_{xx}}, \quad b_0 = \overline{y} - b\overline{x} \tag{8.50}$$

式中,

$$\overline{x} = \frac{1}{N}\sum_{i=1}^{N} x_i$$

$$\overline{y} = \frac{1}{N}\sum_{i=1}^{N} y_i$$

$$l_{xx} = \sum_{i=1}^{N}(x_i - \overline{x})^2 = \sum_{i=1}^{N} x_i^2 - \frac{1}{N}\left(\sum_{i=1}^{N} x_i\right)^2 \tag{8.51}$$

$$l_{xy} = \sum_{i=1}^{N}(x_i - \overline{x})(y_i - \overline{y}) = \sum_{i=1}^{N} x_i y_i - \frac{1}{N}\left(\sum_{i=1}^{N} x_i\right)\left(\sum_{i=1}^{N} y_i\right)$$

$$l_{yy} = \sum_{i=1}^{N}(y_i - \overline{y})^2 = \sum_{i=1}^{N} y_i^2 - \frac{1}{N}\left(\sum_{i=1}^{N} y_i\right)^2$$

将式(8.50)代入式(8.45),可以得到一元线性回归方程的另一种形式:

$$\hat{y} - \overline{y} = b(x - \overline{x}) \tag{8.52}$$

2. 回归方程的方差分析与显著性检验

(1)回归问题的方差分析。

在测量与回归问题中,测量值 y_1, y_2, …, y_N 之间的差异(一般称为变差)是由自变量 x 的取值不同和其他因素影响这两个方面决定的。要对回归方程进行检验,就必须先确定由回归所引起的变差。一般采用总离差平方和 S 来表示测量值 y_1, y_2, …, y_N 与其平均值 $\overline{y}$ 之间的关系,即

$$S = \sum_{i=1}^{N}(y_i - \overline{y})^2 = l_{yy} \tag{8.53}$$

图 8.4 给出了回归直线与变差的关系。

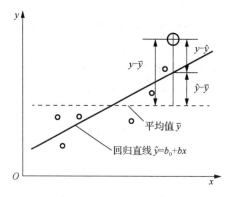

图8.4　回归直线与变差的关系

由图可以得到

$$S = \sum_{i=1}^{N}(y_i - \overline{y})^2 = \sum_{i=1}^{N}[(y_i - \hat{y}_i) + (\hat{y}_i - \overline{y})]^2 = \sum_{i=1}^{N}(y_i - \hat{y}_i)^2 + \sum_{i=1}^{N}(\hat{y}_i - \overline{y})^2 \tag{8.54}$$

上式推导中考虑了 $\sum_{i=1}^{N}[(y_i - \hat{y}_i) + (\hat{y}_i - \overline{y})]^2$ 中交叉项 $\sum_{i=1}^{N}(y_i - \hat{y}_i)(\hat{y}_i - \overline{y}) = 0$。定义

$$Q = \sum_{i=1}^{N}(y_i - \hat{y}_i)^2$$

$$U = \sum_{i=1}^{N}(\hat{y}_i - \overline{y})^2$$

（8.55）

则有 $S = Q + U$。其中，U 称为回归平方和，反映了 y 的总变差中由于 x 和 y 的线性关系所引起 y 变化的部分，是可以通过控制 x 的值而避免的，是进行回归后能使总离差平方和减小的部分。Q 称为残差平方和，表示所有观测点到回归直线的残差平方和，是由所有试验误差、非线性关系以及其他未加控制因素所引起的。

进一步地，还可以将 Q 和 U 与式（8.51）给出的系数联系起来，即

$$\begin{cases} Q = \sum_{i=1}^{N}(y_i - \hat{y}_i)^2 = S - U = l_{yy} - bl_{xy} \\ U = \sum_{i=1}^{N}(\hat{y}_i - \overline{y})^2 = bl_{xy} \end{cases}$$

（8.56）

（2）回归方程的显著性检验。

回归方程的显著性是指 y 与 x 的线性关系是否密切，这主要取决于 U 与 Q 的关系。一般来说，回归平方和 U 越大而残差平方和 Q 越小，则表明 y 与 x 的线性关系越密切。通常采用 F 检验的方法来确定这一关系。定义统计量 F 为

$$F = \frac{U / \nu_U}{Q / \nu_Q}$$

（8.57）

式中，ν_U 和 ν_Q 分别表示 U 与 Q 的自由度，满足 $\nu_S = \nu_Q + \nu_U$（ν_S 为 S 的自由度）。在回归问题中，$\nu_S = N - 1$，ν_U 对应于变量的个数。若一元线性回归，则 $\nu_U = 1$，$\nu_Q = N - 2$。这样，对于一元线性回归，有

$$F = \frac{U / 1}{Q / (N - 2)}$$

（8.58）

利用 $\nu_U = 1$ 和 $\nu_Q = N - 2$ 查找 F 分布表（可参见其他关于数据分析处理的书籍），根据给定的显著性水平 α 进行检验：

若 $F \geqslant F_{0.01}(1, N-2)$，则认为回归是高度显著的，或称为在 0.01 的水平上显著；

若 $F_{0.05}(1, N-2) \leqslant F < F_{0.01}(1, N-2)$，则认为回归在 0.05 的水平上显著；

若 $F_{0.10}(1, N-2) \leqslant F < F_{0.05}(1, N-2)$，则认为回归在 0.1 的水平上显著；

若 $F < F_{0.10}(1, N-2)$，则一般认为回归不显著，即 y 与 x 的线性关系不密切。

3. 线性回归方程建立的分组平均法

考虑到线性回归方程的建立是基于最小二乘运算的，尽管精度较高，但计算相对复杂，不适合在测试现场快速应用。分组平均法是一种计算量较小的线性回归方程建立方法。

在建立回归方程中，将 N 个自变量数据按照由小到大的顺序排列，并将其分成数量相等或相近的 M 组（M 为待求回归系数的个数）。例如分为两组，第一组为 x_1，x_2，…，x_K，第二组为 x_{K+1}，x_{K+2}，…，x_N，建立两组观测方程为

$$\begin{cases} y_1 = b_0 + bx_1 \\ \quad\vdots \\ y_K = b_0 + bx_K \end{cases}, \quad \begin{cases} y_{K+1} = b_0 + bx_{K+1} \\ \quad\vdots \\ y_N = b_0 + bx_N \end{cases} \tag{8.59}$$

把这两组观测方程按照式（8.59）分别相加，得到关于 b_0 和 b 的方程组：

$$\begin{cases} \displaystyle\sum_{i=1}^{K} y_i = Kb_0 + b\sum_{i=1}^{K} x_i \\ \displaystyle\sum_{i=K+1}^{N} y_i = (N-K)b_0 + b\sum_{i=K+1}^{N} x_i \end{cases} \tag{8.60}$$

由此可以解出 b_0 和 b。

8.4.2 一元非线性回归分析

8.4.1 节介绍了测量数据的线性回归分析方法。在科学研究与其他应用中，数据中两个变量之间的关系更有可能是非线性的。这样，就必须对数据进行非线性回归分析。

1. 回归曲线函数类型的选择与检验

非线性回归函数的选取一般采用两种方法，即直接判断法和作图观察。前者要根据专业知识，从理论上推导或根据以往的经验来确定两变量之间的函数类型；后者则先将观测数据作图，将其与典型曲线进行对比，确定其属于何种类型。图 8.5 给出了典型的非线性函数曲线。

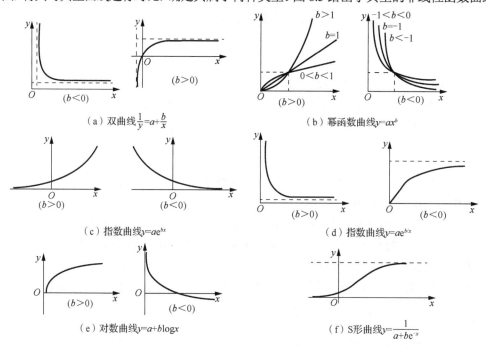

图 8.5　典型的非线性函数曲线

选择非线性回归函数类型之后，往往还需要采用直线检验法或表差法来对所选函数进行检验。读者可以参阅有关数据分析与处理的书籍。

2. 未知参数的求解

要求取回归方程中的未知参数，基本思路是首先将非线性回归方程转化为线性回归方程，然后根据线性回归方程的参数求解方法进行求解。一般来说，能够用直线检验法和一阶表差法检验的非线性回归方程都可以通过变量代换转变为直线方程。

例 8.1　设一组测量数据的非线性回归函数为 $y = ax^b$，试将其转变为线性回归方程。

解　对非线性回归函数两边取自然对数，有 $\ln y = \ln a + b \ln x$。若令 $y' = \ln y$，$x' = \ln x$，$b_0 = \ln a$，则有 $y' = b_0 + bx'$。这样，就将原来的非线性回归方程转化为线性回归方程。

8.4.3　多元线性回归分析

多元回归研究因变量 y 与多个变量之间的定量关系问题，其中主要研究多元线性回归问题，而多元非线性回归问题则基本上可以将其转化为线性回归问题。

1. 多元线性回归方程

设因变量 y 与 M 个自变量 x_1，x_2，…，x_M 有内在线性关系，得到 N 组观测数据为 x_{i1}，x_{i2}，…，x_{iM}；y_i，$i = 1, 2, \cdots, N$，其多元线性回归方程为

$$y_i = \beta_0 + \beta_1 x_{i1} + \cdots + \beta_M x_{iM} + \varepsilon_i, \quad i = 1, 2, \cdots, N \tag{8.61}$$

式中，β_0，β_1，…，β_M 为 $M + 1$ 个待估计参数；ε_1，ε_2，…，ε_N 是 N 个相互独立且服从正态分布的随机变量。式（8.61）可以写为矩阵形式

$$\boldsymbol{Y} = \boldsymbol{X}\boldsymbol{\beta} + \boldsymbol{\varepsilon} \tag{8.62}$$

式中，

$$\boldsymbol{Y} = \begin{bmatrix} y_1 \\ y_2 \\ \vdots \\ y_N \end{bmatrix}; \quad \boldsymbol{X} = \begin{bmatrix} 1 & x_{11} & \cdots & x_{1M} \\ 1 & x_{21} & \cdots & x_{2M} \\ \vdots & \vdots & & \vdots \\ 1 & x_{N1} & \cdots & x_{NM} \end{bmatrix}; \quad \boldsymbol{\beta} = \begin{bmatrix} \beta_1 \\ \beta_2 \\ \vdots \\ \beta_M \end{bmatrix}; \quad \boldsymbol{\varepsilon} = \begin{bmatrix} \varepsilon_1 \\ \varepsilon_2 \\ \vdots \\ \varepsilon_N \end{bmatrix} \tag{8.63}$$

设 b_0，b_1，…，b_M 为 β_0，β_1，…，β_M 的最小二乘估计，则回归方程为

$$\hat{y} = b_0 + b_1 x_1 + b_2 x_2 + \cdots + b_M x_M \tag{8.64}$$

由此经数学推导，可以得到正规方程的矩阵形式为

$$(\boldsymbol{X}^{\mathrm{T}}\boldsymbol{X})\boldsymbol{b} = \boldsymbol{X}^{\mathrm{T}}\boldsymbol{Y} \tag{8.65}$$

式中，$\boldsymbol{b} = [b_0 \quad b_1 \quad \cdots \quad b_M]^{\mathrm{T}}$。定义 $\boldsymbol{A} = \boldsymbol{X}^{\mathrm{T}}\boldsymbol{X}$ 和 $\boldsymbol{B} = \boldsymbol{X}^{\mathrm{T}}\boldsymbol{Y}$，则式（8.65）写为 $\boldsymbol{Ab} = \boldsymbol{B}$。由于矩阵 $\boldsymbol{A}$ 一般是满秩的，故

$$\boldsymbol{b} = \boldsymbol{CB} = \boldsymbol{A}^{-1}\boldsymbol{B} = (\boldsymbol{X}^{\mathrm{T}}\boldsymbol{X})^{-1}\boldsymbol{X}^{\mathrm{T}}\boldsymbol{Y} \tag{8.66}$$

由此可以求得回归系数 b_0，b_1，…，b_M。通常，$\boldsymbol{A}$ 称为正规方程的系数矩阵（又称为信息矩阵），$\boldsymbol{C}$ 称为相关矩阵，$\boldsymbol{B}$ 称为正规方程的常数矩阵。

2. 多元线性回归方程的求解

在多元线性回归问题中，常用的回归模型为

$$\hat{y} = \mu_0 + b_1(x_1 - \overline{x}_1) + b_2(x_2 - \overline{x}_2) + \cdots + b_M(x_M - \overline{x}_M) \tag{8.67}$$

式中，$\overline{x}_j = \dfrac{1}{N}\sum_{i=1}^{N} x_{ij}$，$j = 1, 2, \cdots, M$。其结构矩阵表示为

$$\boldsymbol{Ab} = \boldsymbol{B} \tag{8.68}$$

式中，$\boldsymbol{A} = \boldsymbol{X}^{\mathrm{T}}\boldsymbol{X}$；$\boldsymbol{B} = \boldsymbol{X}^{\mathrm{T}}\boldsymbol{Y}$。其中矩阵 $\boldsymbol{A}$ 和 $\boldsymbol{B}$ 分别表示为

$$A = \begin{bmatrix} N & 0 & 0 & \cdots & 0 \\ 0 & l_{11} & l_{12} & \cdots & l_{1M} \\ \vdots & \vdots & \vdots & & \vdots \\ 0 & l_{M1} & l_{M2} & \cdots & l_{MM} \end{bmatrix}; \quad B = \begin{bmatrix} \sum_{i=1}^{N} y_i \\ l_{1y} \\ \vdots \\ l_{My} \end{bmatrix} \qquad (8.69)$$

式中,

$$l_{jk} = \sum_{i=1}^{N} (x_{ij} - \overline{x}_j)(x_{ik} - \overline{x}_k) = \sum_{i=1}^{N} x_{ij}x_{ik} - \frac{1}{N}\left(\sum_{i=1}^{N} x_{ij}\right)\left(\sum_{i=1}^{N} x_{ik}\right), \quad j,k = 1,2,\cdots,M$$

$$l_{ky} = \sum_{i=1}^{N} (x_{ik} - \overline{x}_k)y_i = \sum_{i=1}^{N} x_{ik}y_i - \frac{1}{N}\left(\sum_{i=1}^{N} x_{ik}\right)\left(\sum_{i=1}^{N} y_i\right), \quad j,k = 1,2,\cdots,M \qquad (8.70)$$

需要注意的是,式(8.69)所定义的矩阵 A 和 B 与式(8.65)后给出的矩阵 A 和 B 是有区别的。这里,矩阵 A 的逆矩阵 C 表示为

$$C = \begin{bmatrix} 1/N & 0 \\ 0 & L^{-1} \end{bmatrix} \qquad (8.71)$$

式中,矩阵 L 取自矩阵 A 的分块矩阵,定义为

$$L = \begin{bmatrix} l_{11} & l_{12} & \cdots & l_{1M} \\ l_{21} & l_{22} & & l_{2M} \\ \vdots & \vdots & & \vdots \\ l_{M1} & l_{M2} & \cdots & l_{MM} \end{bmatrix} \qquad (8.72)$$

这样,回归方程的回归系数矢量可以表示为

$$b = CB \qquad (8.73)$$

式中,$b = [\mu_0, b_1, \cdots, b_M]^{\mathrm{T}}$,其中,$[b_1, b_2, \cdots, b_M]^{\mathrm{T}} = L^{-1}[l_{1y}, l_{2y}, \cdots, l_{My}]^{\mathrm{T}}$,且 $\mu_0 = \frac{1}{N}\sum_{i=1}^{N} y_i = \overline{y}$。

3. 多元线性回归方程及其系数的显著性检验

与一元线性回归方程的显著性检验类似,多元线性回归方程的显著性检验也是将总离差平方和 S 分解为回归平方和 U 和残差平方和 Q 两部分,再经由 F 检验完成。表 8.2 给出了多元线性回归方程检验的基本公式。其中,M 和 N 分别表示自变量的个数和测量的次数。

表 8.2　多元线性回归方程检验的基本公式

来源	平方和公式	自由度	方差	F
回归	$U = \sum_i (\hat{y}_i - \overline{y})^2$	M	$\dfrac{U}{M}$	$\dfrac{U/M}{\sigma^2}$
残差	$Q = \sum_i (y_i - \hat{y}_i)^2$	$M - N - 1$	$\dfrac{Q}{N - M - 1}$	
总计	$S = \sum_i (y_i - \overline{y})^2$	$N - 1$		

一个多元线性回归方程是显著的,并不表明每个自变量对因变量 y 的影响都重要。在实际应用中,往往需要考察哪些因素对 y 的影响较大,而哪些因素对 y 的影响较小,并总是希望在回归方程中剔除那些影响可有可无的量,从而使得回归方程更为简捷,更容易对 y 进行预测和控制。

多元线性回归方程中各系数显著性检验的基本思路是在所考察的因素中去掉一个因素，重新评价回归平方和，回归平方和减小得越多，表明该因素的影响越大。定义偏回归平方和 P_j 为 $P_j = U - U_j$。式中，U_j 表示去掉 x_j 后的回归平方和；偏回归平方和 P_j 可以按照 $P_j = \dfrac{b_j^2}{c_{jj}}$ 计算，其中，b_j 为回归方程系数，c_{jj} 为矩阵 $\boldsymbol{L}^{-1}$ 中的元素。

另外，由于各变量之间可能具有相关性，因此在计算偏回归平方和后，还要进一步考虑对回归平方和大的变量进行残差平方和的 F 检验。偏回归平方和最小的那个变量一定是对 y 影响最小的，若此变量的 F 检验不显著，则应将其剔除。

8.5　信号中趋势项和野点的去除

在信号处理中，对待处理的信号进行一定的预处理是十分必要的。这些预处理可能包括信号趋势项的去除、信号野点的识别与处理以及信号中其他干扰和噪声的抑制等。

8.5.1　信号趋势项的去除

1. 信号趋势项的含义

所谓信号的趋势项（trend）一般指信号的非零或非常数均值所表示的函数。这种趋势项函数可能是随时间稳定增长或稳定衰减的线性函数、幂函数、指数函数，也可能是具有周期特性的正弦、余弦函数等，还可能是多种函数的组合。

信号的均值随时间变化，是一种典型的非平稳（non-stationary）现象。有关非平稳随机信号处理的问题，本书将在后面章节介绍，这里仅介绍信号预处理中趋势项的去除问题。

在实际应用中，信号趋势项的产生有多种原因，包括测量电极接触不好，或由于测量系统直流放大器随温度变化产生的零点漂移，也许由于传感器频率范围外低频性能的不稳定以及传感器周围的环境干扰等，这些因素都可能使信号偏离基线，甚至偏离基线的大小还会随时间变化。信号偏离基线随时间变化的整个过程就是信号的趋势项。

2. 信号趋势项的去除方法

信号趋势项的去除有多种方法，包括自回归求和滑动平均（ARIMA）模型法和季节性模型法等非平稳随机信号处理方法。近年来发展起来的经验模式分解（EMD）方法则可能得到更好的效果。本节从工程应用的角度，给出一种简单实用的去除信号趋势项的方法，称为修正函数法。

要消除信号中的趋势项，往往需要通过对信号的特征和物理模型进行分析，给出一定的边界条件、初始条件和统计特性条件，进而得出修正函数的系数。修正函数一般采用多项式形式。一旦多项式及其系数确定，就可以从原始信号中减去表示趋势项的修正函数，从而得到消除了趋势项的信号。

设原始含有趋势项的信号 $x(t)$，用最小二乘法构造一个 p 阶多项式：

$$y(t) = a_0 + a_1 t + a_2 t^2 + \cdots + a_p t^p = \sum_{k=0}^{p} a_k t^k \qquad (8.74)$$

式中，p 为正整数，表示多项式的阶数。p 值的选取依据对信号趋势项的估计分析而定。若判定信号的趋势项是线性的，则选 $p=1$。得到 $y(t)$ 之后，用原始信号 $x(t)$ 减去多项式 $y(t)$ 所表示的趋势项，即可得到去除了趋势项的信号 $\hat{y}(t)$：

$$\hat{y}(t) = x(t) - y(t) \qquad (8.75)$$

例 8.2　在利用心电图机进行心电检查时，由于体位移动等因素，可能会发生基线漂移现象，如图 8.6（a）所示。试采用修正函数法对该基线进行修正。

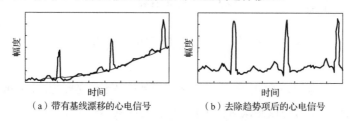

（a）带有基线漂移的心电信号　　　　（b）去除趋势项后的心电信号

图 8.6　心电信号去除趋势项示意图

解　对图 8.6（a）所示信号用最小二乘法构造一个二阶多项式，其结果反映信号中的趋势项。用原始信号减去该趋势项信号，得到去除趋势项的心电信号如图 8.6（b）所示。

8.5.2　信号中野点的识别与处理

信号中的"野点"（outlier），一般是指信号中远离其他数据样本值的异常值。对于测试数据来说，就是带有较大误差的测量值，与 8.2 节介绍的粗大误差的概念是一致的。在 8.2 节，介绍了粗大误差的基本概念和判定方法。在这里，我们结合工程应用实际介绍如何在测量过程或信号处理过程中动态地识别和判定野点的方法，称为外推拟合法。

通常，在检测信号中的野点时，以前面连续的正常观测数据为依据，建立最小二乘多项式，以此外推下一时刻观测数据的估计值，与该时刻的实测数据作差，并进一步判定差值是否超过给定的门限。若超过门限，则认为该观测数据是野点，反之则认为是正常数据。以上过程随着测量或信号处理的过程递推进行。

设测量过程或信号处理过程中，信号 $x(n)$ 当前时刻 n 之前的连续 4 个数据为 $x(n-4)$、$x(n-3)$、$x(n-2)$、$x(n-1)$，由最小二乘估计线性外推，可以获得对当前时刻数据的估计值 $\hat{x}(n)$ 为 $\hat{x}(n) = x(n-1) + \dfrac{1}{2}x(n-2) - \dfrac{1}{2}x(n-4)$。求取 $\hat{x}(n)$ 与当前时刻测量值 $x(n)$ 差值的绝对值，并与门限值 δ 进行比较，即

$$|x(n) - \hat{x}(n)| \leqslant \delta \qquad (8.76)$$

若式（8.76）成立，则表明 $x(n)$ 为正常值，反之则为野点，应予剔除，并用拟合后的估计值 $\hat{x}(n)$ 替代。门限值 δ 的选取可以采用 8.2 节介绍的 3σ 准则或罗曼诺夫斯基准则等。

例 8.3　在对正弦信号的测量中出现了一些野点，如图 8.7 中实线所示。试采用 MATLAB 编程实现对测量数据的修正。

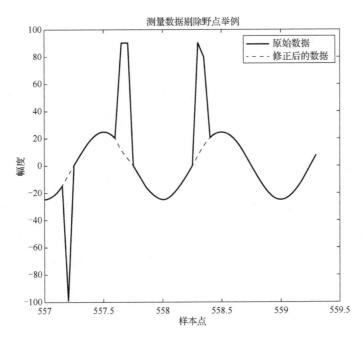

图 8.7　有若干野点的测量数据（实线）与野点剔除后的结果（虚线）

解　MATLAB 程序代码如下：

```
% 主程序
close all; clear all; clc; Fs=1000;N=1024; t=557:0.05:559.3; tt=t/Fs;
yy=25*sin(2*pi*Fs*tt-pi/2);
    yy(5)=-99; yy(14)=90; yy(15)=90; yy(27)=90; yy(28)=80; y=yy; L=length(y);
i=5;
    while i<L;
        [u,delta,i]=pand(y,i,L);  if i==L
        else
            j=i-1; w=delta; [u,delta,i]=pand1(y,i,L); k=i-j; y=guji(k,j,y,w);
            i=k+j;
        end
    end
    plot(t,yy,'b',t,y,':'); xlabel('样本点'); ylabel('幅度');
    legend('原始数据','修正后的数据'); title('测量数据剔除野点举例');
% 函数 pand
function[u,delta,i]=pand(y,i,L)
u=y(i-1)+0.5*y(i-2)-0.5*y(i-4); delta=3*std(y(i-4:i-1));
while (abs(u-y(i))<=delta) & (i<L);
    i=i+1; u=y(i-1)+0.5*y(i-2)-0.5*y(i-4); delta=3*std(y(i-4:i-1));
end
% 函数 pand1
function[u,delta,i]=pand1(y,i,L)
u=y(i-1)+0.5*y(i-2)-0.5*y(i-4); delta=3*std(y(i-4:i-1));
while (abs(u-y(i))>delta)&(i<=L);
```

```
        i=i+1;
        if  y(i)==y(i-1)
            i=i+1;
        else
            u=y(i-1)+0.5*y(i-2)-0.5*y(i-4);  delta=3*std(y(i-4:i-1));
        end
    end
% 函数 guji
function y=guji(k,j,y,w)
for i=1:4
    a(i,1)=1; a(i,2)=k+5-i; a(i,3)=(k+5-i)^2; l(i,1)=y(j+k+5-i);
end
for i=5:8
    a(i,1)=1; a(i,2)=5-i; a(i,3)=(5-i)^2; l(i,1)=y(j+5-i);
end
for i=1:k
    b(i,1)=1; b(i,2)=k+1-i; b(i,3)=(k+1-i)^2;
end
h=b*(a'*a)^(-1)*a'*l;
for i=1:k
    if abs(y(j+k+1-i)-h(i))>w
        y(j+k+1-i)=h(i);
    end
end
end
```

8.6　温度测量与数据处理应用实例

本节从工程应用的角度，通过对温度测量与数据处理的实例，介绍误差理论与数据处理在实际工程中的应用问题。

8.6.1　温度与温度测量

温度（temperature）是一个常用的基本物理量，其宏观概念是冷热程度的表示，其微观概念是表示大量分子热运动的平均强度。温度只能通过物体随温度变化的某些特性来间接测量，而用来量度物体温度数值的标尺叫温标，它规定了温度的读数起点（零点）和测量温度的基本单位。国际单位为热力学温标（K）。目前国际上用得较多的其他温标有华氏温标（℉）、摄氏温标（℃）和国际实用温标。

温度测量是使用测温仪表对物体的温度进行定量测量的过程。温度测量仪表是测量物体冷热程度的工业自动化仪表，按测温方式可分为接触式和非接触式两大类。测温仪表的检测传感器直接与被测介质相接触的为接触式温度测量仪表，具有简单、可靠、测量精度较高的特点。非接触温度测量仪表的检测传感器不必与被测介质直接接触，因此可测运动物体的温度。光学高温计、辐射温度计和比色温度计等都是利用物体发射的热辐射能随温度变化的原理制成的辐射式非接触温度计。一般的温度测量仪表都有检测和显示两个部分，例如热电偶或热电阻等传感器属于检测部分，而与之相配的指示和记录仪表是显示部分。

8.6.2　铂电阻温度测量方法工程实例

　　某温度测量仪表选用 PT1000 铂电阻作为温度传感器，其基本原理是铂电阻的阻值会随温度的变化而变化，检测出铂电阻的阻值及其变化，就可以得到对应的温度值及其变化。PT1000 铂电阻的型号表示在 0℃时，其阻值为 1000Ω，当温度值为 300℃，其阻值为 2012.515Ω。PT1000 铂电阻具有长期稳定性好、测温范围宽、测量精度高且线性度高等优点，其温度测量精度可达 0.01℃。图 8.8 为基于 PT1000 铂电阻的温度测量系统原理框图。

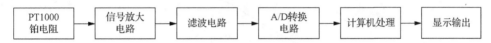

图 8.8　基于 PT1000 铂电阻的温度测量系统原理框图

　　图中，放大电路的作用是将由 PT1000 铂电阻转换的温度信号进行放大，滤波电路的作用是抑制或消除信号中的噪声，A/D 转换器将模拟信号转换为数字信号，以便于计算机处理，最后将测量结果送到显示部分输出。

8.6.3　温度测量的数据分析处理

　　在高精度温度控制下得到的测试数据如表 8.3 所示。

表 8.3　温度及对应的电阻值和电压值

温度/℃	电阻/Ω	电压/V
0.00	1000	0.2541
10.00	1039.025	0.2612
25.00	1097.347	0.2759
50.00	1193.971	0.3002
65.00	1251.6	0.3147
70.00	1270.751	0.3195
85.00	1328.033	0.3339
100.00	1385.055	0.3482

　　令电压 $V=x$，温度 $C=y$，设二者之间的线性关系为 $y=\beta_0+\beta_1 x$。采用最小二乘法得到系数 β_1 和 β_0 的估计值为

$$\hat{\beta}_1=\frac{l_{xy}}{l_{xx}}, \qquad \hat{\beta}_0=\bar{y}-\hat{\beta}_1\bar{x} \tag{8.77}$$

式中，$\bar{x}=\frac{1}{N}\sum_{i=1}^{N}x_i$；$\bar{y}=\frac{1}{N}\sum_{i=1}^{N}y_i$；$l_{xx}=\sum_{i=1}^{N}(x_i-\bar{x})^2$；$l_{xy}=\sum_{i=1}^{N}(x_i-\bar{x})(y_i-\bar{y})$。将表 8.3 中数据代入式（8.77），得到 $\bar{x}=0.300625$、$\bar{y}=50.625$、$l_{xx}=0.008574$、$l_{xy}=8.7885$。这样，进一步得到 $\hat{\beta}_1=1025.02$ 和 $\hat{\beta}_0=-257.521$。由此，线性回归方程为

$$y=1025.02x-257.521 \tag{8.78}$$

　　进一步求解 y 与 x 之间的相关系数 $r=\frac{l_{xy}}{\sqrt{l_{xx}l_{yy}}}$，其中 $l_{yy}=\sum_{i=1}^{N}(y_i-\bar{y})^2=29254.6387$，有

$$r = 0.996 \tag{8.79}$$

显然，y 与 x 之间的相关系数非常接近 1，表明线性拟合程度好。图 8.9 给出了温度与输出电压的关系曲线。图中，实心圆表示回归前的测试数据，直线表示回归直线方程。进一步地，还可以进行温度测量系统的误差分析与实验。

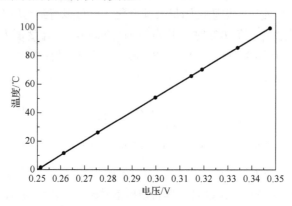

图 8.9　温度与输出电压的关系曲线

8.7　大数据分析初步

本节将介绍大数据的基本概念、大数据技术与深度学习技术的关系、大数据与传统数据之间的区别和联系，并给出大数据分析的应用实例。

8.7.1　大数据的基本概念

随着计算机技术的飞速发展，当今各种社会活动产生了海量的数据，互联网的应用实现了全球范围内的数据共享，人类进入了大数据时代。大数据是数字化生存时代的新型战略资源，是驱动创新的重要因素，正在改变人类的生产和生活方式。通过大数据的交换、整合、分析，新的知识、新的规律将被发现，新的意义、新的价值将被产生。

大数据是对数据和问题的描述。大数据并不仅仅具有海量的特点，它更是具有挖掘价值并为人类社会带来经济效益和社会效益的资源。作为一个较为抽象且新兴的概念，有关大数据的概念众说纷纭。对大数据的理解取决于定义者的态度和学科背景，于是出现了仁者见仁、智者见智的局面。从经济学的角度看，大数据是经过系统整理并储存在现实或虚拟空间中的，能够提供一定价值的信息资源。从会计学的层面看，这些信息资源是大数据企业或大数据研究机构通过合法交易取得的能够拥有或控制并可以带来经济利益的资产。典型的定义总结于表 8.4。

表 8.4　大数据的各种定义

定义机构	对大数据的定义
信息技术咨询研究与顾问咨询公司 Gartner	大数据指需要用高效率和创新型的信息技术加以处理，以提高发现洞察能力、决策能力和优化流程能力的信息资产
著名管理咨询公司麦肯锡	大数据是指一种规模大到在获取、存储、管理、分析方面大大超出了传统数据库软件工具能力范围的数据集合，具有海量的数据规模、快速的数据流转、多样的数据类型和价值密度低四大特征

续表

定义机构	对大数据的定义
全球最大的私营软件公司之一 SAS（Statistical Analysis System）	大数据描述了非常大量的数据——包括结构化和非结构化数据，但重要的不是数据量，重要的是如何组织处理数据。大数据可以被分析，有助于做出更好决策和商业战略行为
美国国家标准技术研究院	大数据由具有规模巨大、种类繁多、增长速度快和变化多样化，且需要一个可扩展体系结构来有效存储、处理和分析的广泛的数据集组成
维基百科	大数据或称巨量数据、海量数据、大资料，指的是所涉及的数据量规模巨大到无法通过人工，在合理时间内达到截取、管理、处理并整理成为人类所能解读的信息
百度百科	大数据或称巨量资料，指的是所涉及的资料量规模巨大到无法透过目前主流软件工具，在合理时间内达到撷取、管理、处理并整理成为帮助企业经营决策更积极目的的资讯

因此，大数据并没有一个十分准确的定义，每个人都在这个环境中，影响着这个环境，与此同时它也被影响着。大数据的意义在于可以通过人类日益普及的网络行为附带生成，并被相关部门、企业所采集，蕴含着数据生产者的真实意图、喜好，大数据的核心在于为客户从数据中挖掘出蕴藏的价值。传统的方法无法对其进行处理，需要更高的处理和分析技术去完成大数据的开发和应用。

8.7.2　大数据与传统数据的区别

大数据与传统数据的区别如下：

首先，大数据必须是永远在线的，而且是热备份而不是冷备份，即不是放在磁带里的，而是随时能调用的。脱离网络的数据不是大数据，因为使用者根本没时间把它导出来使用。只有在线的数据才能马上被计算、被使用。

其次，大数据必须是实时的。例如，客户在淘宝上搜索一个商品，后台必须在 10 亿件商品当中让它瞬间呈现出来。如果要等一个小时才呈现出来，那就没有人再上淘宝了。

最后，大数据不再是样本思维，而是全景思维。大数据不再抽取样本，不再调用部分数据，而是利用全部数据。

从而，大数据背景下的数据采集和来源较之传统方式有了颠覆性的改变，如表 8.5 所示。

表 8.5　大数据与传统数据的特点比较

	大数据	传统的数据
产生方式	主动生成	被动采集
采集密度	利用大数据平台可对需要分析事件的数据信息进行高密度采样，精确获取事件的全样	采集密度较低，采样数据数目有限
数据来源	通过分布式技术、分布式文件系统和数据库等技术对多个数据源获取的数据进行整合管理和处理	数据源获取较为孤立，不同数据源之间整合难度较大

这些不同造就了对大数据和传统数据进行分析时的不同，如表 8.6 所示。

表 8.6　大数据分析与传统数据分析的特点比较

	大数据分析	传统数据分析
目的	预测性分析	描述性分析和诊断性分析
数据集	多类型原始数据、大规模数据集、复杂的数据模型	有限的、干净的数据集
结果	获取事物间的相关性，发现新的规律和知识	发现事件并得知其发生原因

8.7.3 大数据与物联网、云计算、人工智能的关系

物联网、云计算、人工智能和大数据代表信息技术领域最新的发展趋势，三者相辅相成，互相影响，但有所区别，四大技术深刻变革着人们的生活和生产，它们的融合发展必将为人类社会的未来发展带来更多的新变化。

1. 大数据与物联网的关系

大数据是信息化社会无形的生产资料，其概念被社会各界不断演绎出多种版本，但关于大数据与物联网之间的关系，很多人不甚明了。实际上，大数据与物联网之间的关系简单来说就是：大数据的发展源于物联网技术的应用，并用于支撑智慧城市的发展。物联网技术作为互联网应用的拓展，正处于大发展阶段。物联网是智慧城市的基础，但智慧城市的范畴相比物联网而言更为广泛；智慧城市的衡量指标由大数据来体现，大数据促进智慧城市的发展；物联网是大数据产生的催化剂，大数据源于物联网应用。

2. 大数据与云计算的关系

云计算是大数据分析与处理的一种重要方法，云计算强调的是计算，而大数据则是计算的对象。如果数据是财富，那么大数据就是宝藏，云计算就是挖掘和利用宝藏的利器。

云计算以数据为中心，以虚拟化技术为手段来整合服务器、存储、网络、应用等各种资源，形成资源池并实现对物理设备集中管理、动态调配和按需使用。借助云计算的力量，可以实现对大数据的统一管理、高效流通和实时分析，挖掘大数据的价值，发挥大数据的作用。

云计算为大数据提供了有力的工具和途径，大数据为云计算提供了有价值的用武之地。将云计算和大数据结合，人们就可以利用高效、低成本的计算资源分析海量数据的相关性，快速找到共性规律，加速人们对客观世界有关规律的认识。

3. 大数据与人工智能的关系

当前人们所说的人工智能，是指研究、开发用于模拟、延伸和扩展人的智能的理论、方法、技术以及应用系统的一门新的技术科学，是由人工制造出来的系统所表现出来的智能。

传统人工智能受制于计算能力，并没能完成大规模的并行计算和并行处理，人工智能系统的能力较差。2006 年，Hinton 教授提出了"深度学习"神经网络使得人工智能性能获得突破性进展，进而促使人工智能产业又一次进入快速发展阶段。"深度学习"神经网络主要机理是通过深层神经网络算法来模拟人的大脑学习过程，通过输入与输出的非线性关系将低层特征组合成更高层的抽象表示，最终达到掌握运用的水平。数据量的丰富程度决定了是否有充足数据对神经网络进行训练，进而使人工智能系统经过深度学习训练后达到强人工智能水平。因此，能否有足够多的数据对人工神经网络进行深度训练，提升算法有效性是人工智能能否达到类人或超人水平的决定因素之一。

随着移动互联网的爆发，数据量呈现出指数级的增长，大数据的积累为人工智能提供了基础支撑。同时受益于计算机技术在数据采集、存储、计算等环节的突破，人工智能已从简单的算法+数据库发展演化到了机器学习+深度理解的状态。

总之，一个简单的结论是：通过物联网产生、收集海量的数据存储于云平台，再通过大数据分析，人工智能提取云计算平台存储的数据进行活动，为人类的生产活动、生活所需提

供更好的服务，图 8.10 展示了它们之间的关系。

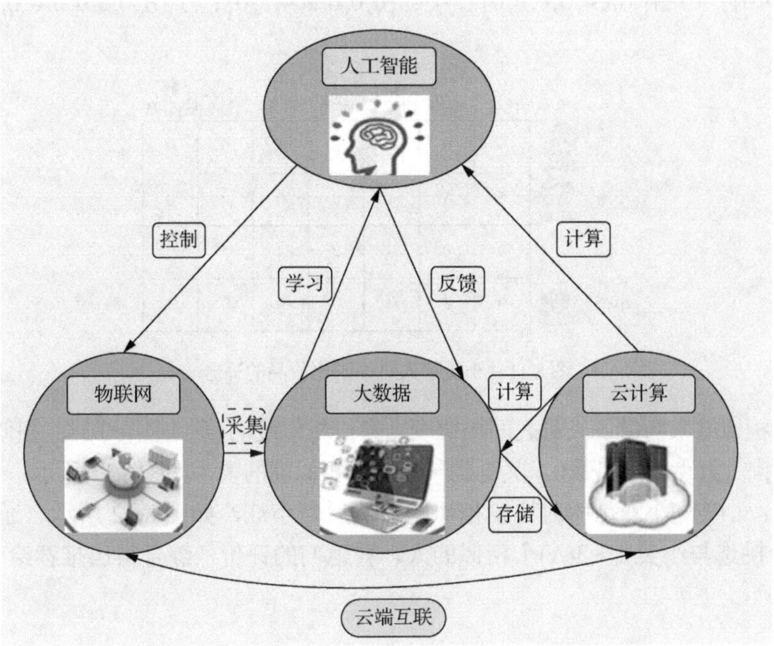

图 8.10　物联网、云计算和大数据三者相互关系

8.7.4　大数据分析应用举例

本节介绍一种典型的数据挖掘应用——基于数据挖掘之协同过滤的推荐系统。

从淘宝的商品推荐到网易云音乐的日常推送，推荐系统无处不在，推荐系统里的明星算法是协同算法。其中，"协同"是指该方法是基于其他用户进行推荐的。其工作流程为：假设要完成的任务是推荐一首音乐给你，系统会在数据库中搜索与你兴趣相似的其他用户，一旦找到一位或几位用户，就把他们喜欢的音乐推荐给你。协同过滤算法的目的就是找相似。其中，找相似可以是找相似的人，也可以找相似的东西。比如，找到相似的一群人，就能用其中一些人喜欢的东西推荐给另一个人；找相似的东西，如果一个人喜欢一样东西，那么再推荐他另一样东西，因为这两样东西很相似。用余弦相似度来衡量他们之间的相似度。两个用户分布用两个矢量表示：

$$\begin{aligned} \boldsymbol{x} &= \left[x_1, x_2, \cdots, x_n\right] \\ \boldsymbol{y} &= \left[y_1, y_2, \cdots, y_n\right] \end{aligned} \tag{8.80}$$

则二者的余弦相似度为

$$\cos\theta = \frac{x_1 y_1 + x_2 y_2 + \cdots + x_n y_n}{\sqrt{x_1^2 + x_2^2 + \cdots + x_n^2}\sqrt{y_1^2 + y_2^2 + \cdots + y_n^2}} \tag{8.81}$$

这里举个化妆品网站的推荐例子。小美一直喜欢在网上买化妆品，今天她又打开常去的网站。网站的主页上正好有一个定制化推荐广告位，需要给小美推荐一个美妆产品。小美以前在这个网站上买过口红、眼影和香水，还给过评分。除了小美的购买记录，还可知其他人的购买记录和评分，比如小丽、小红、小花。如何向小美推荐呢？

第一步，先产生一个表格，如图 8.11 所示，表中内容是她们给的化妆品的评分；第二步，对于没有评分的化妆品，则假设其评分为 0 分。对于这 4 个女孩，可构成 4 个矢量，即小美 $[4,0,0,5,1,0,0]$；小丽 $[5,5,4,0,0,0,0]$；小红 $[0,0,0,2,4,5,0]$；小花 $[0,3,0,0,0,0,3]$。

	口红	粉饼	假睫毛	眼影	香水	乳液	睫毛膏
小美	4	0	0	5	1	0	0
小丽	5	5	4	0	0	0	0
小红	0	0	0	2	4	5	0
小花	0	3	0	0	0	0	3

图 8.11　小美等人对不同化妆品的评分

用余弦相似度来衡量各矢量之间相似度，有：相似度(小美,小丽)=0.38；相似度(小美,小红)=0.32；相似度(小美,小花)=0。又得到一个关于相似度的表，如图 8.12 所示。

这样看，小美和小丽是相对比较相似的，然后是小红，如图 8.12 所示。通常情况下，我们一般会挑选与小美 1～3(N) 个相似的人，看她们的评价，综合得出推荐给目标人群的产品。

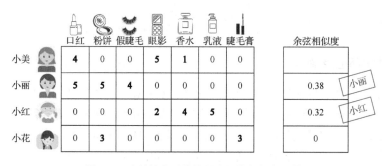

	口红	粉饼	假睫毛	眼影	香水	乳液	睫毛膏	余弦相似度	
小美	4	0	0	5	1	0	0		
小丽	5	5	4	0	0	0	0	0.38	小丽
小红	0	0	0	2	4	5	0	0.32	小红
小花	0	3	0	0	0	0	3	0	

图 8.12　小美等人对化妆品喜好的相似度计算

在这个例子里面，参考小丽和小红的评价，综合算出推荐给小美的产品。采用平均加权法来计算，小美会给粉饼的打分是＝(5×0.38+0×0.32)/(0.38+0)=5，会给假睫毛的打分是＝(4×0.38+0×0.32)/(0.38+0)=4.8，会给乳液的打分是＝(0×0.38+5×0.32)/(0+0.32)=5，会给睫毛膏的打分是 0。把这 4 个分数填到表内，如图 8.13 所示。表内预测出的小美给粉饼、假睫毛、乳液和睫毛膏的分数用阴影显示。这样粉饼和乳液都是 5 分。但由于小丽和小美的相似度最高，她给粉饼是 5 分，所以推荐粉饼给小美。

	口红	粉饼	假睫毛	眼影	香水	乳液	睫毛膏	相似度
小美	4	5	4.8	5	1	5	0	
小丽	5	5	4	0	0	0	0	0.38
小红	0	0	0	2	4	5	0	0.32
小花	0	3	0	0	0	0	3	0

图 8.13　平均加权方法得到的系数

对于第二步里没有评分的化妆品，假设均为 0 分。实际上，这不是很合理，可采用统计里的标准化方法来解决这个不合理性，同时标准化方法还能解决每个人的评价标准差异。比如，有人自认为 5 分就是她的最高分，而有些人比较严格觉得 3 分就是她认为的最高分。但是，其实 3 分或 5 分都是这些人心目中的最高分。

回到之前的表格，在没有评分的地方，可算出平均值填进去。比如小美的平均值就是 (4+5+1)/3=10/3；小丽是(5+5+4)/3=14/3；小红是(2+4+5)/3=11/3；小花是(3+3)/2=3，具体如图 8.14 所示。

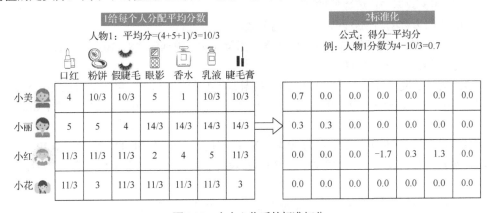

图 8.14　标准化打分

为了达到标准化每个人的评价要求差异，将每个人的打分以 0 分为平均值。打分低于平均值的是负分，高于平均值的是正分，这是一种去中心化操作，具体如图 8.15 所示。

图 8.15　去中心化后的标准打分

这样再重新计算小美和其他人的相似度，取与她最相似的人，综合她们平均打过的分数，选出小美可能会打分最高的推荐给她。

由这个浅显的例子可以看出，尽管可以从网络上获取大量个人相关信息，但是如果不对这些海量数据进行分析处理也无法实现它们的价值，数据挖掘、机器学习、深度学习等技术手段和方法是挖掘、分析出这些数据的特点和关联性的有力工具。把海量数据变为有价值的数据，才是大数据的真正含义所在。

8.8　本 章 小 结

数据的误差分析是数据分析处理的重要环节，与信号处理密切相关。本章在简要介绍误差基本概念和基本理论的基础上，介绍了粗大误差的判断与处理，介绍了测量不确定度的概念及与误差概念的同异，重点介绍了数据处理的最小二乘法与回归分析，还特别强调了信号中趋势项与野点的去除方法等问题，并结合工程实际问题中的温度测量问题，给出误差分析与数据处理的应用实例。

针对近年来大数据与深度学习理论方法的迅猛发展和广泛应用，本章还对大数据的基本概念及其与传统数据之间的区别和联系进行了介绍，并简单描述了一个基于大数据的推荐系统的处理方法和过程。

思考题与习题

8.1 试说明误差的基本概念。什么是绝对误差、相对误差和引用误差？

8.2 试说明随机误差的概念。试说明系统误差的概念。

8.3 试说明算术平均值与标准差的概念。什么是粗大误差？如何判定粗大误差？

8.4 说明粗大误差的消除方法。试说明误差的合成方法与分配方法。

8.5 试说明测量不确定度的概念。标准不确定度如何评定？

8.6 试说明最小二乘法的基本原理。说明正规方程的建立方法。如何进行最小二乘法处理的精度分析？

8.7 说明一元线性回归的方法。说明一元非线性回归的方法。

8.8 试说明信号中野点和趋势项的概念。如何去除？

8.9 说明大数据与传统数据的区别。

8.10 说明大数据与物联网、云计算的关系。

8.11 对某 10cm 长度物体进行长度测量，测量 5 次，数据为 9.8、10.1、10.0、10.2、9.7。求 5 次测量的绝对误差和相对误差。

8.12 对某长度进行了 10 次测量，测得数据如下（单位为 mm）：802.40、802.50、802.38、802.48、802.42、802.46、802.39、802.47、802.43、802.44。试求测量结果的算术平均值和标准差。

8.13 对某量的 15 次测量结果为 20.42、20.43、20.40、20.43、20.42、20.43、20.39、20.30、20.40、20.43、20.42、20.41、20.39、20.39、20.40。假定已经排除了系统误差，试判断测量结果中是否含有粗大误差。

8.14 给定对某量的 6 次测量结果为 10.2、10、10.1、10.2、11、10。假定已经排除了系统误差，利用罗曼诺夫斯基准则判断是否含有粗大误差（$\alpha = 0.5$）。

8.15 A、B 对某物体的测量数据分别为 5.5286 和 5.5302，经较为精确的检定，该物体的数据为 5.5298，试评定 A 和 B 的测量精度。

8.16 某电器产品的额定功率估计在 56～64W，概率为 50%。试求标准不确定度。

8.17 已知测量标准差 $\sigma = 1.5\text{mV}$，其自由度为 $\nu = 25$，试给出置信概率为 $P = 99\%$ 的扩展不确定度 U_{99}。

8.18 已知测量方程 $y_n = \sum_{i=1}^{n} (x_i - \bar{x}_z)$，式中 $\bar{x}_z = \frac{1}{z}\sum_{i=1}^{z} x_i$，$z > n$，测量数据 x_i 的标准不确定度都相同，为 $u_{x_i} = u$，$\bar{x}$ 的标准不确定度为 $u_{\bar{x}} = \frac{u}{\sqrt{z}}$，试求 y_n 的标准不确定度。

8.19 已知某测量量与温度之间有线性关系：$y = y_0(1 + \alpha t)$。为获得 0℃时的长度 y_0 与系数 α，已经得到不同测量温度下的测量值如表题 8.19 所示。试求 y_0 与 α 的最可信赖值。

表题 8.19　不同测量温度下的测量值

i	t_i / ℃	l_i / mm
1	10	2000.36
2	20	2000.72
3	25	2000.80
4	30	2001.07
5	40	2001.48
6	45	2001.60

8.20　试求习题 8.19 中长度的测量精度。

8.21　已知 x 的标准不确定度为 u_x，y 的标准不确定度为 u_y，其和 $z = x + y$ 的标准不确定度为 u_z，试求 x 与 y 的相关系数。

8.22　已知测量数据 $x_1, x_2, x_3, \cdots, x_n$，求 x_i 和 $\bar{x}$ 的相关系数。

8.23　测量某电阻在不同温度下的电阻值如表题 8.23 所示。试确定电阻与温度的关系。

表题 8.23　某电阻在不同温度下的电阻值

i	x_i / ℃	y_i / Ω
1	19.1	76.30
2	25.0	77.80
3	30.1	79.75
4	36.0	80.80
5	40.0	82.35
6	46.5	83.90
7	50.0	85.10

8.24　对习题 8.22 的回归结果进行显著性检验（$\alpha = 0.1$）。

8.25　对习题 8.22 用分组平均法求回归方程。

8.26　已知数据如表题 8.26 所示。求回归模型 $y_i = \beta_0 + \beta_1 x_{1i} + \beta_2 x_{2i} + \mu_i$。

表题 8.26　给定的数据

x_1	x_2	y
1504	69.54	2236
2235	74.79	3463
3138	86.79	4565
4467	105.47	7297
4536	111.12	6904
4978	117.92	7969
5634	123.2	6829
6379	120.25	10907
7077	124.71	11517
7580	128.43	11616
8291	130.92	12403
9211	131.56	13295
10797	135	14512

8.27 利用 MATLAB 工具编写一元线性回归代码。

8.28 利用 MATLAB 工具编写二元线性回归代码。

8.29 利用 MATLAB 工具编写去除信号趋势项代码。

8.30 利用 MATLAB 工具编写去除信号野点代码。

第9章　随机信号分析基础

9.1　概　　述

随机信号处理（random signal processing）或称为统计信号处理（statistical signal processing）是信号处理的重要组成部分。这里所说的随机信号处理，是指所处理的信号是随机信号，即不能用确定的数学函数式表示的信号；而这里所说的统计信号处理，是指信号处理的方法是以概率统计为基础的。因此，随机信号处理和统计信号处理所包含的理论和方法是一致的，或者说二者具有相同的概念。

信号一般可分为确定性信号与随机信号。确定性信号可以准确地用一个数学函数来描述，并可以准确地重现。随机信号则既不能用确定性函数来描述，也不能准确地重现。我们在日常工作和生活中所遇到的信号，例如语音信号、音乐信号、地震信号、雷达与声呐信号、测量仪器记录的温度信号、生物医学信号和手机接收的通信信号等都属于随机信号，这些信号是不能用严格的数学表达式描述的，而必须用统计的方法描述和研究。因此，随机信号的统计量在随机信号分析中起着极其重要的作用。最常用的统计量为均值、相关函数与功率谱密度等。此外，高阶矩、高阶累积量与高阶谱等也是信号处理常用的工具。近年来发展起来的分数低阶统计量理论及其信号处理方法，也得到了广泛的关注和应用。

另外，随机信号在检测、变换、传输和处理等过程中，不可避免地要受到噪声和干扰的影响。这些噪声和干扰往往是随机的，常统称为随机噪声。随机信号与随机噪声通常有各自的统计特性。随机信号处理的任务之一就是依据信号与噪声各自不同的统计特性，从被噪声污染的信号中提取或恢复纯净信号，或者通过对信号参数的估计而获取有用的信息。

本章系统介绍随机信号的基本概念与基本理论，着重介绍随机信号的经典分析方法和现代分析方法。

9.2　随机变量的概念与特性

9.2.1　随机变量的概念

随机变量（random variable）是表示随机现象各种结果的变量。例如，若定义 X 为投掷一枚硬币时正面朝上的次数，则 X 为一随机变量。当正面朝上时，X 取值 1，当反面朝上时，X 取值 0。再如，若定义 X 为掷一颗骰子时出现的点数，则 X 为一随机变量。此外，某一时间内公共汽车站等车乘客的人数，在一定时间内电话交换台收到的呼叫次数，等等，都是随机变量的实例。

严格地说，若设 E 为随机试验，其样本空间为 $S = \{e_i\}$。如果对于每一个 $e_i \in S$，有一个实数 $X(e_i)$ 与之对应，则得到一个定义在 S 上的实的单值函数 $X = X(e)$，称 $X(e)$ 为随机变量，简写为 X。通常，用大写字母 X、Y、Z 等表示随机变量，而用小写字母 x、y、z 来表示对应随机变量的可能取值。若随机变量 X 的取值是连续的，则称 X 为连续型随机变量；若 X 的全部可能取值是有限个或可列无限多个，则称 X 为离散型随机变量；此外，在这两者之间还存在着混合型随机变量。

某些随机试验的结果可能需要同时用两个或两个以上的随机变量来描述。例如，随机变量 X 可用于描述随机信号的电压幅度，则 X 是一维随机变量；但是，若同时描述随机信号的幅度和相位，则必须使用两个随机变量 X 和 Y，由此构成了一个随机矢量 (X, Y)，亦称为二维随机变量；对于更复杂的随机试验，则可能需要使用多维随机变量来描述。

9.2.2 随机变量的分布

1. 概率分布函数

随机变量 X 的概率分布函数（probability distribution function）或称为累积分布函数（cumulative distribution function）$F(x)$ 定义为随机变量 X 不超过取值 x 的概率，即

$$F(x) = P(X \leqslant x) \tag{9.1}$$

式中，$P(\cdot)$ 表示概率。概率分布函数的概念既适合于连续随机变量，也适合于离散随机变量。由此定义，可以得到 $F(x)$ 的主要性质：$F(x)$ 是 x 的单调非减函数。$F(x)$ 非负，其取值满足 $0 \leqslant F(x) \leqslant 1$。随机变量 X 在区间 (x_1, x_2) 内的概率为 $P(x_1 < X \leqslant x_2) = F(x_2) - F(x_1)$。$F(x)$ 是右连续的，即 $F(x + 0) = F(x)$。

2. 概率密度函数

随机变量 X 的概率密度函数（probability density function，PDF）定义为概率分布函数 $F(x)$ 对 x 的一阶导数，即

$$f(x) = \frac{\mathrm{d}F(x)}{\mathrm{d}x} \tag{9.2}$$

根据概率分布函数的性质，可以得到概率密度函数 $f(x)$ 的性质如下：

（1）$f(x)$ 满足非负性，即对于所有 x，有 $f(x) \geqslant 0$。

（2）$f(x)$ 在区间 $(-\infty, \infty)$ 的积分为 1，即 $\int_{-\infty}^{\infty} f(x)\mathrm{d}x = 1$。

（3）$f(x)$ 在区间 $(x_1, x_2]$ 的积分为该区间的概率，即 $P(x_1 < X \leqslant x_2) = \int_{x_1}^{x_2} f(x)\mathrm{d}x$。

（4）离散随机变量的概率密度函数为 $f(x) = \sum_{i=1}^{\infty} P(X = x_i)\delta(x - x_i) = \sum_{i=1}^{\infty} P_i\delta(x - x_i)$，式中，$\delta(x)$ 为单位冲激函数。

图 9.1 给出了概率密度函数和概率分布函数的举例。

3. 多维随机变量及其分布

二维随机变量 (X, Y) 可认为是二维平面上的一个随机点，其联合分布函数定义为

$$F(x, y) = P\big((X \leqslant x) \cap (Y \leqslant y)\big) = P(X \leqslant x, Y \leqslant y) \tag{9.3}$$

式中，x, y 为任意实数。二维随机变量 (X, Y) 的联合概率密度函数定义为

$$f(x, y) = \frac{\partial^2 F(x, y)}{\partial x \partial y} \tag{9.4}$$

二维联合概率密度函数 $f(x, y)$ 的主要性质包括非负性，即 $f(x, y) \geqslant 0$。$f(x, y)$ 在整个取值区域的积分为 1，即 $\int_{-\infty}^{\infty} \int_{-\infty}^{\infty} f(x, y)\mathrm{d}x\mathrm{d}y = 1$。$f(x, y)$ 在某个区域的积分，给出该区域的

概率值，即 $P(x_1 < X \le x_2, y_1 < X \le y_2) = \int_{x_1}^{x_2} \int_{y_1}^{y_2} f(x,y)\mathrm{d}x\mathrm{d}y$ 。 $f(x,y)$ 在其中一个随机变量的所有取值区域上积分，给出另一个随机变量的概率密度函数，即 $f_X(x) = \int_{-\infty}^{\infty} f(x,y)\mathrm{d}y$ ，或 $f_Y(y) = \int_{-\infty}^{\infty} f(x,y)\mathrm{d}x$ 。其中， $f_X(x)$ 和 $f_Y(y)$ 称为边缘概率密度函数。

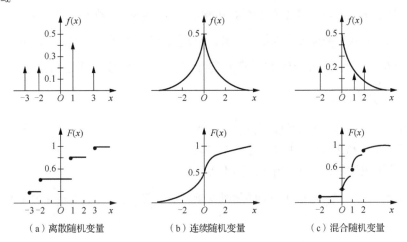

（a）离散随机变量　　　　　　（b）连续随机变量　　　　　　（c）混合随机变量

图9.1　概率密度函数和概率分布函数举例

在满足 $X \le x$ 的条件下，随机变量 Y 的条件概率分布函数和条件概率密度函数分别表示为 $F_Y(y|x) = \dfrac{F(x,y)}{F_X(x)}$ 和 $f_Y(y|x) = \dfrac{f(x,y)}{f_X(x)}$ 。两个随机变量 X 和 Y 相互统计独立的条件为 $f_X(x|y) = f_X(x)$ 和 $f_Y(y|x) = f_Y(y)$ 。而两个随机变量 X 和 Y 相互统计独立的充分必要条件为二者的二维联合概率密度等于二者的边缘概率密度的乘积，即

$$f(x,y) = f_X(x)f_Y(y) \tag{9.5}$$

n 维随机变量 $(X_1, X_2, \cdots, X_n)$ 为 n 维空间上的一个随机点，其概率分布函数和概率密度函数定义为

$$F(x_1, x_2, \cdots, x_n) = P(X_1 \le x_1, X_2 \le x_2, \cdots, X_n \le x_n) \tag{9.6}$$

$$f(x_1, x_2, \cdots, x_n) = \frac{\partial F(x_1, x_2, \cdots, x_n)}{\partial x_1 \partial x_2 \cdots \partial x_n} \tag{9.7}$$

n 维随机变量相互统计独立的充分必要条件为：对于所有的 $x_1, x_2, \cdots, x_n$ ，满足

$$f(x_1, x_2, \cdots, x_n) = f_{X_1}(x_1)f_{X_2}(x_2) \cdots f_{X_n}(x_n) = \prod_{i=1}^{n} f_{X_i}(x_i) \tag{9.8}$$

9.2.3　随机变量的数字特征

随机变量的概率分布函数和概率密度函数能够完整地描述随机变量的统计特性，然而，在许多实际应用问题中，往往仅需要知道表示随机变量统计规律的某些主要特征。这些特征称为随机变量的数字特征，包括数学期望、方差、相关系数和矩，主要用于描述随机变量的统计特性、离散特性和随机变量之间的相关性等。

1. 数学期望

数学期望（mathematical expectation）又称为统计平均或均值（mean），用于描述随机变

量的集总特性。对于连续随机变量和离散型随机变量 X ，其数学期望分别为

$$E[X] = \int_{-\infty}^{\infty} x f(x) \mathrm{d}x \tag{9.9}$$

$$E[X] = \sum_{i=1}^{\infty} x_i P(X = x_i) = \sum_{i=1}^{\infty} x_i P_i \tag{9.10}$$

在许多情况下，随机变量 X 的数学期望常记为 μ_X 或 m_X 。数学期望具有以下性质：

（1）常数 c 的数学期望等于该常数本身，即 $E[c] = \int_{-\infty}^{\infty} c f(x) \mathrm{d}x = c \int_{-\infty}^{\infty} f(x) \mathrm{d}x = c$ 。

（2）随机变量线性组合的数学期望等于各随机变量数学期望值的线性组合，即 $E[\sum_{i=1}^{n} a_i X_i] = \sum_{i=1}^{n} a_i E[X_i]$ 。

（3）若 X 为一非负随机变量，则 $E[X] \geqslant 0$ 。

（4）当且仅当 $P(X = 0) = 1$ 时，有 $E[X^2] = 0$ 。

（5）对于随机变量 X ，有 $|E[X]| \leqslant E[|X|]$ 。

（6）若 $X_1, X_2, \cdots, X_n$ 为相互独立的随机变量，则 $E[X_1, X_2, \cdots, X_n] = \prod_{i=1}^{n} E[X_i]$ 。

2. 方差

设 X 为一随机变量，若 $E[(X - E[X])^2]$ 存在，则称 $E[(X - E[X])^2]$ 为 X 的方差（variance），记为 $\mathrm{Var}[X]$ ，即

$$\mathrm{Var}[X] = E[(X - E[X])^2] \tag{9.11}$$

随机变量方差的主要性质如下（假设随机变量的方差存在）：

（1）常数 c 的方差为零，即 $\mathrm{Var}[c] = 0$ 。

（2）设 X 为随机变量，c 为常数，则 $\mathrm{Var}[cX] = c^2 \mathrm{Var}[X]$ 。

（3）设 X, Y 为两个相互独立的随机变量，则 $\mathrm{Var}[X + Y] = \mathrm{Var}[X] + \mathrm{Var}[Y]$ 。

（4）$\mathrm{Var}[X] = 0$ 的充分必要条件是 X 以概率 1 取常数 c 。

$\sqrt{\mathrm{Var}[X]}$ 定义为 X 的标准差，记为 σ_X ，与 X 有相同的量纲。

数学期望和方差是随机变量的两个重要特征。由于概率密度曲线下的面积恒为 1，因此随机变量数学期望的不同表现为其概率密度曲线在横轴上的平移，而方差的不同则表现为概率密度曲线在数学期望附近的集中程度，如图 9.2 所示。

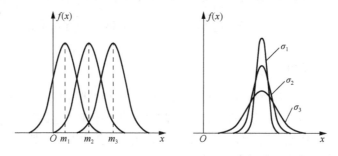

图 9.2　不同数学期望和方差的随机变量的概率密度函数示意图

3. 协方差与相关系数

两随机变量 X, Y 的协方差 $\mathrm{Cov}[X, Y]$ 和相关系数 ρ_{XY} 分别定义为

$$\mathrm{Cov}[X, Y] = E[(X - E[X])(Y - E[Y])] \tag{9.12}$$

$$\rho_{XY} = \frac{\mathrm{Cov}[X, Y]}{\sqrt{\mathrm{Var}[X]}\sqrt{\mathrm{Var}[Y]}} \tag{9.13}$$

若满足 $X = Y$，则 $\rho_{XY} = 1$；若 X 与 Y 相互统计独立，则 $\rho_{XY} = 0$，此时称 X 与 Y 不相关。

协方差 $\mathrm{Cov}[X, Y]$ 具有对称性，即 $\mathrm{Cov}[X, Y] = \mathrm{Cov}[Y, X]$。若 a、b 为常数，则 $\mathrm{Cov}[aX, bY] = ab\mathrm{Cov}[X, Y]$。此外，还有 $\mathrm{Cov}[X_1 + X_2, Y] = \mathrm{Cov}[X_1, Y] + \mathrm{Cov}[X_2, Y]$。相关系数满足 $|\rho_{XY}| \leqslant 1$。$|\rho_{XY}| = 1$ 的充分必要条件是存在常数 a, b，使 $P(Y = a + bX) = 1$。

4. 矩与协方差矩阵

设 X 和 Y 为随机变量，若 $E[X^k]$，$k = 1, 2, \cdots$ 存在，则称它为 X 的 k 阶原点矩，简称为 k 阶矩。若 $E[(X - E[X])^k]$，$k = 1, 2, \cdots$ 存在，则称它为 X 的 k 阶中心矩。若 $E[X^k Y^l]$，$k, l = 1, 2, \cdots$ 存在，则称它为 X 和 Y 的 $k + l$ 阶混合矩。若 $E[(X - E[X])^k (Y - E[Y])^l]$，$k, l = 1, 2, \cdots$ 存在，则称它为 X 和 Y 的 $k + l$ 阶混合中心矩。显然，X 的数学期望 $E[X]$ 为 X 的一阶原点矩，方差 $\mathrm{Var}[X]$ 是 X 的二阶中心矩。

n 维随机变量 $(X_1, X_2, \cdots, X_n)$ 的协方差矩阵定义为

$$\boldsymbol{C} = \begin{bmatrix} c_{11} & c_{12} & \cdots & c_{1n} \\ c_{21} & c_{22} & \cdots & c_{2n} \\ \vdots & \vdots & & \vdots \\ c_{n1} & c_{n2} & \cdots & c_{nn} \end{bmatrix} \tag{9.14}$$

式中，$c_{ij} = \mathrm{Cov}[X_i, X_j] = E[(X_i - E[X_i])(X_j - E[X_j])]$，$i, j = 1, 2, \cdots, n$（假定上述二维随机变量的混合中心矩都存在）。由于 $c_{ij} = c_{ji}$，所以协方差矩阵 $\boldsymbol{C}$ 是对称阵。

9.2.4　随机变量的特征函数

1. 特征函数的定义

连续型随机变量和离散型随机变量的特征函数分别定义为

$$\Phi_X(u) = E[\mathrm{e}^{\mathrm{j}ux}] = \int_{-\infty}^{\infty} f(x) \exp(\mathrm{j}ux) \mathrm{d}x \tag{9.15}$$

$$\Phi_X(u) = \sum_{i=0}^{\infty} P_i \exp(\mathrm{j}ux_i) \tag{9.16}$$

随机变量 X 的第二特征函数定义为特征函数的对数，即

$$\Psi_X(u) = \ln[\Phi_X(u)] \tag{9.17}$$

2. 特征函数与概率密度和矩函数的关系

由式（9.15）和式（9.16）知，随机变量 X 的特征函数 $\Phi_X(u)$ 是其概率密度函数 $f(x)$ 的一种类似于傅里叶变换的数学变换。另外，特征函数与矩函数是一一对应的，故特征函数也称为矩生成函数，满足 $E[X^n] = \int_{-\infty}^{\infty} x^n f(x) \mathrm{d}x = (-\mathrm{j})^n \dfrac{\mathrm{d}^n \Phi_X(u)}{\mathrm{d}u^n}\bigg|_{u=0}$。

9.3　随机过程与随机信号

9.3.1　随机过程与随机信号及其统计分布

1. 随机过程与随机信号的概念

随机变量的取值可以用来表示随机试验可能的结果。在许多情况下，这些随机变量会随着某些参数变化，是某些参数的函数，通常称这类随机变量为随机函数，在数学上称其为随机过程（stochastic process，或 random process）。在工程技术中，通常不严格使用随机过程这个概念，而常使用随机信号（stochastic signal，或 random signal）的概念。所谓随机信号，是指信号中至少有一个参数（例如幅度）属于随机函数的一类信号。例如，测量仪器中电子元器件的热噪声是一种典型的随机信号。

定义 9.1　随机过程　设随机试验的样本空间 $S = \{e_i\}$，如果对于空间的每一个样本 $e_i \in S$，总有一个时间函数 $X(t, e_i)$, $t \in T$ 与之对应。这样，对于样本空间 S 的所有样本 $e \in S$，有一族时间函数 $X(t, e)$ 与其对应，这族时间函数定义为随机过程。

随机过程 $X(t)$ 是一族时间函数的集合，而其中每个样本函数是一个确定的时间函数 $x(t)$。另外，随机过程在一个确定的时刻 t_1 是一个随机变量 $X(t_1)$。由此可见，随机过程与随机变量既有区别，又有着密切的联系。通常，用大写字母 $X(t)$、$Y(t)$（或者用 $\{x(t)\}$、$\{y(t)\}$）等表示随机过程，用小写字母 $x(t)$、$y(t)$ 等表示随机过程的样本函数。在不引起混乱的前提下，也用 $x(t)$、$y(t)$ 等表示随机信号。图 9.3 给出了随机信号的例子。

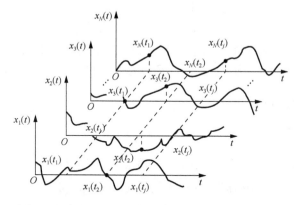

图 9.3　随机信号举例——晶体管直流放大器的温漂电压

如图 9.3 所示，如果把对晶体管直流放大器温漂电压的观察作为随机试验，则每一次试验得到一个样本函数 $x_i(t)$。当 $N \to \infty$ 时，所有样本函数的集合 $x_i(t)$, $i = 1, 2, \cdots, N$ 就构成了温漂电压可能经历的整个过程，即随机过程 $X(t)$。另外，在某一特定时刻 $t = t_1$，各个样本函数值 $x_1(t_1), x_2(t_1), \cdots, x_N(t_1)$ 构成一个随机变量，相当于在同一时刻测量 N 个相同放大器的输出值。

2. 随机过程的概率分布函数与概率密度函数

随机过程 $X(t)$ 的一维概率分布函数和概率密度函数定义为

$$F_X(x_1, t_1) = P[X(t_1) \leqslant x_1] \tag{9.18}$$

$$f_X(x_1, t_1) = \frac{\partial F_X(x_1, t_1)}{\partial x_1} \tag{9.19}$$

同样，可以定义随机过程的 n 维概率分布函数和概率密度函数为

$$F_X(x_1, x_2, \cdots, x_n; t_1, t_2, \cdots, t_n) = P[X(t_1) \leqslant x_1, X(t_2) \leqslant x_2, \cdots, X(t_n) \leqslant x_n] \tag{9.20}$$

$$f_X(x_1, x_2, \cdots, x_n; t_1, t_2, \cdots, t_n) = \frac{\partial^n F_X(x_1, x_2, \cdots, x_n; t_1, t_2, \cdots, t_n)}{\partial x_1 \partial x_2 \cdots \partial x_n} \tag{9.21}$$

3. 随机过程的数字特征

尽管随机过程的概率分布函数能够完全刻画随机过程的统计特性，但是在实际应用中，仅仅根据观察所得到的信息往往难以确定概率分布函数。因此，引入了随机过程的数字特征的概念，包括随机过程的数学期望、方差和相关函数等。

随机过程的数学期望是其在时刻 t 的统计平均，是一个确定性的时间函数，定义为

$$\mu_X(t) = E[X(t)] = \int_{-\infty}^{\infty} x f_X(x, t) \mathrm{d}x \tag{9.22}$$

随机过程的方差描述随机过程所有样本函数相对于数学期望 $\mu_X(t)$ 的分散程度，定义为

$$\sigma_X^2(t) = D[X(t)] = \int_{-\infty}^{\infty} [x - \mu_X(t)]^2 f_X(x, t) \mathrm{d}x \tag{9.23}$$

$\sigma_X(t)$ 为随机过程的标准差。对于任意两个时刻 t_1 和 t_2，实随机过程 $X(t)$ 的自相关函数为

$$R_X(t_1, t_2) = E[X(t_1)X(t_2)] = \int_{-\infty}^{\infty} \int_{-\infty}^{\infty} x_1 x_2 f_X(x_1, x_2; t_1, t_2) \mathrm{d}x_1 \mathrm{d}x_2 \tag{9.24}$$

随机过程 $X(t)$ 和 $Y(t)$ 的互相关函数为

$$R_{XY}(t_1, t_2) = E[X(t_1)Y(t_2)] = \int_{-\infty}^{\infty} \int_{-\infty}^{\infty} xy f_{XY}(x, y; t_1, t_2) \mathrm{d}x \mathrm{d}y \tag{9.25}$$

随机过程的自协方差函数 $C_X(t_1, t_2)$ 和互协方差函数 $C_{XY}(t_1, t_2)$ 分别为

$$C_X(t_1, t_2) = E[[X(t_1) - \mu_X(t_1)][X(t_2) - \mu_X(t_2)]]$$

$$= \int_{-\infty}^{\infty} \int_{-\infty}^{\infty} [x_1 - \mu_X(t_1)][x_2 - \mu_X(t_2)] f_X(x_1, x_2; t_1, t_2) \mathrm{d}x_1 \mathrm{d}x_2 \tag{9.26}$$

$$C_{XY}(t_1, t_2) = E[[X(t_1) - \mu_X(t_1)][Y(t_2) - \mu_Y(t_2)]]$$

$$= \int_{-\infty}^{\infty} \int_{-\infty}^{\infty} [x - \mu_X(t_1)][y - \mu_Y(t_2)] f_{XY}(x, y; t_1, t_2) \mathrm{d}x \mathrm{d}y \tag{9.27}$$

对于互相关函数和互协方差函数，若对任意两个时刻 t_1 和 t_2 都有 $R_{XY}(t_1, t_2) = 0$，则称 $X(t)$ 和 $Y(t)$ 为正交过程；若对任意两个时刻 t_1 和 t_2 都有 $C_{XY}(t_1, t_2) = 0$，则称 $X(t)$ 和 $Y(t)$ 是互不相关的。当 $X(t)$ 和 $Y(t)$ 相互独立时，$X(t)$ 和 $Y(t)$ 也一定是互不相关的。

9.3.2　平稳随机信号

随机信号根据其统计特性的时变特性，可以分为平稳随机信号（stationary random signal）和非平稳随机信号（non-stationary random signal）。而平稳随机信号又可以分为严平稳（strictly-sense stationary）随机信号和宽平稳（wide-sense stationary）随机信号两类。

平稳随机信号是一类非常重要的随机信号。在实际应用中，许多随机信号是平稳的或近似平稳的。由于平稳随机信号的分析与处理要比一般随机信号简单得多，因此，无论是理论研究还是实际应用，都尽可能把随机信号近似看作平稳的。

定义 9.2　严平稳　如果对于时间 t 的任意 n 个值 $t_1, t_2, \cdots, t_n$ 和任意实数 τ，若随机过程（随机信号）$X(t)$ 的 n 维概率分布函数不随时间平移而变化，即满足

$$F_X(x_1, x_2, \cdots, x_n; t_1, t_2, \cdots, t_n) = F_X(x_1, x_2, \cdots, x_n; t_1 + \tau, t_2 + \tau, \cdots, t_n + \tau) \quad (9.28)$$

则称 $X(t)$ 为严平稳随机过程（随机信号），又称为狭义平稳随机过程（随机信号）。

也就是说，严平稳随机信号的 n 维概率分布函数不随时间起点的不同而变化。这样，在任何时刻计算它的统计结果都是相同的。若两个随机信号 $X(t)$ 和 $Y(t)$ 的任意 $n+m$ 维的联合概率分布函数不随时间平移而变化，则称 $X(t)$ 和 $Y(t)$ 是联合严平稳随机信号。即

$$F_{XY}(x_1, x_2, \cdots, x_n, y_1, y_2, \cdots, y_m; t_1, t_2, \cdots, t_n, t_1', t_2', \cdots, t_m')$$

$$= F_{XY}(x_1, x_2, \cdots, x_n, y_1, y_2, \cdots, y_m; t_1 + \tau, t_2 + \tau, \cdots, t_n + \tau, t_1' + \tau, t_2' + \tau, \cdots, t_m' + \tau) \quad (9.29)$$

严平稳随机信号 $X(t)$ 的一维概率密度与时间无关，且严平稳随机信号 $X(t)$ 的二维概率密度只与两个时刻 t_1 与 t_2 的间隔有关，而与时间的起始点无关。

定义 9.3　宽平稳　若随机过程（随机信号）满足下述条件：

$$E[X(t)] = \mu_X(t) = \mu_X$$
$$E[X^2(t)] < \infty \quad (9.30)$$
$$R_X(\tau) = E[X(t)X(t+\tau)] = E[X(t+t_1)X(t+t_1+\tau)]$$

则称 $X(t)$ 为宽平稳随机过程（随机信号），又称为广义平稳随机过程（随机信号）。

由上面两个定义可知，严平稳是从 n 维概率分布函数出发来定义的，而宽平稳则只考虑了一维和二维概率分布函数。在工程实际中，比较常用的是广义平稳的概念。在本书的以下章节中，若不特别指明，涉及平稳的概念时，一般均指广义平稳。只要均方值有限，则二阶平稳信号必为广义平稳信号，反之则不一定成立。

当两个随机信号 $X(t)$ 和 $Y(t)$ 分别为广义平稳时，若它们的互相关函数满足

$$R_{XY}(\tau) = E[X(t)Y(t+\tau)] \quad (9.31)$$

则 $X(t)$ 和 $Y(t)$ 是联合广义平稳的。

广义平稳的离散时间随机信号 $X(n)$ 具有以下特性：

$$E[X(n)] = \mu_X(n) = \mu_X \quad (9.32)$$
$$E[X(n)X(n+m)] = R_X(n_1, n_2) = R_X(m), \quad m = n_2 - n_1 \quad (9.33)$$
$$E[(X(n) - \mu_X)^2] = \sigma_X^2(n) = \sigma_X^2 \quad (9.34)$$
$$E[(X(n) - \mu_X)(X(n+m) - \mu_X)] = C_X(n_1, n_2) = C_X(m) \quad (9.35)$$

若 $X(n)$ 和 $Y(n)$ 为两个广义平稳随机信号，则

$$E[X(n)Y(n+m)] = R_{XY}(m) \quad (9.36)$$
$$E[(X(n) - \mu_X)(Y(n+m) - \mu_Y)] = C_{XY}(m) \quad (9.37)$$

9.3.3　各态历经性

对于平稳随机信号 $X(t)$，若其所有样本函数在某一固定时刻的一阶和二阶统计特性与单一样本函数在长时间内的统计特性一致，则称 $X(t)$ 为各态历经（ergodic）信号。各态历经的含义是，单一样本函数随时间变化的过程可以包括该信号所有样本函数的取值经历。这样可以定义各态历经信号的数字特征。设 $x(t)$ 为各态历经信号 $X(t)$ 的一个样本函数，则有

$$E[X(t)] = \overline{x(t)} = \mu_X = \lim_{T \to \infty} \frac{1}{2T} \int_{-T}^{T} x(t)\mathrm{d}t = \mu_x \quad (9.38)$$

$$E[X(t)X(t+\tau)] = R_X(\tau) = \lim_{T \to \infty} \frac{1}{2T} \int_{-T}^{T} x(t)x(t+\tau)\mathrm{d}t = R_x(\tau) \quad (9.39)$$

式中，数学期望 $E[\cdot]$ 表示集总平均；$\overline{x(t)}$ 表示对 $X(t)$ 中某一样本函数 $x(t)$ 取时间平均。对于

各态历经的离散随机信号 $X(n)$ ，则相应地有

$$E[X(n)] = \overline{x(n)} = \mu_X = \lim_{M \to \infty} \frac{1}{2M+1} \sum_{n=-M}^{M} x(n) = \mu_x \tag{9.40}$$

$$E[X(n)X(n+m)] = R_X(m) = \lim_{M \to \infty} \frac{1}{2M+1} \sum_{n=-M}^{M} x(n)x(n+m) = R_x(m) \tag{9.41}$$

定义9.4　各态历经过程　已知 $X(t)$ [或 $X(n)$]为一平稳随机过程,若式(9.38)[或式(9.40)]以概率 1 成立，则称 $X(t)$ [或 $X(n)$]具有均值各态历经性。若式（9.39）[或式（9.41）]以概率 1 成立，则称 $X(t)$ [或 $X(n)$]具有自相关函数各态历经性。若 $X(t)$ [或 $X(n)$]的均值和自相关函数均具有各态历经性，则称 $X(t)$ [或 $X(n)$]为各态历经过程。

所谓以概率 1 成立，其含义是对随机过程的所有样本函数都成立。一个各态历经的随机信号必定是平稳的，而平稳随机信号则不一定是各态历经的。如果两个随机信号都是各态历经的，且它们的时间相关函数等于统计相关函数，则称它们是联合各态历经的。

9.3.4　随机信号功率谱的概念

对于确定性信号来说，傅里叶变换是对信号进行频谱分析的有力工具。对信号进行傅里叶变换，需要满足狄利克雷条件，即信号需要满足有限能量条件。对于随机信号来说，其能量一般是无穷的，不满足狄利克雷条件。但是，随机信号的平均功率是有限的，我们仍然可以使用傅里叶变换对信号进行变换和分析。

随机过程 $X(t)$ 的功率谱密度（power spectral density，PSD）函数定义为

$$S_X(\Omega) = E\left[\lim_{T \to \infty} \frac{1}{2T}|X_T(\mathrm{j}\Omega)|^2\right] = \lim_{T \to \infty} \frac{1}{2T} E\left[|X_T(\mathrm{j}\Omega)|^2\right] \tag{9.42}$$

式中， $X_T(\mathrm{j}\Omega)$ 表示随机过程 $X(t)$ 样本截断函数 $X_T(t)$ 的傅里叶变换。由维纳-欣钦定理（Wiener-Khinchine theorem），随机信号的自相关函数与其功率谱密度函数为一对傅里叶变换对，即

$$S_X(\Omega) = \int_{-\infty}^{\infty} R_X(\tau)\mathrm{e}^{-\mathrm{j}\Omega\tau}\mathrm{d}\tau \tag{9.43}$$

两个随机过程 $X(t)$ 和 $Y(t)$ 的互功率谱密度（cross power spectral density）函数为

$$S_{XY}(\Omega) = \int_{-\infty}^{\infty} R_{XY}(\tau)\mathrm{e}^{-\mathrm{j}\Omega\tau}\mathrm{d}\tau, \qquad S_{YX}(\Omega) = \int_{-\infty}^{\infty} R_{YX}(\tau)\mathrm{e}^{-\mathrm{j}\Omega\tau}\mathrm{d}\tau \tag{9.44}$$

式中， $R_{XY}(\tau)$ 和 $R_{YX}(\tau)$ 表示随机过程 $X(t)$ 与 $Y(t)$ 的互相关函数。相对于互功率谱密度函数，式（9.43）定义的功率谱密度函数常称为自功率谱密度（auto-power spectral density）函数。

9.3.5　非平稳随机信号

任何既不属于严平稳的又不属于宽平稳的随机信号，称为非平稳随机信号。如果用统计量来叙述，若随机信号的某阶统计量随时间变化，则该随机信号为非平稳随机信号。最常见的非平稳随机信号是均值、方差、自相关函数与功率谱密度随时间变化的信号。

非平稳随机信号的概率密度是时间的函数，当 $t = t_i$ 时的概率密度函数为

$$f(x, t_i) = \lim_{\Delta x \to 0} \frac{P[x < x(t_i) < x + \Delta x]}{\Delta x} \tag{9.45}$$

且满足 $\int_{-\infty}^{\infty} f(x, t_i)\mathrm{d}x = 1$ 。式（9.45）中， P 表示概率。以这个概率密度函数为基础，可以定

义非平稳随机信号的均值为 $m_x(t) \overset{\text{def}}{=} E[x(t)] = \int_{-\infty}^{\infty} x f(x,t)\mathrm{d}x$，其均方值为 $D_x(t) \overset{\text{def}}{=} E[x^2(t)] =$

$\int_{-\infty}^{\infty} x^2 f(x,t)\mathrm{d}x$，其方差为 $\sigma_x^2(t) \overset{\text{def}}{=} D_x(t) - m_x^2(t)$。它们都是时间的函数。应注意，非平稳随机信号只有集总意义上的统计特性，并无时间意义上的统计特性。图 9.4 给出了非平稳随机信号的举例。

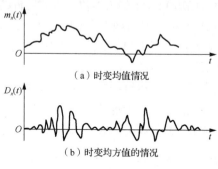

（a）时变均值情况

（b）时变均方值的情况

图9.4　非平稳随机信号举例

9.4　常见的随机信号与随机噪声

9.4.1　高斯分布随机过程

设随机过程 $X(t)$，若对于任何有限时刻 t_i，$i = 1, 2, \cdots, n$，由随机变量 $X_i = X(t_i)$ 组成的任意 n 维随机变量的概率分布是高斯分布的，那么该随机过程称为高斯分布随机过程，或高斯分布随机信号。高斯过程的 n 维概率密度函数和 n 维特征函数如式（9.46）所示：

$$f_X(x_1, x_2, \cdots, x_n; t_1, t_2, \cdots, t_n) = \frac{1}{(2\pi)^{n/2} |C|^{1/2}} \exp[-\frac{1}{2|C|} \sum_{i=1}^{n} \sum_{j=1}^{n} |C|_{ij} (x_i - \mu_{X_i})(x_j - \mu_{X_j})]$$

（9.46）

$$\Phi_X(u_1, u_2, \cdots, u_n; t_1, t_2, \cdots, t_n) = \exp\left(\mathrm{j} \sum_{i=1}^{n} u_i \mu_{X_i} - \frac{1}{2} \sum_{i=1}^{n} \sum_{j=1}^{n} C_{ij} u_i u_j \right)$$

式中，$X_i = X(t_i)$；$\mu_{X_i} = E[X(t_i)]$；$|C|_{ij}$ 是以下行列式 $|C|$ 中元素 C_{ij} 的代数余子式，而 $C_{ij} = E[(X_i - \mu_{X_i})(X_j - \mu_{X_j})]$ 组成以下行列式：

$$|C| = \begin{vmatrix} C_{11} & C_{12} & \cdots & C_{1n} \\ C_{21} & C_{22} & \cdots & C_{2n} \\ \vdots & \vdots & & \vdots \\ C_{n1} & C_{n2} & \cdots & C_{nn} \end{vmatrix}$$

（9.47）

并且有 $C_{ij} = C_{ji}$、$C_{ii} = \sigma_{X_i}^2$。

一维高斯分布广义平稳随机过程 $X(t)$ 的概率密度函数和特征函数分别为

$$f_X(x,t) = \frac{1}{\sqrt{2\pi}\sigma} \mathrm{e}^{-\frac{(x-\mu)^2}{2\sigma^2}}$$

（9.48）

$$\Phi_X(u,t) = \mathrm{e}^{(\mathrm{j}\mu u - \sigma^2 u^2 / 2)}$$

令 $\boldsymbol{X} = [X_1, X_2, \cdots, X_n]^{\mathrm{T}}$，其均值矢量 $E[\boldsymbol{X}]$ 和协方差矩阵 $\boldsymbol{C}$ 分别为

$$E[\boldsymbol{X}] = \boldsymbol{\mu} = [E[X_1] \quad E[X_2] \quad \cdots \quad E[X_n]]^{\mathrm{T}} = [\mu_{X_1} \quad \mu_{X_2} \quad \cdots \quad \mu_{X_n}]^{\mathrm{T}}$$

（9.49）

$$C = \begin{bmatrix} E[(X_1 - \mu_{X_1})^2] & \cdots & E[(X_1 - \mu_{X_1})(X_n - \mu_{X_n})] \\ \vdots & & \vdots \\ E[(X_n - \mu_{X_n})(X_1 - \mu_{X_1})] & \cdots & E[(X_n - \mu_{X_n})^2] \end{bmatrix} \tag{9.50}$$

高斯随机过程矩阵形式的 n 维概率密度函数 $f_X(X)$ 及其特征函数 $\Phi_X(u)$ 分别为

$$f_X(X) = \frac{1}{(2\pi)^{n/2}\sqrt{|C|}} \exp[-\frac{1}{2}(X-\mu)^{\mathrm{T}}C^{-1}(X-\mu)] \tag{9.51}$$

$$\Phi_X(u) = \exp(j\mu^{\mathrm{T}}u - u^{\mathrm{T}}Cu/2) \tag{9.52}$$

式中，$u = [u_1, u_2, \cdots, u_n]^{\mathrm{T}}$。

高斯信号是最常用的随机信号模型之一。只要知道信号的均值矢量 $E[X] = \mu$ 和协方差矩阵 C，任意阶数的概率密度函数均可以解析地表示出来。若高斯过程是宽平稳的，则其一定是严平稳的。若高斯过程的各随机变量是不相关的，则其一定是统计独立的。此外，高斯过程经过线性运算之后仍为高斯过程。

9.4.2 白噪声与带限白噪声过程

1. 白噪声

白噪声（white noise）定义为在所有频率上具有相等功率的随机过程。白噪声的功率谱表示为 $S_w(\Omega) = N_0/2$。由于功率谱与自相关函数为一对傅里叶变换对，故其自相关函数为

$$R_w(\tau) = (N_0/2)\delta(\tau) \tag{9.53}$$

只有当 $\tau = 0$ 时，$R_w(\tau)$ 才有非零值。当 $\tau \neq 0$ 时，$R_w(\tau) \equiv 0$，表示不同时刻的白噪声是互不相关的。另外，白噪声的平均功率是趋于无穷大的，因而白噪声是物理不可实现的。然而在实际应用中，白噪声作为一个随机信号的模型，对于简化分析是很有意义的。

图 9.5 给出了白噪声的功率谱和自相关函数的曲线形式。

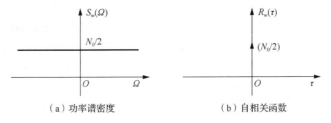

（a）功率谱密度　　　　　　　　　（b）自相关函数

图 9.5 白噪声的功率谱和自相关函数

在许多实际问题中，通常使用高斯分布的白噪声。因此，高斯白噪声（white Gaussian noise，WGN）通常被用于表示具有高斯概率密度的白噪声随机过程。

2. 带限白噪声

带宽为 W Hz 的带限白噪声的功率谱 $S(\Omega)$ 及其自相关函数 $R(\tau)$ 分别定义为

$$S(\Omega) = \begin{cases} N_0/2, & |\Omega| \leqslant W \\ 0, & |\Omega| > W \end{cases} \tag{9.54}$$

$$R(\tau) = \frac{WN_0}{2\pi} \cdot \frac{\sin W\tau}{W\tau} \tag{9.55}$$

需要注意的是，带限白噪声的自相关函数在 $\tau = K\dfrac{\pi}{W}$（K 为非零整数）处有 $R(\tau) = 0$。因此，若采样速率为奈奎斯特采样率 π/W，则采样得到的数据样本将互不相关。

9.4.3　高斯-马尔可夫过程

高斯-马尔可夫过程的功率谱密度函数 $S(\Omega)$ 和自相关函数 $R(\tau)$ 分别定义为

$$S(\Omega) = \frac{2\sigma^2\beta}{\Omega^2 + \beta^2} \tag{9.56}$$

$$R(\tau) = \sigma^2 \mathrm{e}^{-\beta|\tau|} \tag{9.57}$$

显然，随着 τ 的增加信号趋于不相关。该过程可看作高斯白噪声通过一阶自回归系统产生的。

9.4.4　其他常见随机噪声

1.　有色噪声

所谓有色噪声（colored noise），是指功率谱密度在整个频域内不呈均匀分布的噪声。由于其在各频率段内的功率不同，与有色光相似，所以称之为有色噪声。在实际应用中，大多数音频噪声，例如移动汽车的噪声、计算机风扇的噪声、电钻噪声等都属于有色噪声。

2.　热噪声

热噪声（thermal noise）又称为 Johnson 噪声，是由导体中带电粒子的随机运动产生的。热噪声是所有电导体固有的，电子的自发运动构成了自发电流，就是热噪声。随着温度的升高，自由电子会跃迁到更高的能级，热噪声也会增加。热噪声具有平坦的功率谱，因此属于白噪声。热噪声是不能通过对系统的屏蔽和接地而避免的。

3.　散粒噪声

散粒噪声（shot noise）是由于离散电荷的运动而形成电流所引起的随机噪声，其噪声强度随着通过导体平均电流的增加而增加。散粒噪声的名称来自真空管内阴极发射电子的随机变化。电流中的离散电荷粒子是随机到达的，这种粒子流速率的波动形成了散粒噪声。半导体中的电子流以及电子和空穴的重新结合、光敏二极管发射的光电子流等，也会形成散粒噪声。散粒噪声在有电压和电流时才产生。粒子到达或发射速率的随机性表明散粒噪声的随机变化可以用泊松概率分布来刻画。

4.　电磁噪声

电磁噪声（electromagnetic noise）是指环境中存在的由电磁场交替变化而产生的噪声。在实际应用中，电磁噪声的来源主要包括：变压器、无线电和电视发射器、移动电话、微波发射器、交流电力线、电机和电机起动器、发电机、继电器、振荡器、荧光灯和电磁风暴等。电磁噪声的主要特性与交变电磁场特性、受迫振动部件和空间形状等因素有关。

9.4.5　随机信号与噪声的产生方法

在信号处理中，往往需要获取所需的随机信号与噪声。本节介绍均匀分布随机数的产生方法和由概率变换得到其他分布的方法，最后介绍高斯随机数（随机序列）的产生方法。

1. 均匀分布随机数的产生

均匀分布（uniform distribution）随机序列 $\{u_i\}$，$i=1,2,\cdots$ 的概率密度函数为

$$f(u_i) = \begin{cases} 1, & u_i \in [0,1) \\ 0, & \text{其他} \end{cases} \tag{9.58}$$

所谓伪随机数（pseudo-random number，PRN）是指按照一定计算公式产生的一列随机数，常用的方法为线性同余法（linear congruential method），如式（9.59）所示：

$$\begin{aligned} &y_0 = 1 \\ &y_n = ky_{n-1} \ (\text{mod } N) \\ &u_n = y_n / N \end{aligned} \tag{9.59}$$

式中，y_0 为初值；k 为系数；N 为数据取模的模值，一般为非常大的数值。下面给出了常用的三组参数：①$N=10^{10}$，$k=7$，其循环周期约为 5×10^7；②$N=2^{31}$，$k=2^{16}+3$，其循环周期约为 5×10^8；③$N=2^{31}-1$，$k=7^5$，其循环周期约为 2×10^9。按照以上方式产生的随机数在 $[0,1)$ 范围内服从均匀分布。

实际上，伪随机数并不是真正随机的，是有周期性的。若参数与计算公式选择得当，则其周期相当长，可以通过数理统计规定的随机数性质检验，并可以作为随机数使用。

2. 经变换得到其他分布的随机数

通过变换法可由均匀分布得到其他分布的随机数。设给定分布函数 $F(X)$ 为严格单调的，利用其反函数 $F^{-1}(\cdot)$ 对均匀分布随机变量 U 进行变换，即

$$X = F^{-1}(U) \tag{9.60}$$

则 X 的分布函数正好是 $F(X)$。

例 9.1　试根据给定的均匀分布随机数产生指数分布的随机数。

解　假定 U 为 $[0,1)$ 上均匀分布的随机变量，且参数为 λ 的指数分布的分布函数为 $F(x)=1-\mathrm{e}^{-\lambda x}$。则 $X=F^{-1}(U)=-\dfrac{1}{\lambda}\ln(1-U)$。其中 $1-U$ 也是在 $[0,1)$ 上均匀分布的随机变量。这样，得到均匀分布随机数 $\{u_i\}$ 后，可以根据 $x_i=-\dfrac{1}{\lambda}\ln u_i$ 而得到指数分布的随机数 $\{x_i\}$。

3. 正态分布随机数的产生

（1）累加近似法。

依据独立同分布随机变量的中心极限定理，先产生 12 个相互独立的均匀分布随机数 $u_1, u_2, \cdots, u_{12}$，然后按照 $x_i = \sum\limits_{k=1}^{12} u_k - 6$ 计算得到正态分布随机数，近似为 $N(0,1)$ 分布。

（2）变换法。

先产生两个相互独立的均匀分布随机数 u_1、u_2，然后按照式（9.61）计算得到两个相互独立且服从标准正态分布 $N(0,1)$ 的随机数 x_1、x_2：

$$x_1 = \sqrt{-\ln u_1}\cos 2\pi u_2, \qquad x_2 = \sqrt{-\ln u_1}\sin 2\pi u_2 \tag{9.61}$$

经由 $y_i = \sigma x_i + \mu$ 对 x_1、x_2 进行变换，可得服从正态分布 $N(\mu,\sigma^2)$ 的随机数 y_1、y_2。

9.5 随机信号通过线性系统分析

9.5.1 线性系统输出及概率分布

把随机过程 $X(t)$ 的一个样本 $x(t)$ 送入一线性时不变系统，则系统的输出可以表示为 $y(t) = \int_{-\infty}^{\infty} h(\tau)x(t-\tau)\mathrm{d}\tau$。由于 $x(t)$ 为一确定性信号，故 LTI 系统的输出 $y(t)$ 也是确定性信号。若对于 $X(t)$ 的每一个 $x(t)$ 都在均方意义下收敛，则 $X(t)$ 对应的系统输出可以表示为

$$Y(t) = \int_{-\infty}^{\infty} h(\tau)X(t-\tau)\mathrm{d}\tau \tag{9.62}$$

对于离散时间信号与系统，对应有

$$Y(m) = \sum_{m=-\infty}^{\infty} h(m)X(n-m) \tag{9.63}$$

一般来说，确定线性系统输出的分布是比较困难的，但对于高斯过程作为输入信号的情况，可以确定其输出也是高斯分布的。当线性系统的输入随机过程不服从高斯分布时，若随机过程的功率谱宽度远大于系统带宽，则输出随机过程接近高斯分布。若随机过程的功率谱宽度远小于系统带宽，则可以认为输出随机过程的概率分布接近输入过程的概率分布。若输入随机过程功率谱宽度与系统带宽接近时，则通常用高阶累积量的方法来确定输出的分布。

由于系统的时不变性，若 $X(t)$ 与 $X(t+\tau)$ 的分布特性相同，则 $Y(t)$ 与 $Y(t+\tau)$ 的分布特性也相同。因此，若 $X(t)$ 是严平稳的，则 $Y(t)$ 也是严平稳的。若 $X(t)$ 是广义平稳的，则 $Y(t)$ 也是广义平稳的，且 $X(t)$ 与 $Y(t)$ 是联合平稳的。

9.5.2 线性系统输出的数字特征

1. 系统输出的数学期望与自相关函数

设输入信号为平稳随机过程，其数学期望用 m_X 表示。对式（9.62）求取数学期望，有

$$E[Y(t)] = m_Y = E\left[\int_{-\infty}^{\infty} h(\tau)X(t-\tau)\mathrm{d}\tau\right] = m_X \int_{-\infty}^{\infty} h(\tau)\mathrm{d}\tau \tag{9.64}$$

当系统为因果系统时，系统输出 $Y(t)$ 的自相关函数为

$$R_Y(\tau) = \int_0^{\infty}\int_0^{\infty} R_X(\tau + \lambda_1 - \lambda_2)h(\lambda_1)h(\lambda_2)\mathrm{d}\lambda_1\mathrm{d}\lambda_2 \tag{9.65}$$

若输入 $X(t)$ 是平稳的，则输出 $Y(t)$ 也是平稳的。对于连续时间系统，式（9.65）可以写为

$$R_Y(\tau) = R_X(\tau) * h(-\tau) * h(\tau) \tag{9.66}$$

且输出过程的平均功率表示为 $R_Y(0)$。对于离散时间随机序列，有完全类似的结果。

2. 系统输入与输出的互相关函数

线性系统输入与输出之间的互相关函数表示为

$$R_{XY}(t, t+\tau) = E[X(t)Y(t+\tau)] = \int_{-\infty}^{\infty} E[X(t)X(t+\tau-\lambda)]h(\lambda)\mathrm{d}\lambda$$

$$= \int_{-\infty}^{\infty} R_X(t, t+\tau-\lambda)h(\lambda)\mathrm{d}\lambda \tag{9.67}$$

若 $X(t)$ 为平稳随机过程，则

$$R_{XY}(\tau) = \int_{-\infty}^{\infty} R_X(\tau - \lambda)h(\lambda)\mathrm{d}\lambda = R_X(\tau) * h(\tau) \tag{9.68}$$

上式表明，由输入信号的自相关函数与系统单位冲激响应的卷积可以得到输入信号与输出信号的互相关函数。由于 $X(t)$ 和 $Y(t)$ 均为平稳的，且为联合平稳的，故系统输出与输入的互相关函数可以写为

$$R_{YX}(\tau) = \int_{-\infty}^{\infty} R_X(\tau - \lambda)h(-\lambda)\mathrm{d}\lambda = R_X(\tau) * h(-\tau) \tag{9.69}$$

进一步地，还可以得到

$$R_Y = \int_{-\infty}^{\infty} R_{XY}(\tau + \lambda)h(\lambda)\mathrm{d}\lambda = R_{XY}(\tau) * h(-\tau)$$
$$R_Y = \int_{-\infty}^{\infty} R_{YX}(\tau - \lambda)h(\lambda)\mathrm{d}\lambda = R_{YX}(\tau) * h(\tau) \tag{9.70}$$

3. 线性系统的输出功率谱密度

对于平稳随机过程 $X(t)$，对式（9.65）两边求取傅里叶变换，得其功率谱为

$$S_Y(\Omega) = \int_{-\infty}^{\infty} R_Y(\tau)\mathrm{e}^{-\mathrm{j}\Omega\tau}\mathrm{d}\tau = \int_{-\infty}^{\infty} h(\lambda_1)\int_{-\infty}^{\infty} h(\lambda_2)\int_{-\infty}^{\infty} R_X(\tau + \lambda_1 - \lambda_2)\mathrm{e}^{-\mathrm{j}\Omega\tau}\mathrm{d}\tau\mathrm{d}\lambda_1\mathrm{d}\lambda_2$$
$$= H^*(\mathrm{j}\Omega)H(\mathrm{j}\Omega)S_X(\Omega) = S_X(\Omega)\big|H(\mathrm{j}\Omega)\big|^2 \tag{9.71}$$

也可直接对输入信号的功率谱 $S_X(\Omega)$ 进行运算，得到

$$S_Y(\Omega) = H(-\mathrm{j}\Omega)H(\mathrm{j}\Omega)S_X(\Omega) = S_X(\Omega)\big|H(\mathrm{j}\Omega)\big|^2 \tag{9.72}$$

通常，称式中的 $\big|H(\mathrm{j}\Omega)\big|^2$ 为系统的功率传输函数。

4. 白噪声通过线性时不变系统的数字特征

设 LTI 系统的单位冲激响应为 $h(t)$，白噪声通过该系统的输出过程为 $Y(t)$，则 $Y(t)$ 的均值、自相关函数、功率谱密度和平均功率分别表示为

$$m_Y(t) = 0 \tag{9.73}$$

$$R_Y(\tau) = \frac{N_0}{2}h(\tau) * h^*(-\tau) = \frac{N_0}{2}r_h(\tau) \tag{9.74}$$

$$S_Y(\Omega) = \frac{N_0}{2}\big|H(\mathrm{j}\Omega)\big|^2 \tag{9.75}$$

$$R_Y(0) = \frac{N_0}{4\pi}\int_{-\infty}^{\infty}\big|H(\mathrm{j}\Omega)\big|^2\mathrm{d}\Omega = \frac{N_0}{2}r_h(\tau) \tag{9.76}$$

上面各式中，$r_h(\tau)$ 表示系统相关函数。

例9.2 已知白噪声 $X(t)$ 的自相关函数为 $R_X(\tau) = \dfrac{N_0}{2}\delta(\tau)$。试计算 $X(t)$ 通过图 9.6 所示 RC 积分电路后输出过程 $Y(t)$ 的自相关函数。

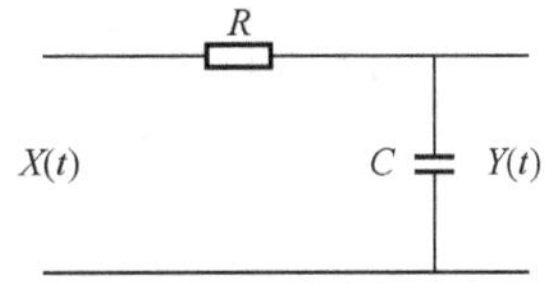

图 9.6　RC 积分电路

解　对自相关函数 $R_X(\tau)$ 求傅里叶变换，有 $S_X(\Omega) = \int_{-\infty}^{\infty}\dfrac{N_0}{2}\delta(\tau)\mathrm{e}^{-\mathrm{j}\Omega\tau}\mathrm{d}\Omega = \dfrac{N_0}{2}$。由 RC

电路，有 $H(\mathrm{j}\Omega) = \dfrac{1}{1+\mathrm{j}\Omega RC}$ ，则输出功率谱为 $S_Y(\Omega) = \dfrac{N_0}{2}\left|H(\mathrm{j}\Omega)\right|^2 = \dfrac{N_0}{2}\cdot\dfrac{1}{1+(\Omega RC)^2}$ 。

由傅里叶逆变换可以得到输出过程的自相关函数为

$$R_Y(\tau) = \frac{1}{2\pi}\int_{-\infty}^{\infty} S_Y(\Omega)\mathrm{e}^{\mathrm{j}\Omega\tau}\mathrm{d}\Omega = \frac{N_0}{4RC}\mathrm{e}^{-\frac{|\tau|}{RC}}$$

9.5.3 系统的等效噪声带宽与随机信号的带宽

1. 系统的等效噪声带宽

所谓系统的等效噪声带宽（equivalent noise bandwidth）是利用白噪声通过系统后的功率谱来定义的，其实质是把一个系统的功率传输函数等效为理想系统的功率传输函数。一般来说，白噪声通过一个实际系统后，其功率谱往往与系统的功率传输函数有相同的形状。图9.7给出了低通和带通系统功率传输函数与等效噪声带宽的示意图。

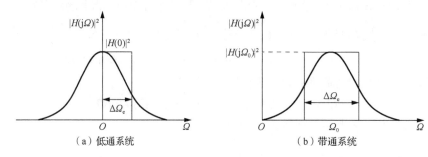

图9.7   系统功率传输函数与等效噪声带宽示意图

图9.7中，等效噪声带宽用 $\Delta\Omega_\mathrm{e}$ 来表示，定义为系统功率传输函数 $\left|H(\mathrm{j}\Omega)\right|^2$ 的矩形等效宽度，即图中的矩形面积（表示功率的累积）等于 $\left|H(\mathrm{j}\Omega)\right|^2$ 对应范围的面积。用等效噪声带宽表示的等效功率传输函数，对于低通系统表示为

$$\left|H_\mathrm{e}(\mathrm{j}\Omega)\right|^2 = \begin{cases} \left|H(0)\right|^2, & |\Omega| \leqslant \Delta\Omega_\mathrm{e} \\ 0, & |\Omega| > \Delta\Omega_\mathrm{e} \end{cases} \tag{9.77}$$

对于带通系统则表示为

$$\left|H_\mathrm{e}(\mathrm{j}\Omega)\right|^2 = \begin{cases} \left|H(\mathrm{j}\Omega_0)\right|^2, & \Omega_0 - \Delta\Omega_\mathrm{e}/2 < |\Omega| < \Omega_0 + \Delta\Omega_\mathrm{e}/2 \\ 0, & \text{其他} \end{cases} \tag{9.78}$$

式中， Ω_0 表示 $\left|H(\mathrm{j}\Omega)\right|^2$ 的中心频率。低通和带通系统的等效噪声带宽 $\Delta\Omega_\mathrm{e}$ 分别计算如下：

$$\Delta\Omega_\mathrm{e} = \int_0^{\infty}\left|\frac{H(\mathrm{j}\Omega)}{H(0)}\right|^2\mathrm{d}\Omega \tag{9.79}$$

$$\Delta\Omega_\mathrm{e} = \int_0^{\infty}\left|\frac{H(\mathrm{j}\Omega)}{H(\mathrm{j}\Omega_0)}\right|^2\mathrm{d}\Omega \tag{9.80}$$

2. 随机信号的带宽

式（9.81）定义了平稳随机信号 $X(t)$ 的矩形等效带宽：

$$B_{\mathrm{eq}} = \frac{1}{2\pi} \int_0^\infty \frac{S_X(\Omega)}{S_X(\Omega_0)} \mathrm{d}\Omega = \frac{R(0)}{2S_X(\Omega_0)} \tag{9.81}$$

式中，$R(0)$ 表示随机信号的平均功率。对于低通信号，$\Omega_0 = 0$；对于带通信号，Ω_0 通常取 $S_X(\Omega)$ 的最大值。

9.6　随机信号分析的经典方法

随机信号的经典分析（又称为古典分析）方法主要包括随机信号的概率分布与概率密度函数，随机信号的数字特征，即均值、方差、相关函数和协方差函数等。9.3 节已经介绍了随机信号（随机过程）的概率密度函数、概率分布函数和随机信号的主要统计特征。本节举例介绍一些常用的概率分布及随机信号数字特征的计算方法。

9.6.1　常见随机信号的概率密度函数

表 9.1 给出了常用随机信号的概率密度函数。

表 9.1　常用随机信号的概率密度函数

分布类型	概率密度函数曲线	概率密度函数表达式	数字特征 均值	数字特征 方差	说明
离散		$f(x) = A\delta(x-a) + B\delta(x-b)$ $+ N\delta(x-n),\quad A+B+N=1$			
均匀		$f(x) = \begin{cases} \dfrac{1}{b-a}, & a < x \leqslant b \\ 0, & \text{其他} \end{cases}$	$\dfrac{a+b}{2}$	$\dfrac{(b-a)^2}{12}$	变量在 $(a,b]$ 区间取值的概率相等。随机相位常做此假设。差值误差也常做此假设
高斯		$f(x) = \dfrac{1}{\sqrt{2\pi}\sigma_x} \mathrm{e}^{-\frac{(x-\mu_x)^2}{2\sigma_x^2}}$	μ_x	σ_x^2	高斯分布是最常用的概率密度函数。当随机变量的取值有多种因素，且各因素的影响程度又相差不多时，变量最终表现为高斯分布
瑞利		$f(x) = \begin{cases} \dfrac{1}{\sigma^2} \mathrm{e}^{\frac{x^2}{2\sigma^2}}, & x \geqslant 0 \\ 0, & x < 0 \end{cases}$	$\sqrt{\dfrac{\pi}{2}}\sigma$	$\left(2 - \dfrac{\pi}{2}\right)\sigma^2$	若在直角坐标中 x, y 两分量相互独立，且服从高斯分布，则在极坐标 $re^{j\varphi}$ 中，r 服从瑞利分布，φ 服从均匀分布
指数		$f(x) = \begin{cases} a\mathrm{e}^{-ax}, & x \geqslant 0,\ a > 0 \\ 0, & \text{其他} \end{cases}$	$\dfrac{1}{a}$	$\dfrac{1}{a^2}$	瑞利分布的随机变量，其平方为指数分布

9.6.2　随机信号数字特征的计算

9.3.1 节已经给出了随机信号的各常用统计量（即数字特征）。但是，由于所给出的统计量公式均为理论表达式，需要求取数学期望，在实际应用中不便于使用。本小节从应用的角度出发，给出平稳随机信号各统计量的计算（即估计）方法。

设平稳随机序列 $X(n)$，记为 $\{x(n)\}$，其一个实现记为 $x(n)$。本小节的目的是依据随机序列的一个实现 $x(n)$ 来计算或估计随机信号的数字特征量。

1. 样本均值 $\hat{m}_x$

$$\hat{m}_x = \frac{1}{N} \sum_{n=1}^{N} x(n) \tag{9.82}$$

式中，N 表示参加计算的数据样本点数。符号"^"表示计算得到的估计值。在本书中，凡是变量（或常量）上方标有符号"^"的，均表示对该变量（或常量）的估计。

2. 样本均方值 $E[\hat{m}_x^2]$

$$E[\hat{m}_x^2] = \frac{1}{N} \sum_{n=1}^{N} x^2(n) \tag{9.83}$$

3. 样本方差 $\hat{\sigma}_x^2$

$$\hat{\sigma}_x^2 = \frac{1}{N} \sum_{n=1}^{N} [x(n) - \hat{m}_x]^2 \tag{9.84}$$

4. 样本协方差 $\hat{C}_{xy}(m)$

$$\hat{C}_{xy}(m) = \frac{1}{N} \sum_{n=1}^{N} (x(n) - \hat{m}_x)[y(n+m) - \hat{m}_y] \tag{9.85}$$

式中，$\{y(n)\}$ 表示另一个随机序列；$\hat{m}_y$ 是其样本均值。若 $\{x(n)\}$ 与 $\{y(n)\}$ 相同，则称为样本自协方差函数，记为 $\hat{C}_x(m)$。

5. 样本相关 $\hat{R}_{xy}(m)$

$$\hat{R}_{xy}(m) = \frac{1}{N} \sum_{n=1}^{N} x(n)y(n+m) \tag{9.86}$$

例 9.3　用计算机程序产生服从高斯分布的 100 点均值为 0、方差为 1 的随机样本序列，如图 9.8 所示。试根据本节给出的公式计算其样本数字特征量。

解　由 MATLAB 产生的 100 点高斯分布随机序列的曲线如图 9.8 所示。其样本均值为 $\hat{m}_x = \frac{1}{N} \sum_{n=1}^{N} x(n) = -0.0804$，样本方差为 $\hat{\sigma}_x^2 = \frac{1}{N} \sum_{n=1}^{N} [x(n) - \hat{m}_x]^2 = 0.925$。同理可以得到其他样本统计特征。如果增加数据长度 N，则可以使计算结果进一步逼近其理论值。

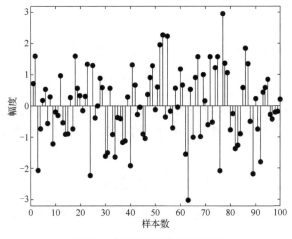

图9.8　高斯分布随机信号序列

9.7　随机信号分析的现代参数模型方法

9.7.1　随机信号的沃尔德分解定理

随机信号的沃尔德分解定理表述如下：一般的广义平稳随机信号 $\{x(n)\}$（常称为随机序列）总可以分解为可预测随机序列 $x_{\mathrm{p}}(n)$ 与不可预测随机序列 $x_{\mathrm{n}}(n)$ 之和。即

$$x(n) = x_{\mathrm{p}}(n) + x_{\mathrm{n}}(n) \tag{9.87}$$

且对于任意 n_1 和 n_2，$x_{\mathrm{p}}(n)$ 与 $x_{\mathrm{n}}(n)$ 之间满足 $E[x_{\mathrm{p}}(n_1)x_{\mathrm{n}}(n_2)] \equiv 0$。

所谓可预测随机序列是指由随机序列的过去取值可以准确地确定其未来取值。所谓不可预测随机序列是指由随机序列的过去取值，不能确定其未来取值。

例9.4　设随机序列 $\{x(n)\}$ 满足以下模型：

$$x(n) = ax(n-1) + w(n),\ a < 1$$

式中，$w(n)$ 表示均值为0、方差为1的高斯白噪声。试确定 $x(n)$ 的可预测性。

解　（1）若白噪声 $w(n) = 0$，则 $x(n) = ax(n-1)$，则 $x(n)$ 的未来取值可以由其过去取值来确定。因此，当 $w(n) = 0$ 时，$x(n)$ 为可预测随机序列。

（2）若白噪声 $w(n) \neq 0$，则由于 $w(n)$ 是不确定的，因此 $x(n)$ 为不可预测随机序列。

9.7.2　平稳随机信号的线性参数模型

许多平稳随机信号 $x(n)$ 可以看作是由白噪声 $w(n)$ 激励某一确定的线性系统 $h(n)$ 而得到的响应。这样，只要白噪声的参数确定了，对随机信号的研究就可以转化为对产生随机信号的线性系统的研究了。这就是随机信号分析的参数建模法。其中包含两个基本问题：第一，由给定的平稳随机信号序列，我们可以为其建立相应的参数模型，即模型建立或模型参数估计问题；第二，利用给定白噪声和参数模型，我们可以产生出所需的随机信号序列，即信号产生问题。在后面的章节中，我们还要介绍利用随机信号的参数模型来进行功率谱估计及其他应用问题。图 9.9 给出了随机信号的参数模型示意图。

$$\begin{array}{ccc} \dfrac{w(n)}{W(z)} & \boxed{\begin{array}{c} h(n) \\ H(z) \end{array}} & \dfrac{x(n)}{X(z)} \end{array}$$

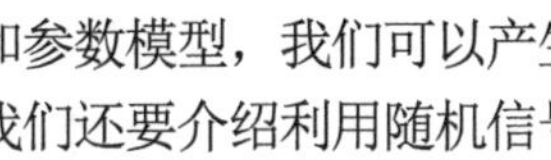

图 9.9　随机信号的参数模型示意图

1. MA 模型

广义平稳随机信号 $x(n)$ 的滑动平均（moving average，MA）模型满足以下表达式：

$$x(n) = \sum_{k=0}^{q} b_k w(n-k) \tag{9.88}$$

式中，$w(n)$ 为白噪声；b_k 为 MA 模型系数；q 为模型的阶数。上式表示，随机信号 $x(n)$ 是由 $w(n)$ 的当前值及其 q 个过去值的线性组合而构成的。经过 z 变换，可以得到 MA 模型的系统函数为

$$H(z) = \frac{X(z)}{W(z)} = \sum_{k=0}^{q} b_k z^{-k} \tag{9.89}$$

由于 $H(z)$ 无极点，故该系统一定是稳定的。常称 MA 模型为全零点模型，用 MA(q) 表示。

2. AR 模型

广义平稳随机信号 $x(n)$ 的自回归（autoregressive，AR）模型满足以下表达式：

$$x(n) = -\sum_{k=1}^{p} a_k x(n-k) + w(n) \tag{9.90}$$

式中，a_k 为 AR 模型系数；p 为模型的阶数。上式表示，随机信号 $x(n)$ 是由本身的 p 个过去值 $x(n-k)$ 与白噪声 $w(n)$ 当前激励值的线性组合而产生的。AR 模型的系统函数为

$$H(z) = \frac{1}{1 + \sum_{k=1}^{p} a_k z^{-k}} \tag{9.91}$$

可见，系统函数中只有极点，没有零点，因此该模型又称为全极点模型，常用 AR(p) 来表示。由于系统存在极点，因此需要考虑系统的稳定性问题，即需要注意系统极点的分布位置。

3. ARMA 模型

广义平稳随机信号 $x(n)$ 的自回归滑动平均（autoregressive moving average，ARMA）模型满足以下表达式：

$$x(n) = \sum_{k=0}^{q} b_k w(n-k) - \sum_{k=1}^{p} a_k x(n-k) \tag{9.92}$$

显然，ARMA 模型是 AR 模型与 MA 模型的结合。ARMA 模型的系统函数为

$$H(z) = \frac{\sum_{k=0}^{q} b_k z^{-k}}{1 + \sum_{k=1}^{p} a_k z^{-k}} \tag{9.93}$$

由上式可见，ARMA 模型既有零点又有极点，是零极点模型。常用 ARMA(p, q) 来表示。

9.7.3　AR 模型参数的估计

随机信号的参数估计，即随机信号建模问题，在信号处理领域的应用非常广泛。对于诸如水声、通信、机械故障诊断和生物医学信号处理等领域，常常采用参数估计与建模的方法来进行信号分析与处理。

根据沃尔德分解定理，AR、MA 和 ARMA 三个模型是可以互相转换的。实际上，由

MA 模型的系统函数式（9.89）可得 $X(z) = H(z)W(z)$，若系统的零点都在单位圆内，则可以写为 $X(z) = W(z) / A(z)$，其中 $A(z) = 1 / H(z)$。这样，MA 模型可以转化为 AR 模型。同理，ARMA 模型也可以用 AR 模型来表示。因此，在这里我们只讨论 AR 模型的建模问题。

1. AR(p) 随机序列的自相关函数

假定白噪声 $w(n)$ 的均值为 0、方差为 σ_w^2，且信号满足 $n > p$ 的条件。对 AR(p) 随机序列 $x(n) = -\sum_{k=1}^{p} a_k x(n-k) + w(n)$ 求取自相关函数，并利用自相关函数的对称性，有

$$R_x(m) = E[x(n)x(n-m)] = E\left[w(n)x(n-m) - \sum_{k=1}^{p} a_k x(n-k)x(n-m)\right]$$

$$= R_{xw}(m) - \sum_{k=1}^{p} a_k R_x(m-k) \tag{9.94}$$

式中，

$$R_{xw}(m) = E[x(n)w(n+m)] = \sum_{k=0}^{\infty} h(k)E[w(n-k)w(n+m)]$$

$$= \sum_{k=0}^{\infty} h(k)R_w(m+k) = \sum_{k=0}^{\infty} h(k)\sigma_w^2\delta(m+k) = \sigma_w^2 h(-m) \tag{9.95}$$

$h(n)$ 为系统的单位冲激响应。经整理可得

$$R_{xw}(m) = \begin{cases} 0, & m > 0 \\ \sigma_w^2 h(-m), & m \leqslant 0 \end{cases} \tag{9.96}$$

将式（9.96）代入式（9.94），得到

$$R_x(m) = \begin{cases} -\sum_{k=1}^{p} a_k R_x(m-k), & m > 0 \\ -\sum_{k=1}^{p} a_k R_x(m-k) + h(0)\sigma_w^2, & m = 0 \\ R_x(-m), & m < 0 \end{cases} \tag{9.97}$$

对于因果系统 $h(n)$，有 $h(0) = 1$。由上式可见，AR(p) 随机序列的自相关函数具有递推性质。

2. Yule-Walker 方程

由式（9.97）可得

$$R_x(0) + a_1 R_x(-1) + \cdots + a_p R_x(-p) = \sigma_w^2$$
$$R_x(1) + a_1 R_x(0) + \cdots + a_p R_x(1-p) = 0$$
$$\vdots \tag{9.98}$$
$$R_x(p) + a_1 R_x(p-1) + \cdots + a_p R_x(0) = 0$$

将上式写成矩阵形式，得到

$$\begin{bmatrix} R_x(0) & R_x(-1) & \cdots & R_x(-p) \\ R_x(1) & R_x(0) & \cdots & R_x(1-p) \\ \vdots & \vdots & & \vdots \\ R_x(p) & R_x(p-1) & \cdots & R_x(0) \end{bmatrix} \begin{bmatrix} 1 \\ a_1 \\ \vdots \\ a_p \end{bmatrix} = \begin{bmatrix} \sigma_w^2 \\ 0 \\ \vdots \\ 0 \end{bmatrix} \tag{9.99}$$

上式即著名的尤尔-沃克（Yule-Walker）方程。当阶数 p 及自相关函数 $R_x(m)$ 已知的前提下，AR 参数建模的问题实际上转化为 Yule-Walker 方程的求解问题。

例 9.5　设 $w(n)$ 是方差 $\sigma_w^2 = 1$ 的白噪声序列，$x(n)$ 表示 AR(3) 随机信号序列：$x(n) = \dfrac{14}{24}x(n-1) + \dfrac{9}{24}x(n-2) - \dfrac{1}{24}x(n-3) + w(n)$，试求：

（1）自相关函数 $R_x(m)$ 当 $m = 0, 1, 2, 3, 4, 5$ 的值；

（2）用（1）求出的自相关值来估计 AR(3) 的参数 $\hat{a}_k$，$k = 1, 2, 3$，并估计 $w(n)$ 的方差 $\hat{\sigma}_w^2$；

（3）根据给定的 AR(3) 模型，用计算机产生 $x(n)$ 的 $N = 32$ 点观测值，用观测值的自相关序列直接估计 AR(3) 的参数 $\hat{a}_k$，$k = 1, 2, 3$，并估计 $w(n)$ 的方差 $\hat{\sigma}_w^2$。

解　（1）由题已知 $a_1 = -14/24$、$a_2 = -9/24$、$a_3 = 1/24$。将 a_k，$k = 1, 2, 3$ 和 $\sigma_w^2 = 1$ 代入式（9.99），可求得 $R_x(0) = 4.9377$、$R_x(1) = 4.3287$、$R_x(2) = 4.1964$、$R_x(3) = 3.8654$。由式（9.97）可以进一步求得 $R_x(4)$ 和 $R_x(5)$ 的值。若需要，还可以求出更多的自相关序列值。

（2）利用（1）求出的自相关序列值来估计 AR(3) 模型参数 $\hat{a}_k$，$k = 1, 2, 3$ 及 $\hat{\sigma}_w^2$。仍然利用 Yule-Walker 方程，将估计得到的自相关序列值代入式（9.99），通过求解线性方程组可以得到 $\hat{a}_1 = -14/24$、$\hat{a}_2 = -9/24$、$\hat{a}_3 = 1/24$、$\hat{\sigma}_w^2 = 1$，与真实值相等。

（3）利用计算机产生的观测值估计自相关序列，再代入 Yule-Walker 方程，可以得到 $\hat{a}_k$，$k = 1, 2, 3$ 及 $\hat{\sigma}_w^2$ 的估计（$\hat{a}_1 = -0.6984$、$\hat{a}_2 = -0.2748$、$\hat{a}_3 = 0.0915$、$\hat{\sigma}_w^2 = 0.4678$ 为一组参考值）。

比较（2）和（3）得到的估计结果，为什么两者有如此之大的差距？

实际上，在（2）对模型参数的估计中，我们使用的自相关序列值是其真实值，而在（3）的估计中，使用的自相关序列值是经由计算机模拟产生的有限个数据点（32 点）估计得到的，所得到的自相关序列估值与真实自相关序列有较大误差，从而导致模型参数估计的误差较大。如果增加数据点的数量或提高 AR 模型的阶数，则会改善模型参数估计的精度。

3. Yule-Walker 方程的求解：Levinson-Durbin 递推算法

（1）线性预测误差滤波器与 AR 模型。

用过去观测数据的线性组合来预测当前数据 $x(n)$，称这种方法为前向预测器，即

$$\hat{x}(n) = -\sum_{k=1}^{m} a_m(k)x(n-k) \tag{9.100}$$

式中，$a_m(k)$，$k = 1, 2, \cdots, m$ 表示 m 阶预测器的预测系数。显然，预测的结果与真实 $x(n)$ 存在误差，设该误差为 $e(n)$，称为预测误差，表示为

$$e(n) = x(n) - \hat{x}(n) = x(n) + \sum_{k=1}^{m} a_m(k)x(n-k) \tag{9.101}$$

若把 $e(n)$ 看成系统的输出，$x(n)$ 看成系统的输入，则预测误差系统的系统函数为

$$\frac{E(z)}{X(z)} = 1 + \sum_{k=1}^{m} a_m(k)z^{-k} \tag{9.102}$$

若 $m = p$，且预测系数与 AR 模型参数相同，则预测误差系统与 AR 模型的系统函数互为倒数，因此求解 AR 模型的问题可以转化为求解预测误差滤波器的预测系数问题。求取预测误差的均方值，有

$$E[e^2(n)] = E[[x(n) + \sum_{k=1}^{m} a_m(k)x(n-k)]^2]$$

$$= R_x(0) + 2[\sum_{k=1}^{m} a_m(k)R_x(k)] + \sum_{k=1}^{m}\sum_{l=1}^{m} a_m(l)a_m(k)R_x(l-k) \quad (9.103)$$

为使均方误差最小，将上式右边对预测系数求偏导并令偏导为 0，有

$$R_x(l) = -\sum_{k=1}^{m} a_m(k)R_x(l-k), \quad l = 1,2,\cdots,m \quad (9.104)$$

将其代入式（9.103）求得最小均方误差为

$$E_m[e^2(n)] = E_p[e^2(n)] = R_x(0) + \sum_{k=1}^{p} a_k R_x(k) \quad (9.105)$$

其中考虑了 $a_k = a_m(k)$ 和 $m = p$。上式表明，p 阶预测器的预测系数等于 p 阶 AR 模型的参数，并且最小均方预测误差等于白噪声的方差，即 $E_p[e^2(n)] = \sigma_w^2$。

（2）Levinson-Durbin 递推算法求解 AR 模型参数。

Levinson-Durbin 递推算法是一种比较快捷的求解 Yule-Walker 方程的递推算法，其基本思路是依据 Yule-Walker 方程和自相关序列的递推性，逐次增加模型阶数进行递推计算。例如先计算 $m=1$ 时的预测系数 $a_m(k) = a_1(1)$ 和 σ_{w1}^2，然后计算 $m=2$ 时的预测系数 $a_2(1)$、$a_2(2)$ 和 σ_{w2}^2，一直计算到 $m=p$ 阶的预测系数 $a_p(1), a_p(2),\cdots,a_p(p)$ 和 σ_{wp}^2。当满足计算精度时就可以停止递推。式（9.106）给出了预测系数和均方误差递推的通式：

$$\begin{cases} a_m(k) = a_{m-1}(k) + a_m(m)a_{m-1}(m-k) \\ a_m(m) = -\dfrac{R_x(m) + \sum_{k=1}^{m-1} a_{m-1}(k)R_x(m-k)}{E_{m-1}} \\ E_m = \sigma_{wm}^2 = [1 - a_m^2(m)]E_{m-1} = R_x(0)\prod_{k=1}^{m}[1 - a_k^2(k)] \end{cases} \quad (9.106)$$

式中，$a_m(m)$ 称为反射系数。在运用 Levinson-Durbin 递推算法时，需要已知自相关函数，同时需要给定初始值 $E_0 = R_x(0)$、$a_0(0) = 1$，还要确定 AR 模型的阶数 p。

9.7.4　AR 模型阶数的确定

AR 模型的阶数估计是一个十分重要的问题。在实际应用中，AR 模型的阶数总是未知的，要根据观测数据做适当的估计。若模型阶数估计过低，则参数估计的均方误差会较大；而若模型阶数估计过高，则又会带来计算上的不必要负担。

1. FPE 准则

设真实模型为 AR(p)，正在进行拟合的阶数为 m。AR 参数可以通过构建一个基于自回归模型的预测器来进行一步预测，把预测均方误差达到最小的模型阶数作为最佳模型阶数。最终预测误差（final prediction error, FPE）准则定义为

$$\text{FPE}(m) = \sigma_{wm}^2 \left(\frac{N+m+1}{N-m-1} \right) \quad (9.107)$$

式中，N 为观测数据长度；σ_{wm}^2 为拟合残差的方差。随着拟合阶数 m 的增加，σ_{wm}^2 逐渐减小，而 $\dfrac{N+m+1}{N-m-1}$ 则逐渐增大。故在某个 $m=p$ 处 FPE(m) 达到最小，则将 p 确定为 AR 模型的阶数。

2. AIC 准则

赤池信息量准则（Akaike information criterion，AIC）通过使平均对数似然函数最大来确定 AR 模型的阶数。该准则定义为

$$\text{AIC}(m) = \ln \sigma_{wm}^2 + \frac{2m}{N} \tag{9.108}$$

当模型阶数增加时，σ_{wm}^2 随之下降，而 $2m/N$ 随之增加。当 AIC(m) 达到最小时，可以确定此时的阶数作为最佳模型阶数。

9.8　本　章　小　结

随机信号处理或称为统计信号处理是信号处理的重要组成部分，它把数学领域中概率统计的基础理论，用于解决随机信号的分析和处理问题，具有较强的理论性和应用性。本章在简要回顾随机现象与随机变量基本概念与基本理论的基础上，较为系统地介绍了随机过程即随机信号的概念和理论，特别着重介绍了平稳随机信号、各态历经性、随机信号的相关函数与功率谱密度函数等概念。简要介绍了高斯随机过程、白噪声、带限白噪声和其他常见随机信号的概念与特点，还介绍了随机信号通过线性系统的基本理论。本章重点介绍了以概率密度函数和统计特性为核心的随机信号经典分析方法，重点介绍了随机信号的现代参数模型方法，特别给出了 AR、MA 和 ARMA 几个常用的参数模型及 AR 模型参数估计与建模的基本方法。本章内容对后续章节关于统计信号处理内容的进一步学习和理解具有重要作用。

思考题与习题

9.1　说明随机变量、随机过程和随机信号的概念。说明随机变量的均值、方差、相关与协方差的概念。

9.2　说明随机信号的概率密度与概率分布的概念。

9.3　说明平稳随机信号与非平稳随机信号的概念。说明信号各态历经性的概念。

9.4　说明随机信号功率谱的概念。什么是系统的等效噪声带宽？

9.5　什么是随机信号的矩形等效带宽与均方根等效带宽？

9.6　简述几种主要随机过程的特性。

9.7　说明白噪声与有色噪声的特点与区别。

9.8　说明随机信号主要的经典分析方法。

9.9　说明随机信号主要的现代分析方法。

9.10　AR 模型、MA 模型和 ARMA 模型各有什么特点？

9.11 设随机变量 X 的概率密度为 $f(x) = \begin{cases} \dfrac{2}{\pi}\sqrt{1-x^2}, & -1 \leqslant x \leqslant 1 \\ 0, & \text{其他} \end{cases}$，求 X 的分布函数 $F(x)$。

9.12 设随机变量 X_1 和 X_2 的概率密度分别为 $f_1(x) = \begin{cases} 2\mathrm{e}^{-2x}, & x > 0 \\ 0, & x \leqslant 0 \end{cases}$ 和 $f_2(x) = \begin{cases} 4\mathrm{e}^{-4x}, & x > 0 \\ 0, & x \leqslant 0 \end{cases}$，求 $E[X_1 + X_2]$。

9.13 设 $X \sim N(\mu, \sigma^2)$，$Y \sim N(\mu, \sigma^2)$，且 X 与 Y 相互独立。试求 $Z_1 = \alpha X + \beta Y$ 和 $Z_2 = \alpha X - \beta Y$ 的相关系数（α 和 β 不为 0）。

9.14 随机相位正弦波 $x = A\sin(\omega_0 t + \varphi)$，其相位 φ 服从均匀分布 $f(\varphi) = \begin{cases} \dfrac{1}{2\pi}, & 0 \leqslant \varphi < 2\pi \\ 0, & \text{其他} \end{cases}$。试求 x 的一阶概率密度函数 $f(x; t)$，并说明它是否与时间 t 有关。

9.15 设 $z(t) = \cos(\Omega_0 t + \varphi)$ 是随机相位正弦载波，即 $f(\varphi) = \begin{cases} \dfrac{1}{2\pi}, & 0 \leqslant \varphi < 2\pi \\ 0, & \text{其他} \end{cases}$。现用一调制信号 $r(t)$ 对 $z(t)$ 进行调幅，得调幅波 $s(t) = r(t)z(t)$。已知 $r(t)$ 服从瑞利分布 $f(r) = \begin{cases} r\mathrm{e}^{-r^2/2}, & r \geqslant 0 \\ 0, & r < 0 \end{cases}$。试证明调幅波 $s(t)$ 服从高斯分布 $f(s) = \dfrac{1}{\sqrt{2\pi}\sigma_s} \mathrm{e}^{-\frac{(s-m_s)^2}{2\sigma_s^2}}$，并求 m_s 和 σ_s^2 的值。假设 φ 与 $r(t)$ 互相独立。

9.16 （1）设 $x(t) = a$，a 是二值型随机变量（对每一样本而言不随时间变化），以概率 p 及 $q = 1 - p$ 取值 +1 和 -1。求此过程的时间均值、总体均值、时间自相关和总体自相关。由所得结果说明过程是否具有各态历经性。

（2）平稳随机信号 $x(t)$ 和确定性信号 $y(t)$ 相加，得 $z(t) = x(t) + y(t)$，问 $z(t)$ 是否为平稳随机信号？

9.17 已知平稳随机过程 $x(t)$ 的自相关函数如下，求其功率谱密度函数及均方值，并根据所得结果说明该随机过程是否含有直流分量或周期性分量。

（1）$R_x(\tau) = 4\mathrm{e}^{-|\tau|}\cos\pi\tau + \cos 3\pi\tau$；

（2）$R_x(\tau) = 25\mathrm{e}^{-4|\tau|}\cos\Omega_0\tau + 16$。

9.18 根据功率谱密度函数的性质，判断下面哪些函数是实信号的功率谱密度函数的正确表达式，并说明理由。对判断是正确的函数，说明它的均值、均方与均方差各是多少。

（1）$S_1(\Omega) = \dfrac{\Omega^2 + 9}{(\Omega^2 + 4)(\Omega + 1)^2}$；

（2）$S_2(\Omega) = \dfrac{\Omega^2 + 1}{\Omega^4 + 5\Omega^2 + 6}$；

（3）$S_3(\Omega) = \dfrac{\Omega^2 + 4}{\Omega^4 - 4\Omega^2 + 3}$；

（4）$S_4(\Omega) = \dfrac{\mathrm{e}^{-j\Omega^2}}{\Omega^2 + 2}$。

9.19 调幅信号 $y(t) = a(t)\cos(\Omega_0 t + \varphi)$，式中，$\Omega_0$ 是常数；φ 在 $[0, 2\pi]$ 均匀分布；$a(t)$ 是随机过程，其自相关函数是 $R_a(\tau)$，功率谱是 $S_a(\Omega)$。$a(t)$ 与 φ 互相独立。求 $y(t)$ 的自相关函数和功率谱，用 $R_a(\tau)$ 和 $S_a(\Omega)$ 表示。

9.20 （1）复随机信号 $z(t)$ 由联合平稳的实过程 $x(t)$ 和 $y(t)$ 构成，且满足 $z(t) = x(t) + jy(t)$，试证明 $E[|z(t)|^2] = R_x(0) + R_y(0)$；

（2）试证明对平稳的复随机过程 $z(t)$ 有 $E[|z(t + \tau) + z(t)|^2] = 2R_z(0) + 2R_e[R_z(\tau)]$。

9.21 在图题 9.21 所示系统中，$x(t)$ 是平稳过程。试证明 $y(t)$ 的功率谱为 $S_y(\Omega) = 2S_x(\Omega)(1 + \cos\Omega T)$。

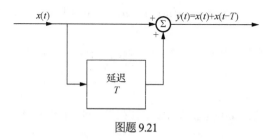

图题 9.21

9.22 一个随机信号 $x_1(t)$ 的自相关函数是 $R_1(\tau) = A_1\mathrm{e}^{-|\tau|}$，另一个随机信号 $x_2(t)$ 的自相关函数是 $R_2(\tau) = A_2\mathrm{e}^{-|\tau|}$。求两者相加后 $x(t) = x_1(t) + x_2(t)$ 的自相关函数 $R_x(\tau)$。假设：① $x_1(t)$ 与 $x_2(t)$ 互相独立；② $x_1(t)$ 和 $x_2(t)$ 来自不同的信号源，只是幅度相差一个常数因子 K，$x_2(t) = Kx_1(t)$，$K \ne 1$。

9.23 信号 $s(t) = x(t)\cos\Omega_0 t - y(t)\sin\Omega_0 t$，其中 $x(t)$ 和 $y(t)$ 是复随机过程，其自相关函数和互相关函数均已知，Ω_0 是固定值。

（1）试求 $s(t)$ 的自相关函数；

（2）若 $R_x(\tau) = R_y(\tau)$；$R_{xy}(\tau) = 0$，试证明 $R_s(\tau) = R_x(\tau)\cos\Omega_0\tau$。

9.24 随机过程 $x(t) = A\sin(\Omega_0 t + \varphi)$，式中 A 和 Ω_0 是常数；φ 为在 $[0, 2\pi]$ 均匀分布的随机变量。令 $y(t) = x^2(t)$。

（1）试求 $y(t)$ 的自相关函数 $R_y(\tau)$；

（2）试求 $x(t)$ 和 $y(t)$ 间互相关函数 $R_{xy}(\tau)$，并说明 $x(t)$ 和 $y(t)$ 是否是联合宽平稳的。

9.25 统计独立零均值随机过程 $x(t)$ 和 $y(t)$ 具有以下自相关函数：$R_x(\tau) = \mathrm{e}^{-|\tau|}$，$R_y(\tau) = \cos 2\pi\tau$。现在分别构成新过程 $w_1(t) = x(t) + y(t)$ 和 $w_2(t) = x(t) - y(t)$，试求 $R_{w_1 w_2}(\tau)$。

9.26 随机输入序列 $x(n)$ 各次采样值互相独立。各采样值同分布，都是均值为 3 且方差为 4 的高斯分布。

（1）如果 $y(n) = \dfrac{1}{2}(x(n) + x(n-1))$，求 $y(n)$ 的均值、方差及概率密度函数；

（2）如果 $z(n) = \dfrac{1}{2}(x(n) - x(n-1))$，求 $z(n)$ 的均值、方差及概率密度函数。

9.27 输入序列 $x(n)$ 的一阶概率密度函数为 $f[x(n)] = \begin{cases} 2\mathrm{e}^{-2x(n)}, & x(n) \geqslant 0 \\ 0, & \text{其他} \end{cases}$。

（1）试证明 $E[x(n)]=1/2$；

（2）如果 $y=2x(1)+4x(2)$，$x(1)$ 和 $x(2)$ 都是服从上述分布的随机序列，试求 $E(y)$。

9.28　随机序列 $x(n)$ 各次采样互相独立，且均匀分布于 $-1\sim+1$，并按下述关系进行信号处理：① $y(n)=x(n)-x(n-1)$；② $z(n)=x(n)+2x(n-1)+x(n-2)$；③ $w(n)=-\dfrac{1}{2}w(n-1)+x(n)$。试求：

（1）$x(n)$ 的均值 m_x 和方差 σ_x^2；

（2）$y(n)$、$z(n)$ 和 $w(n)$ 的自相关函数与功率谱。[提示：$|m|>2$ 后，$R_y(m)=?$ $|m|>3$ 后，$R_z(m)=?$]

9.29　设自相关函数 $r_x(k)=\rho^k$，$k=0,1,2,3$，试用 Yule-Walker 方程直接求解与用 Levinson-Durbin 递推求解 AR(3) 模型参量。

9.30　设 $N=5$ 的数据记录为 $x(0)=1$、$x(1)=2$、$x(2)=3$、$x(3)=4$、$x(4)=5$，AR 模型的阶数 $p=3$，试用 Levinson-Durbin 递推算法求 AR 模型参量即 $x(4)$ 的预测值 $\hat{x}(4)$。

第 10 章　随机信号的相关函数估计与功率谱密度函数估计

10.1　概　　述

相关函数（correlation function）是两个确定性信号或随机信号之间相似性的一种度量。若这两个信号是两个不同的信号，则相关函数称为互相关函数（cross-correlation function）；若这两个信号是同一个信号，则相关函数称为自相关函数（auto-correlation function）。功率谱密度（PSD）函数是相关函数的傅里叶变换，是具有有限平均功率信号的频谱分量在单位带宽上的功率表示，是随机信号特性在频域的表示。功率谱密度函数也分为自功率谱密度（auto-PSD）函数和互功率谱密度（cross-PSD）函数。前者是自相关函数的傅里叶变换，而后者则是互相关函数的傅里叶变换。

信号的相关函数和功率谱密度函数在信号处理中占有重要地位，依据信号数据对相关函数和功率谱密度函数进行估计，是信号处理的重要内容。本章系统介绍相关函数与功率谱密度函数的估计方法，包括自相关序列的无偏估计和有偏估计，自相关函数的快速估计方法，以周期图为核心的功率谱经典估计方法及其改进方法，以参数模型法为主的现代谱估计方法，包括自回归（AR）、滑动平均（MA）和自回归滑动平均（ARMA）参数模型法，最大熵谱估计方法，最小方差谱估计方法，皮萨伦科（Pisarenko）谱分解方法和基于矩阵特征分解的谱估计方法等，并给出了多种谱估计方法的比较。本章还介绍了倒谱分析的基本理论与方法，最后给出了谱估计的一些典型应用。

10.1.1　信号参数估计的基本任务

参数估计是根据从总体中抽取的样本来估计总体分布中包含的未知参数的方法。信号参数估计的任务是利用有限数据从带噪信号中估计出信号的某个或某些参数。例如，用超声多普勒技术测量血流速度时，除了从带噪信号中提取多普勒信息外，还要根据该信息来估计流速的大小，即根据观测数据来估计信号的时延参数。

最常见的估计问题是根据给定的一组随机变量的样本来估计其主要统计量。设随机变量的一组数据样本为 x_i，$i = 1, 2, \cdots, N$，则由 x_i 估计其均值和方差的估计式如式（10.1）所示：

$$\hat{m}_x = \frac{1}{N} \sum_{i=1}^{N} x_i$$

$$\hat{\sigma}_x^2 = \frac{1}{N} \sum_{i=1}^{N} (x_i - E[x])^2 \tag{10.1}$$

图 10.1 给出了从带噪声的观测数据中估计信号参数的流程图。

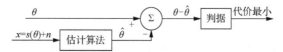

图 10.1　从带噪声的观测数据中估计信号参数的流程图

如图 10.1 所示，观测数据 x 由信号 s 和噪声 n 相加组成，即 $x = s(\theta) + n$。其中的 θ 表示信号参数。参数估计问题要求通过一定的算法取得 θ 的估计值 $\hat{\theta}$，并使 θ 与 $\hat{\theta}$ 之间的关系按照某一判据达到最优。例如常用的最小均方误差准则，使 $E[(\theta - \hat{\theta})^2]$ 达到最小。

10.1.2　参数估计的评价准则

1. 估计的无偏性

（1）估计的偏差。

估计的偏差（deviation），又称为估计的偏，是指估计值 $\hat{\theta}$ 与其真值 θ 或均值 $E[\hat{\theta}]$ 之差，可以用来衡量估计结果的精度。

对于非随机参数的估计，若 $E[\hat{\theta}] = \theta$，则称 $\hat{\theta}$ 是 θ 的无偏估计。若 $E[\hat{\theta}] \neq \theta$，则称 $\hat{\theta}$ 是 θ 的有偏估计，其偏差为 $b(\hat{\theta}) = E[\hat{\theta}] - \theta$。若 $\lim\limits_{N \to \infty} b(\hat{\theta}) = 0$，则称为渐近无偏估计。

对于随机参数的估计，由于随机参数不具有确定的真值，故用其均值 $E[\theta]$ 替代确定的真值。若 $E[\hat{\theta}] = E[\theta]$，则称 $\hat{\theta}$ 为无偏估计。若 $E[\hat{\theta}] \neq E[\theta]$，则称 $\hat{\theta}$ 为有偏估计，其偏差为 $b(\hat{\theta}) = E[\hat{\theta}] - E[\theta]$。若满足 $\lim\limits_{N \to \infty} b(\hat{\theta}) = 0$，则称为渐近无偏估计。

若 θ 为非随机量，有 $E[\theta] = \theta$，则随机参数估计与非随机参数估计完全相同。因此，无论是非随机参数估计还是随机参数估计，均可采用非随机参数估计的形式将二者统一起来。

（2）估计的方差。

估计的方差用来度量估计值 $\hat{\theta}$ 与其数学期望 $E[\hat{\theta}]$ 之间的分散程度。即

$$\text{Var}[\hat{\theta}] = \sigma_{\hat{\theta}}^2 = E[(\hat{\theta} - E[\hat{\theta}])^2] \tag{10.2}$$

估计的方差越小，表示参数的估计值越集中在其真值或均值附近，即估计的分散性越小。

（3）估计的均方误差。

需要特别注意的是，只有采用估计的均方误差（mean square error，MSE），才能较为全面地反映估计的质量。可以证明，估计的均方误差是估计偏差的平方与估计方差之和。即

$$E[(\theta - E[\hat{\theta}])^2] = b^2(\hat{\theta}) + \sigma_{\hat{\theta}}^2 \tag{10.3}$$

2. 估计的有效性

在样本容量 N 相同的情况下，方差小的无偏估计比方差大的无偏估计更有效。即若满足 $\text{Var}[\hat{\theta}_1] < \text{Var}[\hat{\theta}_2]$，则称 $\hat{\theta}_1$ 为参数 θ 的有效估计，或称估计 $\hat{\theta}_1$ 比估计 $\hat{\theta}_2$ 更有效。

3. 估计的一致性

当样本容量 $N \to \infty$ 时，若偏差和方差均趋于 0，则该估计是一致估计，即满足

$$\lim\limits_{N \to \infty} E[(\hat{\theta} - \theta)^2] = 0 \tag{10.4}$$

10.2　相关函数与功率谱密度函数

10.2.1　相关函数

1. 相关函数的定义

设广义平稳随机信号 $X(t)$ 和 $Y(t)$，其自相关函数和互相关函数定义如下：

$$R_X(\tau) = E[X(t)X^*(t+\tau)]$$
$$R_{XY}(\tau) = E[X(t)Y^*(t+\tau)] \tag{10.5}$$

式中，"*"号表示复共轭。若考虑广义平稳随机序列 $X(n)$ 和 $Y(n)$，则有

$$R_X(m) = E[X(n)X^*(n+m)]$$
$$R_{XY}(m) = E[X(n)Y^*(n+m)] \tag{10.6}$$

对于各态历经序列 $X(n)$ 和 $Y(n)$，则上式的集总平均可由单一样本 $x(n)$ 和 $y(n)$ 的时间平均来实现，即

$$R_x(m) = \lim_{N\to\infty} \frac{1}{2N+1} \sum_{n=-N}^{N} x(n)x^*(n+m)$$
$$R_{xy}(m) = \lim_{N\to\infty} \frac{1}{2N+1} \sum_{n=-N}^{N} x(n)y^*(n+m) \tag{10.7}$$

式中，N 表示序列长度。在本章后面的介绍中，若不特别说明，我们均采用各态历经的广义平稳离散随机信号，并用符号 $x(n)$ 和 $y(n)$ 来表示。

2. 相关函数的主要性质

相关函数的主要性质包括：①自相关函数是偶函数，即 $R_x(m) = R_x(-m)$；②自相关函数在 $m=0$ 时取最大值，即 $R_x(m) \leqslant R_x(0)$；③周期信号的自相关函数仍为同频率的周期信号，但不具有原始信号的相位信息；④随机信号的自相关函数随 $|m|$ 的增大很快衰减为 0；⑤互相关函数为非奇非偶函数，但满足 $R_{xy}(-m) = R_{yx}(m)$；⑥两周期信号的互相关函数仍为同频率的周期信号，且保留了原始信号的相位差信息；⑦两个非同频的周期信号互不相关。

3. 常用随机信号的自相关函数

表 10.1 给出了常用随机信号的自相关函数。

表 10.1　常用随机信号的自相关函数

序号	随机信号	$x(n)$ 表达式	自相关函数 $R_x(m)$
1	白噪声		$R_x(m) = \dfrac{N_0}{2}\delta(m)$
2	AR(p)	$x(n) = -\sum\limits_{k=1}^{p} a_k x(n-k) + w(n)$	$R_x(m) = -\sum\limits_{k=1}^{p} a_k R_x(m-k) + \sigma_w^2 \delta(m)$
3	MA(q)	$x(n) = \sum\limits_{k=0}^{q} b_k w(n-k)$	$R_x(m) = \sigma^2 \sum\limits_{k=1}^{q-m} b_k b_{k+m}, \quad 0 \leqslant m \leqslant q$
4	ARMA(p,q)	$x(n) = \sum\limits_{k=0}^{q} b_k w(n-k) - \sum\limits_{k=1}^{p} a_k x(n-k)$	$R_x(m) = -\sum\limits_{k=1}^{p} a_k R_x(m-k) + f_m(\boldsymbol{a},\boldsymbol{b}), \quad m=1,2,\cdots,p$ 式中，$f_m(\boldsymbol{a},\boldsymbol{b})$ 是模型参数的非线性函数

10.2.2　功率谱密度函数

1. 功率谱密度函数的定义

功率谱密度函数表示有限平均功率信号单位带宽功率的频率函数，是研究分析随机信号的重要工具。功率谱密度函数通常简称为"功率谱"或简称为"谱"。广义平稳离散随机信号 $x(n)$ 的功率谱密度函数有两个等价的定义，如下：

$$P_x(\mathrm{e}^{\mathrm{j}\omega}) = \sum_{m=-\infty}^{\infty} R_x(m)\mathrm{e}^{-\mathrm{j}\omega n} \tag{10.8}$$

$$P_x(\mathrm{e}^{\mathrm{j}\omega}) = \lim_{N\to\infty} E\left[\frac{1}{2N+1}\left|\sum_{n=-\infty}^{\infty} x(n)\mathrm{e}^{-\mathrm{j}\omega n}\right|^2\right] \tag{10.9}$$

2. 相关函数与功率谱密度函数的关系

式（10.8）所示的定义又称为维纳-欣钦定理，其中 $R_x(m)$ 为 $x(n)$ 的自相关函数。显然，信号 $x(n)$ 的自相关函数与其功率谱密度函数是一对傅里叶变换对。

这样，对于任意一个随机信号的自相关函数，我们都可依据维纳-欣钦定理，通过对自相关函数求取傅里叶变换而得到其功率谱密度函数。同理，也可以根据维纳-欣钦定理定义信号 $x(n)$ 与信号 $y(n)$ 的互功率谱密度函数为

$$P_{xy}(\mathrm{e}^{\mathrm{j}\omega}) = \sum_{m=-\infty}^{\infty} R_{xy}(m)\mathrm{e}^{-\mathrm{j}\omega n} \tag{10.10}$$

10.3　自相关序列的估计

10.3.1　自相关序列的无偏估计

1. 自相关序列的无偏估计方法

设均值为 0 的广义平稳随机信号 $x(n)$ 是各态历经的，其自相关函数为

$$R_x(m) = E[x(n)x^*(n+m)] \tag{10.11}$$

如果观测数据长度 N 为有限值，记为 $x_N(n)$，则 $R_x(m)$ 可以经由下式估计得到：

$$\hat{R}_x(m) = \frac{1}{N}\sum_{n=0}^{N-1} x_N(n)x_N^*(n+m) \tag{10.12}$$

由于 $x_N(n)$ 只有有限个观测值，对于每一个固定的延迟 m，可以利用的数据只有 $N-1-|m|$ 个，且在 $0\sim N-1$ 的范围内。为了简化，仍然记 $x_N(n) = x(n)$，而将 $\hat{R}_x(m)$ 写为 $\hat{R}_N^{(1)}(m)$。这样，式（10.12）所表示的自相关函数无偏估计可以写为

$$\hat{R}_N^{(1)}(m) = \frac{1}{N-|m|}\sum_{n=0}^{N-1-|m|} x(n)x^*(n+m), \quad |m| \leqslant N-1 \tag{10.13}$$

式中，$\hat{R}_N^{(1)}(m)$ 的上标(1)表示无偏估计，$\hat{R}_N^{(1)}(m)$ 的长度为 $2N-1$，相对于 $m=0$ 对称。

2. 估计的性质

（1）估计的偏差分析。

对式（10.13）两边求取数学期望，有

$$E[\hat{R}_N^{(1)}(m)] = \frac{1}{N-|m|}\sum_{n=0}^{N-1-|m|} E[x(n)x^*(n+m)] = \frac{1}{N-|m|}\sum_{n=0}^{N-1-|m|} R_x(m)$$

$$= R_x(m), \quad |m| \leqslant N-1 \tag{10.14}$$

显然，其偏差为 $b[\hat{R}_N^{(1)}(m)] = E[\hat{R}_N^{(1)}(m)] - R_x(m) = 0$，即式（10.13）的估计是无偏的。

（2）估计的均方值分析。

当 $x(n)$ 为零均值白色高斯随机信号时，$\hat{R}_N^{(1)}(m)$ 的均方值为

$$E[[\hat{R}_N^{(1)}(m)]^2] = \frac{1}{(N-|m|)^2} \sum_{n=0}^{N-1-|m|} \sum_{k=0}^{N-1-|m|} [R_x^2(m) + R_x^2(n-k) + R_x(n-k-m)R_x(n-k+m)],$$

$$|m| \leqslant N-1 \quad (10.15)$$

对式（10.15）进一步整理，当满足 $N \gg |m| - |r|$ 时，可以得到 $\hat{R}_N^{(1)}(m)$ 的估计方差为

$$\mathrm{Var}[\hat{R}_N^{(1)}(m)] = E[[\hat{R}_N^{(1)}(m)]^2] - [E[\hat{R}_N^{(1)}(m)]]^2 = E[[\hat{R}_N^{(1)}(m)]^2] - R_x^2(m)$$

$$\approx \frac{N}{(N-|m|)^2} \sum_{r=-(N-1-|m|)}^{N-1-|m|} [R_x^2(r) + R_x(r-m)R_x(r+m)] \quad (10.16)$$

当 $N \to \infty$ 时，有 $\lim_{N \to \infty} \mathrm{Var}[\hat{R}_N^{(1)}(m)] = 0$，故 $\hat{R}_N^{(1)}(m)$ 是 $R_x(m)$ 的一致估计。

需要注意的是，$\hat{R}_N^{(1)}(m)$ 的方差式（10.16）是在 $N \gg |m| - |r|$ 的假定下得出的。当 $|m|$ 接近于 N 时，用来计算 $\hat{R}_N^{(1)}(m)$ 的数据很少，从而使得 $\hat{R}_N^{(1)}(m)$ 的方差显著增加。

10.3.2　自相关序列的有偏估计

1. 自相关序列的有偏估计方法

将式（10.13）中的系数 $1/(N-|m|)$ 改为 $1/N$，则得到自相关序列的有偏估计为

$$\hat{R}_N^{(2)}(m) = \frac{1}{N} \sum_{n=0}^{N-1-|m|} x(n)x^*(n+m), \quad |m| \leqslant N-1 \quad (10.17)$$

比较式（10.13）与式（10.17），有 $\hat{R}_N^{(2)}(m) = \dfrac{N-|m|}{N} \hat{R}_N^{(1)}(m), \quad |m| \leqslant N-1$。

2. 估计性质

（1）估计的偏差分析。

计算 $\hat{R}_N^{(2)}(m)$ 的均值，有

$$E[\hat{R}_N^{(2)}(m)] = \frac{N-|m|}{N} E[\hat{R}_N^{(1)}(m)] = \frac{N-|m|}{N} R_x(m), \quad |m| \leqslant N-1 \quad (10.18)$$

这样，$\hat{R}_N^{(2)}(m)$ 估计的偏差为 $b[\hat{R}_N^{(2)}(m)] = R_{xx}(m) - E[\hat{R}_N^{(2)}(m)] = \dfrac{|m|}{N} R_{xx}(m), \quad |m| \leqslant N-1$。显然，$\hat{R}_N^{(2)}(m)$ 是 $R_x(m)$ 的有偏估计。不过，由于 $\lim_{N \to +\infty} b[\hat{R}_N^{(2)}(m)] = 0$，可知 $\hat{R}_N^{(2)}(m)$ 是渐近无偏估计的。

（2）估计的方差分析。

自相关信号有偏估计的方差为

$$\mathrm{Var}[\hat{R}_N^{(2)}(m)] = \left(\frac{N-|m|}{N}\right)^2 \mathrm{Var}[\hat{R}_N^{(1)}(m)]$$

$$\approx \frac{1}{N} \sum_{r=-(N-1-|m|)}^{N-1-|m|} [R_x^2(r) + R_x(r-m)R_x(r+m)] \quad (10.19)$$

上式成立的条件与无偏估计 $N \gg |m| - |r|$ 的条件相同。显然 $\lim_{N \to +\infty} \mathrm{Var}[\hat{R}_N^{(2)}(m)] = 0$，并综合考虑 $\hat{R}_N^{(2)}(m)$ 的渐近无偏性，故 $\hat{R}_N^{(2)}(m)$ 是自相关函数 $R_x(m)$ 的一致估计。

（3）与无偏估计的比较。

对于接近 N 的较大的 $|m|$ 值，无偏估计 $\hat{R}_N^{(1)}(m)$ 和有偏估计 $\hat{R}_N^{(2)}(m)$ 都不是自相关函数 $R_x(m)$ 的好的估计。但对于比 N 小得多的 $|m|$ 值，$\hat{R}_N^{(1)}(m)$ 和 $\hat{R}_N^{(2)}(m)$ 都是 $R_x(m)$ 的一致估计。由于有偏估计 $\hat{R}_N^{(2)}(m)$ 的方差总是小于无偏估计 $\hat{R}_N^{(1)}(m)$ 的方差，在实际进行功率谱估计的应用时，一般总是采用有偏估计 $\hat{R}_N^{(2)}(m)$，而不采用无偏估计 $\hat{R}_N^{(1)}(m)$。

10.3.3　自相关序列的快速估计方法

无论是采用无偏估计 $\hat{R}_N^{(1)}(m)$ 还是采用有偏估计 $\hat{R}_N^{(2)}(m)$ 来估计 $x(n)$ 自相关函数 $R_x(m)$，当 N 和 m 较大时，所需的计算量非常大，这限制了上述两种估计方法的使用。在实际应用中，通常采用快速傅里叶变换（FFT）的方法来进行自相关函数估计的快速计算。以有偏估计 $\hat{R}_N^{(2)}(m)$ 的计算为例，并将数据长度为 N 的观测数据写为 $x_N(n)$。这样

$$\hat{R}_N^{(2)}(m) = \frac{1}{N}\sum_{n=0}^{N-1} x_N(n)x_N^*(n+m) \tag{10.20}$$

由于对两个长度为 N 点的序列进行相关计算，其结果长度为 $2N-1$ 点。为此，与快速计算卷积的情况一样，需要把 N 信号补 0 而扩充到 $2N-1$ 点，即

$$x_{2N}(n) = \begin{cases} x_N(n), & 0 \leqslant n \leqslant N-1 \\ 0, & N \leqslant n \leqslant 2N-1 \end{cases} \tag{10.21}$$

这样，式（10.20）写为 $\hat{R}_{2N}^{(2)}(m) = \frac{1}{N}\sum_{n=0}^{N-1} x_{2N}(n)x_{2N}^*(n+m)$，记 $x_{2N}(n)$ 的傅里叶变换为 $X_{2N}(\mathrm{e}^{\mathrm{j}\omega})$。对 $\hat{R}_{2N}^{(2)}(m)$ 求取傅里叶变换，可以得到

$$\sum_{m=-(N-1)}^{N-1} \hat{R}_{2N}^{(2)}(m)\mathrm{e}^{-\mathrm{j}\omega m} = \frac{1}{N}\sum_{n=0}^{2N-1} x_{2N}(n)\mathrm{e}^{\mathrm{j}\omega n}\sum_{l=0}^{2N-1} x_{2N}(l)\mathrm{e}^{-\mathrm{j}\omega l} = \frac{1}{N}|X_{2N}(\mathrm{e}^{\mathrm{j}\omega})|^2 \tag{10.22}$$

式中，$X_{2N}(\mathrm{e}^{\mathrm{j}\omega})$ 可以经由 FFT 来计算。这样，自相关函数的快速计算步骤如下。

步骤 1：对 $x_N(n)$ 补 0 构成 $x_{2N}(n)$。对 $x_{2N}(n)$ 做 FFT，得到 $X_{2N}(k)$，$k = 0,1,\cdots,2N-1$。

步骤 2：求 $X_{2N}(k)$ 的幅度平方，再除以 N，得到 $\frac{1}{N}|X_{2N}(k)|^2$。

步骤 3：对 $\frac{1}{N}|X_{2N}(k)|^2$ 做傅里叶逆变换，得到 $\hat{R}_0^{(2)}(m)$。

这里，$\hat{R}_0^{(2)}(m)$ 并不简单地等于 $\hat{R}_{2N}^{(2)}(m)$，而是等于 $\hat{R}_{2N}^{(2)}(m)$ 中 $-(N-1) \leqslant m < 0$ 的部分向右平移 $2N$ 点形成的新序列。不过，$\hat{R}_0^{(2)}(m)$ 与 $\hat{R}_{2N}^{(2)}(m)$ 的功率谱是相同的。

例 10.1　试用 MATLAB 编程产生白噪声序列 $w(n)$ 和正弦信号序列 $s(n)$，将二者组合成含噪正弦序列 $x(n)$。分别计算 $w(n)$ 和 $x(n)$ 的自相关函数序列 $R_w(m)$ 和 $R_x(m)$，绘出曲线。

解　MATLAB 程序代码如下：

```
clear all; clc; fs=1000; t=0:1/fs:(1-1/fs); nn=1:1000; maxlag=100; f=12;
w=zeros(1,1000); s=zeros(1,1000); w=randn(1,1000); s=sin(2*pi*f/fs.*nn);
x=0.5*w+s;
[cw,maxlags]=xcorr(w,maxlag); [cx,maxlags]=xcorr(x,maxlag);
figure(1);
subplot(221); plot(t,w); xlabel('n'); ylabel('w(n)'); title('白噪声');
axis([0 1 -4 4]);
subplot(222); plot(maxlags/fs,cw); xlabel('m'); ylabel('Rw(m)');
```

```
axis ([-0.1 0.1 -300 1200]);
title('白噪声的自相关'); subplot(223); plot(t,x); xlabel('n');
ylabel ('x(n)'); title('含噪正弦信号'); axis([0 1 -4 4])
subplot(224); plot(maxlags/fs,cx); xlabel('m'); ylabel('Rx(m)');
axis ([-0.1 0.1 -800 1000]);
title('含噪正弦信号的自相关');
```

图10.2　给出了白噪声序列和含噪正弦信号序列以及它们各自的自相关序列曲线。

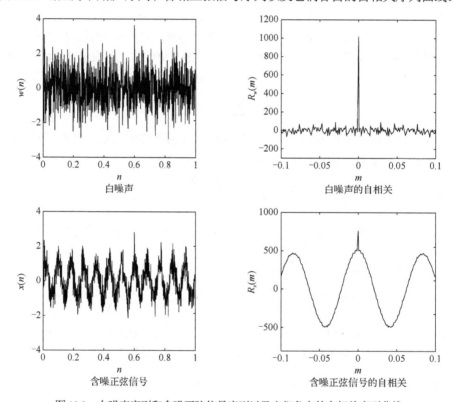

图10.2　白噪声序列和含噪正弦信号序列以及它们各自的自相关序列曲线

10.4　功率谱估计的经典方法

10.4.1　功率谱估计概况

功率谱估计是信号处理的主要内容之一，主要研究信号在频率域中的特性，目的是在有限的观测数据中提取出被噪声淹没的信号或信号的参量。

英国科学家牛顿（Newton）最早给出了"谱"的概念，他用棱镜将一束阳光分解为彩虹状的光谱。1822年，法国科学家傅里叶（Fourier）提出了著名的傅里叶谐波分析理论，至今依然是进行信号分析和信号处理的理论基础。

自傅里叶理论提出至今的 200 多年中，谱估计的理论与方法得到不断发展和完善。以1967 年为界，学术界把之前和之后的谱估计理论方法划分为经典谱估计和现代谱估计两大类。经典谱估计以周期图（periodogram）方法为基础，基于傅里叶理论对观测数据进行频域分析。现代谱估计大致可以分为参数模型谱估计和非参数模型谱估计两种，前者包括 AR、

MA、ARMA 和 Prony 指数模型法等，后者包括最小方差法、多信号分类（multiple signal classification，MUSIC）法等，对于改善经典谱估计的分辨率和方差性能有显著作用。现代谱估计的内容极其广泛，且至今仍在发展中。图 10.3 给出了功率谱估计方法的分类与汇总。

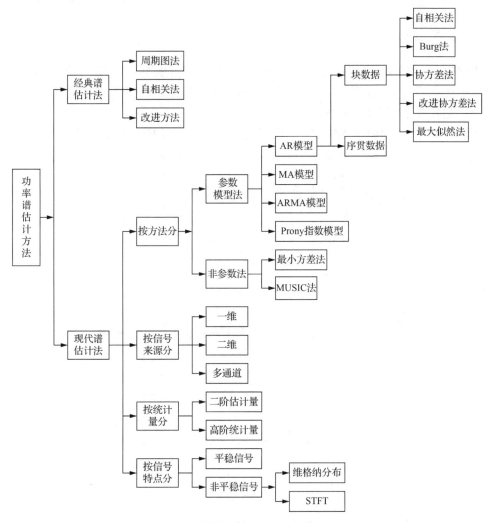

图 10.3　功率谱估计方法的分类与汇总

10.4.2　周期图谱估计方法

周期图是一种经典的功率谱密度估计方法，其主要优点是能应用快速傅里叶变换算法来进行谱估计。这种方法适用于长信号序列的情况，在序列的长度足够长时，使用改进的周期图法，可以得到较好的功率谱估值，因而应用很广。

设有限长度实平稳随机序列 $x(n)$，$n = 0, 1, \cdots, N-1$ 的离散时间傅里叶变换为

$$X(\mathrm{e}^{\mathrm{j}\omega}) = \sum_{n=0}^{N-1} x(n)\mathrm{e}^{-\mathrm{j}\omega n} \tag{10.23}$$

则周期图 $P_{\mathrm{per}}(\mathrm{e}^{\mathrm{j}\omega})$ 的计算公式为

$$P_{\mathrm{per}}(\mathrm{e}^{\mathrm{j}\omega}) = \frac{1}{N} X(\mathrm{e}^{\mathrm{j}\omega}) X^{*}(\mathrm{e}^{\mathrm{j}\omega}) = \frac{1}{N} |X(\mathrm{e}^{\mathrm{j}\omega})|^2 \tag{10.24}$$

式（10.24）称为经典谱估计的直接法。功率谱密度还可以根据自相关函数估计的傅里叶变换来进行计算，称为经典谱估计的间接法，又称为 BT 法。自相关函数的有偏估计为

$\hat{R}_N^{(2)}(m) = \dfrac{1}{N} \displaystyle\sum_{n=0}^{N-1-|m|} x(n)x(n+m), \quad -(N-1) \leqslant m \leqslant N-1$ ，对其做傅里叶变换，可以得到

$$P_{\text{per}}(\mathrm{e}^{\mathrm{j}\omega}) = \sum_{m=-\infty}^{\infty} \hat{R}_N^{(2)}(m)\mathrm{e}^{-\mathrm{j}\omega m} = \frac{1}{N}|X(\mathrm{e}^{\mathrm{j}\omega})|^2 \text{。}$$

例 10.2　设离散时间信号 $x(n)$ 是均值为 0、方差为 1 的高斯白噪声。试利用 MATLAB 编程，产生上述白噪声序列，计算其自相关函数，用周期图法估计其功率谱密度。并绘出信号序列、自相关序列和功率谱序列。

解　MATLAB 程序代码略。按照题目的要求，得到三条曲线如图 10.4 所示。

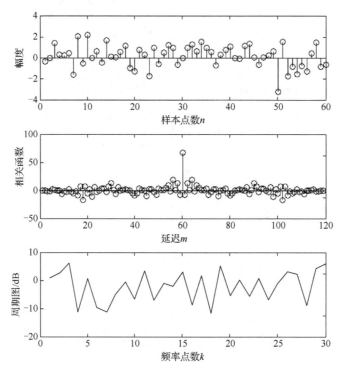

图 10.4　白噪声的时间序列、自相关序列和周期图功率谱序列示意图

由图 10.4 可以看出，周期图法所得到的功率谱估计结果与理论上白噪声的功率谱有较大差距。造成这种差距的主要原因有两点：第一，原始数据序列的长度太短，本例只有 60 个样本点，不足以完整地表达白噪声的特性；第二，原始数据序列的截断，对信号的谱估计也有一定影响。因此，增加序列的长度和选择适当的窗函数是改善谱估计性能的两种基本方法。

10.4.3　周期图谱估计的性能

1. 周期图谱估计的数学期望

周期图 $P_{\text{per}}(\mathrm{e}^{\mathrm{j}\omega})$ 的数学期望为

$$E[P_{\text{per}}(\mathrm{e}^{\mathrm{j}\omega})] = \sum_{m=-(N-1)}^{N-1} E[\hat{R}_N^{(2)}(m)]\mathrm{e}^{-\mathrm{j}\omega m} = \sum_{m=-(N-1)}^{N-1} \frac{N-|m|}{N}R_x(m)\mathrm{e}^{-\mathrm{j}\omega m}$$

$$= \sum_{m=-\infty}^{\infty} w_{\mathrm{B}}(m) R_x(m) \mathrm{e}^{-\mathrm{j}\omega m} \tag{10.25}$$

式中，　$w_{\mathrm{B}}(m) = \begin{cases} 1 - \dfrac{|m|}{N}, & |m| \leqslant N-1 \\ 0, & |m| \geqslant N \end{cases}$，为三角窗函数。其傅里叶变换为 $W_{\mathrm{B}}(\mathrm{e}^{\mathrm{j}\omega}) =$

$\dfrac{1}{N}\left[\dfrac{\sin(N\omega/2)}{N\sin(\omega/2)}\right]^2$。

式（10.25）表明，周期图的数学期望 $E[P_{\mathrm{per}}(\mathrm{e}^{\mathrm{j}\omega})]$ 是窗函数 $w_{\mathrm{B}}(n)$ 与自相关函数 $R_x(m)$ 乘积的傅里叶变换。根据卷积定理，这个乘积的傅里叶变换等于 $w_{\mathrm{B}}(n)$ 傅里叶变换 $W_{\mathrm{B}}(\mathrm{e}^{\mathrm{j}\omega})$ 与 $R_x(m)$ 傅里叶变换 $P_x(\mathrm{e}^{\mathrm{j}\omega})$（即功率谱的理论值）的卷积。即

$$E[P_{\mathrm{per}}(\mathrm{e}^{\mathrm{j}\omega})] = \frac{1}{2\pi} P_x(\mathrm{e}^{\mathrm{j}\omega}) * W_{\mathrm{B}}(\mathrm{e}^{\mathrm{j}\omega}) \tag{10.26}$$

由于 $W_{\mathrm{B}}(\mathrm{e}^{\mathrm{j}\omega})$ 不是一个单位冲激函数，因此在一般情况下，$E[P_{\mathrm{per}}(\mathrm{e}^{\mathrm{j}\omega})] \neq P_x(\mathrm{e}^{\mathrm{j}\omega})$。这表明 $P_{\mathrm{per}}(\mathrm{e}^{\mathrm{j}\omega})$ 是 $P_x(\mathrm{e}^{\mathrm{j}\omega})$ 的有偏估计。不过，当 $N \to \infty$ 时，$W_{\mathrm{B}}(\mathrm{e}^{\mathrm{j}\omega})$ 收敛于冲激函数，则有

$$\lim_{N\to\infty} E[P_{\mathrm{per}}(\mathrm{e}^{\mathrm{j}\omega})] = P_x(\mathrm{e}^{\mathrm{j}\omega}) \tag{10.27}$$

可见，周期图谱估计是渐近无偏的。

2. 周期图谱估计的方差

为了便于得到周期图功率谱估计的方差，常使用较容易理解的近似表达。假定随机信号 $x(n)$，$n = 0,1,\cdots,N-1$ 是零均值的实高斯白噪声序列，则其周期图表示为

$$P_{\mathrm{per}}(\mathrm{e}^{\mathrm{j}\omega}) = \frac{1}{N}|X(\mathrm{e}^{\mathrm{j}\omega})|^2 = \frac{1}{N}\sum_{l=0}^{N-1}\sum_{m=0}^{N-1} x(l)x(m)\mathrm{e}^{\mathrm{j}\omega m}\mathrm{e}^{-\mathrm{j}\omega l} \tag{10.28}$$

周期图在频率 ω_1 和 ω_2 处的协方差为

$$\mathrm{Cov}[P_{\mathrm{per}}(\mathrm{e}^{\mathrm{j}\omega_1}), P_{\mathrm{per}}(\mathrm{e}^{\mathrm{j}\omega_2})] = E[P_{\mathrm{per}}(\mathrm{e}^{\mathrm{j}\omega_1})P_{\mathrm{per}}(\mathrm{e}^{\mathrm{j}\omega_2})] - E[P_{\mathrm{per}}(\mathrm{e}^{\mathrm{j}\omega_1})]E[P_{\mathrm{per}}(\mathrm{e}^{\mathrm{j}\omega_2})] \tag{10.29}$$

式中，

$$E[P_{\mathrm{per}}(\mathrm{e}^{\mathrm{j}\omega_1})P_{\mathrm{per}}(\mathrm{e}^{\mathrm{j}\omega_2})] = \frac{1}{N^2}\sum_{k=0}^{N-1}\sum_{l=0}^{N-1}\sum_{m=0}^{N-1}\sum_{n=0}^{N-1} E[x(k)x(l)x(m)x(n)]\mathrm{e}^{\mathrm{j}[\omega_1(k-l)+\omega_2(m-n)]} \tag{10.30}$$

在高斯白噪声的情况下，由多元高斯随机变量的多阶矩公式，可以得到

$$E[x(k)x(l)x(m)x(n)] = \begin{cases} \sigma_x^4, & k=l,\ m=n,\ 或\ k=m,\ l=n,\ 或\ k=n,\ l=m \\ 0, & 其他 \end{cases} \tag{10.31}$$

将式（10.31）代入式（10.30），经整理得到

$$E[P_{\mathrm{per}}(\mathrm{e}^{\mathrm{j}\omega_1})P_{\mathrm{per}}(\mathrm{e}^{\mathrm{j}\omega_2})] = \sigma_x^4\left\{1 + \left[\frac{\sin(\omega_1+\omega_2)N/2}{N\sin(\omega_1+\omega_2)/2}\right]^2 + \left[\frac{\sin(\omega_1-\omega_2)N/2}{N\sin(\omega_1-\omega_2)/2}\right]^2\right\} \tag{10.32}$$

由于 $E[P_{\mathrm{per}}(\mathrm{e}^{\mathrm{j}\omega_1})] = E[P_{\mathrm{per}}(\mathrm{e}^{\mathrm{j}\omega_2})] = \sigma_x^2$，将其与式（10.32）代入式（10.29），得到

$$\mathrm{Cov}[P_{\mathrm{per}}(\mathrm{e}^{\mathrm{j}\omega_1}), P_{\mathrm{per}}(\mathrm{e}^{\mathrm{j}\omega_2})] = \sigma_x^4\left\{\left[\frac{\sin(\omega_1+\omega_2)N/2}{N\sin(\omega_1+\omega_2)/2}\right]^2 + \left[\frac{\sin(\omega_1-\omega_2)N/2}{N\sin(\omega_1-\omega_2)/2}\right]^2\right\} \tag{10.33}$$

当 $\omega_1 = \omega_2 = \omega$ 时，则得到周期图谱估计的方差为

$$\text{Var}[P_{\text{per}}(\text{e}^{\text{j}\omega})] = \sigma_x^4 \left[1 + \left(\frac{\sin \omega N}{N \sin \omega} \right)^2 \right] \tag{10.34}$$

显然，当 $N \to \infty$ 时，周期图的方差并不趋近于 0。因此，周期图不是功率谱的一致估计。

3. 周期图谱估计的泄漏现象

在周期图谱估计中，长度为 N 的有限长随机信号序列，可以看作由无限长随机信号序列经矩形窗截断而成的，即相当于无限长信号序列与窗函数的乘积。如果信号的真实功率集中在一个较窄的频带内，则该卷积运算将会把这个窄带的功率扩展到邻近的频段，这种现象称为频谱"泄漏"。泄漏现象除了对频谱估计产生畸变以外，还对功率谱估计及正弦分量的可测性带来有害的影响。因为弱信号的主瓣很容易被强信号泄漏到邻近旁瓣的部分所淹没，从而造成谱估计的模糊与失真。另外，卷积运算使信号主瓣变宽，其增加的宽度由窗的主瓣所决定。对于矩形窗信号序列，其傅里叶变换的主瓣宽度近似地等于观测时间的倒数。因此，对于数据长度较短的观测信号，其功率谱估计的分辨率是不高的。

例 10.3　设一随机信号 $x(n) = A\sin(\omega_0 n + \varphi) + v(n)$。其中，$\varphi$ 为在 $[-\pi, \pi]$ 区间均匀分布的随机变量，$v(n)$ 为方差 $\sigma_v^2 = 1$ 的白噪声，$A = 5$，$\omega_0 = 0.4\pi$。数据长度分别取 $N = 64$ 和 $N = 256$。试利用 MATLAB 编程实现对功率谱的周期图估计。分别运行 50 次，并画出周期图的谱估计结果。

解　按照题目的要求，得到周期图法估计功率谱的结果如图 10.5 所示。

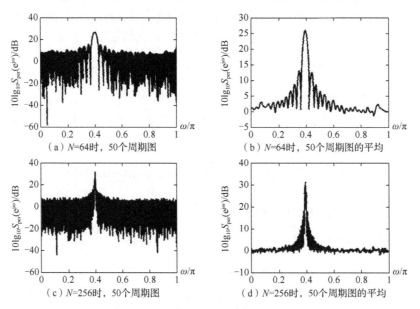

图 10.5　周期图法估计功率谱举例

由图 10.5 可以看出：第一，周期图谱估计存在频谱泄漏现象，原本正弦信号的线状谱，经过周期图谱估计之后展宽了；第二，当数据量增加时，等效于窗函数加宽，从而使谱估计的主瓣变窄。这样，正弦信号的谱峰展宽减小了。

10.4.4　改善周期图谱估计性能的方法

1. 平均周期图法

将互不相关的随机变量取平均，是一种保持随机变量均值不变，同时能减小其方差的常用方法。将其引入周期图功率谱估计中，设 $x_i(n), \ i = 0, 1, \cdots, K-1$ 为随机过程 $x(n)$ 的 K 个互不相关的实现，且每个 $x_i(n)$ 的长度为 M，即 $n = 0, 1, \cdots, M-1$。这样，$x_i(n)$ 的周期图为

$$P_{\text{per}}^{(i)}(\text{e}^{\text{j}\omega}) = \frac{1}{M}\left|\sum_{n=0}^{M-1} x_i(n)\text{e}^{-\text{j}\omega n}\right|^2, \quad i = 1, 2, \cdots, K \tag{10.35}$$

现将这些独立的周期图进行平均作为功率谱的估计，即

$$P_{\text{per}}^{(\text{av})}(\text{e}^{\text{j}\omega}) = \frac{1}{K}\sum_{i=1}^{K} P_{\text{per}}^{(i)}(\text{e}^{\text{j}\omega}) \tag{10.36}$$

可以证明，$P_{\text{per}}^{(\text{av})}(\text{e}^{\text{j}\omega})$ 是功率谱 $P_x(\text{e}^{\text{j}\omega})$ 的渐近无偏估计，并且其方差为

$$\text{Var}[P_{\text{per}}^{(\text{av})}(\text{e}^{\text{j}\omega})] = \frac{1}{K}\text{Var}[P_{\text{per}}^{(i)}(\text{e}^{\text{j}\omega})] \approx \frac{1}{K}P_{xx}^2(\text{e}^{\text{j}\omega}) \tag{10.37}$$

在实际应用中，往往难于得到一个随机信号的多次实现。为此，巴特利特（Bartlett）提出将一个长度为 N 的随机信号平均分成 K 段，每段的长度为 M，这样，每个子信号记为 $x_i(n) = x(n+iM), \ n = 0, 1, \cdots, M-1; \ i = 0, 1, \cdots, K-1$。对这些子信号的周期图求平均，有

$$P_{\text{per}}^{(\text{BT})}(\text{e}^{\text{j}\omega}) = \frac{1}{KM}\sum_{i=0}^{K-1}\left|\sum_{n=0}^{M-1} x(n+iM)\text{e}^{-\text{j}\omega n}\right|^2 \tag{10.38}$$

式（10.38）称为 Bartlett 周期图。这种方法又称为 Bartlett 法。

2. 窗函数法

随机序列加窗是改善周期图法性能的一种常用的方法。将周期图表达式写为

$$P_{\text{per}}(\text{e}^{\text{j}\omega}) = \frac{1}{N}\sum_{n=-\infty}^{\infty} | x(n)w_R(n)\text{e}^{-\text{j}\omega n} |^2 \tag{10.39}$$

式中，$w_R(n)$ 表示宽度为 N、高度为 1 的矩形窗。对式（10.39）求数学期望，可以得到 $E[P_{\text{per}}(\text{e}^{\text{j}\omega})] = \displaystyle\sum_{m=-\infty}^{\infty} R_x(m)w_B(m)\text{e}^{-\text{j}\omega m}$。其中，$w_B(n) = \dfrac{1}{N}w_R(n)*w_R(-n)$，即 $w_B(m)$ 为三角窗。

周期图的期望值被主瓣平滑的程度与主瓣功率向旁瓣泄漏的程度均取决于窗函数的类型。常用的窗函数有矩形窗、三角窗、汉宁窗、汉明窗和布莱克曼窗等。关于常用窗函数频率特性的主要参数，请参见本书表 6.3 和图 6.37 的说明。

3. 修正周期图的平均：Welch 法

Welch 法对平均周期图法（即 Bartlett 法）进行了两点修正。

（1）Welch 法将 $x(n)$ 的分段方法进行了改进。它允许每一段的数据与其相邻的数据段有一定的交叠。例如，每一段数据重合一半时，数据的段数变为 $K = \dfrac{N - M/2}{M/2}$，式中，M 为每段数据的长度，N 为数据的总长度。

（2）数据加窗可以采用其他窗函数，例如汉宁窗或汉明窗，以改善矩形窗旁瓣较大所引

起的谱失真。Welch 法进行谱估计对每一段数据的功率谱估计 $P_{\mathrm{w}}^{(i)}(\mathrm{e}^{\mathrm{j}\omega})$ 表示为

$$P_{\mathrm{w}}^{(i)}(\mathrm{e}^{\mathrm{j}\omega}) = \frac{1}{MU}\left|\sum_{n=0}^{M-1} x_i(n)w(n)\mathrm{e}^{-\mathrm{j}\omega n}\right|^2，\text{ 其中，} w(n) \text{ 为窗函数，} x_i(n) \text{ 表示第 } i \text{ 段数据序列。} U$$

定义为 $U = \dfrac{1}{M}\sum_{n=0}^{M-1} w^2(n)$，这样，Welch 法周期图谱估计的表达式为

$$P_{\mathrm{w}}(\mathrm{e}^{\mathrm{j}\omega}) = \frac{1}{K}\sum_{i=0}^{K-1} P_{\mathrm{w}}^{(i)}(\mathrm{e}^{\mathrm{j}\omega}) = \frac{1}{KMU}\sum_{i=0}^{K-1}\left|\sum_{n=0}^{M-1} x_i(n)w(n)\mathrm{e}^{-\mathrm{j}\omega n}\right|^2 \tag{10.40}$$

Welch 法估计功率谱的数学期望为

$$E[P_{\mathrm{w}}(\mathrm{e}^{\mathrm{j}\omega})] = \frac{1}{K}\sum_{i=0}^{K-1} E[P_{\mathrm{w}}^{(i)}(\mathrm{e}^{\mathrm{j}\omega})] = E[P_{\mathrm{w}}^{(i)}(\mathrm{e}^{\mathrm{j}\omega})] \tag{10.41}$$

Welch 法估计功率谱的方差与相邻数据段重叠的程度有关。当相邻数据段的重叠程度为 50% 时，Welch 法的估计方差近似表示为

$$\mathrm{Var}[P_{\mathrm{w}}(\mathrm{e}^{\mathrm{j}\omega})] \approx \frac{9}{8K} P_{xx}^2(\mathrm{e}^{\mathrm{j}\omega}) \tag{10.42}$$

显然，Welch 法估计功率谱的均值与每一个数据段的估计均值相等，即平均的效果不影响谱估计的均值。另外，Welch 法估计功率谱的方差会因平均而得到改善。

Welch 法中 K、M 和 N 三个参数的选取对于谱估计的性能有较大的影响，现讨论如下：

① 对于分段数目 K 固定的情况，用 Welch 法得到的估计方差不优于平均周期图（Bartlett）法的估计方差。这是因为分段数目 K 相同的情况下，Bartlett 法所使用的数据量 N 较大，因此可以得到较好的结果。考虑极端情况，当 Welch 法的数据重叠程度为 0，即相邻数据段不重叠时，Welch 法就退化为 Bartlett 法了。这时两种算法的估计方差相等。

② 对于数据长度 N 固定的情况，若分段数据长度 M 固定，则由于 Welch 法所使用的分段数 K 较大，因此可以得到较好的估计结果，其估计方差优于 Bartlett 法的估计方差。

③ 对于固定的分段长度 M，Welch 法与 Bartlett 法功率谱估计的频率分辨率相同，但由于 Welch 法采用数据重叠技术，可以使估计方差优于 Bartlett 法。

例 10.4 给定两个正弦信号与高斯白噪声的线性组合，试采用 MATLAB 编程，分别实现周期图法、平均周期图法、加窗平均周期图法和 Welch 法的功率谱估计。绘出各曲线。

解 根据给定条件，编制 MATLAB 程序代码如下：

```
clear all; clc; fs=1000; N=1024; Nfft=256; N1=256; n=0:N-1; t=n/fs;
w=hanning(256)'; noverlap=128; dflag='none'; ss=zeros(1,N); ss=sin(2*pi*50*t)+
2*sin(2*pi*120*t); randn('state',0); nn=randn(1,N);
    % 周期图法
xn1=ss+nn; Pxx1=10*log10(abs(fft(xn1,Nfft).^2)/N);
    % 平均周期图法
xn2=xn1; Pxx21=abs(fft(xn2(1:256),N1).^2)/N;
Pxx22=abs(fft(xn2(257:512),N1).^2)/N;
Pxx23=abs(fft(xn2(513:768),N1).^2)/N;
Pxx24=abs(fft(xn2(769:1024),N1).^2)/N;
Pxx2=10*log10((Pxx21+Pxx22+Pxx23+Pxx24))/4;
    % 加窗平均周期图法
xn3=xn1; Pxx31=abs(fft(w.*xn3(1:256),N1).^2)/norm(w)^2;
```

```
Pxx32=abs(fft (w.*xn3(257:512),N1).^2)/norm(w)^2;
Pxx33=abs(fft(w.*xn3(513:768),N1).^2)/norm(w)^2;
Pxx34=abs(fft(w.*xn3(769:1024),N1).^2)/norm(w)^2;
Pxx3=10*log10((Pxx31+Pxx32+Pxx33+Pxx34))/4;
% Welch 法
xn4=xn1; xn4=sin(2*pi*50*t)+2*sin(2*pi*120*t)+randn(1,N);
Pxx4=pwelch (xn4,window);
% 归一化
Pxx1=Pxx1/max(Pxx1);  Pxx2=Pxx2/max(Pxx2);  Pxx3=Pxx3/max(Pxx3);  Pxx4=
Pxx4/max(Pxx4);
% 绘图
figure(1);
subplot(221); plot(Pxx1(1:N1/2)); axis([1 N1/2 -0.8 1.2]);
xlabel('频率/Hz'); ylabel('功率谱/dB');
title('周期图法'); grid on;
subplot(222); plot(Pxx2(1:N1/2)); axis([1 N1/2 -0.4 1.2]);
xlabel('频率/Hz'); ylabel('功率谱/dB');
title('平均周期图法'); grid on;
subplot(223); plot(Pxx3(1:N1/2)); axis([1 N1/2 -0.4 1.2]);
xlabel('频率/Hz'); ylabel('功率谱/dB');
title('加窗平均周期图法'); grid on;
subplot(224); plot(Pxx4(1:N1/2)); axis([1 N1/2 -0.4 1.2]);
xlabel('频率/Hz'); ylabel('功率谱/dB');
title('Welch法'); grid on;
```

图 10.6 给出了采用上述 4 种方法估计功率谱密度函数的曲线。

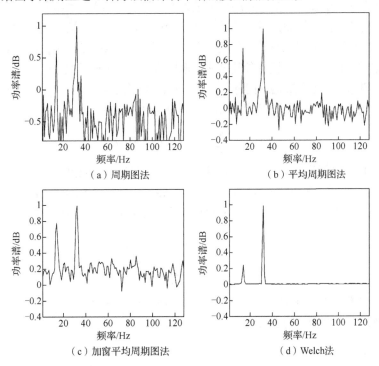

图 10.6　采用上述 4 种方法得到的功率谱密度函数估计曲线

10.5　功率谱估计的现代方法

10.5.1　经典谱估计存在的问题

尽管以周期图为核心的经典功率谱估计及其改进方法具有计算效率较高等优点，但是这些方法有几个无法回避的主要缺点：第一，这些方法谱估计的方差性能较差，这主要是由于在实际进行功率谱估计中无法实现定义中的求均值和求极限等运算，从而引起一定的估计误差；第二，这些方法谱估计的分辨率较低，这主要是由于不合理地假定了数据窗或自相关函数窗以外的数据全为 0 而引起的；第三，这些方法存在一定的频谱泄漏问题，这是由加窗所引起的固有问题，不易消除。

针对经典谱估计存在的问题，长期以来人们进行了努力探索和研究。学术界将自 20 世纪 60 年代以来的以参数模型法和非参数模型法的功率谱估计称为现代谱估计方法，以区别于以傅里叶变换为基础、以周期图方法为核心的经典功率谱估计。

现代谱估计的内容非常丰富，主要包括 AR 模型法、MA 模型法、ARMA 模型法、Prony 指数模型法等参数模型法和最小方差法、MUSIC 法等非参数模型法。近年来，又出现了高阶谱估计、多维谱估计和多通道谱估计等新理论新方法。其中双谱和三谱估计已经得到广泛的应用。

10.5.2　AR 模型谱估计方法

1．AR 模型谱估计

AR 模型谱估计方法是一种基于 AR 模型参数估计的现代谱估计方法，其基本思路如下：
（1）根据对待估计信号的分析和了解，为其选定一个合适的模型，一般常使用 AR 模型。
（2）根据已知观测数据来对模型参数进行估计。即估计 AR 参数 a_k，$k = 1, 2, \cdots, p$ 和 σ_w^2。
（3）根据估计得到的 AR 模型参数来估计随机信号的功率谱密度。

关于 AR 模型及 AR 参数估计问题，请见 9.7 节的介绍。

设广义平稳随机信号 $x(n)$，将其表示为 AR 信号的形式为

$$x(n) = -\sum_{k=1}^{p} a_k x(n-k) + w(n) \tag{10.43}$$

式中，a_k 为 AR 模型系数；p 为模型的阶数；$w(n)$ 为白噪声。根据 $x(n)$ 的自相关函数可以得到 Yule-Walker 方程，并通过求解该方程而得到 $\mathrm{AR}(p)$ 模型参数的估计 $\hat{a}_k$，$k = 1, 2, \cdots, p$ 和白噪声 $w(n)$ 方差的估计 $\hat{\sigma}_w^2$。模型阶数 p 可以采用 FPE 准则递推得到。这样，可得到

$$P_{\mathrm{AR}}(\mathrm{e}^{\mathrm{j}\omega}) = \frac{\sigma_w^2}{\left| 1 + \sum_{k=1}^{p} a_k \mathrm{e}^{-\mathrm{j}\omega k} \right|^2} \tag{10.44}$$

为 AR 功率谱计算的理论表达式。将估计得到的 AR 模型参数 $\hat{a}_k$，$k = 1, 2, \cdots, p$ 和 $\hat{\sigma}_w^2$ 代入上式，则得到 AR 功率谱估计的表达式为

$$\hat{P}_{\mathrm{AR}}(\mathrm{e}^{\mathrm{j}\omega}) = \frac{\hat{\sigma}_w^2}{\left|1+\sum\limits_{k=1}^{p}\hat{a}_k\mathrm{e}^{-\mathrm{j}\omega k}\right|^2} \tag{10.45}$$

考虑到离散时间信号功率谱的周期性，若在 $-\pi<\omega\leqslant\pi$ 范围内的 N 个等间隔频率点均匀取样，则式（10.45）可以写为

$$\hat{P}_{\mathrm{AR}}(\mathrm{e}^{\mathrm{j}2\pi l/N}) = \frac{\hat{\sigma}_w^2}{\left|1+\sum\limits_{k=1}^{p}\hat{a}_k\mathrm{e}^{-\mathrm{j}2k\pi l/N}\right|^2} \tag{10.46}$$

例 10.5　设 AR(4) 信号模型为

$$x(n) = 2.7607x(n-1) - 3.8106x(n-2) + 2.6535x(n-3) - 0.9237x(n-4) + w(n)$$

式中，$w(n)$ 为零均值、方差为 1 的高斯白噪声。由此模型得到 100 个观测值。试利用周期图法和 AR 模型法依据观测数据分别估计信号的功率谱密度。

解　根据给定条件，有 $N=100$。利用式（10.24）和式（10.46）分别估计信号的功率谱。其中，AR 参数阶数为 $p=7$。图 10.7 给出了两种方法进行功率谱估计的结果。

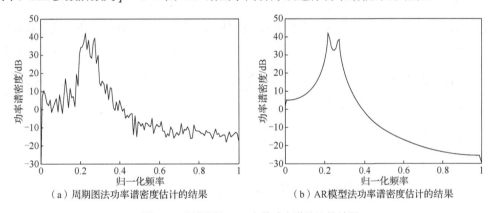

（a）周期图法功率谱密度估计的结果　　　　（b）AR 模型法功率谱密度估计的结果

图 10.7　周期图与 AR 参数功率谱估计的结果

2. AR 谱估计的性能

（1）AR 谱的稳定性。

AR 模型稳定的充分必要条件是其系统函数 $H(z)=\dfrac{1}{A(z)}=\dfrac{1}{1+\sum\limits_{k=1}^{p}a_kz^{-k}}$ 的极点都在单位

圆内。若 Yule-Walker 方程是正定的，则其解 a_k，$k=1,2,\cdots,p$ 所构成的 $A(z)$ 的根均在单位圆内。在用 Levinson-Durbin 递推算法进行递推的计算中，可得各阶 AR 模型的激励信号的方差 $\sigma_{w,k}^2$，$k=1,2,\cdots,p$ 均应大于 0，且满足 $\sigma_{w,k+1}^2<\sigma_{w,k}^2$，$k=1,2,\cdots,p$。

（2）AR 谱的平滑性。

由于 AR 模型是一个有理分式，因而估计出的功率谱比较平滑，不需要像周期图法那样再做平滑或平均。图 10.8 给出了 AR 谱与周期图谱估计的比较，图中，细实线表示周期图谱估计，粗实线表示 AR 谱估计。显然。AR 谱要平滑得多。

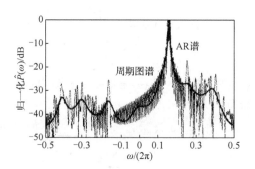

图 10.8　AR 谱与周期图谱估计的比较

（3）AR 谱的分辨率。

经典谱估计的分辨率正比于窗函数主瓣的宽度，反比于信号的长度。现代谱估计不受此限制，对于给定的长度为 N 的信号序列 $x(n)$，虽然其自相关函数估计的长度为 $2N-1$，但是现代谱估计的方法隐含着数据与自相关函数的外推，使其可能超过给定的长度。例如，AR模型在最小均方意义上对给定的数据进行拟合，即 $\hat{x}(n) = -\sum_{k=1}^{p} a_k x(n-k)$，$\hat{x}(n)$ 可能达到的长度为从 0 到 $N-1+p$，比数据长度 N 要长。此外，若用 $\hat{x}(n)$ 代替 $x(n)$，还可以继续外推。这样，进一步提高了 AR 谱估计的分辨率。此外，AR 谱对应了一个无穷长的自相关序列，记为 $R_a(m)$，即 $P_{\mathrm{AR}}(\mathrm{e}^{\mathrm{j}\omega}) = \dfrac{\sigma_w^2}{\left|1 + \sum_{k=1}^{p} a_k \mathrm{e}^{-\mathrm{j}\omega k}\right|^2} = \sum_{m=-\infty}^{\infty} R_a(m) \mathrm{e}^{-\mathrm{j}\omega m}$。可以证明，$R_a(m)$ 与理论自相关函数 $R_x(m)$ 有如下关系：

$$R_a(m) = \begin{cases} R_x(m), & |m| \leqslant p \\ -\sum_{k=1}^{p} a_k R_a(m-k), & |m| > p \end{cases} \tag{10.47}$$

显然，当 $|m| > p$ 时，自相关函数 $R_a(m)$ 可以用式（10.47）进行外推。而在经典谱估计中，均将 $|m| > p$ 的自相关函数视为 0，其分辨率不可避免地受到窗函数的限制。

3. AR 谱估计存在的问题

AR 模型法估计功率谱尚存在一些问题，主要包括：

（1）谱线分裂问题。即谱估计中本应该存在的一条谱处出现了两个紧挨着的谱峰。

（2）谱峰频率偏移问题。即估计得到的谱峰位置偏离了真实谱峰的位置。

（3）噪声影响问题。信号中的噪声会谱峰加宽、平滑、偏离，使分辨率下降。

为了解决上述问题，人们提出了许多解决方法，请参阅有关文献。

10.5.3　最大熵谱估计方法

1. 信息量与熵的概念

所谓信息量（information content）是关于信息多少的度量。信息量 $I(x_i)$ 是用事件 x_i，$i = 1, 2, \cdots, N$ 发生的概率 $P(x_i)$ 来表示的，即

$$I(x_i) = \log_a \frac{1}{P(x_i)} = -\log_a P(x_i) \tag{10.48}$$

式中，若 $a = 2$，则信息量的单位为比特（bit）；若 $a = \mathrm{e}$ 则信息量的单位为奈特（nat）；若 $a = 10$，则信息量的单位为哈特莱（Hartley）。

熵（entropy）是系统不确定程度的度量，信息论中的熵就是平均信息量，定义为

$$H = \sum_{i=1}^{N} P(x_i) I(x_i) = -\sum_{i=1}^{N} P(x_i) \ln P(x_i) \tag{10.49}$$

显然，熵是事件出现概率 $P(x_i)$ 的函数，熵越大意味着平均信息量越大，表示对应的事件越不容易发生。或者说熵越大，对应随机信号的不确定性或随机性越强。

2. 最大熵谱估计方法的推导

最大熵谱估计（maximum entropy spectral estimation）方法是 1967 年由伯格提出的，是一种典型的现代谱估计方法。这种方法的基本思路是：对已知的（或已经估计得到的）有限个自相关函数 $R_x(0)$, $R_x(1)$, …, $R_x(M)$ 值不加修改，并依据这些值对超过 $m \leqslant |M|$ 范围的未知延迟点上的自相关函数进行外推或预测，外推的原则是使熵达到最大。此外，在保持与已知自相关函数值一致的约束条件下，由外推得到的自相关序列来进行功率谱估计。这样，由于扩大了自相关函数的信息量，可以比传统谱估计方法得到更好的分辨率。

设零均值高斯平稳随机信号序列表示为 $x(n)$，已知（或已经估计得到）其 $M+1$ 个自相关函数值为 $R_x(0)$, $R_x(1)$, …, $R_x(M)$，则可以得到其自相关矩阵为

$$\boldsymbol{R}_M = \begin{bmatrix} R_x(0) & R_x(1) & \cdots & R_x(M) \\ R_x(1) & R_x(0) & \cdots & R_x(M-1) \\ \vdots & \vdots & & \vdots \\ R_x(M) & R_x(M-1) & \cdots & R_x(0) \end{bmatrix} \tag{10.50}$$

已知 $M+2$ 维零均值高斯随机信号矢量的熵表示为

$$H = \ln(2\pi \mathrm{e})^{\frac{M+2}{2}} (\det[\boldsymbol{R}_M])^{1/2} \tag{10.51}$$

式中，$\det[\cdot]$ 表示矩阵的行列式；$\boldsymbol{R}_M$ 为外推自相关矩阵，表示为

$$\begin{aligned}
\hat{\boldsymbol{R}}_{M+1} &= \begin{bmatrix} R_x(0) & R_x(1) & \cdots & R_x(M) & \hat{R}_x(M+1) \\ R_x(1) & R_x(0) & \cdots & R_x(M-1) & R_x(M) \\ \vdots & \vdots & & \vdots & \vdots \\ R_x(M) & R_x(M-1) & \cdots & R_x(0) & R_x(1) \\ \hat{R}_x(M+1) & R_x(M) & \cdots & R_x(1) & R_x(0) \end{bmatrix} \\[2mm]
&= \begin{bmatrix} & & & \hat{R}_x(M+1) \\ & \boldsymbol{R}_M & & R_x(M) \\ & & & \vdots \\ & & & R_x(1) \\ \hat{R}_x(M+1) & R_x(M) & \cdots & R_x(1) & R_x(0) \end{bmatrix}
\end{aligned} \tag{10.52}$$

由式（10.51）知，为使新过程的熵最大，需使外推自相关矩阵 $\hat{\boldsymbol{R}}_{M+1}$ 的行列式 $\det[\hat{\boldsymbol{R}}_{M+1}]$ 最大。

根据式（10.52），定义一个新的矢量 $\boldsymbol{C} = \left[\hat{R}_x(M+1), R_x(M), \cdots, R_x(1), R_x(0) \right]^{\mathrm{T}}$，利用矩阵恒等式，将 $\det[\hat{\boldsymbol{R}}_{M+1}]$ 写为 $\det[\hat{\boldsymbol{R}}_{M+1}] = \det[\boldsymbol{R}_M][R_x(0) - \boldsymbol{C}^{\mathrm{T}}\boldsymbol{R}_M^{-1}\boldsymbol{C}]$，将上式对 $\hat{R}_x(M+1)$ 求导数，并令导数为 0，有

$$[1, 0, \cdots, 0, 0]\boldsymbol{R}_M^{-1}\boldsymbol{C} = 0 \tag{10.53}$$

式（10.53）是 $\hat{R}_x(M+1)$ 的一次函数。求解上式即可得到合适的 $\hat{R}_x(M+1)$ 值。然后继续采用相同的方法，可以得到 $\hat{R}_x(M+2)$ 等自相关函数的其他估计值。这种在最大熵原则上的自相关函数外推，可以提高谱估计的分辨率。这种方法称为最大熵谱估计方法。

3. 与 AR 谱估计的等价性

设 AR(M) 信号 $x(n) = -\sum\limits_{k=1}^{M} a_k x(n-k) + w(n)$ 的 Yule-Walker 方程为

$$\begin{bmatrix} R_x(0) & R_x(1) & \cdots & R_x(M) \\ R_x(1) & R_x(0) & \cdots & R_x(M-1) \\ \vdots & \vdots & & \vdots \\ R_x(M) & R_x(M-1) & \cdots & R_x(0) \end{bmatrix} \begin{bmatrix} 1 \\ a_1 \\ \vdots \\ a_M \end{bmatrix} = \begin{bmatrix} \sigma_w^2 \\ 0 \\ \vdots \\ 0 \end{bmatrix} \tag{10.54}$$

式中，σ_w^2 为零均值白噪声 $w(n)$ 的方差；$a_1, \cdots, a_M$ 为 AR 模型参数。上式可以改写为

$$[1, 0, \cdots, 0]\boldsymbol{R}_M^{-1} = \frac{1}{\sigma_w^2}[1, a_1, \cdots, a_M] \tag{10.55}$$

其中，$\boldsymbol{R}_M$ 为式（10.50）中的自相关矩阵。对 $x(n)$ 两边乘以 $x(n-M-1)$ 并求数学期望，有 $R_x(M+1) + \sum\limits_{k=1}^{M} a_k R_x(M+1-k) = 0$。若已知自相关函数 $R_x(0)$, $R_x(1)$, $\cdots$, $R_x(M)$，则可以得到 $M+1$ 时的自相关函数估计值 $\hat{R}_x(M+1)$，即

$$\hat{R}_x(M+1) = -\sum\limits_{k=1}^{M} a_k R_x(M+1-k) \tag{10.56}$$

若将式（10.55）代入前面最大熵估计中的式（10.53），则同样可以得到式（10.56）。由于两者所得的外推自相关函数的估计值相等，表明最大熵谱估计与 AR 模型谱估计方法是等价的。这样，最大熵功率谱的理论表达式和最大熵谱估计的表达式分别为

$$P_{\mathrm{MEM}}(\mathrm{e}^{\mathrm{j}\omega}) = \frac{\sigma_w^2}{\left| 1 + \sum\limits_{k=1}^{p} a_k \mathrm{e}^{-\mathrm{j}\omega k} \right|^2} \tag{10.57}$$

$$\hat{P}_{\mathrm{MEM}}(\mathrm{e}^{\mathrm{j}\omega}) = \frac{\hat{\sigma}_w^2}{\left| 1 + \sum\limits_{k=1}^{p} \hat{a}_k \mathrm{e}^{-\mathrm{j}\omega k} \right|^2} \tag{10.58}$$

显然，式（10.57）和式（10.58）与式（10.44）和式（10.45）是完全相同的。

例 10.6 试用 MATLAB 编程，实现对信号序列的最大熵谱估计（即 AR 谱估计）。

解 MATLAB 程序代码如下：

```
clear all; Fs=1000; N=1024; Nfft=256; n=0:N-1; t=n/Fs;  noverlap=0;
dflag='none'; window=hanning(256);
```

```
randn('state',0);  x=sin(2*pi*50*t)+2*sin(2*pi*120*t);  xn=x+randn(1,N);
[Pxx1,f]=pmem(xn,14,Nfft,Fs); %最大熵即 AR 法估计功率谱
figure(1);
subplot(211); plot(f,10*log10(Pxx1)); xlabel('频率/Hz');
ylabel('功率谱/dB');
title('最大熵即 AR 法估计功率谱');  grid on;
subplot(212); psd(xn,Nfft,Fs,window,noverlap,dflag); xlabel('频率/Hz');
ylabel('功率谱/dB');
title('Welch 法估计功率谱');  grid on;
```

图 10.9 给出了最大熵谱估计（即 AR 谱估计）的结果，并与 Welch 法谱估计进行了对比。显然，前者的谱估计结果更为平滑。

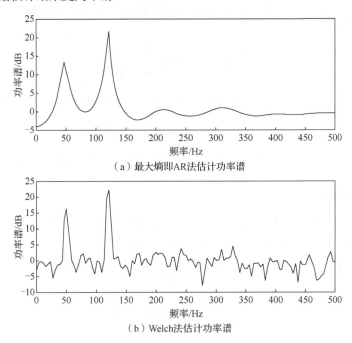

（a）最大熵即 AR 法估计功率谱

（b）Welch 法估计功率谱

图 10.9　最大熵谱估计及与 Welch 法谱估计的比较

10.5.4　MA 模型与 ARMA 模型谱估计方法

1. MA 模型谱估计

我们知道 MA 模型是一种全零点模型，如下所示：

$$x(n) = \sum_{k=0}^{q} b_k w(n-k) \tag{10.59}$$

MA 模型没有极点，故其估计窄带功率谱不能得到较高的分辨率。然而，由于 MA 过程具有宽峰窄谷的特点，因此 MA 模型谱估计对这种过程可以得到较好的结果。

实际上，MA 模型谱估计并不需要像 AR 模型谱估计那样先估计模型参数，而只需要根据观测数据得出自相关函数的估计 $\hat{R}_x(m)$，$|m| \leqslant q$，就可以得到功率谱估计如下：

$$\hat{P}_{MA}(e^{j\omega}) = \sum_{m=-q}^{q} \hat{R}_x(m)e^{-j\omega m}, \quad |m| \leqslant q \tag{10.60}$$

可以看出，MA 模型功率谱估计实际上是周期图谱估计。

2. ARMA 模型谱估计

AR 模型谱估计具有较高的频率分辨率，但是当观测数据中含有噪声时，AR 谱估计的性能会有所下降。在噪声情况下，若采用 ARMA 模型谱估计方法，则可以得到较好的结果。

广义平稳随机信号 $x(n)$ 的 ARMA 模型表示如下：

$$x(n) = \sum_{k=0}^{q} b_k w(n-k) - \sum_{k=1}^{p} a_k x(n-k) \tag{10.61}$$

由上式可以得到 ARMA 模型的系统函数为 $H(z) = \dfrac{B(z)}{A(z)}$，其中，$A(z) = \sum_{k=0}^{p} a_k z^{-k}$，

$B(z) = \sum_{k=0}^{q} b_k z^{-k}$，且 $a_0 = 1$，$b_0 = 1$。可以进一步得到 $x(n)$ 的 ARMA 模型功率谱估计为

$$\hat{P}_{\mathrm{ARMA}}(\mathrm{e}^{\mathrm{j}\omega}) = \sigma_w^2 \left| \frac{\hat{B}(\mathrm{e}^{\mathrm{j}\omega})}{\hat{A}(\mathrm{e}^{\mathrm{j}\omega})} \right|^2 \tag{10.62}$$

式中，$\hat{A}(\mathrm{e}^{\mathrm{j}\omega}) = \sum_{k=0}^{p} \hat{a}_k \mathrm{e}^{-\mathrm{j}\omega k}$；$\hat{B}(\mathrm{e}^{\mathrm{j}\omega}) = \sum_{k=0}^{q} \hat{b}_k \mathrm{e}^{-\mathrm{j}\omega k}$。采用求解 Yule-Walker 方程或超定线性方程组的方法，可以得到 AR 参数 $\hat{a}_k$，$k = 1, 2, \cdots, p$ 的估计，采用谱分解方法可以得到 MA 参数 $\hat{b}_k$，$k = 1, 2, \cdots, q$ 的估计。将 $\hat{a}_k$ 和 $\hat{b}_k$ 代入式（10.62），则可以得到 ARMA 模型的功率谱估计。

10.5.5 最小方差谱估计方法

最小方差功率谱估计（minimum variance spectrum estimation，MVSE）是 Capon 于 1968 年提出的，Locass 于 1971 年将其引入一维时间序列分析。

设随机信号 $x(n)$ 通过一 FIR 滤波器 $A(z) = \sum_{k=0}^{p} a_k z^{-k}$，其输出 $y(n)$ 为

$$y(n) = \sum_{k=0}^{p} a_k x(n-k) = \boldsymbol{x}^{\mathrm{T}} \boldsymbol{a} \tag{10.63}$$

式中，$\boldsymbol{x}$ 和 $\boldsymbol{a}$ 分别为信号矢量和滤波器系数矢量。输出信号的功率为

$$\rho = E[|y(n)|^2] = E[\boldsymbol{a}^{\mathrm{H}} \boldsymbol{x}^* \boldsymbol{x}^{\mathrm{T}} \boldsymbol{a}] = \boldsymbol{a}^{\mathrm{H}} E[\boldsymbol{x}^* \boldsymbol{x}^{\mathrm{T}}] \boldsymbol{a} = \boldsymbol{a}^{\mathrm{H}} \boldsymbol{R}_p \boldsymbol{a} \tag{10.64}$$

式中，符号 "H" 和 "*" 分别为矩阵的共轭转置和共轭；$\boldsymbol{R}_p$ 为 $y(n)$ 自相关矩阵。若 $y(n)$ 的均值为 0，亦表示 $y(n)$ 的方差。为求得滤波器系数，需要

$$\sum_{k=0}^{p} a_k \mathrm{e}^{-\mathrm{j}\omega_i k} = \boldsymbol{e}^{\mathrm{H}}(\omega_i) \boldsymbol{a} = 1 \tag{10.65}$$

即需在滤波器通带频率 ω_i 处，信号 $x(n)$ 能无失真通过。式中，$\boldsymbol{e}^{\mathrm{H}}(\omega_i) = [1, \mathrm{e}^{\mathrm{j}\omega_i}, \cdots, \mathrm{e}^{\mathrm{j}\omega_i p}]^{\mathrm{T}}$。同时，还需要在保证式（10.65）成立的条件下，使 ω_i 附近的功率 ρ 达到最小，称为最小方差。

可以证明，在保证上述两个制约条件下的滤波器系数为 $\boldsymbol{a}_{\mathrm{MV}} = \dfrac{\boldsymbol{R}_p^{-1} \boldsymbol{e}(\omega_i)}{\boldsymbol{e}^{\mathrm{H}}(\omega_i) \boldsymbol{R}_p^{-1} \boldsymbol{e}(\omega_i)}$，而最小方差

为 $\rho_{\mathrm{MV}} = \dfrac{1}{\boldsymbol{e}^{\mathrm{H}}(\omega_i) \boldsymbol{R}_p^{-1} \boldsymbol{e}(\omega_i)}$。这样，最小方差功率谱表达式为

$$P_{\mathrm{MV}}(\mathrm{e}^{j\omega}) = \frac{1}{\boldsymbol{e}^{\mathrm{H}}(\omega)\boldsymbol{R}_p^{-1}\boldsymbol{e}(\omega)} \tag{10.66}$$

根据最小方差谱估计与 AR 模型谱估计的关系可知，对于给定的随机信号 $x(n)$，只要求出 p 阶 AR 模型的系数，求出最小方差功率谱估计为

$$\hat{P}_{\mathrm{MV}}(\mathrm{e}^{j\omega}) = \frac{1}{\displaystyle\sum_{m=-p}^{p} \hat{R}_{\mathrm{MV}}(m)\mathrm{e}^{-j\omega m}} \tag{10.67}$$

式中，$\hat{R}_{\mathrm{MV}}(m)$ 是利用 AR 模型系数得到的自相关序列估计值，如下所示：

$$\hat{R}_{\mathrm{MV}}(m) = \frac{1}{\sigma_m^2}\sum_{i=0}^{p-m}(p+1-m-2i)a_p(m+i)a_p^*(i), \quad m=0,1,\cdots,p \tag{10.68}$$

10.5.6　皮萨伦科谱分解方法

对于白噪声中正弦组合的混合谱估计问题，皮萨伦科谱分解方法将其作为一种特殊的 ARMA 过程来处理，并采用特征分析技术来求解。这种方法可以较为理想地复原正弦信号的频率与幅度信息，为现代谱估计的奇异值分解法提供了理论基础。

设 M 个实正弦随机信号所组成的过程为 $s(n)=\displaystyle\sum_{i=1}^{M}q_i\sin(n\omega_i+\varphi_i)$，其中初始相位 φ_i 是在区间 $(-\pi,\ \pi)$ 均匀分布的独立随机变量。式中的每一个正弦波的频率 ω_i 可由特征多项式 $1-(2\cos\omega_i)z^{-1}+z^{-2}=0$ 来确定。故对于 M 个频率，有 $\displaystyle\prod_{i=1}^{M}[1-(2\cos\omega_i)z^{-1}+z^{-2}]=0$。由于上式是 z^{-1} 的 $2M$ 阶多项式，可以表示为

$$\sum_{k=1}^{2M}a_k z^{-k}=0 \tag{10.69}$$

式中，$a_0=1$。由于式中系数 a_k，$k=1,2,\cdots,2M$ 受上式中根共轭出现和模值为 1 的约束，式（10.69）又可以写为 $\displaystyle\sum_{k=1}^{2M}a_k z^{2M-k}=\prod_{i=1}^{M}(z-z_i)(z-z_i^*)$，其中，$|z_i|=1$，且 $a_k=a_{2M-k}$，$k=0,1,\cdots,M$。这样，M 个实正弦所组成的过程可以表示为

$$s(n)=-\sum_{i=1}^{2M}a_i x(n-i) \tag{10.70}$$

若白噪声正弦组合过程为

$$x(n)=s(n)+w(n)=\sum_{i=1}^{M}q_i\sin(n\omega_i+\varphi_i)+w(n) \tag{10.71}$$

式中，$w(n)$ 为白噪声，且满足 $E[w(n)]=0$，$E[w(n)w(m)]=\sigma_w^2\delta_{nm}$，$E[s(n)w(m)]=0$。利用式（10.70）和式（10.71），$x(n)$ 可以表示为

$$x(n)=-\sum_{i=1}^{2M}a_i s(n-i)+w(n) \tag{10.72}$$

将 $s(n-i)=x(n-i)-w(n-i)$ 代入上式，有

$$x(n)+\sum_{i=1}^{2M}a_i x(n-i)=w(n)+\sum_{i=1}^{2M}a_i w(n-i) \tag{10.73}$$

可见上式为 ARMA$(2M,2M)$ 的一种特殊形式。

根据式（10.73），采用特征分析技术，可以由特征多项式 $1 + a_1 z^{-1} + \cdots + a_{2p} z^{-2M} = 0$ 的根 $z_i = \mathrm{e}^{\pm \mathrm{j} 2\pi f_i / \Delta t}$ 得到各正弦信号的频率 f_i，$i = 1, 2, \cdots, M$，并且各正弦信号的幅度（或功率）信息及白噪声的方差可以经由自相关分析而得到。

10.5.7　基于矩阵特征分解的谱估计方法

基于矩阵特征分解的谱估计方法在现代谱估计中占有重要的地位。这种方法对于改善谱估计的稳定性（即抗噪声干扰的能力）具有重要作用。与前节介绍的皮萨伦科谱分解方法相似，这种谱估计方法比较适合白噪声中正弦组合信号的谱估计问题。其基本思路是：正弦信号和白噪声对自相关矩阵特征分解有完全不同的贡献，通过特征分解，将带噪信号分为信号子空间和噪声子空间，通过消除噪声的影响而改善功率谱估计的性能。

1.　自相关矩阵的特征分解

设随机信号 $x(n)$ 由 M 个复正弦信号加白噪声组成，表示为 $x(n) = s(n) + w(n)$，其中，$s(n) = \sum_{i=1}^{M} q_i \mathrm{e}^{\mathrm{j}\omega_i n}$。$x(n)$ 的自相关函数为 $R_x(m) = \sum_{i=1}^{M} A_i \mathrm{e}^{\mathrm{j}\omega_i n} + \sigma_w^2 \delta_{nm}$，式中，$A_i = q_i^2$ 和 ω_i 分别表示第 i 个复正弦信号的功率和频率。σ_w^2 表示白噪声的功率。$x(n)$ 的 $(p+1) \times (p+1)$ 阶自相关矩阵表示为

$$
\boldsymbol{R}_p = \begin{bmatrix}
R_x(0) & R_x^*(1) & \cdots & R_x^*(p) \\
R_x(1) & R_x(0) & \cdots & R_x^*(p-1) \\
\vdots & \vdots & & \vdots \\
R_x(p) & R_x(p-1) & \cdots & R_x(0)
\end{bmatrix}
\tag{10.74}
$$

定义信号矢量为 $\boldsymbol{e}_i = \left[1, \mathrm{e}^{\mathrm{j}\omega_i}, \cdots, \mathrm{e}^{\mathrm{j}\omega_i p} \right]^{\mathrm{T}}$，$i = 1, 2, \cdots, M$，这样，

$$
\boldsymbol{R}_p = \sum_{i=1}^{M} A_i \boldsymbol{e}_i \boldsymbol{e}_i^{\mathrm{H}} + \sigma_w^2 \boldsymbol{I} \overset{\triangle}{=} \boldsymbol{S}_p + \boldsymbol{W}_p
\tag{10.75}
$$

式中，$\boldsymbol{I}$ 为 $(p+1) \times (p+1)$ 阶单位矩阵。$\boldsymbol{S}_p$ 和 $\boldsymbol{W}_p$ 分别称为信号阵和噪声阵。由于信号阵的秩最大为 M，若 $p > M$，则 $\boldsymbol{S}_p$ 是奇异的。但由于噪声阵的存在，$\boldsymbol{R}_p$ 的秩仍为 $p+1$。对 $\boldsymbol{R}_p$ 进行特征分解，可以得到

$$
\boldsymbol{R}_p = \sum_{i=1}^{M} \lambda_i \boldsymbol{V}_i \boldsymbol{V}_i^{\mathrm{H}} + \sigma_w^2 \sum_{i=1}^{p+1} \boldsymbol{V}_i \boldsymbol{V}_i^{\mathrm{H}} = \sum_{i=1}^{M} (\lambda_i + \sigma_w^2) \boldsymbol{V}_i \boldsymbol{V}_i^{\mathrm{H}} + \sigma_w^2 \sum_{i=M+1}^{p+1} \boldsymbol{V}_i \boldsymbol{V}_i^{\mathrm{H}}
\tag{10.76}
$$

式中，λ_i，$i = 1, 2, \cdots, M$ 为 $\boldsymbol{R}_p$ 的特征值，也是 $\boldsymbol{S}_p$ 的特征值，且满足 $\lambda_1 \geqslant \lambda_2 \geqslant \cdots \geqslant \lambda_M > \sigma_w^2$ 关系。$\boldsymbol{V}_i$ 为对应于特征值 λ_i 的特征矢量，且各特征矢量之间是相互正交的。

从式（10.76）可以看出，$x(n)$ 自相关矩阵 $\boldsymbol{R}_p$ 的所有特征矢量 $\boldsymbol{V}_1$，$\boldsymbol{V}_2$，$\cdots$，$\boldsymbol{V}_{p+1}$ 构成了一个 $p+1$ 维矢量空间。该矢量空间又可以分为两个子空间，即一个是由 $\boldsymbol{S}_p$ 的特征矢量 $\boldsymbol{V}_1$，$\boldsymbol{V}_2$，$\cdots$，$\boldsymbol{V}_M$ 张成的信号子空间，其特征值为 $(\lambda_1 + \sigma_w^2)$，$(\lambda_2 + \sigma_w^2)$，$\cdots$，$(\lambda_M + \sigma_w^2)$；另一个是由 $\boldsymbol{W}_p$ 的特征矢量 $\boldsymbol{V}_{M+1}$，$\boldsymbol{V}_{M+2}$，$\cdots$，$\boldsymbol{V}_{p+1}$ 张成的噪声子空间，其特征值均为 σ_w^2。由信号和噪声子空间的概念，我们可以分别在信号子空间和噪声子空间进行功率谱估计，从而排除或削弱噪声的影响，得到更好的估计结果。

2. 基于信号子空间的功率谱估计

在式（10.76）的特征分解中，若仅保留信号子空间对应的特征矢量，而丢弃噪声子空间所对应的特征矢量 V_{M+1}，V_{M+2}，…，V_{p+1}，则可得秩为 M 的自相关矩阵 $\hat{R}_p$，即

$$\hat{R}_p = \sum_{i=1}^{M} (\lambda_i + \sigma_w^2) V_i V_i^H \tag{10.77}$$

这样可以显著改善信号 $x(n)$ 的信噪比。基于矩阵 $\hat{R}_p$ 的特征分解，再利用其他任何一种谱估计的方法来估计信号 $x(n)$ 的功率谱，会得到改善的估计结果。

3. 多信号分类功率谱估计

MUSIC 法的基本思路为：基于信号矢量 e_i，$i=1,2,\cdots,M$ 与噪声子空间各特征矢量正交这一事实，将其推广至 e_i 与各噪声特征矢量的线性组合也是正交的，即

$$e_i \left(\sum_{k=M+1}^{p+1} a_k V_k \right) = 0, \quad i = 1, 2, \cdots, M \tag{10.78}$$

令 $e(\omega) = [1 \quad e^{j\omega} \quad \cdots \quad e^{j\omega M}]^T$，则有 $e(\omega) = e_i$。由式（10.78），有

$$e^H(\omega) \left(\sum_{k=M+1}^{p+1} a_k V_k V_k^H \right) e(\omega) = \sum_{k=M+1}^{p+1} a_k \mid e^H(\omega) V_k \mid^2 \tag{10.79}$$

由于上式在 $\omega = \omega_i$ 处应为 0，这样 $\hat{P}(\omega) = \dfrac{1}{\sum\limits_{k=M+1}^{p+1} a_k \mid e^H(\omega) V_k \mid^2}$ 在 $\omega = \omega_i$ 处应为无穷大。但是，

由于 V_k 是由自相关矩阵分解而得的，而自相关矩阵一般均由观测数据估计得到的，因此会有误差存在。这样，$\hat{P}(\omega)$ 不可能无穷，但是会呈现尖锐的峰值，峰值对应的频率即正弦信号的频率。采用这种方法估计得到的功率谱，其分辨率要优于用 AR 模型法估计得到的功率谱。

若取 $\omega_k = 1$，$k = M+1, \cdots, p+1$，则所得估计式即著名的 MUSIC 谱估计，表示为

$$\hat{P}_{MUSIC}(\omega) = \dfrac{1}{e^H(\omega) \left(\sum\limits_{k=M+1}^{p+1} \mid V_k V_k^H \mid \right) e(\omega)} \tag{10.80}$$

若取 $\omega_k = 1/\lambda_k$，$k = M+1, \cdots, p+1$，则得到特征矢量（eigenvector，EV）谱估计，表示为

$$\hat{P}_{EV}(\omega) = \dfrac{1}{e^H(\omega) \left(\sum\limits_{k=M+1}^{p+1} \mid \dfrac{1}{\lambda_k} V_k V_k^H \mid \right) e(\omega)} \tag{10.81}$$

从式（10.80）和式（10.81）可以看出，MUSIC 谱估计和 EV 谱估计所取的特征矢量均为噪声子空间的特征矢量 V_{M+1}，V_{M+2}，…，V_{p+1}，因此也称为基于噪声子空间的谱估计方法。

例 10.7 已知信号 $s(n)$ 为两个正弦信号的叠加，其频率分别为 50Hz 和 150Hz，被高斯白噪声污染。试利用 MATLAB 编程，分别采用 MUSIC 法和特征矢量法估计信号的功率谱，并绘出功率谱密度函数的曲线。

解 MATLAB 程序代码如下：

```
clear all; Fs=1000; %采样频率
n=0:1/Fs:1; xn=sin(2*pi*200*n)+sin(2*pi*220*n)+0.1*randn(size(n));
order=30; nfft=1024; p=25;
    figure(1); pmusic(xn,p,nfft,Fs); title('MUSIC 法估计功率谱');
    figure(2); peig(xn,p,nfft,Fs); title('特征矢量法估计功率谱');
```

图 10.10 给出了分别由 MUSIC 法和特征矢量法估计得到的功率谱密度曲线。

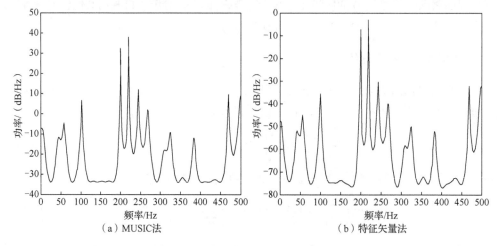

（a）MUSIC法　　　　　　　　　　　（b）特征矢量法

图 10.10　分别由 MUSIC 法和特征矢量法估计得到的功率谱密度曲线

10.5.8　各类现代谱估计方法的比较

图 10.11 给出了各类现代谱估计方法性能的比较。

由图 10.11 给出的各种现代谱估计方法的结果与比较，我们可以看出：

（1）由自相关法得出的 AR 功率谱估计结果［图 10.11（b）和（c）］，当阶数较低时分辨率和谱线的检出能力均不好，随着阶数的提高，分辨率和检出能力均得到改善。

（2）用伯格（Burg）法得到的 AR 功率谱估计［图 10.11（d）］分辨率很好。

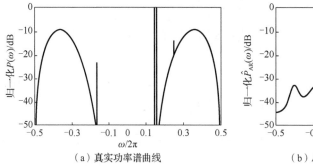

（a）真实功率谱曲线

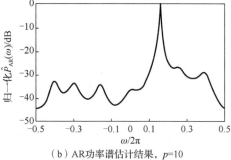

（b）AR功率谱估计结果，$p=10$

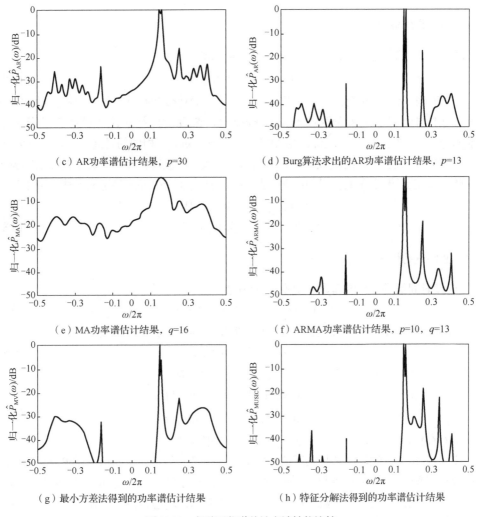

（c）AR功率谱估计结果，$p=30$　　　　　（d）Burg算法求出的AR功率谱估计结果，$p=13$

（e）MA功率谱估计结果，$q=16$　　　　　（f）ARMA功率谱估计结果，$p=10$，$q=13$

（g）最小方差法得到的功率谱估计结果　　　　（h）特征分解法得到的功率谱估计结果

图 10.11　各种现代谱估计方法性能比较

（3）MA 模型谱估计 ［图 10.11（e）］的分辨率较差。

（4）ARMA 模型谱估计 ［图 10.11（f）］的分辨率优于 MA 模型的结果，且噪声谱部分较 AR 法平滑，但是分辨率不如 AR 法谱估计。

（5）最小方差法得到的结果 ［图 10.11（g）］，其分辨率不如 AR 法谱估计。

10.6　信号的倒谱分析

10.6.1　倒谱的概念

倒谱（cepstrum）的实质是对信号频谱的再次谱分析。我们简单对比一下倒谱与频谱的英文名称，可以看到倒谱英文单词的前四个字母"ceps"恰巧是频谱的前四个字母"spec"的倒序排列，倒谱的名称也是由此而来的。倒谱分析对于检测复杂谱图中的周期性分量非常有效，且具有解卷积的作用，可以提取或分离源信号或传输系统的特性，因而在振动分析、噪声源识别、机器故障诊断与预测、语音分析和回波消除等方面得到广泛应用。

1. 实倒谱的概念

设信号 $x(t)$ 的单边功率谱为 $G_x(\Omega)$，则其实倒谱定义为

$$C_p(q) = |\mathscr{F}[\ln G_x(\Omega)]|^2 \tag{10.82}$$

式中，$\mathscr{F}(\cdot)$ 表示傅里叶变换。上式的含义是对信号的对数功率谱求取功率谱，故称为功率倒谱。式中的自变量 q 称为倒频率（quefrency），读者可自行对比"频率"的英文单词（frequency）。倒频率 q 与信号自相关函数 $R_x(\tau)$ 中自变量 τ 有相同的时间量纲，单位为 s 或 ms。较大的 q 值表示较高的倒频率，表示倒谱图上较快的波动；反之，较小的 q 值则表示较低的倒频率，表示倒谱图上较慢的波动。此外，实倒谱还有另外两种定义方式，分别为

$$C_a(q) = |\mathscr{F}[\ln G_{xx}(\Omega)]| \tag{10.83}$$

$$C(q) = \mathscr{F}^{-1}[\ln G_{xx}(\Omega)] \tag{10.84}$$

2. 复倒谱的概念

设连续时间信号 $x(t)$ 的傅里叶变换 $X(\mathrm{j}\Omega)$ 表示为

$$X(\mathrm{j}\Omega) = X_R(\mathrm{j}\Omega) + \mathrm{j}X_I(\mathrm{j}\Omega) \tag{10.85}$$

式中，$X_R(\mathrm{j}\Omega)$ 和 $X_I(\mathrm{j}\Omega)$ 分别表示 $X(\mathrm{j}\Omega)$ 的实部和虚部。复倒谱定义为

$$C_c(q) = \mathscr{F}^{-1}[\ln X(\mathrm{j}\Omega)] \tag{10.86}$$

简单分析式（10.86）所示的复倒谱定义式，可以发现

$$\begin{aligned} C_c(q) &= \mathscr{F}^{-1}[\ln X(\mathrm{j}\Omega)] = \mathscr{F}^{-1}\{\ln[A(\mathrm{j}\Omega)\mathrm{e}^{\mathrm{j}\Phi(\mathrm{j}\Omega)}]\} \\ &= \mathscr{F}^{-1}[\ln A(\mathrm{j}\Omega)] + \mathrm{j}\mathscr{F}^{-1}[\Phi(\mathrm{j}\Omega)] \end{aligned} \tag{10.87}$$

式中，$A(\mathrm{j}\Omega)$ 和 $\Phi(\mathrm{j}\Omega)$ 分别为 $X(\mathrm{j}\Omega)$ 的幅度谱和相位谱。

由以上各定义可知，倒谱是频域信号的傅里叶变换。与由信号的功率谱求取自相关函数类似，将信号的功率谱或频谱从频率域变换到一个新的时间域，这个新的时间域称为倒频域。对信号的功率谱或频谱进行对数操作的目的是扩大频谱的动态范围，并使变换具有解卷积的作用，有助于信号和噪声的分离。

10.6.2 同态滤波与倒谱分析的应用

1. 信号的同态滤波

同态滤波（homomorphic filtering）是一种广义线性滤波技术，主要适用于信号中混有乘性噪声的情况。设离散时间信号 $x(n)$ 是纯净信号 $s(n)$ 与乘性噪声 $v(n)$ 的乘积形式，即

$$x(n) = s(n)v(n) \tag{10.88}$$

对于式（10.88）所示的乘性噪声情况，通常很难用常规的线性滤波技术将噪声 $v(n)$ 去除，或将 $s(n)$ 与 $v(n)$ 分离。同态滤波的基本思路是将式（10.88）所示的乘性关系转变为加性关系。我们自然会想到对数运算。对式（10.88）两边取自然对数，有

$$\ln[x(n)] = \ln[s(n)] + \ln[v(n)] \tag{10.89}$$

并令

$$\begin{aligned} \tilde{x}(n) &= \ln[x(n)] \\ \tilde{s}(n) &= \ln[s(n)] \\ \tilde{v}(n) &= \ln[v(n)] \end{aligned} \tag{10.90}$$

则有

$$\tilde{x}(n) = \tilde{s}(n) + \tilde{v}(n) \tag{10.91}$$

这样，将原来的乘性噪声转变为加性噪声形式。再对 $\tilde{x}(n)$ 做线性滤波，则可以有效去除 $\tilde{x}(n)$ 中的 $\tilde{v}(n)$，得到较为纯净的 $\tilde{s}(n)$。最后再对 $\tilde{s}(n)$ 进行指数运算，可得去除噪声后的 $s(n)$ 为

$$s(n) = \exp[\tilde{s}(n)] \tag{10.92}$$

以上过程即同态滤波。显然，对于具有乘性关系的信号与噪声，通过对数运算，可以将其转变为加性关系，进行线性滤波后，再进行指数运算，可以较好地实现信号与噪声的分离。

2. 倒谱解卷积

在雷达、声呐、超声成像和语音处理等领域，经常会遇到信号与噪声为卷积关系的情况，即信号 $s(n)$ 与噪声 $v(n)$ 满足

$$x(n) = s(n) * v(n) \tag{10.93}$$

要想将信号与噪声分离，其实质是一个解卷积问题。对上式两边做傅里叶变换，可以得到

$$X(\mathrm{e}^{\mathrm{j}\omega}) = S(\mathrm{e}^{\mathrm{j}\omega})V(\mathrm{e}^{\mathrm{j}\omega}) \tag{10.94}$$

再将上式写为功率谱的形式，有

$$|X(\mathrm{e}^{\mathrm{j}\omega})|^2 = |S(\mathrm{e}^{\mathrm{j}\omega})|^2 |V(\mathrm{e}^{\mathrm{j}\omega})|^2 \tag{10.95}$$

对上式两边进行对数运算再做傅里叶逆变换，有

$$\begin{aligned}
C_x(q) &= \mathscr{F}^{-1}[\ln |X(\mathrm{e}^{\mathrm{j}\omega})|^2] = \mathscr{F}^{-1}[\ln |S(\mathrm{e}^{\mathrm{j}\omega})|^2] + \mathscr{F}^{-1}[\ln |V(\mathrm{e}^{\mathrm{j}\omega})|^2] \\
&= C_s(q) + C_v(q)
\end{aligned} \tag{10.96}$$

式（10.96）为信号 $x(n)$ 的倒谱形式。显然，原始信号与噪声在时域为卷积关系，经过傅里叶变换转变为乘性关系，再经过对数和倒谱运算转变为加性关系，更易于进行信号与噪声的分离。同样，对于线性时不变系统来说，输出信号是输入信号与系统的卷积。通过上述转换，也可以将输入信号与系统进行分离，从而实现解卷积。

3. 倒谱分析应用实例

例 10.8　倒谱分析在滚动轴承故障诊断中的应用。图 10.12 为机械系统中滚动轴承的测试分析系统示意图。试采用倒谱分析法确定滚动轴承系统的内圈故障与滚珠故障的特征频率 f_1 和 f_2。

解　如图 10.12 所示，采用加速度计和电荷放大器检测滚动轴承部分的振动信号，并送到数字信号处理系统进行分析处理。分析处理的主要内容包括：对检测得到的振动信号进行预处理，经由 FFT 分析仪对信号进行傅里叶变换得到其频谱信息，再对频谱进行倒谱计算。图 10.13 分别给出了振动信号的时域波形、频谱图和倒谱图。

图 10.12　滚动轴承测试分析系统示意图

显然，在图 10.13（a）所示波形图和图 10.13（b）所示的频谱图上很难发现故障特征，而在图 10.13（c）所示的倒谱图上可以直观地看到两条明显的谱线，即图中标注的 $q_1 = 9.47\mathrm{ms}$ 和 $q_2 = 30.90\mathrm{ms}$。由此可以计算出其对应的频谱周期间隔为 $\Delta f_1 = 1/q_1 = 1000/9.47 =$

105.60Hz 和 $\Delta f_2 = 1/q_2 = 1000/37.90 = 26.38\text{Hz}$ 。与理论分析得到的滚珠故障特征频率 $f_1 = 106.35\text{Hz}$ 和内圈故障特征频率 $f_2 = 26.35\text{Hz}$ 非常接近，可以认为倒谱图上的这两条谱线分别反映了滚珠和轴承内圈的故障。

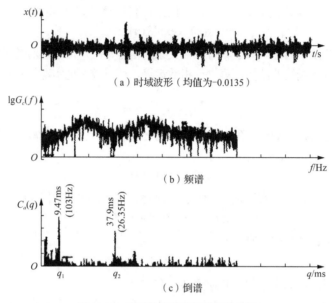

图 10.13　滚动轴承系统振动信号分析

例 10.9　设声衰减信号 $s(t) = \text{e}^{-at}\sin(\Omega t + \phi)$ 如图 10.14（a）所示，为指数振荡衰减信号。在实际应用中，由于多径效应，所接收到的信号 $x(t)$ 往往是 $s(t)$ 的多次到达信号的叠加，可写为 $x(t) = s(t) * [1 + b_1\delta(t - \tau_1) + b_2\delta(t - \tau_2)]$，如图 10.14（b）所示。试利用 MATLAB 编程，设计实现倒谱滤波器，消除接收信号 $x(t)$ 中的多径效应，恢复原始信号 $s(t)$。

解　所设计的 MATLAB 程序分为三个主要部分：第一部分，产生原始声衰减信号及其与多径信号的叠加；第二部分，对多径信号进行倒谱计算与滤波处理；第三部分，恢复原始信号。MATLAB 程序代码如下：

```
clear all;
% 产生多径叠加信号
n=2000; nn=1:1:n; f1=50; thr=0.01; xs=zeros(n,1); ys=zeros(n,1);
xs=sin(2*pi*f1/1000.*nn'); ys=exp(-nn/150);
xe=ys'.*xs; xe1=zeros(n,1); xe2=zeros(n,1);
xe1(201:n)=0.5*xe(1:n-200); xe2(401:n)=0.4*xe(1:n-400); x=xe+xe1+xe2;
% 计算多径叠加信号的倒谱与倒谱滤波
[xhat,nd,xhat1]=cceps(x);
for i=100:n
    if abs(xhat(i))>thr
        xhat(i)=0;
    end
end
% 恢复原始信号
xer=icceps(xhat,nd);
```

```
% 输出结果
figure(1);
subplot(221);plot(xe);xlabel('时间/t');ylabel('幅度');text(1700,0.7,'(a)');
subplot(222);plot(x);xlabel('时间/t');ylabel('幅度');text(1700,0.7,'(b)');
subplot(223); plot(xhat1); xlabel('倒频率/q'); ylabel('倒谱幅度');
text (1700,1.4,'(c)');
subplot(224); plot(xer); xlabel('时间/t'); ylabel('幅度');
text(1700, 0.7,'(d)');
```

图 10.14 给出了原始声衰减信号、多径叠加的接收信号、倒谱图和经倒谱滤波后恢复的信号曲线表示。显然，经过倒谱滤波之后，消除了接收信号中多径叠加的效应，很好地恢复了原始信号。

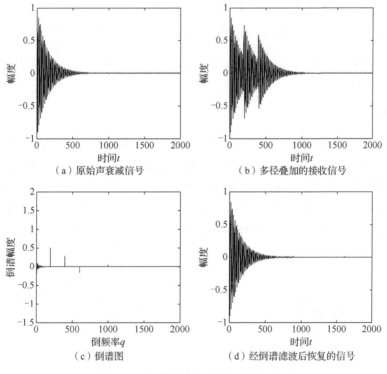

图 10.14　倒谱滤波消除多径效应的结果

10.7　谱估计方法在信号分析中的应用

功率谱估计与分析在各类工程技术中有广泛的应用。一般来说，信号的谱分析可以将实际测量得到的复杂的真实信号转变为简单的谱分量来进行分析研究。例如，对于机械故障诊断来说，对机器设备的振动噪声信号进行谱分析，类似于对机器设备进行一次分析检查，从中可以了解机器设备各部分的工作状况，并有助于发现机器设备的故障。再如，对于医学信号分析来说，信号的谱分析对于分析信号的特征和辅助诊断具有重要作用。

10.7.1　谱分析在工程技术中的应用举例

1. 大型结构物固有频率测定

常采用大地脉动的随机信号作为激励源对大型工程结构固有频率的测定，对其响应进行谱分析。频谱图上峰值所对应的频率即大型工程结构的固有频率 f_0，如图 10.15 所示。

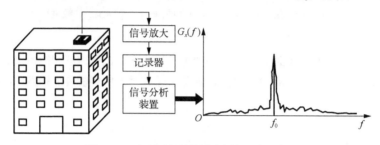

图 10.15　大型工程结构固有频率测定示意图

上述固有频率的测定方法简单易行、经济实用，适合于核电站、水坝和大型建筑物的动态特性研究与分析。

2. 电动机噪声源识别

大型感应电动机的噪声会随使用时间的增长而增加，常规的声级计可以测量噪声声压的大小，但无法确定引起噪声的原因。若对噪声进行功率谱分析，则可以在频率上分析噪声增加的原因，进而采取相应的措施来降低噪声。图 10.16 给出了电动机噪声分析系统的示意图。

如图 10.16 所示，利用声级计和加速度传感器（NP-300）分别获取电动机的噪声信号和振动信号，送入 FFT 分析仪进行谱分析。噪声和振动信号的功率谱曲线分别如图 10.17（a）和（b）所示（ch 表示通道）。

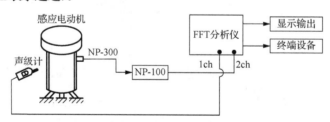

图 10.16　电动机噪声分析系统示意图

如图 10.17 所示的功率谱曲线中，120Hz 的频率分量是电源频率（60Hz）的倍频，属于电磁干扰；490Hz 分量为电动机轴承的特征频率，1370Hz 分量为高频电磁噪声，是由电动机内部间隙引起的电磁噪声。为了降低电动机的噪声级，必须减小 120Hz、490Hz 和 1370Hz 分量的谱值。其中，490Hz 分量可由更换轴承解决，而 120Hz 和 1370Hz 分量的噪声则可以用隔音材料支撑轻型隔声罩来降低。

3. 发动机故障诊断

航空发动机的故障诊断对于航空飞行安全至关重要，其中对于发动机振动信号的功率谱分析具有重要意义。图 10.18 给出了发动机振动信号的功率谱（开方谱）示意图。

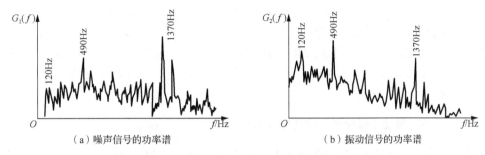

（a）噪声信号的功率谱　　　　　　（b）振动信号的功率谱

图 10.17　噪声信号与振动信号的功率谱曲线

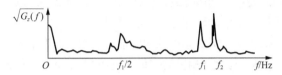

图 10.18　发动机振动信号的功率谱（开方谱）示意图

图 10.18 中，频率分量 f_1 和 f_2 分别表示发动机低压转子不平衡分量和高压转子不平衡分量，根据理论和经验，f_1 和 f_2 分量的强度均在正常范围之内。另外，图 10.18 中在 $f_1 / 2$ 频率处存在一个频谱分量群，这个分量群是引起发动机故障的主要因素。根据分析，引起这个分量群的主要原因包括传动齿套内摩擦形成的 $0.48 f_1$ 分量、轴承非线性特性导致的 $0.5 f_1$ 分量和材料之后效应引起的 $0.5 f_1$ 分量。根据上述分析的结果，可以有针对性地进行解决和处理。

10.7.2　谱分析在医学诊断中的应用举例

1. 脉搏信号的功率谱分析

脉象是中医诊断的重要手段，采用现代信号分析处理方法来分析脉象信号是非常值得研究的课题。据文献报道，可使脉搏波经过密闭小气室传送到麦克风并转换成电信号。取脉时把传感器压在左右手腕部的"寸"及"关"部位上，如图 10.19 所示，分轻按和重按两种情况取得不同的信号，经放大、量化后，再送入计算机进行谱分析。

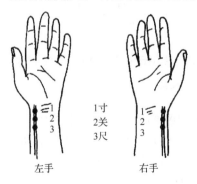

左手　　　　　　右手

1寸
2关
3尺

图 10.19　取脉时传感器的位置

在进行谱分析之前，先用带通滤波器将 50Hz 以上和 1Hz 以下的频率分量去除，再采用 Welch 法做谱分析。把每个谱在 1～50Hz 范围内每 10Hz 为一段分成五段（第一段是 1～10Hz），计算每段谱密度的均值 E_1、E_2、E_3、E_4 和 E_5，并定义能量比为 $ER = \dfrac{E_1}{E_2 + E_3 + E_4 + E_5}$。

通过对正常人及急性肝炎、心脏病及胃肠病患者进行分析,发现正常人的 ER 值全部大于 100。而三种患者表现出不同的特点:①心脏病患者在左腕"寸"位重按时 ER 小于 100;②急性肝炎病患者在左腕"关"位重按时 ER 小于 100;③胃肠病患者在右腕"关"位重按时 ER 小于 100。分析结果显示,ER 有可能用来表示人体的健康状态,并且取脉位置有可能反映不同脏器的情况。

2. 基于脑电图功率谱分析的阅读障碍识别

脑电信号的节律可以通过功率谱估计技术来进行分析。在诸如睡眠和麻醉深度的分级、智力活动与脑电图之间的关系、脑病变或损伤在脑电图上的反映,以及环境(噪声、超短波等)对人的影响等方面都有谱估计研究与应用的事例。

患有阅读障碍(dyslexia)的儿童,抽象思维能力正常,但识字困难,常把互为镜像的字母(例如 b 和 d、p 和 q 等)与上下相反的字母(例如 M 和 W、u 和 n 等)混淆起来。只从脑电图的时域波形不易看出患者的异常现象,但其功率谱却能反映出异常来。图 10.20 给出了一组正常儿童和患阅读障碍的儿童在闭眼静息状态下顶叶和枕叶间双极性脑电图的平均功率谱。如果把它分成五个频段,可以看出频段 Ⅱ、频段 Ⅳ 和频段 Ⅴ 中病儿的脑电功率谱显著大于正常儿童,而频段 Ⅲ 中则正常儿童的功率较大。以这些频段的归一化功率作为特征矢量,采用逐步判别分析,可使两类儿童的分类正确率达到 90%。

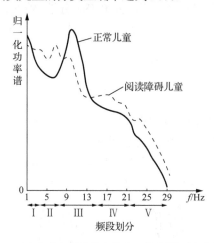

图 10.20　儿童在闭眼静息状态下脑电图平均功率谱

3. 结肠压力信号的功率谱分析

结肠压力测量是广泛使用的评价消化道功能的检查手段,对结肠的运动障碍疾病诊断有较高的价值,是其他检查手段不可替代的。将结肠压力正常与结肠压力异常的两组数据相对照,做出它们的 AR 模型功率谱,在频域来比较两组数据的分布特性。这两组数据的 AR 功率谱分别如图 10.21 和图 10.22 所示。

从图 10.21 和图 10.22 中我们可以看到,在频域中,数据在约 2 次/min 的位置上有最大的功率谱值。这表明该频率是数据信号中的主要频率分量。在压力数据中,包含短时相收缩与长时相收缩,两者都含有 2 次/min 这一频率。

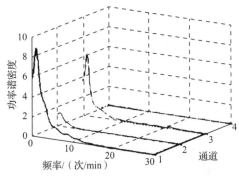

图 10.21　结肠压力正常数据的 AR 功率谱

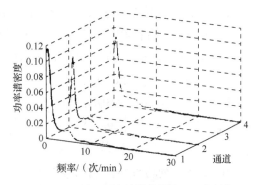

图 10.22　结肠压力异常数据的 AR 功率谱

再从功率谱的峰值也可以看出，结肠压力正常数据的谱峰值都比较大，最小的也大于 1；而异常数据的谱峰值都很小，最大的也小于 0.12。功率谱峰值较小这一现象，也许反映了该患者的结肠动力较差，虽然还存在一定的收缩运动，但收缩的能量已经远远比不上正常人了。这种动力不足反映在信号的功率谱中，就是相应频率的谱能量较低。

10.8　本 章 小 结

相关函数与功率谱密度函数的估计是信号处理的重要任务，在实际中得到广泛的应用。为了方便展开相关函数与功率谱密度估计的介绍，本章介绍了有关信号参数估计的基本理论与评价准则。在简要回顾相关函数与功率谱密度函数基本概念与基本理论的基础上，本章详细介绍了自相关序列的无偏估计和有偏估计及各自的性能，并介绍了自相关序列的快速估计方法。关于功率谱密度函数的估计问题，本章详细介绍了以周期图为核心的经典功率谱估计及多种改进方法，详细介绍了以 AR 谱估计为主的多种现代谱估计方法，并给出了一些谱估计的应用实例。本章还介绍了工程实际中应用广泛的倒谱分析方法，对于解决乘性噪声和卷积噪声条件下的信号分析问题具有重要的意义。

思考题与习题

10.1　说明随机信号相关函数与功率谱密度函数的概念。

10.2　给出自相关序列无偏估计和有偏估计方法与性能。说明自相关序列的快速估计方法。

10.3　说明周期图谱估计方法。指出周期图谱估计方法存在的问题，并说明改进的方法。

10.4　说明 AR 谱估计方法和最大熵谱估计方法及它们的性能。

10.5　说明 AR 谱估计方法和最大熵谱估计方法的等价性。

10.6　说明 MA 模型谱估计方法与 ARMA 模型谱估计方法。说明最小方差谱估计方法。

10.7　说明皮萨伦科谱分解方法。

10.8　说明多信号分类谱估计法。

10.9　试比较各类谱估计方法及其性能。

10.10 试说明倒谱的概念、倒谱分析的基本原理。

10.11 求如下自相关序列所对应的平稳随机过程的功率谱：

（1） $r(n) = 2\delta(n) + \mathrm{j}\delta(k-1) - \mathrm{j}\delta(k+1)$ ；

（2） $r(n) = \delta(n) + 2(0.5)^{|n|}$ ；

（3） $r(n) = 2\delta(n) + \cos(n\pi/4)$ ；

（4） $r(n) = \begin{cases} 10 - |n|, & |n| < 10 \\ 0, & \text{其他} \end{cases}$ 。

10.12 求下列功率谱密度函数所对应的自相关序列：

（1） $P_x(\mathrm{e}^{\mathrm{j}\omega}) = 3 + 2\sin\omega$ ；

（2） $P_x(\mathrm{e}^{\mathrm{j}\omega}) = 2\pi\delta(\omega) + \pi\delta(\omega - 2\pi) + \pi\delta(\omega + 2\pi)$ ；

（3） $P_x(\mathrm{e}^{\mathrm{j}\omega}) = \dfrac{1}{5 + 3\sin\omega}$ 。

10.13 考虑随机过程 $x(n) = A\cos(n\omega_0 + \phi) + w(n)$ ，其中 $w(n)$ 是均值为零、方差为 σ_w^2 的高斯白噪声， ϕ 是在区间 $[-\pi, \pi]$ 上均匀分布的随机变量， A 和 ω_0 是常量，求 $x(n)$ 的自相关序列和功率谱。

10.14 设 $x(n)$ 为一平稳随机信号，且是各态历经的，现用 $\hat{r}_1(m) = \dfrac{1}{N - |m|}$ $\sum\limits_{n=0}^{N-1-|m|} x_N(n)x_N(n+m)$ 估计其自相关函数，求此估计的均值和方差。

10.15 设 $x(n)$ 为一平稳随机信号，且是各态历经的，现用 $\hat{r}_2(m) = \dfrac{1}{N} \sum\limits_{n=0}^{N-1-|m|} x_N(n)x_N(n+m)$ 估计其自相关函数，求此估计的均值和方差。

10.16 设一个随机过程的自相关函数 $r(m) = 0.8^{|m|}$ ， $m = 0, \pm 1, \cdots$ ，现在取 $N = 100$ 点数据，采用习题 10.15 中的有偏方法来估计其自相关函数 $\hat{r}(m)$ 。当 m 为下列值时，求 $\hat{r}(m)$ 对 $r(m)$ 的估计偏差。

（1） $m = 0$ ；

（2） $m = 10$ ；

（3） $m = 50$ ；

（4） $m = 80$ 。

10.17 设实随机过程 $x(n)$ 的观测样本的 N 点 DFT 为 $X(k) = \sum\limits_{n=0}^{N-1} x(n)\mathrm{e}^{-\mathrm{j}2\pi nk/N}$ ，且已知 $E[x(n)] = 0$ ， $E[x(n)x(n-m)] = \sigma^2\delta(m)$ 。

（1）试求 $X(k)$ 的自相关函数；

（2）试求 $X(k)$ 的方差。

10.18 一段数据包含 N 点采样，其抽样率为 $f_s = 1000\mathrm{Hz}$ 。用平均法改进周期图估计时将数据分成了互不交叠的 K 段，每段数据长度 $M = N/K$ 。假定在频谱中有两个相距为 $0.04\pi(\mathrm{rad})$ 的谱峰，为要分辨它们， M 应取多大？

10.19　设随机过程 $x(n)$ 满足 $x(n)+ax(n-1)=w(n)$，$w(n)$ 是零均值、方差为 1 的白噪声，$|a|<1$。试计算：

（1）$x(n)$ 的自相关函数值 $r(0)$、$r(1)$；

（2）求 $\dfrac{1}{2\pi}\displaystyle\int_{-\pi}^{\pi}\dfrac{1}{\left|1+a\,\mathrm{e}^{-j\omega}\right|^{2}}\mathrm{d}\omega$。

10.20　一段数据包含 N 点采样，用平均法改进周期图估计，分成不交叠的 K 段，每段数据点数 $M=N/K$。

（1）已知真实功率谱中有一个单峰，其形状大致如图题 10.20 所示。但不知该峰的位置究竟在何处。设 N 值很大，为使谱窗主瓣比尖峰更窄（这样才能确定出峰的位置），M 值应取多大？

（2）如果已知功率谱中有两个相隔 2rad/s 的峰，则 M 最少取多少才能在估计时分辨出这两个峰来？

（3）上面两种情况中 M 若取得太大，有何缺点？

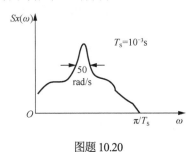

图题 10.20

10.21　已知心电图的频率上限约为 50Hz，因此以 $f_s=200\mathrm{Hz}$ 进行采样。如果要求的频率分辨率 $\Delta f=2\mathrm{Hz}$，试确定做谱估计时每段数据的点数。

10.22　一个 ARMA(1,1) 过程的差分方差是 $x(n)=ax(n-1)+u(n)-bu(n-1)$。

（1）试给出模型的转移函数及单位抽样响应；

（2）求出 $r_x(0)$ 和 $r_x(1)$，推出 $r_x(m)$ 的一般表达式。

10.23　试证明：若保证一个 p 阶 AR 模型在白噪声的激励下的输出 $x(n)$ 是一个平稳随机过程，则该 AR 模型的极点必须都位于单位圆内。

10.24　一个 AR(2) 过程如下：$x(n)=-a_1 x(n-1)-a_2 x(n-2)+u(n)$。试求该模型稳定的条件。

10.25　给定一个 ARMA(1,1) 过程的转移函数 $H(z)=\dfrac{1+b(1)z^{-1}}{1+a(1)z^{-1}}$，现用一个无穷阶的 AR($\infty$) 模型来近似，其转移函数 $H_{\mathrm{AR}}(z)=\dfrac{1}{1+c(1)z^{-1}+c(2)z^{-2}+\cdots}$。试证明：$c(k)=$
$$\begin{cases}1, & k=0\\ [a(1)-b(1)][-b(1)]^{k-1}, & k\geqslant 1\end{cases}$$。

10.26　现用一个无穷阶的 MA(∞) 模型 $H_{\mathrm{MA}}(z)=d(0)+d(1)z^{-1}+d(2)z^{-2}+\cdots$ 来近似

习题 10.25 中的 ARMA(1,1)模型，试证明：$d(k) = \begin{cases} 1, & k = 0 \\ [b(1) - a(1)][-a(1)]^{k-1}, & k \geqslant 1 \end{cases}$。

10.27　一个平稳随机信号的前 4 个自相关函数是 $r_x(0) = 1$，$r_x(1) = -0.5$，$r_x(2) = 0.625$，$r_x(3) = -0.6875$，且 $r_x(m) = r_x(-m)$。试利用这些自相关函数分别建立一阶、二阶及三阶 AR 模型，给出模型的系数及对应的均方误差。（提示：求解 Yule-Walker 方程。）

10.28　掌握在计算机上产生一组试验数据的方法：先产生一段零均值的白噪数据 $u(n)$，令功率为 σ^2，让 $u(n)$ 通过一个转移函数为 $H(z) = 1 - 0.1z^{-1} + 0.09z^{-2} + 0.648z^{-3}$ 的 3 阶 FIR 系统，得到 $v(n)$ 的功率谱 $P_v(\mathrm{e}^{\mathrm{j}\omega}) = \sigma^2 |H(\mathrm{e}^{\mathrm{j}\omega})|^2$。在 $v(n)$ 上加上 3 个实正弦信号，归一化频率分别是 $f_1' = 0.1$、$f_2' = 0.25$、$f_3' = 0.26$，调整 σ^2 和正弦信号的幅度，使在 f_1'、f_2'、f_3' 处的信噪比大致分别为 10dB、50dB、50dB。这样可得到已知功率谱的试验信号 $x(n)$。（1）令所得的试验数据长度 $N = 256$，描绘该波形；（2）描绘出该试验信号的真实功率谱 $P_x(\mathrm{e}^{\mathrm{j}\omega})$。

10.29　利用习题 10.28 的实验数据。试用自相关法求解 AR 模型系数以估计其功率谱，模型阶次 $p = 8$、$p = 11$、$p = 14$。

第 11 章　随机信号的统计最优滤波技术

11.1　概　　述

第 6 章系统介绍了滤波、滤波器，特别是数字滤波器的概念、理论与设计实现方法。所谓滤波器实际上是一个信号处理的系统，这个系统是由模拟电路、数字电路或计算机程序等软硬件构成的，其功能是允许某信号的一部分频率成分顺利通过，而信号的另外一部分频率成分则受到较大的衰减和抑制，从而达到抑制噪声提取信号的目的。

滤波器的种类繁多，应用非常广泛。从滤波器的设计思想和实现方式来考虑，可以把滤波器分为经典滤波器（classical filter）和统计最优滤波器（statistical optimal filter）两大类，后者又常称为现代滤波器。所谓经典滤波器，一般假定输入信号 $x(n)$ 中的有用成分和希望去除的成分各自占有不同的频段，当信号 $x(n)$ 通过滤波器后，即可将希望去除的频率成分有效去除，而保留有用的信号成分。但是，如果有用信号与噪声干扰等无用成分的频谱相互重叠时，则经典滤波器就不能有效去除噪声和干扰了。例如，在通信技术中，有用信号和无用信号往往具有相同或相近的频率特性；在脑电信号处理中，诱发电位信号总是与自发脑电波占有相同的频带；在机械振动信号的模态分析中，故障信号常常被宽带噪声干扰淹没。在上述这些例子中，有用信号是不能依靠基于频分技术的经典滤波技术来进行提取的。

与经典滤波器不同，统计最优滤波器主要不是依靠信号与噪声的频率差别来进行噪声抑制和信号提取的。统计最优滤波器的基本思路是依据某些统计最优准则，从带噪声的观测信号中对有用信号或信号的参数进行估计，一旦有用信号被估计出来，会比原始信号有较高的信噪比（signal to noise ratio，SNR）。通常，这种依据统计最优准则设计和运行的滤波技术，称为统计最优滤波技术。统计最优滤波器的理论研究起源于 20 世纪 40 年代及其以后诺伯特·维纳（Norbert Wiener）等的工作，维纳滤波器（Wiener filter）是统计最优滤波器的典型代表。其他重要的统计最优滤波器还包括卡尔曼滤波器和线性预测器等。粒子滤波是对卡尔曼滤波的进一步发展，本章也将对其进行简要介绍。下一章将要研究介绍的自适应滤波器（adaptive filter）也可以看作属于统计最优滤波器的范畴，基于特征分解的频率估计和奇异值分解算法等也可以归为这一类滤波器的范围。

本章系统介绍维纳滤波器、卡尔曼滤波器和粒子滤波器的基本理论与方法，并给出一些统计最优滤波器的应用，主要包括因果维纳滤波器的基本原理，维纳-霍普夫方程的推导求解，卡尔曼滤波器的基本概念、原理与应用，粒子滤波的基本概念与理论等。

11.2　维纳滤波器的基本原理与方法

维纳滤波器是以美国数学家、控制论的创始人维纳的名字命名的一类线性最优滤波器的统称。从被噪声污染的观测信号中提取有用信号的波形或估计信号的参数，是维纳滤波器的基本任务。维纳滤波器理论假定线性滤波器的输入为有用信号与噪声之和，两者均为广义平稳随机过程，且已知它们的二阶统计特性（即均值、方差、相关函数等）。维纳根据滤波器使得其输出信号与期望响应之差的均方值达到最小的最小均方误差准则，求得了最优线性滤波器的系数，称这种滤波器为维纳滤波器。在维纳研究的基础上，人们还提出了多种最优准则，包括最大输出信噪比准则和统计检测准则等，求得了一些等价的最优线性滤波器。维纳滤波器是 20 世纪线性滤波理论最重要的理论成果之一。

11.2.1　因果维纳滤波器

维纳滤波器系统的原理框图如图 11.1 所示。

图 11.1　维纳滤波器的原理框图

设线性离散系统的单位冲激响应为 $h(n)$，其输入信号 $x(n)$ 是有用信号 $s(n)$ 与观测噪声 $v(n)$ 的线性组合，表示为

$$x(n) = s(n) + v(n) \tag{11.1}$$

则系统的输出 $y(n)$ 为输入信号与系统的卷积，即

$$y(n) = x(n) * h(n) = \sum_{m=-\infty}^{\infty} h(m)x(n-m) \tag{11.2}$$

维纳滤波器的任务是使输出信号 $y(n)$ 与有用信号 $s(n)$ 尽可能地接近。通常称 $y(n)$ 为 $s(n)$ 的估计，记为 $y(n) = \hat{s}(n)$。这样，维纳滤波器又称为对有用信号 $s(n)$ 的估计器。若 $h(n)$ 是因果的，则输出的 $y(n) = \hat{s}(n)$ 可以看作是由当前时刻的观测值 $x(n)$ 与过去时刻的观测值 $x(n-1)$, $x(n-2)$, … 的线性组合来估计的。一般来说，若用当前和过去的观测数据来估计当前的输出信号，称为滤波问题；若用过去的观测数据来估计当前或将来的输出信号，称为预测问题；若用过去的观测数据来估计过去的输出信号，则称为平滑问题。

由图 11.1 维纳滤波器系统框图，系统估计得到的输出信号 $y(n) = \hat{s}(n)$ 与有用信号 $s(n)$ 一般不可能完全相等。通常采用 $e(n)$ 来表示 $\hat{s}(n)$ 与 $s(n)$ 之间的估计误差，即误差函数为

$$e(n) = s(n) - \hat{s}(n) \tag{11.3}$$

显然，误差函数是随机的。维纳滤波器采用最小均方误差准则来求解系统对有用信号的估计：

$$E[e^2(n)] = E[(s(n) - \hat{s}(n))^2] \tag{11.4}$$

对于因果系统 $h(n)$，式（11.2）变为

$$y(n) = x(n) * h(n) = \hat{s}(n) = \sum_{m=0}^{\infty} h(m)x(n-m) \tag{11.5}$$

这样，均方误差表达式写为

$$E[e^2(n)] = E[(s(n) - \sum_{m=0}^{\infty} h(m)x(n-m))^2] \tag{11.6}$$

为了使均方误差达到最小，将式（11.6）对各 $h(m)$, $m = 0,1,\cdots$ 求偏导，并令导数为 0，有

$$E[(s(n)x(n-l)] = \sum_{m=0}^{\infty} h(m)E[x(n-m)x(n-l)], \quad l = 0,1,\cdots \tag{11.7}$$

若用相关函数表示上式，则有

$$R_{xs}(l) = \sum_{m=0}^{\infty} h(m)R_x(l-m), \quad l = 0,1,\cdots \tag{11.8}$$

式（11.8）称为维纳-霍普夫方程（Wiener-Hopf equation），是研究各种数学物理问题的一种常用方法。其基本思想是通过积分变换，将原方程转化为一个泛函方程，然后再用函数因子分解法来求解。

若已知信号 $x(n)$ 的自相关函数及有用信号与观测数据的互相关函数，则可以从维纳-霍普夫方程中解出系统单位冲激响应 $h(n)$，这就是最小均方误差意义下的最优 $h_{\text{opt}}(n)$，并得到最小均方误差为

$$
\begin{aligned}
E[e^2(n)]_{\min} &= E[(s(n) - \sum_{m=0}^{\infty} h_{\text{opt}}(m)x(n-m))^2] \\
&= E[s^2(n) - 2s(n)\sum_{m=0}^{\infty} h_{\text{opt}}(m)x(n-m) + \sum_{m=0}^{\infty}\sum_{r=0}^{\infty} h_{\text{opt}}(m)x(n-m)h_{\text{opt}}(r)x(n-r)] \\
&= R_s(0) - 2\sum_{m=0}^{\infty} h_{\text{opt}}(m)R_{xs}(m) + \sum_{m=0}^{\infty} h_{\text{opt}}(m)\left[\sum_{r=0}^{\infty} h_{\text{opt}}(r)R_x(m-r)\right]
\end{aligned}
\tag{11.9}
$$

将式（11.9）进一步化简，得到

$$
E[e^2(n)]_{\min} = R_{ss}(0) - \sum_{m=0}^{\infty} h_{\text{opt}}(m)R_{xs}(m)
\tag{11.10}
$$

11.2.2　维纳-霍普夫方程的求解

1. 有限冲激响应求解法

式（11.5）隐含了系统的单位冲激响应是无穷序列这样一个假设。由于在实际应用中，我们无法获得这样的序列，因此必须用一个有限长的序列来近似。这样，式（11.5）改写为

$$
y(n) = \hat{s}(n) = \sum_{m=0}^{N-1} h(m)x(n-m)
\tag{11.11}
$$

式中，假定 $h(n)$ 的序列长度为 N。同样，式（11.6）也改写为

$$
E[e^2(n)] = E[[s(n) - \sum_{m=0}^{N-1} h(m)x(n-m)]^2]
\tag{11.12}
$$

将式（11.12）对 $h(m)$ 求导数，并令导数等于 0，可以得到

$$
E[s(n)x(n-l)] = \sum_{m=0}^{N-1} h(m)E[x(n-m)x(n-l)], \quad l = 0,1,\cdots,N-1
\tag{11.13}
$$

这样，有

$$
R_{xs}(l) = \sum_{m=0}^{N-1} h(m)R_x(l-m), \quad l = 0,1,\cdots,N-1
\tag{11.14}
$$

由式（11.14）可以写出 N 个线性方程为

$$
\begin{cases}
R_{xs}(0) = h(0)R_x(0) + h(1)R_x(1) + \cdots + h(N-1)R_x(N-1) \\
R_{xs}(1) = h(0)R_x(1) + h(1)R_x(0) + \cdots + h(N-1)R_x(N-2) \\
\quad\vdots \\
R_{xs}(N-1) = h(0)R_x(N-1) + h(1)R_x(N-2) + \cdots + h(N-1)R_x(0)
\end{cases}
\tag{11.15}
$$

写成矩阵形式，有

$$\begin{bmatrix} R_x(0) & R_x(1) & \cdots & R_x(N-1) \\ R_x(1) & R_x(0) & \cdots & R_x(N-2) \\ \vdots & \vdots & & \vdots \\ R_x(N-1) & R_x(N-2) & \cdots & R_x(0) \end{bmatrix} \begin{bmatrix} h(0) \\ h(1) \\ \vdots \\ h(N-1) \end{bmatrix} = \begin{bmatrix} R_{xs}(0) \\ R_{xs}(1) \\ \vdots \\ R_{xs}(N-1) \end{bmatrix} \tag{11.16}$$

或

$$\boldsymbol{R}_x \boldsymbol{H} = \boldsymbol{R}_{xs} \tag{11.17}$$

式中，

$$\boldsymbol{H} = \begin{bmatrix} h(0), h(1), \cdots, h(N-1) \end{bmatrix}^{\mathrm{T}} \tag{11.18}$$

为待求维纳滤波器的单位冲激响应。

$$\boldsymbol{R}_x = \begin{bmatrix} R_x(0) & R_x(1) & \cdots & R_x(N-1) \\ R_x(1) & R_x(0) & \cdots & R_x(N-2) \\ \vdots & \vdots & & \vdots \\ R_x(N-1) & R_x(N-2) & \cdots & R_x(0) \end{bmatrix} \tag{11.19}$$

为信号 $x(n)$ 的自相关矩阵。

$$\boldsymbol{R}_{xs} = \begin{bmatrix} R_{xs}(0), R_{xs}(1), \cdots, R_{xs}(N-1) \end{bmatrix}^{\mathrm{T}} \tag{11.20}$$

为信号 $x(n)$ 与待估计信号 $s(n)$ 的互相关矢量。若满足自相关矩阵是非奇异的，则通过矩阵求逆可以得到

$$\boldsymbol{H} = \boldsymbol{R}_x^{-1} \boldsymbol{R}_{xs} \tag{11.21}$$

还可以进一步求得最小均方误差为

$$E[e^2(n)]_{\min} = R_s(0) - \sum_{m=0}^{N-1} h_{\mathrm{opt}}(m) R_{xs}(m) \tag{11.22}$$

显然，若已知自相关函数 $R_x(m)$ 和互相关函数 $R_{xs}(m)$，则由式（11.14）或式（11.17）所示的维纳-霍普夫方程就可以求解出最优化系统的单位冲激响应 $h_{\mathrm{opt}}(n)$，从而在噪声中估计出有用信号 $\hat{s}(n)$，实现最优维纳滤波。但是，如果维纳-霍普夫方程的阶数 N 较大时，计算量会非常大，并且式（11.17）会涉及矩阵求逆的运算，比较复杂。但是实际上，维纳-霍普夫方程的求解可以采用类似于 AR 模型参数估计的方法来求解。

若信号和噪声满足互不相关的条件，即若

$$R_{sv}(m) = R_{vs}(m) = 0 \tag{11.23}$$

则有

$$R_{xs}(m) = E[x(n)s(n+m)] = E[s(n)s(n+m) + v(n)s(n+m)] = R_s(m)$$
$$R_x(m) = E[x(n)x(n+m)] = E[(s(n)+v(n))(s(n+m)+v(n+m))] = R_s(m) + R_v(m) \tag{11.24}$$

这样，式（11.14）和式（11.22）变为

$$R_{xs}(l) = \sum_{m=0}^{N-1} h(m)[R_s(l-m) + R_v(l-m)], \quad l = 0, 1, \cdots, N-1 \tag{11.25}$$

和

$$E[e^2(n)]_{\min} = R_s(0) - \sum_{m=0}^{N-1} h_{\mathrm{opt}}(m) R_s(m) \tag{11.26}$$

例 11.1　设广义平稳随机信号 $x(n)$ 由相互独立的有用信号 $s(n)$ 和噪声 $v(n)$ 组成，记为 $x(n) = s(n) + v(n)$。已知 $s(n)$ 的自相关函数序列为 $R_s(m) = 0.6^{|m|}$，$v(n)$ 是均值为 0、方差

为 1 的白噪声。试求：

（1）设计一个 $N = 2$ 的维纳滤波器来估计有用信号 $s(n)$；

（2）求该维纳滤波器的最小均方误差。

解　（1）根据给定的已知条件，有 $R_s(m) = 0.6^{|m|}$，$R_v(m) = \delta(m)$。将已知条件代入维纳-霍普夫方程式（11.14）或式（11.15），得到

$$\begin{cases} 2h(0) + 0.6h(1) = 1 \\ 0.6h(0) + 2h(1) = 0.6 \end{cases}$$

由此解得 $h(0) = 0.451$、$h(1) = 0.165$。

（2）将 $h(0)$、$h(1)$ 的值代入最小均方误差表达式（11.26），得到

$$E[e^2(n)]_{\min} = R_s(0) - \sum_{m=0}^{N-1} h_{\mathrm{opt}}(m) R_{ss}(m) = 1 - h(0) - 0.6h(1) = 0.45$$

若已知 $x(n)$ 的值，则可以得到 $s(n)$ 的估计值。如果增加维纳滤波器的阶数，则可以改善系统的估计精度，减小均方误差。

2. 预白化求解法

预白化求解法是由伯德（Bode）和香农（Shannon）提出的，该方法的关键是利用预白化滤波器将输入信号 $x(n)$ 转化为白噪声过程 $w(n)$，并进一步求解维纳-霍普夫方程。

一般情况下，输入信号（即观测信号）$x(n)$ 往往是非白色的，可先将其通过一个白化滤波器 $H_{\mathrm{w}}(\mathrm{e}^{\mathrm{j}\omega})$，然后再通过白噪声输入条件下的最优线性滤波器 $G(\mathrm{e}^{\mathrm{j}\omega})$，如图 11.2 所示。

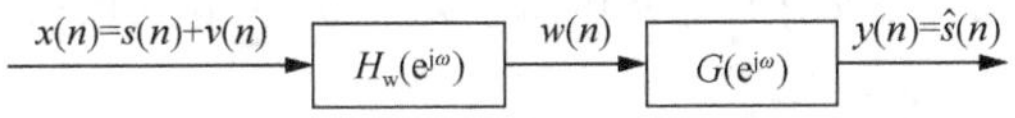

$$x(n)=s(n)+v(n) \longrightarrow \boxed{H_{\mathrm{w}}(\mathrm{e}^{\mathrm{j}\omega})} \xrightarrow{w(n)} \boxed{G(\mathrm{e}^{\mathrm{j}\omega})} \xrightarrow{y(n)=\hat{s}(n)}$$

图 11.2　预白化及维纳滤波器示意图

图 11.2 中，$w(n)$ 表示将 $x(n)$ 预白化后得到的白噪声。由此可见，只要得到了白化滤波器 $H_{\mathrm{w}}(\mathrm{e}^{\mathrm{j}\omega})$，就可以实现预白化，并进一步确定对输入信号的最优估计。

由随机信号的参数建模方法，可知 $x(n)$ 一般可以看作白噪声 $w(n)$ 激励一个线性系统（例如 AR、MA 和 ARMA 模型）所产生的响应。设该线性系统的 z 域系统函数为 $B(z)$，并分别设 $x(n)$ 和 $w(n)$ 的 z 变换为 $X(z)$ 和 $W(z)$。根据随机信号通过线性系统的原理，有

$$R_x(z) = \sigma_w^2 B(z) B(z^{-1}) \tag{11.27}$$

式中，$R_x(z)$ 表示随机信号 $x(n)$ 自功率谱密度函数的 z 域形式；$B(z)$ 和 $B(z^{-1})$ 分别对应 $R_x(z)$ 中极点和零点在单位圆内和单位圆外的部分。

由于 $B(z)$ 的零点和极点均在单位圆内，是一个物理可实现的最小相位系统，$1/B(z)$ 也是一个物理可实现的最小相位系统。这样，我们可以利用式（11.28）进行预白化：

$$W(z) = \frac{1}{B(z)} X(z) \tag{11.28}$$

即把 $x(n)$ 作为系统的输入，$w(n)$ 作为系统的输出，从而实现输入信号 $x(n)$ 的预白化处理。

式（11.28）中的系统函数 $1/B(z)$，实际上就是图 11.2 中的白化滤波器 $H_{\mathrm{w}}(\mathrm{e}^{\mathrm{j}\omega})$，或写为

$$H_{\mathrm{W}}(z) = \frac{1}{B(z)} \tag{11.29}$$

对照图 11.1，维纳滤波问题实质上是在最小均方误差准则下求解最优滤波器 $h_{\text{opt}}(n)$ 的问题，现根据对 $x(n)$ 预白化的过程，将图 11.2 进一步细化，得到如图 11.3 所示。

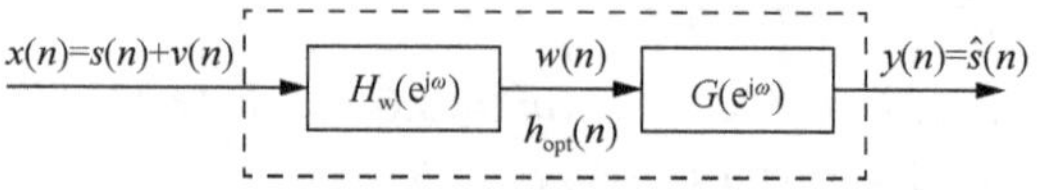

$$x(n)=s(n)+v(n) \longrightarrow \boxed{H_{\text{w}}(e^{j\omega})} \xrightarrow[h_{\text{opt}}(n)]{w(n)} \boxed{G(e^{j\omega})} \xrightarrow{y(n)=\hat{s}(n)}$$

图 11.3　预白化维纳滤波法

图 11.3 中，虚线框中的部分与图 11.1 中的维纳滤波器相同，记为 $h_{\text{opt}}(n)$，是白化滤波器 $H_{\text{W}}(e^{j\omega})$ 与最优线性滤波器 $G(e^{j\omega})$ 的级联。对 $h_{\text{opt}}(n)$ 做 z 变换，可以得到

$$H_{\text{opt}}(z) = H_{\text{W}}(z)G(z) = \frac{G(z)}{B(z)} \tag{11.30}$$

由上式可以看出，只要知道白化滤波器 $H_{\text{W}}(z) = 1/B(z)$ 和最优线性滤波器 $G(z)$，就可以得到维纳滤波器的解。其中，$B(z)$ 可以通过已知观测信号 $x(n)$ 的自相关函数求得。$G(z)$ 的激励信号是白噪声，可以按照以下方法求解。由图 11.3，有

$$y(n) = \hat{s}(n) = \sum_{m=0}^{\infty} g(m)w(n-m) \tag{11.31}$$

均方误差为

$$
\begin{aligned}
E[e^2(n)] &= E\left[\left(s(n) - \sum_{m=0}^{\infty} g(m)w(n-m)\right)^2\right] \\
&= E\left[s^2(n) - 2s(n)\sum_{m=0}^{\infty} g(m)w(n-m) + \sum_{m=0}^{\infty}\sum_{r=0}^{\infty} g(m)w(n-m)g(r)w(n-r)\right] \\
&= R_s(0) - 2\sum_{m=0}^{\infty} g(m)R_{ws}(m) + \sum_{m=0}^{\infty} g(m)\left[\sum_{r=0}^{\infty} g(r)R_w(m-r)\right]
\end{aligned} \tag{11.32}
$$

式中，$g(n)$ 表示 $G(z)$ 的单位冲激响应；$R_{ws}(m)$ 表示噪声 $w(n)$ 与信号 $s(n)$ 的互相关函数。将 $R_w(m) = \sigma_w^2 \delta(m)$ 代入上式，并进行整理，得到

$$
\begin{aligned}
E[e^2(n)] &= R_s(0) - 2\sum_{m=0}^{\infty} g(m)R_{ws}(m) + \sigma_w^2 \sum_{m=0}^{\infty} g^2(m) \\
&= R_s(0) + \sum_{m=0}^{\infty}\left[\sigma_w g(m) - \frac{R_{ws}(m)}{\sigma_w}\right]^2 - \frac{1}{\sigma_w^2}\sum_{m=0}^{\infty} R_{ws}^2(m)
\end{aligned} \tag{11.33}
$$

使 $E[e^2(n)]$ 最小，等价于使上式中间一项最小，令 $\sigma_w g(m) - \dfrac{R_{ws}(m)}{\sigma_w} = 0$，可以得到

$$g_{\text{opt}}(m) - \frac{R_{ws}(m)}{\sigma_w^2}, \quad m \geqslant 0 \tag{11.34}$$

需要注意的是 $g_{\text{opt}}(m)$ 是因果的。对上式做单边 z 变换，得到

$$G_{\text{opt}}(z) = \frac{[R_{ws}(z)]_+}{\sigma_w^2} \tag{11.35}$$

式中，$[R_{ws}(z)]_+$ 表示对 $R_{ws}(m)$ 做单边 z 变换。得到了 $G_{\text{opt}}(z)$，则维纳-霍普夫方程的系统函数可以表示为

$$H_{\text{opt}}(z) = \frac{G_{\text{opt}}(z)}{B(z)} = \frac{[R_{ws}(z)]_+}{\sigma_w^2 B(z)} \tag{11.36}$$

由于观测信号 $x(n)$ 与有用信号 $s(n)$ 之间的互相关函数可以表示为

$$R_{xs}(m) = E[x(n)s(n+m)] = E\left[\sum_{k=-\infty}^{\infty} b(k)w(n-k)s(n+m)\right]$$

$$= \sum_{k=-\infty}^{\infty} b(k)R_{ws}(m+k) = R_{ws}(m) * b(-m) \tag{11.37}$$

式中，$b(n)$ 为 $B(z)$ 的单位冲激响应。对上式做 z 变换，可以得到 $R_{xs}(z) = R_{ws}(z)B(z^{-1})$，这样，式（11.36）所示的维纳滤波器可以进一步写为

$$H_{opt}(z) = \frac{G_{opt}(z)}{B(z)} = \frac{[R_{ws}(z)]_+}{\sigma_w^2 B(z)} = \frac{[R_{xs}(z)/B(z^{-1})]_+}{\sigma_w^2 B(z)} \tag{11.38}$$

因果维纳滤波器的最小均方误差为

$$E[e^2(n)]_{min} = R_s(0) - \frac{1}{\sigma_w^2}\sum_{m=0}^{\infty} R_{ws}^2(m) \tag{11.39}$$

利用帕塞瓦尔（Parseval）定理，可以得到 z 域表示的最小均方误差为

$$E[e^2(n)]_{min} = \frac{1}{2\pi j}\oint_c [R_s(z) - H_{opt}(z)R_{xs}(z^{-1})]\frac{dz}{z} \tag{11.40}$$

式中的围线积分可以取单位圆。由此，我们可以总结白化法求解维纳-霍普夫方程的步骤如下。

步骤 1：对观测信号 $x(n)$ 的自相关函数 $R_x(m)$ 求 z 变换，得到 $R_x(z)$。

步骤 2：利用式（11.27）找到最小相位系统 $B(z)$。

步骤 3：利用均方误差最小原则，求解因果系统 $G_{opt}(z)$，得到 $H_{opt}(z) = \dfrac{G_{opt}(z)}{B(z)} = \dfrac{[R_{ws}(z)]_+}{\sigma_w^2 B(z)}$。

步骤 4：根据式（11.38），即可得到维纳-霍普夫方程的系统函数 $H_{opt}(z)$，经过逆 z 变换可以得到维纳滤波器 $h_{opt}(n)$。

例 11.2　已知线性时不变系统的输入信号为 $x(n) = s(n) + v(n)$，其中，$s(n)$ 的自相关序列为 $R_s(m) = 0.8^{|m|}$，$v(n)$ 是均值为 0、方差为 1 的白噪声，且 $s(n)$ 与 $v(n)$ 统计独立。试设计一个因果维纳滤波器来估计 $s(n)$，并求出最小均方误差。

解　由题意知：$R_s(m) = 0.8^{|m|}$，$R_v(m) = \delta(m)$，$R_{sv}(m) = 0$，$R_{xs}(m) = R_s(m)$。

步骤 1：由 $R_x(m)$ 求 $R_x(z)$。由于 $R_x(m) = R_s(m) + R_v(m)$，对其做 z 变换，有

$$R_x(z) = R_s(z) + R_v(z)$$

$$= \frac{0.36}{(1-0.8z^{-1})(1-0.8z)} + 1 = 1.6 \times \frac{(1-0.5z^{-1})(1-0.5z)}{(1-0.8z^{-1})(1-0.8z)}, \quad 0.8 < |z| < 1.25$$

步骤 2：利用式（11.27）求最小相位系统 $B(z)$ 和白噪声方差。由于 $R_x(z) = \sigma_w^2 B(z)B(z^{-1})$，根据零点和极点的分布，容易得到最小相位系统 $B(z)$ 和白噪声的方差为

$$B(z) = \frac{1-0.5z^{-1}}{1-0.8z^{-1}}, \quad |z| > 0.8; \quad B(z^{-1}) = \frac{1-0.5z}{1-0.8z}, \quad |z| < 1.25; \quad \sigma_w^2 = 1.6$$

步骤 3：根据均方误差最小原则，求因果系统 $G_{opt}(z)$，并求得 $H_{opt}(z)$。由式（11.38），有

$$H_{opt}(z) = \frac{[R_{xs(z)}/B(z^{-1})]_+}{\sigma_w^2 B(z)} = \frac{1-0.8z^{-1}}{1.6(1-0.5z^{-1})}\left[\frac{0.36}{(1-0.8z^{-1})(1-0.5z)}\right]_+$$

式中，方括号中部分的收敛域为 $0.8 < |z| < 2$。对其求逆 z 变换，有

$$\mathscr{Z}^{-1}\left[\frac{0.36}{(1-0.8z^{-1})(1-0.5z)}\right]=0.6\times(0.8)^n u(n)+0.6\times 2^n u(-n-1)$$

式中，$u(n)$ 为单位阶跃信号。取上式第一项即因果部分，所对应的单边 z 变换为

$\left[\dfrac{0.36}{(1-0.8z^{-1})(1-0.5z)}\right]_{+}=0.6\times\dfrac{1}{1-0.8z^{-1}}$，这样，有

$$H_{opt}(z)=\frac{[R_{xs}(z)/B(z^{-1})]_{+}}{\sigma_w^2 B(z)}=\frac{1-0.8z^{-1}}{1.6\times(1-0.5z^{-1})}\left(\frac{0.6}{1-0.8z^{-1}}\right)=\frac{3/8}{1-0.5z^{-1}}$$

$$h_{opt}(n)=0.375\times(0.5)^n,\quad n\geqslant 0$$

步骤 4：根据式（11.39）求取最小均方误差。由 $E[e^2(n)]_{\min}=R_{ss}(0)-\dfrac{1}{\sigma_w^2}\displaystyle\sum_{m=0}^{\infty}R_{ws}^2(m)$ 可以

求出最小均方误差为 $E[e^2(n)]_{\min}=0.375$。

例 11.3　设纯净正弦信号为 $s(n)$。加性噪声 $v(n)$ 为高斯白噪声通过一个 MA 模型而得到。$s(n)$ 与 $v(n)$ 相加得到待处理原始输入信号，即 $x(n)=s(n)+v(n)$。令期望响应 $d(n)=s(n)$。试利用 MATLAB 编程实现维纳滤波器，对 $x(n)$ 进行滤波处理。

解　MATLAB 程序代码如下：

```
clear all; n = (1:1000)'; N=1000; s = sin(0.1*pi*n); d=s;
v = 0.8*randn (1000,1);
ma = [1, -0.8, 0.4, -0.3]; x = filter(ma,1,v)+s; M = 13; b = fir维纳(M-1,x,d);
y = filter(b,1,x); e = d - y;
figure(1);
subplot(221); plot(n(900:end),x(900:end));
axis([900,1000,-4,4]); xlabel('样本数'); ylabel('幅度');
subplot(222),plot(n(900:end),[y(900:end),d(900:end)]);
axis([900,1000,-2,2]); xlabel('样本数'); ylabel('幅度');
subplot(223),plot(n(900:end),e(900:end)); axis([900,1000,-4,4]);
xlabel('样本数'); ylabel('幅度');
subplot(224),stem(b); axis([0,14,-0.2,0.2]); xlabel('样本数');
ylabel('幅度');
```

图 11.4 给出了维纳滤波处理前后的对比，并给出了得到的维纳滤波器单位冲激响应。

图 11.4（a）为输入信号的波形曲线，显然，正弦信号 $s(n)$ 已经淹没在噪声 $v(n)$ 之中；图 11.4（b）为经维纳滤波后的信号（粗线）与原始纯净正弦信号（细线）的对比，显然经过维纳滤波后，信号中的噪声已经显著削弱了；图 11.4（c）为滤波后信号与纯净正弦信号的误差信号；图 11.4（d）为维纳滤波器的单位冲激响应。

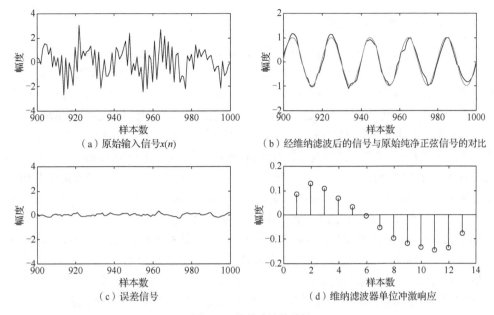

图 11.4　维纳滤波的结果

11.2.3　维纳滤波器应用举例

1. 在语音增强中的应用

语音增强是信号处理的热点研究问题之一。所谓语音增强，是指当语音信号被噪声干扰后，从噪声环境中提取出尽可能纯净的语音信号，从而增强有用语音信号的方法。其目的包括：消除噪声干扰，提高语音的清晰度；避免有效信号的失真，提高语音可懂度。

例 11.4　给定一组带噪语音信号，如图 11.5（a）所示。其中，信号的采样频率为 8000Hz，字长为 16bit，采用单声道 PCM 格式录制。加性噪声为较复杂环境下采集的宽带背景噪声。试采用维纳滤波器对该语音信号进行增强处理。

解　首先进行给定信号的噪声估计，即把给定带噪语音信号的无语音部分作为纯噪声帧，估计噪声功率谱。采用维纳滤波器对信号进行增强处理，可以得到增强后的语音信号，如图 11.5（b）所示。显然，相对于图 11.5（a）所示的带噪语音信号，增强后的语音信号显著消除了信号中的噪声。

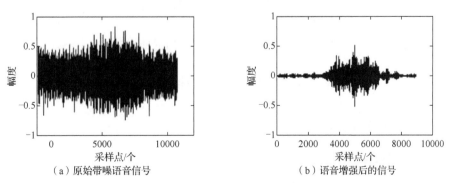

图 11.5　维纳滤波器进行语音增强举例

2. 在诱发电位波形提取中的应用

在人的头皮表面可以记录到两种脑电活动，即自发脑电图（electroencephalogram，EEG）和与一定刺激相关的脑诱发电位（evoked potential，EP）。由于诱发电位的幅度和能量显著小于自发脑电，因此很多情况下诱发电位是淹没在自发脑电中的。目前，脑诱发电位分析方法还不成熟，临床上广泛应用的方法是传统的叠加平均技术，其主要问题是需要的刺激次数过多，一般需要几百甚至上千组数据样本才可能得到比较可靠的诱发电位叠加平均波形。另外，在叠加平均的过程中，实际上把每次诱发电位看成具有相同潜伏期和波幅的周期信号，这显然是与真实情况不相符的。采用这种叠加平均技术，叠加后的诱发电位可能在潜伏期和波幅上出现偏差。Walter 提出采用维纳滤波技术来提取诱发电位，很多学者进行了这方面的研究与改进。例 11.5 给出了一个依据维纳滤波器提取诱发电位波形的例子。

例 11.5　设由头皮电极获得的脑电信号为脑电图与视觉诱发电位的混合信号，如图 11.6(a)所示。试采用维纳滤波法和叠加平均法提取混合信号中的诱发电位信号。

解　采用维纳滤波技术对给定混合信号进行滤波处理，并与传统的叠加平均方法进行对比，所得到的结果如图 11.6 所示。显然，经由维纳滤波器对混合信号进行滤波和信号提取后，被淹没在脑电图中的诱发电位信号可以得到很好的恢复，信号中的 V、N_0、P_0、N_a 和 P_a 等特征峰清晰可辨。而图 11.6（b）所示的叠加平均结果，则不能有效提取诱发电位信号波形。

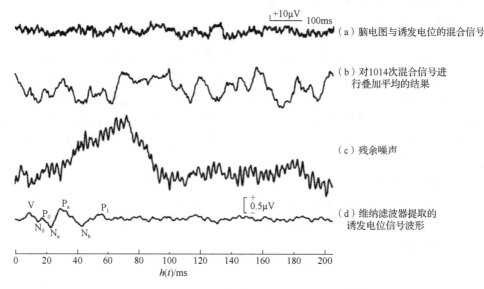

图 11.6　维纳滤波器提取视觉诱发电位的结果

11.3　卡尔曼滤波器的原理与应用

11.3.1　卡尔曼滤波器的基本概念

1. 卡尔曼滤波器的由来

卡尔曼滤波器是一种以卡尔曼（Rudolph E. Kalman）的名字命名的用于线性时变系统的递归滤波器。这种滤波器将过去的测量估计误差合并到新的测量误差中来估计将来的误差，可以用包含正交状态变量的微分方程（或差分方程）模型来描述。当输入信号为由白噪声产生的随机信号时，卡尔曼滤波器可以使期望输出和实际输出之间的均方根误差达到最小。

卡尔曼滤波器的首次实现是由施密特（Schmidt）完成的。卡尔曼在美国航空航天局（National Aeronautics and Space Administration，NASA）研究中心访问时，发现这种滤波器对于解决阿波罗计划的轨道预测很有意义，并且后来在阿波罗飞船的导航电脑中实际上使用了这种滤波器。关于卡尔曼滤波器最早的研究论文是由斯沃林（Swerling）和卡尔曼等分别于1960 年和 1961 年发表的。多年来，卡尔曼滤波器和卡尔曼滤波算法在信号处理领域一直受到广泛的重视，并且近年来有了一些新的发展，包括施密特扩展滤波器、新息滤波器和平方根滤波器等。

卡尔曼滤波器的一个典型应用是从有限的带噪观测数据中估计信号的参数。例如，在雷达应用中，人们感兴趣的是能够跟踪目标的位置、速度和加速度等参数。但是，由于观测噪声的影响，所得到的测量值往往不够准确。如果利用卡尔曼滤波器对观测数据进行处理，依据目标的动态信息，并设法去掉观测数据中噪声的影响，则可以得到关于目标参数的较好估计，包括对目标参数的滤波、预测和平滑等功能。

2. 卡尔曼滤波器的主要特点

尽管维纳滤波器解决了基于最小均方误差准则的最优线性滤波问题，但是它还存在一定的局限性。例如，它要求输入信号是平稳的；由于这种最优滤波器是由多种相关函数或功率谱密度函数决定的，所以从本质上说是一种频域方法；再者，如果观测数据是矢量过程的话，谱分解问题很难处理，有时甚至无法进行求解。

卡尔曼滤波器被认为是维纳滤波器的推广，其具有以下主要特点：

（1）卡尔曼滤波器可以适用于平稳和非平稳随机过程的滤波问题。由于卡尔曼滤波算法将被估计的信号看作白噪声作用下一个随机线性系统的输出，且其输入-输出关系是由状态方程和观测方程在时域给出的，故这种方法不仅适用于平稳随机过程的滤波，而且特别适用于非平稳随机过程的滤波，其应用范围十分广泛。

（2）卡尔曼滤波器是一种用状态空间描述的系统。系统的过程噪声和观测噪声并不是要去除的对象，它们的统计特性正是估计过程中需要利用的信息，而被估计量和观测量在不同时刻的一、二阶矩却是不必要知道的。

（3）卡尔曼滤波的计算过程是一个不断"预测-修正"的过程。由于卡尔曼滤波的基本方程是在时域内递推进行的，在递推过程中不需要存储大量数据。一旦观测到了新数据，就可以算得新的滤波值，因此更适合进行计算机实现和实时处理。

（4）卡尔曼滤波算法的计算量并不是很大。首先，其增益矩阵与观测无关，故可预先离线计算得到，从而减小实时计算量。其次，这个增益矩阵的阶数较小，因此求逆运算的计算量不大。最后，在计算滤波器增益矩阵的过程中，随时可以计算得到滤波器的精度指标。

由于卡尔曼滤波器具有广泛的适用性和许多优良的性能，因此在雷达、目标定位与跟踪、噪声抑制和信号估计等领域得到广泛的应用。

3. 卡尔曼滤波器的一个通俗解释

我们知道，卡尔曼滤波器实际上是一个最优化的自回归数据处理算法，是对系统的状态进行估计的方法。下面以一个简单通俗的例子来说明卡尔曼滤波的基本思想。

　　假设幼儿园以幼儿的体重作为研究对象，每周要进行一次评估。有两个办法可以了解幼儿的体重：其一是根据幼儿的状态（例如性别、年龄、身高、营养状况等）和经验资料进行判断，所得到的结果称为估计值（estimate）；其二是利用体重计对幼儿进行体重测量，得到的结果称为观测值（measurement）。假定这两种方法得到的幼儿体重都有明显误差。例如，由于估计值误差比较显著；而体重计的精度很低，或者幼儿太调皮，不能很好地配合进行体重测量，因而造成观测值有较大误差。假定这些误差均为服从高斯分布的白噪声。

　　假如有一个幼儿，对其体重的估计值为 $x=15\text{kg}$，而体重计得到的观测值为 $z=16\text{kg}$。我们究竟应该相信哪一个呢？如果体重计足够准，且幼儿足够乖，我们应该认为观测值是更准确的。但实际情况是体重计不够准，幼儿也不够配合。在这样恶劣的情况下，卡尔曼滤波使我们仍然可以比较准确地得到幼儿的体重。这个办法其实也很简捷，就是对估计值 x 和观测值 z 进行加权平均，并且要求两个权系数之和为 1。

　　那么如何进行加权平均呢？根据卡尔曼滤波的思想，需要根据估计值和观测值以往的表现来决定给予它们各自加权系数的大小。以前表现好的，就给予较大的加权系数，反之，则给予较小的加权系数。那么如何评价以往的表现呢？简单说来，所谓表现好，就是结果稳定、方差小，表现不好就是结果不稳定、方差大。方差的大小实际上反映的是随机变量的分散程度。对于多次测量或估计而分散性即方差较小的结果，就应该给一个较大的权系数值。

　　实际上，卡尔曼滤波是依据多次观测和估计来进行递推（或称为递归）的，其算法是一步一步地调整观测值和估计值，并逐渐接近准确的测量。卡尔曼滤波的递推过程如式（11.41）所示，对观测值和估计值进行比较，把估计值加上二者之间的偏差作为新的估计值。

$$x(k+1) = x(k) + K(z(k) - x(k)) \tag{11.41}$$

式中，$x(k)$ 和 $x(k+1)$ 分别表示当前时刻 k 和下一时刻 $k+1$ 的估计值（可理解为上一周和本周的估计值）；$z(k)$ 表示当前时刻的观测值；K 表示加权系数，称为卡尔曼增益（Kalman gain）。进一步分析可知，若 x 估计小了，即 $x < z$，则新估计值 $x(k+1)$ 会加上一个增量 $K(z(k) - x(k))$；反之，若 x 估计大了，即 $x > z$，则 $x(k+1)$ 会减去一个增量 $K(z(k) - x(k))$。这样可以保证新估计值一定比当前的估计值更为准确，且一次一次递推下去会更加准确。

　　由式（11.41），我们还可以进一步得到

$$x(k+1) = (1-K)x(k) + Kz(k) \tag{11.42}$$

这表明，卡尔曼滤波器对于当前估计值的加权系数为 $1-K$，而对于当前观测值的加权系数为 K，且二者之和为 1。

　　再回到前面的幼儿体重问题。假设当前时刻的估计值为 $x(k) = 15\text{kg}$，而当前时刻的观测值为 $z(k) = 16\text{kg}$，且当前时刻 k 的估计值和观测值的方差分别为 $P = 4$ 和 $R = 2$。这样，可以得到加权系数即卡尔曼增益为 $K = \dfrac{P}{P+R} = \dfrac{4}{4+2} \approx 0.67$。由此，可以得到 $x(k+1) = 15.67\text{kg}$。由于当前时刻观测值的方差小于当前时刻估计值的方差，故卡尔曼滤波给予观测值 $z(k)$ 更大的加权系数，使得时刻 $k+1$ 的估计值更接近时刻 k 的观测值。然后，再进一步分析时刻 $k+1$ 估计值和观测值的方差，并进一步递推下去。

11.3.2　卡尔曼滤波器的基本原理

　　定义卡尔曼滤波器几个主要的量如下。

　　状态矢量（state vector）：记为 $x(k)$，是一个 n 维矢量。

激励矢量（excitation vector）：记为 $w(k)$，一般为 p 维高斯白噪声矢量。

状态转移矩阵（state transition matrix）：记为 $\boldsymbol{\Phi}(k+1,k)$，是一个 $n \times n$ 维矩阵，表示从时刻 k 到时刻 $k+1$ 的状态转移。

激励转移矩阵（excitation transition matrix）：记为 $\boldsymbol{\Gamma}(k+1,k)$，是一个 $n \times p$ 维矩阵，表示从时刻 k 到时刻 $k+1$ 的激励转移。

观测矢量（measurement vector）：记为 $z(k+1)$，是一个 m 维矢量，表示时刻 $k+1$ 的观测数据。

观测矩阵（measurement matrix）：记为 $\boldsymbol{H}(k+1)$，是一个 $m \times n$ 维矩阵。

观测误差矢量（measurement error vector）：记为 $v(k+1)$，是一个 m 维矢量，表示时刻 $k+1$ 的观测误差。

卡尔曼增益（Kalman gain matrix）：记为 $\boldsymbol{K}(k+1)$。

状态矢量协方差矩阵（covariance matrix of state vector）：记为 $\boldsymbol{P}(k+1)$，是一个 $n \times n$ 维矩阵，表示时刻 $k+1$ 状态矢量 $x(k)$ 的协方差矩阵。其中，$\boldsymbol{P}(k+1|k)$ 称为单步预测误差协方差矩阵（prediction error covariance matrix）。

激励矢量协方差矩阵（covariance matrix of excitation vector）：记为 $\boldsymbol{Q}(k)$，是一个 $n \times n$ 维矩阵，表示时刻 k 激励矢量的协方差矩阵。

观测误差矢量的协方差矩阵（covariance matrix of measurement error）：记为 $\boldsymbol{R}(k+1)$，是一个 $m \times m$ 维矩阵，表示时刻 $k+1$ 观测误差矢量的协方差矩阵。

初始条件（initial condition）：记为 $x(0)$，其均值和协方差矩阵分别记为 $\bar{x}(0)$ 和 $\boldsymbol{P}(0)$。

卡尔曼滤波器的状态方程和观测方程分别如式（11.43）和式（11.44）所示：

$$x(k+1) = \boldsymbol{\Phi}(k+1,k)x(k) + \boldsymbol{\Gamma}(k+1,k)w(k), \quad k=0,1,\cdots \tag{11.43}$$

$$z(k+1) = \boldsymbol{H}(k+1)x(k+1) + v(k+1), \quad k=0,1,\cdots \tag{11.44}$$

式中，激励矢量和观测误差矢量均假设为高斯白噪声。在给定时刻 $1,2,\cdots,j$ 观测矢量 $z(1), z(2), \cdots, z(j)$ 的条件下，令 $\hat{x}(k\,|\,j)$ 代表给定 $z(1), z(2), \cdots, z(j)$ 时对 $x(k)$ 的估计，有

$$\hat{x}(k\,|\,j) = g[z(1), z(2), \cdots, z(j)] \tag{11.45}$$

根据时刻 k 和 j 的相对关系，可以把上述估计问题分为三个主要类型，即：若 $k > j$，则为预测问题；若 $k = j$，则为滤波问题；若 $k < j$，则为平滑或者插值问题。

图 11.7 给出了描述线性离散时间系统状态方程和输出方程的结构图。

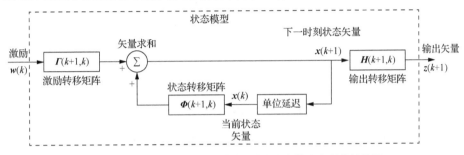

图 11.7　描述线性离散时间系统状态方程和输出方程的结构图

由式（11.43），我们可以从时刻 k 的状态 $x(k)$，递推出时刻 $k+1$ 的状态 $x(k+1)$。实际上，经过递推，任意时刻 k 的系统状态 $x(k)$ 均可以写为系统的初始状态、状态转移矩阵、激

励矢量和激励转移矩阵构成的形式，如式（11.46）所示：

$$x(k) = \boldsymbol{\Phi}(k,0)x(0) + \sum_{i=1}^{k} \boldsymbol{\Phi}(k,i)\boldsymbol{\Gamma}(i,i-1)w(i-1), \quad k = 1,2,\cdots \quad (11.46)$$

在假定 $\boldsymbol{\Phi}(k+1,k)$ 和 $\boldsymbol{\Gamma}(k+1,k)$ 为确定性的条件下，利用式（11.43）和式（11.46），可以得到状态矢量 $x(k+1)$ 的协方差矩阵为

$$\boldsymbol{P}(k+1\,|\,k) = \boldsymbol{\Phi}(k+1,k)\boldsymbol{P}(k\,|\,k)\boldsymbol{\Phi}^{\mathrm{T}}(k+1,k) + \boldsymbol{\Gamma}(k+1,k)\boldsymbol{Q}(k)\boldsymbol{\Gamma}^{\mathrm{T}}(k+1,k), \ k \geqslant 0 \quad (11.47)$$

式中，$\boldsymbol{Q}(k)$ 为激励矢量的协方差矩阵，假设为已知。初始条件 $\boldsymbol{P}(0\,|\,0) = \boldsymbol{P}(0)$ 也认为是已知的。将系统当前时刻状态的预测结果与状态的测量值相结合，可以得到对系统状态的最优估计值 $\hat{x}(k+1\,|\,k+1)$ 为

$$\hat{x}(k+1\,|\,k+1) = \boldsymbol{\Phi}(k+1,k)\hat{x}(k\,|\,k) + \boldsymbol{K}(k+1)[z(k+1) - \boldsymbol{H}(k+1)\boldsymbol{\Phi}(k+1,k)\hat{x}(k\,|\,k)]$$
$$(11.48)$$

初始条件为 $\hat{x}(0\,|\,0) = 0$。上式中，卡尔曼增益表示为

$$\boldsymbol{K}(k+1) = \boldsymbol{P}(k+1\,|\,k)\boldsymbol{H}^{\mathrm{T}}(k+1)[\boldsymbol{H}(k+1)\boldsymbol{P}(k+1\,|\,k)\boldsymbol{H}^{\mathrm{T}}(k+1) + \boldsymbol{R}(k+1)]^{-1}, \ k = 0,1,\cdots$$
$$(11.49)$$

式中，$\boldsymbol{R}(k+1)$ 为观测误差的协方差矩阵。

实际上，式（11.48）已经给出了时刻 $k+1$ 系统状态的最优估计值，但是为了使卡尔曼滤波器能够不断运行下去，直到过程结束，还需要继续对其协方差矩阵进行更新，即

$$\boldsymbol{P}(k+1\,|\,k+1) = [\boldsymbol{I} - \boldsymbol{K}(k+1)\boldsymbol{H}(k+1)]\boldsymbol{P}(k+1\,|\,k), \quad k = 0,1,\cdots \quad (11.50)$$

式中，$\boldsymbol{I}$ 为单位矩阵。这样，卡尔曼滤波器就可以自回归地运行下去。

在卡尔曼滤波器中，状态矢量 $x(k)$ 是观测数据 $z(k)$ 的函数。在给出观测值 $z(1)$，$z(2)$，$\cdots$，$z(k)$ 之后，用 $\hat{x}(k\,|\,k)$ 表示时刻 k 的状态估计。作为观测值的函数，卡尔曼滤波器对时刻 k 的状态进行连续不断地估计，如图 11.8 所示。

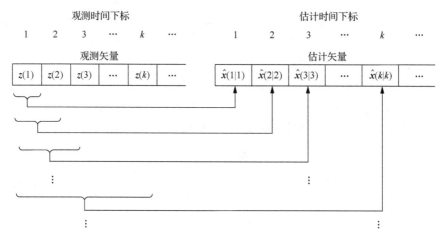

图 11.8　离散卡尔曼滤波的时序示意图

图 11.9 给出了由式（11.48）决定的卡尔曼滤波估计的结构框图。

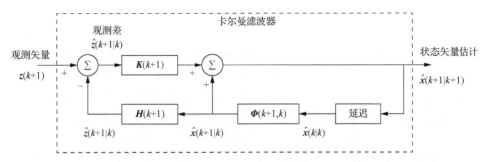

图 11.9　根据观测数据得到的卡尔曼滤波估计的结构框图

如果合并式（11.48）中的 $\hat{x}(k\,|\,k)$ 项，则可以得到卡尔曼滤波器的另一种形式为

$$\hat{x}(k+1\,|\,k+1)=[\boldsymbol{\Phi}(k+1,k)-\boldsymbol{K}(k+1)\boldsymbol{H}(k+1)\boldsymbol{\Phi}(k+1,k)]\hat{x}(k\,|\,k)+\boldsymbol{K}(k+1)z(k+1),\quad k\geqslant 0$$

（11.51）

上式的初始条件可为 $\hat{x}(0\,|\,0)=0$ 。若定义 $\boldsymbol{B}(k\,|\,k)=\boldsymbol{\Phi}(k+1,k)-\boldsymbol{K}(k+1)\boldsymbol{H}(k+1)\boldsymbol{\Phi}(k+1,k)$ ，则这种卡尔曼滤波器的结构如图 11.10 所示。

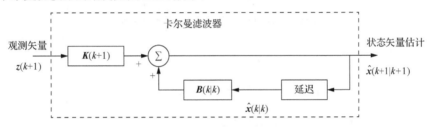

图 11.10　卡尔曼滤波器的另一种矢量形式

11.3.3　卡尔曼滤波器的分析与计算

1．卡尔曼滤波器的分析

从式（11.48）可见，由 $k+1$ 个观测值所得到的时刻 $k+1$ 的估计是用 k 个观测值得到的时刻 k 最优估计的函数，在时刻 $k+1$ 新的观测值如图 11.11 所示。图中 $\tilde{z}(k+1\,|\,k)$ 定义为

$$\tilde{z}(k+1\,|\,k)=z(k+1)-\hat{z}(k+1\,|\,k)\tag{11.52}$$

图 11.11 中的滤波方程部分表明了卡尔曼滤波器作为一个预测-修正器是如何工作的。首先预测出新的状态（单步预测），然后通过加一项卡尔曼增益与观测误差的乘积来修正。观测误差是新的观测值与单步预测值的差值。如果它们相同，则残差为零，不需要进行修正。

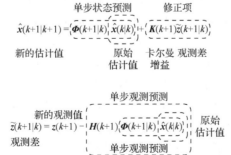

图 11.11　卡尔曼滤波方程的预测-修正结构

2. 卡尔曼滤波器的计算

由式（11.48）可见，新的估计值是状态转移矩阵 $\boldsymbol{\Phi}(k+1|k)$、观测矩阵 $\boldsymbol{H}(k+1)$、旧估计值 $\hat{x}(k|k)$、新观测值 $z(k+1)$ 和卡尔曼增益 $\boldsymbol{K}(k+1)$ 的函数。这些量中只有卡尔曼增益需要计算。卡尔曼增益矩阵（在不同时刻可能是不同的）是由式（11.47）、式（11.49）和式（11.50）决定的，即对 $\boldsymbol{P}(k+1|k)$、$\boldsymbol{K}(k+1)$ 和 $\boldsymbol{P}(k+1|k+1)$ 进行递归计算得到的，需要注意的是，$\boldsymbol{P}(k+1|k)$、$\boldsymbol{K}(k+1)$ 和 $\boldsymbol{P}(k+1|k+1)$ 必须按照图 11.12 中的顺序进行计算。

显然，$\boldsymbol{P}(k+1|k)$、$\boldsymbol{K}(k+1)$ 和 $\boldsymbol{P}(k+1|k+1)$ 是不依赖于观测值和估计值的。因此，这些量可以提前进行"离线"计算，也可以在观测值到来时进行"实时"计算。

例 11.6 已知卡尔曼滤波器的状态与观测模型为

$$x(k+1) = -0.7x(k) + w(k), \quad k = 0,1,\cdots$$

$$z(k+1) = x(k+1) + v(k+1), \quad k = 0,1,\cdots$$

设激励信号协方差 Q 和测量误差协方差 R 分别为

$$E[w(j)w(k)] = Q\delta(j-k) = \delta(j-k)$$

$$E[v(j)v(k)] = R\delta(j-k) = \frac{1}{2}\delta(j-k)$$

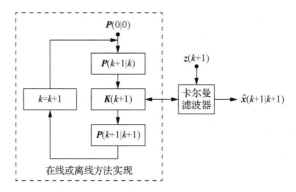

图 11.12　预测误差协方差，卡尔曼增益和滤波误差协方差矩阵的递归计算流程

已知 $\hat{x}(0|0) = 0$ 且 $P(0|0) = P(0) = 10$。试用卡尔曼滤波器估计时刻 $k+1$ 的信号值 $x(k+1)$。

解　由于状态矢量是一维的，故卡尔曼滤波器的标量形式可以写为

$$\hat{x}(k+1|k+1) = -0.7\hat{x}(k|k) + K(k+1)[z(k+1) + 0.7\hat{x}(k|k)], \quad k = 0,1,\cdots$$

这里的 $K(k+1)$、$P(k+1|k)$ 和 $P(k+1|k+1)$ 在 $k = 0,1,2,\cdots$ 时刻的值为

$$P(k+1|k) = -0.7P(k|k)(-0.7) + 0.5$$

$$K(k+1) = P(k+1|k)[P(k+1|k) + 0.5]^{-1}$$

$$P(k+1|k+1) = [1 - K(k+1)]P(k+1|k)$$

由以上各式可以计算出 $P(k+1|k)$、$K(k+1)$ 和 $P(k+1|k+1)$，收敛情况如图 11.13 所示。

显然，卡尔曼增益 $K(k+1)$ 很快收敛到一个稳态值，即 0.5603575。单步预测误差 $P(k+1|k)$ 的稳态值为 0.6372876。而 $P(k+1|k+1)$ 初始阶段的值比较大，但迅速收敛到稳态值 0.2801788，表示稳态时滤波估计的均方误差。

此外，从本例我们可以看出，卡尔曼滤波器的形式与观测数据无关，因此如果需要的话，可以在观测值得到之前进行离线计算。

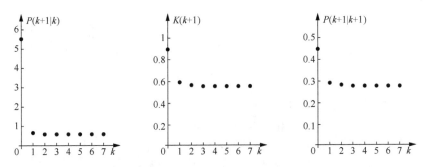

图 11.13　例 11.6 中 $P(k+1|k)$、$K(k+1)$ 和 $P(k+1|k+1)$ 的收敛情况

11.3.4　卡尔曼滤波器应用举例

例 11.7　依据卡尔曼滤波器对一房间的温度进行跟踪估计。假设该房间的温度约为 25℃，但是受到空气流通、阳光等因素的影响，房间温度会随时间有小幅度变化，由此引入噪声过程，其方差为 0.01。利用温度计进行温度测量观测，其方差为 0.25。试编写 MATLAB 程序，用卡尔曼滤波器实现对房间温度变化的跟踪估计。

解　MATLAB 程序代码如下：

```
% 初始化与参数设定
clear  all; clc; clear;   N=120;   CON=25;   Xexpect=CON*ones(1,N);
X=zeros(1,N); Xkf=zeros(1,N);
    Z=zeros(1,N); X(1)=25.1; P(1)=0.01; Z(1)=24.9; Xkf(1)=Z(1);
    Q=0.01; R=0.25; W=sqrt(Q)*randn(1,N); V=sqrt(R)*randn(1,N); F=1;
G=1; H=1; I=eye(1);
    % 模拟房间温度变化和测量过程，并进行卡尔曼滤波
    for k=2:N
        X(k)=F*X(k-1)+G*W(k-1); Z(k)=H*X(k)+V(k); X_pre=F*Xkf(k-1);
P_pre=F*P(k-1)*F'+Q;
        Kg=P_pre*inv(H*P_pre*H'+R); e=Z(k)-H*X_pre; Xkf(k)=X_pre+Kg*e;
P(k)=(I-Kg*H)*P_pre;
    end
    % 计算测量误差与卡尔曼滤波后的误差
    Err_Messure=zeros(1,N); Err_Kalman=zeros(1,N);
    for k=1:N
        Err_Messure(k)=abs(Z(k)-X(k)); Err_Kalman(k)=abs(Xkf(k)-X(k));
    end
    % 绘制曲线
    t=1:N; figure(1); plot(t,Xexpect,'-g',t,X,'-k.',t,Z,'-b.',t,Xkf,'-r.');
    legend('期望值','真实值','观测值','卡尔曼滤波值');  xlabel('采样时间/s');
ylabel('温度值/C');
    % 程序代码中无法键入摄氏度符号
    disp([mean(Err_Messure) std(Err_Messure) mean(Err_Kalman) std(Err_Kalman)])
```

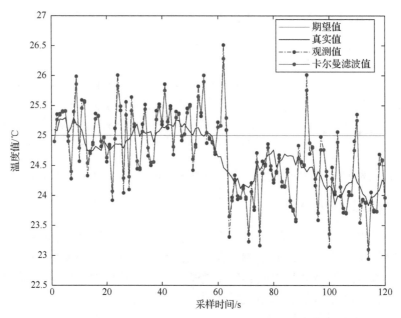

图 11.14　卡尔曼滤波器对房间温度进行跟踪估计的结果

图 11.14 给出了卡尔曼滤波器对房间温度进行跟踪估计的结果。图中，水平直线为温度的期望值，实线波动曲线表示房间温度真实的变化曲线，实心圆点画线为温度计观测的结果，而实心圆实线曲线则表示卡尔曼滤波器跟踪估计的结果。实际上，温度计测量误差的均值与标准差为(0.4307±0.3263)℃，而卡尔曼滤波器跟踪估计误差的均值与标准差则为(0.3698±0.2752)℃。显然，卡尔曼滤波器跟踪估计的结果优于用温度计测量的结果。

11.4　粒子滤波简介

11.4.1　从卡尔曼滤波到粒子滤波

1. 卡尔曼滤波器的局限性与发展

卡尔曼滤波器（KF）是一类线性高斯条件下的统计最优滤波器，迄今仍然被广泛应用于诸如雷达、声呐、目标定位与跟踪和许多信号处理问题中。但是，KF 有其特有的局限性，例如对于常见的非线性滤波问题，KF 基本上是无能为力的。

1979 年，由 Anderson 和 Moore 提出的扩展卡尔曼滤波（extended Kalman filter，EKF）是解决非线性系统滤波的有力工具。EKF 基于泰勒级数展开，将非线性观测方程和状态方程近似为一阶线性化结果。但是，这种近似未考虑误差分布而简单地认为均值能够准确预测，且认为状态误差可以通过一个独立的线性系统产生，故导致较大误差，甚至发散。

1996 年，Julier 和 Uhlmann 基于无迹变换和 EKF 算法框架，提出了无迹卡尔曼滤波（unscented Kalman filter，UKF）算法。UKF 使用无迹变换来处理均值和协方差的非线性传递问题，克服了 EKF 估计精度较低、稳定性较差的问题。但是，UKF 仍需对非线性系统的后验概率密度进行高斯假设，仍然不能适用于一般的非高斯分布模型。

针对 KF 以及 EKF 和 UKF 不适用于非高斯条件的问题，粒子滤波（particle filter，PF）应运而生。PF 通过寻找一组在状态空间中传播的随机样本而对概率密度函数进行近似，从而获得状态的最小方差估计。这些随机样本被形象地称为"粒子"，粒子滤波也由此得名。PF 的概念可以更严谨地描述为：针对平稳的动态时变系统，假定时刻 $k-1$ 系统的后验概率密度为 $p(x_{k-1}|z_{k-1})$，依据一定原则选取 N 个随机样本点，时刻 k 获得观测信息后，经过状态更新和时间更新过程，N 个粒子的后验概率密度近似为 $p(x_k|z_k)$。随着粒子数的增加，粒子的概率密度函数就逐渐逼近状态的概率密度函数，粒子滤波器的估计就达到了最优贝叶斯估计的效果。上述的 x_k 和 z_k 分别表示时刻 k 的状态和观测值。

由于克服了卡尔曼滤波固有的缺点，PF 在许多领域得到广泛的应用，主要包括：运动目标定位与跟踪，视频跟踪与机器人导航，通信与信号处理，金融数据分析和医学应用等。

2. 粒子滤波的主要特点

（1）粒子滤波的噪声模型不受高斯限制。与 KF 只能用于高斯噪声模型不同，PF 不受噪声模型的限制，可以估计被任何形式噪声污染过的数据，是非线性非高斯系统状态估计的"最优"滤波器。

（2）粒子滤波的系统模型不受线性约束。与 KF 不同，PF 既适用于线性系统中的滤波问题，又可以处理非线性系统的滤波问题。

（3）粒子滤波的估计精度较高。理论上，PF 的估计精度要优于 EKF 和 UKF，但在实际应用中，由于噪声和系统特点的不同，粒子滤波的估计精度需要仔细斟酌。

粒子滤波与 KF、EKF 和 UKF 的对比。表 11.1 给出了各滤波器适用范围的对比。

表 11.1　几种滤波器适用范围的对比

观测方程	状态方程			
	线性高斯	线性非高斯	非线性高斯	非线性非高斯
线性高斯	KF	PF	EKF/UKF/PF	PF
线性非高斯	PF	PF	PF	PF
非线性高斯	EKF/UKF/PF	PF	EKF/UKF/PF	PF
非线性非高斯	PF	PF	PF	PF

11.4.2　蒙特卡罗方法简介

1. 蒙特卡罗方法的概念与起源

粒子滤波又称为序贯蒙特卡罗方法（sequential Monte Carlo method）。蒙特卡罗方法是一种以概率统计为指导的应用随机数来进行计算机统计模拟的方法，以求得所研究系统的某些参数。蒙特卡罗方法在金融工程学、计算物理学和随机信号分析与处理等领域应用广泛。

蒙特卡罗方法起源于 20 世纪 40 年代中期，是由美国"曼哈顿计划"科学家乌拉姆和冯·诺伊曼提出的。实际上，蒙特卡罗方法早在 1777 年就已经存在，法国数学家浦丰（Buffon）提出了用投针实验来求圆周率的方法，一般认为这是蒙特卡罗方法的起源。

蒙特卡罗方法的基本原理可以描述如下：当所求解问题是某种随机事件出现的概率，或者是某个随机变量的期望值时，通过某种"实验"的方法，以这种事件出现的频率来估计这一随机事件的概率，或者估计得到这个随机变量的某些数字特征，并将其作为问题的解。当样本容量足够大时，可以认为该事件发生的频率即其概率。

2. 蒙特卡罗方法的主要步骤

（1）构造或描述概率过程。具体来说，对于具有随机性质的问题，需要正确描述和模拟这个概率过程；而对于不具有随机性质的确定性问题，则需要把这种确定性问题转化为随机问题，通常是事先构造一个人为的概率过程，使它的某些参量正好是所要求问题的解。

（2）实现从已知概率分布抽样。按照构造的概率分布产生随机变量，一般是根据已知概率分布采用数学递推方式产生相互独立随机序列。产生随机数的问题，就是从这个分布抽样的问题。由此可见，随机数是我们实现蒙特卡罗模拟的基本工具。

（3）建立各种估计量。即通过模拟实验对随机变量进行估计，相当于对模拟实验的结果进行考察和登记，从中得到问题的解。

3. 蒙特卡罗方法计算机模拟举例

例 11.8 试利用 MATLAB 编程实现硬币投掷的蒙特卡罗模拟。

解 模拟投掷一枚硬币，设正面朝上的次数 X 服从参数为 $(1,p)$ 的二项分布，即 $X \sim B(1,p)$。其中 p 表示概率。MATLAB 程序代码如下：

```
% 初始化与参数设置
clear all; clc; clear; p=0.5; N=1000; pp=zeros(1,N); sum=0;
% 蒙特卡罗模拟
for k=1:N
    sum=sum+binornd(1,p); pp(k)=sum/k;
end
% 绘制曲线
figure; hold on; box on; plot(1:N,pp); axis([0 N 0 1]); xlabel('试验
次数'); ylabel('正面朝上的频率');
```

图 11.15 给出了投掷硬币计算机蒙特卡罗模拟的结果。显然，随着试验次数的增加，正面朝上的频率逐渐趋向于其概率。并且，无论概率设置为 $p=0.5$ 还是 $p=0.3$ （或其他值），蒙特卡罗模拟的结果都趋向于所设定的概率。

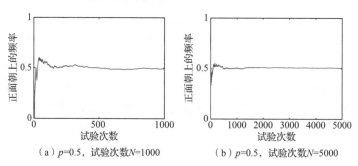

（a）$p=0.5$，试验次数$N=1000$ （b）$p=0.5$，试验次数$N=5000$

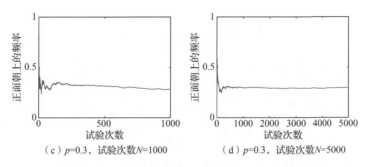

（c）$p=0.3$，试验次数$N=1000$　　　　（d）$p=0.3$，试验次数$N=5000$

图 11.15　投掷硬币计算机蒙特卡罗模拟的结果

例 11.9　试利用 MATLAB 编程实现基于蒙特卡罗模拟定积分 $y=\int_0^1(\cos x+\mathrm{e}^x)\mathrm{d}x$ 的计算。

解　由微积分中定积分的计算方法，有 $y=[\sin x+\mathrm{e}^x]_0^1=2.5598$。MATLAB 程序代码如下：

```
% 初始化与参数设置
clear all; clc; clear; a=0; b=1; M=4; N=100000; freq=0;
% 蒙特卡罗模拟
for i=1:N
    u=unifrnd(a,b);  v=unifrnd(0,M);
    if (cos(u)+exp(u))>=v
        freq=freq+1;
    end
end
p=freq/N;  result=p*(b-a)*M
```

由上面程序的运行得到 $\hat{y}=2.5641$。若连续运行 10 次，并对结果进行平均，则有 $\bar{y}=2.5599$，非常接近其真值 $y=2.5598$。可见，蒙特卡罗方法是计算定积分的有效工具。

11.4.3　粒子滤波的基本原理

1. 状态方程、观测方程与蒙特卡罗积分

粒子滤波是一种基于蒙特卡罗仿真的近似贝叶斯滤波算法。其核心思想是用一些离散随机采样点来近似系统随机变量的概率密度函数，以样本均值代替积分运算，从而获得状态的最小方差估计。为了描述动态系统的状态估计问题，定义系统的状态方程与观测方程分别为

$$x_k=f(x_{k-1},u_k) \tag{11.53}$$
$$z_k=h(x_k,v_k) \tag{11.54}$$

式中，x_k 和 z_k 分别表示时刻 k 的状态和观测值；u_k 和 v_k 分别表示状态噪声（又称为过程噪声）和观测噪声，二者相互独立；f 和 h 分别表示变换函数，可以是非线性函数。状态方程表示系统状态之间的转换关系，而观测方程则表示观测结果与状态之间的关系。粒子滤波在本质上是求解后验概率密度 $p(x_{0:k}\,|\,z_{1:k})$，其含义是利用观测序列 $z_{1:k}=\{z_1,z_2,\cdots,z_k\}$ 对当前状态进行优化而得到这一时刻的状态参数。

假设能够独立从状态的后验概率分布 $p(x_{0:k}\,|\,z_{1:k})$ 中抽取 N 个样本 $\{x_{0:k}^{(i)}\}_{i=1}^N$ 即粒子，则状态后验概率密度分布可以通过下面的蒙特卡罗积分经验公式近似得到：

$$\hat{p}(x_{0:k} \mid z_{1:k}) = \frac{1}{N} \sum_{i=1}^{N} \delta_{x_{0:k}^{(i)}}(\mathrm{d}x_{0:k}) \tag{11.55}$$

式中，$\delta(\cdot)$ 为狄拉克函数；$x_{0:k} = \{x_0, x_1, \cdots, x_k\}$ 表示状态序列。式（11.55）实际上解决了粒子滤波问题中状态方程更新过程的积分计算问题。这样，对于任意的关于 $g(x_{0:k})$ 的期望 $E[g(x_{0:k})] = \int g(x_{0:k}) p(x_{0:k}|z_{1:k}) \mathrm{d}x_{0:k}$，均可以通过以下形式来逼近：

$$\overline{E[g(x_{0:k})]} = \frac{1}{N} \sum_{i=1}^{N} g(x_{0:k}^{(i)}) \tag{11.56}$$

上式的收敛性由大数定理保证，其收敛性不依赖于状态的维数，可容易地应用于高维情况。

2. 粒子的权重与权重计算

粒子滤波的核心机制就是对"优质"粒子进行大量复制，而对"劣质"粒子进行淘汰。根据后验概率密度抽取样本即粒子之后，粒子滤波中十分重要的环节就是评价这些粒子的优劣，这需要对这些粒子进行权重计算。设粒子滤波中粒子的集合为 $x_{\mathrm{set}} = \{x_1, x_2, \cdots, x_N\}$，共有 N 个粒子。对这些粒子进行加权平均，有

$$\overline{X} = E(x_{\mathrm{set}}) = \frac{1}{N} \sum_{i=1}^{N} w_i x_i \tag{11.57}$$

上式的关键是如何确定加权系数 w_i。一般来说，粒子滤波常选择高斯函数进行权重计算。设高斯函数为 $f(x) = \mathrm{e}^{-(x-\mu)^2/(2\sigma^2)}$，$-\infty < x < +\infty$，并假定均值 μ 和方差 σ^2 均为0。设

$$x_i = \mathrm{d}z_i = |z_{\mathrm{pre}}^i(k) - z_g(k)| \tag{11.58}$$

式中，$z_g(k)$ 和 $z_{\mathrm{pre}}^i(k)$ 分别表示当前时刻系统的观测值和预测值。若 $x_i = \mathrm{d}z_i \to 0$，则 x_i 对应于高斯曲线的最大值，应赋予 x_i 最大权值；反之，若 x_i 远离高斯曲线的均值，则赋予 x_i 较小的权值。这表明，粒子滤波过程中总是给靠近最新观测值的粒子赋予较高的权重，而对其他粒子则赋予较小的权重，即"相信"最新数据，但"不抛弃"旧数据。

3. 重要性采样与序贯重要性采样

在实际应用中，直接从后验概率密度 $p(x_{0:k} \mid z_{1:k})$ 采样并获取粒子是比较困难的，通常要引入一个容易采样的概率密度分布 $q(x_{0:k} \mid z_{1:k})$，从该概率密度分布上采样粒子，有

$$\begin{aligned} E[g(x_{0:k})] &= \int g(x_{0:k}) \frac{p(x_{0:k} \mid z_{1:k})}{q(x_{0:k} \mid z_{1:k})} q(x_{0:k} \mid z_{1:k}) \mathrm{d}x_{0:k} \\ &= \int g(x_{0:k}) \frac{w_k(x_{0:k})}{q(z_{1:k})} q(x_{0:k} \mid z_{1:k}) \mathrm{d}x_{0:k} \end{aligned} \tag{11.59}$$

式中，$w_k(x_{0:k}) = \frac{p(z_{1:k} \mid x_{0:k})}{q(x_{0:k} \mid z_{1:k})} p(x_{0:k})$ 为重要性权值。进一步地，还可以将式（11.59）改写为

$$E[g(x_{0:k})] = \frac{1}{p(z_{1:k})} \int g(x_{0:k}) w_k(x_{0:k}) q(x_{0:k} \mid z_{1:k}) \mathrm{d}x_{0:k} = \frac{E_{q(\cdot|z_{1:k})}[w_k(x_{0:k}) g(x_{0:k})]}{E_{q(\cdot|z_{1:k})}[w_k(x_{0:k})]} \tag{11.60}$$

式中，$E_{q(\cdot|z_{1:k})}$ 表示在已知概率分布 $q(x_{0:k} \mid z_{1:k})$ 上进行期望计算。从 $q(x_{0:k} \mid z_{1:k})$ 采样得到粒子样本 $\{x_{0:k}^{(i)}\}_{i=1}^{N}$，则期望可以近似表示为 $\overline{E[g(x_{0:k})]} = \dfrac{\dfrac{1}{N} \sum_{i=1}^{N} g(x_{0:k}^{(i)}) w_k(x_{0:k}^{(i)})}{\dfrac{1}{N} \sum_{i=1}^{N} w_k(x_{0:k}^{(i)})} = \sum_{i=1}^{N} g(x_{0:k}^{(i)}) \tilde{w}_k(x_{0:k}^{(i)})$，

其中，归一化重要性权值表示为

$$\tilde{w}_k(x_{0:k}^{(i)}) = \tilde{w}_k^i = \frac{w_k^{(i)}}{\displaystyle\sum_{j=1}^{N} w_k^{(j)}} \tag{11.61}$$

序贯重要性采样是为解决粒子滤波中递推估计而提出的方法。其基本思路是在时刻 $k+1$ 不改动状态序列样本集 $\{x_{0:k}^{(i)}\}_{i=1}^{N}$，递推计算重要性权值，将重要性函数写为

$$q(x_{0:k} \mid z_{1:k}) = q(x_0) \prod_{j=1}^{k} q(x_j \mid x_{0:j-1}, z_{1:j}) \tag{11.62}$$

假设状态符合马尔可夫过程，且观测量是条件独立的，则可得递推计算重要性权值的方法为

$$w_k = \frac{p(z_{1:k} \mid x_{0:k})p(x_{0:k})}{q(z_{1:k} \mid x_{0:k})} = w_{k-1}\frac{p(z_k \mid x_k)p(x_k \mid x_{k-1})}{q(x_k \mid x_{0:k-1}, z_{1:k})} \tag{11.63}$$

在实际应用中，重要性分布函数 $q(x_k \mid x_{0:k-1}, z_{1:k})$ 的选择非常关键。选取的原则之一是使重要性权值的方差最小，选择 $q(x_k \mid x_{0:k-1}, z_{1:k}) = p(x_k \mid x_{k-1})$ 也是一种常用的选择。

4. 粒子匮乏与重采样

序贯重要性采样的最大问题是可能引起粒子匮乏问题。在重要性采样过程中，随着时间的增加，重要性权值有可能集中到少数粒子上，这使得大量的更新运算对最后的估计几乎不起作用，而仅靠这些粒子不能有效表达后验概率密度函数，这就是所谓的粒子匮乏问题。

为了避免这种退化，引入了重采样的概念和方法。即通过对样本重新采样，大量繁殖权值高的粒子，淘汰权值低的粒子，实现粒子"优胜劣汰"，解决粒子匮乏和算法退化问题。

重采样的基本原理如图 11.16 所示。图中，上面一排的圆圈表示重采样前的粒子，圆圈的大小直观表示各粒子的权重大小。粒子集与其权重可以表示为一对数据序列 $\{x_k^{(i)}, w_k^{(i)}\}_{i=1}^{N}$。下面一排圆圈表示重采样之后的粒子以及对应的权重。可见，各圆圈大小相同，表示各粒子的权重相同，表示为 $\{x_k^{(i)}, 1/N\}_{i=1}^{N}$。经过重采样之后，样本集合中的粒子总数保持不变，权值大的粒子（即图中上排较大的圆圈）重采样为较多的粒子，而权值特别小的粒子则被丢弃。这样，重采样后每个粒子的权值相等，均为 $1/N$。

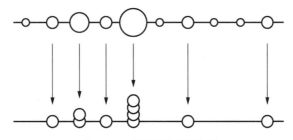

图 11.16　重采样原理示意图

重采样的算法是粒子滤波问题的一个热点研究问题，相关文献中报道了较多重采样的方法，主要包括随机重采样、多项式重采样、系统重采样和残差重采样等。

5. 粒子滤波的算法步骤

由粒子滤波的原理，参照图 11.17，可以更为清晰地理解粒子滤波的算法流程与步骤。

如图 11.17 所示，粒子滤波的流程是由下至上的。图中最下面一排为时刻 $k-1$ 的粒子集及其权重，记为 $\{x_{k-1}^{(i)}, 1/N\}_{i=1}^{N}$。通过权值计算或重要性采样，可以得到当前时刻 k 的粒子集 $\{x_k^{(i)}, w_k^{(i)}\}_{i=1}^{N}$。为了避免粒子匮乏，对这组新的粒子集进行重采样，得到 $\{x_{k+1}^{(i)}, 1/N\}_{i=1}^{N}$。然后，再递推进行权值计算或重要性采样，又得到时刻 $k+1$ 的粒子集 $\{x_{k+1}^{(i)}, w_{k+1}^{(i)}\}_{i=1}^{N}$。再对其进行重采样，得到 $\{x_{k+2}^{(i)}, 1/N\}_{i=1}^{N}$。如此不断递推下去，直至收敛为止。由上述递推过程可以看出，随着粒子滤波过程的进行，粒子集越来越逼近概率密度函数的形式。

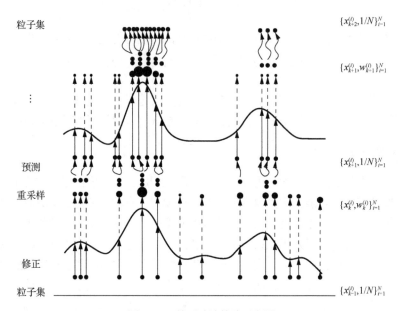

图 11.17 粒子滤波算法示意图

粒子滤波的算法流程如下所示：

步骤 1：重要性采样。对于 $i=1,2,\cdots,N$，根据 $\tilde{x}_k^{(i)} \sim q(\tilde{x}_k^{(i)} \mid x_{k-1}^{(i)}, z_k)$ 采样新粒子 $\tilde{x}_k^{(i)}$。

步骤 2：更新权值。根据当前观测 z_k 计算每个粒子 $\{\tilde{x}_k^{(i)}\}_{i=1}^{N}$ 的权值，即 $\tilde{w}_k^{(i)} = w_{k-1}^{(i)} \dfrac{p(z_k \mid \tilde{x}_k^{(i)}) p(\tilde{x}_k^{(i)} \mid x_{k-1}^{(i)})}{q(\tilde{x}_k^{(i)} \mid x_{k-1}^{(i)}, z_k)}$。

步骤 3：重采样。计算有效粒子数 $N_{\text{eff}} = 1 / \sum_{i=1}^{N} (w_k^{(i)})^2$。若满足 $N_{\text{eff}} < N_{\text{th}}$，则对粒子集 $\{\tilde{x}_k^{(i)}, \tilde{w}_k^{(i)}\}_{i=1}^{N}$ 重采样，得到新粒子集 $\{x_k^{(i)}, 1/N\}_{i=1}^{N}$。反之，则令 $\{x_k^{(i)}, w_k^{(i)}\}_{i=1}^{N} = \{\tilde{x}_k^{(i)}, \tilde{w}_k^{(i)}\}_{i=1}^{N}$。通常取门限 $N_{\text{th}} = 2N/3$。

步骤 4：状态估计。$\hat{x}_k = \sum_{i=1}^{N} \tilde{w}_k^{(i)} x_k^{(i)}$。

11.4.4 粒子滤波应用举例

例 11.10 试利用 MATLAB 编程实现一个基于粒子滤波的目标跟踪程序。

解 MATLAB 程序代码如下：

```
% 参数设置:N=粒子总数,Q=过程噪声,R=观测噪声,T=观测时间
```

```matlab
N=200;  Q=5;  R=5;  T=30;  theta=pi/T;  distance=95/T;  WorldSize=100;
X=zeros(2,T);  Z=zeros(2,T);  P=zeros(2,N);  PCenter=zeros(2,T);
w=zeros(N,1);  err=zeros(1,T);
X(:,1)=[50;20];  Z(:,1)=[50;20]+wgn(2,1,20*log10(R));
% 初始化粒子集
for i=1:N
    P(:,i)=[WorldSize*rand;WorldSize*rand];  dist=norm(P(:,i)-Z(:,1));
    w(i)=(1/sqrt(R)/sqrt(2*pi))*exp(-(dist)^2/2/R);
end
PCenter(:,1)=sum(P,2)/N;  err(1)=norm(X(:,1)-PCenter(:,1));
% 绘制初始状态图
figure(1);  set(gca,'FontSize',10);  hold on;
plot(X(1,1),X(2,1),'r.','markersize',30);  axis([0 100 0 100]);
plot(P(1,:), P(2,:),'k.','markersize',5);
plot(PCenter(1,1),PCenter(2,1),'b.','markersize',25);
legend('真实状态', '粒子','粒子的中心');
grid;  xlabel('x','FontSize',12);  ylabel('y','FontSize',12);  hold off;
% 模拟弧线运动状态
for k= 2:T
    X(:,k)=X(:,k-1)+distance*[(-cos(k*theta));
sin(k*theta)]+wgn(2,1,10*log10(Q));
    Z(:,k)=X(:,k)+wgn(2,1,10*log10(R));
    for i=1:N
        P(:,i) = P(:,i) + distance * [-cos(k*theta); sin(k*theta)] +
wgn(2,1,10*log10(Q));
        dist=norm(P(:,i)-Z(:,k));
w(i)=(1/sqrt(R)/sqrt(2*pi))*exp(-(dist)^2/2/R);
    end
    wsum=sum(w);
    for i=1:N
        w(i)=w(i)/wsum;
    end
    % 重采样
    for i=1:N
        wmax=2*max(w)*rand;  index=randi(N,1);
        while(wmax>w(index))
            wmax=wmax-w(index);  index=index+1;
            if index>N
                index=1;
            end
        end
        P(:,i)=P(:,index);
    end
```

```
        PCenter(:,k)=sum(P,2)/N;  err(k)=norm(X(:,k)-PCenter(:,k));
            figure(2);  set(gca,'FontSize',12);  clf;  hold on;  plot(X(1,k),
X(2,k),'r.','markersize',50);
        axis([0 100 0 100]);  plot(P(1,:),P(2,:),'k.','markersize',7);
        plot(PCenter(1,k), PCenter(2,k),'b.','markersize',25);
        legend('真实状态','粒子','粒子中心');
            hold off;  pause(0.1);
        end
        % 绘制跟踪曲线
        figure(3);  set(gca,'FontSize',10);  hold on;  set(gca,'FontSize',12);
        plot(X(1,:),X(2,:),'r.-',PCenter(1,:),PCenter(2,:),'b.-','markersize',10);
            plot(X(1,1),X(2,1),'ro','markersize',8);  plot(PCenter(1,1),PCenter(2,1),
'bo','markersize',8);
            plot(X(1,T),X(2,T),'r.','markersize',30);  plot(PCenter(1,T),PCenter(2,T),
'b.','markersize',25);
            legend('真实状态变化','粒子滤波跟踪','真实起点','跟踪起点','真实终点','跟踪
终点');
        axis([0 100 0 100]);  grid;  xlabel('x','FontSize',12);
        ylabel('y','FontSize',12);
        % 绘制误差曲线
        figure(4);    set(gca,'FontSize',12);    plot(err,'.-','markersize',10);
grid;  xlabel('k','FontSize',12);  ylabel('误差');
```

图 11.18 给出了上述粒子滤波动态跟踪过程的初始状态和跟踪结果。显然，粒子滤波可以很好地跟踪目标的运动状态，跟踪误差较小。

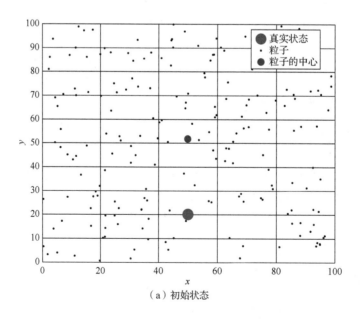

（a）初始状态

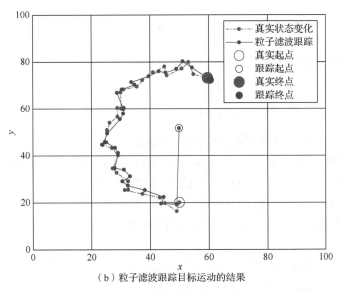

（b）粒子滤波跟踪目标运动的结果

图 11.18　粒子滤波跟踪运动目标

11.5　本 章 小 结

与经典滤波技术不同，随机信号的统计最优滤波的特点是依据某种最优准则，从带噪观测信号中提取有用信号，或对信号进行参数估计，往往会得到更好的结果。本章系统介绍了经典的统计最优滤技术，即维纳滤波技术和卡尔曼滤波技术，分别详细介绍了这两种统计最优滤波器的基本原理和算法推导，并给出了简单的应用举例。针对维纳滤波和卡尔曼滤波的问题，本章还简要介绍了近年来受到广泛关注的粒子滤波技术的概念与基本原理，为读者进一步进行深入学习提供一定的基础。

思考题与习题

11.1　说明维纳滤波器的基本概念与基本原理。

11.2　说明卡尔曼滤波器的基本概念与基本原理。

11.3　试推导因果维纳滤波器。

11.4　试参考相关文献推导非因果维纳滤波器。

11.5　试说明求解维纳-霍普夫方程的方法与步骤。

11.6　说明维纳预测器的概念。

11.7　说明卡尔曼滤波器中各量的含义。

11.8　说明卡尔曼滤波器的状态方程与观测方程。

11.9　说明卡尔曼滤波器的递推求解方法。

11.10　说明粒子滤波的基本概念与原理。

11.11　在维纳滤波器中，期望响应 $s(n)$ 是否已知，为什么要对其进行估计？

11.12　已知输入信号 $x(n)$ 的相关矩阵及与期望响应 $s(n)$ 的互相关矢量分别为

$$\boldsymbol{R}_x = \begin{bmatrix} 3 & 1 \\ 1 & 3 \end{bmatrix}, \quad \boldsymbol{R}_{xs} = \begin{bmatrix} 1 \\ 2 \end{bmatrix}, \quad 已知 s(n) 的平均功率为 5。$$

（1）设计维纳滤波器来估计 $s(n)$；

（2）求该维纳滤波器的最小均方误差。

11.13 设信号 $s(t)$ 的功率谱为 $P_s(s) = \dfrac{1}{1-s^2}$，噪声 $v(t)$ 的功率谱为 $P_v(s) = \dfrac{1}{4-s^2}$，信号与噪声互不相关，试求因果连续维纳滤波器的传递函数。

11.14 设线性滤波器的输入信号为 $x(t) = s(t) + v(t)$，满足 $E[s(t)] = E[v(t)] = 0$，且 $R_s(\tau) = \mathrm{e}^{-|\tau|}$，$R_v(\tau) = \mathrm{e}^{-2|\tau|}$，$R_{sv}(\tau) = 0$。试求因果连续维纳滤波器的传递函数。

11.15 设系统模型为 $x(n+1) = 0.6x(n) + w(n)$，观测方程为 $z(n) = x(n) + v(n)$，其中 $w(n)$ 为方差 $\sigma_w^2 = 0.82$ 的白噪声，$v(n)$ 为方差 $\sigma_v^2 = 1$ 的白噪声，$v(n)$ 与 $x(n)$ 互不相关。试求其离散维纳滤波器。

11.16 离散时间信号 $s(n)$ 是一个一阶的 AR 过程，其自相关函数 $R_s(m) = \alpha^{|m|}, 0 < \alpha < 1$。令观测数据为 $x(n) = s(n) + v(n)$，其中 $s(n)$ 和 $v(n)$ 不相关，且 $v(n)$ 是一个均值为 0、方差为 σ_v^2 的白噪声。试设计维纳滤波器 $H(z)$。

11.17 令 $H(\mathrm{e}^{\mathrm{j}\omega})$ 是一无限冲激响应维纳滤波器，其冲激响应系数为 $h(n)$，$s(n)$ 为期望响应，$v(n)$ 为加性噪声，它与期望响应不相关。求维纳滤波器的最小均方误差 $J_{\min}$。

11.18 令 $x(t)$ 是一个时不变的标量随机变量，它在加性白噪声 $v(t)$ 中被观测，即 $y(t) = x(t) + v(t)$ 为观测数据。若用卡尔曼滤波器估计 $x(t)$，试设计卡尔曼滤波器：

（1）构造离散时间的状态空间方程；

（2）求出状态变量 $x(n)$ 的更新公式。

11.19 考虑习题 11.18 的特殊情况：加性白噪声 $v(t)$ 的方差无穷大。讨论此时状态变量估计 $\hat{x}(n)$ 的状况。

11.20 考虑习题 11.18 的特殊情况：状态变量 $x(t)$ 的方差无穷大。讨论此时状态变量估计 $\hat{x}(n)$ 的状况。

11.21 AR(1) 的卡尔曼滤波估计。状态变量服从 AR(1) 模型：$x(t) = 0.8x(n-1) + w(n)$。式中 $w(n)$ 为白噪声，其均值为 0，方差 $\sigma_w^2 = 0.36$。观测方程为 $y(n) = x(n) + v(n)$，其中 $v(n)$ 是一个与 $w(n)$ 不相关的白噪声，其均值为 0，方差 $\sigma_v^2 = 1$。用卡尔曼滤波器估计状态变量，求 $\hat{x}(n)$ 的具体表达式。

11.22 一时变系统的状态方程和观测方程分别为 $\boldsymbol{x}(n+1) = \begin{bmatrix} 1/2 & 1/8 \\ 1/8 & 1/2 \end{bmatrix} \boldsymbol{x}(n) + \boldsymbol{v}_1(n)$ 和

$\boldsymbol{y}(n) = \boldsymbol{x}(n) + \boldsymbol{v}_2(n)$，式中，$E[\boldsymbol{v}_1(n)] = 0$，$E[\boldsymbol{v}_1(n)\boldsymbol{v}_1^{\mathrm{T}}(n)] = \begin{cases} \sigma_1^2 \boldsymbol{I}, & n = k \\ \boldsymbol{O}, & n \neq k \end{cases}$，$E[\boldsymbol{v}_2(n)\boldsymbol{v}_2^{\mathrm{T}}(n)] =$

$\begin{cases} \sigma_2^2 \boldsymbol{I}, & n = k \\ \boldsymbol{O}, & n \neq k \end{cases}$，$E[\boldsymbol{x}(1)\boldsymbol{x}^{\mathrm{T}}(1)] = \boldsymbol{I}$，$E[\boldsymbol{v}_1(n)\boldsymbol{v}_2^{\mathrm{T}}(n)] = \boldsymbol{O}$，$\forall n, k$。其中，$\boldsymbol{O}$ 和 $\boldsymbol{I}$ 分别为零矩阵和单位矩阵。求 $\boldsymbol{x}(n)$ 的更新公式。

11.23 设定常系统状态方程和观测方程模型分别为 $x(k+1) = 2x(k) + w(k)$ 和 $z(k+1) = x(k+1) + v(k+1)$，满足 $E[w(k)] = 0$、$E[w^2(k)] = 4$、$E[v(k)] = 0$、$E[v^2(k)] = 8$。试给出卡尔曼滤波器中 $P(k)$ 的变化规律。

11.24　一时变系统的实ARMA过程由差分方程 $y(n) + \sum_{i=1}^{p} a_i(n) y(n-i) = \sum_{i=1}^{q} a_{p+i}(n) v(n-i) + v(n)$ 描述，式中 $a_1(n), \cdots, a_p(n), a_{p+1}(n), \cdots, a_{p+q}(n)$ 为 ARMA 模型参数，过程 $v(n)$ 为输入，而 $y(n)$ 为输出。假定输入过程 $v(n)$ 是一高斯白噪声，方差为 σ^2。ARMA 模型参数服从一随机扰动模型为 $a_k(n+1) = a_k(n) + w_k(n)$，　$k = 1, \cdots, p, p+1, \cdots, p+q$，其中，$w_k(n)$ 是一零均值的高斯白噪声过程，并且 $w_j(n), j \neq k$ 相互独立，也与 $v(n)$ 独立。定义 $(p+q) \times 1$ 维状态矢量 $\boldsymbol{x}(n) = [a_1(n), \cdots, a_p(n), a_{p+1}(n), \cdots, a_{p+q}(n)]^{\mathrm{T}}$，并定义测量矩阵（这里实质为行矢量）$\boldsymbol{C}(n) = [-y(n-1), \cdots, -y(n-p), v(n-1), \cdots, v(n-q)]$。试根据以上条件，

（1）建立时变 ARMA 过程的状态空间方程；

（2）求更新状态矢量 $\boldsymbol{x}(n+1)$ 的卡尔曼滤波算法；

（3）确定如何设定初始值。

11.25　设有数量系统 $\begin{cases} x(k+1) = \dfrac{1}{2} x(k) + w(k) \\ z(k+1) = x(k+1) + v(k+1) \end{cases}$，满足下列条件：

$$E[w(k)] = 0, \quad \mathrm{Cov}[w(k), w(j)] = E[w(k)w(j)] = Q_k \delta_{kj}$$

$$E[v(k)] = 0, \quad \mathrm{Cov}[v(k), v(j)] = E[v(k)v(j)] = R_k \delta_{kj}$$

$$E[x(0)] = \bar{x}(0), \quad \mathrm{Var}[x(0)] = P_0, \quad \mathrm{Cov}[x(0), w(k)] = 0$$

$$\mathrm{Cov}[w(k), v(j)] = 0, \quad \mathrm{Cov}[x(0), v(k)] = 0$$

并且 $\bar{x}(0) = 0$、$P_0 = 1$、$Q_k = 1$、$R_k = 2$。已知前两次观测值为 $z(1) = 2$、$z(2) = 1$。试求：最优滤波值 $\hat{x}(1)$ 和 $\hat{x}(2)$。

第 12 章　自适应滤波技术

12.1　概　　述

自适应滤波（adaptive filtering）或自适应滤波器（adaptive filter）是信号处理领域的一个非常重要的分支。自 1959 年 Widrow 提出自适应的概念以来，自适应滤波理论一直受到广泛的重视，并得到不断的发展和完善。尤其是近年来，随着超大规模集成电路技术和计算机技术的迅速发展，出现了许多性能优异的高速信号处理专用芯片和高性能的通用计算机，为自适应滤波器的发展和应用提供了重要的物质基础。此外，信号处理理论也为自适应滤波理论的进一步发展提供了必要的理论基础。可以这样说，自适应滤波理论正在日益受到人们的重视，已经并将继续在诸如通信、雷达、声呐、自动控制、图像与语音处理、模式识别、生物医学以及地震勘探等领域得到广泛的应用，并推动这些领域的进步。

"自适应"（adaptive）一词具有主动适应外部环境的含义。顾名思义，自适应滤波器是一种能够根据输入信号自动调整自身性能并进行数字信号处理的数字滤波器，其最本质的特点就是具有自学习和自调整即所谓自适应的能力。一般来说，自适应滤波器能够依据某种预先确定的准则，在迭代过程中自动调整自身的参数和/或结构，去适应变化的环境，以实现在这种最优准则下的最优滤波。

本章系统介绍自适应滤波器的基本概念和基本原理，并详细介绍最小均方算法和递归最小二乘法，还结合应用问题，介绍自适应滤波器的几种典型结构形式。

12.2　横向自适应滤波器与性能表面搜索

自适应滤波器的原理框图如图 12.1 所示。图中，$x(n)$、$y(n)$ 和 $d(n)$ 分别表示时刻 n 的输入信号、输出信号和参考信号（文献中常称其为期望响应），$e(n)$ 表示时刻 n 的误差信号。自适应滤波器的系统参数受 $e(n)$ 控制，并根据其值而自动调整，使系统适合下一时刻的输入 $x(n+1)$，以使输出信号 $y(n+1)$ 更加接近 $d(n+1)$，并使误差信号 $e(n+1)$ 进一步减小。

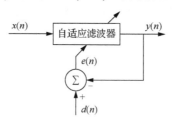

图 12.1　自适应滤波器的原理框图

12.2.1　横向自适应滤波器的结构及其性能函数

1. 横向自适应滤波器

横向自适应滤波器是一类基本的自适应滤波器形式，一般分为单输入和多输入两种结构，分别如图 12.2 和图 12.3 所示。

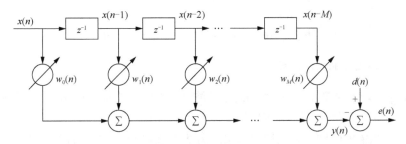

图 12.2　单输入横向自适应滤波器原理图

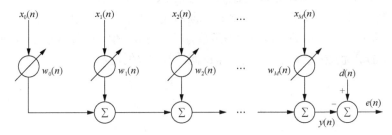

图 12.3　多输入横向自适应滤波器原理图

在图 12.2 和图 12.3 中，z^{-1} 表示一个采样间隔的延迟，自适应滤波器的权矢量为

$$\boldsymbol{w}(n) = [w_0(n), w_1(n), \cdots, w_M(n)]^{\mathrm{T}} \tag{12.1}$$

式中，T 表示转置运算。对于单输入结构，输入信号矢量 $\boldsymbol{x}(n)$ 来自单一的信号源，表示为

$$\boldsymbol{x}(n) = [x(n), x(n-1), \cdots, x(n-M)]^{\mathrm{T}} \tag{12.2}$$

而多输入结构的输入信号矢量来自 $M+1$ 个不同的信号源，表示为

$$\boldsymbol{x}(n) = [x_0(n), x_1(n), \cdots, x_M(n)]^{\mathrm{T}} \tag{12.3}$$

在图 12.2 和图 12.3 中，$d(n)$ 为自适应滤波器的期望响应，$y(n)$ 为输出信号，$e(n)$ 为期望响应 $d(n)$ 与输出信号 $y(n)$ 之差，称为误差信号。由于单输入结构与多输入结构在算法形式上具有相似性，本书主要考虑单输入结构形式。

输入信号矢量 $\boldsymbol{x}(n)$ 与滤波器权矢量 $\boldsymbol{w}(n)$ 相乘，形成了时刻 n 的输出信号 $y(n)$ 为

$$y(n) = \boldsymbol{x}^{\mathrm{T}}(n)\boldsymbol{w}(n) = \boldsymbol{w}^{\mathrm{T}}(n)\boldsymbol{x}(n) \tag{12.4}$$

而自适应系统的误差信号则表示为

$$e(n) = d(n) - y(n) = d(n) - \boldsymbol{w}^{\mathrm{T}}(n)\boldsymbol{x}(n) = d(n) - \boldsymbol{x}^{\mathrm{T}}(n)\boldsymbol{w}(n) \tag{12.5}$$

误差信号用作自适应滤波器权系数调整的控制信号。当输入信号为平稳随机序列时，对式（12.5）两边平方，并取数学期望，得到

$$E[e^2(n)] = E[d^2(n)] + \boldsymbol{w}^{\mathrm{T}}(n)E[\boldsymbol{x}(n)\boldsymbol{x}^{\mathrm{T}}(n)]\boldsymbol{w}(n) - 2E[d(n)\boldsymbol{x}^{\mathrm{T}}(n)\boldsymbol{w}(n)] \tag{12.6}$$

定义单输入的情况输入信号的自相关矩阵 $\boldsymbol{R}$ 为

$$\boldsymbol{R} = E[\boldsymbol{x}(n)\boldsymbol{x}^{\mathrm{T}}(n)] = E\begin{bmatrix} x^2(n) & x(n)x(n-1) & \cdots & x(n)x(n-M) \\ x(n-1)x(n) & x^2(n-1) & \cdots & x(n-1)x(n-M) \\ \vdots & \vdots & & \vdots \\ x(n-M)x(n) & x(n-M)x(n-1) & \cdots & x^2(n-M) \end{bmatrix} \tag{12.7}$$

定义输入信号与期望响应的互相关矢量 $\boldsymbol{p}$ 为

$$p = E[d(n)x(n)] = E[d(n)x(n), \ d(n)x(n-1), \ \cdots, \ d(n)x(n-M)]^{\mathrm{T}} \quad (12.8)$$

这样，式（12.6）变为

$$E[e^2(n)] = E[d^2(n)] + w^{\mathrm{T}}(n)Rw(n) - 2p^{\mathrm{T}}(n)w(n) \quad (12.9)$$

2. 自适应滤波器的性能函数

习惯上常称均方误差 $E[e^2(n)]$ 为自适应滤波器的性能函数，并记为 ξ、J 或 MSE，即

$$\mathrm{MSE} = \xi = J = E[e^2(n)] \quad (12.10)$$

由式（12.9），当输入信号 $x(n)$ 与期望响应 $d(n)$ 为平稳随机过程时，性能函数 ξ 精确地为权矢量 $w(n)$ 的二次函数。二维均方误差函数的曲面形式为一碗状抛物面，如图 12.4 所示。当权矢量的维数大于 2 时，性能函数为一超抛物面形式。由于自相关矩阵为正定的，故此超抛物面向上凹（即碗口朝上），表示均方误差函数有唯一的最小值。该最小值所对应的权矢量为自适应滤波器的最优权矢量 w_{opt}，即等于维纳滤波器的权矢量 h_{opt}。

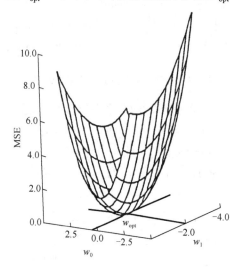

图 12.4　二维均方误差函数示意图

12.2.2　二次型性能表面的搜索

在性能表面上搜索的目的是找出性能函数的最小值，并由此得到这个最小值所对应的最优权矢量。这样，在二次型性能表面搜索最小值的问题，在数学上是利用导数求取曲线和曲面极值的问题。对于性能函数来说，需要求其梯度，再根据二次型的性质，当梯度值为 0 时，即对应着性能函数的最小值。对式（12.9）所示的均方误差函数求梯度，有

$$\nabla = \frac{\partial \xi}{\partial w} = \frac{\partial E[e^2(n)]}{\partial w} = \left[\frac{\partial \xi}{\partial w_1}, \frac{\partial \xi}{\partial w_2}, \cdots, \frac{\partial \xi}{\partial w_M} \right]^{\mathrm{T}} = 2Rw - 2p \quad (12.11)$$

令上式等于 0，即可求得最优权矢量为

$$w_{\mathrm{opt}} = R^{-1}p \quad (12.12)$$

式（12.12）称为维纳-霍普夫方程。显然，该式与维纳滤波器具有相同的形式和意义，故自适应滤波器的最优权矢量又称为维纳权矢量。将式（12.12）代入式（12.9），即可得到自适应滤波器的最小均方误差为

$$\xi_{\min} = E[e^2(n)]_{\min} = E[d^2(n)] + \boldsymbol{w}_{\text{opt}}^{\text{T}} \boldsymbol{R} \boldsymbol{w}_{\text{opt}} - 2\boldsymbol{p}^{\text{T}} \boldsymbol{w}_{\text{opt}} \tag{12.13}$$
$$= E[d^2(n)] + (\boldsymbol{R}^{-1}\boldsymbol{p})^{\text{T}} \boldsymbol{R}\boldsymbol{R}^{-1}\boldsymbol{p} - 2\boldsymbol{p}^{\text{T}}\boldsymbol{R}^{-1}\boldsymbol{p}$$

利用矩阵运算规则，可以将上式简化为

$$\xi_{\min} = E[d^2(n)] + \boldsymbol{p}^{\text{T}}\boldsymbol{R}^{-1}\boldsymbol{p} = E[d^2(n)] - \boldsymbol{p}^{\text{T}}\boldsymbol{w}_{\text{opt}} \tag{12.14}$$

由式（12.12）可知，只要知道了输入信号的自相关矩阵 $\boldsymbol{R}$ 和期望响应与输入信号的互相关矢量 $\boldsymbol{p}$，就可以由该式直接得出最优权矢量 $\boldsymbol{w}_{\text{opt}}$。但是在实际应用中，这种方法往往是难以实现的。一方面，我们通常难于得到有关信号和噪声的统计先验知识；另一方面，当 $\boldsymbol{R}$ 的阶数较高时，直接计算 $\boldsymbol{R}$ 的逆矩阵有一定的困难。因此，最优权矢量的实现，一般都采用迭代的方法，一步一步地在性能表面上搜索，并最终达到最小均方值和实现最优权矢量。

常用的性能表面搜索方法为梯度下降的迭代算法，例如牛顿法、共轭梯度法和最速下降法等。本节简要介绍牛顿法和最速下降法。

1. 牛顿法

利用牛顿法搜索性能表面，实际上是寻找性能函数的最小值，即其梯度为零的点。定义 $\xi'(w_m)$，$m = 0, 1, \cdots, M$ 为性能函数第 m 个权系数的一阶导数，则权系数的迭代公式为

$$w_m(n+1) = w_m(n) - \frac{\xi'(w_m(n))}{\xi''(w_m(n))}, \quad m = 0, 1, \cdots, M \tag{12.15}$$

式中，$\xi'(w_m(n))$ 和 $\xi''(w_m(n))$ 分别为均方误差函数相对于第 m 个权系数的一阶和二阶导数。

考虑矢量形式，性能函数的一阶导数即梯度和二阶导数分别表示为

$$\nabla(n) = \xi'(\boldsymbol{w}(n)) = \left[\frac{\partial \xi}{\partial w_0}, \ \frac{\partial \xi}{\partial w_1}, \ \cdots, \ \frac{\partial \xi}{\partial w_M} \right]^{\text{T}} \tag{12.16}$$

$$\nabla'(n) = \xi''(\boldsymbol{w}(n)) = \left[\frac{\partial^2 \xi}{\partial w_0^2}, \ \frac{\partial^2 \xi}{\partial w_1^2}, \ \cdots, \ \frac{\partial^2 \xi}{\partial w_M^2} \right]^{\text{T}} \tag{12.17}$$

另外，已知均方误差性能函数的梯度表示为 $\nabla(n) = 2\boldsymbol{R}\boldsymbol{w}(n) - 2\boldsymbol{p}$，用 $\frac{1}{2}\boldsymbol{R}^{-1}$ 左乘 $\nabla(n) = 2\boldsymbol{R}\boldsymbol{w}(n) - 2\boldsymbol{p}$ 两边，并根据 $\boldsymbol{w}_{\text{opt}} = \boldsymbol{R}^{-1}\boldsymbol{p}$，可以得到

$$\boldsymbol{w}_{\text{opt}} = \boldsymbol{w}(n) - \frac{1}{2}\boldsymbol{R}^{-1}\nabla(n) \tag{12.18}$$

这表明，当性能函数为二次型函数时，牛顿法经过一步迭代就可以达到最优解 $\boldsymbol{w}_{\text{opt}}$。

在实际应用中，牛顿法的计算要复杂得多。这是因为缺少关于信号噪声的统计先验知识，必须对矩阵 $\boldsymbol{R}$ 和矢量 $\boldsymbol{p}$ 进行估计。此外，性能函数还有可能是非二次型的。这些因素都直接影响牛顿法的性能，通常需要引入一个收敛因子 μ 来调节牛顿自适应迭代的速度，有

$$\boldsymbol{w}(n+1) = \boldsymbol{w}(n) - \mu\boldsymbol{R}^{-1}\nabla(n), \quad 0 < \mu < 1 \tag{12.19}$$

2. 最速下降法

最速下降法（method of steepest descent）是一种古老而又非常有用的迭代寻找极值的方法。从几何意义上来说，迭代调整权矢量的结果，是使系统的均方误差沿其梯度的反方向下降，并最终达到最小均方误差 $\xi_{\min}$，并使权矢量变为最优权矢量 $\boldsymbol{w}_{\text{opt}}$。

在性能表面搜索过程中，负梯度方向为性能表面最速下降方向，梯度矢量可以表示为

$$\nabla(n) = \frac{\partial \xi(w(n))}{\partial w(n)} \tag{12.20}$$

这样，最速下降法可以表示为

$$w(n+1) = w(n) - \mu \nabla(n) \tag{12.21}$$

式中，μ 是正值常数收敛因子，用于调整自适应迭代的步长，故又称为迭代步长。

为了证明最速下降法满足 $\xi(w(n+1)) < \xi(w(n))$，即在迭代的每一步都满足在性能表面上下降，将性能函数在 $w(n)$ 处进行一阶泰勒展开，并利用式（12.21），得到

$$\xi(w(n+1)) \approx \xi(w(n)) - \mu \| \nabla(n) \|^2 \tag{12.22}$$

由于收敛因子 μ 是正值常数，因此，随着 n 的增加，性能函数 $\xi(w(n))$ 不断减小，当 $n \to \infty$ 时，性能函数趋于最小值 $\xi_{\min}$。最速下降法的自适应迭代公式为

$$w(n+1) = w(n) + 2\mu[p - Rw(n)] \tag{12.23}$$

为了保证最速下降法稳定收敛，需要其收敛因子满足

$$0 < \mu < \frac{1}{\lambda_{\max}} \tag{12.24}$$

式中，$\lambda_{\max}$ 为自相关矩阵 R 的最大特征值。最速下降法的主要优点是其简单性，不过，这种方法却需要大量迭代才能收敛于充分接近最优解的点。这个性能是由于最速下降法是以围绕当前点的性能表面的一阶近似为基础的。在实际应用中，如果计算的简单性相对重要，则选择最速下降法是合适的。反之，若收敛速度是更重要的，则应该选用收敛较快的方法。

12.3　自适应滤波器的最小均方算法

12.3.1　最小均方算法

在最速下降法中，如果我们能够在迭代过程的每一步得到梯度 $\nabla(n)$ 的准确值，并且适当地选择了收敛因子 μ，则最速下降法肯定会收敛于最优维纳解。然而，在迭代的每一步准确地测量梯度矢量是难以做到的，因为这需要具有关于自相关矩阵 R 和互相关矢量 p 的先验知识。在实际应用中，梯度矢量需要在迭代的每一步依据数据进行估计。换句话说，自适应滤波器的权矢量是根据输入数据在最优准则的控制下不断更新的。BWidrow 等提出的最小均方（least mean square，LMS）算法就是一种以期望响应和滤波器输出信号之间误差的均方值最小为准则的，依据输入信号在迭代过程中估计梯度矢量，并更新权系数以达到最优的自适应迭代算法。LMS 算法是一种梯度最速下降算法，其显著特点和优点是它的简单性。这种算法不需要计算相应的相关矩阵，也不需要进行矩阵运算。

LMS 算法是一种线性自适应滤波算法。一般来说，LMS 算法包括两个基本过程：一个是滤波过程，另一个是自适应过程。在滤波过程中，自适应滤波器计算其对输入的响应，并且通过与期望响应比较，得到误差信号。在自适应过程中，系统估计误差自动调整滤波器自身的参数。这两个过程共同组成一个反馈环，如图 12.5 所示。

图中，横向滤波器部分用于完成滤波过程，自适应权控制算法用于实现对滤波器权系数的自适应调整。由图 12.5 可得自适应滤波器的误差信号为

$$e(n) = d(n) - y(n) \tag{12.25}$$

$$y(n) = x^{\mathrm{T}}(n)w(n) = w^{\mathrm{T}}(n)x(n) \tag{12.26}$$

式中，$x(n)$ 为输入信号矢量，如式（12.2）所示；$y(n)$ 为自适应滤波器的输出信号。

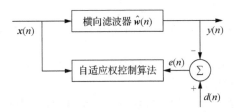

图 12.5 横向自适应滤波器的原理框图

LMS 算法是对梯度 $\nabla(n)$ 进行估计的方法，是以误差信号每一次迭代的瞬时平方值 $e^2(n)$ 替代其均方值 $E[e^2(n)]$，并以此来估计梯度，即

$$\hat{\nabla}(n) = \left[\frac{\partial e^2(n)}{\partial w_0(n)}, \frac{\partial e^2(n)}{\partial w_1(n)}, \cdots, \frac{\partial e^2(n)}{\partial w_M(n)} \right]^{\mathrm{T}} \tag{12.27}$$

若写成矢量形式，有

$$\hat{\nabla}(n) = \frac{\partial e^2(n)}{\partial w(n)} \tag{12.28}$$

将式（12.25）和式（12.26）代入式（12.28），得到

$$\hat{\nabla}(n) = 2e(n) \frac{\partial e(n)}{\partial w(n)} = -2e(n)x(n) \tag{12.29}$$

用梯度估值 $\hat{\nabla}(n)$ 替代最速下降法中的梯度真值 $\nabla(n)$，可得 LMS 算法的自适应迭代公式为

$$w(n+1) = w(n) + \mu(-\hat{\nabla}(n)) = w(n) + 2\mu e(n)w(n) \tag{12.30}$$

式中，μ 为自适应滤波器的收敛因子。可见，自适应迭代下一时刻的权矢量由当前时刻的权矢量加上以误差函数为比例因子的输入矢量得到。图 12.6 给出了实现 LMS 算法的流程图。

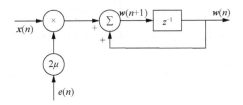

图 12.6 LMS 算法的流程图

例 12.1 试利用 MATLAB 编程实现一个二阶自适应滤波器，对给定输入信号进行滤波。

解 MATLAB 程序代码如下：

```
% 初始化与参数设置
clear all; clc; clear; t=0:1/10000:1-0.0001; f=4;
% 产生正弦信号和噪声污染的信号
s=cos(2*pi*f*t)+sin(2*pi*f*t); n=randn(size(t)); x=s+0.5*n; w=[0 0.5];
u=0.0002;
% 自适应滤波
for i=1:9999
    y(i+1)=n(i:i+1)*w'; e(i+1)=x(i+1)-y(i+1); w=w+2*u*n(i:i+1);
end
```

```
%  绘图
figure(1);
   subplot(311);  plot(t,s);  axis([0 1 -5 5]);  xlabel('时间');  ylabel('幅
度');  text(0.93,3.4,'(a)');
   subplot(312);  plot(t,x);  axis([0 1 -5 5]);  xlabel('时间');  ylabel('幅
度');  text(0.93,3.4,'(b)');
   subplot(313);  plot(t,e);  axis([0 1 -5 5]);  xlabel('时间');  ylabel('幅
度');  text(0.93,3.4,'(c)');
```

图 12.7 给出了自适应滤波去除信号中噪声的结果。显然，经过自适应滤波器处理之后，带噪信号中的噪声被显著削弱了，而原始正弦信号得到了较好的恢复。

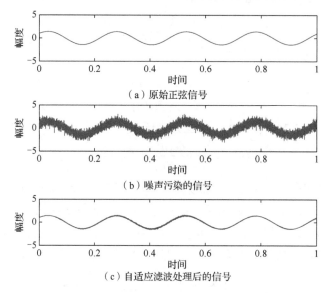

图 12.7　自适应滤波器消除噪声的处理结果

12.3.2　LMS 算法的性能分析

1. LMS 算法的收敛性

收敛性是自适应滤波器一个重要的指标。为了检验 LMS 算法的收敛性，首先需要证明梯度估计是无偏的。对式（12.29）两边求数学期望，并利用式（12.25）和式（12.26），有

$$E[\hat{\nabla}(n)] = -2E[e(n)x(n)] = -2E[(d(n) - y(n))x(n)]$$
$$= -2E[(d(n)x(n) - x(n)x^{\mathrm{T}}(n)w(n)] = 2[Rw(n) - p]$$
$$= \nabla(n) \tag{12.31}$$

由上面结果可见，LMS 算法对性能函数梯度的估值是无偏的。

假设 LMS 算法连续两次迭代的时间足够长，以保证输入信号 $x(n)$ 和 $x(n+1)$ 互不相关，由此，$w(n)$ 与 $x(n)$ 也是互不相关的。对式（12.30）取数学期望，有

$$E[w(n+1)] = E[w(n)] + 2\mu E[e(n)x(n)]$$
$$= E[w(n)] + 2\mu\{E[d(n)x(n)] - E[x(n)x^{\mathrm{T}}(n)w(n)]\} \tag{12.32}$$

利用 R 和 p 的定义及 $x(n)$ 与 $w(n)$ 的互不相关性，有

$$E[w(n+1)] = E[w(n)] + 2\mu\{p - RE[w(n)]\} = (I - 2\mu R)E[w(n)] + 2\mu p \tag{12.33}$$

式中，I 为与 R 相同维数的单位矩阵。设权矢量的初始值为 $w(0)$，则经过 $n+1$ 次迭代，得到

$$E[w(n+1)] = (I - 2\mu R)^{n+1} w(0) + 2\mu \sum_{j=0}^{n} (I - 2\mu R)^j p \qquad (12.34)$$

利用矩阵的正交相似变换，并对 $w(n)$ 进行平移和旋转变换，可以证明，自适应滤波器的收敛因子应满足下列收敛条件：

$$0 < \mu < \frac{1}{\lambda_{\max}} \qquad (12.35)$$

式中，$\lambda_{\max}$ 是自相关矩阵 R 的最大特征值。由于 $\lambda_{\max} \leqslant \text{tr}[R]$，故式（12.35）所示收敛因子的限制条件可以改写为

$$0 < \mu < \frac{1}{\text{tr}[R]} \qquad (12.36)$$

或

$$0 < \mu < \frac{1}{(M+1)P_{\text{in}}} \qquad (12.37)$$

式中，$\text{tr}[\cdot]$ 表示矩阵的迹；P_{in} 为输入信号的功率。通常，式（12.37）比式（12.36）更便于使用。这是因为输入信号的功率比其自相关矩阵的特征值更容易估计。

当收敛条件 $0 < \mu < \frac{1}{\lambda_{\max}}$ 得到满足时，LMS 算法最终收敛为维纳滤波器，有

$$w_{\text{opt}} = R^{-1} p \qquad (12.38)$$

在上面的讨论过程中，对两输入样本间不相关的假设是十分苛刻的。实际上，这类自适应滤波器的具体实现表明，即使在输入样本间有较大相关性时，权矢量的数学期望值也能收敛到维纳解，但是这时所得到的均方误差值比不相关时要大。

2. 自适应时间常数与学习曲线

自适应时间常数是表示自适应滤波器学习过程长短或收敛快慢的量。通常要关注的时间常数包括第 m 个权系数的时间常数 τ_m 和第 m 个模式的均方误差时间常数 $(\tau_{\text{mse}})_m$。自适应学习曲线则表示自适应滤波器的均方误差 $E[e^2(n)]$ 在迭代过程中逐步减小的过程曲线。图 12.8 给出了 LMS 算法的学习曲线示意图。只要满足收敛条件式（12.35），均方误差将随着迭代的进行而指数下降，并最终收敛为最小均方误差 $\xi_{\min}$。

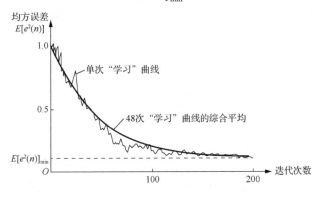

图 12.8　LMS 算法的学习曲线示意图

通过对 LMS 算法收敛过程的分析，可以得到 LMS 算法第 m 个权系数的时间常数 τ_m 和第 m 个模式的均方误差时间常数 $(\tau_{\mathrm{mse}})_m$ 分别为

$$\tau_m = \frac{1}{2\mu\lambda_m}, \quad m = 0,1,\cdots,M \tag{12.39}$$

$$(\tau_{\mathrm{mse}})_m \approx \frac{1}{4\mu\lambda_m}, \quad m = 0,1,\cdots,M \tag{12.40}$$

式中，λ_m 表示自相关矩阵 $\boldsymbol{R}$ 的第 m 个特征值。

一般来说，各特征值 λ_m，$m = 0,1,\cdots,M$ 并不一定都相等。这样，各个权系数或各个模式的收敛速度并不相等。只有当各个权系数都收敛了，整个自适应滤波器才能收敛。如果所有的 λ_m，$m = 0,1,\cdots,M$ 均相等，则各权系数的时间常数也将相等，这种情形相当于全部输入信号不相关且具有相等的功率。此时的学习曲线为一真正的指数函数曲线。

3. LMS 算法中的权失调

所谓权失调，是指由梯度估计噪声所引起自适应滤波器的性能下降，导致不能实现维纳权矢量的现象。失调系数定义为

$$M_{\mathrm{d}} = \frac{\xi_{\mathrm{ss}} - \xi_{\mathrm{min}}}{\xi_{\mathrm{min}}} \tag{12.41}$$

式中，$\xi_{\mathrm{ss}} = \lim\limits_{n\to\infty} E[e^2(n)]$ 称为稳态均方误差。

（1）梯度估计噪声。

在 LMS 算法中，梯度估计表示为

$$\hat{\nabla}(n) = -2e(n)\boldsymbol{x}(n) = \nabla(n) + \boldsymbol{v}(n) \tag{12.42}$$

式中，$\boldsymbol{v}(n)$ 为梯度估计噪声。由梯度估计的无偏性，知梯度估计噪声是零均值的。此外，当 n 足够大时，梯度估计噪声的方差阵为

$$\mathrm{Var}[\boldsymbol{v}(n)] = E[\boldsymbol{v}(n)\boldsymbol{v}^{\mathrm{T}}(n)] \approx 4E[e^2(n)\boldsymbol{x}(n)\boldsymbol{x}^{\mathrm{T}}(n)] = 4E[e^2(n)]E[\boldsymbol{x}(n)\boldsymbol{x}^{\mathrm{T}}(n)] \approx 4\xi_{\mathrm{ss}}\boldsymbol{R} \tag{12.43}$$

显然，当 n 足够大时，$\boldsymbol{v}(n)$ 的均值和方差均近似与时间无关，可近似为广义平稳随机序列，且 $\boldsymbol{v}(n)$ 在各迭代时刻上是互不相关的。

（2）权噪声矢量。

当考虑梯度估计噪声 $\boldsymbol{v}(n)$ 时，LMS 算法可以表示为

$$\boldsymbol{w}(n+1) = \boldsymbol{w}(n) - \mu\hat{\nabla}(n) = \boldsymbol{w}(n) - \mu[\nabla(n) + \boldsymbol{v}(n)] \tag{12.44}$$

定义权误差矢量为 $\boldsymbol{c}(n) = \boldsymbol{w}(n) - \boldsymbol{w}_{\mathrm{opt}}$，则 LMS 算法变形为

$$\boldsymbol{c}(n+1) = \boldsymbol{c}(n) - 2\mu\boldsymbol{R}\boldsymbol{c}(n) - \mu\boldsymbol{v}(n) = (\boldsymbol{I} - 2\mu\boldsymbol{R})\boldsymbol{c}(n) - \mu\boldsymbol{v}(n) \tag{12.45}$$

对式（12.45）进行正交变换并进行数学推导，可以得到

$$\mathrm{Var}[\boldsymbol{c}(n)] = \mu\xi_{\mathrm{ss}}\boldsymbol{I} \tag{12.46}$$

其分量形式为

$$E[c_m^2(n)] = \mu\xi_{\mathrm{ss}}, \quad m = 0,1,\cdots,M \tag{12.47}$$

由上可见，权矢量的噪声分量有相等的方差，且互不相关。

（3）由梯度估计噪声引起的失调。

若权矢量无噪声并收敛于维纳解，则均方误差达到最小，即 ξ_{min}。当权矢量出现随机噪声时，权矢量稳态解将平均"失调"于其维纳解，并造成过量均方误差，使稳态均方误差 ξ_{ss}

大于最小均方误差 ξ_{min} 。这样，可以得到过量均方误差为

$$\xi_{ss} - \xi_{min} = \lim_{n \to \infty} E[\boldsymbol{c}'^{\mathrm{T}}(n)\boldsymbol{\Lambda}\boldsymbol{c}'(n)] = \lim_{n \to \infty}\sum_{m=0}^{M}\lambda_m E[c_m'^2(n)] = \mu\xi_{ss}\mathrm{tr}[\boldsymbol{R}] \qquad (12.48)$$

式中，$\boldsymbol{\Lambda}$ 为自相关矩阵 $\boldsymbol{R}$ 的对角形式，其对角元素为 $\boldsymbol{R}$ 的特征值。将式（12.48）代入失调系数的定义式（12.41），有

$$M_d = \frac{\xi_{ss} - \xi_{min}}{\xi_{min}} = \frac{\mu\mathrm{tr}[\boldsymbol{R}]}{1 - \mu\mathrm{tr}[\boldsymbol{R}]} \qquad (12.49)$$

为了使失调系数 M_d 保持较小的数值，应选择 $\mu\mathrm{tr}[\boldsymbol{R}] \ll 1$。在这种小 μ 值条件下，失调系数 M_d 可以表示为

$$M_d = \mu\mathrm{tr}[\boldsymbol{R}] = \mu\sum_{m=0}^{M}\lambda_m \qquad (12.50)$$

式中，求和上限 M 表示权矢量的维数。将式（12.40）代入式（12.50），有

$$M_d = \sum_{m=0}^{M}\frac{1}{4(\tau_{mse})_m} = \frac{M+1}{4}\left[\frac{1}{(\tau_{mse})_m}\right]_{av} \qquad (12.51)$$

式中，$\left[\dfrac{1}{(\tau_{mse})_m}\right]_{av} = \dfrac{1}{M+1}\displaystyle\sum_{m=0}^{M}\dfrac{1}{(\tau_{mse})_m}$ 表示各模式均方误差时间常数的平均值。当 $\boldsymbol{R}$ 的所有特征值相等时，各时间常数相等，记为 τ_{mse}，则失调系数变为 $M_d = \dfrac{M+1}{4\tau_{mse}}$，即失调系数与权系数数目成正比。这表明，选择大的自适应时间常数，可以使失调系数减小，而对于给定的时间常数，失调系数随加权数目成正比例增加。

例 12.2 设自适应滤波器结构如图 12.9 所示。

（1）写出其性能函数表达式；

（2）确定其收敛因子的范围；

（3）写出 LMS 算法的迭代式。

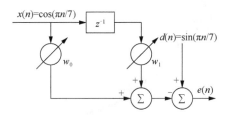

图 12.9 给定的自适应滤波器结构

解 （1）由 $e(n) = d(n) - y(n)$，且 $y(n) = \boldsymbol{w}^{\mathrm{T}}(n)\boldsymbol{x}(n) = w_0(n)x(n) + w_1(n)x(n-1)$，有

$$\begin{aligned}\xi = E[e^2(n)] = {} & E[d^2(n)] - 2w_0 E[d(n)x(n)] - 2w_1 E[d(n)x(n-1)] + w_0^2 E[x^2(n)] \\ & + 2w_0 w_1 E[x(n)x(n-1)] + w_1^2 E[x^2(n-1)]\end{aligned}$$

式中，

$$E[d^2(n)] = E[\sin^2(\pi n/7)] = 0.5 ; \quad E[d(n)x(n-1)] = E[\sin(\pi n/7)\cos(\pi n/7)] = 0$$

$$E[d(n)x(n-1)] = E[\sin(\pi n/7)\cos(\pi(n-1)/7)] = 0.2169 ; \quad E[x^2(n)] = E[\cos^2(\pi n/7)] = 0.5$$

$$E[x(n)x(n-1)] = E[\cos(\pi n/7)\cos(\pi(n-1)/7)] = 0.4505$$

$$E[x^2(n-1)] = E[\cos^2(\pi(n-1)/7)] = 0.5$$

故有 $\xi = E[e^2(n)] = 0.5(w_0^2 + w_1^2) + 0.901 w_0 w_1 - 0.4338 w_1 + 0.5$ 。

（2）由于 $\boldsymbol{R} = E\begin{bmatrix} x^2(n) & x(n)x(n-1) \\ x(n-1)x(n) & x^2(n-1) \end{bmatrix} = \begin{bmatrix} 0.5 & 0.4505 \\ 0.4505 & 0.5 \end{bmatrix}$ ，有 $\mathrm{tr}[\boldsymbol{R}] = 0.5 + 0.5 = 1$ ，故 $0 < \mu < 1/\mathrm{tr}[\boldsymbol{R}] = 1$ 。

（3）LMS 算法的迭代式为 $\boldsymbol{w}(n+1) = \boldsymbol{w}(n) + 2\mu e(n)\boldsymbol{x}(n)$ ，式中， $e(n) = d(n) - y(n) = d(n) - [w_0 x(n) + w_1 x(n-1)]$ 。

例 12.3　试利用 MATLAB 编程实现 LMS 自适应滤波器，并给出系统均方误差随迭代过程而逐步减小的收敛曲线。

解　MATLAB 程序代码如下：

```
clear all;
N1=1000; N=1000; M=15;
for k=1:N
    x=randn(1,N1); noise=0.1*randn(1,N1); d=filter(b,1,x)+noise;
    ha1=adaptfilt.lms(M,mu1); [y1,e1]=filter(ha1,x,d); e21(k,:)=e1;
    ha2=adaptfilt.lms(M,mu2); [y2,e2]=filter(ha2,x,d); e22(k,:)=e2;
end
E_mu1=sum(e21.^2,1)./N; E_mu2=sum(e22.^2,1)./N;
figure(2)
plot(E_mu1);grid; hold on; plot(E_mu2); xlabel('迭代次数'); ylabel('均方
误差')
```

图 12.10 给出了自适应滤波器在两种不同收敛因子条件下的收敛曲线。显然，当收敛因子数值较大时，自适应系统收敛较快。

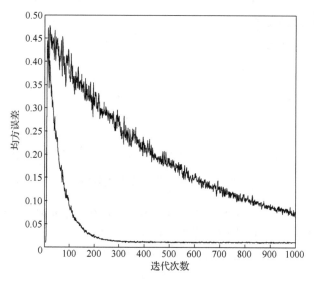

图 12.10　自适应滤波器的收敛曲线

12.3.3　LMS 自适应滤波器的改进形式

相关文献中已经报道了许多基于 LMS 算法的改进的自适应算法。这些改进算法的共同特点是从 LMS 算法出发，试图改进 LMS 算法的某些性能，包括改进 LMS 算法的收敛特性、减小稳态均方误差、减小计算复杂度等。

1. 归一化 LMS 算法

LMS 算法的稳定性、收敛性和稳态性能均与自适应滤波器权矢量的系数数目和输入信号的功率直接相关。为了确保自适应滤波器的稳定收敛，出现了对收敛因子 μ 进行归一化的归一化 LMS（normalized least mean square，NLMS）算法。这种算法的归一化收敛因子表示为

$$\mu' = \frac{\mu}{\sigma_x^2} \tag{12.52}$$

式中，σ_x^2 为输入信号 $x(n)$ 的方差。通常，用时间平均 $\hat{\sigma}_x^2(n)$ 来代替上式中的统计方差 σ_x^2，即 $\hat{\sigma}_x^2(n) = \sum_{i=0}^{M} x^2(n-i) = \mathbf{x}^T(n)\mathbf{x}(n)$。对于平稳随机输入信号 $x(n)$ 来说，$\hat{\sigma}_x^2(n)$ 是 σ_x^2 的无偏一致估计。将归一化收敛因子代入 LMS 算法，有

$$\mathbf{w}(n+1) = \mathbf{w}(n) + 2\frac{\mu}{\mathbf{x}^T(n)\mathbf{x}(n)} e(n)\mathbf{x}(n) \tag{12.53}$$

为了避免上式中分式的分母为 0，常在分母上加上一个小的正值常数 c。这样，NLMS 算法的迭代公式变为

$$\mathbf{w}(n+1) = \mathbf{w}(n) + 2\frac{\mu}{c+\mathbf{x}^T(n)\mathbf{x}(n)} e(n)\mathbf{x}(n) \tag{12.54}$$

这样，只要保证收敛条件 $0 < \mu < 1$，就能够保证经过足够大的 n 次迭代，自适应滤波器能够稳定收敛。由于式（12.54）中的归一化收敛因子 $\mu' = \frac{\mu}{c+\mathbf{x}^T(n)\mathbf{x}(n)}$ 是在迭代过程中随时间变化的，因此实际上这是一种归一化变步长算法。在这类算法中，关于输入信号方差的估计，还可以采用不同的方法，由此构成不同的归一化变步长算法。例如，为了减小信号波动对信号方差估计的影响，可以对当前时刻及其之前若干时刻的信号样本进行加权平均而估计信号方差。还可以采用一阶 AR 模型的形式在自适应迭代过程中进行递推估计，如下所示：

$$\hat{\sigma}_x^2(n) = \beta\hat{\sigma}_x^2(n-1) + (1-\beta)x^2(n) \tag{12.55}$$

式中，β 称为平滑参数，通常取很接近 1 的正值。

2. 泄漏 LMS 算法

泄漏 LMS 算法的迭代公式为

$$\mathbf{w}(n+1) = \gamma\mathbf{w}(n) + 2\mu e(n)\mathbf{x}(n) \tag{12.56}$$

式中，γ 为正值常数，需要满足 $0 < \gamma < 1$，通常取 γ 近似为 1。若 $\gamma = 1$，则泄漏 LMS 算法变为 LMS 算法。对于常规的 LMS 算法，当 μ 值突然变为 0 时，权矢量系数将不再发生变化而保持 μ 变为 0 时的值。而对于泄漏 LMS 算法，当 μ 变为 0 之后，滤波器的权矢量将逐渐变化，并最终变为 $\mathbf{0}$ 矢量，这个过程称为泄漏。泄漏 LMS 算法在通信系统的自适应差分脉冲编码调制（adaptive differential pulse code modulation，ADPCM）中用来减小或消除通道误差。另外，泄漏 LMS 算法也常用来在自适应阵列中用于消除旁瓣效应。

实际上，在无噪声的条件下，泄漏 LMS 算法的性能并没有常规 LMS 算法好。泄漏 LMS 算法实际上是一种有偏的 LMS 算法。γ 越接近于 1，偏差越小。可以证明，泄漏 LMS 算法的稳定性条件为

$$1 < \mu < \frac{1}{\lambda_{\min} + \frac{1-\gamma}{2\mu}} \tag{12.57}$$

此外，泄漏 LMS 算法的第 m 个权系数的时间常数为

$$\tau_m^{(L)} = \frac{1}{2\mu\lambda_m + (1-\gamma)} < \tau_m \tag{12.58}$$

式中，$\tau_m^{(L)}$ 表示泄漏 LMS 算法第 m 个权系数的时间常数。显然，$\tau_m^{(L)}$ 比 LMS 算法的时间常数 τ_m 小，即可能以更快的速度收敛。

3. 极性 LMS 算法

在有些应用领域，尤其是在高速通信领域，实际问题对算法的计算量有很严格的要求。这样，产生了一类称为极性（或符号）算法的自适应算法。这种算法可以显著地减小自适应滤波器的计算量，有效地简化相应的硬件电路和程序计算。这类极性算法可以分为三种不同的实现方式，即对误差取符号的误差极性算法、对输入信号取符号的信号极性算法、对误差和输入信号二者均取符号的简单极性算法。这三种算法的迭代公式为

$$\begin{aligned} \boldsymbol{w}(n+1) &= \boldsymbol{w}(n) + 2\mu\,\mathrm{sgn}[e(n)]\boldsymbol{x}(n) \\ \boldsymbol{w}(n+1) &= \boldsymbol{w}(n) + 2\mu e(n)\,\mathrm{sgn}[\boldsymbol{x}(n)] \\ \boldsymbol{w}(n+1) &= \boldsymbol{w}(n) + 2\mu\,\mathrm{sgn}[e(n)]\mathrm{sgn}[\boldsymbol{x}(n)] \end{aligned} \tag{12.59}$$

上式中，符号函数 $\mathrm{sgn}(\cdot)$ 定义为

$$\mathrm{sgn}(t) = \begin{cases} 1, & t > 0 \\ 0, & t = 0 \\ -1, & t < 0 \end{cases} \tag{12.60}$$

极性 LMS 算法的主要优点是计算量小。显然，这种算法把一个数据样本的 N bit 运算简化为 1bit 的运算，即符号或极性的运算。另外，与基本 LMS 算法相比，这种算法在梯度估计性能上有所退化，这是由于其量化精度较低所引起的，并由此引起了收敛速度的下降和稳态误差的增加。

4. LMS 算法梯度估计的平滑

LMS 算法的一个关键环节是用瞬时梯度估值 $\hat{\nabla}(n)$ 来替代梯度真值 $\nabla(n)$，如果使用连续几次梯度估值的平滑结果来替换这个瞬时值，则有可能改善 LMS 算法的性能。有许多方法可以用于对一个时间序列进行平滑，归纳起来，可以分为线性平滑和非线性平滑两类。

设平滑 LMS 梯度估计的自适应迭代算法为

$$\boldsymbol{w}(n+1) = \boldsymbol{w}(n) + 2\mu\boldsymbol{b}(n) \tag{12.61}$$

式中，$\boldsymbol{b}(n) = [b_0(n), b_1(n), \cdots, b_M(n)]^{\mathrm{T}}$。邻域平均法是一种有效的平滑方法，即设

$$\boldsymbol{b}(n) = \frac{1}{N} \sum_{j=n-N+1}^{n} e(j)\boldsymbol{x}(j) \tag{12.62}$$

式中，N 表示参加平滑的梯度估值的样本数。低通滤波也是一种有效的线性平滑方法，即

$$b_i(n) = \mathrm{LPF}\{e(n)x(n-i) \quad e(n)x(n-i+1) \quad \cdots \quad e(n)x(n-i+N)\} \tag{12.63}$$

式中，LPF{} 表示低通滤波器。

对于非线性平滑处理，常采用中值滤波技术。$b(n)$ 矢量中的第 i 个元素 $b_i(n)$ 为

$$b_i(n) = \mathrm{Med}[e(n)x(n-i)]_N \tag{12.64}$$

或

$$b_i(n) = \mathrm{Med}[e(n)x(n-i) \quad \cdots \quad e(n-N+1)x(n-i-N+1)] \tag{12.65}$$

式中，$\mathrm{Med}[\cdot]$ 表示取中值运算。中值平滑除了用于消除梯度估计的噪声之外，对信号的"边缘"成分影响不大。图 12.11 给出了基于中值平滑 LMS 算法在自适应滤波中应用的结果。图中，实线为中值平滑 LMS 算法的结果，虚线为基本 LMS 算法的结果。显然，由于脉冲状噪声的影响，基本 LMS 算法不能很好地收敛，而中值平滑 LMS 算法则得到很好的结果。

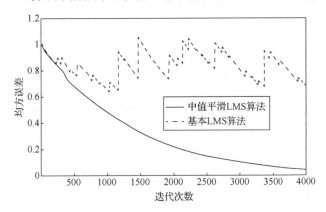

图 12.11　中值平滑 LMS 算法与基本 LMS 算法的比较

5. 解相关 LMS 算法

收敛速度较慢是 LMS 算法的一个主要缺点，这主要是由于输入信号矢量的各元素具有一定的相关性。研究表明，对输入信号矢量解相关可以有效地加快 LMS 算法的收敛速度。

定义 $x(n)$ 与 $x(n-1)$ 在时刻 n 的相关系数为

$$c(n) = \frac{x^{\mathrm{T}}(n)x(n-1)}{x^{\mathrm{T}}(n-1)x(n-1)} \tag{12.66}$$

根据定义，若 $c(n) = 1$，则称 $x(n)$ 是 $x(n-1)$ 的相干信号；若 $c(n) = 0$，则称 $x(n)$ 与 $x(n-1)$ 不相关；若 $0 < c(n) < 1$，则称 $x(n)$ 与 $x(n-1)$ 相关。$c(n)$ 值越大，$x(n)$ 与 $x(n-1)$ 之间的相关性就越强。实际上，$c(n)x(n-1)$ 代表了信号 $x(n)$ 中与 $x(n-1)$ 相关的部分。如果从 $x(n)$ 中减去这一部分，相当于一种解相关运算。定义解相关方向矢量为

$$v(n) = x(n) - c(n)x(n-1) \tag{12.67}$$

另外，考虑自适应迭代的收敛因子满足最小化问题的解，可以得到时变收敛因子为

$$\mu(n) = \frac{e(n)}{x^{\mathrm{T}}(n)v(n)} \tag{12.68}$$

这样，解相关 LMS 算法的迭代公式为

$$w(n+1) = w(n) + \mu(n)v(n) \tag{12.69}$$

上述解相关 LMS 算法可以看作一种自适应辅助变量法，其中的辅助变量由 $v(n) = x(n) - c(n)x(n-1)$ 给出。一般来说，辅助变量的选取原则是，它应该与滞后的输入和输出强相关，而与干扰不相关。

6. 块 LMS 算法

在诸如电话会议系统等实际应用中,用于回波抵消的自适应滤波器的阶数可能高达 8000 阶,使得计算量显著增加。如果采用块 LMS 算法,则可以有效降低上述应用问题的计算复杂度,同时具有较好的性能。

所谓块自适应滤波器就是在自适应迭代中,每次处理一个数据块,滤波器的系数每块更新一次,而在每块的处理过程中保持不变。块 LMS 自适应滤波器的结构框图如图 12.12 所示。这种滤波器主要具有以下特点: 较高的数值准确性,易于实现并行计算和数据传送,可以利用 FFT 计算卷积和相关矩阵,从而降低计算复杂度。

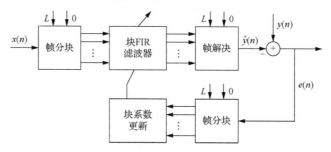

图 12.12　块 LMS 自适应滤波器结构图

另一种降低计算复杂度的方法是采用子带自适应滤波。这种方法把输入信号和期望响应分为若干较小的频带,对得到的信号进行二次采样,用不同的 LMS 滤波器对每个子带进行处理,最后对子带进行内插和重组,得到滤波器的输出。由于子带的频谱动态范围小于全频带的动态范围,因此将使收敛速度得到提高。但是由于相邻的子带间存在串扰,会使子带滤波器的性能有所下降。

7. 变换域 LMS 算法

影响 LMS 自适应滤波器收敛速度的主要因素是输入信号自相关矩阵 $\boldsymbol{R}$ 的最大特征值与最小特征值之比 $\lambda_{\max} / \lambda_{\min}$。当输入信号自相关矩阵为对角阵且有相等的特征值时,LMS 算法将取得最快的收敛速度。在 FIR 类滤波器的情况下,这意味着输入信号是白噪声过程。因此,提高系统收敛速度的有效方法之一是设法白化输入信号。变换域 LMS 自适应滤波器正是基于这一概念提出的。

图 12.13 为变换域 LMS 自适应滤波器的原理框图。N 维输入矢量 $\boldsymbol{x}(n)$ 先经过 $N \times N$ 正交变换矩阵 $\boldsymbol{T}$ 变换成另一 N 维矢量 $\boldsymbol{z}(n) = \boldsymbol{T}\boldsymbol{x}(n) = [z_0(n), z_1(n), \cdots, z_{N-1}(n)]^{\mathrm{T}}$,且 $\boldsymbol{T}\boldsymbol{T}^{\mathrm{T}} = \boldsymbol{I}$。

设变换域权矢量为 $\boldsymbol{b}(n) = [b_0(n), b_1(n), \cdots, b_{N-1}(n)]^{\mathrm{T}}$。$\boldsymbol{z}(n)$ 经 $\boldsymbol{b}(n)$ 加权后形成自适应滤波器的输出为

$$y(n) = \boldsymbol{z}^{\mathrm{T}}(n)\boldsymbol{b}(n) = \boldsymbol{b}^{\mathrm{T}}(n)\boldsymbol{z}(n) \tag{12.70}$$

输出误差为 $e(n) = d(n) - y(n) = d(n) - \boldsymbol{b}^{\mathrm{T}}(n)\boldsymbol{z}(n)$,变换域 LMS 算法为

$$b_i(n+1) = b_i(n) + 2\mu_i e(n) z_i(n), \quad i = 0, 1, 2, \cdots, N-1 \tag{12.71}$$

式中,收敛因子为

$$\mu_i = \frac{\mu}{E[z_i^2(n)]} \tag{12.72}$$

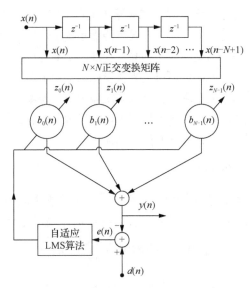

图 12.13　变换域 LMS 自适应滤波器原理图

定义 $\mathit{\Lambda}^2 = \mathrm{diag}[E[z_0^2(n)], E[z_1^2(n), \cdots, E[z_{N-1}^2(n)]]$ ，则变换域 LMS 算法的迭代式还可以写为矢量形式

$$b(n+1) = b(n) + 2\mu \mathit{\Lambda}^{-2} e(n) z(n) \tag{12.73}$$

在实际应用中，变换域自适应滤波器常用的正交变换为傅里叶变换和离散余弦变换。

采用与研究普通 LMS 自适应滤波器相类似的方法，可以得到变换域 LMS 自适应滤波器的权矢量维纳解 b_{opt} 与相应的最小均方误差 $e_{\min}^{\mathrm{TR}}(n)$ 分别为

$$b_{\mathrm{opt}} = R_z^{-1} p_{zd} \tag{12.74}$$

和

$$e_{\min}^{\mathrm{TR}}(n) = E[d^2(n)] - p_{zd}^{\mathrm{T}} b_{\mathrm{opt}} \tag{12.75}$$

式中，$R_z = E[z(n)z^{\mathrm{T}}(n)] = TR_x T^{\mathrm{T}}$ 和 $p_{zd} = E[z(n)d(n)] = Tp_{xd}$ 分别为正交变换后信号 $z(n)$ 的自相关矩阵及其与期望响应 $d(n)$ 的互相关矢量。其中，矩阵 T 为正交变换矩阵。可以证明，变换域 LMS 算法中权矢量维纳解与普通 LMS 算法中权矢量维纳解之间的关系与所采用的正交变换有关；不论采用何种正交变换，只要加权系数数目相同，则变换域 LMS 算法的最小均方误差与普通 LMS 算法的最小均方误差总是相等的。此外，只要适当选择正交变换矩阵 T，可以使变换域 LMS 算法具有比普通 LMS 算法更好的收敛性能。

12.3.4　LMS 算法应用中需要注意的问题

1. 信号的有限字长问题

自适应数字滤波器的实现包含了有限字长的运算，从而造成了实际的自适应滤波器（有限精度）与理想的自适应滤波器（无限精度）之间的性能差别。引起这种性能差别的主要因素包括：输入信号与期望响应的量化，滤波器系数的量化，以及滤波器运算过程中的舍入误差等。由于自适应滤波器本身的非线性与有限字长运算引起的非线性相互耦合，使得对自适应滤波器性能的分析与估计相当困难。一般来说，理论分析是有效的，但是如果进行理论分析有困难的话，可以通过计算机仿真来分析和测量自适应滤波器的性能。

假定使用 w_{ip} 和 w_{fp} 分别表示无限精度和有限精度自适应滤波器的权矢量。如果这两个矢量的差矢量 $w_{ip} - w_{fp}$ 总是保持有界，即舍入误差传播系统总是稳定的，则认为自适应滤波器是数值稳定的。数值稳定性是自适应算法的固有特性，不能通过提高数字精度来改变。

自适应数字滤波器的数值准确性可以用来度量稳态下由于舍入误差引起的实际值与理论值的偏差。若数值准确性达不到要求，会导致系统输出的误差增加。通过增加字长，可以减小这种误差。然而，在数值稳定性不够的情况下，如果舍入误差的积累得不到有效的抑制，则可能产生灾难性的后果，即导致算法发散或崩溃。

2. LMS 自适应滤波器的韧性

自适应滤波器的韧性可以表示为自适应系统对于初始条件 $w(0)$ 和系统最优残差及其他误差 $e_0(n)$ 的敏感程度。分别定义干扰的能量 $E_d(n)$ 和估计误差的能量 $E_e(n)$ 为

$$E_d(n) = \frac{1}{2\mu} \| w(0) \|^2 + \sum_{j=0}^{n} | e_0(n) |^2 \tag{12.76}$$

$$E_e(n) = \frac{1}{2\mu} \| w(n) \|^2 + \sum_{j=0}^{n} | y(n) |^2 \tag{12.77}$$

假定收敛因子满足 $0 < 2\mu \leq \| x(n) \|^2$，则可以证明 LMS 算法确定的系数矢量满足条件 $E_e(n) \leq E_d(n)$，即系统残差的能量以干扰的能量为上限，由此表明了 LMS 算法的韧性。另外，对于所有的有限能量干扰，LMS 算法能够使这两种能量间最大可能的区别最小化，根据极大极小化准则，这种算法是最优的。

3. 收敛因子与系统误差

收敛因子 μ 是 LMS 自适应滤波器的重要参数，它控制着收敛速度与稳态失调的平衡。一般来说，较小的收敛因子会导致较慢的收敛速度和较小的稳态失调。然而，在数字自适应系统中，当迭代增量（即修正项）的大小比数字量最低有效位（LSB）的一半还小时，即

$$| 2\mu e(n) x(n-i) | \leq \frac{LSB}{2} \tag{12.78}$$

LMS 算法的自适应迭代将停止。因此，μ 的减小将导致系统性能的下降。由式（12.78）可以看出迭代因子与系统误差的关系：

$$| e(n) | \leq \frac{LSB}{4\mu X_{rms}} \overset{\triangle}{=} DRE \tag{12.79}$$

式中，X_{rms} 为输入信号幅度的均方根值；DRE 为数字化残差。对于给定的字长，如果减小收敛因子 μ，则 DRE 将显著增加。因此在实际应用中，LMS 算法的收敛因子不能无限制地减小，其下界由量化和有限精度运算对系统的影响程度来决定。

当输入信号自相关矩阵的一个或多个特征值为 0 时，由于非线性量化的影响，自适应滤波器有可能不收敛。通常采用泄漏技术来防止这一现象的发生。

在自适应滤波器权系数的更新中引入一定的非线性变换，可以在一定程度上简化权系数更新过程中的乘法运算，并因此简化 LMS 自适应滤波器的硬件或程序实现。12.3.3 节介绍的极性 LMS 算法就是典型的这种算法。符号函数的引入，简化了自适应滤波器的计算，但是由于信号或系统精度的降低，引起了系统性能的下降，因此在使用这种非线性变换时，需要综合考虑运算量和系统其他特性的关系。

12.4　自适应滤波器的递归最小二乘法

最小二乘（least square，LS）法是一种典型的根据观测数据推断未知参量的数据处理方法。其基本思想是使实际观测值与计算值之差的平方乘和为最小。自 1795 年由著名数学家高斯提出以来，LS 法在许多领域得到了广泛的应用，并成为系统辨识、参数估计和自适应信号处理等领域的基本算法之一。

在 LMS 自适应滤波器算法中，采用输出误差的瞬时平方 $e^2(n)$ 的梯度估计来近似代替均方误差 $E[e^2(n)]$ 的梯度。实际上，我们可以直接考察一个由平稳信号输入的自适应系统在一段时间内输出误差信号的平均功率。例如，以使该平均功率达到最小作为测量自适应系统性能的准则。这就是本节将要介绍的递归最小二乘法。

12.4.1　线性最小二乘原理

设线性组合器的原理结构如图 12.14 所示。

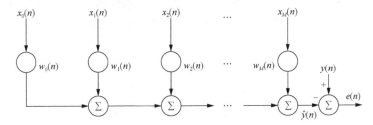

图 12.14　线性组合器原理结构图

定义线性组合器的误差信号（又称为残差）为

$$e(n) = y(n) - \hat{y}(n) = y(n) - \boldsymbol{w}^{\mathrm{T}}(n)\boldsymbol{x}(n) \tag{12.80}$$

式中，$\hat{y}(n) = \sum_{k=0}^{M-1} w_k(n)x_k(n) = \boldsymbol{w}^{\mathrm{T}}(n)\boldsymbol{x}(n)$；误差 $e(n)$ 的平方和为 $E^{(\mathrm{S})} = \sum_{n=0}^{N-1} |e(n)|^2$。设系数矢量 $\boldsymbol{w}(n)$ 在整个测量期间保持恒定，则当平方误差最小时所得到的系数矢量为 LS 准则下估计期望响应 $y(n)$ 的最优矢量 $\boldsymbol{w}_{\mathrm{LS}}$。式（12.80）所示回归方程可以写为矢量形式

$$\boldsymbol{e} = \boldsymbol{y} - \boldsymbol{Xw} \tag{12.81}$$

式中，$\boldsymbol{e} = [e(0), e(1), \cdots, e(N-1)]^{\mathrm{T}}$ 和 $\boldsymbol{y} = [y(0), y(1), \cdots, y(N-1)]^{\mathrm{T}}$ 分别为 $N \times 1$ 维误差矢量和期望响应；$\boldsymbol{X} = [\boldsymbol{x}(0) \quad \boldsymbol{x}(1) \quad \cdots \quad \boldsymbol{x}(N-1)]^{\mathrm{T}}$ 为 $N \times M$ 维输入数据矩阵；$\boldsymbol{w} = [w_0, w_1, \cdots, w_{M-1}]^{\mathrm{T}}$ 为线性组合器的参数矢量。

利用矢量形式的回归方程，误差信号的能量可以写为

$$E^{(\mathrm{S})} = \boldsymbol{e}^{\mathrm{T}}\boldsymbol{e} = (\boldsymbol{y}^{\mathrm{T}} - \boldsymbol{w}^{\mathrm{T}}\boldsymbol{X}^{\mathrm{T}})(\boldsymbol{y} - \boldsymbol{Xw}) = \boldsymbol{y}^{\mathrm{T}}\boldsymbol{y} - \boldsymbol{w}^{\mathrm{T}}\boldsymbol{X}^{\mathrm{T}}\boldsymbol{y} - \boldsymbol{y}^{\mathrm{T}}\boldsymbol{Xw} + \boldsymbol{w}^{\mathrm{T}}\boldsymbol{X}^{\mathrm{T}}\boldsymbol{Xw}$$

$$= E_y - \boldsymbol{w}^{\mathrm{T}}\hat{\boldsymbol{p}} - \hat{\boldsymbol{p}}^{\mathrm{T}}\boldsymbol{w} + \boldsymbol{w}^{\mathrm{T}}\hat{\boldsymbol{R}}\boldsymbol{w} \tag{12.82}$$

式中，$E_y = \boldsymbol{y}^{\mathrm{T}}\boldsymbol{y} = \sum_{n=0}^{N-1} |y(n)|^2$；$\hat{\boldsymbol{R}} = \boldsymbol{X}^{\mathrm{T}}\boldsymbol{X} = \sum_{n=0}^{N-1} \boldsymbol{x}(n)\boldsymbol{x}^{\mathrm{T}}(n)$；$\hat{\boldsymbol{p}} = \boldsymbol{X}^{\mathrm{T}}\boldsymbol{y} = \sum_{n=0}^{N-1} \boldsymbol{x}(n)y(n)$。

显然，LS 法与最小均方误差（minimal mean square error, MMSE）方法都是基于二次代价函数的，如果用时间平均算子 $\sum_{n=0}^{N-1}$ 替代期望算子 $E[\cdot]$，则二者的导出公式是一致的。如果时

间平均的相关矩阵 $\hat{\boldsymbol{R}}$ 是正定的，则最小二乘估计 $\boldsymbol{w}_{\mathrm{LS}}$ 可以由求解下列正则方程得到：

$$\hat{\boldsymbol{R}}\boldsymbol{w}_{\mathrm{LS}} = \hat{\boldsymbol{p}} \tag{12.83}$$

平方误差的最小值为 $E_{\mathrm{LS}}^{(\mathrm{S})} = E_y - \boldsymbol{p}^{\mathrm{T}}\hat{\boldsymbol{R}}^{-1}\hat{\boldsymbol{p}} = E_y - \hat{\boldsymbol{p}}^{\mathrm{T}}\boldsymbol{w}_{\mathrm{LS}}$。关于正则方程的求解，有各种不同的方法，例如可以采用楚列斯基分解（Cholesky decomposition）法、奇异值分解（singular value decomposition）法等，请读者参见有关参考文献。

12.4.2　递归最小二乘自适应滤波器

1. LS 自适应滤波器

LS 自适应滤波器是一种基于最小二乘准则、在滤波器运行的每一个时刻都使系数的平方误差达到最小的滤波器，其代价函数为

$$E(n) = \sum_{j=0}^{n} \lambda^{n-j} |e(j)|^2 = \sum_{j=0}^{n} \lambda^{n-j} |y(j) - \boldsymbol{w}^{\mathrm{T}}(j)\boldsymbol{x}(j)|^2 \tag{12.84}$$

式中，$y(j)$ 和 $\boldsymbol{w}^{\mathrm{T}}(j)\boldsymbol{x}(j)$ 分别为自适应滤波器的期望响应和输出信号；$e(j)$ 为瞬时误差信号；λ 是一个不大于 1 的正值常数，称为遗忘因子。遗忘因子的作用是确保滤波器能够仅保留"最近的"数据而忘记"过去的"数据，从而使算法适用于非平稳的环境。图 12.15 给出了遗忘因子作用的示意图。

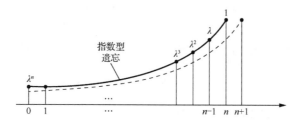

图 12.15　遗忘因子作用示意图

由式（12.84）可以得到以下三个结论：第一，代价函数 $E(n)$ 是 n 的函数，即在迭代的每一步均发生变化，以反映新数据样本的影响；第二，使 $E(n)$ 最小的最优准则为加权最小二乘法；第三，当 $\lambda = 1$ 时，使 $E(n)$ 最小的最优准则为普通最小二乘法。

对式（12.84）代价函数 $E(n)$ 相对于权矢量 $\boldsymbol{w}(n)$ 求导，并令导数为 0，得到正则方程为

$$\hat{\boldsymbol{R}}(n)\boldsymbol{w}(n) = \hat{\boldsymbol{p}}(n) \tag{12.85}$$

式中，$\hat{\boldsymbol{R}}(n) = \sum_{j=0}^{n} \lambda^{n-j} \boldsymbol{x}(j)\boldsymbol{x}^{\mathrm{T}}(j)$；$\hat{\boldsymbol{p}}(n) = \sum_{j=0}^{n} \lambda^{n-j} \boldsymbol{x}(j)y(j)$。如果 $\hat{\boldsymbol{R}}(n)$ 是满秩的，则式（12.85）可以采用矩阵求逆的方法进行求解，进而得到自适应系统的权矢量 $\boldsymbol{w}(n)$。但是，这种方法是非常耗时的，并且随着新观测数据的不断输入，计算要反复进行，非常麻烦。实际上，$\hat{\boldsymbol{R}}(n)$ 是可以通过迭代来递推计算的，即

$$\hat{\boldsymbol{R}}(n) = \lambda \hat{\boldsymbol{R}}(n-1) + \boldsymbol{x}(n)\boldsymbol{x}^{\mathrm{T}}(n) \tag{12.86}$$

上式表明，用遗忘因子 λ 对上一次迭代得到的相关矩阵进行加权，然后加入新的信息，就得到了新的相关矩阵。类似地，我们也可以得到互相关矢量的迭代式为

$$\hat{\boldsymbol{p}}(n) = \lambda \hat{\boldsymbol{p}}(n-1) + \boldsymbol{x}(n)y(n) \tag{12.87}$$

这样，利用这两个递推公式和新观测数据，不解式（12.85）所示正则方程，就可以递推求出

自适应滤波器的权矢量 $w(n)$。将式（12.86）和式（12.87）代入式（12.85），经过简单的整理，有

$$\hat{R}(n)w(n-1) + x(n)e(n) = \hat{p}(n) \quad (12.88)$$

式中，估计误差为 $e(n) = y(n) - w^T(n-1)x(n)$。如果相关矩阵 $\hat{R}(n)$ 是可逆的，则用 $\hat{R}^{-1}(n)$ 左乘式（12.88）的两边，再根据式（12.85），有

$$w(n-1) + \hat{R}^{-1}(n)x(n)e(n) = \hat{R}^{-1}(n)\hat{p}(n) = w(n) \quad (12.89)$$

定义自适应增益矢量 $g(n)$ 服从 $\hat{R}(n)g(n) \triangleq x(n)$，则式（12.89）可以写为

$$w(n) = w(n-1) + g(n)e(n) \quad (12.90)$$

2. 递归最小二乘法

自适应增益矢量 $g(n)$ 一般采用递推方式计算。即寻找一个递归公式，对自相关矩阵的逆 $P(n) = \hat{R}^{-1}(n)$ 进行递归修正，则可以有效简化求解 $g(n)$ 的计算。由矩阵求逆引理

$$(A + uv^T)^{-1} = A^{-1} - \frac{A^{-1}uv^T A^{-1}}{1 + v^T A^{-1}u} \quad (12.91)$$

式中，A 为 $N \times N$ 阶可逆阵；u 和 v 均为 $N \times 1$ 阶矢量。可以得到 $P(n)$ 的递推公式为

$$P(n) = \lambda^{-1}P(n-1) - g(n)\bar{g}^T(n) \quad (12.92)$$

式中，$\bar{g}(n)$ 表示由转换因子 $\alpha(n) \in (0,1]$ 调整后的 $g(n)$。实际上，根据前一时刻的矩阵 $P(n-1)$ 和当前时刻的新观察值 $x(n)$ 和 $y(n)$，通过式（12.93）可以计算得到新矩阵 $P(n)$：

$$\begin{cases} \bar{g}(n) = \lambda^{-1}P(n-1)x(n) \\ \alpha(n) = 1 + \bar{g}^T(n)x(n) \\ g(n) = \dfrac{\bar{g}(n)}{\alpha(n)} \\ P(n) = \lambda^{-1}P(n-1) - g(n)\bar{g}^T(n) \end{cases} \quad (12.93)$$

式（12.93）所示的算法常称为常规的递归最小二乘（recursive least-squares，RLS）算法。式（12.93）与式（12.90）及误差信号 $e(n)$ 相结合，构成了完整的 RLS 算法的自适应增益计算、滤波和权系数更新算法。

12.4.3 RLS 算法应用中需要注意的问题

1. 计算复杂度问题

RLS 算法的计算复杂度主要由进行一次修正所需要的运算量（一次乘法和一次加法）决定。由于 $P(n)$ 是埃尔米特阵，实施算法时每次迭代需要的计算量为 $2M^2 + 4M$。$\bar{g}(n)$ 计算和 $P(n)$ 修正的计算量为 $O(M^2)$。而包括点积及矢量与标量相乘的计算量为 $O(M)$。

2. 算法的初始化

在实际应用中，通常设定 $P(n)$ 的初值 $P(-1)$ 和 $w(n)$ 的初值 $w(-1)$ 分别为 $P(-1) = \delta^{-1}I$，$w(-1) = 0$。这里，δ 是很小的正数（与 $0.001\sigma_x^2$ 同数量级）。

3. 有限字长效应

在实际应用中，由于受到有限字长效应的影响，RLS 算法原有的准确的数学关系受到影

响，可能会导致数值不稳定性。例如，RLS 算法的关键部分是利用式（12.92）对 $\boldsymbol{P}(n)$ 进行更新。当 $\boldsymbol{P}(n)$ 由于有限字长效应而失去对称性或正定性时，则导致算法的不稳定性。实际上，我们可以只计算式（12.92）的上三角（或下三角）部分，然后根据其对称性补充其余部分，从而保持 $\boldsymbol{P}(n)$ 的埃尔米特对称性。也可以在将 $\boldsymbol{P}(n-1)$ 修正为 $\boldsymbol{P}(n)$ 之后，用 $[\boldsymbol{P}(n) + \boldsymbol{P}^{\mathrm{T}}(n)]/2$ 来代替 $\boldsymbol{P}(n)$。

例 12.4　给定一含噪正弦信号，试用 MATLAB 编程设计一 RLS 自适应滤波器，从带噪信号中提取正弦信号。

解　根据题目要求，给出 MATLAB 程序代码如下：

```
% 初始化与参数设置
clear all; clc; clear;
N=1000; Fs=500; n=0:N-1; t=n/Fs; xs=(sin(2*pi*3*t))';
xn=(0.5*randn(1,length(t)))';
d=xs; x=xs+xn; N=10; w=(zeros(1,N))'; M=length(x); p=0.1*eye(N,N); a=0.1;
y=(zeros(1,M))'; e=(zeros(1,M))'; sum1=zeros(N,N); sum2=zeros(N,1);
% 自适应迭代
for n=N:M
    x1=x(n:-1:n-N+1); juzhen=x1*x1'; k=((1/a)*p*x1)/(1+(1/a)*x1'*p*x1); e(n)=d(n)-w'*x1;
    w=w+k*conj(e(n)); p=(1/a)*p-(1/a)*k*x1'*p; y(n)=w'*x1;
end
% 绘图
figure(1);
subplot(311); plot(t,x);grid; axis([0 2 -1.5 1.5]); ylabel('幅度');
xlabel('时间'); text(1.9,0.85,'(a)');
    subplot(312); plot(t,xs);grid; axis([0 2 -1.5 1.5]); ylabel('幅度');
xlabel('时间'); text(1.9,0.85,'(b)');
    subplot(313); plot(t,y);grid; axis([0 2 -1.5 1.5]); ylabel('幅度');
xlabel('时间'); text(1.9,0.85,'(c)');
```

图 12.16 给出了 RLS 自适应滤波器对带噪正弦信号进行处理的结果。显然，经过 RLS 自适应滤波器处理之后，信号中的噪声基本上被消除了。

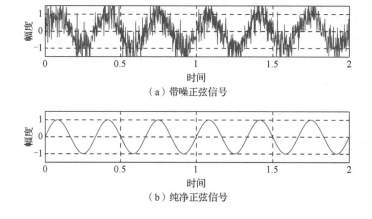

（a）带噪正弦信号

（b）纯净正弦信号

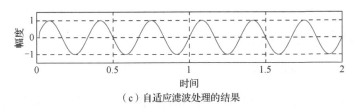

（c）自适应滤波处理的结果

图 12.16　RLS 自适应滤波器对带噪正弦信号处理的结果

12.5　自适应滤波器的主要应用

12.5.1　自适应滤波器的主要应用结构

自适应滤波器大体上可以划分为四种基本结构，即自适应预测器结构、自适应系统辨识或建模结构、自适应逆滤波或均衡结构、自适应噪声抵消系统结构。自适应滤波器的四种基本结构如图 12.17 所示。

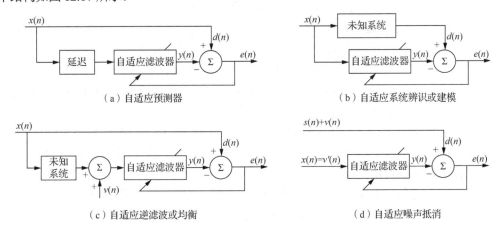

（a）自适应预测器　　　　　　　　　　　（b）自适应系统辨识或建模

（c）自适应逆滤波或均衡　　　　　　　　（d）自适应噪声抵消

图 12.17　自适应滤波器的四种基本结构

如图 12.17（a）所示，自适应预测器（adaptive prediction）根据输入信号 $x(n)$ 的过去值 $x(n-1), x(n-2), \cdots, x(n-M)$ 来预测输入信号的当前值，常用于信号编码和噪声抑制中。

如图 12.17（b）所示，自适应系统辨识（adaptive system identification）又称为自适应建模（adaptive modeling），其中的自适应滤波器与未知系统二者有共同的输入信号。自适应滤波器试图模仿未知系统的传输特性，若误差信号 $e(n) \to 0$，则认为自适应系统与未知系统有相同的特性，因此可以用自适应系统收敛时的传递函数表示未知系统的传递函数，从而实现未知系统的辨识。

如图 12.17（c）所示，自适应逆滤波（adaptive inverse filtering）又称为自适应均衡（adaptive equalization）。其中自适应滤波器的任务是将其自身的传递函数模拟为未知系统传递函数的逆，以便恢复被未知系统和加性噪声影响的信号，在通信、地震勘探和控制等领域得到广泛应用。这种结构又称为自适应解卷积。

如图 12.17（d）所示，自适应噪声抵消（adaptive noise cancellation）系统中的期望响应 $d(n)$ 是受噪声污染的信号，而自适应滤波器的输入 $x(n) = v'(n)$ 是与 $d(n)$ 中噪声 $v(n)$ 相关的噪声。当自适应滤波器收敛时，其输出 $y(n)$ 会尽可能地与 $v(n)$ 逼近，使整个系统的输出 $e(n)$ 尽可

能地逼近纯净信号 $s(n)$ 。

12.5.2　自适应噪声抵消及其应用

1. 自适应噪声抵消的基本原理

自适应噪声抵消系统是一种借助噪声的相关性在噪声中提取有用信号的自适应方法，图 12.17（d）为典型的自适应噪声抵消系统的原理框图。图中，原始输入信号 $d(n)$ 为有用信号 $s(n)$ 与噪声 $v(n)$ 之和，参考输入信号 $v'(n)$ 是与 $v(n)$ 相关的噪声。假定 $s(n)$ 、$v(n)$ 和 $v'(n)$ 均为零均值平稳随机过程，且满足信号 $s(n)$ 与两个噪声 $v(n)$ 及 $v'(n)$ 均互不相关。由图 12.17（d）可见，自适应滤波器的输出 $y(n)$ 为噪声 $v'(n)$ 的滤波信号。则整个自适应噪声抵消系统的输出 $e(n)$ 为

$$e(n) = s(n) + v(n) - y(n) \tag{12.94}$$

对式（12.94）两边的平方求取数学期望，由于信号 $s(n)$ 与噪声 $v(n)$ 及 $v'(n)$ 均互不相关，且 $s(n)$ 与 $y(n)$ 也不相关，故有

$$E[e^2(n)] = E[s^2(n)] + E[(v(n) - y(n))^2] \tag{12.95}$$

由于信号功率 $E[s^2(n)]$ 与自适应滤波器的调节无关，因此，调节自适应滤波器使 $E[e^2(n)]$ 最小，等价于使 $E[(v(n) - y(n))^2]$ 最小。这样由式（12.94），有

$$v(n) - y(n) = e(n) - s(n) \tag{12.96}$$

由此可见，当 $E[(v(n) - y(n))^2]$ 最小时，$E[(e(n) - s(n))^2]$ 也达到最小，即自适应噪声抵消系统的输出信号 $e(n)$ 与有用信号 $s(n)$ 的均方误差最小。

自适应滤波器自动地调节其权系数，将 $v'(n)$ 加工成 $y(n)$ ，与原始输入信号 $d(n)$ 中的 $v(n)$ 相减。在理想情况下，当 $v(n) = y(n)$ 时，有 $e(n) = s(n)$ 。这时，输出信号 $e(n)$ 的噪声完全被抵消，而只保留有用信号 $s(n)$ 。

自适应滤波器能够完成上述任务的必要条件是 $v'(n)$ 必须与被抵消的噪声 $v(n)$ 相关。

为了进一步说明自适应噪声抵消系统的原理，以图 12.18 来具体说明。

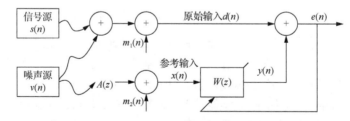

图 12.18　常用的自适应噪声抵消系统

图中，$d(n)$ 由有用信号 $s(n)$ 与两噪声 $v(n)$ 和 $m_1(n)$ 之和组成，参考输入 $x(n)$ 由另外两个噪声 $v'(n) = v(n) * a(n)$ 和 $m_2(n)$ 之和组成。其中 $a(n)$ 为传输通道的单位冲激响应，其对应的传递函数为 $A(z)$ 。由于 $v(n)$ 与 $v'(n)$ 共源，因此二者是相关的。另外，$v(n)$ 与 $s(n)$ 是不相关的。噪声 $m_1(n)$ 与 $m_2(n)$ 也是互不相关的，且二者与 $s(n)$ 、$v(n)$ 、$v'(n)$ 均不相关。$e(n)$ 为误差信号，也是整个自适应噪声抵消系统的输出。若自适应过程是收敛的，并且有最小均方解，则自适应滤波器与维纳滤波器等效，其最优传递函数等于维纳滤波器的传递函数，即

$$W_{\text{opt}}(z) = \frac{P_{xd}(z)}{P_x(z)} \tag{12.97}$$

式中，$P_{xd}(z)$ 为 $x(n)$ 与 $d(n)$ 的互功率谱。这样，自适应滤波器的输入功率谱为

$$P_x(z) = P_{m_2}(z) + P_v(z)\,|\,A(z)\,|^2 \tag{12.98}$$

互功率谱 $P_{xd}(z)$ 仅与其原始输入及参考输入的相关分量有关，即 $P_{xd}(z) = P_v(z)A(z^{-1})$。这样，式（12.97）变为

$$W_{\text{opt}}(z) = \frac{P_v(z)A(z^{-1})}{P_{m_2}(z) + P_v(z)\,|\,A(z)\,|^2} \tag{12.99}$$

由此可见，$W_{\text{opt}}(z)$ 与原始输入中有用信号的功率谱 $P_s(z)$ 及非相关噪声功率谱 $P_{m_1}(z)$ 无关。若参考输入中的加性噪声 $m_2(n)$ 为零，则 $P_{m_2}(z)$ 为零，滤波器最优传递函数变为

$$W_{\text{opt}}(z) = \frac{1}{A(z)} \tag{12.100}$$

上式表明，自适应滤波器的最优传递函数 $W_{\text{opt}}(z)$ 等于参考输入通道传递函数 $A(z)$ 的逆。这时，自适应滤波器可以使噪声 $v(n)$ 在自适应噪声抵消系统的输出为零，但原始不相关噪声 $m_1(n)$ 则完全不能抵消。

2. 自适应噪声抵消的应用

例 12.5　试采用 MATLAB 编程，利用自适应噪声抵消系统提取被噪声污染的正弦信号。

解　按照要求，MATLAB 程序代码如下：

```
clear; N=1000; M=15; s=sin(2*pi*0.02*[0:N-1]'); noise=0.5*randn(1,N);
g=fir1(M-1,0.4); fnoise=filter(g,1,noise); d=s.'+fnoise; mu=0.015;
ha=dsp.LMSFilter(M+1,'StepSize',mu);  [y,e]=ha(noise',d');
figure(1);
subplot(221);plot(800:999,s(801:1000)); axis([800,1000,-2,2]);
ylabel('幅度'); xlabel('时间'); text(970,1.5,'(a)');
subplot(222);plot(800:999,d(801:1000)); axis([800,1000,-2,2]);
ylabel('幅度'); xlabel('时间'); text(970,1.5,'(b)');
subplot(223);plot(800:999,e(801:1000)); axis([800,1000,-2,2]);
ylabel('幅度'); xlabel('时间'); text(970,1.5,'(c)');
subplot(224);plot(800:999,s(801:1000),'-.',800:999,e(801:1000));
axis([800,1000,-2,2]);
ylabel('幅度'); xlabel('时间'); text(970,1.5,'(d)');
```

图 12.19 给出了 MATLAB 程序运行的结果。显然，经过自适应噪声抵消系统的处理，信号中的噪声被显著去除了。

例 12.6　母腹电极上胎儿心电信号的提取。胎儿的心电图监护是孕妇妊娠期间保证母子安全的重要技术手段之一。借助胎儿心电图的观测，临床医生可以了解胎位，单胎、双胎以及分娩期间心率是否正常等情况。在孕妇妊娠的中、后期，可以借助胎儿心电图的检查，了解并预测胎儿在子宫内的生理状况。试以胎儿心电信号的提取为例，说明自适应噪声抵消系统的应用。

解　胎儿的心电图是在孕妇母体腹壁测量的，称为腹壁胎儿心电图，简称为胎儿心电图。从母体腹壁测量得到的信号 $x(t)$ 可以表示为 $x(t) = s(t) + m(t) + v(t)$。式中，$s(t)$ 为胎儿心电信号；$m(t)$ 为母亲心电信号；$v(t)$ 为噪声干扰。图 12.20 给出了胎儿心电信号测量的示意图。

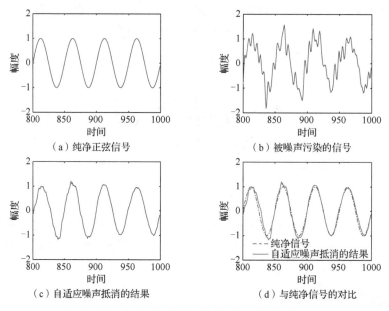

（a）纯净正弦信号　　　　　　　　　　（b）被噪声污染的信号

（c）自适应噪声抵消的结果　　　　　　　（d）与纯净信号的对比

图 12.19　自适应噪声抵消系统去除噪声的结果

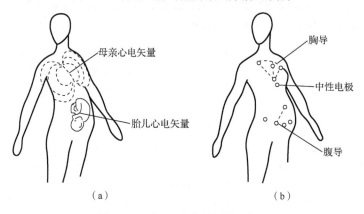

（a）　　　　　　　　　　　　　　（b）

图 12.20　胎儿心电信号测量示意图

　　图 12.21 给出了采用自适应噪声抵消系统提取胎儿心电信号的示意图。其中，以母体胸部导联得到的母亲心电信号 $m(t)$ 作为期望响应，以母体腹壁信号 $x(t)$ 作为原始信号输入。图中的图 12.21（a）表示处理前的信号，显然，胎儿信号淹没在母体信号之中。图 12.21（b）为处理后的胎儿信号，可见，胎儿的心电信号已经明显地提取出来了。

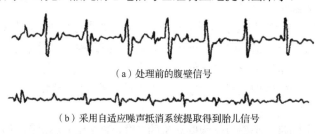

（a）处理前的腹壁信号

（b）采用自适应噪声抵消系统提取得到胎儿信号

图 12.21　采用自适应噪声抵消系统提取胎儿心电信号的结果

例 12.7　心电图中工频干扰的消除。所谓工频干扰，一般指由市电产生的 50Hz 干扰。

在心电测量时，如果心电图机的屏蔽或接地处理不当，则有可能在心电图中引入一定的工频干扰，如图 12.22（a）所示。工频干扰的存在，对于正确判读心电信号，并正确进行临床诊断具有很大危害，应该尽力消除。试采用自适应噪声抵消系统来消除心电信号中的工频干扰。

　　解　如果工频干扰的频率比较稳定，一般可以采用具有固定中心频率的窄带带阻滤波器（称为"陷波器"）来消除。但是在很多情况下，人们有可能不易准确知道工频干扰的频率，或工频干扰也许会存在一定的频率漂移，在这种情况下，自适应噪声抵消系统是一个很好的选择。图 12.22（b）给出了采用自适应噪声抵消系统消除工频干扰后的心电信号波形。

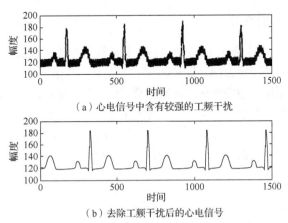

（a）心电信号中含有较强的工频干扰

（b）去除工频干扰后的心电信号

图 12.22　采用自适应噪声抵消系统消除心电图中工频干扰的结果

12.5.3　自适应谱线增强及其应用

1. 自适应谱线增强的基本原理

　　自适应谱线增强（adaptive line enhancement，ALE）是一种在宽带噪声中检测较弱正弦信号或窄带信号的自适应方法。图 12.23 给出了自适应谱线增强器的原理框图。

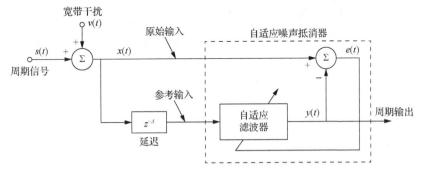

图 12.23　自适应谱线增强器的原理框图

　　由图可见，自适应谱线增强器实际上是由自适应预测器构成的。其作用是抑制宽带随机噪声，尽可能地增强窄带信号或正弦信号，以便进行谱分析等后续处理。设图中虚线框部分的原始输入信号为 $x(t) = s(t) + v(t)$，其中 $s(t)$ 为窄带或周期信号，$v(t)$ 表示宽带随机噪声。将 $x(t)$ 延迟 Δ 个采样间隔后再送入虚线框中的自适应滤波器，自适应滤波器按照最小均方准则进行调整。为使误差信号 $e(t)$ 的均方值 $E[e^2(t)]$ 达到最小，应使自适应滤波器的输出 $y(t)$ 尽量抵消 $x(t)$ 中的 $s(t)$ 成分，使得误差信号 $e(t)$ 中仅剩下 $x(t)$ 中的宽带随机噪声成分 $v(t)$。这样，当自适应算法收敛时，$y(t)$ 是 $s(t)$ 的最优逼近，即可获得所要提取的窄带或正弦信号。

自适应谱线增强系统能够正常工作的关键是要保证延迟 Δ 后信号 $x(t-\Delta)$ 中的 $v(t-\Delta)$ 与 $v(t)$ 不相关，并同时保证 $s(t-\Delta)$ 与 $s(t)$ 仍然相关。由于正弦或周期信号具有周期性的相关性，其延迟 Δ 之后仍然保持很好的相关性，而宽带噪声则因延迟 Δ 而失去相关性，因此自适应谱线增强器可以有效地增强带噪信号中的窄带或正弦信号，而抑制宽带噪声的影响。还需要说明的是，合理地选择延迟 Δ，对于改善谱线增强效果具有重要的意义。一般来说，一个较好的选择是使正弦波经过滤波后所产生的相移再加上 Δ 的等效相移恰好等于 $360°$。

2. 自适应谱线增强的应用

例 12.8 试采用自适应滤波技术对白噪声、有色噪声背景下正弦信号的频谱进行增强和提取，并与经典的傅里叶变换方法进行对比。

解 按照要求，采用自适应谱线增强器对给定信号进行处理，图 12.24 给出了正弦信号频谱增强的结果。图中，左边部分表示傅里叶变换进行谱估计的结果，右边部分表示自适应谱线增强的结果。图 12.24（a）表示输入信号为单一正弦波加上白噪声；图 12.24（b）和（c）均表示噪声总功率中一半为白噪声，另一半为有色噪声。

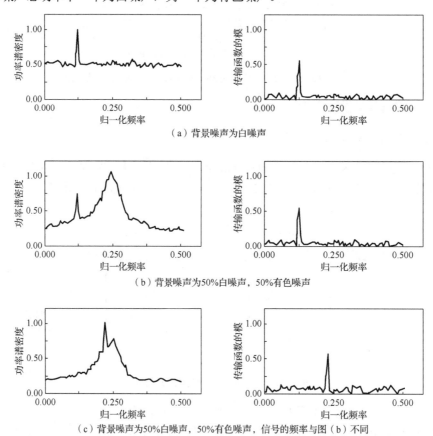

（a）背景噪声为白噪声

（b）背景噪声为50%白噪声，50%有色噪声

（c）背景噪声为50%白噪声，50%有色噪声，信号的频率与图（b）不同

图 12.24　经典傅里叶变换（左图）与自适应谱线增强（右图）进行谱估计的结果对比

在这三种情况下，用自适应谱线增强器得到的正弦波频谱均较好地去除了背景噪声的影响，而傅里叶变换得到的谱估计则有较强的背景噪声谱。显然，自适应谱线增强有效抑制了

白色和有色噪声的谱峰，达到了信号谱线增强的目的。

自适应谱线增强方法可以与 AR 谱估计相结合而用于对超声多普勒回波进行动态谱估计，即对非平稳随机信号随时间动态地进行功率谱估计。这种做法比常规的分段傅里叶变换求周期图的方法可以更好地反映信号功率谱随时间变化的特性。

例 12.9　给定被高斯白噪声污染的两个正弦信号的线性组合，试编写 MATLAB 程序实现自适应谱线增强算法来消除正弦组合信号中的白噪声。

解　MATLAB 程序代码如下：

```
clear; delay=1; N=5000;
s=0.5*sin(2*pi*0.05*[0:N+delay-1])+sin(2*pi*0.1*[0:N+delay-1]);
noise=2*randn(1,N+delay); x=s(1:N);
d=s(1+delay:N+delay)+noise(1+delay:N+delay);
mu=0.001; ha=adaptfilt.lms(32,mu); [y,e]=filter(ha,x,d);
[pdd,w]=pwelch(d(N-1000:N)); [pyy,w]=pwelch(y(N-1000:N));
[pss,w]=pwelch (s(N-1000:N));
subplot(321); plot(N-100:N,s(N-100:N)); axis([4900,5000,-3,3]);
ylabel('幅度');
subplot(323); plot(N-100:N,d(N-100:N)); axis([4900,5000,-8,8]);
ylabel('幅度');
subplot(325); plot(N-100:N,y(N-100:N));
axis([4900,5000,-3,3]); ylabel('幅度');
xlabel('样本数');
subplot(322); plot(w/pi/2,10*log10(pss)); axis([0,0.5,-50,50]);
ylabel('幅度');
subplot(324); plot(w/pi/2,10*log10(pdd)); axis([0,0.5,-50,50]);
ylabel('幅度');
subplot(326); plot(w/pi/2,10*log10(pyy));
axis([0,0.5,-50,50]); ylabel('幅度'); xlabel('频率');
```

图 12.25 给出了程序运行的结果。

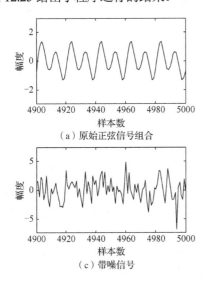

（a）原始正弦信号组合

（c）带噪信号

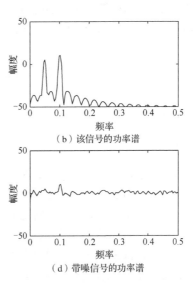

（b）该信号的功率谱

（d）带噪信号的功率谱

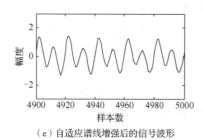

（e）自适应谱线增强后的信号波形

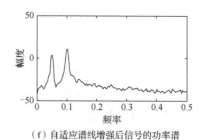

（f）自适应谱线增强后信号的功率谱

图 12.25　自适应谱线增强消除正弦组合信号中的白噪声

12.5.4　自适应系统辨识及其应用

1. 自适应系统辨识的基本原理

所谓系统辨识（system identification），是根据系统的输入-输出特性来确定系统行为的方法，而自适应系统辨识则是采用自适应滤波器来实现对系统的辨识。自适应系统辨识又称为自适应模拟或自适应建模，其原理框图如图 12.17（b）所示。

图 12.17（b）中，假设未知系统的系统函数用 $P(z)$ 表示，自适应滤波器达到稳态后的系统函数用 $H(z)$ 来表示。在自适应迭代过程中，当误差信号 $e(n) \to \min$ 时，表明 $d(n)$ 与 $y(n)$ 之间的误差达到最小，即 $y(n) \approx d(n)$。由于未知系统 $P(z)$ 与自适应系统 $H(z)$ 有相同的输入信号 $x(n)$ 和近似相同的输出信号，因此可以认为 $H(z)$ 是对 $P(z)$ 的一个很好的近似，称为 $H(z)$ 是对 $P(z)$ 的模拟或辨识。

2. 自适应系统辨识的应用

血压的自适应调节或控制对于术后监测病人或长期休克病人具有重要的临床意义。常采用自适应系统辨识技术实现对血压的自适应控制。

依据自适应系统辨识结构，构造血压自适应控制系统。采用血压计连续监测血压的变化，并以平均血压作为系统的输出；通过阀门调节血管收缩药物的注射量，并以该注射量作为系统的输入。自适应系统辨识的作用是通过对生理系统的监测和对自适应系统的调节来逼近生理系统的模型，当所模拟得到的系统与真实生理系统基本一致时，可以使血压的测量值大致等于期望的血压值，从而使血压自动保持在给定的期望值附近。

12.6　核自适应滤波的基本原理

12.6.1　核函数的概念

1. 核函数

根据模式识别理论，低维空间线性不可分的模式通过非线性映射到高维特征空间，则可能实现线性可分。但是，如果直接在高维空间进行分类或回归，则可能在确定非线性映射函数的形式、参数和特征空间维数等问题上遇到困难，特别是在高维特征空间运算时可能会发生"维数灾难"，而采用核函数技术则可以有效地解决这样的问题。

核函数（kernel function）是一类线性和非线性函数的统称。函数 $f(x)$ 可以被视为一个无穷矢量，记为 $f(x)$。二元函数 $K(x, y)$ 可以被视为一个无穷矩阵，记为 $\kappa(x, y)$。若在低维空

间存在某个函数 $\kappa(\boldsymbol{x}, \boldsymbol{y})$，这个函数恰好与高维空间中特征函数的内积 $\langle \varphi(x), \varphi(y) \rangle$ 相等，即满足 $\kappa(\boldsymbol{x}, \boldsymbol{y}) = \langle \varphi(x), \varphi(y) \rangle$，则由这个函数 $\kappa(\boldsymbol{x}, \boldsymbol{y})$ 可以直接得到非线性变换的内积，而无须再计算复杂的非线性变换。则称 $\kappa(\boldsymbol{x}, \boldsymbol{y})$ 这样的一类函数为核函数。

例 12.10　设 $\boldsymbol{x} = [x_1, x_2, x_3] = [1, 2, 3]$ 和 $\boldsymbol{y} = [y_1, y_2, y_3] = [4, 5, 6]$ 分别为维数 $n = 3$ 的两组数据矢量。定义 $\varphi(x)$ 和 $\varphi(y)$ 分别表示对 $\boldsymbol{x}$ 和 $\boldsymbol{y}$ 由 $n = 3$ 维到 $m = 9$ 维的非线性映射，其中 $\varphi(\boldsymbol{x}) = [x_1 x_1, x_1 x_2, x_1 x_3, x_2 x_1, x_2 x_2, x_2 x_3, x_3 x_1, x_3 x_2, x_3 x_3]$，同理，有 $\varphi(\boldsymbol{y}) = [y_1 y_1, y_1 y_2, y_1 y_3, y_2 y_1, y_2 y_2, y_2 y_3, y_3 y_1, y_3 y_2, y_3 y_3]$。这样，有 $\varphi(\boldsymbol{x}) = [1, 2, 3, 2, 4, 6, 3, 6, 9]$ 和 $\varphi(\boldsymbol{y}) = [16, 20, 24, 20, 25, 30, 24, 30, 36]$。

（1）试直接计算 $\varphi(\boldsymbol{x})$ 与 $\varphi(\boldsymbol{y})$ 的内积；

（2）试采用核函数 $\kappa(\boldsymbol{x}, \boldsymbol{y}) = \left(\langle \boldsymbol{x}, \boldsymbol{y} \rangle \right)^2$ 来计算这个内积。

解　（1）根据内积的定义直接计算 $\varphi(\boldsymbol{x})$ 与 $\varphi(\boldsymbol{y})$ 的内积，有
$$\langle \varphi(\boldsymbol{x}), \varphi(\boldsymbol{y}) \rangle = 16 + 40 + 72 + 40 + 100 + 180 + 72 + 180 + 324 = 1024$$

（2）根据核函数 $\kappa(\boldsymbol{x}, \boldsymbol{y}) = \left(\langle \boldsymbol{x}, \boldsymbol{y} \rangle \right)^2$ 计算 $\varphi(\boldsymbol{x})$ 与 $\varphi(\boldsymbol{y})$ 的内积，有
$$\kappa(\boldsymbol{x}, \boldsymbol{y}) = (4 + 10 + 18)^2 = 32^2 = 1024$$

显然，$\kappa(\boldsymbol{x}, \boldsymbol{y}) = \langle \varphi(x), \varphi(y) \rangle$。由此可知，只需要计算核函数 $\kappa(\boldsymbol{x}, \boldsymbol{y})$，就可以得到高维空间内积的结果。由例 12.10 可知，核函数 $\kappa(\boldsymbol{x}, \boldsymbol{y})$ 的作用实际上显著简化了高维空间的计算，甚至可以解决无穷维空间难以计算的问题。

2. 常用核函数

常用的核函数包括线性核函数、多项式核函数、高斯核函数、指数核函数、拉普拉斯核函数和 Sigmoid 核函数等。简要介绍如下：

（1）线性核函数：线性核函数是最简单的核函数，表示为
$$\kappa(\boldsymbol{x}, \boldsymbol{y}) = \boldsymbol{x}^{\mathrm{T}} \boldsymbol{y} \tag{12.101}$$

（2）多项式核函数：多项式核函数是一种非标准核函数，它非常适合于处理正交归一化后的数据。该核函数如式（12.102）所示：
$$\kappa(\boldsymbol{x}, \boldsymbol{y}) = (a \boldsymbol{x}^{\mathrm{T}} \boldsymbol{y} + c)^d \tag{12.102}$$
式中，a、c 和 d 为参数。

（3）高斯核函数：高斯核函数是一种鲁棒的径向基核函数，对于数据中的噪声（特别是脉冲性噪声）具有较好的抑制能力，其表达式为
$$\kappa(\boldsymbol{x}, \boldsymbol{y}) = \frac{1}{\sqrt{2\pi}\sigma} \exp\left(-\frac{\|\boldsymbol{x} - \boldsymbol{y}\|^2}{2\sigma^2} \right) \tag{12.103}$$
式中，参数 σ 称为核长。

（4）指数核函数：指数核函数是高斯核函数的变形，如式（12.104）所示。它仅将矢量之间的 L_2 范数调整为 L_1 范数，这样改动会降低对参数的依赖性，但是适用范围相对狭窄。
$$\kappa(\boldsymbol{x}, \boldsymbol{y}) = \exp\left(-\frac{|\boldsymbol{x} - \boldsymbol{y}|}{2\sigma^2} \right) \tag{12.104}$$

（5）拉普拉斯核函数：拉普拉斯核函数也是高斯核函数的变形，如式（12.105）所示：
$$\kappa(\boldsymbol{x}, \boldsymbol{y}) = \exp\left(-\frac{\|\boldsymbol{x} - \boldsymbol{y}\|}{\sigma} \right) \tag{12.105}$$

（6）Sigmoid 核函数：Sigmoid 是一类函数的统称，其源于神经网络，现已广泛应用于深度学习领域，其中一种常用的表示形式为

$$\kappa(\boldsymbol{x}, \boldsymbol{y}) = \tanh(a\boldsymbol{x}^{\mathrm{T}}\boldsymbol{y} + c) \tag{12.106}$$

式中，$\tanh(\cdot)$ 为双曲正切函数；a 和 c 为参数。

12.6.2　Mercer 定理与再生核希尔伯特空间

1. Mercer 定理

设有数据集合 $\{x_1, x_2, \cdots, x_N\}$，定义一个 $N \times N$ 矩阵 $\boldsymbol{A}$，其元素表示为 $a_{ij} = f(x_i, x_j)$。若矩阵 $\boldsymbol{A}$ 是半正定的，则称 $f(x_i, x_j)$ 为半正定函数。

定理 12.1　Mercer 定理　任何半正定函数都可以作为核函数。

2. 再生核希尔伯特空间与核技巧

设 X 为非空集，$\mathbb{H}$ 是定义在 X 上的希尔伯特空间。若核函数 κ 满足性质：①对于 $\forall x \in X$，有 $\kappa(\cdot, x) \in \mathbb{H}$；②对于 $\forall x \in X$ 和 $f \in \mathbb{H}$，有 $f(x) = \langle f, \kappa(\cdot, x)\rangle_{\mathbb{H}}$。则称 κ 为 $\mathbb{H}$ 的再生核，且 $\mathbb{H}$ 称为再生核希尔伯特空间（reproducing kernel Hilbert space，RKHS）。

设 $\left\{\sqrt{\lambda_i}\varphi_i\right\}_{i=1}^{\infty}$ 为一组正交基并构成一个希尔伯特空间 $\mathbb{H}$。该空间中的任意函数或矢量可以表示为这个基的线性组合，即 $f = \sum_{i=1}^{\infty} f_i\sqrt{\lambda_i}\varphi_i$。设 $\boldsymbol{f} = [f_1, f_2, \cdots]_{\mathbb{H}}^{\mathrm{T}}$ 和 $\boldsymbol{g} = [g_1, g_2, \cdots]_{\mathbb{H}}^{\mathrm{T}}$ 各表示 $\mathbb{H}$ 中的一个无穷矢量。这样，$\boldsymbol{f}$ 和 $\boldsymbol{g}$ 的内积为 $\langle \boldsymbol{f}, \boldsymbol{g}\rangle_{\mathbb{H}} = \sum_{i=1}^{\infty} f_i g_i$。

将核函数 $\kappa(\boldsymbol{x}, \boldsymbol{y})$ 的一个元素固定，则有 $\kappa(\boldsymbol{x}, \cdot) = \sum_{i=1}^{\infty} \lambda_i\varphi_i(\boldsymbol{x})\varphi_i$。在空间 $\mathbb{H}$，可以表示为 $\kappa(\boldsymbol{x}, \cdot) = \left[\sqrt{\lambda_1}\varphi_1(\boldsymbol{x}), \sqrt{\lambda_2}\varphi_2(\boldsymbol{x}), \cdots\right]_{\mathbb{H}}^{\mathrm{T}}$。由此计算内积，有

$$\langle \kappa(\boldsymbol{x}, \cdot), \kappa(\boldsymbol{y}, \cdot)\rangle_{\mathbb{H}} = \sum_{i=1}^{\infty} \lambda_i\varphi_i(\boldsymbol{x})\varphi_i(\boldsymbol{y}) = \kappa(\boldsymbol{x}, \boldsymbol{y}) \tag{12.107}$$

上面这个关系称为再生性质（reproducing property）。由此，空间 $\mathbb{H}$ 被称为再生核希尔伯特空间。可以看出，原本函数之间计算内积需要计算无穷维的积分（求和），但是由再生性质，只需要计算核函数就可以了。进一步地，有

$$\langle \boldsymbol{\varphi}(\boldsymbol{x}), \boldsymbol{\varphi}(\boldsymbol{y})\rangle_{\mathbb{H}} = \langle \kappa(\boldsymbol{x}, \cdot), \kappa(\boldsymbol{y}, \cdot)\rangle_{\mathbb{H}} = \kappa(\boldsymbol{x}, \boldsymbol{y}) \tag{12.108}$$

这表明，我们实际上并不需要真正知道映射是如何进行的，也不需要知道特征空间的基础和特性。这就称为核技巧（kernel trick）。使用核技巧，可以方便地将数据映射到特征空间并进一步进行分析处理。

例 12.11　设核函数为 $\kappa(\boldsymbol{x}, \boldsymbol{y}) = (1 + \boldsymbol{x}^{\mathrm{T}}\boldsymbol{y})^2$，其中 $\boldsymbol{x} = [x_1, x_2]^{\mathrm{T}}$，$\boldsymbol{y} = [y_1, y_2]^{\mathrm{T}}$。试写出 $\boldsymbol{\varphi}(\boldsymbol{x})$ 和 $\boldsymbol{\varphi}(\boldsymbol{y})$，并验证 $\boldsymbol{\varphi}^{\mathrm{T}}(\boldsymbol{x})\boldsymbol{\varphi}(\boldsymbol{y}) = \kappa(\boldsymbol{x}, \boldsymbol{y})$。

解　用多项式表示核函数，可得 $\kappa(\boldsymbol{x}, \boldsymbol{y}) = 1 + x_1^2 y_1^2 + 2x_1 x_2 y_1 y_2 + x_2^2 y_2^2 + 2x_1 y_1 + 2x_2 y_2$。这样，输入矢量 $\boldsymbol{x}$ 在特征空间的像可写为 $\boldsymbol{\varphi}(\boldsymbol{x}) = [1, x_1^2, \sqrt{2}x_1 x_2, x_2^2, \sqrt{2}x_1, \sqrt{2}x_2]^{\mathrm{T}}$。同样，$\boldsymbol{y}$ 在特征空间的像为 $\boldsymbol{\varphi}(\boldsymbol{y}) = [1, y_1^2, \sqrt{2}y_1 y_2, y_2^2, \sqrt{2}y_1, \sqrt{2}y_2]^{\mathrm{T}}$。于是有 $\boldsymbol{\varphi}^{\mathrm{T}}(\boldsymbol{x})\boldsymbol{\varphi}(\boldsymbol{y}) = \kappa(\boldsymbol{x}, \boldsymbol{y})$。

12.6.3　核方法与核自适应滤波

1. 核方法的概念

核方法（kernel method，KM）是近年来得到广泛重视和快速发展一类模式识别算法，是解决非线性模式分析问题的一种有效途径。核方法的核心思想是：通过某种非线性映射将原始数据映射到适当的高维特征空间，再利用通用的线性学习器在这个新的空间对数据进行分析和处理。与以往的非线性信号处理方法不同，核方法处理非线性问题具有坚实的数学基础，且成功应用于诸如支持向量机（support vector machine，SVM）、核主分量分析（kernel principal component analysis，KPCA）、核费希尔判别分析（kernel Fisher discriminant analysis，KFDA）等。特别地，核方法在非线性自适应信号处理领域开辟了一个新领域。

2. 线性与非线性自适应滤波

经典的自适应滤波器由线性组合器构成，属于线性滤波器。LMS 算法和递 RLS 算法都是典型的线性自适应滤波算法。尽管线性自适应滤波器结构简单、易于实现，但是其应用却非常广泛。其强大的信号处理能力使其在噪声抵消、回声对消、信道估计与均衡、阵列自适应波束形成等应用中取得显著成果，并进一步在诸如通信、控制、雷达、声呐、地震信号处理以及生物医学工程等多个领域得到广泛的应用。可以说，线性自适应滤波器理论已经发展到一个高度成熟的阶段。

在自然界和工程技术中存在大量的非线性问题，很难依据经典的线性自适应滤波器来解决。这样，非线性自适应滤波理论与技术应运而生。现有的非线性自适应滤波器中，基于沃尔泰拉（Volterra）级数展开的非线性自适应滤波器受到广泛重视。理论分析与实践表明，由于这种非线性自适应滤波器综合利用了展开的线性和非线性项，可以很好地逼近非线性过程。然而，Volterra 非线性自适应滤波器的计算复杂度非常高，影响了这种滤波器的进一步推广应用。随后出现的时间抽头多层感知器、径向基函数网络和并发神经网络等，均利用随机梯度法进行实时训练。尽管这些方法也曾获得了一定的成功，但是这些方法本质上均属于非凸优化，限制了这些方法的在线应用和进一步发展。

3. 核自适应滤波

核自适应滤波是一类新型的非线性自适应滤波方法，其基本原理是依据 Mercer 定理，采用核方法，通过非线性映射，把输入数据空间的非线性问题映射到高维特征空间，称为再生核希尔伯特空间，从而转化为线性问题。然后在特征空间使用线性方法进行信号处理。实际上，只要算法可以表示成内积的形式，利用再生核希尔伯特空间的性质和核技巧，就无须直接在高维空间进行计算，使得高维空间的自适应滤波变得非常简单。在这个过程中，再生核希尔伯特空间起到非常关键的作用，它为核自适应滤波提供了非常好的条件，包括线性特性、凸性和通用的逼近能力。

核自适应滤波属于非线性自适应滤波的范畴，但实际上，它又是一种广义的线性自适应滤波。核自适应滤波的基本思想可以概括为两个方面，①使用 Mercer 核将输入数据空间非线性映射到高维特征空间；②使用线性自适应滤波器进行自适应信号处理。这样，对于诸如自适应均衡、预测、控制、建模和系统辨识等应用中在线、小规模的非线性自适应信号处理，都可以采用最经典的线性自适应滤波，例如 LMS 算法或 RLS 算法来完成。

12.6.4 核最小均方自适应滤波

核最小均方（kernel least mean square，KLMS）自适应滤波是依据核方法对 LMS 自适应滤波进行改造的新型自适应滤波方法，适用于输入-输出的非线性映射关系。

在 LMS 算法中，若滤波器的期望响应 $d(n)$ 与输入信号 $x(n)$ 之间的映射是高度非线性的，则算法的性能会急剧退化。由此产生了核 LMS 算法，称为 KLMS 算法。

为了便于对比，现将 LMS 算法的主要公式列于式（12.109）中

$$\begin{cases} w(0) = 0 \\ e(n) = d(n) - w^{\mathrm{T}}(n-1)x(n) \\ w(n) = w(n-1) + \mu e(n)x(n) \end{cases} \tag{12.109}$$

式中，$w(n)$ 和 $x(n)$ 分别为自适应滤波器权矢量和输入信号矢量；$d(n)$ 为期望响应；$e(n)$ 为误差信号；μ 为自适应滤波器的收敛因子。

采用核方法把原输入空间 $\mathbb{U}$ 中的输入信号 $x(n)$ 通过非线性映射函数 φ 映射到高维再生核希尔伯特空间 $\mathbb{H}$，形成 $\varphi(x(n))$，简记为 $\varphi(n)$。由于 $x(n)$ 与 $\varphi(n)$ 的维度差异，$w^{\mathrm{T}}\varphi(x(n))$ 是比 $w^{\mathrm{T}}x$ 更强大的模型。通过随机梯度下降法寻找权矢量 $w(n)$ 的最优值，是实现非线性滤波的基本方法。在再生核希尔伯特空间 $\mathbb{H}$ 中的新样本序列 $\{\varphi(n), d(n)\}$ 上使用 LMS 算法，可以得到

$$\begin{cases} w(0) = 0 \\ e(n) = d(n) - w^{\mathrm{T}}(n-1)\varphi(n) \\ w(n) = w(n-1) + \mu e(n)\varphi(n) \end{cases} \tag{12.110}$$

显然，式（12.110）与式（12.109）具有高度相似性。不过，前者是在再生核希尔伯特空间 $\mathbb{H}$ 中的运算，而后者是在输入信号空间 $\mathbb{U}$ 的运算。由于 φ 的维度很高，且为隐式表达，不方便计算。若对式（12.110）中权矢量 $w(n)$ 进行反复迭代，可得

$$w(n) = w(n-1) + \mu e(n)\varphi(n) = w(0) + \mu \sum_{m=1}^{n} e(m)\varphi(m) \tag{12.111}$$

若 $w(0) = 0$，则 $w(n) = \mu \sum_{m=1}^{n} e(m)\varphi(m)$。这表明，经过 n 步训练，权矢量的估计值表示为非线性映射后所有数据的线性组合形式。并且，该自适应系统对于一个新输入 x' 的输出可以表示成映射后输入信号的内积形式，即

$$w^{\mathrm{T}}(n)\varphi(x') = \left[\mu \sum_{m=1}^{n} e(m)\varphi(x(m))^{\mathrm{T}} \right] \varphi(x') = \mu \sum_{m=1}^{n} e(m) \left[\varphi(x(m))^{\mathrm{T}} \varphi(x') \right]$$

通过核技巧 $\varphi^{\mathrm{T}}(x)\varphi(x') = \kappa(x, x')$，可以在输入空间 $\mathbb{U}$ 通过核函数高效计算滤波器的输出，表示为

$$w^{\mathrm{T}}(n)\varphi(x') = \mu \sum_{m=1}^{n} e(m)\kappa(x(m), x') \tag{12.112}$$

显然，与 LMS 算法相比，上述新算法的滤波器输出仅需要内积运算，不涉及权矢量的迭代，计算量显著减小。KLMS 是再生核希尔伯特空间的 LMS 算法。

12.7 本 章 小 结

自适应滤波技术是信号处理理论和应用中一个非常重要的分支，几十年来，一直受到学

术界和应用领域的高度重视。本章以横向自适应滤波器结构为起点，系统介绍了自适应滤波的基本原理和基本方法，重点介绍了 LMS 和 RLS 这两种得到广泛应用的经典算法的理论与应用，还结合实例介绍了自适应滤波器四种基本结构及应用。最后，本章结合核方法和数据空间到特征空间的非线性映射，介绍了近年来得到广泛重视和应用的核自适应滤波技术。对于本章内容的学习，可以使读者建立自适应滤波的概念与理论基础，有助于今后的进一步学习、研究和应用。

思考题与习题

12.1　说明自适应滤波器性能函数的概念。

12.2　说明性能表面搜索的方法。解释牛顿法与最速下降法。

12.3　说明自适应滤波器 LMS 算法的基本原理。概括说明 LMS 算法的性能。

12.4　说明 LMS 算法的改进形式及各自的特点。

12.5　说明自适应滤波器的 RLS 算法。

12.6　说明自适应噪声抵消系统的基本原理与应用。

12.7　说明自适应谱线增强的基本原理与应用。

12.8　说明自适应系统辨识的基本原理与应用。

12.9　说明核函数的概念。解释什么是核方法与核技巧。

12.10　解释核自适应滤波特别是 KLMS 算法的思路与特性。

12.11　如图题 12.11 所示的自适应线性组合器，令 $N = 10$。

（1）求最优权矢量；

（2）用（1）的解导出 $y(n)$ 的表达式；

（3）用（2）的结果证明 $y(n) = d(n)$。

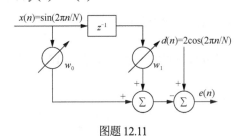

图题 12.11

12.12　在习题 12.11 中的性能表面上，若 $w_1 = 0$、$N = 8$，且 $e(n)$ 的均方值为 2.0 时，求系统的梯度矢量。

12.13　设自适应线性组合器的两个权系数为 $h_0(n)$ 和 $h_1(n)$。$x(n)$、$y(n)$ 和 $d(n)$ 分别表示时刻 n 的输入信号、输出信号和期望响应。

（1）推导最速下法权系数迭代计算公式；

（2）设 $R_{xd}(n) = 10$、$R_{xd}(1) = 5$、$R_x(0) = 3$、$R_x(1) = 2$。求最优加权系数。

12.14　有一个两系数自适应线性组合器 $y(n) = w_0 x_0(n) + w_1 x_1(n)$，若要求使误差的四次方的期望值最小，即 $E[e^4(n)] = \min$。设输入信号和期望响应都是平稳的。

（1）求性能函数表达式；

（2）$E[e^4(n)]$ 是否为 w_0 和 w_1 的二次函数？

12.15 将牛顿法用于下式所表示的性能函数，$\xi = 1 - \dfrac{1}{26}\Big[(1-w^2)(4+3w)^2 + 1\Big]$，导出其权值调整公式。

12.16 试证明白噪声自相关矩阵的所有特征值都相等。

12.17 考虑图题 12.17 所示的单权自适应线性组合器，设开关 S 是断开的。满足如下关系：$E[x^2(n)] = 1$，$E[x(n)x(n-1)] = 0.5$，$E[d^2(n)] = 4$，$E[d(n)x(n)] = -1$，$E[d(n)x(n-1)] = 1$。试导出性能函数表达式，并给出性能函数的图形。

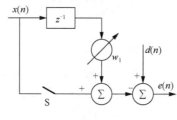

图题 12.17

12.18 若图题 12.17 中的开关 S 闭合，按照习题 12.17 的条件和要求再做一次。

12.19 设一自适应系统的收敛因子为 $\mu = 0.1$，权矢量初值为 $\boldsymbol{w}(0) = [5 \quad 2]^{\mathrm{T}}$，性能函数为 $\xi = 2w_0^2 + 2w_1^2 + 2w_0 w_1 - 14w_0 - 16w_1 + 42$。试利用修正的牛顿法 $\boldsymbol{w}(n+1) = \boldsymbol{w}(n) - \mu \boldsymbol{R}^{-1}\nabla(n)$ 求前 5 个权矢量的值，并求出 $\boldsymbol{w}(20)$。

12.20 设自适应系统的条件与习题 12.19 相同。

（1）试利用最速下降法求前 5 个权矢量的值，并求出 $\boldsymbol{w}(20)$；

（2）试给出最速下降法的学习曲线。

12.21 考察如图题 12.21 的自适应系统。

（1）若给定 $R_x(m) = E[x(n)x(n+m)]$，试写出该系统的性能函数表达式；

（2）当 $x(n) = \sin\dfrac{\pi n}{5}$ 时，给出性能表面表达式；

（3）当 $x(n) = \sin\dfrac{\pi n}{5}$，且 μ 取其最大值的 1/5，写出 LMS 算法。

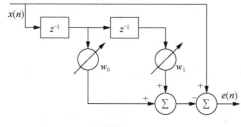

图题 12.21

12.22 对于二阶递归自适应滤波器，试证明权系数 w_0 和 w_1 必须处于图题 12.22 所示的 △ABC 内才能保证滤波器稳定，即该三角形相当于 z 平面上的单位圆。

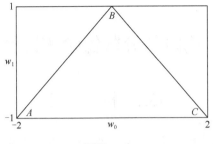

图题 12.22

12.23 如图题 12.23 所示的自适应系统，已知 $x(n) = \sin\dfrac{2\pi}{15}$，$L = 1$。试求系统的性能函数。

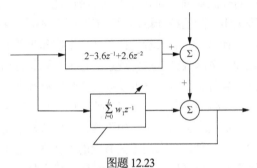

图题 12.23

12.24 考虑 AR 过程 $x(n)$，其差分方程为 $x(n) = -a_1 x(n-1) - a_2 x(n-2) + v(n)$，其中 $v(n)$ 是零均值、方差为 $\sigma_v^2 = 0.0731$ 的加性白噪声。AR 参数 $a_1 = -0.975, a_2 = 0.95$。试利用 MATLAB 编程产生 512 点样本序列 $x(n)$。令 $x(n)$ 为二阶线性预测器 LP(2)的输入，在 $\mu = 0.05$、$\mu = 0.005$ 的情况下用 LMS 滤波器来估计 w_1 和 w_2。

12.25 已知期望响应 $d(n)$ 和观测信号 $y(n)$ 分别由 $d(n) = -2x(n - \dfrac{N}{4})$ 和 $y(n) = x(n) + v(n)$ 给出，其中 $x(n) = \sin\left(\dfrac{2\pi n}{N} + \varphi\right)$，$\varphi$ 是在 $[0, 2\pi]$ 上均匀分布的随机初始相位，$v(n)$ 是零均值、方差为 $\sigma_v^2 = 0.5$ 的加性白噪声。用 LMS 算法实现噪声中单频信号的估计。FIR 滤波器权系数个数 $M = 2$，选择适当的步长，给出单次实验和 100 次独立实验的学习曲线，以及权系数在单次实验和 100 次独立实验的变化曲线。

第 13 章　高阶与分数低阶统计量信号处理

13.1　概　　述

实际应用中遇到的信号往往是随机信号，要准确地刻画随机信号需要采用不同的数学工具。对于满足高斯分布的信号或噪声，数学期望和协方差矩阵等计算量小的二阶统计量是比较理想的工具；当信号不符合高斯分布，而噪声为高斯白噪声或有色噪声时，高阶统计量比较适合；当信号或噪声满足 α 稳定分布时，二阶或高阶统计量均不存在，需要采用分数低阶统计量。本章重点介绍针对非高斯分布的高阶和低阶统计量。

高阶统计量是指阶数大于二阶的统计量，主要有高阶矩、高阶累积量和高阶累积量谱（简称高阶谱）等，由于高阶统计量包含了二阶统计量（功率谱和相关函数）没有的大量丰富信息，因此，凡是用功率谱和相关函数分析与处理过的且未得到满意结果的任何问题，都值得重新试用高阶统计量方法。高阶累积量不仅可以自动抑制高斯噪声的影响，而且也能抑制对称分布噪声的影响；高阶循环统计量则能自动抑制任何平稳（高斯与非高斯）噪声的影响。

当某些非高斯噪声，如 α 稳定分布噪声，由于其符合中心极限定理，在理论上适合应用于实际场景中的噪声建模，且 α 稳定分布由于其参数的可变性，包含高斯分布、柯西分布和拉普拉斯分布等，因此比高斯分布更具有普适性。但是 α 稳定分布不具有二阶及二阶以上特性，大部分的时频特征和统计特征失效，只能采用低阶统计量对其展开分析。

13.2　高阶矩和高阶累积量

三阶和更高阶的统计量统称为高阶统计量，包括高阶累积量、高阶累积量谱、高阶矩和高阶矩谱。在一般情况下，经常使用高阶累积量和高阶累积量谱，而高阶矩和高阶矩谱很少使用，因此本节将对高阶累积量和高阶累积量谱进行重点介绍。

13.2.1　特征函数

特征函数方法是概率论和数理统计的主要分析工具之一，利用特征函数，很容易定义高阶统计量并推导它们的性质。

定义 13.1　若随机变量 x 的分布函数为 $F(x)$，则称

$$\Phi(\omega) = E(\mathrm{e}^{\mathrm{j}\omega x}) = \int_{-\infty}^{\infty} \mathrm{e}^{\mathrm{j}\omega x} \mathrm{d}F(x) = \int_{-\infty}^{\infty} \mathrm{e}^{\mathrm{j}\omega x} f(x)\mathrm{d}x \tag{13.1}$$

为 x 的第一特征函数。其中 $f(x)$ 为概率密度函数，是 $F(x)$ 的导数，ω 为特征函数的参数。也就是说特征函数 $\Phi(\omega)$ 是概率密度 $f(x)$ 的傅里叶变换。因为 $f(x) \geqslant 0$，所以特征函数 $\Phi(\omega)$ 在原点具有最大值，即 $|\Phi(\omega)| \leqslant |\Phi(0)| = 1$。

第二特征函数 $\Psi(\omega)$ 的定义为

$$\Psi(\omega) = \ln \Phi(\omega) \tag{13.2}$$

也称为 x 的累积量生成函数。

定义 13.2　设随机矢量 $\boldsymbol{x} = [x_1, x_2, \cdots, x_n]^{\mathrm{T}}$，具有联合概率分布函数为 $F(x_1, x_2, \cdots, x_n)$，则第一联合特征函数为

$$
\begin{aligned}
\Phi(\omega_1, \omega_2, \cdots, \omega_n) &= E[\mathrm{e}^{\mathrm{j}(\omega_1 x_1 + \omega_2 x_2 + \cdots + \omega_n x_n)}] \\
&= \int_{-\infty}^{\infty} \cdots \int_{-\infty}^{\infty} \mathrm{e}^{\mathrm{j}(\omega_1 x_1 + \omega_2 x_2 + \cdots + \omega_n x_n)} \mathrm{d}F(x_1, x_2, \cdots, x_n)
\end{aligned}
\tag{13.3}
$$

令 $\boldsymbol{\omega} = [\omega_1, \omega_2, \cdots, \omega_n]^{\mathrm{T}}$，则

$$
\Phi(\boldsymbol{\omega}) = \int \mathrm{e}^{\mathrm{j}\boldsymbol{\omega}^{\mathrm{T}} \boldsymbol{x}} f(\boldsymbol{x}) \mathrm{d}\boldsymbol{x}
\tag{13.4}
$$

式中，$f(\boldsymbol{x}) = f(x_1, x_2, \cdots, x_n)$ 为联合概率密度函数。$\boldsymbol{x}$ 的第二联合特征函数定义为

$$
\Psi(\omega_1, \omega_2, \cdots, \omega_n) = \ln[\Phi(\omega_1, \omega_2, \cdots, \omega_n)]
\tag{13.5}
$$

下面将用它们来定义高阶矩和高阶累积量。

13.2.2　高阶矩和高阶累积量的定义

1. 单个随机变量情形

（1）高阶矩定义。

随机变量 x 的 k 阶矩定义为

$$
m_k = E(x^k) = \int_{-\infty}^{\infty} x^k f(x) \mathrm{d}x
\tag{13.6}
$$

显然 $m_0 = 1$，$m_1 = \eta = E(x)$。随机变量 x 的 k 阶中心矩定义为

$$
\mu_k = E[(x - \eta)^k] = \int_{-\infty}^{\infty} (x - \eta)^k f(x) \mathrm{d}x
\tag{13.7}
$$

则 $\mu_0 = 1$，$\mu_1 = 0$，$\mu_2 = \sigma^2$。

若 $m_k (k = 1, 2, \cdots, n)$ 存在，则 x 的特征函数 $\Phi(\omega)$ 可按泰勒级数展开，即

$$
\Phi(\omega) = 1 + \sum_{k=1}^{n} \frac{m_k}{k!} (\mathrm{j}\omega)^k + O(\omega^n)
\tag{13.8}
$$

并且 m_k 与 $\Phi(\omega)$ 的 k 阶导数之间的关系为

$$
m_k = (-\mathrm{j})^k \left. \frac{\mathrm{d}^k \Phi(\omega)}{\mathrm{d}\omega^k} \right|_{\omega=0} = (-\mathrm{j})^k \Phi^k(0), \quad k \leqslant n
\tag{13.9}
$$

（2）高阶累积量定义。

x 的第二特征函数 $\Psi(\omega)$ 按泰勒级数展开，有

$$
\Psi(\omega) = \ln \Phi(\omega) = \sum_{k=1}^{n} \frac{c_k}{k!} (\mathrm{j}\omega)^k + O(\omega^n)
\tag{13.10}
$$

式中，c_k 被称为随机变量 x 的 k 阶累积量。并且 c_k 与 $\Psi(\omega)$ 的 k 阶导数之间的关系为

$$
c_k = \frac{1}{\mathrm{j}^k} \left[\frac{\mathrm{d}^k}{\mathrm{d}\omega^k} \ln \Phi(\omega) \right]_{\omega=0} = \frac{1}{\mathrm{j}^k} \left[\frac{\mathrm{d}^k \Psi(\omega)}{\mathrm{d}\omega^k} \right]_{\omega=0} = (-\mathrm{j})^k \Psi^k(0), \quad k \leqslant n
\tag{13.11}
$$

（3）高阶矩和高阶累积量的转换关系。

下面推导 c_k 与 m_k 之间的关系。令 $n \to \infty$，并利用

$$
\begin{aligned}
\Phi(\omega) &\approx 1 + \sum_{k=1}^{\infty} \frac{m_k}{k!} (\mathrm{j}\omega)^k \approx \exp\left[\sum_{k=1}^{\infty} \frac{c_k}{k!} (\mathrm{j}\omega)^k \right] \\
&= 1 + \sum_{k=1}^{\infty} \frac{c_k}{k!} (\mathrm{j}\omega)^k + \frac{1}{2!} \left[\sum_{k=1}^{\infty} \frac{c_k}{k!} (\mathrm{j}\omega)^k \right]^2 + \cdots + \frac{1}{n!} \left[\sum_{k=1}^{\infty} \frac{c_k}{k!} (\mathrm{j}\omega)^k \right]^n + \cdots
\end{aligned}
$$

比较上式中各 $(\mathrm{j}\omega)^k (k=1,2,\cdots)$ 同幂项系数，可得 k 阶累积量与 k 阶矩的关系如下：

$$c_1 = m_1 = E(x) = \eta$$

$$c_2 = m_2 - m_1^2 = E(x^2) - [E(x)]^2 = E\{[x-E(x)]^2\} = \mu_2$$

$$c_3 = m_3 - 3m_1 m_2 + 2m_1^3 = E(x^3) - 3E(x)E(x^2) + 2[E(x)]^3 = E\{[x-E(x)]^3\} = \mu_3$$

$$c_4 = m_4 - 3m_2^2 - 4m_1 m_3 + 12m_1^2 m_2 - 6m_1^4 \neq E\{[x-E(x)]^4\} = \mu_4$$

若 $E(x) = \eta = 0$，则

$$c_1 = m_1 = 0, c_2 = m_2 = E(x^2), c_3 = m_3 = E(x^3), c_4 = m_4 - 3m_2^2 = E(x^4) - 3[E(x^2)]^2$$

上述关系表明，计算 x 的 k 阶累积量 c_k 需要知道该随机变量所有从 1 阶到 k 阶的矩 $m_1, \cdots, m_k$。当随机过程的均值不为零时，二阶以上的矩和累积量是不相同的。若随机过程的均值为零，则三阶以下的矩和累积量相等，而高于三阶的矩和累积量则一般均不等。同时由上述关系，各阶累积量的物理意义分别为：一阶累积量是随机变量的数学期望，大致描述了概率分布的中心；二阶累积量是方差，描述了概率分布的离散程度；三阶累积量是三阶中心矩，描述了概率分布的非对称性；四阶累积量则描述了概率分布的陡峭程度。

2. 多个随机变量情形

（1）高阶矩。

给定 n 维随机变量 $(x_1, x_2, \cdots, x_n)$，其第一联合特征函数为

$$\Phi(\omega_1, \omega_2, \cdots, \omega_n) = E\{\exp[\mathrm{j}(\omega_1 x_1 + \omega_2 x_2 + \cdots + \omega_n x_n)]\} \tag{13.12}$$

第二联合特征函数为

$$\Psi(\omega_1, \omega_2, \cdots, \omega_n) = \ln \Phi(\omega_1, \omega_2, \cdots, \omega_n) \tag{13.13}$$

对式（13.12）与式（13.13）分别按泰勒级数展开，则阶数 $r = k_1 + k_2 + \cdots + k_n$ 的联合矩可用第一联合特征函数 $\Phi(\omega_1, \omega_2, \cdots, \omega_n)$ 定义为

$$m_{k_1 k_2 \cdots k_n} = E(x_1^{k_1} x_2^{k_2} \cdots x_n^{k_n}) = (-\mathrm{j})^r \left[\frac{\partial^r \Phi(\omega_1, \omega_2, \cdots, \omega_n)}{\partial \omega_1^{k_1} \partial \omega_2^{k_2} \cdots \partial \omega_n^{k_n}} \right]_{\omega_1 = \omega_2 = \cdots = \omega_n = 0}$$

（2）高阶累积量。

同样地，阶数 $r = k_1 + k_2 + \cdots + k_n$ 的联合累积量可用第二联合特征函数 $\Psi(\omega_1, \omega_2, \cdots, \omega_n)$ 定义为

$$c_{k_1 k_2 \cdots k_n} = (-\mathrm{j})^r \left. \frac{\partial^r \Psi(\omega_1, \omega_2, \cdots, \omega_n)}{\partial \omega_1^{k_1} \partial \omega_2^{k_2} \cdots \partial \omega_n^{k_n}} \right|_{\omega_1 = \omega_2 = \cdots = \omega_n = 0} = (-\mathrm{j})^r \left. \frac{\partial^r \ln \Phi(\omega_1, \omega_2, \cdots, \omega_n)}{\partial \omega_1^{k_1} \partial \omega_2^{k_2} \cdots \partial \omega_n^{k_n}} \right|_{\omega_1 = \omega_2 = \cdots = \omega_n = 0}$$

（3）二者关系。

联合累积量 $c_{k_1 k_2 \cdots k_n}$ 可用联合矩 $m_{k_1 k_2 \cdots k_n}$ 的多项式来表示，但其一般表达式相当复杂，这里不加详述，仅给出二阶、三阶和四阶联合累积量与其对应阶次的联合矩之间的关系。

设 $x_1, x_2, \cdots, x_n$ 均为零均值随机变量，则

$$c_{11} = \mathrm{cum}(x_1, x_2) = E(x_1 x_2) \tag{13.14a}$$

$$c_{111} = \mathrm{cum}(x_1, x_2, x_3) = E(x_1 x_2 x_3) \tag{13.14b}$$

$$c_{1111} = \mathrm{cum}(x_1, x_2, x_3, x_4)$$
$$= E(x_1 x_2 x_3 x_4) - E(x_1 x_2)E(x_3 x_4) - E(x_1 x_3)E(x_2 x_4) - E(x_1 x_4)E(x_2 x_3) \tag{13.14c}$$

对于非零均值随机变量，则式（13.14）中用 $x_i - E(x_i)$ 代替 x_i 即可。与单个变量情形类

似，前三阶联合累积量与前三阶联合矩相同，而四阶及高于四阶的联合累积量则与相应阶次的联合矩不同。注意，式（13.14）中采用 cum(·) 表示联合累积量。

3. 平稳随机过程的高阶累积量

设 $\{x(n)\}$ 为零均值 k 阶平稳随机过程，则该过程的 k 阶累积量 $c_{kx}(\tau_1, \tau_2, \cdots, \tau_{k-1})$ 定义为随机变量 $(x(n), x(n+\tau_1), \cdots, x(n+\tau_{k-1}))$ 的 k 阶联合累积量，即

$$c_{kx}(\tau_1, \tau_2, \cdots, \tau_{k-1}) = \mathrm{cum}(x(n), x(n+\tau_1), \cdots, x(n+\tau_{k-1})) \tag{13.15}$$

而该过程的 k 阶矩 $m_{kx}(\tau_1, \tau_2, \cdots, \tau_{k-1})$ 则定义为随机变量 $\{x(n), x(n+\tau_1), \cdots, x(n+\tau_{k-1})\}$ 的 k 阶联合矩，即

$$m_{kx}(\tau_1, \tau_2, \cdots, \tau_{k-1}) = \mathrm{mom}(x(n), x(n+\tau_1), \cdots, x(n+\tau_{k-1})) \tag{13.16}$$

式中，$\mathrm{mom}(\cdot)$ 表示联合矩。

由于 $\{x(n)\}$ 是 k 阶平稳的，故 $\{x(n)\}$ 的 k 阶累积量和 k 阶矩仅仅是时延 $\tau_1, \tau_2, \cdots, \tau_{k-1}$ 的函数，而与时刻 n 无关，对于 $k = 1, 2, 3, 4$，$\{x(n)\}$ 的累积量和矩之间的关系如下：

$$c_{1x}(\tau) = m_{1x} = E[x(n)] \tag{13.17a}$$

$$c_{2x}(\tau_1) = m_{2x}(\tau_1) - (m_{1x})^2 \tag{13.17b}$$

$$c_{3x}(\tau_1, \tau_2) = m_{3x}(\tau_1, \tau_2) - m_{1x}[m_{2x}(\tau_1) + m_{2x}(\tau_2) + m_{2x}(\tau_2 - \tau_1)] + 2(m_{1x})^3 \tag{13.17c}$$

$$\begin{aligned}
c_{4x}(\tau_1, \tau_2, \tau_3) =\ & m_{4x}(\tau_1, \tau_2, \tau_3) - m_{2x}(\tau_1)m_{2x}(\tau_3 - \tau_2) - m_{2x}(\tau_2)m_{2x}(\tau_3 - \tau_1) \\
& - m_{2x}(\tau_3)m_{2x}(\tau_2 - \tau_1) - m_{1x}[m_{3x}(\tau_2 - \tau_1, \tau_3 - \tau_1) + m_{3x}(\tau_2, \tau_3) \\
& + m_{3x}(\tau_1, \tau_3) + m_{3x}(\tau_1, \tau_2)] + 2(m_{1x})^2[m_{2x}(\tau_1) + m_{2x}(\tau_2) + m_{2x}(\tau_3) \\
& + m_{2x}(\tau_3 - \tau_1) + m_{2x}(\tau_3 - \tau_2) + m_{2x}(\tau_2 - \tau_1)] - 6(m_{1x})^4
\end{aligned} \tag{13.17d}$$

可以看出，$\{x(n)\}$ 的二阶累积量正好就是其自相关函数。如果该序列的均值为 0，即 $m_{1x} = 0$，则其二阶累积量和二阶矩相等，三阶累积量和三阶矩相等，而 $\{x(n)\}$ 的四阶累积量则与其四阶矩不一样，为了得到四阶累积量，必须同时知道四阶矩和自相关函数。

在信号的高阶统计分析中，常研究信号的高阶统计量的某个切片，如令 $\tau_1 = \tau_2 = \tau_3 = 0$，并令 $m_{1x} = 0$，可以看到

$$\gamma_{2x} = c_{2x}(0) = E[x^2(n)] \qquad\qquad 方差 \tag{13.18a}$$

$$\gamma_{3x} = c_{3x}(0,0) = E[x^3(n)] \qquad\qquad 斜度 \tag{13.18b}$$

$$\gamma_{4x} = c_{4x}(0,0,0) = E[x^4(n)] - 3\gamma_{2x}^2 \qquad\qquad 峭度 \tag{13.18c}$$

对于任意一个信号序列，若其斜度等于零，则其三阶累积量恒等于零，斜度等于零意味着信号服从对称分布，而斜度不等于零的信号必定服从非对称分布，因此斜度实际上是衡量一个信号的分布偏离对称的歪斜程度。峭度用于定义高斯、亚高斯和超高斯信号。

13.2.3　高阶累积量的性质

高阶累积量具有下列重要特性。

性质 13.1　设 $\lambda_i (i = 1, 2, \cdots, k)$ 为常数，$x_i (i = 1, 2, \cdots, k)$ 为随机变量，则

$$\mathrm{cum}(\lambda_1 x_1, \cdots, \lambda_k x_k) = \left(\prod_{i=1}^{k} \lambda_i\right) \mathrm{cum}(x_1, \cdots, x_k) \tag{13.19}$$

性质 13.2　高阶累积量的变量具有可加性，即

$$\mathrm{cum}(x_0 + y_0, z_1, \cdots, z_k) = \mathrm{cum}(x_0, z_1, \cdots, z_k) + \mathrm{cum}(y_0, z_1, \cdots, z_k) \tag{13.20}$$

也就是和的累积量等于累积量之和（"累积量"由此得名）。

性质 13.3   如果随机变量 $x_i(i=1,2,\cdots,k)$ 与随机变量 $y_i(i=1,2,\cdots,k)$ 相互独立，则

$$\text{cum}(x_1+y_1,\cdots,x_k+y_k)=\text{cum}(x_1,\cdots,x_k)+\text{cum}(y_1,\cdots,y_k) \tag{13.21}$$

这个性质表明：当两个随机过程相互独立时，随机过程线性和的累积量等于每个随机过程累积量的线性之和。如果一个非高斯信号 $x(n)$ 的观测受到与之独立的加性有色高斯噪声 $e(n)$ 的污染，即 $y(n)=x(n)+e(n)$，那么观测过程的高阶累积量就等于非高斯信号的高阶累积量，即

$$\text{cum}_{ky}(\tau_1,\tau_2,\cdots,\tau_{k-1})=\text{cum}_{kx}(\tau_1,\tau_2,\cdots,\tau_{k-1})+\text{cum}_{ke}(\tau_1,\tau_2,\cdots,\tau_{k-1})$$
$$=\text{cum}_{kx}(\tau_1,\tau_2,\cdots,\tau_{k-1}) \tag{13.22}$$

也就是说，高阶累积量从理论上可以完全抑制高斯有色噪声的影响，但这一重要的结论对高阶矩不成立。仅此一点，就可以让我们对高阶累积量方法产生很大的兴趣。

性质 13.4   高阶累积量的值与其中变量的排列顺序无关，若 $(i_1,i_2,\cdots,i_k)$ 为 $(1,2,\cdots,k)$ 中的任意一种排列，则

$$\text{cum}(x_1,x_2,\cdots,x_k)=\text{cum}(x_{i_1},x_{i_2},\cdots,x_{i_k}) \tag{13.23}$$

根据这一性质，k 阶累积量有 $k!$ 种对称形式。以三阶累积量为例，共有 $3!=6$ 种对称形式：

$$c_{3x}(m,n)=c_{3x}(n,m)=c_{3x}(-n,n-m)=c_{3x}(n-m,-m)$$
$$=c_{3x}(n-m,-n)=c_{3x}(-m,n-m) \tag{13.24}$$

性质 13.5   如果 α 为常数，则

$$\text{cum}(\alpha+z_1,z_2,\cdots,z_k)=\text{cum}(z_1,z_2,\cdots,z_k) \tag{13.25}$$

高阶矩不具备这一性质。

性质 13.6   如果随机变量 $x_i(i=1,2,\cdots,k)$ 中存在任一非空子集独立于该子集的余集，则

$$\text{cum}(x_1,x_2,\cdots,x_k)=0 \tag{13.26}$$

这个性质说明，独立同分布（i.i.d）随机序列的 k 阶累积量是一个冲击函数，即对于独立同分布(i.i.d)随机序列的 $w(n)$，k 阶累积量为

$$c_{kw}(\tau_1,\tau_2,\cdots,\tau_{k-1})=\gamma_{kw}\delta(\tau_1)\delta(\tau_2)\cdots\delta(\tau_{k-1})$$

因此，这种随机过程的高阶谱是多维平坦的，把这种噪声叫作高阶白噪声。对 i.i.d 随机过程，其高阶矩却不是 δ 函数。

由于高阶累积量的复杂性和计算量大等因素，目前在应用中一般只使用四阶及四阶以下的累积量。对具有对称分布的随机过程，其三阶累积量恒等于零，因此在有些问题中，必须采用四阶以上的累积量。

13.2.4   高斯过程的高阶累积量

1. 单个高斯随机变量

设随机变量 x 服从高斯分布 $N(0,\sigma^2)$，即 x 的概率密度函数为

$$f(x)=\frac{1}{\sqrt{2\pi}\sigma}\text{e}^{-\frac{x^2}{2\sigma^2}} \tag{13.27}$$

可以得到随机变量 x 的各阶累积量为 $c_1=0$，$c_2=\sigma^2$，$c_k=0(k>2)$。

高斯随机变量 x 的一阶累积量 c_1 和二阶累积量 c_2 恰好就是 x 的均值和方差，其高阶累积量 $c_k(k>2)$ 等于零，即使对有色高斯过程也是这样。

高斯随机变量 x 的各阶矩为

$$m_k = E[x^k] = \begin{cases} 1 \times 3 \times \cdots \times (k-1)\sigma^2, & k\text{为偶数} \\ 0, & k\text{为奇数} \end{cases} \tag{13.28}$$

可见，高斯随机变量 x 的高阶矩并不比其二阶矩多提供信息，它仍取决于二阶矩的统计知识 σ^2，并且奇数阶矩均为零，偶数阶与二阶矩呈线性倍数的关系，也就是说，高斯过程的高阶矩所包含的信息已经由二阶矩完全表示出，从而其他信息是多余的。所以，当我们接收到的信号是非高斯信号时，可选择高阶累积量，直接把多余的信息用零来处理。

2. 高斯随机过程

对于符合高斯分布的随机矢量 $\boldsymbol{x} = [x_1, x_2, \cdots, x_n]^{\mathrm{T}}$，设其均值矢量为 $\boldsymbol{a} = [a_1, a_2, \cdots, a_n]^{\mathrm{T}}$，协方差矩阵为

$$\boldsymbol{c} = \begin{bmatrix} c_{11} & c_{12} & \cdots & c_{1n} \\ c_{21} & c_{22} & \cdots & c_{2n} \\ \vdots & \vdots & & \vdots \\ c_{n1} & c_{n2} & \cdots & c_{nn} \end{bmatrix}$$

式中，$c_{ik} = E[(x_i - a_i)(x_k - a_k)]$，$i, k = 1, 2, \cdots, n$。$n$ 维高斯随机变量 $\boldsymbol{x}$ 的联合概率密度函数为

$$f(\boldsymbol{x}) = \frac{1}{(2\pi)^{n/2} |\boldsymbol{c}|^{1/2}} \exp\left[-\frac{1}{2}(\boldsymbol{x} - \boldsymbol{a})^{\mathrm{T}} \boldsymbol{c}^{-1}(\boldsymbol{x} - \boldsymbol{a}) \right] \tag{13.29}$$

$\boldsymbol{x}$ 的第一联合特征函数为

$$\varPhi(\boldsymbol{\omega}) = \exp\left(\mathrm{j}\boldsymbol{a}^{\mathrm{T}}\boldsymbol{\omega} - \frac{1}{2}\boldsymbol{\omega}^{\mathrm{T}}\boldsymbol{c}\boldsymbol{\omega} \right) \tag{13.30}$$

式中，$\boldsymbol{\omega} = [\omega_1, \omega_2, \cdots, \omega_n]^{\mathrm{T}}$。

$\boldsymbol{x}$ 的第二联合特征函数为

$$\varPsi(\boldsymbol{\omega}) = \ln \varPhi(\boldsymbol{\omega}) = \mathrm{j}\boldsymbol{a}^{\mathrm{T}}\boldsymbol{\omega} - \frac{1}{2}\boldsymbol{\omega}^{\mathrm{T}}\boldsymbol{c}\boldsymbol{\omega} = \mathrm{j}\sum_{i=1}^{n} a_i \omega_i - \frac{1}{2}\sum_{i=1}^{n}\sum_{j=1}^{n} c_{ij}\omega_i\omega_j \tag{13.31}$$

由于阶数 $r = k_1 + k_2 + \cdots + k_n$ 的联合累积量 $c_{k_1 k_2 \cdots k_n}$ 可由第二特征函数定义为

$$c_{k_1 k_2 \cdots k_n} = (-\mathrm{j})^r \left. \frac{\partial^r \varPsi(\boldsymbol{\omega})}{\partial \omega_1^{k_1} \partial \omega_2^{k_2} \cdots \partial \omega_n^{k_n}} \right|_{\omega_1 = \omega_2 = \cdots = \omega_n = 0} \tag{13.32}$$

当 $r = 1$，即 $k_1, k_2, \cdots, k_n$ 中某个值取 1（设 $k_i = 1$），而其余值为零，于是

$$c_{0 \cdots 1 \cdots 0} = (-\mathrm{j}) \left. \frac{\partial \varPsi(\boldsymbol{\omega})}{\partial \omega_i} \right|_{\omega_1 = \omega_2 = \cdots = \omega_n = 0} = a_i = E[x_i] \tag{13.33}$$

当 $r = 2$，有两种情况。

第一种情况是 $k_i(i = 1, 2, \cdots, n)$ 中某两个值取 1（设 $k_i = k_j = 1, i \neq j$），其余值为零，这时

$$c_{0 \cdots 1 \cdots 1 \cdots 0} = (-\mathrm{j}) \left. \frac{\partial^2 \varPsi(\boldsymbol{\omega})}{\partial \omega_i \partial \omega_j} \right|_{\omega_1 = \omega_2 = \cdots = \omega_n = 0} = c_{ij} = E[(x_i - a_i)(x_j - a_j)], i \neq j \tag{13.34}$$

上式利用了关系式 $c_{ij} = c_{ji}$。

第二种情况是 $k_i(i = 1, 2, \cdots, n)$ 中某个值取 2（设 $k_i = 2$），其余值为零，这时

$$c_{0\cdots2\cdots0} = (-\mathrm{j})^2 \frac{\partial^2 \Psi(\omega)}{\partial \omega_i^2}\bigg|_{\omega_1=\omega_2=\cdots=\omega_n=0} = c_{ii} = E[(x_i - a_i)^2] \tag{13.35}$$

当 $r \geqslant 3$，由于 $\Psi(\omega)$ 是关于自变量 $\omega_i(i = 1, 2, \cdots, n)$ 的二次多项式，因而 $\Psi(\omega)$ 关于自变量的三阶或三阶以上（偏）导数等于零，因而 x 的三阶或三阶以上联合累积量等于零，即

$$c_{k_1 k_2 \cdots k_n} = 0, \quad k_1 + k_2 + \cdots + k_n \geqslant 3 \tag{13.36}$$

由上一节关于随机过程的累积量的定义可知，对于高斯随机过程 $\{x(n)\}$，其阶次大于 2 的 k 阶累积量 $c_{k,x}(\tau_1, \tau_2, \cdots, \tau_{k-1})$ 也为零，即

$$c_{kx}(\tau_1, \tau_2, \cdots, \tau_{k-1}) = 0, \quad k \geqslant 3 \tag{13.37}$$

由此看到，高斯过程的高阶累积量（当阶次大于 2 时）等于零，而对于非高斯过程，至少存在着某个大于 2 的阶次 k，其 k 阶累积量不等于零。因此，利用高阶累积量可以自动地抑制高斯背景噪声的影响，可以提取高斯噪声中的非高斯信号。

13.2.5　高阶累积量的估计

在实际应用中，无法知道随机过程各阶累积量的真值。通常知道的仅是随机过程的一个样本 $\{x(1), x(2), \cdots, x(N)\}$。对各态遍历的平稳随机过程，可以用随机过程的时间平均代替集总平均来计算均值、方差、自相关函数等统计量。

同样，对各态遍历的平稳随机过程，其高阶累积量也可由时间平均代替集总平均来估计。例如，三阶累积量可估计为

$$\hat{c}_{3x}(\tau_1, \tau_2) = \frac{1}{N} \sum_{n=1}^{N} [x(n) - \hat{m}_{1x}][x(n + \tau_1) - \hat{m}_{1x}][x(n + \tau_2) - \hat{m}_{1x}] \tag{13.38}$$

式中，$\hat{m}_{1x} = \dfrac{1}{N} \sum_{n=1}^{N} x(n)$，且 $x(n) = 0 (n > N, n \leqslant 0)$。

对于 $\tau_1 \neq 0$、$\tau_2 \neq 0$，这是三阶累积量 $c_{3x}(\tau_1, \tau_2)$ 的有偏估计，但当 $N \to \infty$ 时，偏差 $\to 0$，即渐近无偏的。

类似地，可以获得其任意 k 阶累积量的渐近无偏估计 $\hat{c}_{kx}(\tau_1, \tau_2, \cdots, \tau_{k-1})$。$\hat{c}_{kx}(\tau_1, \tau_2, \cdots, \tau_{k-1})$ 以概率收敛于 $c_{kx}(\tau_1, \tau_2, \cdots, \tau_{k-1})$ 的充分条件是：$x(n)$ 的前 $2k$ 阶累积量绝对可和，即

$$\sum_{\tau_1=-\infty}^{\infty} \cdots \sum_{\tau_{m-1}=-\infty}^{\infty} |c_{mx}(\tau_1, \tau_2, \cdots, \tau_{m-1})| < \infty, \quad m = 1, 2, \cdots, k \tag{13.39}$$

式中，$\hat{c}_{kx}(\tau_1, \cdots, \tau_{k-1})$ 是 k 阶累积量的渐近无偏的一致估计。具体如下：

第一步，将 $\{x(1), x(2), \cdots, x(N)\}$ 分成 K 段，每段含有 M 个样本，并减去各自的均值。这里允许两段相邻数据间有重叠。

如果数据样本对应一个确定性能量信号，则数据分段是不合适的。同样，如果过程是确定性周期的，则 M 应等于信号的周期或周期的整数倍。

第二步，设 $\{x^{(i)}(k), \quad k = 0, 1, \cdots, M-1\}$ 是第 $i (i = 1, \cdots, K)$ 段数据，则高阶矩估计为

$$m_n^{(i)}(\tau_1, \cdots, \tau_{n-1}) = \frac{1}{M} \sum_{k=M_1}^{M_2} x^{(i)}(k) x^{(i)}(k + \tau_1) \cdots x^{(i)}(k + \tau_{n-1})$$

式中，$n = 2, 3, \cdots$；$i = 1, 2, \cdots, K$；$\tau_n = 0, \pm 1, \pm 2, \cdots$；$M_1 = \max(0, -\tau_1, \cdots, -\tau_{n-1})$；$M_2 = \min(M-1, M-1-\tau_1, \cdots, M-1-\tau_{n-1})$；$|\tau_k| \leqslant L_n$，$L_n$ 决定所估计的 n 阶矩函数的支撑区。

第三步，平均所有段，即

$$\hat{m}_n^x(\tau_1,\cdots,\tau_{n-1}) = \frac{1}{K}\sum_{i=1}^{K} m_n^{(i)}(\tau_1,\tau_2,\cdots,\tau_{n-1}), \quad n=2,3,\cdots,|\tau_k|\leqslant L_n$$

$\hat{m}_n^x(\tau_1,\tau_2,\cdots,\tau_{n-1})$ 被认为是 $m_n^x(\tau_1,\tau_2,\cdots,\tau_{n-1})$ 的一致估计。如果是确定性信号，则 $\hat{m}_n^x(\tau_1,\tau_2,\cdots,\tau_{n-1}) = m_1^1(\tau_1,\tau_2,\cdots,\tau_{n-1})$，即 $K=1$，因此 $N=M$。

第四步，对于随机信号利用累积量与矩之间的关系生成累积量 $\hat{c}_{kx}(\tau_1,\tau_2,\cdots,\tau_{k-1})$。

如果每段都去均值，则有

$$\hat{c}_{2x}(\tau_1) = \hat{m}_2^x(\tau_1)$$

$$\hat{c}_{3x}(\tau_1,\tau_2) = \hat{m}_3^x(\tau_1,\tau_2)$$

$$\hat{c}_{4x}(\tau_1,\tau_2,\tau_3) = \hat{m}_4^x(\tau_1,\tau_2,\tau_3) - \hat{m}_2^x(\tau_1)\hat{m}_2^x(\tau_3-\tau_2) - \hat{m}_2^x(\tau_2)\hat{m}_2^x(\tau_3-\tau_1) - \hat{m}_2^x(\tau_3)\hat{m}_3^x(\tau_2-\tau_1)$$

式中，$|\tau_k|\leqslant L_n$，$k=1,2,3$。

在 MATLAB 中，高阶统计量的估计对应于 HOSA 工具箱中的函数 cum2est、cum3est 和 cum4est。

13.3　高　阶　谱

13.3.1　高阶谱的定义

高阶累积量谱简称为高阶谱，设 $\{x(n)\}$ 为零均值平稳随机过程，则其 k 阶累积量 $c_{kx}(m_1,m_2,\cdots,m_{k-1})$ 的 $k-1$ 维傅里叶变换定义为 $\{x(n)\}$ 的 k 阶谱（k th-order spectrum），即

$$S_{kx}(\omega_1,\omega_2,\cdots,\omega_{k-1}) = \sum_{\tau_1=-\infty}^{\infty}\cdots\sum_{\tau_{k-1}=-\infty}^{\infty} c_{kx}(\tau_1,\tau_2,\cdots,\tau_{k-1})\exp\left[-j\sum_{i=1}^{k-1}\omega_i\tau_i\right] \tag{13.40}$$

通常，$S_{kx}(\omega_1,\omega_2,\cdots,\omega_{k-1})$ 为复数，其存在的充分必要条件是 $c_{kx}(m_1,m_2,\cdots,m_{k-1})$ 绝对可和，即 $\sum_{\tau_1=-\infty}^{\infty}\cdots\sum_{\tau_{k-1}=-\infty}^{\infty}|c_{kx}(\tau_1,\tau_2,\cdots,\tau_{k-1})| < \infty$。

高阶谱又称作多谱（polyspectrum），通常 k 阶谱对应于 $k-1$ 谱。例如，三阶谱对应于双谱（bispectrum），四阶谱对应于三谱（trispectrum）。

取 $k=2,3,4$ 时，式（13.40）分别简化为功率谱、双谱和三谱公式，即 $k=2$，为功率谱：

$$S_{2x}(\omega) = \sum_{\tau_1=-\infty}^{\infty} c_{2x}(\tau)\exp[-j\omega\tau_1] \tag{13.41}$$

$k=3$，为双谱（三阶谱）：

$$B_x(\omega_1,\omega_2) = \sum_{\tau_1=-\infty}^{\infty}\sum_{\tau_2=-\infty}^{\infty} c_{3x}(\tau_1,\tau_2)\exp[-j(\omega_1\tau_1+\omega_2\tau_2)] \tag{13.42}$$

$k=4$，为三谱（四阶谱）：

$$T_x(\omega_1,\omega_2,\omega_3) = \sum_{\tau_1=-\infty}^{\infty}\sum_{\tau_2=-\infty}^{\infty}\sum_{\tau_3=-\infty}^{\infty} c_{4x}(\tau_1,\tau_2,\tau_3)\exp[-j(\omega_1\tau_1+\omega_2\tau_2+\omega_3\tau_3)] \tag{13.43}$$

容易看出，式（13.41）就是维纳-欣钦定理。可见，功率谱也是高阶谱的一种特殊形式。

高阶谱的逆变换公式为

$$c_{kx}(\tau_1,\cdots,\tau_{k-1}) = \left(\frac{1}{2\pi}\right)^{k-1}\int_{-\pi}^{\pi}\cdots\int_{-\pi}^{\pi} S_{kx}(\omega_1,\cdots,\omega_{k-1})e^{j\left(\sum_{i=1}^{k-1}\omega_i\tau_i\right)}d\omega_1\cdots d\omega_{k-1} \tag{13.44}$$

显然，高斯随机过程的双谱、三谱以及更高阶的谱恒等于零。

13.3.2　高阶谱的性质

性质 13.7　高阶谱一般为复多维函数，即它们具有幅度和相位：

$$S_{kx}(\omega_1,\cdots,\omega_{k-1}) = |S_{kx}(\omega_1,\cdots,\omega_{k-1})| e^{j\theta_{kx}(\omega_1,\cdots,\omega_{k-1})} \tag{13.45}$$

这是与功率谱明显不同的一点。随机过程 $\{x(n)\}$ 的功率谱 $P_x(\omega)$ 为实数且 $P_x(\omega) \geqslant 0$，因此功率谱中不含有相位信息。

性质 13.8　高阶谱具有丰富的对称性。这种对称性是由高阶累积量的对称性产生的。

以双谱为例，

$$B_x(\omega_1,\omega_2) = B_x(\omega_2,\omega_1) = B_x(-\omega_1-\omega_2,\omega_2) = B_x(-\omega_1-\omega_2,\omega_1)$$
$$= B_x(\omega_2,-\omega_1-\omega_2) = B_x(\omega_1,-\omega_1-\omega_2) \tag{13.46}$$

此外，对于实信号还应满足共轭对称性，即 $B_x(\omega_1,\omega_2) = B_x^*(-\omega_1,-\omega_2)$。

如图 13.1 所示，对称线为 $\omega_1 = \omega_2$、$2\omega_1 = -\omega_2$、$2\omega_2 = -\omega_2$、$\omega_1 = -\omega_2$、$\omega_1 = 0$、$\omega_2 = 0$，将双谱的定义区域分成 12 个扇区。双谱的对称性和周期性说明，只要知道三角区 $\omega_2 \geqslant 0$、$\omega_1 \geqslant \omega_2$、$\omega_1 + \omega_2 \leqslant \pi$（如图 13.1 中的区域 1）内的双谱，就能够完全描述所有对称区域的双谱，其他扇区的双谱均可以利用对称性由三角区的双谱获得。

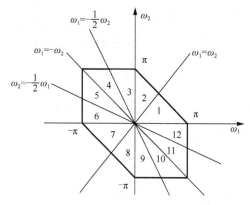

图 13.1　双谱的对称区域

对于三谱，已有研究者证明存在 96 个对称区域。

性质 13.9　高阶谱是以 2π 为周期的多维周期函数，即

$$S_{kx}(\omega_1,\omega_2,\cdots,\omega_{k-1}) = S_{kx}(\omega_1 + 2l_1\pi,\omega_2 + 2l_2\pi,\cdots,\omega_{k-1} + 2l_{k-1}\pi) \tag{13.47}$$

包含全部信息的主值周期，一般指下述区域：$|\omega_j| \leqslant \pi$，$j = 1,2,\cdots,k-1$。

13.3.3　线性非高斯过程的高阶谱

设 $h(n)$ 为有限维数、线性时不变、指数稳定系统的单位冲激响应函数，$e(n)$ 和 $x(n)$ 分别为其输入和输出，如图 13.2 所示。

图 13.2　平稳非高斯随机过程激励的无噪声单输入-单输出时不变系统模型

若系统输入 $\{e(n)\}$ 为平稳非高斯随机过程，其 k 阶谱为

$$S_{kx}(\omega_1,\cdots,\omega_{k-1}) = S_{ke}(\omega_1,\cdots,\omega_{k-1}) \cdot H(\omega_1)H(\omega_2)\cdots H(\omega_3) \cdot H^*(\omega_1+\omega_2+\cdots+\omega_{k-1}) \quad (13.48)$$

如果 $h(n)$ 的频率响应表示为

$$H(\omega) = |H(\omega)|\exp[j\phi_h(\omega)] \quad (13.49)$$

则有

$$S_{kx}(\omega_1,\cdots,\omega_{k-1}) = |S_{kx}(\omega_1,\cdots,\omega_{k-1})|\exp[j\phi_{kx}(\omega_1,\cdots,\omega_{k-1})] \quad (13.50)$$

式中，$|S_{kx}(\omega_1,\cdots,\omega_{k-1})| = |S_{ke}(\omega_1,\cdots,\omega_{k-1})||H(\omega_1)||H(\omega_2)|\cdots|H(\omega_{k-1})||H^*(\omega_1+\omega_2+\cdots+\omega_{k-1})|$；
$\varphi_{kx}(\omega_1,\cdots,\omega_{k-1}) = \phi_h(\omega_1) + \phi_h(\omega_2) + \cdots + \phi_h(\omega_{n-1}) - \phi_h(\omega_1+\omega_2+\cdots+\omega_{n-1}) + \phi_{ke}(\omega_1+\omega_2+\cdots+\omega_{n-1})$。

一种特殊的情况是，当 $e(n)$ 是白色非高斯过程时，有 $S_{ke}(\omega_1,\omega_2,\cdots,\omega_{k-1}) = \gamma_{ke}$，则有

$$S_{kx}(\omega_1,\omega_2,\cdots,\omega_{k-1}) = \gamma_{ke}H(\omega_1)H(\omega_2)\cdots H(\omega_{k-1})H^*(\omega_1+\omega_2+\cdots+\omega_{k-1}) \quad (13.51)$$

同时，k 阶谱和 $k-1$ 阶谱之间还存在着这样的关系：

$$S_{kx}(\omega_1,\omega_2,\cdots,\omega_{k-1}) = S_{(k-1)x}(\omega_1,\omega_2,\cdots,\omega_{k-1})H(0)\frac{\gamma_{ke}}{\gamma_{(k-1)e}} \quad (13.52)$$

因此线性非高斯过程的 $k-1$ 阶谱可由 k 阶谱重构。例如，功率谱就可以由双谱来重构，即

$$S_{2x}(\omega_1) = S_{3x}(\omega_1,0)\frac{1}{H(0)}\frac{\gamma_{2x}}{\gamma_{3x}} \quad (13.53)$$

当然，需要满足 $H(0) \neq 0$。

13.3.4　高阶谱的估计

从已知一段样本序列 $\{x(n)\}$ 出发，进行高阶谱估计的方法，与功率谱估计类似，也可分为非参数法和参数法两大类。非参数估计方法是基于傅里叶变换的方法，可借助 FFT 算法，具有计算速度快、易于实现、物理意义明确等优点。但是根据不确定原理，其频率分辨率受观测数据长度的限制。参数估计方法由于是用观测数据建立所分析过程的参数模型，理论上，其频率分辨率不受观测数据长度的限制，可以获得高分辨率的估计，但是参数模型和模型阶数的合理选择是影响其估计性能的主要因素，因此需要讨论模型参数的估计问题。

1. 非参数法谱估计

其基本思路是：利用样本值 $x(n)$，借助 FFT 算法直接构造谱估计式，因而易于实现，且当观测数据较长时，可以获得较好的估计性能。

1）直接法（对应于功率谱的周期图法）

直接法估计的思想类似于功率谱估计的周期图法，即将观测数据分段，利用 FFT 计算各数据段的 DFT，进而估计各阶矩，利用累积量谱与矩谱之间的关系求得谱估计。为了减少估计方差，要对数据进行加窗平滑。具体实现如下：

第一步，将 $\{x(1),x(2),\cdots,x(N)\}$ 分成 K 段，每段含有 M（M 为偶数）个样本，并减去各自的均值。如果为确定性信号，则仅用一个记录（$N=M$）。为了获得 FFT 算法适合的长度，可对每段数据补零。

第二步，假设 $\{x^{(i)}(k)\}, k=0,1,\cdots,M-1$ 是第 i 段数据，计算 DFT 系数

$$Y^{(i)}(\lambda) = \frac{1}{M}\sum_{k=0}^{M-1} x^{(i)}(k)\mathrm{e}^{-j\frac{2\pi}{M}k\lambda} \quad (13.54)$$

式中，$\lambda = 0,1,\cdots,M/2$；$i = 1,2,\cdots,K$。

第三步，令 $M = M_1 N_0$，其中 M_1 是奇的正整数，$M_1 = 2J_n + 1$，进行频域平均估计 n 阶矩谱，

$$\hat{M}_n^{(i)}(\lambda_1,\lambda_2,\cdots,\lambda_{n-1}) = \frac{1}{\Delta_n^{n-1}} \sum_{k_1=-J_n}^{J_n} \cdots \sum_{k_{n-1}=-J_n}^{J_n} Y^{(i)}(\lambda_1 + k_1) \cdots Y^{(i)*}(\lambda_1 + \cdots + \lambda_{n-1} + k_1 + \cdots + k_{n-1}) \quad (13.55)$$

式中，$i = 1,2,\cdots,K$；Δ_n^{n-1} 为频率样本间所要求的间隔，$\Delta_n^{n-1} = f_s / N_n$；$\lambda_1 + \lambda_2 + \cdots + \lambda_{n-1} \leqslant f_s / 2$，且 $0 \leqslant \lambda_{n-1} \leqslant \cdots \leqslant \lambda_1$。

第四步，将 K 段数据进行平均，

$$\hat{M}_n^{(i)}(\omega_1,\omega_2,\cdots,\omega_{n-1}) = \frac{1}{K} \sum_{i=1}^{K} \hat{M}_n^{(i)}(\omega_1,\omega_2,\cdots,\omega_{n-1}) \quad (13.56)$$

式中，$\omega_j = (2\pi\Delta_n)\lambda_j$，$j = 1,2,\cdots,n-1$，$\lambda_j = 0,1,\cdots,M-1$。

双谱的直接法估计可由 MATLAB 的 HOSA 工具箱中的 bispecd.m 和 bispecdx.m 来实现。

2）间接法（对应于功率谱的 BT 法）

双谱的间接法估计式由三阶累积量的二维傅里叶变换计算得到，利用前面所述的高阶累积量的求法，得到 $\hat{c}_n^x(\tau_1,\tau_2,\cdots,\tau_{n-1})$，然后加窗并对其进行傅里叶变换，

$$\hat{C}_n^x(\omega_1,\omega_2,\cdots,\omega_{n-1}) = \sum_{\tau_1=-L_n}^{L_n} \cdots \sum_{\tau_{n-1}=-L_n}^{L_n} \hat{c}_n^x(\tau_1,\tau_2,\cdots,\tau_{n-1}) w(\tau_1,\tau_2,\cdots,\tau_{n-1})$$
$$\exp\{-j(\omega_1\tau_1 + \cdots + \omega_{n-1}\tau_{n-1})\} \quad (13.57)$$

MATLAB 中 HOSA 工具箱的 bispeci.m 函数可实现这个过程。

式（13.57）中，$w(\tau_1,\tau_2,\cdots,\tau_{n-1})$ 是有界支撑域的连续窗函数，与常规功率谱估计类似，为了获得平滑的估计，必须选择合适的窗。用于高阶谱估计的窗函数 $w(\tau_1,\tau_2,\cdots,\tau_{n-1})$ 应满足下列性质：

（1）具有高阶矩或累积量的对称性，例如，在实信号双谱估计中，窗函数应满足

$$w(\tau_1,\tau_2) = w(\tau_2,\tau_1) = w(-\tau_1,\tau_2 - \tau_1) = w(\tau_1 - \tau_2,\tau_2) \quad (13.58)$$

（2）在估计的高阶统计量的支撑区外为零，即

$$w(\tau_1,\tau_2,\cdots,\tau_{n-1}) = 0, \quad |\tau_i| > L_n, \quad i = 1,2,\cdots,n-1 \quad (13.59)$$

（3）在原点等于 1，$w(0,\cdots,0) = 1$（归一化条件）。

（4）具有实非负傅里叶变换，即 $W(\omega_1,\cdots,\omega_{n-1}) \geqslant 0$，$|\omega_i| \leqslant \pi$，$i = 1,2,\cdots,n-1$，窗函数也应具有有限能量。

以双谱的窗函数为例，满足上述四个约束条件的窗函数 $w(\tau_1,\tau_2)$ 可以利用一维滞后窗函数 $d(\tau_1)$ 构造，即

$$w(\tau_1,\tau_2) = d(\tau_1)d(\tau_2)d(\tau_1 - \tau_2) \quad (13.60)$$

式中，一维滞后窗 $d(\tau_1)$ 应该满足下列条件：$d(\tau_1) = d(-\tau_1)$；$d(\tau_1) = 0$；$d(0) = 1$；$d(\tau_1)$ 的傅里叶变换 $D(\omega) \geqslant 0$，$|\omega| \leqslant \pi$。

然而，并不是所有的一维窗函数都满足条件：对于任意 ω，$D(\omega) \geqslant 0$。例如，汉宁窗在频域具有负旁瓣。一般采用最优窗：

$$d_{\text{opt}}(\tau_1) = \begin{cases} \dfrac{1}{\pi}\left|\sin\dfrac{\pi m}{L}\right|\left[1 - \left|\dfrac{m}{L}\right|\right]\cos\dfrac{\pi m}{L}, & |m| \leqslant L \\ 0, & |m| > L \end{cases} \quad (13.61)$$

2. 参数法谱估计（只适用于线性过程）

1）非高斯信号通过线性系统

与功率谱估计类似，参数法高阶谱估计仍是依据高阶谱的信号模型。与功率谱估计不同之处在于：它不限定信号模型为最小相位系统，并且广义白噪声过程 $\{e(n)\}$ 应为非高斯分布。

在图 13.3 中，激励是非高斯信号 $e(n)$，加性噪声 $v(n)$ 是高斯有色噪声，并且与 $e(n)$ 统计独立，从而与系统输出 $x(n)$ 也统计独立。

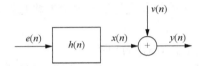

图 13.3　平稳非高斯随机过程作为激励的单输入-单输出时不变系统模型

观测过程 $y(n)$ 的累积量为

$$c_{ky}(\tau_1,\tau_2,\cdots,\tau_{k-1}) = c_{kx}(\tau_1,\tau_2,\cdots,\tau_{k-1}) + c_{kv}(\tau_1,\tau_2,\cdots,\tau_{k-1}) = c_{kx}(\tau_1,\tau_2,\cdots,\tau_{k-1}) \quad (13.62)$$

系统输出 $x(n)$ 等于输入与冲激响应的卷积

$$x(n) = e(n) * h(n) = \sum_{i=-\infty}^{\infty} h(i)e(n-i) \quad (13.63)$$

根据累积量的定义和性质，可得

$$c_{ky}(\tau_1,\tau_2,\cdots,\tau_{k-1}) = \mathrm{cum}\langle x(n), x(n+\tau_1),\cdots,x(n+\tau_{k-1})\rangle$$

$$= \mathrm{cum}\left\langle \sum_{i_1=-\infty}^{\infty} h(i_1)e(n-i_1), \sum_{i_2=-\infty}^{\infty} h(i_2)e(n+\tau_1-i_2),\cdots, \sum_{i_k=-\infty}^{\infty} h(i_k)e(n+\tau_{k-1}-i_k)\right\rangle$$

$$= \sum_{i_1=-\infty}^{\infty}\cdots\sum_{i_k=-\infty}^{\infty} h(i_1)h(i_2)\cdots h(i_k)\mathrm{cum}\langle e(n-i_1), e(n+\tau_1-i_2)\cdots, e(n+\tau_{k-1}-i_k)\rangle$$

进一步由累积量的定义可得

$$c_{ky}(\tau_1,\tau_2,\cdots,\tau_{k-1}) = \sum_{i_1=-\infty}^{\infty}\cdots\sum_{i_k=-\infty}^{\infty} h(i_1)h(i_2)\cdots h(i_k)c_{ke}\langle\tau_1+i_1-i_2,\cdots,\tau_{k-1}+i_1-i_k\rangle \quad (13.64)$$

此式描述了系统输出信号的累积量、输入信号的累积量和系统冲激响应之间的关系，对其进行傅里叶变换，可得

$$S_{kx}(\omega_1,\omega_2,\cdots,\omega_{k-1}) = S_{ke}(\omega_1,\omega_2,\cdots,\omega_{k-1})H(\omega_1)H(\omega_2)\cdots H(\omega_{k-1})H\left(-\sum_{i=1}^{k-1}\omega_i\right) \quad (13.65)$$

此式描述了系统输出信号的高阶谱、输入信号的高阶谱和系统传递函数之间的关系，其对应的 z 变换为

$$S_{kx}(z_1,z_2,\cdots,z_{k-1}) = S_{ke}(z_1,z_2,\cdots,z_{k-1})H(z_1)H(z_2)\cdots H(z_{k-1})H\left(\prod_{i=1}^{k-1} z_i^{-1}\right) \quad (13.66)$$

上述三个等式最早由 Bartlett 得到，不过他只考虑了 $k=2,3,4$ 的情况，后来 Brillinger 与 Rosenblatt 把这三个等式推广到任意阶，因此这三个等式称为 Bartlett-Brillinger-Rosenblatt 公式，简称 BBR 公式。特别地，当系统的输入 $e(n)$ 为独立同分布的高阶白噪声时，BBR 公式为

$$c_{ky}(\tau_1,\tau_2,\cdots,\tau_{k-1}) = \gamma_{ke}\sum_{n=0}^{\infty} h(n)h(n+\tau_1)\cdots h(n+\tau_{k-1}) \quad (13.67a)$$

$$S_{kx}(\omega_1, \omega_2, \cdots, \omega_{k-1}) = r_{ke} H(\omega_1) H(\omega_2) \cdots H(\omega_{k-1}) H\left(-\sum_{i=1}^{k-1} \omega_i\right) \qquad (13.67b)$$

$$S_{kx}(z_1, z_2, \cdots, z_{k-1}) = \gamma_{ke} H(z_1) H(z_2) \cdots H(z_{k-1}) H\left(\prod_{i=1}^{k-1} z_i^{-1}\right) \qquad (13.67c)$$

高阶统计分析工具箱中参数化估计累积量的函数是 cumtrue.m，参数化估计双谱的函数为 bispect.m。高阶谱参数法估计的基本步骤如下：

第一步，由已知的一段样本序列 $\{x(n)\}$ 估计 k 阶累积量，一般 $k \leqslant 4$。

第二步，按一定算法建立 k 阶累积量与信号模型参数的关系式，求解此关系式的模型参数。

第三步，按 BBR 公式求信号 $\{x(n)\}$ 的 k 阶谱。

在上述步骤中，主要问题是如何执行第二步，进行模型参数的估计。

2）模型参数估计

（1）MA 模型（等价于 FIR 系统）。

采用高阶统计量可以辨识非最小相位 FIR 系统。FIR 系统模型等价于一平稳非高斯 MA(q) 过程，其模型为 $x(n) = \sum_{j=0}^{q} b(j) e(n-j)$。其中 q 已知，$h(j) = b(j)$，$b(0) = 1$，$b(q) \neq 0$，而 $e(n)$ 是独立同分布过程的非高斯白噪声，其均值为 0，且 $E[e^2(n)] = \sigma_e^2 < \infty$，$k$ 阶累积量为 γ_{ke}，则系统函数为 $H(z) = \sum_{j=0}^{q} b(i) z^{-j}$。

根据累积量的性质，可以证明，系统输出 $\{x(n)\}$ 的 k 阶累积量为

$$c_{kx}(\tau_1, \cdots, \tau_{k-1}) = \gamma_{ke} \sum_{j=0}^{q} b(j) b(j+\tau_1) \cdots b(j+\tau_{k-1}) \qquad (13.68)$$

特别地，

$$c_{3x}(\tau_1, \tau_2) = \gamma_{3e} \sum_{j=0}^{q} b(j) b(j+\tau_1) b(j+\tau_2) \qquad (13.69a)$$

$$c_{4x}(\tau_1, \tau_2, \tau_3) = \gamma_{4e} \sum_{j=0}^{q} b(j) b(j+\tau_1) b(j+\tau_2) b(j+\tau_3) \qquad (13.69b)$$

由于 $b(j) = 0$ $(j > q, j < 0)$，因此只要 $\tau_1, \cdots, \tau_{k-1}$ 中的任何一个 τ_m 满足 $|\tau_m| > q$，则

$$c_{kx}(\tau_1, \cdots, \tau_{k-1}) = 0 \qquad (13.70)$$

不难验证，对 q 阶 MA 系统，$c_{3x}(\tau_1, \tau_2) \neq 0$ 的区域如图 13.4 所示。

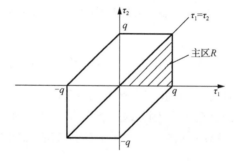

图 13.4　q 阶 MA 系统，$c_{3x}(\tau_1, \tau_2) \neq 0$ 的区域

利用高阶累积量辨识 MA 系统的方法可以分为三类：闭式解、线性代数解和非线性优化。这里只介绍线性代数解，这种解法对样本累积量的估计误差进行了平滑，降低了估计结果对样本累积量估计误差的敏感性。

第一种方法：GM 算法。

Giannakis 和 Mendel 证明了以下 GM 方程：

$$\sum_{i=0}^{q} b^2(i)R_x(m-i) = \frac{\sigma_e^2}{\gamma_{3e}}\sum_{i=0}^{q} b(i)c_{3x}(m-i,m-i), \quad -q \leq m \leq 2q \quad (13.71)$$

该方程中 $b^2(1),\cdots,b^2(q)$，$\frac{\sigma_e^2}{\gamma_{3e}}$，$\frac{\sigma_e^2}{\gamma_{3e}}b(1),\cdots,\frac{\sigma_e^2}{\gamma_{3e}}b(q)$ 为 $2q+1$ 个独立变量，$R_x(m)$ 为相关函数。用线性最小二乘法求解这组 $3q+1$ 方程，求得 $2q+1$ 个变量的解，并进一步求得 $b(1),\cdots,b(q)$ 的估计。

对于四阶累积量，可以证明：

$$\sum_{i=0}^{q} b^3(i)R_x(m-i) = \frac{\sigma_e^2}{\gamma_{4e}}\sum_{i=0}^{q} b(i)c_{4x}(m-i,m-i,m-i), \quad -q \leq m \leq 2q \quad (13.72)$$

因而可以类似地用线性最小二乘法求解，得到 $b(1),\cdots,b(q)$ 的估计。

其中，需要注意以下几个问题。

第一，算法把 $b^2(i)$ 视作与 $b(i)$ 独立的变量，而实际上不是，因此这种估计只是次优的。

第二，方程组可能不存在唯一解。因为矩阵方程中矩阵的秩有可能不等于 $2q+1$。

第三，算法只适用于无加性观测噪声的特殊情况，即自相关 $R_y(\tau) = R_x(\tau)$。对于加性白噪声，此时 $R_y(\tau) = R_x(\tau) + \sigma_e^2\delta(m)$，GM 方程中只有 $-q \leq m \leq -1$ 和 $q+1 \leq m \leq 2q$ 对应的 $2q$ 个方程不受噪声影响（不含 $R_x(0)$ 项的方程），为消除噪声的影响，滞后的 m 中不能含有 $0,1,\cdots,q$。这样便导致了

$$\sum_{i=0}^{q} b^2(i)R_y(m-i) = \frac{\sigma_e^2}{\gamma_{3e}}\sum_{i=0}^{q} b(i)c_{3y}(m-i,m-i), \quad -q \leq m \leq -1 \text{和} q+1 \leq m \leq 2q \quad (13.73)$$

上式还可以重写为

$$\sum_{i=1}^{q} b(i)c_{3y}(m-i,m-i) - \sum_{i=0}^{q}[\varepsilon b^2(i)]R_y(m-i) = -c_{3y}(m,m) \quad (13.74)$$

式中，$-q \leq m \leq -1$，$q+1 \leq m \leq 2q$；$\varepsilon = \frac{\gamma_{3e}}{\sigma_e^2}$。

对于四阶累积量，则有

$$\sum_{i=1}^{q} b(i)c_{4y}(m-i,m-i,m-i) - \sum_{i=0}^{q}[\varepsilon b^3(i)]R_y(m-i) = -c_{4y}(m,m,m),$$
$$-q \leq m \leq -1 \text{和} q+1 \leq m \leq 2q \quad (13.75)$$

但这样去掉了含有 $R_x(0)$ 的方程后，我们只得到含有 $2q+1$ 个未知参数的 $2q$ 个方程，此时常用的方法无效。

第二种方法：Tugnait 算法。

为了使 GM 算法适用于加性白噪声情况，Tugnait 使用 BBR 公式，证明了：

$$\sum_{i=1}^{q} b(i)c_{3y}(i-m,q) - [\varepsilon b(q)]R_y(m) = -c_{3y}(-m,q), \quad 1 \leq m \leq q \quad (13.76)$$

$$\sum_{j=1}^{q} b(i)c_{4y}(j-m,q,0)-[\varepsilon b(q)]R_y(m)=-c_{4y}(-m,q,0), \qquad 1\leqslant m\leqslant q \qquad (13.77)$$

将式（13.74）和式（13.76）联立，并将式（13.75）和式（13.77）联立，可得到含有 $2q+1$ 个未知参数的 $4q$ 个方程，从而得到 $b(1),\cdots,b(q),\varepsilon b(q)$ 以及 $\varepsilon b^2(1),\cdots,\varepsilon b^2(q)$ 和 $\varepsilon b^3(1),\cdots,\varepsilon b^3(q)$ 的估计。

令 $b_1(k)$、$b_2(k)$ 分别表示 $b(k)$、$b^2(k)$，如果所有估计的 $b_2(k)$ 是非负的，则最终的 MA 参数估计为

$$\hat{b}(k)=\mathrm{sgn}[b_1(k)]\times\sqrt{0.5[b_1^2(k)+b_2(k)]} \qquad (13.78)$$

否则 $\hat{b}(k)=b_1(k)$。

如果利用四阶累积量，则上述方法 $b(k)$、$b^3(k)$ 的估计值分别用 $b_1(k)$、$b_3(k)$ 表示，如果所有估计的 $b_3(k)$ 与对应的 $b_1(k)$ 具有相同的正负号，则最终的 MA 参数估计为

$$\hat{b}(k)=\mathrm{sgn}[b_1(k)]\times\frac{|b_1(k)|+|b_3(k)|^{1/3}}{2} \qquad (13.79)$$

否则 $\hat{b}(k)=b_1(k)$。

高阶统计分析工具箱中上述方法对应的函数为 maest.m。

（2）ARMA 系统的辨识。

考虑模型

$$\sum_{i=0}^{p} a(i)x(n-i)=\sum_{i=0}^{q} b(i)e(n-i) \qquad (13.80)$$

并且 ARMA(p,q) 的随机过程 $\{x(n)\}$ 在加性噪声 $v(n)$ 中被观测，即 $y(n)=x(n)+v(n)$，且 $a(0)=b(0)=h(0)=1$，$b(q)\neq 0$。

关于 ARMA 模型通常做如下假设条件。

假设 13.1　系统传递函数 $H(z)=B(z)/A(z)=\sum_{i=0}^{\infty} h(i)z^{-i}$ 不存在任何零极点对消。该条件意味着系统是因果的，且 ARMA(p,q) 不能进一步简化。

假设 13.2　输入 $e(n)$ 是独立同分布过程的非高斯白噪声，其均值为 0，且 $E[e^2(n)]=\sigma_e^2<\infty$，$k$ 阶累积量为 γ_{ke}。

假设 13.3　观测噪声 $v(n)$ 是高斯有色的，且 $v(n)$ 与 $e(n)$ 相互独立。

若记 $c_{kx}(\tau_1,\tau_2)=c_{kx}(\tau_1,\tau_2,0,\cdots,0)$ 则在上述三个条件下，BBR 公式变为

$$\sum_{i=0}^{p} a(i)c_{kx}(m-i,n)=\gamma_{ke}\sum_{j=0}^{\infty} h^{k-2}(j)h(j+n)\sum_{i=0}^{q} b(i)h(j+m-i)$$
$$=\gamma_{ke}\sum_{j=0}^{\infty} h^{k-2}(j)h(j+n)b(j+m) \qquad (13.81)$$

式中利用了 $\sum_{i=0}^{p} a(i)h(n-i)=\sum_{j=0}^{q} b(i)\delta(n-i)=b(n)$。

显然，AR 模型是 ARMA 模型在 $q=0$ 时的特例。与基于自相关函数的 ARMA 系统辨识方法一样，基于高阶累积量的 ARMA 辨识方法一般也首先辨识 AR 部分的参数，然后再辨识 MA 部分的参数。

可以证明在假设 13.1～假设 13.3 下，ARMA 模型的 AR 参数可以由

$$\sum_{i=0}^{p}a(i)c_{ky}(m-i,n)=0,\quad m=q+1,\cdots,q+p,\ n=q-p,\cdots,q \tag{13.82}$$

的最小二乘解唯一辨识。

由假设 13.3，知 $c_{ky}(\tau_1,\tau_2,\cdots,\tau_{k-1})=c_{kx}(\tau_1,\tau_2,\cdots,\tau_{k-1})$，所以式（13.82）可以写为矩阵形式：

$$\boldsymbol{Ca}=\boldsymbol{c} \tag{13.83}$$

式中，

$$\boldsymbol{c}=\begin{bmatrix} c_{kx}(q+1,q-p) \\ \vdots \\ c_{kx}(q+1,q) \\ \vdots \\ c_{kx}(q+p,q-p) \\ \vdots \\ c_{kx}(q+p,q) \end{bmatrix};\quad \boldsymbol{C}=\begin{bmatrix} c_{kx}(q+1-p,q-p) & \cdots & c_{kx}(q,q-p) \\ \vdots & & \vdots \\ c_{kx}(q+1-p,q) & \cdots & c_{kx}(q,q) \\ \vdots & & \vdots \\ c_{kx}(q,q-p) & \cdots & c_{kx}(q+1-p,q-p) \\ \vdots & & \vdots \\ c_{kx}(q,q) & \cdots & c_{kx}(q+1-p,q) \end{bmatrix};\quad \boldsymbol{a}=\begin{bmatrix} a(p) \\ a(p-1) \\ \vdots \\ a(1) \end{bmatrix}$$

更直接地，含噪声的 AR 过程的累积量满足如下方程：

$$\sum_{i=0}^{p}a(i)c_{2y}(m-i)=0,\quad m>p \tag{13.84a}$$

$$\sum_{i=0}^{p}a(i)c_{3y}(m-i,\rho)=0,\quad m>p \tag{13.84b}$$

$$\sum_{i=0}^{p}a(i)c_{3y}(m-i,\rho,\tau)=0,\quad m>p \tag{13.84c}$$

高阶统计分析工具箱中利用累积量估计 AR 参数的函数为 arrcest.m。累积量的阶次可以选择为 2、3 或 4。

这样辨识出来的 AR 参数是存在估计偏差的，它表现为一个加性的非高斯噪声。通过下式可以得到残差时间序列：

$$z(n)=\sum_{i=0}^{p}a(i)y(n-i)=\sum_{i=0}^{q}b(i)x(n-i)+\sum_{i=0}^{p}a(i)v(n-i) \tag{13.85}$$

高阶统计分析工具箱中利用残差时间序列估计 ARMA 参数的函数为 armarts.m，它首先利用正态方程估计 AR 参数，然后计算 AR 过程的残差序列，最后利用函数 maest 估计出 MA 参数。

另外一种估计 ARMA 参数的函数为 armaqs.m，它是基于 q 切片的。首先利用正态方程估计出 AR 参数，接着脉冲响应可以通过下式来估计：

$$h(n)=\frac{\displaystyle\sum_{i=0}^{p}a(i)c_{3y}(q-i,n)}{\displaystyle\sum_{i=0}^{p}a(i)c_{3y}(q-i,0)},\quad n=1,2,\cdots,q \tag{13.86}$$

或者

$$h(n)=\frac{\displaystyle\sum_{i=0}^{p}a(i)c_{4y}(q-i,n,0)}{\displaystyle\sum_{i=0}^{p}a(i)c_{4y}(q-i,0,0)},\quad n=1,2,\cdots,q \tag{13.87}$$

最后 MA 参数可以估计为

$$\hat{b}(n) = \sum_{i=0}^{p} a(i)h(n-i) \tag{13.88}$$

对系统辨识，很重要的一个内容是系统阶次的确定，即定阶问题。对于这个问题，已经提出了不少采用高阶累积量的方法。高阶统计分析工具箱中利用累积量估计 AR 参数的函数为 arorder.m 和 maorder.m。

3）举例分析

估计 AR(2)过程的模型系数，MATLAB 程序代码如下：

```
%高斯输入
u=0.5*randn(1,1024);
%AR(2)过程
sig=filter([1],[1,-0.5,0.5],u);  sig=sig-mean(sig);
%设置参数
norder=2;  p=2;  q=0;
%估计参数
a=arrcest(sig,p,q,norder)
%结束
```

上述过程的模型参数理论值为 $a=[1, -0.5, 0.5]$，利用函数 arrcest 得到的估计值为 $a=[1.0000, -0.5223, 0.5095]$。

13.4　分数低阶 α 稳定分布过程与分数低阶统计量

13.4.1　α 稳定分布

描述冲击（或脉冲）性噪声/信号的非高斯分布主要有以下四种非高斯分布及其理论：混合高斯分布、广义高斯分布、广义柯西分布和 α 稳定分布。在这四种分布中，混合高斯分布、广义高斯分布和广义柯西分布都具有概率密度函数的闭式表达，在算法的数学分析上是相对方便和简单的。但混合高斯分布和广义高斯分布的拖尾与高斯分布一样仍然是指数拖尾，而非代数拖尾，这并不符合在某些场合的实际情况，而且所描述的冲击噪声的范围也受限制。广义柯西分布通过对拖尾系数 $p \in (0,2]$ 的控制实现对不同冲击噪声的描述。$p = 2$ 时为柯西分布，该特例也是 α 稳定分布的特例之一，但高斯分布不是该分布的特例。α 稳定分布是一种典型的非高斯分布，是描述真实噪声的最有潜力和吸引力的模型之一，包括了高斯分布（ $\alpha = 2$ ）和分数低阶 α 稳定分布（ $0 < \alpha < 2$ ）两种情况，可以通过对参数的不同选择来描述各种不同程度的、对称或非对称的冲击噪声。它具有代数拖尾，能够非常好地与实际数据相吻合，且更重要的，它是唯一满足稳定性和广义中心极限定理的非高斯分布模型，从而更具广泛性和代表性。

已经验证，电话线路中的噪声、大气噪声和雷达系统中的反向散射回波均可以有效地用 α 稳定分布来描述。

1. 概念

α 稳定分布没有统一的概率密度函数表达式，但具有统一的特征函数表达式：

$$\phi(t) = \exp\{jat - \gamma \,|\, t\,|^{\alpha}\, [1 + j\beta \mathrm{sgn}(t)\omega(t,\alpha)]\} \qquad (13.89)$$

式中，

$$\omega(t,\alpha) = \begin{cases} \tan(\alpha\pi / 2), & \alpha \neq 1 \\ (2 / \pi)\log|t|, & \alpha = 1 \end{cases}$$

$$\mathrm{sgn}(t) = \begin{cases} 1, & t > 0 \\ 0, & t = 0 \\ -1, & t < 0 \end{cases}$$

可见，通过四个参数 α、a、β 和 γ 便可以完全确定一个 α 稳定分布的特征函数。

（1）$\alpha \in (0,2]$ 称为特征指数，它是被唯一确定的。特征指数用来度量分布函数拖尾的厚度。对于一个符合 α 稳定分布的随机变量，α 值越小，表明其分布函数的拖尾越厚，即偏离其中心值的样本越多（图 13.5）。α 值越大，则越趋向于高斯过程。$\alpha = 2$ 表示分布为高斯分布，称 $0 < \alpha < 2$ 的非高斯分布为分数低阶 α 稳定分布。

（2）$\gamma > 0$ 称为分散系数。它是关于样本分散程度的度量，其意义与高斯分布中的方差类似，在高斯分布的情况下等于方差的一半。

（3）$-1 < \beta < 1$ 称为对称参数，用于表示分布的斜度。$\beta = 0$ 表示分布为对称 α 稳定分布或称 $S\alpha S$。$\beta > 0$ 和 $\beta < 0$ 分别对应着左斜和右斜。

（4）a 称为位置参数，对于 $S\alpha S$ 分布，当 $1 < \alpha \leqslant 2$ 时，a 为 α 稳定分布的均值，当 $0 < \alpha < 1$ 时，a 表示其中值。

如果 α 稳定分布中的位置参数 $a = 0$，分散系数 $\gamma = 1$，则称此 α 稳定分布为标准 α 稳定分布。如果任意一个 α 稳定分布随机变量 X 具有位置参数 a、分散系数 γ、特征指数 α 和对称系数 β，则 $Y = (X - a) / r^{1/\alpha}$ 是对称系数为 β 的标准 α 稳定分布。

除高斯（$\alpha = 2$）、柯西（$\alpha = 1$，$\beta = 0$）、泊松分布（$\alpha = 1/2$，$\beta = -1$）外，α 稳定分布的概率密度函数没有封闭的表达式。但人们已提出了众多算法对其进行近似，例如对 α 稳定分布的特征函数做傅里叶逆变换及相应的改进算法、混合高斯分布或者柯西与高斯分布的组合近似法、有限项混合近似、多项式逼近等。

图 13.5 给出了不同特征指数 α 的标准化 $S\alpha S$ 的概率密度函数曲线。

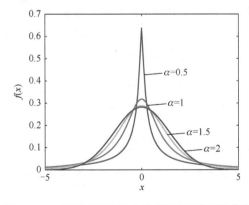

图 13.5　α 为不同值时 $S\alpha S$ 分布概率密度函数曲线

从图 13.5 中可以看出，分数低阶 $S\alpha S$ 分布（$\alpha < 2$）的概率密度函数有着比高斯分布（$\alpha = 2$）更厚重的拖尾，α 越小，拖尾越厚重，这意味着大幅度样本的发生概率比较大。同

时值得注意的是，$S\alpha S$分布的概率密度函数具有许多与高斯分布类似的特征——光滑、单峰分布、关于中值对称的、钟形，这十分符合现实世界中的许多非高斯冲击信号的特性。另外，由图13.6可以看到，不同特征指数α的$S\alpha S$分布信号的冲击特性是不同的，$\alpha \neq 2$的分数低阶α稳定分布噪声只是在某些时间点上具有突发的冲击，这正说明$S\alpha S$分布非常适合描述那些类似高斯分布，但却具有冲击性的非高斯现象。例如，一个封闭的房间中，翻书、东西落地、削铅笔的声音都会导致噪声的冲击特性。实验表明，取$\alpha = 1.2 \sim 1.6$即可有效描述现实世界中的大部分冲击噪声。

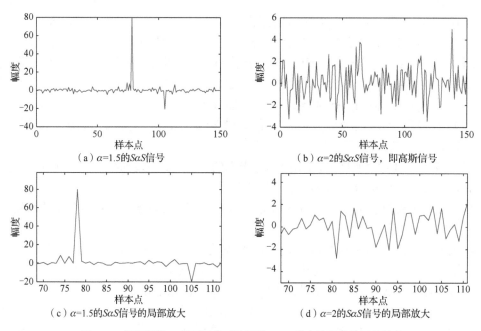

图13.6 特征指数α的不同值时的标准$S\alpha S$分布信号及其局部放大

2. 性质

α稳定分布是一种广义化的高斯分布，即高斯分布是其特例之一。它之所以能够成为描述冲击噪声的一个重要模型，是因为它满足以下三个重要的定理。

定理13.1 稳定性定理 如果独立的α稳定分布随机变量X_1和X_2，具有相同的特征指数α和对称系数β，则对于任意的常数a_1和a_2，有下式成立：

$$a_1X_1 + a_2X_2 \overset{\text{d}}{=} aX + b \tag{13.90}$$

式中，a和b为常数。即随机变量X也是特征指数为α、对称系数为β的α稳定分布。符号"$X \overset{\text{d}}{=} Y$"表示$X$和$Y$具有相同的分布。

该定理可以更一般地表述为：如果随机变量$X_1, X_2, \cdots, X_n$都服从相同的特征指数α和对称系数β的α稳定分布，则这些随机变量的线性组合$\sum\limits_{j=1}^{n} a_j X_j$也是特征指数为$\alpha$、对称系数为$\beta$的$\alpha$稳定分布。

定理13.2 广义中心极限定理 若$X_1, X_2, \cdots, X_n$是独立同分布的随机变量，当$n \to \infty$时，

$$X = \frac{X_1 + X_2 + \cdots + X_n}{a_n} - b_n$$

则 X 是 α 稳定分布的，其中 a_n 是正的实数，b_n 是实数。

在该定理中，如果 $X_1, X_2, \cdots, X_n$ 是独立同分布并且具有有限方差，那么这个极限分布是高斯的。广义中心极限定理也就成为一般的中心极限定理了。

定理 13.3　任意服从 α 稳定分布的随机变量 X，$0 < \alpha < 2$，满足

$$E[|X|^p] = \infty, \qquad p \geqslant \alpha \tag{13.91}$$

$$E[|X|^p] < \infty, \qquad 0 \leqslant p < \alpha \tag{13.92}$$

特别地，当 $\alpha = 2$ 时，

$$E[|X|^p] < \infty, \qquad p \geqslant 0 \tag{13.93}$$

这一定理表明 α 稳定分布的随机变量只有阶数小于 α 阶的矩是有限的。因此，对于 $\alpha < 2$ 的分数低阶 α 稳定分布，不能再使用基于方差或二阶统计量有限假设的信号处理方法（如谱分析和最小二乘法等），分数低阶统计量是用来研究它的有力工具。

13.4.2　分数低阶矩和共变系数

1. 分数低阶矩的概念及性质

信号的统计矩包含了丰富的有关信号特性的信息。统计矩可以从 0 阶一直延伸到无穷阶。传统的信号处理方法包括针对高斯分布的二阶矩方法以及基于三阶或四阶统计量的高阶矩方法。随机变量 X 的二阶矩通常定义为 $E(|X|^2)$，对于 α 稳定分布随机变量，定义分数低阶矩（fractional lower order moment，FLOM）或 p 阶矩为 $E(|X|^p)$，其中 $0 < p \leqslant 2$。

$S\alpha S$ 分布随机变量的矩与分散系数之间存在着重要的关系，这个关系由定理 13.4 给出。

定理 13.4　设 X 为一 $S\alpha S$ 分布的随机变量，其位置参数 $a = 0$，分散系数为 γ，则

$$E(|X|^p) = \begin{cases} C(p, \alpha)\gamma^{p/\alpha}, & 0 < p < \alpha \\ \infty, & p \geqslant \alpha \end{cases} \tag{13.94}$$

式中

$$C(p, \alpha) = \frac{2^{p+1}\Gamma(\frac{p+1}{2})\Gamma(-p/\alpha)}{\alpha\sqrt{\pi}\Gamma(-p/2)} \tag{13.95}$$

其中，$\Gamma(\cdot)$ 为伽马函数。$C(p, \alpha)$ 仅为 α 和 p 的函数，与随机变量 X 无关。

若 X 是 $S\alpha S$ 分布随机变量，分散系数 $\gamma > 0$，位置参数 $a = 0$，则 X 的范数定义为

$$\|X\|_\alpha = \begin{cases} \gamma^{1/\alpha}, & 1 \leqslant \alpha \leqslant 2 \\ \gamma, & 0 < \alpha < 1 \end{cases} \tag{13.96}$$

即范数 $\|X\|_\alpha$ 只与分散系数为 γ 有关。

若 X 和 Y 是联合 $S\alpha S$ 分布的，则 X 和 Y 之间的距离定义为

$$d_\alpha(X, Y) = \|X - Y\|_\alpha \tag{13.97}$$

结合式（13.94）和式（13.96），得到

$$d_\alpha(X,Y) = \begin{cases} \left[\dfrac{E(|X-Y|^p)}{C(p,\alpha)}\right]^{1/p}, & 0<p<\alpha, \quad 1\leqslant\alpha\leqslant 2 \\[4mm] \left[\dfrac{E(|X-Y|^p)}{C(p,\alpha)}\right]^{\alpha/p}, & 0<p<\alpha, \quad 0<\alpha<1 \end{cases} \tag{13.98}$$

故当 $0<p<\alpha$ 时，两个 $S\alpha S$ 随机变量的距离等同于对这两个随机变量之差的 p 阶矩。当 $\alpha=2$ 时，距离等于这两个随机变量之差的方差的一半。而且，$S\alpha S$ 随机变量的所有低阶矩都是等价的，也就是说对于任意 $0<p$、$q<\alpha$，$S\alpha S$ 随机变量的 p 阶矩和 q 阶矩只相差一个与该随机变量独立的系数。

2. 共变、分数低阶协方差的概念及性质

1）共变

由于 $S\alpha S$ 分布没有有限的方差，所以不存在协方差。共变这个量在 $S\alpha S$ 分布理论中的地位与协方差在高斯分布理论中的地位相似。

对于联合 $S\alpha S$ 分布的随机变量 X 和 Y，其特征指数 $1<\alpha\leqslant 2$，则 X 和 Y 的共变定义为

$$[X,Y]_\alpha = \int_s xy^{\langle\alpha-1\rangle}\mu\,\mathrm{d}s \tag{13.99}$$

式中，s 表示单位圆；μ 表示 $S\alpha S$ 分布随机矢量 (X,Y) 的谱测度。式（13.99）中运算符号 $\langle\cdot\rangle$ 的含义为 $z^{\langle a\rangle}=|z|^{a-1}z^*$。

共变系数定义为

$$\lambda_{X,Y} = \frac{[X,Y]_\alpha}{[Y,Y]_\alpha} \tag{13.100}$$

共变与协方差的主要区别在于除了 $\alpha=2$ 以外，对于其他的 α 值共变没有对称性，即

$$[X,Y]_\alpha \neq [Y,X]_\alpha, \quad 1<\alpha<2 \tag{13.101}$$

由于谱测度不易得到，因此上述定义很难应用于实际。然而，由于共变、共变系数与 FLOM 之间存在一定的联系（参见定理 13.5），从而使共变成为具有实际应用价值的概念。

定理 13.5　若 X 和 Y 是联合 $S\alpha S$ 分布的，特征指数 $1<\alpha\leqslant 2$。Y 的分散系数为 γ_y，则

$$[Y,Y]_\alpha = \|Y\|_\alpha^\alpha = \gamma_y \tag{13.102}$$

$$\lambda_{X,Y} = \frac{E(XY^{\langle p-1\rangle})}{E(|Y|^p)}, \quad 1\leqslant p<\alpha \tag{13.103}$$

$$[X,Y]_\alpha = \frac{E(XY^{\langle p-1\rangle})}{E(|Y|^p)}\gamma_y, \quad 1\leqslant p<\alpha \tag{13.104}$$

以下是共变的一些十分重要的性质，它们对 α 稳定分布信号处理有很重要的作用。

性质 13.10　如果 X 和 Y 是联合 $S\alpha S$ 分布的，设 a 和 b 是任意实数，则共变 $[X,Y]_\alpha$ 对第一变元是线性的，即

$$[aX_1+bX_2,Y]_\alpha = a[X_1,Y]_\alpha + b[X_2,Y]_\alpha \tag{13.105}$$

性质 13.11　当 $\alpha=2$ 时，也就是 X 和 Y 是零均值的联合高斯随机变量时，X 和 Y 的共变退化为协方差：

$$[X,Y]_\alpha = E(XY) \tag{13.106}$$

性质 13.12　如果 Y_1 和 Y_2 是独立的, 设 a 和 b 是任意实数, 并且 X、Y_1 和 Y_2 是联合 $S\alpha S$ 分布的, 则共变具有对第二变元伪线性:

$$[X, aY_1 + bY_2]_\alpha = a^{\langle\alpha-1\rangle}[X, Y_1]_\alpha + b^{\langle\alpha-1\rangle}[X, Y_2]_\alpha \quad (13.107)$$

性质 13.13　如果 X 和 Y 是独立 $S\alpha S$ 分布的, 则

$$[X, Y]_\alpha = 0 \quad (13.108)$$

但是反之通常是不成立的。

性质 13.14　对于联合 $S\alpha S$ 分布的随机变量 X 和 Y, 存在柯西-施瓦茨不等式 (Cauchy-Schwartz inequality):

$$\left|[X, Y]_\alpha\right| \leqslant \|X\|_\alpha \|Y\|_\alpha^{\langle\alpha-1\rangle} \quad (13.109)$$

如果 X 和 Y 具有单位分散系数, 则

$$\left|[X, Y]_\alpha\right| \leqslant 1 \quad (13.110)$$

2) 分数低阶协方差

共变只针对 $1 < \alpha \leqslant 2$ 的 α 稳定分布, 只对单个变量进行 $(\cdot)^{\langle p-1\rangle}$ 运算。另一种适用于全部的 α 取值范围的、更一般的分数低阶统计量是分数低阶协方差:

$$\mathrm{FLOC}(X, Y) = E(X^{\langle a\rangle}Y^{\langle b\rangle}), \qquad 0 \leqslant a \leqslant \frac{\alpha}{2}, 0 \leqslant b \leqslant \frac{\alpha}{2} \quad (13.111)$$

这种低阶统计运算方式, 使得参数估计具有更好的韧性。

13.4.3　$S\alpha S$ 分布的特征参数估计

值得注意的是, 在应用过程中往往需要知道 α 稳定分布过程的参数值, 尤其是特征指数 α, 因此如何从一个 α 稳定分布的随机变量实例中估计出其参数是一个实际的问题。最大似然估计方法是最优的方法, 但是由于它属于复杂的非线性优化问题, 所以计算量比较大, 并不很实用, 于是产生了一些次优方法。这里主要介绍两种有效的、针对 $S\alpha S$ 分布随机变量的参数估计方法。

1. 样本分位数法

首先引出一个新的参数 c, 且令 $c = \gamma^{1/\alpha}$, 并定义 f 分位数和顺序统计量。设 $S\alpha S$ 分布随机变量 X 的分布函数为 $F(\cdot)$, 其 $f(0 < f < 1)$ 分位数 x_f 可由下式定义:

$$F(x_f) = f \quad (13.112)$$

则随机样本 $X_1, X_2, \cdots, X_N$ 的顺序统计量定义为升序排列的样本值, 表示为 $X_{(1)}, X_{(2)}, \cdots, X_{(N)}$。顺序统计量是满足 $X_{(1)} \leqslant \cdots \leqslant X_{(N)}$ 的随机变量。具体来说, 有

$$
\begin{aligned}
X_{(1)} &= \min_{1 \leqslant i \leqslant N} X_i \\
X_{(2)} &= 次小的 X_i \\
&\vdots \\
X_{(N)} &= \max_{1 \leqslant i \leqslant N} X_i
\end{aligned}
\quad (13.113)
$$

因此, 随机样本的样本值如最小值、最大值、中间值等都是顺序统计量的样本。

设 $X_1, X_2, \cdots, X_N$ 是未知分布 $F(x)$ 的随机样本, 其顺序统计量为 $X_{(1)}, X_{(2)}, \cdots, X_{(N)}$, 且 $0 < f < 1$, 则 f 分位数的一致估计 $\hat{x}_f$ 可由 $X_{(N+1)}$ 给出。为避免 $\hat{x}_f$ 出现伪偏斜, 需要在估计

结果的基础上添加一个修正项。具体地，假设 $0 \leqslant i \leqslant N$，且 $\dfrac{2i-1}{2N} \leqslant f \leqslant \dfrac{2i+1}{2N}$，则

$$\hat{x}_f = X_{(i)} + (X_{(i+1)} - X_{(i)}) \frac{f - q(i)}{q(i+1) - q(i)} \tag{13.114}$$

式中，$q(i) = \dfrac{2i-1}{2N}$。

如果 $i = 0$ 或 $i = N$，则分别有 $\hat{x}_f = X_{(1)}$ 或 $\hat{x}_f = X_{(N)}$。

具体方法是：首先，定义一个独立于特征指数 α 的变量 $\hat{v}_\alpha$、$\hat{v}_c$，$\hat{v}_\alpha$、$\hat{v}_c$ 的值由下式给出：

$$\hat{v}_\alpha = \frac{\hat{x}_{0.95} - \hat{x}_{0.05}}{\hat{x}_{0.75} - \hat{x}_{0.25}} \tag{13.115}$$

$$\hat{v}_c = \frac{\hat{x}_{0.75} - \hat{x}_{0.25}}{c} \tag{13.116}$$

然后将求得的 $\hat{v}_\alpha$ 与现有资料给出的表相对照，找到和 $\hat{v}_\alpha$ 值匹配的项来得出特征指数 α 的一致估计值 $\hat{\alpha}$。进而找到与 $\hat{\alpha}$ 相匹配的 $\hat{v}_c$，则 $\hat{c} = \dfrac{\hat{x}_{0.75} - \hat{x}_{0.25}}{\hat{v}_c(\hat{\alpha})}$ 为 c 的一致估计，由此得到 γ 的估计值。

2. 对数法

定义变量 Y 如下：

$$Y = \log|X| \tag{13.117}$$

式中，随机变量 X 符合 α 稳定分布；Y 的均值可由下式给出：

$$E(Y) = C_e \left(\frac{1}{\alpha} - 1 \right) + \frac{1}{\alpha} \log \gamma \tag{13.118}$$

其中，$C_e = 0.57721566\cdots$ 是常数。Y 的方差为

$$\mathrm{Var}(Y) = E\left\{ [Y - E(Y)]^2 \right\} = \frac{\pi^2}{6} \left(\frac{1}{\alpha^2} + \frac{1}{2} \right) \tag{13.119}$$

由式（13.119）可以很容易求得 α 的估值，将其代入式(13.118)即可求得 γ 的估值。

13.4.4 方差收敛检测

高斯分布和 α 稳定分布的最重要的区别是：非高斯的 α 稳定分布不存在有限的方差，因此，可以通过对方差的计算来判断对信号分布的假设的正确性，这种判别方法被称为"无穷方差检验"。

具体来说：设 X_k（$k = 1, 2, \cdots, N$）是同一分布的样本值，则定义样本方差 S_n^2 为

$$S_n^2 = \frac{1}{n} \sum_{k=1}^{N} (X_k - \bar{X}_n)^2, \quad 1 \leqslant n \leqslant N \tag{13.120}$$

式中，

$$\bar{X}_n = \frac{1}{n} \sum_{k=1}^{n} X_k \tag{13.121}$$

画出样本方差估计 S_n^2，如果总体分布存在有限方差，则 S_n^2 将收敛于定值，否则 S_n^2 的曲线不能可靠收敛。

13.4.5 样本的产生

为了进行仿真研究，我们需要产生大量的 α 稳定分布随机数。目前，通常的方法是通过均匀分布和指数随机变量得到 α 稳定分布随机变量。

第一步，产生一个在 $(-\pi/2, \pi/2)$ 上均匀分布的随机变量 U。

第二步，产生另一个指数分布的随机变量 W，均值为 1。

第三步，若 $\alpha \neq 1$，则计算

$$X = S_{\alpha,\beta} \times \frac{\sin[\alpha(U - B_{\alpha,\beta})]}{(\cos U)^{1/\alpha}} \times \left\{ \frac{\cos[U - \alpha(U - B_{\alpha,\beta})]}{W} \right\}^{(1-\alpha)/\alpha}$$

式中，$B_{\alpha,\beta} = \dfrac{\arctan(\beta \tan \frac{\pi\alpha}{2})}{\alpha}$；$S_{\alpha,\beta} = \left(1 + \beta^2 \tan^2 \frac{\pi\alpha}{2} \right)^{1/2\alpha}$。

第四步，若 $\alpha = 1$，则计算

$$X = \frac{2}{\pi} \left[\left(\frac{\pi}{2} + \beta U \right) \tan U - \beta \log \left(\frac{W \cos U}{\pi/2 + \beta U} \right) \right]$$

第五步，上面所产生的随机数 X 是一个标准的随机变量，即 $X \sim S_\alpha(\beta, 1, 0)$。对于非标准的稳定变量 $Y \sim S_\alpha(\beta, \gamma, \mu)$，修改 X 为

$$Y = \begin{cases} \gamma X + \mu, & \alpha \neq 1 \\ \gamma X + \dfrac{2}{\pi} \beta \gamma \log \gamma + \mu, & \alpha = 1 \end{cases}$$

另外，在产生样本时，必须考虑的是信噪比设定。在高斯信号噪声条件下，通常采用对数信号噪声功率比。在分数低阶 α 稳定分布噪声条件下，由于不存在有限的二阶矩，致使噪声的方差变得没有意义，因此需要采用混合信噪比。混合信噪比定义为

$$\text{GSNR}_{\text{dB}} = 10 \log_{10}(\sigma_s^2 / \gamma_v) \tag{13.122}$$

式中，σ_s^2 和 γ_v 分别表示信号的方差和分数低阶 α 稳定分布噪声的分散系数。

假定要对给定的高斯分布信号 $s'(n)$ 和加性分数低阶 α 稳定分布噪声 $v(n)$ 设定混合信噪比为 $\text{GSNR} = m$ dB。由式（13.122）有

$$\sigma_s = \sqrt{\gamma_v \cdot 10^{m/10}} \tag{13.123}$$

式中，σ_s 即在给定混合信噪比下信号 $s(n)$ 的标准差。按照式（13.123）调整给定信号 $s'(n)$ 的幅度，就可以实现设定信噪比的目的。

$$s(n) = \frac{s'(n)}{\sqrt{\text{Var}[s'(n)]}} \sigma_s \tag{13.124}$$

式中，$s(n)$ 为按照给定信噪比调整幅度后的信号；$\text{Var}[s'(n)]$ 表示信噪比设定之前信号的方差。

13.5 分数低阶统计量在时延估计中的应用

13.5.1 时延估计的基本模型及意义

时延是指接收器阵列中不同接收器所接收到的同源带噪信号之间由于信号传输距离不同

而引起的时间差。时延估计一般是指利用参数估计和信号处理的理论与方法，对上述时间延迟进行估计和测定，并由此进一步确定其他有关参数，例如信源的距离、方位、运动的方向和速度等。时延估计系统的基本模型为双基元模型，如图 13.7 所示。图中，A 和 B 为相距 L 的两个接收器，S 为目标信源。设 A 和 B 接收到的信号分别为 $x_1(t)$ 和 $x_2(t)$，则时延估计问题的基本信号模型为

$$x_1(t) = s(t) + v_1(t)$$
$$x_2(t) = s(t - D) + v_2(t) \tag{13.125}$$

式中，$s(t)$ 为接收到的源信号；D 为第二个传感器接收到的信号与源信号之间的传播时间差；$v_1(t)$ 和 $v_2(t)$ 为叠加噪声。为分析方便，通常假定 $s(t)$、$v_1(t)$ 和 $v_2(t)$ 均为实的正态平稳随机过程，且三者互不相关。

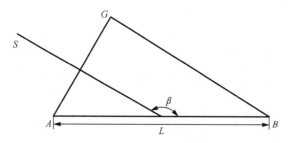

图 13.7　双基元模型

若考虑离散时间系统，则式（13.125）改写为

$$x_1(n) = s(n) + v_1(n)$$
$$x_2(n) = s(n - D) + v_2(n) \tag{13.126}$$

在图 13.7 所示的双基元系统中，由直角 △AGB 有

$$BG = AB \cos \beta \tag{13.127}$$

因为 $AB = L$，$BG = vD$，即 BG 为信号传播速度与信号传播经过 A 和 B 之间时间差的乘积。由此，目标的方位角为

$$\beta = \arccos(-vD / L) \tag{13.128}$$

由式（13.128）可知，在目标定位问题中，时延是一个关键的参数。只要得到了准确的时延的估计，就可以准确地测定目标信源的位置。实际上，两个接收器只能确定平面坐标系中的一维信息，如果再增加一个接收器，即利用三个接收器估计两两之间的时延，就可以确定平面坐标中的二维信息，例如极坐标中的距离和方位信息，从而确定目标的位置。

时延估计技术的研究在很多方面都具有重要的作用，比如在水声被动定位中，根据声呐系统接收到的目标信号估计时延，进而确定目标信源的准确位置。通过时延的测定还可以精确测量车辆或流体运动速度。另外，在地震波的研究以及生物医学工程等领域，时延估计都有非常广泛的应用。

13.5.2　基于分数低阶统计量的时延估计方法

1. 基于共变的时延估计算法

两个随机信号 $x_1(n)$ 和 $x_2(n)$ 的共变定义为

$$R_c(m) \overset{\Delta}{=} E\{x_2(n)[x_1(n+m)]^{\langle p-1 \rangle}\} = E\{x_2(n) \mid x_1(n+m)\mid^{p-1} \operatorname{sgn}[x_1(n+m)]\}, \quad 1 \leqslant p < \alpha \tag{13.129}$$

在实际计算中，由于信号的统计平均很难得到，通常采用的方法为用有限的时间平均代替统计平均，即共变可以由样本共变估计得到

$$\hat{R}_c(m) = \frac{\displaystyle\sum_{n=L_1+1}^{L_2} x_2(n)\,|\,x_1(n+m)\,|^{p-1}\,\mathrm{sgn}[x_1(n+m)]}{L_2 - L_1}, \quad 1 \leqslant p < \alpha \qquad (13.130)$$

式中，$L_1 = \max(0, -m)$；$L_2 = \min(N - m, N)$。由对共变的定义，α 稳定分布随机过程的共变类似于高斯随机过程协方差的概念。因此，要估计的时延为 $\hat{D} = -\arg\max\limits_m \hat{R}_c(m)$。由 p 的取值范围可以得出结论，该算法只适用于 $1 < \alpha \leqslant 2$ 的 α 稳定分布噪声环境。

2. 基于分数低阶协方差的时延估计算法

定义两接收信号 $x_1(n)$ 和 $x_2(n)$ 的分数低阶协方差为

$$R_d(m) \stackrel{\Delta}{=} E\{[x_2(n)]^{(a)}[x_1(n+m)]^{(b)}\}, \quad 0 \leqslant a < \frac{\alpha}{2}, \quad 0 \leqslant b < \frac{\alpha}{2} \qquad (13.131)$$

与基本共变算法相类似，分数低阶协方差算法同样用有限的时间平均来替代统计平均，计算公式为

$$\hat{R}_d(m) = \frac{\displaystyle\sum_{n=L_1+1}^{L_2} |\,x_2(n)\,|^a\,|\,x_1(n+m)\,|^b\,\mathrm{sgn}[x_2(n)x_1(n+m)]}{L_2 - L_1} \qquad (13.132)$$

要估计的时延为 $\hat{D} = -\arg\max\limits_m \hat{R}_d(m)$，该算法的适用范围为 $0 < \alpha \leqslant 2$。

上述两种算法，除了适用范围不同之外，基本共变算法的 $\hat{R}_c(m)$ 的方差在 $m \neq -D$ 是不收敛的。而分数低阶协方差算法的 $\hat{R}_d(m)$ 的方差不论 m 取何值均为有限值。因此，在极度冲击（α 虽大于 1 但很小）的情况下，分数低阶协方差算法的性能要优于基本共变算法。

3. 基于自适应滤波器的时延估计方法

在许多时延估计应用中，被测目标经常是移动的，目标与接收器之间的相对运动必然会引起时延随时间的变化，这就要求时延估计系统具有一定的跟踪能力，能跟随目标的运动而调整自身的参数，不断更新时延估值。在这种情况下，自适应系统是比较好的选择。自适应时延估计方法是基于自适应滤波算法的方法。由于自适应滤波器具有在最优准则控制下，自动调节自身结构和参数并实现最优的特点，因而较少依赖于有关信号和噪声的先验知识，而且比较适用于时延随时间变化的情况。

1）LMSTDE

最小均方自适应时延估计（least mean square time delay estimation，LMSTDE）是基于自适应噪声抵消系统结构和 LMS 算法的。图 13.8 给出了 LMSTDE 的原理框图。

图 13.8 中，两接收信号 $x_1(n)$ 和 $x_2(n)$ 分别作为自适应噪声抵消系统的参考输入和基本输入信号，z^{-M} 是为了保证系统因果性而加入的 M 个采样周期的时延，以保证该结构能适应时延真值 D 为正和为负的两种情况。$w_m(n)$（$m = -M, -M+1, \cdots, -1, 0, 1, \cdots, M$）表示自适应滤波器的权系数。

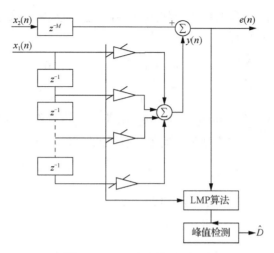

图 13.8 LMSTDE 的原理框图

为了更有效地抑制尖峰冲击噪声，保证算法在 α 稳定分布噪声环境下具有良好的韧性。依据最小分散系数准则得到最小平均 p 范数（least mean p-norm，LMP）算法。定义代价函数

$$J_p(\boldsymbol{w}) \triangleq E\left[\left|x_2(n) - \sum_{m=-M}^{M} w(m)x_1(n+m)\right|^p\right], \quad 1 < p < \alpha \tag{13.133}$$

利用最速下降法，使代价函数达到最小，可以得到 LMP 算法的自适应迭代公式为

$$\boldsymbol{w}(n+1) = \boldsymbol{w}(n) - \mu p|e(n)|\boldsymbol{x}_1(n)\mathrm{sgn}[e(n)] \tag{13.134}$$

要估计的时延为

$$\hat{D} = \arg[\max_m(\boldsymbol{w})], \quad m = -M, -M+1, \cdots, 0, \cdots, M \tag{13.135}$$

在 LMP 算法中，p 值是一个关键的参数，其值必须满足 $p \in [1, \alpha)$ 以满足代价函数的凸性要求和 $S\alpha S$ 过程有限矩的要求。这样，LMP 算法只能应用于 $1 < \alpha \leqslant 2$ 的条件。

2）基于分数低阶矩的显式时延估计（low-order explicit time delay estimation，LETDE）算法

LETDE 算法也是一种时延问题转化为 FIR 滤波器的参数估计问题的自适应时延估计方法，其在迭代过程中一直将权系数限制为 sinc 函数的样值，即滤波器系数 $w_n = \mathrm{sinc}(n - \hat{D})$，从而使估计的时延无须插值。LETDE 算法采用误差函数 $e(n)$ 的 α 范数 $J = \|e(n)\|_\alpha$ 来表示自适应系统的代价函数，避免了由最小均方准则所引起的性能退化。由分数低阶矩理论，只要满足 $0 < p < \alpha$，$S\alpha S$ 过程的 α 范数与其 p 阶矩成正比。其代价函数为

$$J = E[|e(n)|^p] \tag{13.136}$$

利用梯度方法，并以误差信号的瞬时值替代其统计平均，得到梯度估计为

$$\hat{\nabla}_p(n) = \frac{\partial |e(n)|^p}{\partial \hat{D}} = p(e(n))^{\langle p-1 \rangle}\left[\sum_{k=-M}^{M} f(k - \hat{D}(n))x(n-k)\right] \tag{13.137}$$

式中，$f(v) = \dfrac{\cos \pi v - \mathrm{sinc}\, v}{v}, v = k - \hat{D}(n)$；$1 \leqslant p < \alpha \leqslant 2$。利用恒等式 $X^{\langle p-1 \rangle} = |X|^{p-1}\mathrm{sgn}(X)$，$X$ 为实的 α 稳定分布变量，可以得到 LETDE 自适应迭代公式为

$$\hat{D}(n+1) = \hat{D}(n) - \mu p |e(n)|^{p-1} \operatorname{sgn}[e(n)] \sum_{k=-M}^{M} x(n-k) f(k - \hat{D}(n)) \qquad (13.138)$$

式中，μ 是步长因子。式（13.138）还可以写成

$$\hat{D}(n+1) = \hat{D}(n) - 2 \frac{\mu p |e(n)|^{p-2}}{2} e(n) \sum_{k=-M}^{M} x(n-k) f(k - \hat{D}(n)) \qquad (13.139)$$

其算法可归纳为

$$e(n) = y(n) - \sum_{k=-M}^{+M} \operatorname{sinc}(k - \hat{D}(n)) x(n-k) = y(n) - x(n - \hat{D}(n)) \qquad (13.140)$$

$$\hat{D}(n+1) = \hat{D}(n) - 2 \frac{\mu p |e(n)|^{p-2}}{2} e(n) \sum_{k=-M}^{M} x(n-k) f(k - \hat{D}(n)) \qquad (13.141)$$

式中，函数 f 的含义与式（13.137）中的相同。

可以将 LETDE 算法看成具有时变步长调节的 ETDE 算法，即

$$\mu(n) = \frac{\mu p |e(n)|^{p-2}}{2} \qquad (13.142)$$

易知，当取 $p=2$，则 LETDE 算法变为式（13.142）所示的 ETDE 算法，所以如同高斯分布是 α 稳定分布的特例一样，ETDE 算法是 LETDE 算法的特例。同 ETDE 算法一样，LETDE 算法对初值的选择要慎重。

当输入信号具有尖锐的尖峰冲击时，为提高算法的稳定性和收敛速度，采用归一化的方法，同时为避免分子很小时出现很大的步长，需加一个参数 λ，所以将式（13.141）写成

$$\hat{D}(n+1) = \hat{D}(n) - \mu p |e(n)|^{p-1} \operatorname{sgn}[e(n)] \frac{\displaystyle\sum_{k=-M}^{M} x(n-k) f(k - \hat{D}(n))}{\left\| \displaystyle\sum_{k=-M}^{M} x(n-k) f(k - \hat{D}(n)) \right\|_{p}^{p} + \lambda} \qquad (13.143)$$

以下的实验中，设信号 $s(k)$ 为零均值的、具有白色谱的高斯过程，延迟信号由 $s(n)$ 经过冲激响应为 $\sum_{k=-M}^{M} \operatorname{sinc}(k - D) z^{-k}$ 的 31 阶 FIR 滤波器产生，噪声 $v_1(n)$ 和 $v_2(n)$ 为 α 稳定分布过程。每次实验的数据长度为 15000 点，每个实验均是 500 次蒙特卡罗仿真的平均。同时定义两个衡量算法性能的指标——误差能量和误差均值，误差能量为 $\sigma_D^2 = E[\hat{D}(k) - D]^2$；误差均值为 $m_D = E[\hat{D}(n) - D]$。

为了公平比较 LETDE 算法和 ETDE 算法的性能，每次实验都先将时延真值和估计初值均设为 0，通过调节 μ 值使 ETDE 算法处于接近临界发散状态，并使这两种算法的估计误差能量相等。然后用此时各自的 μ 值（称为等价收敛因子）进行全部数据点的动态估计，继而评价各算法的性能。

图 13.9 给出了 $\alpha=1.5$ 时两种算法时延估计的收敛曲线。可以看到，LETDE 算法具有更快的收敛速度（时延真值设定为 $D=1.7$）。

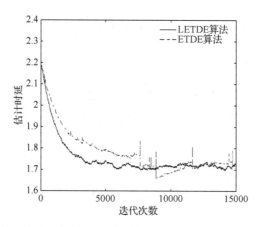

图 13.9　两种算法的时延估计收敛曲线（时延真值为 1.7，$\alpha = 1.5$，GSNR=0dB）

　　在冲击噪声条件下，采用等价收敛因子检测两种算法对突变时延的跟踪能力（时延真值从 1.5 突变为 1.2），如图 13.10 所示。可以看到尽管经过对初值的慎重选择，ETDE 算法也有一定的跟踪能力，但是很明显，它的跟踪能力、收敛速度都难以与 LETDE 算法相比。

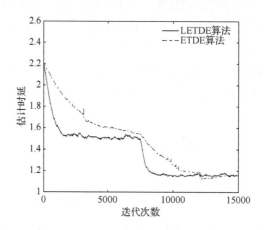

图 13.10　两种算法对突变时延的跟踪能力（时延真值从 1.5 突变为 1.2，$\alpha = 1.5$，GSNR=0dB）

　　通过对传统的 ETDE 算法和 LETDE 算法的性能比较，看到在 $\alpha = 2$（高斯噪声）条件下，二者均能很好地工作，但是噪声的冲击性越强，LETDE 算法的优势越明显。因此，LETDE 算法不仅保持了传统的 ETDE 算法的优点，而且改善了 ETDE 算法在非高斯冲击噪声下的性能退化。

13.6　相关熵与循环相关熵的原理与应用

13.6.1　相关熵的概念

　　在统计信号处理领域，通常使用统计分布和时间结构来对随机过程进行分析描述。但是一直缺乏既能有效描述随机过程统计分布，又能刻画其时间结构的单一测度。基于核方法和信息理论学习（information theoretic learning，ITL）技术，美国佛罗里达大学 Principe 教授团队于 2006 年首次提出了相关熵（correntropy）的概念和理论方法。

定义 13.3　相关熵　任意两个随机变量 X 和 Y 之间的互相关熵（cross correntropy）为

$$V_\sigma(X,Y) = E[\kappa_\sigma(X-Y)] \tag{13.144}$$

上式可简称为相关熵。在实际应用中，由于难以获得 X 和 Y 联合概率密度函数，且通常只能获得有限长度的数据 $\{(x_i, y_i)\}_{i=1}^{N}$，则相关熵的样本估计为

$$\hat{V}_{N,\sigma}(X,Y) = \frac{1}{N}\sum_{i=1}^{N}\kappa_\sigma(x_i - y_i) \tag{13.145}$$

上面两式中，$\kappa_\sigma(\cdot)$ 为核函数，其中 σ 称为核长。高斯核函数是最常采用的核函数，如下：

$$\kappa_\sigma(x - x_i) = \frac{1}{\sqrt{2\pi}\sigma}\exp\left(-\frac{\|x - x_i\|^2}{2\sigma^2}\right) \tag{13.146}$$

式（13.146）所示的高斯核函数满足 Mercer 条件，其诱导了一个从输入空间到无穷维再生核希尔伯特空间 $\mathbb{H}$ 的非线性映射 Φ。这样，相关熵的定义可以进一步写为

$$V_X(t_1,t_2) = E[\langle \Phi(X(t_1)), \Phi(X(t_2))\rangle_{\mathbb{H}}] = E[\kappa_\sigma(X(t_1) - X(t_2))] \tag{13.147}$$

由于式（13.147）只考虑了一个随机变量或随机过程 $X(t)$，故称为自相关熵（autocorrentropy），也简称为相关熵。其中 $\langle \cdot, \cdot \rangle_{\mathbb{H}}$ 表示在再生核希尔伯特空间 $\mathbb{H}$ 上的内积。这样，相关熵可以将原象空间的一个非线性问题经过非线性映射为另一个空间的线性问题，并在该空间对线性问题进行求解。

从上面关于相关熵的定义可知，所谓相关熵，其实质是对两个随机变量（或随机信号）之差高斯变换后的函数求取数学期望。与相关函数相比，相关熵提供了一种非常相似但更加广义化的信号相似性测度，因而又常称为广义相关函数。而与分数低阶统计量相比，相关熵可以提取误差 $Z = X - Y$ 的高阶矩信息，如下：

$$V_\sigma(X,Y) = \frac{1}{\sqrt{2\pi}\sigma}\sum_{n=0}^{\infty}\frac{(-1)^n}{2^n n!}E\left[\frac{(X-Y)^{2n}}{\sigma^{2n}}\right] \tag{13.148}$$

由式（13.148）可知，$V_\sigma(X,Y)$ 携带相关函数 $R_{XY}(\cdot)$ 的信息，并且包含 $Z = X - Y$ 所有偶阶矩的信息。

对离散序列的相关熵 $V_\sigma(m)$ 求取离散时间傅里叶变换，可以得到相关熵谱密度函数为 $P_V(\mathrm{e}^{\mathrm{j}\omega}) = \sum_{m=-\infty}^{\infty}V_\sigma(m)\mathrm{e}^{-\mathrm{j}\omega m}$，其保留了常规谱密度函数的许多性质。

13.6.2　相关熵的主要性质

在介绍相关熵基本性质时，为了简便起见，省略相关熵符号 $V_\sigma(\cdot)$ 的下标，简记为 $V(\cdot)$。

性质 13.15　对称性　相关熵具有对称性，即 $V(X,Y) = V(Y,X)$。

性质 13.16　有界性　相关熵满足 $0 < V(X,Y) \leqslant \frac{1}{\sqrt{2\pi}\sigma}$。当且仅当 $X = Y$ 时，$V(X,Y)$ 取得最大值。

性质 13.17　展开特性　相关熵 $V(X,Y)$ 包含了随机变量 $Z = X - Y$ 的全部偶阶矩的信息。

性质 13.18　核长　假定 $\{(x_i, y_i)\}_{i=1}^{N}$ 是由 $f_{X,Y}(x,y)$ 抽取的 i.i.d 数据，若核长 $\sigma \to 0$，且 $N\sigma \to \infty$ 时，则由 Parzen 方法估计得到的 $\hat{f}_{X,Y;\sigma}(x,y)$ 逼近其真值 $f_{X,Y}(x,y)$，且有 $\lim_{\sigma \to 0}V(X,Y) = \int_{-\infty}^{\infty}f_{X,Y}(x,x)\mathrm{d}x$。但是，在实际应用中，由于 N 不可能趋于无穷，且 $\sigma \to 0$ 会导致无意义的结果，故需要设置一个核长的下限。

性质 13.19 无偏估计与渐近一致估计 假定 $\{(x_i, y_i)\}_{i=1}^N$ 是由 $f_{X,Y}(x,y)$ 抽取的 i.i.d 数据，当 $N \to \infty$ 时，$\hat{V}_N(X,Y)$ 是 $V(X,Y)$ 的无偏估计和均方意义上的一致估计，即满足 $E\left[\hat{V}_N(X,Y)\right] = V(X,Y)$ 和 $\lim\limits_{N\to\infty,\sigma\to 0} N\sigma \mathrm{Var}[\hat{V}_N(X,Y)] = f_Z(0)\int_{-\infty}^{\infty} (\kappa_1(u))^2 \mathrm{d}u$。

性质 13.20 映射空间特性 在所映射的特征空间，相关熵是该空间数据的二阶统计量，即满足 $V(X,Y) = E\{[\Phi(X)]^{\mathrm{T}}\Phi(Y)\} = \mathrm{tr}(\boldsymbol{R}_{XY})$。其中，$\mathrm{tr}(\cdot)$ 表示求矩阵的迹，$\boldsymbol{R}_{XY}$ 表示非线性映射的相关矩阵。

性质 13.21 特征空间的不相关性 若 X 和 Y 是统计独立的，则 $V(X,Y) = \langle E[\Phi(X)], E[\Phi(Y)]\rangle_{\mathbb{H}}$。这表明，$X$ 和 Y 之间的独立性可以利用相关熵的计算来进行评价。

性质 13.22 标量非线性映射 设 $\{x_i\}_{i=1}^N$ 为一数据集。相关熵核函数诱导一个标量非线性映射 η，将信号 $\{x_i\}_{i=1}^N$ 映射为 $\{\eta_x(i)\}_{i=1}^N$，同时保留某种意义上的相似性测量，即

$$E[\eta_x(i)\eta_x(i+t)] = V(i,i+t) = E[\kappa(x(i)-x(i+t))],\ 0 \leqslant t \leqslant N-1$$

13.6.3 相关熵诱导距离与最大相关熵准则

1. 相关熵诱导距离

给定样本空间的两个矢量 $X = [x_1, x_2, \cdots, x_N]^{\mathrm{T}}$ 和 $Y = [y_1, y_2, \cdots, y_N]^{\mathrm{T}}$，则相关熵诱导距离测度（correntropy induced metric，CIM）定义为

$$\mathrm{CIM}(X,Y) = [\kappa(0) - V(X,Y)]^{1/2} \tag{13.149}$$

作为测度函数，CIM 具有许多优良特性，例如非负性，即 $\mathrm{CIM}(X,Y) \geqslant 0$；同一性，即若 $X = Y$，则有 $\mathrm{CIM}(X,Y) = 0$；对称性，即 $\mathrm{CIM}(X,Y) = \mathrm{CIM}(Y,X)$；三角不等式，即 $\mathrm{CIM}(X,Z) \leqslant \mathrm{CIM}(X,Y) + \mathrm{CIM}(Y,Z)$。

图 13.11 给出了二维空间中从点 X 到原点距离的等高线图。

由图 13.11 可以看出，当两点距离较近时，CIM 的行为就像一个 L_2 范数，称这个区域为欧氏区域；在欧氏区域之外，CIM 的行为就像一个 L_1 范数，称这个区域为过渡区域；随着两个点进一步远离，则 CIM 的行为类似于 L_0 范数，称这个区域为修正区域。

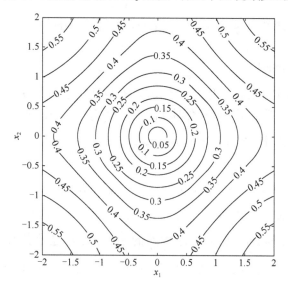

图 13.11 二维空间 CIM 等高线图

2. 最大相关熵准则

基于 CIM，定义了最大相关熵准则（maximum correntropy criterion, MCC），可以用作信号处理中滤波器设计的代价函数。设 $\{(x_i,y_i)\}_{i=1}^{N}$ 为一组观测数据，则最大相关熵准则表示为

$$\text{MCC}(e_i) \overset{\Delta}{=} \max\left[\frac{1}{N}\sum_{i=1}^{N}\kappa(x_i-y_i)\right] = \max\left[\frac{1}{N}\sum_{i=1}^{N}\kappa(e_i)\right] \tag{13.150}$$

式中，$e_i = x_i - y_i$ 表示误差信号。

可以证明，MCC 与信号处理和参数估计中广泛使用的 M 估计（M-estimator）密切相关。二者可以由 $\max\limits_{\theta}\sum\limits_{i=1}^{N}\kappa_\sigma(e_i) \Leftrightarrow \min\limits_{\theta}\sum\limits_{i=1}^{N}\rho(e_i)$ 相关联。式右边表示 M 估计，其中的 $\rho(e_i) = \dfrac{1-\exp[-e_i^2/(2\sigma^2)]}{\sqrt{2\pi}\sigma}$。

此外，MCC 与 MMSE 准则既有相似之处，又有显著区别。一方面，二者均可以用作某种优化准则，都可以作为随机变量 X 和 Y 的相似性测度。另一方面，MMSE 是一种全局性二阶统计量函数，对于远离分布中心的误差样本，MMSE 具有显著的放大作用，从而在误差分布非对称、非零中心及有异常值等情况不能实现最优。相比而言，MCC 是一种局部性相似性测度，对于测量噪声为非零均值、非高斯、离群值较大等情况（这些情况恰为 α 稳定分布噪声的特点），均具有很好的应用价值。此外，最大相关熵具有很好的抑制脉冲噪声的作用。在 α 稳定分布条件下，相关熵诱导的相关函数具有正定对称性，可以和普通相关一样定义功率谱，这也是相关熵比共变和分数低阶相关具有显著优势的主要特点。因此，利用相关熵和 MCC 准则研究 α 稳定分布信号处理具有广阔的前景，得到非高斯信号处理领域的广泛重视。

13.6.4　复相关熵与广义相关熵

1. 复相关熵

为了解决在复值信号条件下使用相关熵进行信号分析处理的问题，Guimaraes 等提出了复相关熵（complex correntropy）的概念和最大复相关熵准则（maximum complex correntropy criterion，MCCC），将相关熵的概念和理论方法从实数域推广到复数域。

设 C_1 和 C_2 为两个复随机变量，则复相关熵定义为

$$V^C(C_1,C_2) = E[\kappa_{\sqrt{2}\sigma}^C(C_1-C_2)] \tag{13.151}$$

式中，$\kappa_{\sqrt{2}\sigma}^C(C_1-C_2) = \dfrac{1}{2\pi\sigma^2}\exp\left(-\dfrac{(C_1-C_2)(C_1-C_2)^*}{2\sigma^2}\right)$ 表示高斯核函数。MCCC 定义为两个复随机变量 C_1 和 C_2 的复最大相关熵，即 $J_{\text{MCCC}}(e) = \max[V^C(e)]$，其中，$e$ 表示两随机变量 C_1 和 C_2 之差。复相关熵可用于解决复值数据的系统辨识问题和分布式非圆信号的波达方向估计问题。

2. 广义相关熵

尽管相关熵和 MCC 准则在信号处理领域得到了越来越多的关注和应用，但其默认的高斯核函数并不总是最好的选择。西安交通大学陈霸东教授等提出了一种以广义高斯密度函数

为核函数的广义相关熵和广义最大相关熵准则（general maximum correntropy criterion, GMCC），并将其成功地运用于自适应滤波，具有很好的稳定性，可实现零发散概率。广义相关熵定义为

$$V_{u,v}(X,Y) = E[G_{u,v}(X-Y)] \qquad (13.152)$$

式中，核函数 $G_{u,v}(\cdot)$ 是广义高斯概率密度函数，定义为 $G_{u,v}(e) = \dfrac{u}{2v\Gamma(1/u)}\exp(-|e/v|^u)$，其中，$u>0$ 为形状参数，$v>0$ 为尺度或宽度参数，$\Gamma(\cdot)$ 为伽马函数。通过参数的选择，广义相关熵可以适应更为复杂的信号条件，并得到更好的结果，具有很强的通用性和灵活性。

13.6.5　循环相关熵与循环相关熵谱

在诸如无线电监测和无线通信等领域，往往会遇到非高斯脉冲噪声和同频带干扰并存的复杂电磁环境。相关熵方法可以有效地抑制非高斯脉冲噪声的影响，但是对接收信号中的同频带干扰却无能为力。为了解决脉冲噪声和同频干扰并存下的信号提取、参数估计和目标定位等问题，提出了循环相关熵（cyclic correntropy，CCE）的概念。

设 $x(t)$ 为满足二阶循环平稳（second-order cyclostationary，SOCS）特性的随机信号，其相关函数是周期性函数，记为 $R_x(t,\tau) = E[x(t)x(t+\tau)] = R_x(t+T_0,\tau)$，其中，$T_0$ 表示相关函数 $R_x(\cdot)$ 的周期。对周期性 $R_x(\cdot)$ 求取傅里叶级数，得到循环相关函数为 $R_x^{\xi}(\tau) = \dfrac{1}{T_0}\int_{-T_0/2}^{T_0/2} R_x(t,\tau)e^{-j2\xi t}dt$，其中，$\xi = m/T_0$ 为循环频率。对于分数低阶统计量，可以类似地得到分数低阶循环相关（fractional lower-order cyclic correlation，FLOCC）函数为 $R_x^{\xi,F}(\tau) = \dfrac{1}{T_0}\int_{-T_0/2}^{T_0/2} R_F(t,\tau)e^{-j2\xi t}dt$，其中，$R_F(\cdot)$ 表示分数低阶相关函数。

对于满足 SOCS 的随机信号 $x(t)$，其相关熵函数可以写为

$$V_x(t,\tau) = E[\kappa_{\sigma}(x(t)-x(t+\tau))] = V_x(t+T_0,\tau) \qquad (13.153)$$

若 $V_x(t,\tau)$ 具有周期性，则可以写为傅里叶级数的形式，即 $V_x(t,\tau) = \sum\limits_{m=-\infty}^{\infty} V_x^{\xi}(\tau)e^{j2\pi\xi t}$。由此，循环相关熵函数定义为

$$V_x^{\xi}(\tau) = \frac{1}{T_0}\int_{-T_0/2}^{T_0/2} V_x(t,\tau)e^{-j2\xi t}dt \qquad (13.154)$$

对循环相关熵求取傅里叶变换，得到循环相关熵谱（cyclic correntropy spectrum，CCES）函数为

$$S_x^{\xi}(f) = \int_{-\infty}^{\infty} V_x^{\xi}(\tau)e^{-j2\pi f\tau}d\tau \qquad (13.155)$$

与常规的相关熵相比，循环相关熵通过利用信号的循环平稳特性，构造了一个循环频率域，即使同频带干扰与有用信号占有相同的时段和频段，但由于循环频率特性的不同，仍然可以进行区分。与常规的循环相关函数相比，循环相关熵由于采用了核函数映射机制，保留了相关熵对非高斯脉冲噪声的抑制能力，因而更加适合非高斯脉冲噪声的环境。

13.6.6　循环相关熵的基本性质

性质 13.23　时间平均表示　循环相关熵的统计平均可以表示为时间平均的形式，即

$$V_x^\xi(\tau) = \lim_{T\to\infty}\frac{1}{T}\int_{-T/2}^{T/2}\kappa_\sigma(x(t)-x(t+\tau))\mathrm{e}^{-\mathrm{j}2\xi t}\mathrm{d}t = \left\langle \kappa_\sigma(x(t)-x(t+\tau))\mathrm{e}^{-\mathrm{j}2\xi t}\right\rangle_t \quad (13.156)$$

式中，$\langle\cdot\rangle_t$ 表示时间平均。

性质 13.24　α 稳定分布下的收敛性　在 α 稳定分布条件下，循环相关熵是收敛的。即 $0 < |V_x^\xi(\tau)| < (2\sqrt{\pi}\sigma)^{-M} F(\sigma,\gamma)$。其中，$M$ 为信号的维数，$F(\sigma,\gamma) = \dfrac{\sigma}{\sqrt{\gamma^2+\sigma^2}}\mathrm{erf}\left(\dfrac{\sqrt{\gamma^2+\sigma^2}}{\gamma}\right) + \dfrac{1}{\mathrm{e}}\mathrm{erfc}\left(\dfrac{\sigma}{\gamma}\right)$，$\mathrm{erf}(\cdot)$ 和 $\mathrm{erfc}(\cdot)$ 分别为误差函数和互补误差函数。

性质 13.25　信号的载波频率　对于某些调制信号来说，循环相关熵谱中循环频率的特定值，对应于调制信号的载波频率。因此，该性质可以用于估计信号的载波频率。

性质 13.26　对称性　循环相关熵谱在频率域与循环频率域均具有某种对称性，但不具备偶对称性。

性质 13.27　循环平稳性　循环相关熵谱具有 0 阶（$\xi_0 = 0$）和二阶（$\xi_1 = 2f_c$）循环平稳特性。实际上，0 阶循环平稳特性所表示的是平稳特性。若信号是非平稳的，则不具备这个 0 阶循环平稳性。

性质 13.28　偶数阶循环平稳性　循环相关熵谱具有偶数阶的循环平稳性。

性质 13.29　核长选取原则　核长选择准则为 $\sigma_1 \approx \sqrt{\dfrac{\mathrm{Med}[x^2(t)] + \mathrm{Med}[x^2(t+\tau)]}{6}}$。其中，$\mathrm{Med}[\cdot]$ 表示取序列的中值。

循环相关熵与循环相关熵谱的定义和性质保证了基于循环相关熵的信号处理算法能够有效地抑制接收信号中的非高斯脉冲性噪声和同频带干扰的影响，适合于复杂电磁环境下的信号检测、参数估计和目标定位等应用。

图 13.12 给出了循环相关熵谱与常规的循环谱及分数低阶循环谱的对比图。由图可以明显看出，在相同信噪比条件下，循环相关熵谱对噪声干扰有更好的抑制作用，图中与信号相关联的谱峰非常尖锐，这非常有利于信号的参数估计与提取。

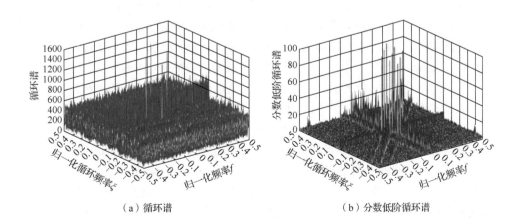

（a）循环谱　　　　　　　　　　　　　　（b）分数低阶循环谱

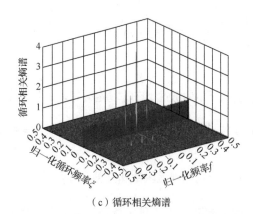

（c）循环相关熵谱

图 13.12　循环相关熵谱与常规的循环谱及分数低阶循环谱的对比

13.6.7　相关熵与循环相关熵应用简介

1. 局部相似性测度

相关熵可用作一种局部性相似性测度。这种测度对于信号相似性的度量，同时包含了数据集的统计特性和时间结构信息。在 α 稳定分布噪声等非高斯条件下，基于相关熵的信号处理算法会明显优于基于 MSE 的方法。这主要归结于相关熵对于信号中的异常值、非零均值和非高斯特性的不敏感特性。

2. 脉冲噪声条件下的鲁棒检测器

最大似然假设检验是高斯和线性条件下理论上的最优检测方法。由于非高斯和非线性条件的普遍存在，对于理论上的最优检测和实际应用的匹配滤波器均造成较大影响，人们普遍转向对于诸如核滤波器这类非线性滤波器和非二次型代价函数的研究。针对非高斯非线性条件下的信号检测问题，Pokharel 等提出了一种基于相关熵的信号检测方法，对于脉冲噪声具有较好的鲁棒性，且计算复杂度较低。

3. 在信号滤波中的应用

为了改善非高斯噪声条件下统计最优滤波器的性能，相关文献中提出了许多基于相关熵的统计最优滤波器的改进方法，并取得了很好的应用效果。Singh 等利用相关熵作为代价函数来最小化期望响应与自适应滤波器输出之间的误差，在系统辨识和噪声抵消应用中具有很好的鲁棒性。Jeonga 等建立了由相关熵诱导的再生核希尔伯特空间中的滤波方程，在合成孔径雷达等应用中的结果表明，该方法具有较好的抗畸变能力。Zhao 等基于最大相关熵准则，提出了一种核最大相关熵自适应滤波算法，性能优于 KLMS 线性滤波器。西安交通大学陈霸东教授团队在相关熵与最大相关熵准则的研究中取得显著成果，证明了最大相关熵估计本质上是一个平滑最大后验概率估计；得到了稳态超量均方误差（excess mean squared error，EMSE）的精确值；提出了一种鲁棒性核递归最大相关熵（kernel recursive maximum correntropy，KRMC）自适应滤波器，适用于非线性和非高斯信号处理；提出了最大相关熵卡尔曼滤波器、状态约束最大相关熵卡尔曼滤波器和最大相关熵无迹卡尔曼滤波器，显著提高了卡尔曼滤波器对于非高斯脉冲噪声的鲁棒性。

4. 无线定位中的波达方向估计

波达方向（direction of arrival，DOA）估计是阵列信号处理中的基本问题之一，相关文献中报道了一系列基于相关熵和循环相关熵的 DOA 估计与波束形成新方法，其中，Zhang 等构建了"相关熵的相关"（correntropy based correlation，CRCO）统计量，提出了基于 CRCO-MUSIC 的 DOA 估计算法，其波达方向估计结果优于已有的基于分数低阶统计（fractional lower-order statistics，FLOS）的 MUSIC 算法；Wang 等构建了新的广义相关熵，提出了基于最小广义相关熵准则的 DOA 估计方法和脉冲噪声下基于稀疏表示的韧性 DOA 估计新方法，得到较好结果；Jin 等提出了一种能够抵抗循环频率误差（cyclic frequency error，CFE）的波束形成算法，在同频干扰、低快拍数、低信噪比和大范围 CFE 环境下具有良好的自适应波束形成效果。

5. 在时延估计中的应用

时延（time delay estimation，TDE）估计又称为到达时差（time-difference of arrival，TDOA）估计，在目标定位，特别是雷达、声呐和无线电监测等领域得到广泛应用。针对非高斯 α 稳定分布噪声和同频干扰等复杂电磁环境下，TDOA 算法性能显著退化的问题，相关文献中报道了基于相关熵和循环相关熵的 TDE 估计方法，具有很好的抑制非高斯脉冲噪声的能力。特别是基于循环相关熵的 TDE 估计方法，可以在非高斯脉冲噪声和同频带干扰并存的复杂电磁环境中具有较好的鲁棒性。

6. 循环相关熵在通信和机械领域的应用

在机械工业和其他相关领域中，对于各种设备中的滚动轴承进行故障诊断，是防止意外事故发生，提高工业效率的必要手段。Zhao 等提出了一种基于循环相关熵及循环相关熵谱的故障诊断方法，在抑制脉冲噪声干扰的能力方面，明显优于另外一种强大的频带选择方法。

在无线电监测和通信技术领域，Ma 等提出了一种基于循环相关熵谱的调制识别方法，蒙特卡罗仿真表明该算法具有很好的抵抗脉冲噪声和干扰的能力。Liu 等提出了一种利用压缩循环相关熵谱来估计信号循环频率的方法，提高了循环频率估计的准确性和效率。

7. 在其他方面的应用

相关熵的理论和方法在图像处理领域也得到广泛的重视和应用。相关文献中报道了基于相关熵的稀疏算法，用于人脸识别的应用事例，在有遮挡和数据损坏问题情况下具有很好的鲁棒性。一种基于局部相关熵 K 均值聚类的水平集图像分割方法，在噪声敏感度和分割精度方面都有很好的性能。

针对慢性心力衰竭患者呼吸的特征分类问题，Garde 等提出了一种基于相关熵谱密度的呼吸参数提取与分类方法，达到较高的分类正确率。Hassan 等提出了一种基于相关熵谱密度的非线性连通指数，在检测脑电图信号的非线性及线性耦合方面具有较强的鲁棒性。Pérez 用相关熵函数来估计心房颤动信号的基频，不仅可以表征信号的周期性，而且可以通过用多个分量建模来研究更复杂的信号。

13.7　本　章　小　结

在随机信号分析和处理中，由于不同类型的信号和噪声具有不同特点，往往需要根据实际情况选择合适分析工具。本章主要介绍了高阶统计量和分数低阶统计量的相关理论知识，包括统计量的定义、性质、估计方法，以及非高斯噪声的检测方法和产生 α 稳定分布噪声的过程，并介绍了分数低阶统计量用在时延估计中的主要算法和结果。

本章还简要介绍了近年来国际信号处理领域的研究热点之一——相关熵的概念和基本理论，给出了定义，介绍了其主要性质与特点，重点介绍了相关熵诱导距离与最大相关熵准则。此外，还针对循环平稳信号的分析处理问题，简要介绍了循环相关熵的理论与方法，这种方法是抑制信号中脉冲性噪声和同频带干扰的重要技术手段。

思考题与习题

13.1 试说明高阶统计量的概念与基本特性。试说明分数低阶统计量的概念与基本特性。

13.2 试说明分数低阶统计量和高阶统计量适用的场合。

13.3 试说明高阶统计量与二阶统计量之间的区别。试说明高阶谱的定义和特性。

13.4 试说明信号处理中适用高阶统计量的目的。试说明高阶谱估计的方法种类及其基本思想。

13.5 试说明高阶累积量估计的过程。试描述平稳非高斯随机过程激励无噪声单输入-单输出系统时的双谱和三谱以及它们与功率谱之间的关系。

13.6 试说明窗函数的选择对高阶谱估计的影响。试描述高阶谱估计的非参数方法的过程。

13.7 什么是 α 稳定分布？其特点是什么？试说明 $S\alpha S$ 的特征参数估计方法。

13.8 试说明 α 稳定分布的样本生成过程，并使用 MATLAB 产生 $S\alpha S$ 样本。

13.9 试说明 α 稳定分布噪声条件下信噪比的设定方法。

13.10 什么是相关熵？什么是循环相关熵？它们各有什么性质和特点？

13.11 给定一个随机相位的正弦波 $x(t) = a\sin a(2\pi f t + \theta)$ ，其中，幅度 a 和频率 f 是常数，相位 θ 是一个在 $[-\pi, \pi]$ 独立同分布的随机变量，试根据定义求 $x(t)$ 的自相关函数、二阶累积量和三阶累积量，以及相应的功率谱、二阶谱和三阶谱。

13.12 给定一个一阶 FIR 系统，其中冲激响应和频率传输函数分别为 $h(n) = \delta(n) - a\delta(n-1)$ 和 $H(\mathrm{e}^{j\omega}) = 1 - a\mathrm{e}^{-j\omega}$ ，当这个系统的输入为一个零均值的非高斯白噪声 $x(n)$ 时，其中 $x(n)$ 的方差和斜度分别为 r_2^x 和 r_3^x ，试求这个系统的输出以及输出的二阶谱和三阶谱。

13.13 试证明三阶谱的对称性，即 $S_3(\omega_1, \omega_2) = S_3^*(-\omega_2, -\omega_1) = S_3(\omega_2, \omega_1)$ ，并说明对称性在高阶谱估计中的作用。

13.14 设有一个观测序列为 $y(n) = x(n) + w(n), \quad n = 0, 1, \cdots, N-1$ 。其中， $x(n)$ 是一个随机相位的正弦波，且 $x(n) = A\cos(2\pi \times 0.21 \times n + \theta)$ ， $x(n)$ 的归一化频率为 0.21，幅度为 A ， θ 是一个在 $[0, 2\pi]$ 上均匀分布的随机变量， $w(n)$ 是一个零均值的加性高斯白噪声。当 $N = 4096$ 时，

（1）令 $\mathrm{SNR} = +\infty$ ，用数值计算方法分别估计 $y(n)$ 的二阶（自相关）、三阶和四阶累积量，并画出相应的图形，最后给出从上述结果中得到的结论；

（2）分别令 $\mathrm{SNR} = 20, 0, -3(\mathrm{dB})$ ，利用 $y(n)$ 的二阶（自相关）、三阶和四阶累积量，或

者二阶（功率）、三阶和四阶谱，估计被高斯噪声污染的正弦波的频率，要求画出相关的图形，并对得到的结果给出必要的说明。

13.15 设有一个时延估计问题，$y_1(n)$ 和 $y_2(n)$ 分别是从两个空间分离传感器获得的观测数据，且有 $\begin{cases} y_1(n) = x(n) + w_1(n), \\ y_2(n) = x(n-D) + w_2(n), \end{cases}$ $n = 0, 1, \cdots, N-1$。其中，$x(n)$ 是一个未知的非高斯信号；$w_1(n)$ 和 $w_2(n)$ 空间相关的加性高斯白噪声。令 $N = 4096$，$D = 8$，试分别在 $\text{SNR} = 20, 10, 0, -3(\text{dB})$ 的条件下，利用二阶、三阶累积量或者二阶、三阶谱估计时延 D。[提示：非高斯信号 $x(n)$ 可以利用一个由独立同分布随机序列驱动的线性时不变系统（如 AR、MA 和 ARMA 模型）得到，空间相关的高斯白噪声可以利用关系式 $w_2(n) = \sum_{i=0}^{q} b(i) w_1(n+i)$ 得到，具体的模型阶次一般可以选择为 5～10，模型参数通常取 0～1 的一个小数，也可以在教科书和参考文献上取现成的模型。]

13.16 已知高斯分布、柯西分布和皮尔逊分布是三种稳定分布，有封闭形式的概率密度函数。试由它们的特征函数推导出它们的概率密度函数及其均值和方差（如果存在的话）。

（1）高斯分布（$\alpha = 2$、$\beta = 0$）；

（2）柯西分布（$\alpha = 1$、$\beta = 0$）；

（3）皮尔逊分布（$\alpha = 0.5$、$\beta = -1$）。

13.17 共变系数定义为 $\lambda_{XY} = \dfrac{E\left(XY^{\langle p-1 \rangle}\right)}{E\left(|Y|^p\right)}$，$\forall p$，$0 \leqslant p < \alpha$。就 FLOM 估计器的方差来说，$p$ 值对 λ_{XY} 有何影响？

13.18 若 U_1、U_2 是独立同分布的标准 $S\alpha S$（$\alpha = 1.5$）随机变量。X 和 Y 是 U_1、U_2 的线性组合：

$$X = a_1 U_1 + a_2 U_2$$
$$Y = b_1 U_1 + b_2 U_2$$

若 $(a_1, a_2, b_1, b_2) = (-0.75, 0.25, 0.18, 0.78)$，$\lambda_{XY}$ 的真值是多少？由 FLOM 估计 λ_{XY}，$p = 0.3, 0.5, 0.7, 1.0, 1.3$。$\alpha = 1$（柯西分布）时情况怎样？

第 14 章　非平稳信号处理简介

在信号分析与处理中，频率是一个很重要的概念。与时域表示相比，信号的频域表示往往更能体现信号的本质特征。第一次用严格的数学方法给出频率定义的是傅里叶变换，傅里叶变换分析只适用于频率不随时间变化的平稳信号。为了处理和分析自然界中广泛存在的非平稳信号，学者提出了许多分析方法，如短时傅里叶变换（STFT）、Wigner-Ville 分布、小波变换、希尔伯特-黄变换等。

14.1　概　　述

14.1.1　傅里叶变换的局限性

在确定信号和平稳信号分析中，时间和频率是两个重要的参数。傅里叶变换和傅里叶逆变换作为桥梁建立了信号 $x(t)$ 与其频谱 $X(\mathrm{j}\Omega)$ 之间的一一映射关系,其本质思想是用正弦函数的加权和来近似表示一个复杂的函数。这样的近似表示给我们分析和认识复杂现象提供了一种有效的途径，一些在时域内难以观察的现象和规律，在频域内往往能十分清楚地显示出来。但傅里叶变换和傅里叶逆变换属于整体或全局变换，频谱 $X(\mathrm{j}\Omega)$ 只是显示了信号 $x(t)$ 中各频率分量的振幅和相位，并没有把时域和频域组合在一起，从而无法表现信号各频率分量随时间变换的关系。因此，其只能用于分析与处理统计量（如期望、相关函数、功率谱等）一直不变的平稳信号，而对于具有时变统计量的非平稳信号，傅里叶变换不能反映出频谱随时间变化的情况。

图 14.1 中的两个信号 $x_1(t)$ 和 $x_2(t)$ 可以很好地说明傅里叶变换的局限性，它们的时域表示如下：

$$x_1(t) = 2\sin(6\pi t) + \sin(12\pi t) + 2\sin(18\pi t)，\quad 0 \leqslant t \leqslant 4\mathrm{s} \tag{14.1}$$

$$x_2(t) = \begin{cases} 2\sin(6\pi t) + \sin(12\pi t), & 0 \leqslant t < 2\mathrm{s} \\ \sin(12\pi t) + 2\sin(18\pi t), & 2\mathrm{s} \leqslant t \leqslant 4\mathrm{s} \end{cases} \tag{14.2}$$

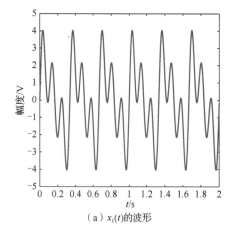

（a）$x_1(t)$ 的波形

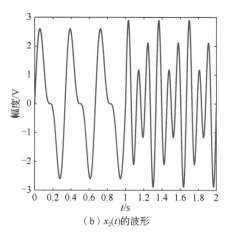

（b）$x_2(t)$ 的波形

图 14.1　两个信号 $x_1(t)$ 和 $x_2(t)$ 的波形

这两个信号都是由三种频率分量组成，但它们的持续过程是不一样的，在 $x_1(t)$ 中，三种分量一直存在；而在 $x_2(t)$ 中，只有一个分量一直存在，另两个只是分别占信号整个过程的前一半和后一半。图 14.2 以能量谱 $|X_1(\mathrm{j}\Omega)|^2$ 和 $|X_2(\mathrm{j}\Omega)|^2$（图中横坐标为频率 f，$\Omega = 2\pi f$）的形式表示信号 $x_1(t)$ 和 $x_2(t)$ 的频谱，显然这两个不同的信号有相同的频谱，这说明傅里叶分析不能将这两个信号区分开。同时，对于 $x_2(t)$ 在不同时间段上的频率是不一样的，但是这个信息在能量谱 $|X_2(\mathrm{j}\Omega)|^2$ 上没有体现出来，即 $|X_2(\mathrm{j}\Omega)|^2$ 缺乏时间信息。

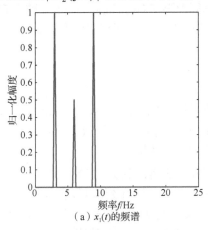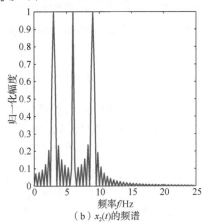

（a）$x_1(t)$ 的频谱　　　　　　　　　（b）$x_2(t)$ 的频谱

图 14.2　信号 $x_1(t)$ 和 $x_2(t)$ 的频谱

总之，傅里叶变换的局限性表现在以下三方面。

第一，傅里叶变换不能实现时间和频率的同时定位。傅里叶变换没有将时域和频域组合成一个域，根据傅里叶变换的定义，若想知道在某一频率处 Ω 的 $X(\mathrm{j}\Omega)$，需要知道 $x(t)$ 在 $-\infty < t < \infty$ 所有值，反之亦然。换句话说，时间信号 $x(t)$ 某个局部的改变将传遍（影响）整个频率轴，相反也一样，$X(\mathrm{j}\Omega)$ 某个局部的变换也将传遍整个时间轴。

第二，傅里叶变换在分辨率上的局限性。分辨率是信号处理中的基本概念，时间分辨率和频率分辨率是指对信号能做出辨别的时域或频域的最小间隔。自然地，我们希望既能有好的时间分辨率又能有好的频率分辨率，理想的分辨率是某一时刻某一频率，也即在时频面上的一个点（或一个小的区域）。但是受不确定原理的制约，时间分辨率和频率分辨率不能同时达到最好（即分辨间隔最小）。因此，在实际信号分析中，应根据信号的特点及信号处理任务的需求选取不同的时间分辨率和频率分辨率。对于时域突变信号，需要高的时域分辨率，因此需要降低频率分辨率要求；对于时域慢变信号，需要高的频率分辨率，因此需要降低时间分辨率。一个极端的例子是 $\delta(t)$ 函数，它在时间域上是一个点，具有理想的时间分辨率，但它在频率是整个频率轴，所以它的频率分辨率为零。因此，在独立的两个域中讨论频率随时间变换的非平稳信号（时变信号）是不合适的，必须将两个域结合起来进行分析也就是在时频域上对信号进行分析。

第三，傅里叶变换对于非平稳信号的局限性。工程上所讨论的非平稳信号是指频率随时间变化的信号，即时变信号。它与平稳随机信号不同，平稳随机信号的均值（一阶矩）和相关（二阶矩）函数不随时间变化。傅里叶变换反映不出信号频率随时间变化的行为。因此，它只适合于分析平稳信号，而对频率随时间变化的非平稳信号，即时变信号，它只能给出一个总的平均效果。

14.1.2　时频分析的基本概念

为了克服传统傅里叶变换的这种全局性变换的局限性，必须使用局部变换的方法，用时间和频率的联合函数来表示信号，这就是时频分析思想的来源。时频分析着眼于真实信号组成成分的时变谱特征，将一个一维的时间信号 $x(t)$ 以二维的时频函数形式 $P(t, \Omega)$ 表示出来，旨在揭示信号中包含多少频率分量，以及每一分量是如何变化的。时频分析方法的分类中除了常见的线性时频表示与二次型时频表示，还包括匹配跟踪（matching pursuit）、改进 Chirplet 变换等时变基扩展（time-variant basis expansion）以及唯一脱离了傅里叶变换框架的希尔伯特-黄变换。

1. 线性时频表示与二次型时频表示

线性时频表示是由傅里叶变换演化而来的，满足线性叠加性。假设 $x(t) = ax_1(t) + bx_2(t)$，记 $x(t)$、$x_1(t)$ 和 $x_2(t)$ 的线性时频表示分别为 $P_x(t, \Omega)$、$P_{x_1}(t, \Omega)$ 和 $P_{x_2}(t, \Omega)$，则有

$$P_x(t, \Omega) = aP_{x_1}(t, \Omega) + bP_{x_2}(t, \Omega) \tag{14.3}$$

属于这一类的时频表示主要有：STFT、伽博（Gabor）变换、小波变换等。

尽管线性时频表示的是一个所希望具有的重要性质，但是当欲用时频表示来描述时频能量分布（即瞬时功率谱密度）时，二次型时频表示却是一种更加直观和合理的信号表示方法，因为能量本身就是一种二次型表示。二次型时频表示也被称为一种双线性形式，即所研究的信号在时频分布的数学表达式中以相乘的形式出现两次。二次型时频表示不满足线性叠加性。

假设 $x(t) = ax_1(t) + bx_2(t)$，则有

$$P_x(t, \Omega) = |a|^2 P_{x_1}(t, \Omega) + |b|^2 P_{x_2}(t, \Omega) + ab^* P_{x_1 x_2}(t, \Omega) + ba^* P_{x_2 x_1}(t, \Omega) \tag{14.4}$$

式中，$x_1(t, \Omega)$ 和 $x_2(t, \Omega)$ 被称为信号项；$P_{x_1 x_2}(t, \Omega)$ 和 $P_{x_2 x_1}(t, \Omega)$ 被称为交叉项或干扰项，也叫作互时频分布项，是二次型时频表示固有的一个属性。

二次型时频表示包括：Wigner-Ville 分布及具有更一般形式的 Cohen 类分布。

2. 信号的局部特征参数

时频分析是非平稳信号分析最基本的内容，其主要目的在于构造一个恰当的时间和频率的二维分布，一方面给出信号在某一确定的时间范围和频率范围内的能量百分比，另一方面用以估计信号的特征参量，如瞬时频率、瞬时带宽、群延迟等。

（1）瞬时频率估计，即估计特定时刻的平均频率

$$\langle \Omega \rangle_t = \frac{1}{P(t)} \int \Omega P(t, \Omega) \mathrm{d}\Omega \tag{14.5}$$

MATLAB 中可以用时频分析工具箱中的 instfreq.m 来计算。

（2）群延迟的估计，即估计特定频率（频点）的平均时间

$$\langle t \rangle_\Omega = \frac{1}{P(\Omega)} \int t P(t, \Omega) \mathrm{d}t \tag{14.6}$$

MATLAB 中用时频分析工具箱中的 sgrpdlay.m 来计算。

另外，考虑到时频分析方法是将复杂信号分解为若干简单信号组合去分析和处理。因此，时频分析也可以与傅里叶变换一道被理解为子带分解，也就是利用滤波器组（filter bank）将信号的频谱均匀地或非均匀地分解成若干部分，每一个部分都对应一个时间信号，称它们为原始信号的子带信号。

14.2　短时傅里叶分析

14.2.1　连续短时傅里叶变换

1. 基本定义

为了克服傅里叶变换不能同时进行时频局域性分析的缺点，因发明全息照相技术而获诺贝尔奖的 Gabor 于 1946 年提出了短时傅里叶变换。短时傅里叶变换的思想是把非平稳过程看成一系列短时平稳信号的叠加，而短时性则是通过时间域加窗来实现，所以也称为加窗傅里叶变换，直接由傅里叶变换修改而来。连续时间信号的短时傅里叶变换定义为

$$\mathrm{STFT}_x(t,\Omega) = \int_{-\infty}^{\infty} x(\tau)g^*(\tau-t)\mathrm{e}^{-\mathrm{j}\Omega\tau}\mathrm{d}\tau \tag{14.7}$$

式中，$g(t)$ 称为窗函数，通常是一个时间宽度很短的对称函数，其宽度越小，则时域分辨率越好；"*"表示共轭运算。

设 $x_g(\tau) = x(\tau)g^*(\tau-t)$ 表示用窗函数对信号进行截断，图 14.3 为对上一节的信号 $x_2(t)$ 的整个时域过程进行截断，分解成无数个等长的小过程，每个小过程近似平稳。

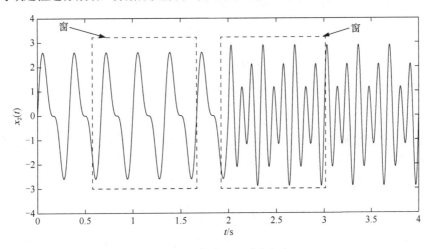

图 14.3　对信号 $x_2(t)$ 进行加窗

由式（14.7）可以看出，短时傅里叶变换的基本思想是：用 $g(t)$ 沿着 t 滑动，不断地截取一段一段的信号，然后对每一小段分别做傅里叶变换，得到 (t,Ω) 平面上的二维函数 $\mathrm{STFT}_x(t,\Omega)$。

由于短时傅里叶变换对信号进行了加窗，因此被加窗后的短时信号带宽就小于等于窗函数的带宽。依据奈奎斯特采样定理，只有采样频率大于 2 倍的信号带宽时才不会发生混叠。假设窗函数的带宽是 B，那么就需要以 $2B/\mathrm{s}$ 的速率进行采样才可以避免混叠。以 N 点的汉明窗作为例子进行分析，对于 N 点的汉明窗，其有效带宽 $B = 2f_s/N$，其中，f_s 是采样频率。那么如果要避免混叠，就至少要以 $4f_s/N$ 的速率进行采样，对应的采样周期就是 $N/(4f_s)$，也就是 1/4 个样本，即分析的步长不能超过 1/4 个样本。也就是说，相邻的帧和帧之间至少需要 75%的重叠才可以避免混叠。

若令 $g_{t,\Omega}(\tau) = g(\tau - t)\mathrm{e}^{\mathrm{j}\Omega\tau}$，则式（14.7）STFT 可写成

$$\mathrm{STFT}_x(t,\Omega) = \int_{-\infty}^{\infty} x(\tau) g_{t,\Omega}^*(\tau)\mathrm{d}\tau = \langle x(\tau), g_{t,\Omega}(\tau)\rangle \tag{14.8}$$

可见，$g_{t,\Omega}(\tau)$ 是 STFT 的基函数，其中既含有时域信息又含有频域信息。因此 STFT 是由基函数 $g_{t,\Omega}(\tau)$ 截取信号在某一时间段上的一部分，然后再取这部分上的频域分量，而傅里叶变换的基函数是 $\mathrm{e}^{\mathrm{j}\Omega\tau}$，只有频域信息。STFT 的基函数的形式取决于窗函数 $g(t)$，即基函数的时域、频域特性由窗函数 $g(t)$ 决定。从 $g_{t,\Omega}(\tau)$ 的形式上看，$g(\tau)$ 是窗函数，因此它在时域应是有限支撑的，又由于 $\mathrm{e}^{\mathrm{j}\Omega\tau}$ 在频域是线谱（可以说成"点支撑"），所以 $g_{t,\Omega}(\tau)$ 在时域和频域都应是有限支撑的。

2. 短时傅里叶逆变换

设重构公式为

$$\begin{aligned}
p(u) &= \int_{-\infty}^{\infty}\int_{-\infty}^{\infty} \mathrm{STFT}_z(t,\Omega)\gamma(u-t)\mathrm{e}^{\mathrm{j}\Omega u}\mathrm{d}t\mathrm{d}\Omega \\
&= \int_{-\infty}^{\infty}\int_{-\infty}^{\infty}\left[\int_{-\infty}^{\infty}\mathrm{e}^{-\mathrm{j}\Omega(\tau-u)}\mathrm{d}\Omega\right]z(\tau)g^*(\tau-t)\gamma(u-\tau)\mathrm{d}\tau\mathrm{d}t \\
&= \int_{-\infty}^{\infty}\int_{-\infty}^{\infty} z(\tau)g^*(\tau-t)\gamma(u-t)\delta(\tau-u)\mathrm{d}\tau\mathrm{d}t \\
&= z(u)\int_{-\infty}^{\infty} g^*(u-t)\gamma(u-t)\mathrm{d}t \\
&= z(u)\int_{-\infty}^{\infty} g^*(t)\gamma(t)\mathrm{d}t
\end{aligned} \tag{14.9}$$

当 $p(u) = z(u)$ 时，称为完全重构。为此，必须满足

$$\int_{-\infty}^{\infty} g^*(t)\gamma(t)\mathrm{d}t = 1 \tag{14.10}$$

这就是短时傅里叶变换的完全重构条件。实际上，它是个很宽松的约束条件，对于给定的分析窗函数，满足上述条件的综合窗函数 $\gamma(t)$ 有无穷种可能的选择。特别地，可以选择为 $\gamma(t) = g(t)$，则 $\int_{-\infty}^{\infty}|g(t)|^2\mathrm{d}t = 1$。此时，重构公式可写为

$$z(t) = \int_{-\infty}^{\infty}\int_{-\infty}^{\infty} \mathrm{STFT}_z(t',\Omega')g(t-t')\mathrm{e}^{\mathrm{j}\Omega't'}\mathrm{d}t'\mathrm{d}\Omega' \tag{14.11}$$

称之为广义短时傅里叶逆变换。可见，与傅里叶变换不同的是，短时傅里叶变换是一维变换，而广义短时傅里叶逆变换是二维变换。

14.2.2 离散信号的短时傅里叶变换

在计算机上实现一个信号的短时傅里叶变换时，该信号必须是离散的，且为有限长。设给定的信号为 $x(n), n = 0,1,\cdots,L-1$，有

$$\begin{aligned}
\mathrm{STFT}_x(m,\mathrm{e}^{\mathrm{j}\omega}) &= \sum_n x(n)g^*(n-mN)\mathrm{e}^{-\mathrm{j}\omega n} \\
&= \langle x(n), g(n-mN)\mathrm{e}^{\mathrm{j}\omega n}\rangle
\end{aligned} \tag{14.12}$$

式中，N 是在时间轴上窗函数移动的步长；ω 是角频率，$\omega = \Omega D$；D 为由 $x(t)$ 得到 $x(n)$ 的采样间隔。该式对应傅里叶变换中的 DTFT，即时间是离散的，频率是连续的。为了在计算机上实现，应将频率 ω 离散化，令 $\omega_k = \dfrac{2\pi}{M}k$，则

$$\mathrm{STFT}_x(m, \omega_k) = \sum_n x(n)g^*(n-mN)\mathrm{e}^{-\mathrm{j}\frac{2\pi}{M}nk} \tag{14.13}$$

式（14.13）是一个标准的 M 点 DFT，将频域的一个周期 2π 分成了 M 点。若窗函数 $g(n)$ 的宽度正好也是 M 点，那么上式可写成

$$\mathrm{STFT}_x(m, k) = \sum_{n=0}^{M-1} x(n)g^*(n-mN)\mathrm{e}^{-\mathrm{j}\frac{2\pi}{M}nk}, \quad k = 0,1,\cdots,M-1 \tag{14.14}$$

若 $g(n)$ 的宽度小于 M，那么可将其补零，使之变成 M，若 $g(n)$ 的宽度大于 M，则应增大 M 使之等于窗函数的宽度。总之，式（14.14）为一标准 DFT，时域、频域的长度都是 M 点。式中 N 的大小决定了窗函数沿时间轴移动的间距，N 越小，上面各式中 m 的取值越多，得到的时频曲线越密。若 $N=1$，即窗函数在 $x(n)$ 的时间方向上每隔一个点移动一次，这样按式（14.14），共应做 $\dfrac{L}{N} = L$ 个 M 点 DFT。MATLAB 中的 tfrstft 函数可以实现式（14.14）。

式（14.14）的平方幅度 $|\mathrm{STFT}_x(m, k)|^2$ 被称为 $x(n)$ 的谱图（spectrogram）。显然，谱图是恒正的，且是实的。MATLAB 中用 spectrogram 函数得到信号的谱图。

式（14.14）的逆变换是

$$x(n) = \frac{1}{M} \sum_m \sum_{k=0}^{M-1} \mathrm{STFT}_x(m, k) \mathrm{e}^{\mathrm{j}\frac{2\pi}{M}nk} \tag{14.15}$$

式中，m 的求和范围取决于数据的长度 L 及窗函数移动的步长 N。

14.2.3　窗函数的选择

在 STFT 的定义中，函数 $g_{t,\Omega}(\tau) = g(\tau - t)\mathrm{e}^{\mathrm{j}\Omega t}$ 的傅里叶变换为

$$G_{t,\Omega}(v) = \int_{-\infty}^{\infty} g(u-t)\mathrm{e}^{\mathrm{j}\Omega u}\mathrm{e}^{-\mathrm{j}vu}\mathrm{d}u = \mathrm{e}^{-\mathrm{j}(v-\Omega)t} \int g(t')\mathrm{e}^{-\mathrm{j}(v-\Omega)t'}\mathrm{d}t' = G(v-\Omega)\mathrm{e}^{-\mathrm{j}(v-\Omega)t} \tag{14.16}$$

式中，v 是与 Ω 等效的频率变量。重写式（14.8），有

$$
\begin{aligned}
\mathrm{STFT}_x(t, \Omega) &= \int_{-\infty}^{\infty} x(\tau)g^*(\tau - t)\mathrm{e}^{-\mathrm{j}\Omega\tau}\mathrm{d}\tau \\
&= \int_{-\infty}^{\infty} x(\tau)[g(\tau - t)\mathrm{e}^{\mathrm{j}\Omega\tau}]^*\mathrm{d}\tau
\end{aligned}
\tag{14.17}
$$

式（14.17）正是两个信号 $x(\tau)$ 和 $g(\tau - t)\mathrm{e}^{\mathrm{j}\Omega\tau}$ 的内积，因为时域内积等于频域内积，所以

$$\mathrm{STFT}_x(t, \Omega) = \mathrm{e}^{-\mathrm{j}\Omega t} \int_{-\infty}^{\infty} X(v)G^*(v-\Omega)\mathrm{e}^{\mathrm{j}vt}\mathrm{d}v \tag{14.18}$$

该式指出，对 $x(\tau)$ 在时域加窗 $g(\tau - t)$ 引导出在频域对 $X(v)$ 加窗。因此，STFT 实际分析的是信号的局部谱，局部谱的特性决定于该局部内的信号，也决定于窗函数的形状和长度。对于 STFT 的窗函数就要求是一个紧支撑集函数，对"紧支撑集"一个很通俗的解释是对于函数 $f(x)$，如果自变量 x 在 0 附近的取值范围内，$f(x)$ 能取到值；而在此之外，$f(x)$ 取值为 0。那么这个函数 $f(x)$ 就是紧支撑函数，而这个 0 附近的取值范围就叫作紧支撑集。常用的窗函数有汉宁窗、汉明窗、布莱克曼窗等。

例如，信号 $x(t)$ 是由两个不同时间段的暂态信号（高斯幅度调制信号）叠加而成的，一个时间中心在 $t_1 = 40$ 处，时宽为 20，另一个时间中心在 $t_2 = 80$ 处，时宽也是 20，调制信号的归一化频率都是 0.25。图 14.4 给出了窗函数宽度对时频分辨率的影响。

由图 14.4 可见，当窗函数宽度为 65 时，频率分辨率较好，但是时间轴上不能区分信号的两个分量，而当窗函数宽度减小为 25 时，频率分辨率降低，但时间分辨率得到提高。这正

是测不准原理（具体详见后面内容）的体现，即时间分辨率与频率分辨率的乘积受到一定值的限制。要提高时间分辨率就要降低频率分辨率，反之亦然。

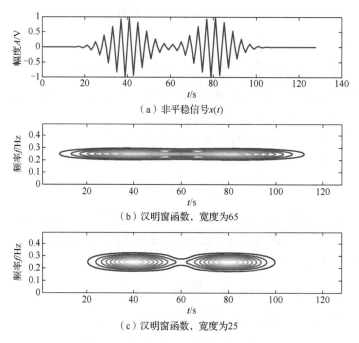

（a）非平稳信号$x(t)$

（b）汉明窗函数，宽度为65

（c）汉明窗函数，宽度为25

图 14.4　窗函数宽度对时频分辨率的影响

图 14.5 表明了在同样的窗函数宽度下，不同的窗所带来的分辨率是完全不同的。

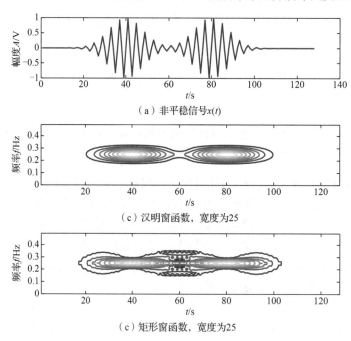

（a）非平稳信号$x(t)$

（c）汉明窗函数，宽度为25

（c）矩形窗函数，宽度为25

图 14.5　不同窗函数对时频分辨率的影响

14.2.4　海森伯测不准原理

海森伯（Heisenberg）测不准原理是量子力学的一个基本原理，其典型例子是描述一个粒子的位置和动量。根据测不准原理，一个粒子的位置（动量）越确定，那么它的动量（位置）就越不确定。傅里叶变换为测不准原理提供了完美的数学模型，通过傅里叶变换可以解释测不准原理。由于信号的时域描述与频域描述可以通过傅里叶变换联系起来，因此信号的时间和频率特性就不是相互独立的。当信号具有有限的时间长度，它的频带宽度必然无限宽，反之亦然。即没有信号同时具有有限的时间长度和有限的频带宽度。STFT 是一种特殊的傅里叶变换，从上面的例子可以看出，它可以方便地分析非平稳信号，现在很自然会产生这么一个问题，是不是窗口越小越好呢？为了证明测不准原理，对时（频）窗函数，可仿照力学中的重心和转动惯量来定义时（频）中心和时（频）宽，即首先引入如下几个定义。

1. 信号的时间中心

$$t_0 = \frac{1}{E} \int t |x(t)|^2 \, \mathrm{d}t \tag{14.19}$$

式中，$E = \int |x(t)|^2 \, \mathrm{d}t$。

2. 信号的频率中心

$$\Omega_0 = \frac{1}{2\pi E} \int \Omega |X(\mathrm{j}\Omega)|^2 \, \mathrm{d}\Omega \tag{14.20}$$

3. 信号的时宽

$$\Delta_t^2 = \frac{1}{E} \int_{-\infty}^{\infty} (t - t_0)^2 |x(t)|^2 \, \mathrm{d}t \tag{14.21}$$

4. 信号的频宽

$$\Delta_\Omega^2 = \frac{1}{2\pi E} \int_{-\infty}^{\infty} (\Omega - \Omega_0)^2 |X(\mathrm{j}\Omega)|^2 \, \mathrm{d}\Omega \tag{14.22}$$

测不准原理可以描述为：给定信号 $x(t)$，若 $\lim_{t \to \infty} \sqrt{t} x(t) = 0$，则

$$\Delta_t \Delta_\Omega \geq \frac{1}{2} \tag{14.23}$$

当且仅当 $x(t)$ 为高斯信号时等号成立。

证：不失一般性，假定 $t_0 = 0, \Omega_0 = 0$，则

$$\Delta_t^2 = \frac{1}{E} \int_{-\infty}^{\infty} t^2 |x(t)|^2 \, \mathrm{d}t \tag{14.24}$$

$$\Delta_\Omega^2 = \frac{1}{2\pi E} \int_{-\infty}^{\infty} \Omega^2 |X(\mathrm{j}\Omega)|^2 \, \mathrm{d}\Omega \tag{14.25}$$

于是

$$\Delta_t^2 \Delta_\Omega^2 = \frac{1}{2\pi E^2} \int_{-\infty}^{\infty} t^2 |x(t)|^2 \, \mathrm{d}t \int_{-\infty}^{\infty} \Omega^2 |X(\mathrm{j}\Omega)|^2 \, \mathrm{d}\Omega \tag{14.26}$$

利用 Parseval 定理，上式可改写为

$$\Delta_t^2 \Delta_\Omega^2 = \frac{1}{E^2} \int_{-\infty}^{\infty} t^2 |x(t)|^2 \, \mathrm{d}t \int_{-\infty}^{\infty} |x'(t)|^2 \, \mathrm{d}t \tag{14.27}$$

由施瓦茨（Schwarz）不等式，有

$$\Delta_t^2 \Delta_\Omega^2 \geqslant \frac{1}{E^2}\left|\int tx(t)x'(t)\mathrm{d}t\right|^2 \tag{14.28}$$

由于

$$\int tx(t)x'(t)\mathrm{d}t = \frac{1}{2}\int t\frac{\mathrm{d}x^2(t)}{\mathrm{d}t}\mathrm{d}t = \left.\frac{tx^2(t)}{2}\right|_{-\infty}^{\infty} - \frac{1}{2}\int x^2(t)\mathrm{d}t \tag{14.29}$$

而假定 $\lim\limits_{t\to\infty}\sqrt{t}x(t)=0$，故

$$\int tx(t)x'(t)\mathrm{d}t = -\frac{1}{2}E \tag{14.30}$$

代入式（14.26），有

$$\Delta_t^2 \Delta_\Omega^2 \geqslant \frac{1}{4} \tag{14.31}$$

即

$$\Delta_t \Delta_\Omega \geqslant \frac{1}{2} \tag{14.32}$$

若要该不等式的等号成立，只有 $x'(t)=ktx(t)$ 时才有可能，这样的 $x(t)$ 只能是 $A\mathrm{e}^{-\alpha t^2}$ 形式，也即高斯信号。

Δ_t 为窗函数 $g(t)$ 的时宽，表征时间分辨率，其大小取决于滑移窗宽度 N；Δ_Ω 为窗函数 $g(t)$ 的频宽，表征频率分辨率，其大小取决于 f_s/N。因此，该定理说明对给定的信号，其时宽与带宽的乘积为一常数。当信号的时宽减少时，其带宽将相应增大，当时宽减到无穷小时，带宽将变成无穷大，如时域的脉冲信号；反之亦然，如时域的正弦信号。这就是说，信号的时宽与带宽存在一定的制约关系，不可能同时趋于无穷小，提高时间分辨率，则频率分辨率降低；反之亦然。

这里用 STFT 对式（14.1）和式（14.2）的信号 $x_1(t)$ 和 $x_2(t)$ 进行分析，图 14.6 和图 14.7 给出了变换结果。由图 14.6 和图 14.7 可以看到，信号中三个不同的频率成分在图中表现出了同样的带宽。这是因为对它们进行 STFT 时，所用的时频窗口具有相同的时宽和频宽，也就是窗口的大小形状是固定不变的，因此变换结果在时域和频域的分辨率是固定不变的，即在高频段和低频段有同样的分辨率。

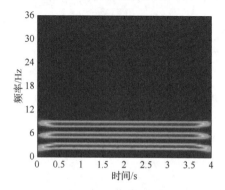

图 14.6　信号 $x_1(t)$ 的 STFT
（窗口长度为信号长度的 1/8）

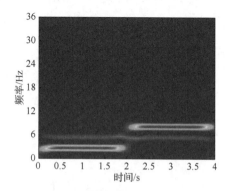

图 14.7　信号 $x_2(t)$ 的 STFT
（窗口长度为信号长度的 1/8）

为了更好地说明时宽和频宽之间的相互制约性，这里用不同宽度的窗函数对 $x_1(t)$ 和 $x_2(t)$ 进行分析，结果如图 14.8 所示。

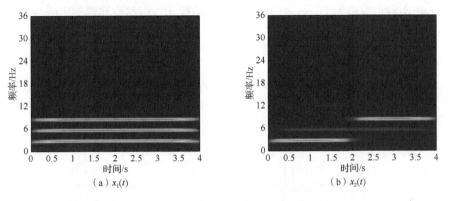

（a）$x_1(t)$　　　　　　　　　（b）$x_2(t)$

图 14.8　信号 $x_1(t)$ 和 $x_2(t)$ 的 STFT（窗口长度为信号长度的 1/4）

由图 14.8 可明显看出，窗口宽度由信号长度的 1/8 变为信号长度的 1/4，其频率分辨率与图 14.6 和图 14.7 相比有所提高，而它在时域的分辨精度下降了，尤其在图 14.8（b）所示的信号 $x_2(t)$ 的 STFT 结果中，两个分量在时间轴上出现了交叠。

14.3　Gabor 变 换

1946 年，Gabor 用时频平面上离散栅格处的点来表示一个一维时间函数，这种方法后来被人们称为 Gabor 展开，而 Gabor 展开系数的积分表示公式即 Gabor 变换。

14.3.1　Gabor 展开的基本概念

1. Gabor 展开

Gabor 展开就是用展开系数表示出原始信号的过程，利用 Gabor 展开方法得到的时频谱称为 Gabor 时频谱。令 $x(t)$ 是实连续时间信号，Gabor 展开是短时傅里叶变换的离散形式，其定义为

$$x(t) = \sum_{m=-\infty}^{\infty} \sum_{n=-\infty}^{\infty} c_{m,n} g_{m,n}(t) = \sum_{m=-\infty}^{\infty} \sum_{n=-\infty}^{\infty} c_{m,n} g(t - na) \mathrm{e}^{\mathrm{j}2\pi mbt} \qquad (14.33)$$

式中，a 是常数，代表栅格的时间长度（时间间隔）；b 也是常数，代表栅格的频率长度（频率采样间隔）。Gabor 展开的抽样栅格示意图如图 14.9 所示。

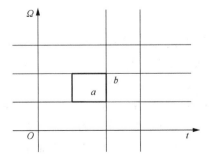

图 14.9　Gabor 展开的抽样栅格示意图

式（14.33）中的系数 $c_{m,n}$ 称为 Gabor 展开系数，是母函数，$g_{m,n}(t) = g(t - na)e^{j2\pi mbt}$ 称为 (m,n) 阶 Gabor 基函数或 Gabor 原子（函数的非正交级数展开称为原子展开，故不正交的 Gabor 基函数也被称为 Gabor 原子），是由母函数 $g(t)$ 做移位和调制生成的，其示意图如图 14.10 所示。

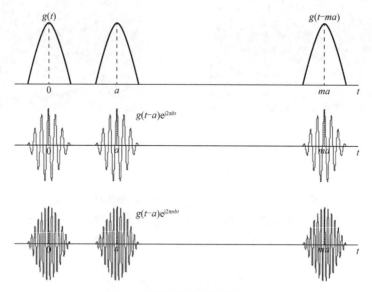

图 14.10　母函数及基函数的形成示意图

Gabor 展开的窗函数最初确定为高斯窗，选高斯窗的原因在于：①高斯函数的傅里叶变换仍是高斯函数，这使得傅里叶逆变换也用窗函数局部化了，同时体现了频率域的局部化；②根据测不准原理，高斯函数窗口面积已达到测不准原理下界，是时域窗口面积达到最小的函数，即 Gabor 变换是最优的 STFT。后来的研究表明，不只是高斯函数，其他窗函数也可以用于构成基函数。另外，由式（14.33）可以看到，在 Gabor 展开中，时域上基的每个间隔是 a，频域上基的每个间隔是 b，即基函数不再是连续的。

连续 Gabor 展开有三种形式：欠采样 Gabor 展开（$ab > 1$）、临界采样 Gabor 展开（$ab = 1$）、过采样 Gabor 展开（$ab < 1$）。有关 Gabor 展开的研究大致可归纳为三方面：一是 Gabor 系数的快速计算，包括连续 Gabor 展开、离散 Gabor 展开等；二是 Gabor 框架理论，自 Gabor 提出信号可由基本函数分解以来，广大学者投身于基和框架的研究中，Gabor 框架进一步推动了框架理论的发展；三是 Gabor 展开与变换的应用，限于篇幅，本书仅对 Gabor 系数的确定做介绍。

2. Gabor 变换的两种情况

由信号求展开系数的过程就是 Gabor 变换，可以分以下两种情况。

1）临界采样情况下求 Gabor 展开系数

$ab = 1$ 这个条件是关于所采用的时频采样网格密度的一个限界，是稳定的 Gabor 展开所能够允许的最小采样频率。在这一临界或极端情况下，如果带限信号以最小采样速率采样的话，Gabor 展开系数 $c_{m,n}$ 的个数恰好等于原始信号的样本个数。也就是说，Gabor 展开系数 $c_{m,n}$ 与信号采样个数正好匹配，不含冗余度。换一种说法，Gabor 展开系数是唯一定义的。此时，Gabor 基函数是线性独立的。

在临界采样情况下，当 Gabor 展开的基函数集 $\{g_{m,n}(t)=g(t-ma)\mathrm{e}^{\mathrm{j}2\pi nbt}, m\in Z, n\in Z\}$ 构成一个框架时，存在一个对偶原函数 $\gamma(t)$，其位移调制集 $\{\gamma_{m,n}(t)=\gamma(t-ma)\mathrm{e}^{\mathrm{j}2\pi nbt},$ $m\in Z, n\in Z\}$ 构成对偶框架，可以用对偶框架计算 Gabor 展开系数 $c_{m,n}$，计算公式为

$$c_{m,n}=\int_{-\infty}^{+\infty}x(t)\gamma_{m,n}^{*}(t)\mathrm{d}t=\int_{-\infty}^{+\infty}x(t)\gamma_{m,n}^{*}(t-ma)\mathrm{e}^{-\mathrm{j}2\pi nb}\mathrm{d}t$$
$$=\langle x(t),\gamma_{m,n}(t)\rangle=\mathrm{STFT}(ma,nb)\tag{14.34}$$

式（14.34）称为连续 Gabor 变换。Gabor 展开系数实际是以 $\gamma(t)$ 做窗函数的 STFT 在时频离散采样位置 (ma,nb) 的取值。它表明：当信号和辅助函数 $\gamma(t)$ 已知时，Gabor 展开系数 $c_{m,n}$ 可以利用 Gabor 变换立即求得。从这个意义上讲，Gabor 展开式（14.33）可以看作由采样的 STFT 系数（时频离散 STFT）重构信号的公式。这样，可以将连续 Gabor 展开和离散 STFT 联系在一起。

Gabor 变换与 STFT 的区别与联系：STFT 的窗函数必须是窄窗，而 Gabor 变换的窗函数无此限制，它的适用范围比 STFT 适用范围更广泛；STFT 是信号的时频二维表示，Gabor 变换系数相当于信号的时间移位-频率调制二维表示。

2）过采样情况下求 Gabor 展开系数

即 $ab<1$ 下，此时在时频平面上有更密集的采样栅格，采集了更多数据，会使信号的 Gabor 展开具有一定的冗余性。在这种情况下，高斯函数 $g(t)$ 随着过采样频率提高，$\gamma(t)$ 越接近 $g(t)$，当采样频率大于或等于 3 时，$g(t)$ 与 $\gamma(t)$ 几乎相同，因此，Gabor 系数具有良好的时频分析性能。

3. 信号完全重构

需要说明的是基函数集 $(g_{m,n}(t)=g(t-ma)\mathrm{e}^{\mathrm{j}2\pi nbt}, m\in Z, n\in Z)$ 一般不是正交的，对偶框架是非正交的函数集，但原函数和对偶原函数的作用是可以交换的，只要其中一个作为分析函数，另一个用作综合函数，即

$$x(t)=\sum_{m=-\infty}^{\infty}\sum_{n=-\infty}^{\infty}\langle x(t),\gamma_{m,n}(t)\rangle g_{m,n}(t)=\sum_{m=-\infty}^{\infty}\sum_{n=-\infty}^{\infty}\langle x(t),g_{m,n}(t)\rangle\gamma_{m,n}(t)\tag{14.35}$$

实际应用中，选定一个原函数，需要求出对偶原函数，将式(14.34)代入式(14.33)，并交换求和与积分次序得

$$x(t)=\int_{-\infty}^{\infty}x(t')\sum_{m=-\infty}^{\infty}\sum_{n=-\infty}^{\infty}\gamma_{m,n}^{*}(t')g_{m,n}(t)\mathrm{d}t'\tag{14.36}$$

这就是信号的重构公式。如果上式对所有的 $t\in R$ 恒成立，我们就称信号完全重构（perfect construction）。显然，为了使信号可以完全重构，就需要 $g_{m,n}(t)$ 满足下列条件：

$$\sum_{m=-\infty}^{\infty}\sum_{n=-\infty}^{\infty}\gamma_{m,n}^{*}(t')g_{m,n}(t)=\delta(t-t')\tag{14.37}$$

满足以上条件的 $g_{m,n}(t)$ 被称为是完备的。式（14.37）虽然重要，但使用不方便，更实用的是 $g(t)$ 和 $\gamma(t)$ 之间的关系，描述二者关系的重要关系式是

$$\int_{-\infty}^{\infty}\gamma(t)g^{*}(t-ma)\mathrm{e}^{-\mathrm{j}2\pi nb}\mathrm{d}t=\delta(m)\delta(n)\tag{14.38}$$

这一关系称作双正交关系，即只要 m、n 中有一个不为零，$\gamma(t)$ 便与 $g(t)$ 正交。由此，称 $\gamma(t)$ 是窗函数 $g(t)$ 的双正交函数。

综上所述，在选择了合适的 Gabor 基函数 $g_{m,n}(t)$ 之后，确定 Gabor 展开系数的解析法可分两步进行：第一步求解双正交方程（14.38），得到辅助函数 $\gamma(t)$；第二步计算 Gabor 积分式（14.34），得到 Gabor 展开系数 $c_{m,n}$。

4. 基函数 $g(t)$ 的选择

在实际应用当中，只要时频采样网格足够多，即处于过采样状态下，基函数可以是任何形式。有很多性能很好的窗函数可以用来构造 Gabor 基函数，最常用的窗函数是矩形函数和高斯函数。

14.3.2　Gabor 滤波

将式（14.7）重写为

$$\mathrm{STFT}_x(\tau, \Omega) = \int_{-\infty}^{\infty} x(t) g^*(t-\tau) \mathrm{e}^{-\mathrm{j}\Omega t} \mathrm{d}t \tag{14.39}$$

Gabor 使用高斯函数作为窗函数，即 $g(t-\tau)$ 为高斯函数，τ 用于平行移动窗口，以便于覆盖整个时域。式（14.39）的 $\mathrm{STFT}_x(\tau, \Omega)$ 也可以看成 $x(t)$ 与 $g(t-\tau)\mathrm{e}^{\mathrm{j}\Omega t}$ 的卷积。即滤波器是 $g(t-\tau)\mathrm{e}^{\mathrm{j}\Omega t}$，该滤波器的输入为 $x(t)$，输出是 $\mathrm{STFT}_x(\tau, \Omega)$，这就是 Gabor 滤波的含义。为了便于说明，假设 $\tau = 0$，$g_a(t) = \dfrac{1}{2\sqrt{\pi a}} \exp\left(-\dfrac{t^2}{4a}\right)$，为了便于计算，令 $T = 4a$，当 $\Omega = \Omega_0$ 时，

$$g_a(t) = \frac{1}{\sqrt{\pi T}} \mathrm{e}^{-\frac{t^2}{T}} \mathrm{e}^{\mathrm{j}\Omega_0 t} \tag{14.40}$$

其傅里叶变换为

$$G_a(\Omega) = \frac{1}{T} \mathrm{e}^{-T(\Omega - \Omega_0)^2/4} \tag{14.41}$$

由此可以看出，该滤波器的中心频率为 Ω_0，带宽为 $\sqrt{4/T}$，也就是说，时域窗口固定时，频域的带宽是不变的。而在实际应用中，频率越高，带宽应该越小，这也是 Gabor 变换的一个局限。Gabor 滤波的过程可用图 14.11 描述。

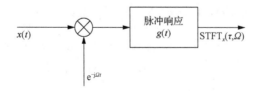

图 14.11　Gabor 滤波的示意图

因此，Gabor 滤波既可以理解为加窗傅里叶变换，也可理解为调制加滤波。

下面从核函数的角度讨论式（14.40）。在时频分布定义中用核函数来表征信号的时频分布有四个主要优点：第一，通过核函数的约束可以得到并研究具有确定特性的分布；第二，时频分布的特性可以很容易地通过考察核函数来确定；第三，对于给定的核函数，可以很容易求得信号的时频分布；第四，能够在信号分析中将信号的一种时频表示及其性质同另一种

时频表示及其性质联系在一起。因此，也有文献将式（14.40）定义为一维 Gabor 核函数，表述为

$$\text{Gabor}(t) = k\text{e}^{\text{j}\vartheta}\omega(ct)s(t) \tag{14.42}$$

式中，ϑ 是初相，且 $\begin{cases} \omega(t) = \text{e}^{-\pi t^2} \\ s(t) = \text{e}^{\text{j}\Omega_0 t} \end{cases}$。

式（14.42）与式（14.40）是等价的，即一维 Gabor 核是一个高斯核与一个复数波的乘积。

因此，在一些信号特征提取的应用中，Gabor 特征定义为：用 Gabor 核和输入信号卷积所得到的输入信号在某频率邻域附近的响应结果。该响应结果可用来实现频域滤波，又可以用来描述信号的频率信息。Gabor 特征就是用 Gabor 核来描述信号的频率特征信息。

如果定义二维复数波为

$$s(x, y) = \exp\{\text{j}[2\pi(u_0 x + v_0 y) + P]\} \tag{14.43}$$

其初始相位对 Gabor 核影响不大，因此可以将 P 省略，即

$$s(x, y) = \exp\{\text{j}[2\pi(u_0 x + v_0 y)]\} \tag{14.44}$$

二维高斯函数表达为

$$\omega(x, y, \sigma_x, \sigma_y) = K\exp\{-\pi[(x - x_0)^2 / \sigma_x^2 + (y - y_0)^2 / \sigma_y^2]\} \tag{14.45}$$

考虑高斯函数具有顺时针旋转的情况，即

$$\begin{cases} (x - x_0)_r = (x - x_0)\cos\theta + (y - y_0)\sin\theta \\ (y - y_0)_r = -(x - x_0)\sin\theta + (y - y_0)\cos\theta \end{cases} \tag{14.46}$$

下标 r 表示旋转，所以

$$\omega_r(x, y, \theta, \sigma_x, \sigma_y) = k\exp\{-\pi[(x - x_0)_r^2 / \sigma_x^2 + (y - y_0)_r^2 / \sigma_y^2]\} \tag{14.47}$$

所以二维的 Gabor 核即二维高斯函数与二维复数波相乘：

$$\begin{aligned} \text{Gabor}(x_0, y_0, \theta, \sigma_x, \sigma_y, u_0, v_0) &= s(x, y)\omega_r(x, y) \\ &= k\exp\{-\pi[(x - x_0)_r^2 / \sigma_x^2 + (y - y_0)_r^2 / \sigma_y^2]\}\exp[\text{j}2\pi(u_0 x + v_0 y)] \end{aligned} \tag{14.48}$$

式中，(x_0, y_0) 是高斯核的中心点；θ 是高斯核的旋转方向（顺时针）；(σ_x, σ_y) 是高斯核两个方向上的尺度；(u_0, v_0) 是频域坐标；k 是高斯核的幅度比例。

因此，也可以说 Gabor 变换的根本就是 Gabor 滤波器的设计，而滤波器的设计又是其频率函数和高斯函数参数的设计。二维的 Gabor 核与人眼的生物作用相仿，所以经常用作图像处理中的纹理识别。Gabor 变换在一定程度上解决了局部分析的问题，但对于突变信号和非平稳信号仍难以得到满意的结果，即 Gabor 变换仍存在着较严重的缺陷：

第一，Gabor 变换的时频窗口大小、形状不变，只有位置变化，而实际应用中常常希望时频窗口的大小、形状要随频率的变化而变化，因为信号的频率与周期成反比，对高频部分希望能给出相对较窄的时间窗口，以提高分辨率，在低频部分则希望能给出相对较宽的时间窗口，以保证信息的完整性，总之是希望能给出能够调节的时频窗。

第二，Gabor 变换基函数不能成为正交系，因此为了不丢失信息，在信号分析或数值计算时必须采用非正交的冗余基，这就增加了不必要的计算量和存储量。

第三，Gabor 变换在待分析信号上加一个窗口函数，改变了原始信号的性质。

14.4　小波变换

14.4.1　基本概念

变换的本质就是寻找到合适的基,并用基所构成的基函数来表示信号。线性代数里的基是指空间里一系列线性独立的矢量,而这个空间里的任何其他矢量,都可以由这些矢量的线性组合来表示。第 2 章中傅里叶级数的表达为 $x(t) = \sum_{k=-\infty}^{\infty} a_k \mathrm{e}^{jk\Omega_0 t} = \sum_{k=-\infty}^{\infty} a_k \mathrm{e}^{jk(2\pi/T)t}$,其本质是在线性空间将信号用 $\mathrm{e}^{jk(2\pi/T)t}$ 的线性组合表示出来,这里的 $\mathrm{e}^{jk(2\pi/T)t}$ 就是基函数。由于 $\mathrm{e}^{jk(2\pi/T)t}$ 可以写成正余弦的形式,因此傅里叶变换是把信号分解成不同频率的正弦波的叠加和,这个信号可以是连续的,也可以是离散的。同为变换,小波变换与傅里叶变换类似,小波变换就是把一个信号分解成一系列的小波基函数的叠加和,这个小波基函数的种类很多,而不像傅里叶变换那样基函数只有一种。在讨论小波变换之前,首先需要理解"小波",所谓波,就是在时间域或者空间域的振荡方程,比如正弦波,就是一种波;所谓"小",是针对傅里叶的正弦波而言的,因为正弦波同样的幅度在整个无穷大区间里振荡,有着无穷的能量,而小波是一种能量在时域非常集中的波,其能量是有限的,而且集中在某一点附近。所以"小波"是整体性概念,是指具有衰减性的波。

小波变换分成两个大类:离散小波变换和连续小波变换。两者的主要区别在于:连续变换在所有可能的缩放和平移上操作,而离散变换采用所有缩放和平移值的特定子集。一个信号无论进行连续小波变换或是离散小波变换,变换完的结果叫小波系数。小波系数是没有量纲单位的结果,需要经过重构这些系数得到实际有量纲的信号。小波变换的应用领域众多,包括:信号分析、图像处理;量子力学、理论物理;军事电子对抗与武器的智能化;计算机分类与识别;音乐与语言的人工合成;医学成像与诊断;地震勘探数据处理;大型机械的故障诊断等方面。一般在进行实际应用时所遵循的过程如图 14.12 所示。

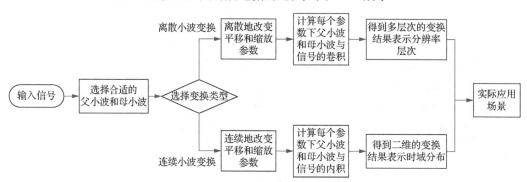

图 14.12　应用小波变换解决实际问题的过程框图

下面介绍小波变换的几个基础概念。

1. 母小波函数

理论上,对于任意 $\psi(t) \in L^2(\mathrm{R})$ (R 表示实数集合, $L^2(\mathrm{R})$ 表示平方可积函数空间,即 $L^2(\mathrm{R}) = \left\{ x(t) : \int_{\mathrm{R}} |x(t)|^2 \, \mathrm{d}t < \infty \right\}$),其傅里叶变换为 $\Psi(\Omega)$,如果满足"容许条件":

$$\int_{-\infty}^{\infty} \frac{|\Psi(\Omega)|^2}{\Omega} d\Omega < \infty \qquad (14.49)$$

则称 $\psi(t)$ 是一个基本小波或母小波函数，本书统称为母小波函数。

母小波函数 $\psi(t)$ 必须满足：① $\psi(t) \in L^2(\mathbb{R})$ 是单位化的，即 $\int_{-\infty}^{\infty} |\psi(t)|^2 dt = 1$；② $\psi(t)$ 是有界函数，即 $\int_{-\infty}^{\infty} |\psi(t)| dt < \infty$，这是小波的衰减特性；③ $\psi(t)$ 的平均值为零，即 $\int_{-\infty}^{\infty} \psi(t) dt = 0$，这是小波的波动特性。在实际中，对母小波函数往往不仅要求满足容许条件，还要施加所谓的消失矩条件，使尽量多的小波系数为零或者产生尽量少的非零小波系数，这样有利于数据压缩和消除噪声。消失矩越大，就使更多的小波系数为零。但在一般情况下，消失矩越高，支撑长度也越长，所以在支撑长度和消失矩上，我们必须要折中处理。若母小波函数 $\psi(t)$ 满足

$$\int_{-\infty}^{\infty} t^p \psi(t) dt = 0 \qquad (14.50)$$

式中，$0 \leqslant p < M$，M 为正整数，则母小波函数 $\psi(t)$ 具有 M 阶消失矩。由此可知，具有 M 阶消失矩的母小波函数 $\psi(t)$ 与任何 $M-1$ 阶多项式的内积为零。

母小波函数不同也意味着进行小波变换的小波基函数不同。一般地，小波变换所使用的母小波函数不具唯一性，同样的问题以不同的母小波函数分析时其结果可能相差很远，因此母小波函数的选择是在小波分析里面非常重要的一环，直接关系到信号处理的好坏、计算的复杂程度。一般从以下三方面考虑：

（1）复值与实值小波的选择。复值小波做分析不仅可以得到幅度信息，也能得到相位信息，适用于分析计算信号的正常特性；实值小波最适合用作峰值或不连续性的检测。

（2）支撑域的选择。当时间或频率趋向于无穷大时，母小波函数从一个有限值收敛到 0 的长度。支撑长度越长，一般需要耗费更多的计算时间，且产生更多高幅值的小波系数。大部分应用选择支撑长度为 5～9 的小波，因为支撑长度太长会产生边界问题，支撑长度太短消失矩太低，不利于信号能量的集中。有效支撑域越长，频率分辨率越好；有效支撑域越短，时间分辨率越好。

（3）小波形状的选择。若进行时域分析，则要选择光滑的小波函数，因为时域越光滑，频域的局部化特性越好；若进行信号检测，则应尽可能选择与信号波形相似的小波。

表 14.1 给出了一些常用母小波函数的特性。

表 14.1　常用母小波函数的特性

母小波函数	正交性	双正交性	紧支撑性	连续小波变换	离散小波变换
Haar	有	有	有	可以	可以
Daubechies	有	有	有	可以	可以
Coiflets	有	有	有	可以	可以
Symlets	有	有	有	可以	可以
Morlet	无	无	无	可以	不可以
Mexican Hat	无	无	无	可以	不可以
Meyer	有	有	无	可以	可以

但是，母小波函数并非唯一的原始基。在构建小波基函数集合的时候，为了解决连续小波变换中无限数量小波以及对大多数信号来说，小波变换得不到解析解的问题引入了尺度函数，通常都称其为父小波函数。它和母小波函数一样，也是归一化了的，而且它还需要满足一个性质，就是它和对自己本身周期平移的函数两两正交。另外，为了方便处理，父小波函数和母小波函数也需要是正交的。可以说，完整的小波基函数就是由母小波函数和父小波函数共同定义的。引入这个尺度函数，才能引入多解析度分析理论，而小波变换的强大，就体现在这个多解析度上。父小波函数通常是一个平滑的函数，具有较大的支撑宽度，可以覆盖整个信号域，它是一个低通滤波器，用于提取信号的低频成分，也称为近似分量。母小波函数是一个高通滤波器，用于提取信号的高频成分，也称为细节分量，母小波函数通常是一个振荡的函数，具有较小的支撑宽度，可以捕捉信号的局部变化。因此，小波变换本质上是一种时间（空间）频率的局部化分析，它更适于分析具有自相似结构的信号。

2. 尺度与平移

小波变换里用到的小波基函数是由不同母小波函数进行缩放和平移得到的。

1）尺度

在小波分析中，尺度变化意味着将母小波函数的 t 替换为 t/a，实现对 $\psi(t)$ 的压缩或展开，a 称作尺度参数。a 增加时，母小波函数随之伸张而波形变化缓慢，从与待分析信号相乘的角度看，就相当于窗口变宽，这就是小波变换可以实现时窗可变的概念，也决定了频移位置和精度可变。例如，Morlet 小波（Gabor 小波）基函数的表达式是

$$\psi(t) = \exp(\mathrm{j}\Omega_0 t)\exp\left(-\frac{t^2}{2}\right) \tag{14.51}$$

式中，Ω_0 表示中心频率。可见，Morlet 小波是复三角函数与指数衰减函数的乘积。复三角函数保证频率可辨认，指数衰减函数保证其时域有限支撑。当发生尺度变化时，可写为

$$\psi\left(\frac{t}{a}\right) = \exp\left(\mathrm{j}\Omega_0 \frac{t}{a}\right)\exp\left(-\frac{t^2}{2a^2}\right) \tag{14.52}$$

图 14.13 分别给出了 $\Omega_0 = 20$ 时，在 $a=1$ 和 $a=4$ 情况下小波基函数的时域和频域图。

可见，小波基函数在频域是带通滤波器，尺度不仅改变带通滤波器的中心频率，还控制基函数在时域的支撑区间（带通滤波器的带宽），进而控制时间分辨率和频率分辨率。尺度与频率的关系是

$$\Omega_a = \frac{\Omega_0}{a} \times (2\pi f_\mathrm{s}) \tag{14.53}$$

式中，Ω_a 为尺度 a 对应的实际角频率；f_s 为采样频率。

由于实际信号都是带宽有限的，而某一尺度下的小波变换相当于带通滤波器，且它在频域必须与所分析的信号存在重叠，因此在工程实践中，需要对信号先进行傅里叶频谱分析，然后近似地将频谱中能量最多的频率值作为小波中心频率，选择合适的尺度使中心频率始终在待分析信号的带宽之内。

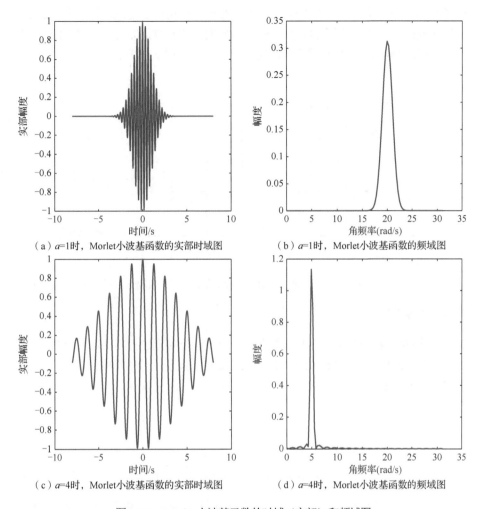

（a）a=1时，Morlet小波基函数的实部时域图　　　　（b）a=1时，Morlet小波基函数的频域图

（c）a=4时，Morlet小波基函数的实部时域图　　　　（d）a=4时，Morlet小波基函数的频域图

图 14.13　Morlet 小波基函数的时域（实部）和频域图

2）平移

平移意味着母小波函数 $\psi(t)$ 在时间轴上移动，即 t 替换为 $t-\tau$ 或 $t+\tau$。

这样，基于尺度和平移两个参数就可以得到很多与母小波函数形状相似，但"胖瘦"和"位置"不同的副本：

$$\psi_{a,\tau}(t) = \frac{1}{\sqrt{a}}\psi\left(\frac{t-\tau}{a}\right) \qquad (14.54)$$

$\psi_{a,\tau}(t)$ 称为小波基函数。其中，a、τ 是实数，且 $a>0$，分别表示尺度参数和平移参数。当 a 增大时，$\psi_{a,\tau}(t)$ 变宽，用于低频信号；当 a 减小时，母小波函数随之压缩而波形变化快速，$\psi_{a,\tau}(t)$ 变窄，用于高频信号。$\psi_{a,\tau}(t)$ 前加因子 $\frac{1}{\sqrt{a}}$ 的目的是使不同 a 值下 $\psi_{a,\tau}(t)$ 的能量保持相等，也就是说，如果 $\varepsilon = \int|\psi(t)|^2\mathrm{d}t$ 是母小波函数的能量，则 $\psi_{a,\tau}(t)$ 的能量是

$$\varepsilon' = \int\left|\frac{1}{\sqrt{a}}\psi\left(\frac{t}{a}\right)\right|^2\mathrm{d}t = \frac{1}{a}\int\left|\psi\left(\frac{t}{a}\right)\right|^2\mathrm{d}t = \varepsilon \qquad (14.55)$$

图 14.14 给出了连续小波变换时，小波基函数的变化情况示意图，横向箭头表示小波基函数沿时间轴移动。由图可以看到，低频信号的时间窗口较宽，即时间分辨率低，频率分辨率高，频率越高信号的时间窗就越窄，即时间分辨率高，频率分辨率低。

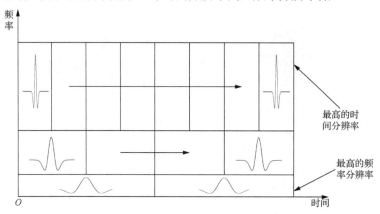

图 14.14　连续小波变换时，小波基函数的变化情况示意图

14.4.2　连续小波变换

连续小波变换是将信号与小波基函数在所有尺度和位置上进行相乘，从而将一维信号转换为二维的时域-频域信号。通过观察时频域上的系数来发现信号的不同性质。连续小波变换一般用于时频分析或某频带的滤波。

1. 定义

对于 $x(t) \in L^2(\mathrm{R})$ ，函数内积为

$$\mathrm{CWT}_x(a,\tau) = \frac{1}{\sqrt{a}} \int_{-\infty}^{\infty} x(t) \psi\left(\frac{t-\tau}{a}\right) \mathrm{d}t \tag{14.56}$$

该式为 $x(t)$ 的连续小波变换（continuous wavelet transformation，CWT）的定义。变换的结果 $\mathrm{CWT}_x(a,\tau)$ 称为小波变换系数（简称为小波系数），把时频面上的每个 (a,τ) 位置的小波系数都求出来，就可以得到像谱阵一样的三维图。a 是尺度参数，表征频率窗口位置，τ 是时移参数，表征时间窗口位置，$\frac{1}{\sqrt{a}}$ 是归一化因子，$\psi(t)$ 是母小波，$\psi\left(\frac{t-\tau}{a}\right)$ 是对母小波进行平移伸缩后得到的小波基函数，通过对母小波的展缩，改变信号选取窗口的宽度；通过对母小波的平移，改变窗口的中心位置。

可以证明，在容许条件下，可通过如下二重积分重构 $x(t)$：

$$x(t) = \frac{1}{C_\psi} \int_0^\infty \int_{-\infty}^\infty \frac{1}{a^2} \mathrm{CWT}_x(a,\tau) \psi_{a,\tau}(t) \mathrm{d}\tau \mathrm{d}a , \quad C_\Psi = 2\int_0^\infty \frac{|\Psi(\Omega)|^2}{\Omega} \mathrm{d}\Omega \tag{14.57}$$

该式也可看成将 $x(t)$ 按基 $\psi_{a,\tau}(t)$ 进行的分解，系数就是 $x(t)$ 的小波变换。但是基 $\psi_{a,\tau}(t)$ 的参数 a、τ 是连续变化的，所以 $\psi_{a,\tau}(t)$ 之间不是线性无关的，也就是说它们之间是"冗余"的，这就导致了 $\mathrm{CWT}_x(a,\tau)$ 之间有相关性。

2. 连续小波变换的计算方法

（1）选择一个母小波，将母小波置于待分析信号的起始点。计算此母小波与待分析信号

的逼近程度，也可以计算小波变换系数。

（2）将母小波向右移动一个时间单位，即改变平移参数，重复步骤（1）。

（3）计算整个待分析信号中每个不同平移参数时的小波变换系数 $\mathrm{CWT}_x(a,\tau)$。

（4）改变尺度函数，将母小波伸缩一个单位，重复上述的（1）、（2）、（3）。

（5）计算所有不同尺度参数的母小波，得到整个待分析信号中不同的平移参数时的连续小波系数。

完成上述步骤后，即可得到不同尺度参数的小波基函数在不同平移参数的大量系数，这些系数表示了待分析信号在这些小波基函数上的投影大小。

与式（14.56）给出的内积型（也称为相关型）定义相似，还有一种卷积型定义，即

$$\mathrm{CWT}_x(a,\tau) = x(\tau) * \psi_a(\tau) = \frac{1}{a}\int_{-\infty}^{\infty} x(t)\psi\left(\frac{\tau-t}{a}\right)\mathrm{d}t \tag{14.58}$$

式中，$\psi_a(t) = \dfrac{1}{a}\psi\left(\dfrac{t}{a}\right)$。只要取 $h(t) = \dfrac{1}{\sqrt{a}}\psi*(-t)$，就很容易由卷积型定义得到内积型定义。卷积型定义更加体现了小波变换在频域的滤波器作用。

MATLAB 中用 CWT 函数实现对信号的连续小波变换。图 14.15 展示了用 CWT 函数得到的 chirp 信号的时间尺度图。图 14.15 中所用小波分别是'sym2'（2 阶 Symlets 小波）和'db10'（10 阶 Daubechies 小波）。可见不同小波的选择会影响特征提取，因此在实际应用时必须根据情况折中选择，并说明清楚提取到的特征是在何种小波下得到的。

另外，值得注意的是 CWT 函数得到的尺度图中，纵坐标是尺度，而不是频率，由于尺度与频率成反比，因此尺度越大，频率越小。因此，有时根据需要也可以依据尺度与频率的关系将尺度图转换为伪彩色图进行时频显示。例如，

$$x(t) = \begin{cases} \sin(12\pi t), & 0 < t \leqslant 2 \\ \sin(6\pi t), & 2 < t \leqslant 4 \\ \sin(18\pi t), & 4 < t \leqslant 6 \end{cases} \tag{14.59}$$

图 14.16 是 $x(t)$ 的连续小波时频图。CWT 函数中选用的小波基函数是复 Morlet 小波，带宽为 4，小波中心频率为 2。由图可见，信号所含的频率成分和所对应时间一目了然，而且由连续小波变换得到的结果在不同频段有不同的分辨率，低频（频率为 6）对应的条纹更细，意味着频率分辨率高，但是其在时间轴上却展得较宽意味着时间分辨率低。同理，高频时，对应低的频率分辨率和高的时间分辨率，这正是多分辨率的概念。

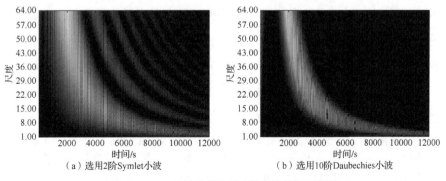

图 14.15　chirp 信号的连续小波变换时间尺度图

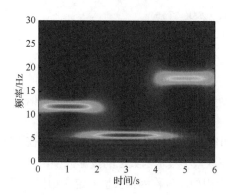

图 14.16　$x(t)$ 的连续小波时频图

14.4.3　离散小波变换

在连续小波变换中，连续变化的尺度因子 a 和平移因子 τ 使得小波基函数具有很大的相关性即冗余性，其情形就像傅里叶变换，因此有必要引入离散小波，降低计算量。离散小波变换主要用于去噪和信号、图像压缩。

1. 离散小波变换的概念

离散小波变换与连续小波变换的原理相同，但是其小波基函数的尺度因子 a 和平移因子 τ 都进行了离散化，而不是通常意义下对时间 t 的离散化。理论上，只要能满足工程应用的要求，可以将 a 和 τ 做任意方式的离散。其中，一种较为典型和被普遍接受的离散方式如下。

（1）尺度因子 a 的离散化取 $a = a_0^m$，$m = 0, \pm 1, \pm 2, \cdots$，此时相应的小波函数是 $a_0^{-\frac{m}{2}} \psi[a_0^{-m}(t - \tau)]$，$m = 0, \pm 1, \pm 2, \cdots$，$a_0$ 为大于 0 的实数。

（2）在同一尺度下，位移因子均匀离散化，即 $\tau = k a_0^m \tau_0$（τ_0 是一个大于 0 的实常数，k 为整数）。即离散后的小波函数为

$$\psi_{a_0^m, k_0 \tau_0} = a_0^{-\frac{m}{2}} \psi[a_0^{-m}(t - k a^m \tau_0)] = a_0^{-\frac{m}{2}} \psi(a_0^{-m} t - k \tau_0), \quad m, k \in \mathrm{Z} \tag{14.60}$$

调整时间轴使 $k \tau_0$ 在轴上为整数（归一化）k，因此最终离散小波基函数写为

$$\psi_{m,k}(t) = a_0^{-\frac{m}{2}} \psi(a_0^{-m} t - k), \quad m, k \in \mathrm{Z} \tag{14.61}$$

以式（14.61）的小波基函数为基进行小波变换就得到了离散小波变换（discrete wavelet transform，DWT）。

设 $\psi(t) \in L^2(\mathrm{R})$，$a_0 > 0$ 是常数，$\psi_{m,k}(t) = a_0^{-\frac{m}{2}} \psi(a_0^{-m} t - k)$，$m, k \in \mathrm{Z}$，则称

$$\mathrm{DWT}_x(m, k) = \int_{\mathrm{R}} x(t) \psi_{m,k}^*(t) \mathrm{d}t \tag{14.62}$$

为 $x(t)$ 的离散小波变换，变换结果 $\mathrm{DWT}_x(m, k)$ 为离散小波变换系数。

离散小波变换是尺度-位移相平面内规则分布的离散点的函数，与连续小波变换相比少了很多点上的值，在满足一定条件下有这样的结论：首先，离散小波变换 $\mathrm{DWT}_x(m, k)$ 完全表征了原始信号 $x(t)$ 的全部信息，即由离散小波变换系数可以精确地恢复原始信号；其次，函数 $x(t)$ 可以通过 $\psi_{m,k}(t)$ 为"基"表示出来，即 $x(t) = \sum_{m, k \in \mathrm{Z}} C_{m,k} \psi_{m,k}(t)$，其中 $C_{m,k}$ 为组合系数。

离散小波变换的逆变换比较复杂，为了便于应用，总是尽量选择一些特殊的小波母函数和离散方案以满足近似重建。重建的精度可根据实际应用需要进行选择，并可以尝试不同的母小波。

2. 多分辨率分解

首先要分清楚小波变换中多尺度和多分辨率的区别。多尺度是指选定一个母小波时，将母小波经过尺度变化和位移得到一簇小波基函数，这一簇小波基函数就可以用来表达一个信号（图像）。这里经过尺度变换得到一簇小波的过程即小波变换中多尺度的概念。多分辨率是指小波变换用于信号（图像）分解时，会将一张信号（图像）分解成低频与高频的几部分。其中低频表示信号（图像）的整体信息，高频表示信号（图像）的细节信息。

为了保证离散小波变换结果能够覆盖整个时频面，离散的小波集的频率通带必须覆盖整个信号频带，图 14.17 给出了离散小波变换在频域的示意图。

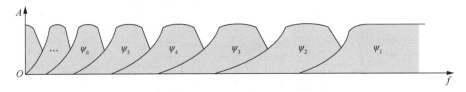

图 14.17　离散小波变换在频域的示意图

每个小波变换就相当于将原始信号用带通滤波器（用 Ψ_i 表示）进行滤波，按照这个定义就可以把图 14.17 中的整个频带分成一组带通滤波器，然后把信号分解到不同的频率成分，这样的分解也叫作小波变换的多分辨率分解，其示意图如图 14.18 所示。

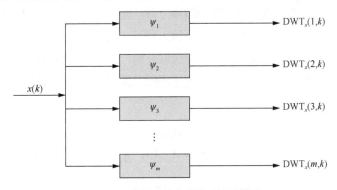

图 14.18　离散小波变换的滤波器模型

可以看到，原始信号被分成了一个个具有不同频带的子带信号。直观地说，若对这些子带信号各自做 DFT，且做 DFT 的长度都一样，那么每一个子带信号的频率分辨率是不一样的。这一分析过程是一个由"粗"及"精"的过程。因此，我们把这一类将原始信号按频带分解成一个个子带信号的方法称作多分辨率分析（或分解）。每一级处理模块恰好对应一个尺度，每一级分解就是将信号在该尺度下进行分解，多级模块级联后将原始信号进行了多尺度或多分辨率分解。也就是，低通滤波器的尺度函数可以作为下一级的小波函数和尺度函数的母函数。具体实施过程是将带通滤波器分解成低通和高通滤波器，示意图如图 14.19 所示。

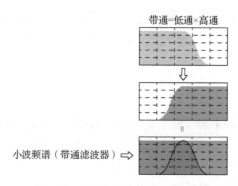

图 14.19　带通滤波器的分解示意图

也就是说，信号先通过低通滤波器，再通过高通滤波器，最后剩下的频带就是它们二者的交集，即小波变换也可以用低通滤波器联合高通滤波器实现,这个实现过程如图 14.20 所示。

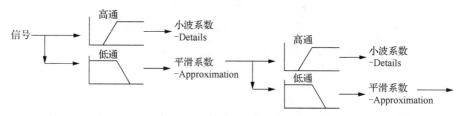

图 14.20　小波变换的等效滤波器分解

上述双通道分解可以视为一级处理模块，可以将多级处理模块进行级联。对每次分解后的低频部分作为下一级的输入，再进行滤波器分解，输出下一级的低频概貌部分和高频细节部分。注意，这里仅仅将上一级的低频部分输入到下一级进行再分解，而没有在高频部分进行级联分解。如果在高频和低频上同时进行级联分解，就形成了小波包变换。因此，尺度函数表征了信号的低频特征，小波函数才是真正逼近高频的基。基于这样的递归滤波器模型的离散小波变换可以描述为

$$A_j(n) = A_{j-1}(n) * h_j$$
$$D_j(n) = A_{j-1}(n) * g_j$$

（14.63）

式中，n 表示平移；j 表示第 j 级；h_j 表示第 j 级的低通滤波器；g_j 表示第 j 级的高通滤波器；A_j 是第 j 级的平滑系数也叫尺度系数，表示信号的离散逼近；D_j 是第 j 级的小波系数，表示信号的离散细节。小波变换的分解过程可以进行多层的分解，每一层的分解都会产生一组近似系数和细节系数。这些系数可以用来重构信号，也可以用来分析信号的特征。图 14.21 给出了一个被噪声污染的多普勒效应信号，对其进行分解时用到了 MATLAB 中的 swt 小波分解函数。可以看到，每一层产生的近似系数和细节系数具有相同的长度，这是平稳小波的特点。

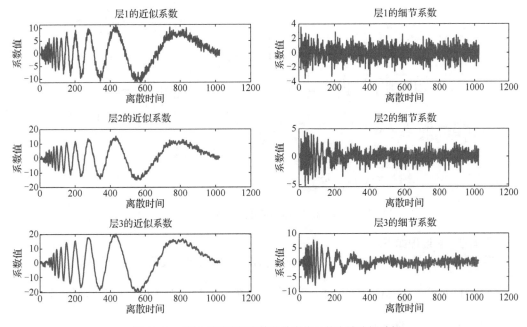

图 14.21　被噪声污染的多普勒效应信号的小波分解过程

3. 快速算法

1）Mallat 算法

Mallat 算法是根据多分辨分析理论发展而成的小波分解和重构的快速算法，它不涉及小波的具体形式，只是对系数进行操作，因为做信号处理时，我们往往并不关心小波的具体形式，更为关心小波系数。该算法在小波变换中的地位如同快速傅里叶变换在傅里叶变换中的地位一样，可以大大降低小波变换的计算量。

该算法仅适用于正交小波，如果小波基函数不是正交的（如 Morlet 小波、Mexican Hat 等），则没法使用 Mallat 算法，只能用于 CWT。在离散小波变换中，正交小波变换是一种最简单的情况，因为它的对偶就是它自身。因此为了将小波变换应用到信号处理，首先希望有一些正交小波可供选用，使得变换后的数据没有冗余性，常见的正交小波有 Harr 小波、Daubechies 小波、Symlets 小波等。若 $\psi_{m,k}(t)$ 满足正交规范化条件 $\langle\psi_{l,m}(t),\psi_{m,k}(t)\rangle=\delta_{l,m}(t)\delta_{m,k}(t)$，则称 $\psi(t)$ 是正交小波，$\psi_{m,k}(t)$ 为正交小波基函数。在 MATLAB 中，用 orthfilt( ) 函数可得到各种正交小波的滤波器系数 Lo_D（低频分解滤波器）和 Hi_D（高频分解滤波器）。特别注意的是，Lo_R 为 Lo_D 的倒序，Lo_D=wrev(Lo_R)；Hi_R 为 Hi_D 的倒序，Hi_D=wrev(Hi_R)。wrev 即矢量倒序。另外，wfilters( ) 函数可得到各种小波的滤波器系数，不限于正交小波。

Mallat 算法的分解可以用图解的形式表示为图 14.22，重构过程则反过来。

图中，↓2 表示二抽取。所谓"二抽取"就是对一个数组每隔一个数进行抽取。进行二抽取的原因是：信号通过了高通和低通滤波器后，输出的信号长度都与原始信号长度相同，因此总长度就变为了原始信号长度的两倍，由于原始信号分成了低频部分和高频部分，因此通过滤波器的每一个输出信号的带宽只有原始信号的一半，再根据带限信号的采样定理可知，可以将采样频率减低一半而不丢失任何信息，这样通过滤波器后信号的总长度与原始信号保持一致，同时也会大大减小计算量。

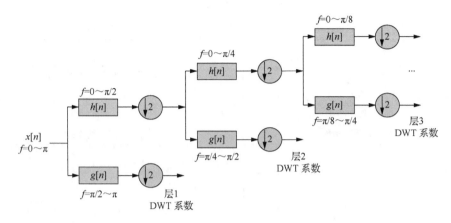

图 14.22　信号的逐级分解过程

具体的分解过程如下：

第一步，将信号 $x(n)$ 通过具有脉冲响应 $h(n)$ 的半带低通滤波器，这一过程类似数学中的卷积，$x(n)*h(n)=\sum_{k=-\infty}^{\infty}x(k)x(n-k)$，这一操作会剔除信号中频率低于 $p/2$ 的部分（信号最高频率位 p），信号分辨率下降一半。

第二步，根据奈奎斯特定理进行下采样，间隔一个剔除样本点，信号留下一半样本点，尺度翻倍。（滤波操作不影响信号的尺度）将这一半进行高通滤波：

$$y(n)=\sum_{k=-\infty}^{\infty}h(k)x(2n-k) \tag{14.64}$$

这是第一级的分解，如果要进一步分解，就要把高通滤波器的结果再次一分为二，进行高通滤波和低通滤波。

MATLAB 对应的分解函数如下。

[cA,cD]=dwt(X, 'wname')：'wname'为小波函数，使用小波'wname'对信号 X 进行单层分解，求得的近似系数存放在数组 cA 中，细节系数存放在数组 cD 中。

[cA,cD]=dwt(X, 'wname', 'mode', MODE)：'mode'为延拓方式。

[cA,cD]=dwt(X, Lo_D, Hi_D)：直接给定分解滤波器系数。

[C,L]=wavedec(X,N,'wname')：利用小波'wname'对信号 X 进行多层分解。

A=appcoef(C,L,'wname',N)：利用小波'wname'从分解系数[C,L]中提取第 N 层近似系数。[C,L]=wavedec(X,1,'wname')中返回的近似系数和细节系数都存放在 C 中，即 C=[cA,cD]，L 存放近似系数和各阶细节系数对应的长度。

MATLAB 对应的重构函数为 X=idwt(cA,cD,'wname')，由近似分量 cA 和细节分量 cD 经小波逆变换重构原始信号 X。'wname'为所选的小波函数。

2）多孔算法

Mallat 算法有一个先天的缺陷，那就是二抽取的问题。首先，每经过一级小波分解，信号长度就减少一半，随着分解层数的增加，高频和低频信号长度越来越短，以至于难以看清波形的全貌。有些场合希望能够逐点计算出小波变换，也就是加大时间轴方向上的栅格密度。其次，小波变换还有一个平移不变性的问题，比如先将原始信号平移 n 位，再做小波变换，和先将原始信号做小波变换，再平移 n 位，结果不同。这对于实时处理和一些场合是极为不便的，多孔算法可以解决此问题。

多孔算法是以 Mallat 算法为基础改进而来的，又称非抽取小波变换，采用了离散二进小波变换。基于递归滤波模型的离散小波变换的关键是要能设计出一组对应不同小波展缩尺度的低通滤波器和高通滤波器对。这个难度相当大；为简化小波滤波器对的设计，人们提出离散二进小波变换，其特点就是展缩小波的尺度因子按 2 的幂次方进行离散化，即 $a = 2^{m-1}$，只对尺度进行二进的离散，而时间上的位移因子仍保持连续变化，则得到的离散小波称为二进小波，它是一种介于连续小波和离散小波之间的小波，仍具有连续小波变换的时移不变性，这是它优于离散小波变换的独特优点，因而在奇异性检测、图像处理等方面有重要作用。

在 $a = 2^{m-1}$ 条件下，只需要设计出第一级小波变换的滤波器，其他级小波变换的滤波器对可以在第一级滤波器的基础上，通过滤波器系数中的简单补零实现。例如，h_1=[-0.120749, 0.206415, 0.753268, 0.206415, 0.120749]，则在 h_1 的每个系数中间插入 1 个 0 即可得到 h_2，h_2=[-0.120749, 0, 0.206415, 0, 0.753268, 0, 0.206415, 0, 0.120749]；在 h_1 的每个系数中间插入 2 个 0 即可得到 h_3，h_3=[-0.120749, 0, 0, 0.206415, 0, 0, 0.753268, 0, 0, 0.206415, 0, 0, 0.120749]；在 h_1 的每个系数中间插入 3 个 0 即可得到 h_4，h_4=[-0.120749, 0, 0, 0, 0.206415, 0, 0, 0, 0.753268, 0, 0, 0, 0.206415, 0, 0, 0, 0.120749]。也就是，插入了 2^{m-1} 个 0，这就是尺度要按 2^{m-1} 来离散化的原因。

14.5　Cohen 类时频分布

前面所述的短时傅里叶变换和 Gabor 展开都是线性时频表示，尽管时频表示的线性是一个所希望具有的重要性质，但是当要用时频表示来描述时频能量分布（即"瞬时功率谱密度"）时，二次型时频表示却是一种更加直观和合理的信号表示方法，因为能量本身就是一种二次型表示。这一节将集中讨论二次型时频表示，所研究的信号在时频分布的数学表达式中以相乘的形式出现两次，主要是 Wigner-Ville 分布及具有更一般形式的 Cohen 类分布。

连续时间信号 $x(t)$ 的 Cohen 类时频分布定义为

$$P(t,f) = \int_{-\infty}^{\infty} \int_{-\infty}^{\infty} \int_{-\infty}^{\infty} x\left(u+\frac{1}{2}\tau\right) x^*\left(u-\frac{1}{2}\tau\right) \phi(\tau,v) \mathrm{e}^{-\mathrm{j}2\pi(vt+f\tau-vu)} \mathrm{d}u\mathrm{d}v\mathrm{d}\tau \qquad (14.65)$$

式中，$\phi(\tau,v)$ 称为核函数；上角标 "*" 表示共轭运算。原则上，核函数可以是时间和频率两者的函数，但常用的核函数与时间和频率无关，只是时延 τ 和频偏 v 的函数，即核函数具有时频移不变性。进一步可将（14.65）简记为

$$P(t,f) = \int_{-\infty}^{\infty} \int_{-\infty}^{\infty} A_z(\tau,v) \phi(\tau,v) \mathrm{e}^{-\mathrm{j}2\pi(vt+f\tau)} \mathrm{d}v\mathrm{d}\tau \qquad (14.66)$$

式中，$A_z(\tau,v) = \int_{-\infty}^{\infty} x\left(t+\frac{1}{2}\tau\right) x^*\left(t-\frac{1}{2}\tau\right) \mathrm{e}^{\mathrm{j}2\pi vt} \mathrm{d}t$ 称为模糊函数，是双时间信号（双线性变换）$r_z(t,\tau) = x\left(t+\frac{1}{2}\tau\right) x^*\left(t-\frac{1}{2}\tau\right)$ 关于时间 t 做傅里叶逆变换得到的一种二维时频分布函数。

因为 Cohen 类时频分布是以核函数加权的模糊函数的二维傅里叶变换，所以 Cohen 类时频分布又称为广义双线性时频分布。在式（14.66）中若取核函数 $\phi(\tau,v) = 1$，则该定义式就退化为一种重要的时频分布：Wigner-Ville 分布。当核函数 $\phi(\tau,v) \neq 1$ 时，可以理解为是模糊域的滤波函数，即对模糊函数 $A_z(\tau,v)$ 进行滤波。

14.5.1　Wigner-Ville 分布

1. 定义

定义信号 $x(t)$ 的 Wigner-Ville 分布为

$$W_x(t,\Omega) = \frac{1}{2\pi}\int_{-\infty}^{\infty} x\left(t+\frac{1}{2}\tau\right)x^*\left(t-\frac{1}{2}\tau\right)\mathrm{e}^{-\mathrm{j}\Omega\tau}\mathrm{d}\tau \tag{14.67}$$

这是普通的傅里叶变换式，只不过它依赖于时间 t。$r_z(t,\tau) = x\left(t+\frac{1}{2}\tau\right)x^*\left(t-\frac{1}{2}\tau\right)$ 在时频分析中，被称为瞬时自相关函数。$x(t)$ 在式（14.67）中以相乘的形式出现两次，因此是二次型时频表示方法。

由式（14.67）可以看到，Wigner-Ville 分布以信号的自相关函数的相对位移作为积分变量，通过对瞬时自相关函数做傅里叶变换得到分析信号的时间和频率的二维线性函数。正是由于 Wigner-Ville 分布直接定义为以信号的时间和频率为自变量的二维函数，而使得在分析信号过程中信号的时域分辨率与频域分辨率无关，可以对它们分别选取，进而避免了时间分辨率和频域分辨率相互制约的缺陷。所以，在一定程度上可以说 Wigner-Ville 分布能更有效地适应对非平稳信号进行时频分析的客观要求。其他的非线性时频分布都可以看作 Wigner-Ville 分布的加窗形式。

2. 交叉项

根据 Wigner-Ville 分布的定义，其意义可以这样来描述：任意时刻 t 所对应的傅里叶频谱是以 t 为中心，将在 t 左右两侧特定间隔的信号相乘，全部结果进行叠加然后做傅里叶变换。由于实际中用到的信号不是单一分量，因此运算过程中不同分量之间不可避免地会发生相互作用，产生所不希望得到的干扰。设两个信号分别为 $x_1(t)$ 和 $x_2(t)$，其组合为

$$x(t) = x_1(t) + x_2(t) = A_1\mathrm{e}^{\mathrm{j}\phi_1(t)} + A_2\mathrm{e}^{\mathrm{j}\phi_2(t)} \tag{14.68}$$

式中，$\phi_1(t)$ 和 $\phi_2(t)$ 分别表示两个信号的相位，则其各自相位的一阶导数就是两个信号的瞬时频率。将其代入 Wigner-Ville 分布的定义式中，经过推导得到

$$W_x(t,f) = \int [x_1(t+\tau/2)+x_2(t+\tau/2)][x_1^*(t-\tau/2)+x_2^*(t-\tau/2)]\mathrm{e}^{-\mathrm{j}2\pi f\tau}\mathrm{d}\tau$$

$$= W_{x_1}(t,f) + W_{x_2}(t,f) + 2\,\mathrm{Re}[W_{x_1,x_2}(t,f)] \tag{14.69}$$

式中，$f = \Omega/(2\pi)$。该式指出，两个信号和的 Wigner Ville 分布并不等于它们各自 Wigner Ville 分布的和。式中 $2\,\mathrm{Re}[W_{x_1,x_2}(t,f)]$ 是 $x_1(t)$ 和 $x_2(t)$ 的互 Wigner Ville 分布，称之为交叉项，它是引进的干扰。交叉项的存在是 Wigner Ville 分布的一个严重缺点。

14.5.2　Wigner-Ville 分布的几种变形

一般情况下，交叉项对于信号检测不利，必须加以抑制才能取得良好的效果。如何抑制交叉项一直是一个挑战性的问题，至今还没有完美的解决方法。下面将简单介绍两种非常基本的，也是现在常用的方法。

1. 伪 Wigner-Ville 分布

Wigner-Ville 分布是定义在全时间轴（$-\infty < t < \infty$）上，虽然可作为能量分布来表示信号

的瞬时特征，但也产生了不便于实时处理的缺点。可以对原始信号施加一个随时间移动的窗函数，以克服实际不能取无限数据点分析的不足，即 $x'(t) = x(t)w(t-\tau)$，其中 $w(t-\tau)$ 是以 τ 为中心的对称函数。加窗后的信号的 Wigner-Ville 分布为

$$\mathrm{PW}_x(t,\Omega) = \int_{-\infty}^{\infty} x\left(t+\frac{1}{2}\tau\right)x^*\left(t-\frac{1}{2}\tau\right)w\left(t-\tau+\frac{1}{2}\tau\right)w^*\left(t-\tau-\frac{1}{2}\tau\right)\mathrm{e}^{-\mathrm{j}\Omega\tau}\mathrm{d}\tau \quad (14.70)$$

根据 Wigner-Ville 分布乘法运算性质，有

$$\mathrm{PW}_x(t,\Omega) = \frac{1}{2\pi}\int_{-\infty}^{\infty} W_x(t,\eta)W_w(t-\tau,\Omega-\eta)\mathrm{d}\eta \quad (14.71)$$

式中，$W_w(t,\Omega)$ 为窗函数 $w(t)$ 的 Wigner-Ville 分布，即 $W_w(t,\Omega) = \int_{-\infty}^{\infty} w\left(t+\frac{\tau}{2}\right)w^*\left(t-\frac{\tau}{2}\right)\mathrm{e}^{-\mathrm{j}\Omega\tau}\mathrm{d}\tau$，一般只需了解 $t=0$ （也就是窗函数中心点处）这一条线上的 $W_x(t,\Omega)$。于是有

$$\mathrm{PW}_x(t,\Omega) = \int_{-\infty}^{\infty} x\left(t+\frac{1}{2}\tau\right)x^*\left(t-\frac{1}{2}\tau\right)w\left(\frac{1}{2}\tau\right)w^*\left(-\frac{1}{2}\tau\right)\mathrm{e}^{-\mathrm{j}\Omega\tau}\mathrm{d}\tau \quad (14.72)$$

$$\mathrm{PW}_x(t,\Omega) = \frac{1}{2\pi}\int_{-\infty}^{\infty} W_x(t,\eta)W_w(0,\Omega-\eta)\mathrm{d}\eta \quad (14.73)$$

式（14.72）和式（14.73）称为伪 Wigner-Ville 分布。可见，$\mathrm{PW}_x(t,\Omega)$ 是 $W_x(t,\Omega)$ 在频域被 $W_w(t,\Omega)$ 卷积得到的。故加滑动窗的结果是：在时域上把数据截短，而在频域上对 $W_x(t,\Omega)$ 起平滑作用。频域的平滑会降低 $W_x(t,\Omega)$ 在频率轴方向上的分辨力。

常用的窗函数是高斯函数 $h(t) = \mathrm{e}^{-at^2/2}$，加窗后，只有当信号某点的右边部分和左边部分在窗内存在重叠部分，该点的 Wigner-Ville 分布才非零，因此伪 Wigner-Ville 分布可以很好地抑制在时间轴方向的交叉项，并且通过控制窗函数的宽度，可以调节交叉项的抑制程度。高斯窗函数宽度由参数 a 调节。

另外，容易推导出，双正弦信号 $x(t) = A_1\mathrm{e}^{\mathrm{j}\Omega_1 t} + A_2\mathrm{e}^{\mathrm{j}\Omega_2 t}$ 的伪 Wigner-Ville 分布是

$$\mathrm{PW}_x(t,\Omega) = \frac{1}{\sqrt{2\pi a}}[A_1^2\mathrm{e}^{-(\Omega-\Omega_1)/(2a)} + A_2^2\mathrm{e}^{-(\Omega-\Omega_2)/(2a)}]$$
$$+ \frac{2A_1A_2}{\sqrt{2\pi a}}\cos((\Omega_2-\Omega_1)t)\mathrm{e}^{-(\Omega-(\Omega_1-\Omega_2)/2)^2/(2a)} \quad (14.74)$$

可以看出，如果 a 值变小，交叉项会相应地变小，但信号的真实分量也会变小，因此伪 Wigner-Ville 分布对频率轴方向的交叉项抑制效果不是很明显。

2. 平滑伪 Wigner-Ville 分布

通过在时间轴方向加窗，伪 Wigner-Ville 分布能够抑制时间轴方向的交叉项。自然而然地，人们想到可以通过在频率轴方向加窗来抑制频率轴方向的交叉项。如果同时在频率轴方向和时间轴方向加窗，就可以同时抑制两个方向的交叉项，这种两个方向加窗处理的 Wigner-Ville 分布称为平滑伪 Wigner-Ville 分布，定义如下：

$$\mathrm{SPW}_z(t,\Omega) = \frac{1}{2\pi}\int_{-\infty}^{\infty}\int_{-\infty}^{\infty} h(\tau)g(s-t)z^*\left(s-\frac{1}{2}\tau\right)z\left(s+\frac{1}{2}\tau\right)\mathrm{e}^{-\mathrm{j}\tau\Omega}\mathrm{d}s\mathrm{d}\tau \quad (14.75)$$

式中，$g(t)$ 是用来在频率轴方向做平滑的窗函数。显然如果 $g(t) = \delta(t)$，则平滑伪 Wigner-Ville 分布退化为伪 Wigner-Ville 分布。同样 $g(t)$ 也可以使用高斯函数。

值得说明的是，虽然伪 Wigner-Ville 分布和平滑伪 Wigner-Ville 分布能够一定程度上有效地抑制交叉项，但它们都损失了 Wigner-Ville 分布本身所具有的一些优良的数学特性，如它

的边缘特性。

14.5.3　Wigner-Ville 分布的实现

如同许多其他信号处理算法一样，Wigner-Ville 分布的最终目的是要将其应用于科研或工程的实际。这时所遇到的问题同样是信号的离散化及数据的有限长问题。

1. 离散 Wigner-Ville 分布的实现

离散 Wigner-Ville 分布是通过对连续时间信号 Wigner-Ville 分布的定义直接离散化得到。首先，由式（14.67）得到的时域离散公式为

$$W_x(nT_s, \Omega) = \int_{-\infty}^{\infty} x\left(nT_s + \frac{1}{2}\tau\right) x^*\left(nT_s - \frac{1}{2}\tau\right) e^{-j\Omega\tau} d\tau \tag{14.76}$$

式中，$\Omega = 2\pi f$。若令对信号 $x(t)$ 的抽样间隔为 T_s，即 $t = nT_s$，并令 $\frac{\tau}{2} = kT_s$，则 $\tau = 2kT_s$，这样，式（14.76）对 τ 的积分变成对 k 的求和，即

$$W_x(nT_s, \Omega) = 2T_s \sum_{k=-\infty}^{\infty} x(nT_s + kT_s) x^*(nT_s - kT_s) e^{-j2k\Omega T_s} \tag{14.77}$$

时域离散 Wigner-Ville 分布是频率 Ω 上的周期函数。若将采样周期 T_s 归一化为 1，对于频率 Ω 离散化，即在信号的频率重复周期内取 M 个频率点，这样频域离散 Wigner-Ville 分布表示为

$$W_x(t, \omega) = 2 \sum_{k=-\infty}^{\infty} x(n+k) x^*(n-k) e^{-j\frac{2\pi}{M}mk} \tag{14.78}$$

式（14.78）Wigner-Ville 分布的时域与频域都是离散化的，可以利用 DFT 来实现。

需要注意的是，将 $x(t)$ 变成 $x(n)$，则 $x(t)$ 的频谱 $X(j\Omega)$ 将变成周期的频谱 $X(e^{j\omega})$，周期为 2π，且 2π 对应的采样频率为 f_s。同样地，$W_x(t, \Omega)$ 也变成周期的 $W_x(n, \omega)$，但是由式（14.58），$W_x(n, \omega)$ 的周期为 π。众所周知，若 $x(t)$ 的最高频率为 f_{max}，那么，由采样定理知采样频率至少应满足 $f_s \geq 2f_{max}$。若按 $f_s = 2f_{max}$ 对 $x(t)$ 采样，那么用采样后的 $x(n)$ 做 Wigner-Ville 分布，由于其周期变为 π，因此在 Wigner-Ville 分布中必将产生严重的混迭。解决这一问题的直接方案是提高采样频率，要求 f_s 至少满足

$$f_s \geq 4f_{max} \tag{14.79}$$

但是，一旦信号 $x(t)$ 由 $f_s = 2f_{max}$ 采样变成 $x(n)$ 后，要想对 $x(t)$ 重新采样是困难的。将 $x(t)$ 做希尔伯特变换（具体内容见下一节）得到 $\hat{x}(t)$，按 $z(t) = x(t) + j\hat{x}(t)$ 构成解析信号可以解决这个问题，$z(t)$ 只包含 $x(t)$ 的正频率部分，这样，既可减轻由正负频率分量所引起的交叉项干扰，又可在保持原有采样频率 $f_s = 2f_{max}$ 的情况下，避免频域的混迭。

2. 伪 Wigner-Ville 分布的离散化实现

式（14.73）的时域离散形式为

$$PW_x(n, \Omega) = 2 \sum_{m=-L}^{L} x(n+m) x^*(n-m) w(k) w^*(-m) e^{-j2m\Omega} \tag{14.80}$$

窗函数的宽度为 $2L-1$。为了能用通常的基 2 FFT 来计算 Wigner-Ville 分布，需要在频域进行离散化，由式（14.80）知 $PW_x(n, \Omega)$ 在频域的重复周期为 π，若其一周期内的采样点为 M，则采样间隔为 $\Delta\Omega = \dfrac{\pi}{M}$，此外还应加零使 $M = 2L$，以便于计算。

为此，令

$$G(n,-L) = 0 \tag{14.81}$$

式中，$G(n,m) = w(m)x(n+m), \quad m = -L+1, \cdots, L-1$。

这样可得

$$\mathrm{PW}_x(n,m) = 2\sum_{-L}^{L} G(n,m)G^*(n,-m)\mathrm{e}^{-\mathrm{j}\frac{2\pi}{M}mk} \tag{14.82}$$

由于 FFT 通常是在 $0:L-1$ 范围内计算，可做如下的重新排序来实现，令

$$f(n,m) = \begin{cases} G(n,m)G^*(n,-m), m = 0,1,\cdots,L-1 \\ G(n,m-2L)G^*(n,-m+2L), m = L,L+1,\cdots,2L-1 \end{cases} \tag{14.83}$$

所以用 FFT 计算的伪 Wigner-Ville 分布为

$$\mathrm{PW}_x(n,k) = 2\sum_{m=0}^{L-1} f(n,m)\mathrm{e}^{-\mathrm{j}\frac{2\pi}{M}mk} \tag{14.84}$$

在 MATLAB 的 Time-Frequency 工具箱中通过函数 tftwv 实现 Wigner-Ville 分布时频谱，通过函数 tfrpwv 实现伪 Wigner-Ville 分布。

例如，设信号 $x(t)$ 由若干个"原子"信号复合而成。所谓"原子"信号通常是在时域和频域都相对集中的信号，如 $h(t-t_0)\mathrm{e}^{\mathrm{j}\Omega_0 t}$ 这一类信号，其中 $h(t)$ 为时域有限长的窗函数，常用的是高斯窗。设 $x(t)$ 由四个"原子"复合而成，即

$$x(t) = x_1(t) + x_2(t) + x_3(t) + x_4(t) \tag{14.85}$$

如图 14.23（a）所示，这四个"原子"的位置分别是 $(t_1,\Omega_1) = (28,0.1)$、$(t_2,\Omega_2) = (28,0.4)$、$(t_3,\Omega_3) = (100,0.1)$、$(t_4,\Omega_4) = (100,0.4)$，该信号的 Wigner-Ville 分布如图 14.23（b）所示。由图 14.23 可以看出，$x(t)$ 的 Wigner-Ville 分布有四个自项。其时频位置分别和 $x_1(t) \sim x_4(t)$ 的时间位置及调制频率相同，图中含有六个交叉项，其中心位置分别在(28,0.25)、(64,0.1)、(64,0.25)、(64,0.4)及(100,0.25)处。其中，在最中心的(64,0.25)处应是两个交叉项的叠加。由此结果可以看出，交叉项的位置大致处在每两个自项中间处，即 $\left(\dfrac{t_i+t_j}{2}, \dfrac{\Omega_i+\Omega_j}{2} \right)$ 处。

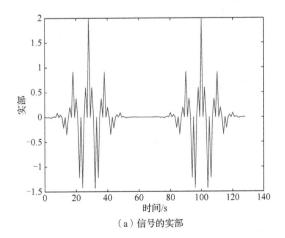

（a）信号的实部

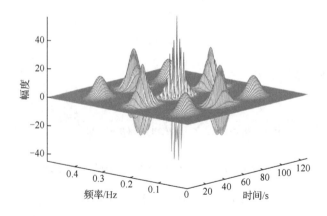

（b）没加窗的WVD

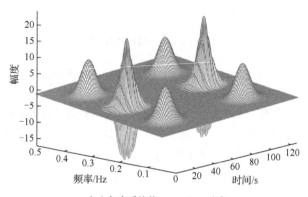

（c）加窗后的伪Wigner-Ville分布

图 14.23　四个"原子"叠加后的 Wigner-Ville 分布

　　如果在对该信号求 Wigner-Ville 分布时用伪 Wigner-Ville 分布，即对 $r_x(t,\Omega) = x(t+\tau/2)$ $x^*(t+\tau/2)$ 做加窗处理，那么所得 Wigner-Ville 分布如图 14.23（c）所示。显然，这时的交叉项可得到有效的抑制，即交叉项由六个变成了两个。可以发现：第一，加窗平滑时，交叉干扰项明显减少，即加窗可有效抑制干扰项；第二，在图 14.23（b）中，每一条时频曲线的幅度呈三角状，这是在计算这些曲线时所使用的数据点数严重不同所造成的。而加窗后，这一现象得到克服，这是由于每一条时频曲线中实际的点数都基本上取决于窗函数的宽度。

　　实际求一个信号的 Wigner-Ville 分布时，往往把信号先构成其解析信号，加长度为 $2L-1$ 的窗，然后求该解析信号的 Wigner-Ville 分布。

14.5.4　Cohen 类的四种分布及其相互关系

　　Wigner-Ville 分布、模糊函数、瞬时相关函数和点谱函数是 Cohen 类的四种分布。以频率 f 和频偏 v 为变量的分布称为点谱相关函数，定义为

$$K_z(f,v) = Z^*\left(f+\frac{v}{2}\right)Z\left(f-\frac{v}{2}\right) \tag{14.86}$$

Wigner-Ville 分布是以时间 t 和频率 f 为变量在能量域平面的时频表示：

$$W_z(t,f) = \int_{-\infty}^{\infty} z\left(t+\frac{1}{2}\tau\right)z^*\left(t-\frac{1}{2}\tau\right)e^{-j2\pi f\tau}\mathrm{d}\tau \tag{14.87}$$

模糊函数为相关域平面的时频表示，以时延 τ 和频偏 v 为变量：

$$A_z(\tau,v) = \int_{-\infty}^{\infty} z\left(t+\frac{1}{2}\tau\right)z^*\left(t-\frac{1}{2}\tau\right)\mathrm{e}^{\mathrm{j}2\pi vt}\mathrm{d}t \tag{14.88}$$

瞬时相关函数是以时间 t 和时延 τ 为变量的分布：

$$r_z(t,\tau) = z\left(t+\frac{1}{2}\tau\right)z^*\left(t-\frac{1}{2}\tau\right) \tag{14.89}$$

式（14.88）和式（14.89）构成了二维的傅里叶变换对，而其他各式之间也存在着密切关系。

14.5.5　Wigner-Ville 分布在心电信号处理中的应用

1. 心电信号介绍

心脏是人体中的一个非常重要的器官，心脏病是造成人类死亡的主要原因之一，心电信号是由心脏动作电位产生的，分析和检测心电信号对预防心脏病有很重要的作用。正常的心电波形是由一系列有规律的波群组成，通过对心电波形的分析，可以得到关于心脏的一些基本特征。一个伪周期的典型心电信号波形如图 14.24 所示。

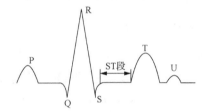

图 14.24　典型的心电信号波形

从图 14.24 可以看出，一个典型的心电信号伪周期波形从左到右依次为 P 波、QRS 波群（又称为 QRS 复合波）、ST 段、T 波和 U 波。不同的时段反映的是心电信号在不同阶段的变化。具体解释如下。

（1）P 波是由于心房的激动所致，P 波的左半部分是由于右心房激动产生，对应的 P 波的右半部分是因为左心房的激动产生的。一般情况下，P 波形态向上，波宽一般小于 110ms，波峰幅度一般小于 0.25mV。

（2）P-R 间期（或称 PQ 间期）表示 P 波起点到 QRS 波群起点之间的时间间隔，代表了自心房除极开始至心室除极开始的一段时间。正常成人的 P-R 间期为 0.12~0.2s。若超过 0.2s，一般表明有房室传导阻滞的发生。P-R 间期的长短与年龄及心率有关。

（3）QRS 波群是由于左右心室的激动产生的。QRS 波群一般包含着 Q 波、R 波和 S 波，Q 波是 P 波之后的第一个向下的波谷，R 波是在 P 波之后的一个波峰，一般峰值在 5mV 以下，S 波是在 R 波之后的第一个波谷。有时候，QRS 波群中也可以没有 Q 波或 S 波。

（4）ST 段是在 QRS 波群之后一段比较平缓的心电信号，但是 ST 段几乎和基线齐平，一般持续时间约为 0.1s 以下。正常情况下，ST 段压低不应超过 0.05mV，抬高不应超过 0.1mV。通过识别 ST 段的压低和抬高的幅度以及对 ST 段进行形态识别和分类，可以在临床上诊断心肌缺血、心肌梗死和冠心病等疾病。

（5）T 波是心室复极过程中产生的波形。T 波大部分情况下是直立的波，在有些情况下，也可以为倒置 T 波。因为 T 波是在 QRS 波群之后的一个比较高的峰，所以 T 波一般幅度不小于 R 波的 0.1 倍，在心电检测算法中，利用这一特征，可以有效地剔除在 QRS 波群之后不是 T 波的波峰。

（6）U 波是在 T 波之后比较平缓的波形，在心电检测算法中很难检测出来，是激动的心室恢复到静止期的过程中产生的。

2. 数据来源

本章所使用的心电信号数据全部来自美国麻省理工学院标准心电数据库 MIT-BIH（Massachusetts Institute of Technology-Beth Israel Hospital）。该数据库从 Beth 医院里收集了数万条动态心电图，包括正常人、各种病人（如心脏性猝死、心力衰竭、心律失常、癫痫、睡眠呼吸暂停综合征等）及运动、休息等不同状态下的数据，样本选取范围广泛，其中大部分数据都进行了详细的注释，并将数据划分为三类，即 Class1、Class2、Class3。Class1：专家已经做出了标注。Class2：原始数据。Class3：处于研究进展之中。数据库中的每一条数据记录包括至少三类文件：头文件（.hea）、数据文件（.dat）和注释文件（.atr、.al、.aiM 等）。其中，头文件是描述数据属性的文本文件，其内容包括记录名、信号数目、贮存格式、信号数量和类型、采样频率、数字化特征、记录的持续时间和起始时间等信息。

3. 应用 Wigner-Ville 分布对心电信号进行分析

正常情况下，根据电刺激在心脏中传播的顺序，一个完整伪周期的心电信号应由 P 波、QRS 复合波和 T 波组成。心室肌的除极和最早期的复极产生 QRS 复合波，心室肌的晚期复极产生 T 波，T 波较 QRS 波小。P 波代表心房肌受窦房结激动除极过程的电位及时间变化。在心电的临床诊断，P 波的形态是重要的诊断指标。例如：有 P 波为窦性心律，没有 P 波提示交接区性或室性逸搏心率、心房扑动、心房颤动；多个 P 波提示房性期前收缩未下传等。检测 P 波的困难在于它与幅度大的 QRS 波比较临近。

实验中采用了两路正常窦性心律信号，取自 MIT-BIH Normal Sinus Rhythm RR Interval Database 的 16420 号数据，采样频率是 128Hz，如图 14.25 所示。计算它们的互 Wigner-Ville 分布，结果如图 14.26 示。而心律失常信号则来自 MIT-BIH Arrhythmia Database 的 106 号数据，采样频率为 360Hz，其时域波形和两路互 Wigner-Ville 分布如图 14.27 和图 14.28 所示。

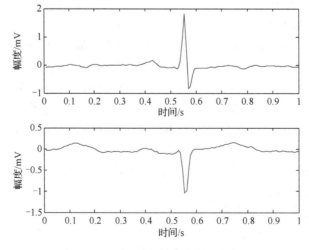

图 14.25　两路正常人的心电信号时域波形

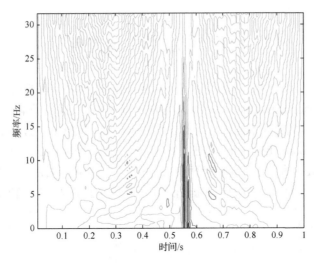

图 14.26　正常心律信号的互 Wigner-Ville 分布

由图 14.26 和图 14.28 可见，正常信号和异常信号之间区别明显，不仅峰值发生了变化，频率范围也发生了变化。

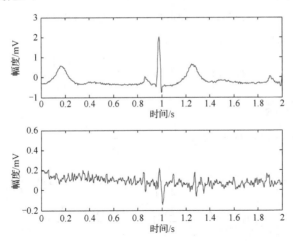

图 14.27　两路心律不齐信号的时域波形

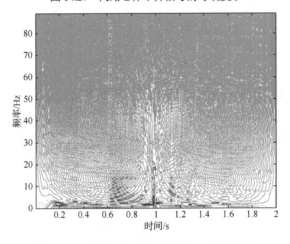

图 14.28　心律不齐信号的互 Wigner-Ville 分布

14.6　希尔伯特-黄变换

STFT、Wigner-Ville 分布、小波变换等最终的理论依据都是傅里叶变换理论，希尔伯特-黄变换（Hilbert-Huang transform，HHT）是首次突破傅里叶变换的基本信号和频率定义的创造性改进，希尔伯特-黄变换不再认为组成信号的基本信号是正弦信号，而是一种称为固有模态函数（intrinsic mode function，IMF）的信号。通过经验模态分解（empirical mode decomposition，EMD）和希尔伯特变换两步来完成对信号的希尔伯特-黄变换，获得信号的频率与时间关系特性，其中 EMD 方法的提出最初主要是为了解决希尔伯特变换存在的问题。

14.6.1　希尔伯特变换

1. 概念

实际应用中可实现的系统是因果系统，其冲激响应为

$$h(t) = h(t)u(t)，\text{即} \ h(t) = 0, \quad t<0 \tag{14.90}$$

式中，$u(t)$ 为单位阶跃函数。则 $h(t)$ 的傅里叶变换，即频率响应为

$$H(\Omega) = |H(\Omega)|e^{j\phi(j\Omega)} = R(\Omega) + jX(\Omega) \tag{14.91}$$

由傅里叶变换的频率卷积定理，有

$$H(\Omega) = \frac{1}{2\pi}H(\Omega) * \left[\pi\delta(\Omega) + \frac{1}{j\Omega}\right] \tag{14.92}$$

式中，"*"表示卷积。那么

$$
\begin{aligned}
R(\Omega) + jX(\Omega) &= \frac{1}{2\pi}\left[R(\Omega)+jX(\Omega)\right] * \left[\pi\delta(\Omega)+\frac{1}{j\Omega}\right] \\
&= \frac{1}{2\pi}\left[\pi R(\Omega)+X(\Omega)*\frac{1}{\Omega}\right] + \frac{j}{2\pi}\left[\pi X(\Omega) - R(\Omega)*\frac{1}{\Omega}\right] \\
&= \left[\frac{1}{2}R(\Omega)+\frac{1}{2\pi}\int_{-\infty}^{\infty}\frac{X(\lambda)}{\Omega-\lambda}d\lambda\right] + j\left[\frac{X(\Omega)}{2} - \frac{1}{2\pi}\int_{-\infty}^{\infty}\frac{R(\lambda)}{\Omega-\lambda}d\lambda\right]
\end{aligned} \tag{14.93}
$$

根据实部与实部相等，虚部与虚部相等，解得

$$
\begin{cases}
R(\Omega) = \dfrac{1}{\pi}\displaystyle\int_{-\infty}^{\infty}\dfrac{X(\lambda)}{\Omega-\lambda}d\lambda \\
X(\Omega) = -\dfrac{1}{\pi}\displaystyle\int_{-\infty}^{\infty}\dfrac{R(\lambda)}{\Omega-\lambda}d\lambda
\end{cases} \tag{14.94}
$$

可以看到，$R(\Omega)$ 与 $X(\Omega)$ 的表达形式很相似，且因果系统函数 $H(\Omega)$ 的实部与虚部不是相互独立的，实部可以由虚部唯一地确定，反之亦然，即它们之间具有约束关系。

假设一个时间复信号 $z(t) = x(t) + j\hat{x}(t)$，根据时频对偶原理和式（14.94），存在一个变换对

$$
\begin{cases}
\hat{x}(t) = \dfrac{1}{\pi}\displaystyle\int_{-\infty}^{\infty}\dfrac{x(\tau)}{t-\tau}d\tau \\
x(t) = -\dfrac{1}{\pi}\displaystyle\int_{-\infty}^{\infty}\dfrac{x(\tau)}{t-\tau}d\tau
\end{cases} \tag{14.95}
$$

使复信号 $z(t)$ 的傅里叶变换 $Z(\Omega)$ 满足

$$Z(\Omega) = X(\Omega) + j\hat{X}(\Omega) = 0, \quad \Omega < 0 \tag{14.96}$$

又由于傅里叶变换的共轭对称性

$$X(\Omega) = X^*(-\Omega), \quad \hat{X}(\Omega) = \hat{X}^*(-\Omega) \tag{14.97}$$

且 $Z(\Omega)$ 在复频域等于零 [即满足式（14.96）]，因此有

$$\hat{X}(\Omega) = \begin{cases} jX(\Omega), & \Omega \leqslant 0 \\ -jX(\Omega), & \Omega > 0 \end{cases} = -jX(\Omega)\mathrm{sgn}(\Omega) \tag{14.98}$$

若令 $H(\Omega) = -j\mathrm{sgn}(\Omega) = \begin{cases} +j, & \Omega \leqslant 0 \\ -j, & \Omega > 0 \end{cases}$，$\mathrm{sgn}(\cdot)$ 是符号函数，则有

$$\hat{X}(\Omega) = X(\Omega)H(\Omega) \tag{14.99}$$

这表明，$\hat{X}(\Omega)$ 可由 $X(\Omega)$ 通过一个频率响应形如 $H(\Omega)$ 的线性时不变系统来获得。具有 $H(\Omega)$ 频率响应的系统称为 90° 移相器。任何信号通过该系统，它的每个频率分量的相位均滞后 90°。由傅里叶变换的频域微分特性，可得 $H(\Omega)$ 的单位冲激响应为

$$h(t) = \begin{cases} \dfrac{1}{\pi t}, & t \neq 0 \\ 0, & t = 0 \end{cases} \tag{14.100}$$

将 $\hat{X}(\Omega) = X(\Omega)H(\Omega)$ 变换到时域，可得

$$\hat{x}(t) = x(t) * h(t) \tag{14.101}$$

这就是希尔伯特变换。同理

$$x(t) = -\hat{x}(t) * h(t) \tag{14.102}$$

式（14.101）和式（14.102）表明：第一，时间复信号 $z(t)$ 的实部与虚部彼此互换成希尔伯特变换；第二，$x(t)$ 的希尔伯特变换是 $x(t)$ 与 $\dfrac{1}{\pi t}$ 的卷积，即可将希尔伯特变换看成 $x(t)$ 通过一个线性时不变系统的输出，该系统的单位冲激响应为 $h(t) = \dfrac{1}{\pi t}$；第三，希尔伯特变换与傅里叶变换一样，是对信号 $x(t)$ 在全局上的积分，不同的是，希尔伯特变换并没有进行从时域向频域的转换，变换结果 $y(t)$ 仍在时间空间内，积分号内的加权因子 $1/(t-\tau)$ 表明 $y(t)$ 在时刻 t 的取值是由 $x(t)$ 在整个时间点上的取值共同作用的结果，而且越靠近这个时间点，加权系数越大，对 $y(t)$ 当前点的取值影响也越大。

图 14.29 很直观地表示了希尔伯特变换，这里画出了对原始信号做一到四次希尔伯特变换的示意图，可以说明希尔伯特变换的几个性质。

（1）每次希尔伯特变换后，信号频谱的幅度不发生变化，其负频率部分做超前 90° 的相移，而正频率部分做滞后 90° 的相移，因此希尔伯特变换又称为相移滤波器或者垂直滤波器。

（2）两次希尔伯特变换后，原始信号相位翻转了 180°，所以希尔伯特逆变换的公式 [式（14.102）] 显而易见，就是将正变换加一个负号即可。

（3）希尔伯特变换四次后就变回原始信号了。

（4）信号与其希尔伯特变换的能量以及平均功率相等。

于是，希尔伯特变换的本质就是，已知一个复信号的实部，利用实部的希尔伯特变换得到这个复信号虚部。

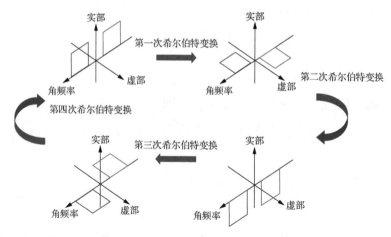

图 14.29　一到四次希尔伯特变换的示意图

2. 解析信号

如果一个复时间函数的实部与虚部彼此构成一个希尔伯特变换对，则其傅里叶变换是一个因果连续频率函数。通常，这样的复信号 $z(t)$ 称为解析信号。解析信号 $z(t)$ 的频谱为

$$Z(\omega) = \begin{cases} 2X(\omega), & \omega > 0 \\ X(0), & \omega = 0 \\ 0, & \omega < 0 \end{cases} \qquad (14.103)$$

可以看出，解析信号不仅使负频域的频谱为零，只有正频段且幅度为原来的两倍，且保留了实信号 $x(t)$ 的全部信息。

将 $z(t)$ 在三维空间中画出来，如图 14.30 所示。可见，将实信号变换成解析信号的结果就是，把一个一维信号变成了二维复平面上的信号，复数的模和幅角代表了信号的幅度和相位。也就是说，复数信号才是完整的，而实信号只是在复平面的实轴上的一个投影。

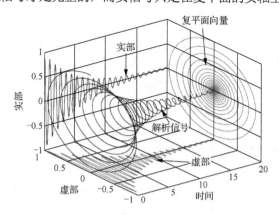

图 14.30　解析信号的三维展示

总之，信号分析与处理中要构造这样的解析信号是因为以下几点：

（1）解析信号的频谱是单边带的，而实信号的频谱是双边带的。

（2）自然界中实际观测到的都是实信号，信号处理（例如，通信系统中的解调）本质上都是将接收到的高频实信号构造出解析（复）信号，然后利用载波信息搬移到基带，再还原成同相分量和正交分量输出。

（3）解析信号可以计算包络（瞬时振幅）和瞬时相位。

3. 利用希尔伯特变换求瞬时频率的局限性

平稳信号的频率是线性时不变的，非平稳信号的频率是随时间变化的，因此就需要引入瞬时频率的概念。通过希尔伯特变换，可以得到解析信号 $z(t)$：

$$z(t) = x(t) + \mathrm{j}\hat{x}(t) = a(t)\mathrm{e}^{\theta(t)} \tag{14.104}$$

式中，$a(t) = [x^2(t) + \hat{x}^2(t)]^{1/2}$；$\theta(t) = \arctan\left(\dfrac{\hat{x}(t)}{x(t)}\right)$。

$a(t)$ 称为复信号 $z(t)$ 的瞬时幅度，$\theta(t)$ 称为瞬时相位。此外，由于 $a(t) > |x(t)|$，这意味着代表 $a(t)$ 的曲线"包着"$|x(t)|$ 的曲线，因此常称 $a(t)$ 为包络。瞬时频率定义为

$$\Omega(t) = \frac{\mathrm{d}\theta(t)}{\mathrm{d}t} \tag{14.105}$$

这意味着，瞬时振幅和瞬时相位可以直接求得且具有意义，但是瞬时频率直接根据解析信号按公式求是没有物理意义的，并且对于离散信号，求导运算只能按照差分来近似，即

$$\Omega(t) = \frac{\mathrm{d}\theta(t)}{\mathrm{d}t} \approx \operatorname{diff}[\theta(t)] / \operatorname{diff}(t) \tag{14.106}$$

也就是说，利用希尔伯特变化求瞬时频率是局限性的。

（1）只有单分量信号进行希尔伯特变换才能得到有意义的瞬时频率。

单分量信号（函数）的含义是在任意时刻，该信号只有一个频率值，它代表着一个分量。但至今也没有明确的"单分量信号"的定义，只能从直观上判断一些具有明确解析表达式的函数是否为单分量的，而对于自然界大部分信号来讲，如地震加速度记录，根本无法获得其解析式，判断其是否为"单分量函数"也就无从谈起。事实上，这种复杂的信号不可能是"单分量"的。

例如：设信号为 $x(t) = a_1\mathrm{e}^{\mathrm{j}\Omega_1 t} + a_2\mathrm{e}^{\mathrm{j}\Omega_2 t} = a(t)\mathrm{e}^{\theta(t)}$，其中幅度 a_1 和 a_2 是恒定的，频率 $\Omega_1 = 8$、$\Omega_2 = 6$，所以该信号是解析的，可利用式（14.105）求瞬时频率。图 14.31 为 $a_1 = 0.3$、$a_2 = 1$ 和 $a_1 = -1.3$、$a_2 = 1$ 两种情况下的信号实部波形和相应的由式（14.105）得到的瞬时频率。可以看到，在频带外出现了负频率，而负频率在实际中是没有意义的。此例说明，只有单分量信号进行希尔伯特变换才能得到有意义的瞬时频率。

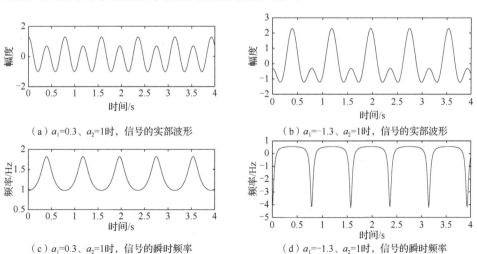

（a）$a_1=0.3$、$a_2=1$ 时，信号的实部波形 　　（b）$a_1=-1.3$、$a_2=1$ 时，信号的实部波形

（c）$a_1=0.3$、$a_2=1$ 时，信号的瞬时频率 　　（d）$a_1=-1.3$、$a_2=1$ 时，信号的瞬时频率

图 14.31　信号 $x(t) = a_1\mathrm{e}^{\mathrm{j}8t} + a_2\mathrm{e}^{\mathrm{j}6t}$ 的瞬时频率

（2）只有对零均值、局部对称信号进行希尔伯特变换才能得到有意义的瞬时频率。

考虑一个简单而且有固定频率的时间信号，有一个偏移量 α ，即

$$x(t) = \alpha + \sin t \qquad (14.107)$$

此时它的希尔伯特变换为

$$y(t) = -\cos t \qquad (14.108)$$

稍做变换，可以得到

$$[x(t) - \alpha]^2 + y^2(t) = 1 \qquad (14.109)$$

该式说明希尔伯特变换在直角坐标平面内对应一个单位圆。不同 α 对应的瞬时频率的物理解释如图 14.32 所示，分别取 $\alpha = 0$ 、$\alpha = 0.5$ 、$\alpha = 1.5$ 。可见，当 $\alpha = 0$ 时，瞬时频率为一条水平线，其值保持为常数。这是与我们的直观感知相符的，因为即使不通过希尔伯特变换，也能从式（14.107）直观地判断出该信号的频率，而且不随时间变化。$0 < \alpha < 1$ 、$\alpha > 1$ 时，基于希尔伯特变换的瞬时相位和瞬时频率都出现了明显的波动；$\alpha > 1$ 时，瞬时频率还在某些时刻出现了负值。此例说明，为了使得基于希尔伯特变换的瞬时频率具有意义，信号的波形必须关于零轴对称。

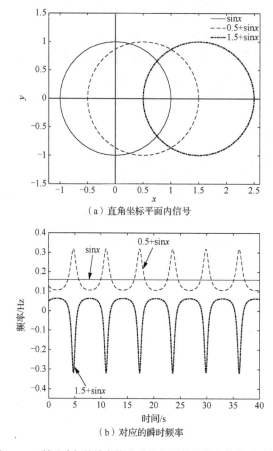

（a）直角坐标平面内信号

（b）对应的瞬时频率

图 14.32　利用希尔伯特变换求带偏移量的单频信号的瞬时频率

4. 固有模态函数的定义

因此，信号在做希尔伯特变换之前必须要做适当的处理，以产生新的一类函数定义。该

函数是基于信号局部特性的，其具体定义为：将待研究的信号分解为一个个单分量信号，每一个单分量信号只包含一种振荡模式（即单一的瞬时频率），这些分解后的分量称为固有模态函数（intrinsic mode functions，IMF），也称作本征模态函数。IMF 的必要非充分条件是：第一，极值点和过零点的数目应该相等，或者最多差一个；第二，任意时刻点，局部最大值的包络线（上包络线）和局部最小值的包络线（下包络线）平均必须为 0。IMF 一定满足上面两个条件，但是满足上面两个条件的不一定是 IMF。

IMF 任意一点的瞬时频率都是有意义的，每个 IMF 代表一定频率尺度的信号分量。任意时刻，信号都可以包含若干个本征模态函数，如果 IMF 之间相互重叠，便形成复合信号。

14.6.2　EMD

EMD 最初是希尔伯特-黄变换的一部分，用于辅助完成序列的瞬时频率谱计算。此外，EMD 还可用于平滑序列。

EMD 假设任何信号都由不同的 IMF 组成，每个 IMF 可以是线性的，也可以是非线性的。在处理非线性及非稳态的信号时，对信号有以下的限制条件：

（1）信号必须至少要有两个极值：一个极大值和一个极小值。

（2）信号时间特征尺度大小定义成两个极值之间时间的差值。

（3）如果信号无极值，但含有拐点，则可将信号进行一次或多次微分将极值找出。最后的结果可以由分量的积分得到。

通过 EMD 将信号 $x(t)$ 分解成若干 IMF 分量 $c_j(t)$ 和残差信号 $r_n(t)$ 之和的形式，即

$$x(t) = \sum_{j=1}^{n} c_j(t) + r_n(t)，$$ 但这难以从数学上加以严格的证明。

1. 时间特性尺度

频率与尺度是紧密联系的。各个固有模态函数的特征时间尺度是不同的。时间尺度是眼睛可观察到的信号的各种特征量中最容易确定的一种。在解释任何物理数据中，最重要的参数是时间尺度和能量分布。定义局部能量密度并不困难，但至今为止，还没有给出明确的局部时间尺度的定义。时间尺度可有过零时间尺度、曲率极值点时间尺度、极点时间尺度三种定义方式。EMD 使用的是极点时间尺度即相邻极值点的时间间隔。因此，在 EMD 中时间尺度代表了信号的局部振荡尺度，并且仅表示一种振荡模式。这种振荡从一个极值点到另一个相反的极值点，因此时间尺度是振荡本身所隐含的尺度，也称为特征时间尺度。

2. EMD 筛选过程

建立 IMF 是为满足希尔伯特变换对于实时频率的限制条件的一个预处理过程，然而大部分的时间信号皆无法满足 IMF 的基本定义。在任何给定的时间，信号可能包含多个振动模式（oscillatory mode），这也就是希尔伯特变换能对完整的信号提供全面的频率分析的原因。因此引入经验模态分解法处理非线性及非稳态的信号，先分解信号接着再讨论这个分解的物理意义。由于分解的基底是从原始信号推导而来的，因此这个方法是直接的且具有自适应性的。

具体方法是由一个"筛选"过程完成的。

第一步，求极值点，并拟合包络线。找出 $x(t)$ 所有的极大值点并将其用三次样条（cubic spline）函数拟合成原数据序列的上包络线，找出所有的极小值点并将其用三次样条函数拟合

成原数据序列的下包络线。实际上，曲线的拟合也可以采用其他方法。其基本要求是要保证拟合的曲线能将信号完全包络在内、要有一定的光滑性、能根据信号特点自适应地进行拟合、具有抗过冲和欠冲性能。

第二步，求均值包络线。将上下包络线相加之后再取平均，得到均值包络线。图 14.33 为某数据及其极点、包络线、均值包络线示意图。由于信号两端点处的值一般不是其局部的极值点，不经处理便默认其为局部极大值或极小值点会使得拟合出的曲线在信号两端偏离信号真实的包络线而产生发散现象，即端点效应，因此在实际应用时要根据情况，采取加窗、镜像延拓、波形匹配等方法抑制这种效应。

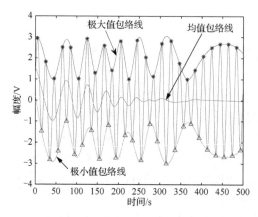

图 14.33　某数据及其极点、包络线、均值包络线的示意图

第三步，获得中间数据。将原数据 $x(t)$ 减去均值包络线即可得到一个去掉低频的新的中间数据，记为 h_1，

$$x(t) - m_1 = h_1 \tag{14.110}$$

理论上 h_1 应该为一个 IMF，然而实际上，原始数据突高或突低的值经过筛选过程可能会产生新的极值及平移，或是夸大先前存在的极值，从而影响极值包络线。因此需要检验是否满足 IMF 的条件，若不满足，则将 h_1 视为新的原始信号继续重复第一步～第三步再做筛选。

第四步，迭代。用上述方法得到第一个 IMF 后，记作 c_1，它包含了信号最短的周期成分。用原始信号减 c_1：

$$x(t) - c_1 = r_1 \tag{14.111}$$

称 r_1 为第一分解残余量。检验 r_1 是否为单调函数，若不是，则将残余量 r_1 视为新的原始信号回到第一步继续重复进行筛选。

第五步，EMD 完成。筛选 n 次得到最后的残余量 r_n，可表示为

$$r_1 - c_2 = r_2$$
$$r_2 - c_3 = r_3$$
$$\vdots$$
$$r_{n-1} - c_n = r_n$$

称 r_n 为趋势项。当 r_n 为单调函数时表示，即 EMD 过程完成，原始信号可用 n 个 IMF 和 r_n 表示，如式（14.112）：

$$x(t) = \sum_{i=1}^{n} c_i + r_n \tag{14.112}$$

式中，残余函数 r_n 代表信号的平均趋势。而各个 IMF 分量 $c_1, \cdots, c_n$ 包含了从高到低不同频率段的成分，每一个频率段的频率成分都是不同的，且随着信号本身的变化而变化。

可以看到，EMD 得到的前几个 IMF，通常集中了原始信号中最显著、最重要的信息，且 IMF 不同其所包含的时间尺度也是各异的，即令信号的特征在不同的分辨率下表达出来，因此，可以利用 EMD 从复杂的信号中提取出特定特征的模态分量。需要强调的是 EMD 提取出来的 IMF 是按照过零点的个数从多到少进行分布的。

MATLAB 2018a 及更新版本可以直接调用 emd 函数。emd 函数的返回值主要包括 imf、residual、info，imf 为各模态分量值，residual 为残差值，info 包括该次分解的一些信息，比如 IMF 数量、各分量的过零点数、各分量的极值数等，这些信息在有些应用中可能有着重要的作用。

3. 终止条件

在 EMD 算法的描述中，可以看出其中包含两个循环过程，第一个循环过程为求取 IMF 分量的过程，第二个是筛选分解过程。在什么情况下停止这两个过程是两个关键问题，这两个终止判定准则分别称为分量终止条件和分解终止条件。

1）分量终止条件

筛选过程就是求取一个 IMF 分量的过程，其基本方法是从原始信号中不断找出极值点，按照分解步骤不断地筛选，直到满足一定的条件为止。这个筛选过程的目的就是不断减小信号的不对称性，使波形趋向关于零均值线对称，从而满足 IMF 分量的基本特征，能够通过希尔伯特变换来计算瞬时频率。为了保证分解得到的 IMF 分量具备足够的调频调幅的物理意义，筛选的循环次数不能过多，太多的循环次数会将 IMF 分量过度平滑，使其成为一个常幅调频信号，失去了原有的物理意义；而过少的筛选循环次数则使得到的分量不能完全满足 IMF 分量的基本特征，也就无法获得准确和有意义的瞬时频率。Huang 最初给出的分量终止条件是一种类似于柯西收敛准则的标准，定义了如下标准差：

$$\mathrm{SD} = \frac{1}{T} \int_0^T \frac{\left| h_{i,k}(t) - h_{i,k-1}(t) \right|^2}{h_{i,k-1}^2(t)} \mathrm{d}t \tag{14.113}$$

通常，SD 的值取在 0.2 与 0.3 之间，即满足 0.2<SD<0.3 时筛选过程即可结束。此标准的物理考虑为：既要使 $h_k(t)$ 足够接近 IMF 的要求，又要控制筛选的次数，从而使 IMF 分量保留原始信号中幅值调制的信息。

这是一个非常严格的标准，且在实际处理过程中不容易控制。一个简单实用的终止准则是：如果连续三次筛选所得波形中极值点的数目与零交点的数目都相等或至多相差一个，那么筛选分过程即可结束。MATLAB 中的 Hilbert-Huang 工具箱用的就是这一标准。

事实上，EMD 的目的在于分解出 IMF 分量，而 IMF 分量具有两个条件：一个是极值点数和零点数相等，或至多相差一个；另一个是局部对称。而这两个条件中局部对称性是主要的，在一般情况下，只要信号满足局部对称性，根据希尔伯特变换后计算出的瞬时频率也就具有了直观的物理意义。因此还可以定义如下分量终止准则：

$$\mathrm{mean}[h_{i,k}(t)] < \varepsilon \tag{14.114}$$

式中，$\mathrm{mean}[h_{i,k}(t)]$ 表示 $h_{i,k}(t)$ 的均值曲线；ε 为一预先设定的足够小的数值。

此外，亦可通过附加设置一个最大循环次数来终止当次筛选过程。当筛选循环次数超过预先设置的值时，就可终止筛选的继续进行。

2）分解终止条件

EMD 得到的是有限个 IMF 分量，所以分解过程的第二个循环必定有个终止条件，决定 EMD 何时结束。按照前文所述的分解流程，当前一个 IMF 分量被提取出来时，总是要留下一个新的残余量 r_i。当 r_i 为一个常量或单调函数时，分解过程就可以终止了。同时，如果数据本身有一个趋势的话，那么最后的 r_i 就可看作信号的趋势。

14.6.3　EEMD

EMD 是一种自适应的时频局部化分析方法，其所得到的 IMF 与采样频率相关且其基于数据本身变化。这是 EMD 优于傅里叶变换方法的地方，它摆脱了傅里叶变换的局限性。但是它也存在很多问题，混叠模态就是其中之一。模态混叠指的是在一个 IMF 中包含差异极大的特征时间尺度，或者相近的特征时间尺度分布在不同的 IMF 中。从 EMD 的过程可以看出，混叠模态问题实质是由 EMD 的过程中，局部极值在很短的时间间隔内发生多次跳变导致的。混叠模态问题最先在对含有间断的信号分解中发现的。间断信号可以理解为在某一时刻或者某一很小时间间隔内出现了小幅值的高频信号。当模态混叠出现时，得到的 IMF 是没有意义的。用 EMD 对一个跳变信号进行分解，如图 14.34 所示，第一个为原始信号，可以获得 IMF1、IMF2、IMF3，Res 表示残余分量。在 IMF1 中明显地包含不同频率的分量，EMD 存在混叠。

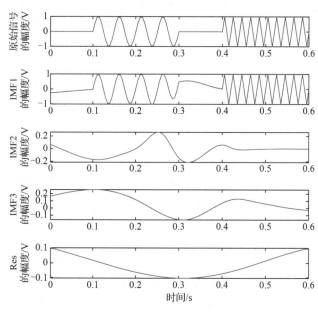

图 14.34　某一间歇信号及其 EMD 结果

因此，目前的研究主要集中在 EMD 类方法的改进上。集合经验模态分解（ensemble empirical mode decomposition，EEMD）法是最常见的一种 EMD 改进方法，这里的集合可以理解为集合平均，其优势主要是解决 EMD 方法中的模态混叠现象。

EEMD 的原理较为简单，信号极值点影响 IMF，若分布不均匀时会出现模态混叠。Huang 把白噪声引入要分析的信号中，白噪声的频谱是均匀分布的，白噪声使得信号会自动分布到合适的参考尺度上。由于零均值噪声的特性，噪声经过多次的平均计算后会相互抵消，这样集成均值的计算结果就可以直接视作最终结果。集成均值的计算结果与原始信号的差值随着集成平均的次数增加而减少。相较于 EMD 的（几乎）无参数的自适应分解，EEMD 有一些参数需要调试，包括用于平均处理的次数、添加的白噪声的幅值。其中白噪声的幅值通常用"白噪声幅值的标准差与原始信号幅值标准差之比"来表征。EEMD 主要分为四步：

第一步，设定噪声的个数为 M。

第二步，对待分解信号分别添加 M 个随机白噪声，组成一系列新的信号。

第三步，对这一系列的新信号分别进行 EMD，得到一系列的 IMF 分量。

第四步，对相应模态的 IMF 分量分别求均值，得到 EEMD 结果。

图 14.35 是 EEMD 算法的分解过程。

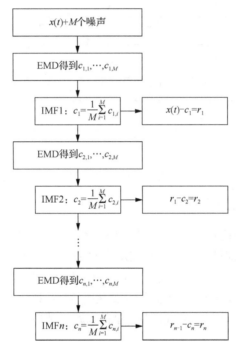

图 14.35　EEMD 算法的分解过程

对图 14.34 所用的跳变信号进行 EEMD，结果如图 14.36 所示。可以看到，每一 IMF 均只包含一种频率分量，没有模态混叠现象。由图 14.34 和图 14.36 对仿真信号的 EMD 和 EEMD 结果可以看到，EEMD 能够有效地抑制 EMD 的模态混叠现象，分解效果优于 EMD。

EEMD 虽然解决了 EMD 出现的模式混叠问题，但是由于加入白噪声，因此也带来其他问题：集总平均后的 IMF 可能不再符合 IMF 的要求（偏差一般较小，不影响瞬时频率的计算）；集总平均次数一般在几百次以上，非常耗时；白噪声在集总平均之后基本抵消，但存在残留，重建之后噪声不可忽略，加和之后噪声过大。为此，一系列改进算法不断被提出，目前希尔伯特-黄变换的研究主要集中在 IMF 分解算法上。

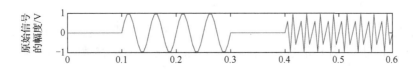

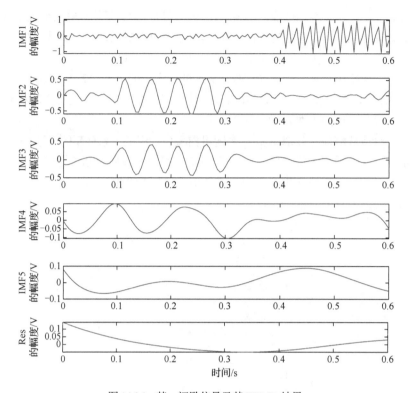

图 14.36 某一间歇信号及其 EEMD 结果

14.6.4 希尔伯特-黄变换的基本原理

使用希尔伯特-黄分析信号时，包括两个步骤：第一步，利用欲处理的数据内部本身瞬间的变化尺度（scale）作为能量直接进行 EMD，将原来信号分解成多个 IMF；第二步，将每段 IMF 视为原始信号本身的基底，通过希尔伯特变换求出每段 IMF 内部的瞬时频率和振幅，并结合时间、能量的分布使信号能表现出瞬时变化的信息与特性，得出时频平面上的能量分布谱图，从而将其能量保持集中，避免能量分散的问题。图 14.37 是基于希尔伯特-黄变换进行信号分析的一般过程。

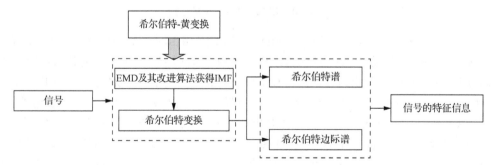

图 14.37 基于希尔伯特-黄变换进行信号分析的一般过程

1. 希尔伯特谱

希尔伯特谱是一种能表现时间、频率和能量联合分布的谱图。在用 EMD 得到各个固有模态函数（IMF）后，为了得到频率与时间的关系，需要对 IMF 函数做希尔伯特变换，从而得到频率乃至能量（幅度的平方）和时间的关系函数。把能量和频率关于时间的分布表现在同一幅图中，就是希尔伯特谱图。

EMD 结束后会产生一组 IMF 分量，则原始信号可以表示为

$$x(t) = \sum_{i=1}^{n} c_i(t) + r_n \tag{14.115}$$

这仍然是在时间域内表示的信号，为了把信号从时间域转换到频率域，需要对每个 IMF 分量进行希尔伯特变换：

$$\tilde{c}_i(t) = \frac{1}{\pi} \int \frac{c_i(\tau)}{t - \tau} d\tau \tag{14.116}$$

根据解析信号的相关定义，可以得出时间系列 $c_i(t)$ 的解析形式为

$$z_i(t) = c_i(t) + j\tilde{c}_i(t) \tag{14.117}$$

从而可以得出

$$a_i(t) = [c_i^2(t) + j\tilde{c}_i^2(t)]^{1/2} \tag{14.118}$$

$a_i(t)$ 为第 i 个分量 $c_i(t)$ 的瞬时振幅函数。

$$\phi_i(t) = \arctan \frac{c_i(t)}{\tilde{c}_i(t)} \tag{14.119}$$

$\phi_i(t)$ 为第 i 个分量 $c_i(t)$ 的瞬时相位函数。

$$\Omega_i(t) = \frac{d\phi_i(t)}{dt} \tag{14.120}$$

$\Omega_i(t)$ 为第 i 个分量 $c_i(t)$ 的瞬时频率函数。所以原始信号化为

$$x(t) = \text{Re} \left[\sum_{i=1}^{n} a_i(t) e^{j\int \Omega_i(t) dt} \right] \tag{14.121}$$

由于我们更关心那些低能量的高频分量，上式并没有计算余量 r_n。但有些物理条件需要时也会加以考虑。式（14.122）的希尔伯特变换式给出的每个分量的振幅和频率都是时间的函数，同时也提供了一种幅度-瞬时频率-时间的三维表示。这种幅度的时频表示法就叫作希尔伯特幅度谱（Hilbert amplitude spectrum），记为 $H(\Omega, t)$，或简称希尔伯特谱。

$$H(\Omega, t) = \text{Re} \left[\sum_{i=1}^{n} a_i(t) e^{j\int \Omega_i(t) dt} \right] \tag{14.122}$$

习惯上用幅度的平方来表示能量密度，则可以得到用幅度的平方来表示的希尔伯特能量谱（Hilbert energy spectrum）。

在某些情况下，如果我们需要比较容易地从希尔伯特谱中识别出能量的时频密度及其随时间与频率的变化趋势，那么需要对希尔伯特谱进行平滑处理。有两种平滑处理的方法，其一是采用空间滤波器，比如15×15的加权高斯滤波器；其二是在计算希尔伯特谱时采用较低的频率分辨率。

希尔伯特谱的时频分布具有如下特点。

（1）线性时频表示。

如果我们用 $H(\Omega, t)$ 表示对数据 $x_1(t) + x_2(t)$ 的局部波时频表达式，$H_1(\Omega, t)$ 和 $H_2(\Omega, t)$ 分别表示数据 $x_1(t)$ 和 $x_2(t)$ 的时频表达式，则它们近似满足线性叠加原理，即

$$H(\Omega, t) = H_1(\Omega, t) + H_2(\Omega, t) \tag{14.123}$$

（2）频率多分辨分析。

希尔伯特-黄变换时频分析方法具有频率多分辨特性，它在时间分辨率不变的情况下，对低频的分辨率高，对高频的分辨率低。它的每一次分解都是从数据中分离出一些细节和剩余的低频分量。

（3）高频率分辨率特性。

现有时频分析方法几乎都是以傅里叶分析为理论依据的，由于受测不准原理的限制，因此都不可能在时域和频域同时达到任意高的分辨率，因而时频联合分析的结果对时变频率的描述往往是含糊的。而基于 HHT 的时频分析方法的频率是由相位函数求导得到的，突破了傅里叶分析的限制，因而不受测不准原理的限制，可以得到极高的频率分辨率。离散时频谱可通过提高采样频率来提高频率分辨率。

（4）时频谱的时移不变性。

若信号 $x(t)$ 时间移位 t_0，则移位的希尔伯特-黄变换频谱分布由 $H(\Omega,t)$ 定义，与时间 t_0 无关。

2. 希尔伯特边际谱

根据希尔伯特谱，可定义边际谱（marginal spectrum）为 $h(\Omega)$，如式（14.124）所示，以希尔伯特谱对时间进行积分，其物理意义为在整个数据时间的平均频率。

$$h(\Omega) = \frac{1}{T}\int_0^T H(\Omega,t)\mathrm{d}t \qquad (14.124)$$

所以，边际谱就是在希尔伯特谱的时频平面上，各频率点振幅在时间总体上的累积，也就是频率相同、总时长上所有振幅的叠加。可以看到，边际谱与傅里叶频谱有相似之处，从统计观点上来看，它表示了该频率上振幅（能量）在时间上的累加，能够反映各频率上的能量分布，但因为瞬时频率定义为时间的函数，不同以往傅里叶变换等需要完整的信号来定义局部的频率值，而且求取的能量值不是全局定义的，因此对信号的局部特征反映更准确。尤其是在分析非平稳信号时，这种定义对于频率随时间变化的信号特征来说，能够反映真实的振动等特点。

若将希尔伯特谱所得振幅平方再积分，可定义希尔伯特能量谱为 $\mathrm{Er}(\Omega)$，如式（14.125）所示：

$$\mathrm{Er}(\Omega) = \frac{1}{T}\int_0^T [H(\Omega,t)]^2\,\mathrm{d}t \qquad (14.125)$$

因此在一定程度上，希尔伯特边际谱具有一定的概率意义：希尔伯特谱可以看作是一种加权的联合幅值-频率-时间分布，而赋予每个时频单元的权重为局部幅值，从而在希尔伯特边际谱中，在某一频率上存在的能量就意味着具有该频率的振动存在的可能性，该振动出现的具体时刻在希尔伯特谱中可体现出来。

14.6.5　希尔伯特-黄变换应用举例

当被监控系统内部突然跳动、断裂、发生故障或发生特殊变化时，可以通过采集被监控系统在运行过程中发生的信号，检测、分析这些信号的突变，判断信号的特点，从而实现对运行故障的分析、判断和控制。这里选取一个简单的多频突变信号进行分析。信号模型为

$$x(t) = \begin{cases} \sin(2\pi \times 10t), & 1 \leqslant t < 350\mathrm{s} \\ \sin(2\pi \times 40t), & 350 \leqslant t < 700\mathrm{s} \\ \sin(2\pi \times 80t), & 700 \leqslant t \leqslant 1000\mathrm{s} \end{cases}$$

采样频率为 $f_s = 1000\mathrm{Hz}$，其信号波形和傅里叶功率谱分别如图 14.38 和图 14.39 所示。

由图 14.38 可以看到，信号在 350 点及 750 点处出现了明显的频率间断。从图 14.39 所示该信号的频谱图中，虽然显现了该信号的三种频率成分——10Hz、40Hz 及 80Hz，但其不能识别出这个信号频率的瞬变，且其所显示的频率还有一些虚假频率，这再一次证实了傅里叶变换的频谱是一种全局变换，不能够反映出频率的变化情况，因此也检测不了突变信号的突变点。

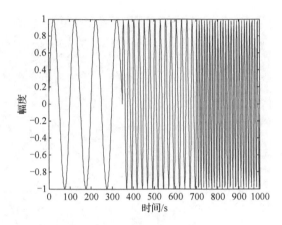

图 14.38　信号的时域波形

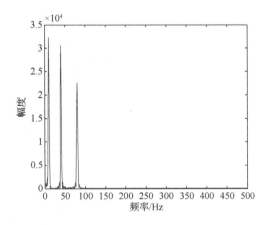

图 14.39　信号的傅里叶功率谱

对信号进行 Gabor 变换、小波变换（Daubechies 小波）和希尔伯特-黄变换，结果分别如图 14.40～图 14.42 所示，图 14.41 中 db1～db4 分别表示采用 Daubechies 小波变换重构得到的第 1～4 层逼近系数结果。

图 14.40～图 14.42 均较为清晰地显示了该突变信号的频率变化,但图 14.40 所示的 Gabor 变换的时频图频率分辨率较低，无法准确检测频率突变的时刻。由此可见，窗口傅里叶变换、STFT 在时频平面的分辨率是固定的，不适合同时分析变化速率与延伸范围不同的暂态

信号。图 14.41 和图 14.42 较为清晰地显示了频率的改变时间，但小波变换需要选择小波基和分解尺度，图中各分解尺度对信号的检测差异较大，而希尔伯特-黄变换只需采用 IMF1 得到的瞬时频率图，即可确定突变时间，简单可靠，克服了小波基和分解尺度选取的困难。

最后，用 MATLAB 编程语言来实现 HHT 信号处理，目前常采用三种基本方式：一是法国研究者设计的 G-Rilling 程序包，二是 MATLAB 文件交换中心由 Alan Tan 开发的 plot_hht 程序包，三是台湾中央大学数据研究中心提供的 EEMD 包。本节使用了 plot_hht 程序包，其使用了三个终止条件：余量的单调性；极值点与零点的个数相差不超过 1；SD>0.1。其中单调性的判断并不是去判定余量是否是单调函数，而是当曲线是双曲线时循环结束，由于没有考虑端点效应，程序比较简捷易懂。

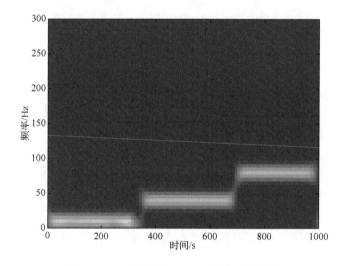

图 14.40　对信号进行 Gabor 变换得到的结果

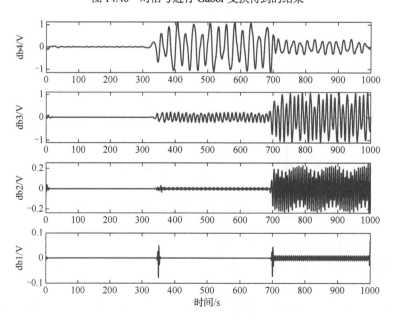

图 14.41　对信号进行小波变换得到的结果

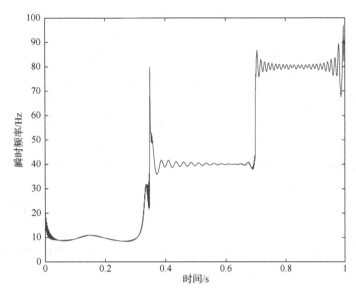

图 14.42　希尔伯特-黄变换得到的信号的瞬时频率

14.7　本 章 小 结

自然界中几乎所有信号都是非平稳信号，其频率特性会随时间变化，为捕获这一时变特性，需要对信号进行时频分析。本章从实际应用的角度，主要介绍了四种非平稳信号时频分析方法的基本理论和算法，即短时傅里叶变换、Wigner 分布及 Cohen 类分布、小波分析和希尔伯特-黄变换。短时傅里叶变换虽然有着分辨率不高等明显缺陷，但由于其算法简单，实现容易，所以在很长一段时间里成为非平稳信号的分析标准和有力的工具；Wigner 分布及 Cohen 类分布满足大部分期望的数学性质，如实值性、对称性、边缘积分特性等，所以此类方法确实反映了非平稳信号的时变频谱特性且可以进行相关化解释；小波变换具有良好的分辨力，目前已形成了多分辨率分析、框架和滤波器组三大完整丰富的小波变换理论体系；希尔伯特-黄变换具有自适应性，是对非线性非平稳数据分析的有效工具，在地球物理学、生物医学、结构分析、设备诊断等都有广泛应用。

思考题与习题

14.1　试说明时频分析的种类。试说明短时傅里叶变换中窗函数对时频分辨率的影响。

14.2　试说明 Gabor 变换和短时傅里叶变换的区别和联系。试说明 Wigner-Ville 分布对交叉项的引入过程。

14.3　试说明小波分析与傅里叶分析的区别和联系。说明小波基函数的定义及如何进行小波基函数的选择。

14.4　试说明连续小波的计算方法。试说明离散小波、正交小波和二进小波的概念。

14.5　试从空间理论的角度阐述多尺度分析的概念。试说明二尺度方程的概念及其意义。

14.6 试描述 Mallat 算法的过程。举例说明几种常见的小波基函数。

14.7 试说明采用小波分析进行小波去噪的过程。试说明希尔伯特-黄变换的过程。

14.8 试说明希尔伯特变换的定义和性质。试说明瞬时频率对信号的限制条件。

14.9 试说明固有模态函数的定义。试说明经验模态分解的过程。

14.10 试讨论经验模态分解的终止条件。试说明希尔伯特谱和边际谱的概念。

14.11 利用短时傅里叶变换，求信号 $s(t) = \mathrm{e}^{j\Omega_0 t}$ 在高斯窗 $g(t) = (\alpha/\pi)^{1/4}\mathrm{e}^{-\alpha t^2/2}$ 下的频谱图。

14.12 假设 $x(t)$ 由 3 段频率不同的余弦信号构成，$x(t) = \cos(2\pi f(t)t)$，其频率是时间的

函数，表示为 $f(t) = \begin{cases} 10, & 0 \leqslant t < 1 \\ 20, & 1 \leqslant t < 2 \\ 30, & 2 \leqslant t < 3 \end{cases}$，$x(t)$ 的理想时频谱用等高线表示，如图题 14.12（a）所

示，$x(t)$ 的时域波形如图题 14.12（b）所示。分别用傅里叶变换、短时傅里叶变换来分析 $x(t)$ 的频谱及时频谱，从中体会两者的区别与联系。

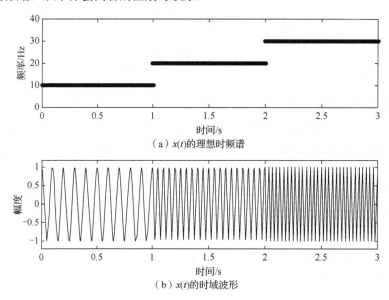

（a）$x(t)$的理想时频谱

（b）$x(t)$的时域波形

图题 14.12　给定信号的（a）时频关系与（b）波形

14.13 利用小波多分辨率分析检测信号的非连续点。原始信号如图题 14.13 所示。

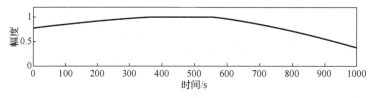

图题 14.13　原始信号

14.14 原始信号分别由频率为 2Hz、幅度为 0.5 的正弦波，频率为 5Hz、幅度为 0.5 的三角波和频率为 0.3Hz、幅度为 1 的三角波复合而成。采样频率为 100Hz，共 2200 个样本点，如图题 14.14 所示。计算该信号的希尔伯特谱。

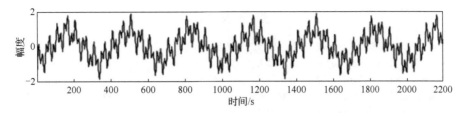

图题 14.14　原始信号

14.15　随机相位正弦信号为 $x(t) = A\sin(2\pi f t + \varphi)$。式中，$A$、$f$ 均为常数；φ 是一随机变量，在区间 $[0, 2\pi]$ 内均匀分布，其概率密度函数服从 $p(\varphi) = \begin{cases} 1/(2\pi), & 0 \leqslant \varphi \leqslant 2\pi \\ 0, & \text{其他} \end{cases}$。试分析 $x(t)$ 的平稳特性。

14.16　若给出一个图像信号（即一个二维信号），尝试利用二维小波分析对图像进行压缩。

14.17　若给出一个图像信号（即一个二维信号），尝试利用小波分析对信号进行去噪处理。

14.18　若给出一段语音信号（一个词或词组，2s 左右），采样频率应在 8kHz 以上，要求分别用短时傅里叶变换、Gabor 变换和 Wigner-Ville 分布进行分析；根据语音信号的机理和特征，对各种时频分析的结果进行讨论，包括物理意义（从基函数角度）、时频分辨率以及方法的特点。

14.19　收集一段语音信号，以某一固定采样频率进行分析，如采样频率 f_s=50000Hz。对音频信号采用滑动窗进行短时傅里叶变换，窗宽 frame_length=512，画出频谱图和时域图。对语音信号直接进行傅里叶变换，画出频谱图和时域图，进行比较分析，并得出结论。

参 考 文 献

蔡建新，张唯真，1997. 生物医学电子学[M]. 北京：北京大学出版社.

程佩青，2011. 数字信号处理教程[M]. 3 版. 北京：清华大学出版社.

董大钧，乔莉，董丽，2013. 误差分析与数据处理[M]. 北京：清华大学出版社.

董庆，林云，2019. 抗冲激噪声的核分式低次幂自适应滤波算法[J]. 计算机科学，46（S11）：80-82.

费业泰，2010. 误差理论与数据处理[M]. 6 版. 北京：机械工业出版社.

葛哲学，陈仲生，2006. Matlab 时频分析技术及其应用[M]. 北京：人民邮电出版社.

管致中，夏恭恪，1992. 信号与线性系统[M]. 3 版. 北京：高等教育出版社.

郭莹，2009. 稳定分布环境下的时延估计新方法研究[D]. 大连：大连理工大学.

郭莹，邱天爽，2007. 基于分数低阶统计量的盲多用户检测算法[J]. 电子学报，35（9）：1670-1674.

胡广书，2012. 数字信号处理：理论、算法与实现[M]. 3 版. 北京：清华大学出版社.

金大卫，沈计，2020. 大数据分析导论[M]. 北京：清华大学出版社.

李波，张琳，汪文峰，等，2020. 基于 Park-HHT 的故障特征提取方法[J]. 系统工程与电子技术，42（12）：2944-2952.

李刚，张旭，2008. 生物医学电子学[M]. 北京：电子工业出版社.

李力，2007. 机械信号处理及其应用[M]. 武汉：华中科技大学出版社.

林子雨，2021. 大数据技术原理与应用[M]. 3 版. 北京：人民邮电出版社.

刘海龙，2006. 生物医学信号处理[M]. 北京：化学工业出版社.

刘涛，曾祥利，曾军，2006. 实用小波分析入门[M]. 北京：国防工业出版社.

刘文秀，2006. 心脏听诊[M]. 北京：人民军医出版社.

陆大淦，1986. 随机过程及其应用[M]. 北京：清华大学出版社.

聂能，尧德中，谢正祥，2005. 生物医学信号数字处理技术及应用[M]. 北京：科学出版社.

钱政，贾果欣，2013. 误差理论与数据处理[M]. 北京：科学出版社.

秦树人，季忠，尹爱军，2008. 工程信号处理[M]. 北京：高等教育出版社.

邱天爽，2020. 相关熵与循环相关熵信号处理研究进展[J]. 电子与信息学报，42（1）：105-118.

邱天爽，郭莹，2015. 信号处理与数据分析[M]. 北京：清华大学出版社.

邱天爽，栾声扬，田全，等，2021. 相关熵与循环相关熵信号处理教程[M]. 北京：电子工业出版社.

邱天爽，唐洪，刘海龙，2020. 统计信号处理：医学信号分析与处理[M]. 北京：电子工业出版社.

邱天爽，王宏禹，孙永梅，2004. 一种基于分数低阶协方差的自适应 EP 潜伏期变化检测方法[J]. 电子学报，32（1）：91-95.

邱天爽，魏东兴，唐洪，等，2005. 通信中的自适应信号处理[M]. 北京：电子工业出版社.

邱天爽，张旭秀，李小兵，等，2004. 统计信号处理—非高斯信号处理及其应用[M]. 北京：电子工业出版社.

沈凤麟，陈和晏，1999. 生物医学随机信号处理[M]. 合肥：中国科学技术大学出版社.

孙霆，董春曦，2020. 传感器参数误差下的运动目标 TDOA/FDOA 无源定位算法[J]. 航空学报，41（2）：257-266.

孙永梅，2006. 稳定分布参数估计与谱分析理论及应用研究[D]. 大连：大连理工大学.

唐向红，岳恒立，郑雪峰，2006. MATLAB 及在电子信息类课程中的应用[M]. 北京：电子工业出版社.

佟德纯，姚宝恒，2008. 工程信号处理与设备诊断[M]. 北京：科学出版社.

王保华，2003. 生物医学测量与仪器[M]. 上海：复旦大学出版社.

王大凯，彭进业，2005. 小波分析及其在信号处理中的应用[M]. 北京：电子工业出版社.

王道平，陈华，2019. 大数据导论[M]. 北京：北京大学出版社.

王宏禹，1980. 随机数字信号处理[M]. 北京：科学出版社.

王宏禹，1990. 现代谱估计[M]. 南京：东南大学出版社.

王宏禹，1996. 统计信号处理理论计算与题解[M]. 北京：国防工业出版社.

王宏禹，2005. 信号处理相关理论综合与统一法[M]. 北京：国防工业出版社.

王宏禹，邱天爽，1999. 自适应噪声抵消与时间延迟估计[M]. 大连：大连理工大学出版社.

王宏禹，邱天爽，陈喆，2008. 非平稳随机信号分析与处理[M]. 2 版. 北京：国防工业出版社.

王慧琴，2011. 小波分析与应用[M]. 北京：北京邮电大学出版社.

王鹏，邱天爽，金芳晓，等，2018. 脉冲噪声下基于稀疏表示的韧性 DOA 估计方法[J]. 电子学报，46（7）：1537-1544.

杨福生，1990. 随机信号分析[M]. 北京：清华大学出版社.

杨福生，吕扬生，1997. 生物医学信号的处理和识别[M]. 天津：天津科技翻译出版公司.

姚天任，孙洪，1999. 现代数字信号处理[M]. 武汉：华中科技大学出版社.

张德丰，2010. MATLAB 数字信号处理与应用[M]. 北京：清华大学出版社.

张树京，张思东，2003. 统计信号处理[M]. 北京：机械工业出版社.

张贤达，1995. 现代信号处理[M]. 北京：清华大学出版社.

张贤达，保铮，2000. 通信信号处理[M]. 北京：国防工业出版社.

张旭东，陆明泉，2005. 离散随机信号处理[M]. 北京：清华大学出版社.

朱明武，李永新，卜雄洙，2006. 测试信号处理与分析[M]. 北京：北京航空航天大学出版社.

庄天戈，2000. 计算机在生物医学中的应用[M]. 北京：科学出版社.

邹鲲，袁俊泉，龚享铱，2002. MATLAB6.X 信号处理[M]. 北京：清华大学出版社.

Mix D F，Olejniczak K J，2005. 小波基础及应用教程[M]. 杨志华，杨力华，译. 北京：机械工业出版社.

Oppenheim A V，Willsky A S，Nawab S H，2020. 信号与系统[M]. 2 版. 刘树棠，译. 北京：电子工业出版社.

Owen M，2009. 实用信号处理[M]. 邱天爽，李丽，赵林，译. 北京：电子工业出版社.

Tompkins W J，2001. 生物医学数字信号处理[M]. 林家瑞，徐邦荃，等，译. 武汉：华中科技大学出版社.

Akif O M, Kisa D H, Guren O, et al., 2022. Hand gesture classification using time-frequency images and transfer learning based on CNN[J]. Biomedical Signal Processing and Control, 77(8):1-16.

Albrecht V, Lfinsk P, Indra M, et al., 1977. Wiener filtration versus averaging of evoked responses[J]. Biological Cybernetics, 27:14-154.

Anderson B D, Moore A, 1979. Optimal Filtering[M]. Englewood cliff: Prentice-Hall.

Cambanis S, Miller G, 1981. Linear problems in p-th order and stable processes[J]. SIAM Journal on Applied Mathematics, 41(1):43-69.

Chen B D, Principe J C, 2012. Maximum correntropy estimation is a smoothed MAP estimation[J]. IEEE Signal Processing Letters, 19(8): 491-494.

Chen B D, Xing L, Liang J L, et al, 2014. Steady-state mean-square error analysis for adaptive filtering under the maximum correntropy criterion[J]. IEEE Signal Processing Letters, 21(7): 880-884.

Cooley J W, Tukey J W, 1965. An algorithm for the machine computation of complex Fourier series[J]. Mathematics of Computation, 19(4): 297-301.

Fontes A I R, Rego J, Martins A D M, 2017. Cyclostationary correntropy: definition and applications[J]. Expert Systems with Applications, 69(3): 110-117.

Garde A, Sornmo L, Jane R, et al., 2018. Correntropy-based spectral characterization of respiratory patterns in patients with chronic heart failure[J]. IEEE Transactions on Biomedical Engineering, 2010, 57(8): 1964-1972.

Guimaraes J P F, Fontes A I R, Rego J B A, et al., 2016. Complex correntropy function: probability interpretation and application to complex-valued data[J]. IEEE Signal Processing Letters, 2016, 24(1): 42-45.

Gunduz A, Principe J C, 2009. Correntropy as a novel measure for nonlinearity tests[J]. Signal Processing (89): 14-23.

Hassan M, Terrien J, Marque C, et al., 2011. Comparison between approximate entropy, correntropy and time reversibility: application to uterine electromyogram signals[J]. Medical Engineering & Physics, 33(8): 980-986.

Huang N E, Attoh-Okine N O, 2005. The Hilbert-Huang transform in engineering[M]. Boca Raton: CRC Press.

Huang N E, Shen S P, 2005. Hilbert-Huang Transform and Its Applications[M]. Singapore: World Scientific.

Jeonga K H, Liu W F, Han S, et al., 2009. The correntropy MACE filter[J]. Pattern Recognition, 42(5): 871-885.

Jin F X, Qiu T S, Liu T, 2019. Robust cyclic beamforming against cycle frequency error in Gaussian and impulsive noise environments[J]. International Journal of Electronics and Communications (AEÜ), 99: 153-160.

Julier S J, Uhlmann J K, 1996. A general method for approximating nonlinear transformations of probability distributions[R]. Technical Report, RRG, Department of Engineering Science, University of Oxford.

Kong X, Qiu T S, 1999. Adaptive estimation of latency change in evoked potentials by direct least mean p-norm time-delay estimation[J]. IEEE Transactions on Biomedical Engineering, 46(8): 994-1003.

Li L, Younan N H, Shi X F, 2019. Parameter estimation based on sigmoid transform in wideband bistatic MIMO radar system under impulsive noise environment[J]. Sensors (Basel, Switzerland), 19(2): 232.

Lim J S, 1989. Two-Dimentional Digitao Signal Processing[M]. Englewood Cliffs: Prentice-Hall.

Liu T, Qiu T S, Luan S Y, 2018. Cyclic correntropy: foundations and theories[J]. IEEE Access, 6: 34659-34669.

Liu T, Qiu T S, Luan S Y, 2019. Cyclic frequency estimation by compressed cyclic correntropy spectrum in impulsive noise[J]. IEEE Signal Processing Letters, 26(6): 888-892.

Liu W, Pokharel P P, Principe J C, 2006. Correntropy: a localized similarity measure[C]. International Joint Conference on Neural Networks, Vancouver, Canada, 4919-4924.

Liu W, Pokharel P P, Principe J C, 2007. Correntropy: properties and applications in non-Gaussian signal processing[J]. IEEE Transactions on Signal Processing, 55(11): 5286-5298.

Liu Y, Yang Y H, Qiu T S, et al., 2018. Improved time difference of arrival estimation algorithms for cyclostationary signals in α-stable impulsive noise[J]. Digital Signal Processing, 76 (5): 94-105.

Luan S Y, Li J Y, Gao Y R, et al., 2021. Generalized covariance-based esprit-like solution to direction of arrival estimation for strictly non-circular signals under alpha-stable distributed noise[J]. Digital Signal Processing, 118 : 103214.

Luan S Y, Qiu T S, Zhu Y J, et al., 2016. Cyclic correntropy and its spectrum in frequency estimation in the presence of impulsive noise[J]. Signal Processing, 120 (4): 503-508.

Ludeman L C, 2003. Random Processes Filtering, Estimation and Detection[M]. Hoboken, New Jersey: John Wiley and Sons, Inc.

Ma J T, Qiu T S. 2019. Automatic modulation classification using cyclic correntropy spectrum in impulsive noise[J]. IEEE Wireless Communications Letters, 8(2): 440-443.

Ma X, Nikias C L, 1996. Joint estimation of time delay and frequency delay in impulsive noise using fractional lower order statistics[J]. IEEE Transactions on Signal Processing, 44(11): 2669-2687.

Nikias C L, Shao M, 1995. Signal Processing with Alpha-Stable Distributions and Applications[M]. New York: Wiley.

Oppenheim A V, Shafer R, 1989. Discrete-Time Signal Processing[M]. Englewood Cliffs: Prentice-Hall.

Pérez O B, Sornmo L, Esteban R G, et al., 2012. Fundamental frequency estimation in atrial fibrillation signals using correntropy and Fourier organization analysis[C]. 3rd International Workshop on Cognitive Incromation Processing (CIP), Baiona, Spain, 2012: 1-6.

Pokharel P P, Liu W, Principe J C, 2009. A low complexity robust detector in impulsive noise[J]. Signal Processing, 89(10): 1902-1909.

Qiu T S, Guo Y, 2018. Signal Processing and Data Analysis[M]. Berlin: De Gruyter.

Santamaria I, Pokharel P P, Principe J C, 2006. Generalized correlation function: definition, properties, and application to blind equalization[J]. IEEE Transactions on Signal Processing, 54(6): 2187-2197.

Shao M, Nikias C L, 1993. Signal processing with fractional lower order moments: stable processes and their applications[J]. Proceedings of the IEEE, 81(7): 986-1010.

Singh A, Principe J C, 2009. Using correntropy as a cost function in linear adaptive filters[C]. Proceedings of International Joint Conference on Neural Networks, Atlanta, Georgia, USA: 2950-2955.

Tang H, Li T, Park Y, et al., 2010. Separation of heart sound signal from noise in joint cycle frequency-time-frequency domains based on fuzzy detection[J]. IEEE Transactions on Biomedical Engineering, 57(10):2438-2447.

Valentine A, Ackie A E, Mukasa C, 2019. Performance analysis of spectrum sensing schemes based on fractional lower order moments for cognitive radios in symmetric α-stable noise environments[J]. Signal Processing, 154 : 363-374.

Vaseghi S V, 2005. Advanced Digital Signal Processing and Noise Reduction[M]. 3rd ed. Chichester, West Sussex: John Wiley and Sons, Inc.

Walter D O, 1968. A posteriori "Wiener filtering" of average evoked responses[J]. Electroencephalography and Clinical Neurophysiology, 27(S1): 61-70.

Wang G, Ho K C, 2019. Convex relaxation methods for unified near-field and far-field TDOA-based localization[J]. IEEE Transactions on Wireless Communications, 18(4): 2346-2360.

Wang L, Liu Z W, Miao Q, et al., 2018. Time-frequency analysis based on ensemble local mean decomposition and fast kurtogram for rotating machinery fault diagnosis[J]. Mechanical Systems and Signal Processing, 103: 60-75.

Widrow B, 1959. Adaptive sampled-data systems: a statistical theory of adaptation[C]. IRE WESCON Convention Record, 4:74-85.

Widrow B, Stearn S D, 1985. Adaptive Signal Processing]M]. Englewood Cliffs: Prentice-Hall.

Xiao Y, Liu G N, Wu H C, et al., 2020. Robust modulation classification over alpha-stable noise using graph-based fractional lower-order cyclic spectrum analysis[J]. IEEE Transactions on Vehicular Technology, 69(3): 2836-2849.

Xu Q Q, Liu K, 2019. A new feature extraction method for bearing faults in impulsive noise using fractional lower-order statistics[J]. Shock and Vibration, 2019(5): 1-13.

Yue Y X, Xu Y G, Liu Z W, 2022. Root high-order cumulant MUSIC[J]. Digital Signal Processing, 122: 103328.

Zhang J L, Zhao N, Liu M Q, et al., 2022. Transmit antenna number identification for mimo cognitive radio systems in the presence of alpha-stable noise[J]. IEEE Transactions on Vehicular Technology, 71(3): 2798-2808.

Zhao S L, Chen B D, Principe J C, 2011. Kernel adaptive filtering with maximum correntropy criterion[C]. Proceedings of International Joint Conference on Neural Networks, San Jose, California, USA: 2012-2017.